신판 **CBT** 시험대비

CRAFTSMAN CONCRETE

콘크리트기능사
필기·실기

이관석

제1편 콘크리트 재료 | **제2편** 콘크리트 | **제3편** 골재시험

제4편 시멘트시험 | **제5편** 콘크리트 시험 | **제6편** 과년도 기출문제 필기 I (2014년)

제7편 과년도 기출문제 필기 II (2015~2020년)

제8편 과년도 기출문제 실기(2013~2020년)

CRAFTSMAN

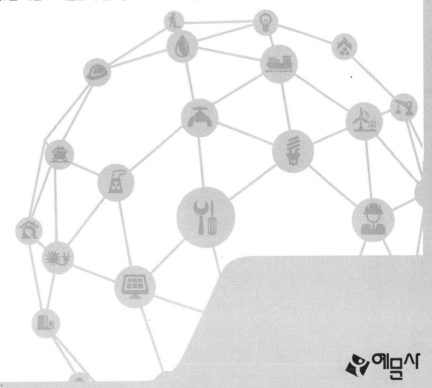

예문사

최근 건설공사의 기술수준은 급속하게 놀라운 발전을 이루었다. 또한 건설공사의 대형화 및 각종 신공법의 개발과 응용에 따라 신소재의 개발과 품질 향상이 부각되어 콘크리트 관련 시험의 중요성이 점점 강조되고 있다.

학교 교육에서도 내실 있는 이론과 실험 · 실습을 통해 실력 있는 건설기술 인력을 양성해야만 국제화 시대에 경쟁력을 갖출 수 있게 되었지만 현재 우리의 교육은 교육 과정 이수 후에도 그 교육내용이 실무에 직접적으로 연관되지 않는 부분이 많아 학생들은 졸업 후 다시 실무를 배우기 위한 시간 낭비를 계속하고 있는 실정이다. 따라서 산업체에서 필요로 하는 교육 내용을 교육기관에 요청하여 학교와 산업체가 연계하여 실험 · 실습교재를 개발하는 것은 반드시 필요한 과제라고 생각한다.

본 교재는 십여 년간 건설 현장 실무 및 학교 교육을 담당하고 있는 저자가 건설 분야를 전공한 고등학생들의 기능사 필기 · 실기시험 교재는 물론 실무 기술자의 참고서로 사용할 수 있도록 콘크리트기능사 시험에 관한 기초이론과 실험방법을 수록한 것이다. 실험방법은 KS 규정을 기초로 하여 서술하였으며, 현재 실무에서 주로 사용하는 실험법을 엄선하였고, 구조물의 안전진단 및 점검부분을 추가 구성하였다.

또한 토목 · 건축 분야의 통일된 콘크리트 관련 시험의 해설 및 현장 업무에 사용되는 실험자료, 다양한 참고문헌을 인용하여 독자들이 이해하기 쉽도록 구성하였다. 미흡한 부분은 여러 선 · 후배님들의 조언을 바탕으로 수정 · 보완 작업을 계속해 나갈 것이다.

끝으로 본 교재를 위해 수고를 아끼지 않은 도서출판 예문사 정용수 사장님과 직원분들께 감사 인사를 전한다.

저자

CBT PREVIEW

한국산업인력공단(www.q-net.or.kr)에서는 실제 컴퓨터 필기시험 환경과 동일하게 구성된 자격검정 CBT 웹 체험을 제공하고 있습니다. 또한, 주경야독(http://www.yadoc.co.kr)에서는 회원가입 후 CBT 형태의 모의고사를 풀어볼 수 있으니 참고하여 활용하시기 바랍니다.

수험자 정보 확인

시험장 감독위원이 컴퓨터에 나온 수험자 정보와 신분증이 일치하는지를 확인하는 단계입니다.
수험번호, 성명, 주민등록번호, 응시종목, 좌석번호를 확인합니다.

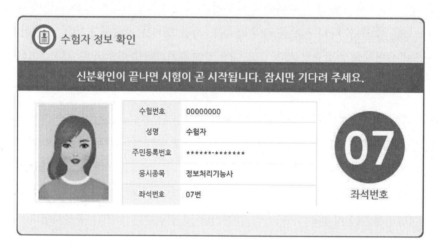

안내사항

시험에 관련된 안내사항이므로 꼼꼼히 읽어보시기 바랍니다.

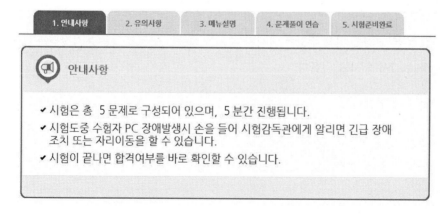

유의사항

부정행위는 절대 안 된다는 점, 잊지 마세요!

(📢) 유의사항 - [1/3]

• 다음과 같은 부정행위가 발각될 경우 감독관의 지시에 따라 퇴실 조치되고, 시험은 무효로 처리되며, 3년간 국가기술자격검정에 응시할 자격이 정지됩니다.

　✔ 시험 중 다른 수험자와 시험에 관련한 대화를 하는 행위
　✔ 시험 중에 다른 수험자의 문제 및 답안을 엿보고 답안지를 작성하는 행위
　✔ 다른 수험자를 위하여 답안을 알려주거나, 엿보게 하는 행위
　✔ 시험 중 시험문제 내용과 관련된 물건을 휴대하여 사용하거나 이를 주고받는 행위

다음 유의사항 보기 ▶

📺 문제풀이 메뉴 설명

문제풀이 메뉴에 대한 주요 설명입니다. CBT에 익숙하지 않다면 꼼꼼한 확인이 필요합니다. (글자크기/화면배치, 전체/안 푼 문제 수 조회, 남은 시간 표시, 답안 표기 영역, 계산기 도구, 페이지 이동, 안 푼 문제 번호 보기/답안 제출)

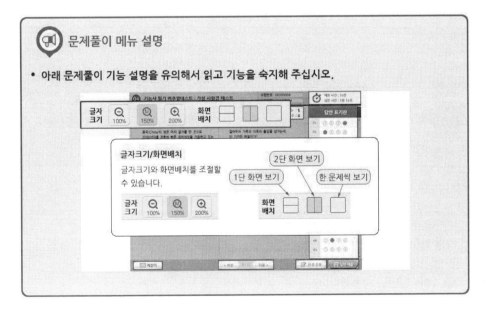

🖥 시험준비 완료!

이제 시험에 응시할 준비를 완료합니다.

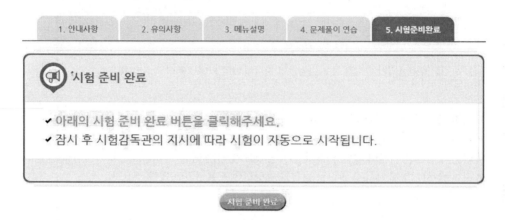

🖥 시험화면

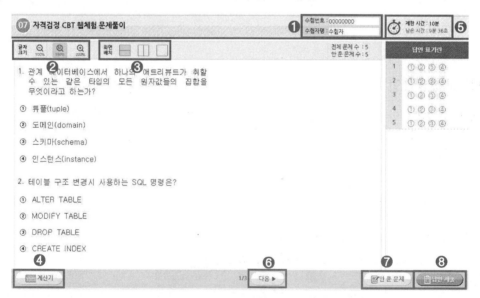

❶ 수험번호, 수험자명 : 본인이 맞는지 확인합니다.
❷ 글자크기 : 100%, 150%, 200%로 조정 가능합니다.
❸ 화면배치 : 2단 구성, 1단 구성으로 변경합니다.
❹ 계산기 : 계산이 필요할 경우 사용합니다.
❺ 제한 시간, 남은 시간 : 시험시간을 표시합니다.
❻ 다음 : 다음 페이지로 넘어갑니다.
❼ 안 푼 문제 : 답안 표기가 되지 않은 문제를 확인합니다.
❽ 답안 제출 : 최종답안을 제출합니다.

💻 답안 제출

문제를 다 푼 후 답안 제출을 클릭하면 위와 같은 메시지가 출력됩니다.
여기서 '예'를 누르면 답안 제출이 완료되며 시험을 마칩니다.

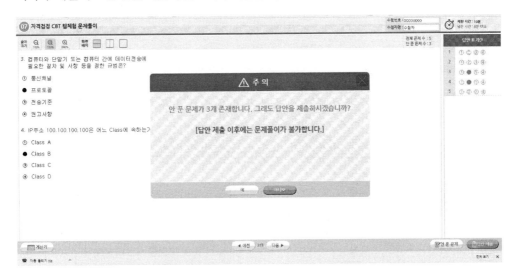

💻 알고 가면 쉬운 CBT 4가지 팁

1. 시험에 집중하자.
기존 시험과 달리 CBT 시험에서는 같은 고사장이라도 각기 다른 시험에 응시할 수 있습니다. 옆 사람은 다른 시험을 응시하고 있으니, 자신의 시험에 집중하면 됩니다.

2. 필요하면 연습지를 요청하자.
응시자의 요청에 한해 시험장에서는 연습지를 제공하고 있습니다. 연습지는 시험이 종료되면 회수되므로 필요에 따라 요청하시기 바랍니다.

3. 이상이 있으면 주저하지 말고 손을 들자.
갑작스럽게 프로그램 문제가 발생할 수 있습니다. 이때는 주저하며 시간을 허비하지 말고, 즉시 손을 들어 감독관에게 문제점을 알려주시기 바랍니다.

4. 제출 전에 한 번 더 확인하자.
시험 종료 이전에는 언제든지 제출할 수 있지만, 한번 제출하고 나면 수정할 수 없습니다. 맞게 표기하였는지 다시 확인해보시기 바랍니다.

INFORMATION
시험정보

필기 출제기준

직무분야	건설	중직무분야	토목	자격종목	콘크리트기능사	적용기간	2019.1.1.~2021.12.31.

○ 직무내용 : 콘크리트 시공현장과 콘크리트 제품 생산업체에서 콘크리트 재료에 대한 시험 및 콘크리트 배합, 운반, 타설, 양생 등의 시공 작업 수행

필기검정방법	객관식	문제수	60	시험시간	1시간

필기과목명	문제수	주요 항목	세부 항목	세세 항목
콘크리트 재료, 콘크리트 시공, 콘크리트 재료시험	60	1. 콘크리트 재료에 관한 지식	1. 시멘트	1. 시멘트 일반 2. 포틀랜드시멘트 3. 고로슬래그시멘트 4. 플라이애시시멘트 5. 특수시멘트
			2. 골재	1. 골재의 함수량에 따른 성질 2. 골재의 단위용적질량 및 실적률 3. 골재의 입도 4. 골재에 함유되어 있는 유해물 5. 골재의 내구성 6. 기타 골재에 관한 사항
			3. 혼화재료	1. 혼화재료 일반 2. AE제 3. 감수제 4. 기타 혼화제 5. 혼화재
			4. 기타 콘크리트에 필요한 재료	1. 기타 콘크리트에 필요한 재료
		2. 콘크리트 시공에 관한 지식	1. 콘크리트의 시공 기계 및 기구	1. 시공기계 2. 시공기구
			2. 콘크리트의 배합	1. 재료의 계량 2. 콘크리트비비기 3. 레디믹스트콘크리트
			3. 콘크리트의 운반	1. 콘크리트 운반
			4. 콘크리트의 타설 및 다지기	1. 콘크리트 타설 2. 콘크리트 다지기 3. 거푸집동바리

필기과목명	문제수	주요 항목	세 부 항 목	세 세 항 목
콘크리트 재료, 콘크리트 시공, 콘크리트 재료시험	60	2. 콘크리트 시공에 관한 지식	5. 콘크리트의 양생	1. 습윤양생 2. 기타 양생에 관한 사항
			6. 특수 콘크리트의 시공법	1. 한중콘크리트 2. 서중콘크리트 3. 수중콘크리트 4. 해양콘크리트 5. 수밀콘크리트 6. 숏크리트 7. 프리플레이스트 콘크리트 8. 매스콘크리트 9. 기타 콘크리트 시공에 관한 사항
		3. 콘크리트재료에 관한 시험법 및 배합 설계에 관한 지식	1. 시멘트 시험	1. 시멘트 비중시험 2. 시멘트 응결시험 3. 기타 시멘트 관련 시험
			2. 골재 시험	1. 골재의 체가름 시험 2. 골재에 포함되어 있는 유해물 함유량 시험 3. 골재 밀도 및 흡수율 시험 4. 잔골재의 표면수 시험 5. 기타 골재 관련 시험
			3. 굳지 않은 콘크리트 시험	1. 콘크리트의 슬럼프 시험 2. 기타 콘크리트의 반죽질기 시험 3. 콘크리트의 블리딩 시험 4. 콘크리트의 공기 함유량 시험 5. 콘크리트의 염화물 함유량 시험
			4. 굳은 콘크리트시험	1. 강도시험용 공시체의 제작방법 2. 콘크리트의 압축강도 시험 3. 콘크리트의 인장강도 시험 4. 콘크리트의 휨강도 시험 5. 콘크리트의 비파괴 시험
			5. 콘크리트의 배합설계	1. 콘크리트의 배합설계

실기 출제기준

| 직무분야 | 건설 | 중직무분야 | 토목 | 자격종목 | 콘크리트기능사 | 적용기간 | 2019.1.1.~2021.12.31. |

○ 직무내용 : 콘크리트 시공현장과 콘크리트 제품 생산업체에서 콘크리트 재료에 대한 시험 및 콘크리트 배합, 운반, 타설, 양생 등의 시공 작업 수행
○ 수행준거 : 1. 콘크리트 재료 및 각종 콘크리트에 대한 이론적 지식을 바탕으로 각종 재료에 대한 시험을 실시하고 결과를 판정할 수 있을 것
　　　　　　　2. 콘크리트 제조에 대한 이론적 지식을 바탕으로 배합설계 및 현장배합을 실시할 수 있을 것
　　　　　　　3. 콘크리트 시공에 대한 이론적 지식을 바탕으로 일반 및 특수콘크리트의 시공과 품질관리를 할 수 있을 것

| 실기검정방법 | 복합형 | 시험시간 | • 필답형 : 1시간
• 작업형 : 1시간 30분 정도 |

실기과목명	주요 항목	세부 항목	세세 항목
콘크리트 시공작업	1. 일반 콘크리트 및 특수 콘크리트에 관한 시공 작업	1. 콘크리트 재료 이해하기	1. 시멘트를 알아야 한다. 2. 골재를 알아야 한다. 3. 혼화재료를 알아야 한다. 4. 혼합수를 알아야 한다.
		2. 콘크리트 관련 시험하기	1. 콘크리트 재료 시험을 할 수 있어야 한다. 2. 굳지 않은 콘크리트 시험을 할 수 있어야 한다. 3. 굳은 콘크리트 시험을 할 수 있어야 한다.
		3. 콘크리트 공구 및 장비 활용하기	1. 콘크리트 공구를 활용할 수 있어야 한다. 2. 콘크리트 장비를 활용할 수 있어야 한다.
		4. 콘크리트 배합하기	1. 콘크리트 배합설계를 할 수 있어야 한다. 2. 현장배합을 할 수 있어야 한다.
		5. 콘크리트 타설 및 다지기 하기	1. 콘크리트 타설을 할 수 있어야 한다. 2. 콘크리트 다지기를 할 수 있어야 한다.
		6. 콘크리트 양생하기	1. 콘크리트 양생을 이해하고 적용할 수 있어야 한다.

CONTENTS
목차

PART 01

콘크리트 재료

PART
02

콘크리트

PART
03

골재시험

PART
04

시멘트시험

PART 05
콘크리트 시험

PART
06

과년도
기출문제
필기 I
(2014년)

PART
07

과년도
기출문제
필기 II
(2015~2020년)

CHAPTER 03 혼화재 · 혼화제

CHAPTER 04 콘크리트의 성질 · 특징

CHAPTER 05 콘크리트 시공

PART **08**

과년도
기출문제
실기
(2013~2020년)

CHAPTER **01** 골재

CHAPTER **02** 시멘트

PART

01

콘크리트
재료

콘크리트 기능사
필기+실기

CHAPTER 01 골재

골재란 모르타르 또는 콘크리트를 만들기 위하여 시멘트 및 물과 섞는 모래, 자갈, 부순 돌, 부순 모래, 고로슬래그 등과 비슷한 재료를 말한다.

골재는 콘크리트에서 양을 늘리는 증량재로 사용되며 콘크리트가 변형하는 것을 막고 닳음, 풍화 또는 침식에 대한 저항작용을 한다.

1 골재의 종류

골재는 일반적으로 다음과 같이 나눌 수 있다.

(1) 알의 크기에 따른 분류

알의 크기에 따라 굵은 골재와 잔골재로 나뉘는데, 콘크리트 표준시방서에서는 다음과 같이 정의하고 있다.

① **잔골재** : ㉠ 10mm체를 전부 통과하고, 5mm체를 거의 다 통과하며, 0.08mm체에 거의 다 남는 골재, ㉡ 5mm체를 다 통과하고, 0.08mm체에 다 남는 골재를 말한다.

② **굵은 골재** : ㉠ 5mm체에 거의 다 남는 골재(자연 상태 또는 가공 후의 모든 골재에 적용되는 것), ㉡ 5mm체에 다 남는 골재를 말한다.(시방 배합을 정할 때에 적용)

(2) 비중에 따른 분류

비중에 따라 나누면 다음과 같다.

① **보통 골재** : 전건 비중 2.5~2.7 정도의 것으로서 강모래, 강자갈, 깬 자갈 등이 있다.

② **경량 골재** : 전건 비중 2.0 이하의 것으로서 주원료는 혈암, 점토, 플라이애시이며 천연의 화산재, 경석 등이 있고, 인공의 질석, 펄라이트 등이 있다.

③ **중량 골재** : 전건 비중 2.8 이상의 것으로서 철광석 등에서 얻은 골재가 있다. 주로 원자로 등 방사능 차폐 콘크리트를 만드는 데 사용한다.

콘크리트용 골재로는 강모래와 강자갈이 가장 많이 쓰였으나 최근에는 강 골재 자원의 고갈 및 가격 상승에 따라 육지 골재, 바다 골재, 부순 돌 골재 등 지역 실정에 따라 다양하게 이용되고 있다.

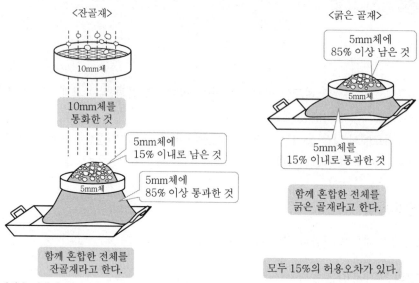

<잔골재>

10mm체

10mm체를
통화한 것

5mm체에
15% 이내로 남은 것

5mm체

5mm체에
85% 이상 통과한 것

함께 혼합한 전체를
잔골재라고 한다.

<굵은 골재>

5mm체에
85% 이상 남은 것

5mm체

5mm체를
15% 이내로 통과한 것

함께 혼합한 전체를
굵은 골재라고 한다.

모두 15%의 허용오차가 있다.

• 쇄석은 일반적으로 굵은 골재로 취급하고 있다.

┃ 실용상 골재의 분류 ┃

(3) 생산 방법에 따른 분류

산지 또는 제조에 따라 천연골재와 인공골재로 나뉜다.

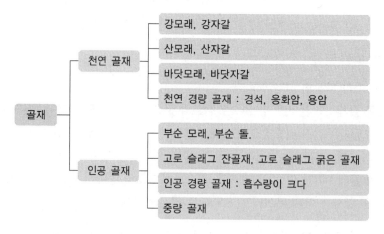

골재

천연 골재
- 강모래, 강자갈
- 산모래, 산자갈
- 바닷모래, 바닷자갈
- 천연 경량 골재 : 경석, 응화암, 용암

인공 골재
- 부순 모래, 부순 돌.
- 고로 슬래그 잔골재, 고로 슬래그 굵은 골재
- 인공 경량 골재 : 흡수량이 크다
- 중량 골재

(4) 골재시험

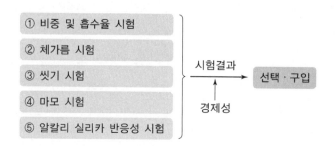

① 비중 및 흡수율 시험
② 체가름 시험
③ 씻기 시험
④ 마모 시험
⑤ 알칼리 실리카 반응성 시험

시험결과

경제성

선택·구입

01

12①,⑤
13①
14②,④

잔골재와 굵은 골재를 구분하는 체는?

① 1mm체   ② 2mm체

③ 3mm체   ④ 5mm체

○ 굵은 골재는 5mm체에 거의 다 남는 골재 또는 5mm체에 다 남는 골재이다.

02

13④

굵은 골재의 정의로 옳은 것은?

① 10mm체에 거의 다 남는 골재

② 5mm체에 거의 다 남는 골재

③ 2.5mm체에 거의 다 남는 골재

④ 1.2mm체에 거의 다 남는 골재

03

12①

잔골재와 굵은 골재를 구별할 때 사용하는 체는?

① 25mm   ② 15mm

③ 10mm   ④ 5mm

○ • 잔골재 : 5mm체를 통과하는 골재
• 굵은 골재 : 5mm체에 남는 골재

04

13①

잔골재와 굵은 골재를 구분하여 기준이 되는 체로 옳은 것은?

① 5mm체   ② 2.5mm체

③ 10mm체   ④ 1.2mm체

05

11⑤

콘크리트에 사용되는 굵은 골재 및 잔골재를 구분하는 데 기준이 되는 체의 호칭치수는?

① 5mm   ② 10mm

③ 2.5mm   ④ 1.2mm

○ • 굵은 골재 : 5mm체에 거의 다 남는 골재 또는 5mm체에 다 남는 골재
• 잔골재 : 5mm체를 다 통과하고 0.08mm체에 다 남는 골재

06

실기
필답형

다음 물음에 답하시오.   [실기 4점]

① 잔골재의 정의를 쓰시오.

② 굵은 골재의 정의를 쓰시오.

○ ① • 10mm체를 전부 통과하고 5mm체를 거의 다 통과하며, 0.08mm체에 거의 다 남는 골재
• 또는 5mm체를 다 통과하고 0.08mm체에 다 남는 골재
② • 5mm체에 거의 다 남는 골재
• 또는 5mm체에 다 남는 골재

정답   01 ④   02 ②   03 ④   04 ①   05 ①   06 해설 참조

07 다음 중 천연 골재에 속하지 않는 것은?

11①
14②

① 강모래, 강자갈

② 산모래, 산자갈

③ 바닷모래, 바닷자갈

④ 부순 모래, 슬래그

◉ 인공골재
• 부순 자갈, 부순 모래
• 부순 돌
• 고로슬래그

08 다음 중 경량골재의 주원료가 아닌 것은?

13①

① 팽창성 혈암 　　② 팽창성 점토

③ 플라이애시 　　④ 철분계 팽창재

◉ 팽창 혈암, 연질 화산암 등이 주원료가 된다.

09 경량골재에 대한 설명으로 틀린 것은?

12①
13①

① 경량골재는 천연경량골재와 인공경량골재로 나눌 수 있다.

② 인공경량골재는 흡수량이 크지 않으므로 콘크리트 제조 전에 골재를 흡수시키는 작업을 하지 않는 것을 원칙으로 한다.

③ 천연경량골재에는 경석, 화산자갈, 응회암, 용암 등이 있다.

④ 동결융해에 대한 내구성은 보통골재와 비교해서 상당히 약한 편이다.

◉ 인공경량골재는 흡수량이 큰 재료로 골재를 흡수하는 역할을 한다.

10 주로 원자로 등에서 방사선 차폐 콘크리트를 만드는 데 사용되는 골재는?

13②

① 중량골재 　　② 경량골재

③ 보통골재 　　④ 부순 골재

◉ 중량골재에는 갈철광, 철광석 등이 있다.

11 중량 골재에 속하지 않는 것은?

11①

① 중정석 　　② 화산암

③ 자철광 　　④ 갈철광

② 골재가 갖추어야 할 성질

좋은 콘크리트를 만들기 위하여 골재가 갖추어야 할 일반적 성질은 다음과 같다.

① 단단하고 내구적일 것
② 깨끗하고, 먼지, 흙 등이 섞이지 않을 것
③ 모양이 둥글고, 얇은 조각, 가늘고 긴 조각 등이 없을 것
④ 알맞은 입도를 가질 것
⑤ 유기 불순물, 반응성 물질 등을 가지지 않을 것
⑥ 닳음에 대한 저항성이 클 것
⑦ 필요한 무게를 가질 것

③ 골재의 일반적 성질

(1) 알의 모양

골재 알의 모양은 둥근 것 또는 정육면체에 가까운 것이 좋다. 모가 난 골재는 낱알의 활동을 방해하여 워커빌리티가 좋지 않으며, 또 골재 속에 가늘고 긴 조각이 섞여 있으면 골재의 빈틈이 커져서 시멘트와 물이 많이 들게 된다.
골재 알의 모양을 판정하는 척도로서는 일반적으로 실적률이 사용되며, 실적률이 클수록 알의 모양이 좋고, 입도가 알맞아 시멘트풀이 적게 든다.
골재의 실적률은 다음 식에 따라 구한다.

$$실적률(\%) = 100 - 빈틈률(\%)$$

(2) 입도

골재에 굵고 잔 알이 섞여 있는 정도를 골재의 입도라 한다. 입도가 알맞은 골재를 사용하면 빈틈이 적어져 단위 무게가 커지고, 시멘트 풀의 양을 줄일 수 있어 경제적이며, 또 강도, 내구성 및 수밀성 등이 좋은 콘크리트를 만들 수 있다.

① 골재의 입도를 표시하는 방법에는 입도곡선과 조립률이 있다.
② 표준망 체를 사용하여 골재의 입도를 구하는 데 골재의 입도가 적당하면 골재의 단위용적 중량이 크며 시멘트 페이스트가 절약되고, 밀도가 높은 콘크리트를 얻을 수 있으며 콘크리트의 워커빌리티도 좋아진다.

‖ 표준망 체 ‖

G·U·I·D·E

01
12①

콘크리트용 골재가 갖추어야 할 성질 중 틀린 것은?

① 알맞은 입도를 가질 것

② 연한 석편, 가느다란 석편을 함유할 것

③ 깨끗하고 강하며, 내구적일 것

④ 먼지, 흙, 유기 불순물 등의 유해물을 함유하지 않을 것

⊙ 둥글고 입도가 알맞아야 한다.

02
12⑤

콘크리트용 골재로서 요구되는 성질로 틀린 것은?

① 골재 낱알의 크기가 균등하게 분포할 것

② 필요한 무게를 가질 것

③ 단단하고 치밀할 것

④ 알의 모양은 둥글거나 입방체에 가까울 것

⊙ 골재 낱알의 크기는 골고루 분포할 것(입도가 적당할 것)

03
11②

콘크리트용 골재가 갖추어야 할 성질로서 틀린 것은?

① 마모에 대한 저항이 클 것

② 낱알의 크기가 차이 없이 균등할 것

③ 물리적으로 안정하고 내구성이 클 것

④ 필요한 무게를 가질 것

04
13④

콘크리트용 골재의 성질에 대한 설명으로 옳지 않은 것은?

① 크고 작은 입경의 혼입이 적당해야 한다.

② 깨끗하고 모양이 편평하거나 가늘어야 한다.

③ 강하고 내구성과 내화성이 있어야 한다.

④ 점토와 유해물을 함유하지 않아야 한다.

⊙ 골재는 모양이 입방체 또는 구형에 가까워야 한다.

05
14④

좋은 콘크리트를 만들기 위해 골재가 갖추어야 할 일반적인 성질이 아닌 것은?

① 단단하고 내구적일 것

② 무게가 가벼울 것

③ 알맞은 입도를 가질 것

④ 연한 석편, 가느다란 석편을 함유하지 않을 것

⊙ • 깨끗하고 유해물을 함유하지 않을 것
• 마모에 대한 저항성이 클 것
• 소요의 중량을 가질 것

정답 **01** ② **02** ① **03** ② **04** ② **05** ②

4 여러 가지의 골재

여러 가지 골재의 종류 및 성질은 다음과 같다.

(1) 모래와 자갈

보통 사용하는 골재는 하천, 산, 바다에서 채취한 것으로서, 불순물을 없애고 체가름하여 입도를 맞춘 것이다.

① 강모래와 강자갈 : 강모래와 강자갈은 강바닥에서 채취한 골재이다. 이것은 모양과 입도 가 좋고, 강도가 큰 것이 많아 콘크리트용 골재로서는 가장 알맞다. 그러나 강모래와 강 자갈은 채취 장소에 따라 품질이 다르며, 유기 불순물이 들어 있는 것도 있다.

‖ 골재의 채취 ‖

② 산모래와 산자갈 : 산모래나 산자갈은 표토를 벗겨 내고, 트랙터 셔블이나 불도저로 모은 것이다. 산모래와 산자갈의 품질은 강모래와 강자갈과 큰 차이는 없지만 진흙분이 많고, 표토로부터 섞이는 유기 불순물이 많아 물로 씻은 후에 사용해야 한다.

③ 바닷모래와 바닷자갈 : 바닷모래와 바닷자갈은 강모래와 강자갈과 성질이 비슷하여 비 중, 모양, 흡수율 등은 별로 문제가 없으나 염분이 가장 큰 문제이다.

골재 속의 염분은 콘크리트에 나쁜 영향을 끼치므로, 염화물이 허용 한도를 넘으면 물로 씻거나 그 밖의 방법으로 허용한도 이내로 만들어 사용해야 한다.

(2) 부순 돌(쇄석)

부순 돌 골재는 천연 암석을 쇄석기로 부수어 만든 것이다. 부순 모래는 골재로서 입도 및 알의 모양이 좋지 않으며, 또한 만드는 과정에서 생기는 돌가루도 콘크리트에 나쁜 영향을 준다. 부순 돌은 강자갈에 비해 모가 나 있고 표면 조직이 거칠기 때문에, 부순 돌 콘크리트 는 단위 수량이 많아지고 잔골재율이 커진다. 그러나 표면 조직이 거칠기 때문에 시멘트 풀 과의 부착력이 좋아서 압축 강도가 커진다. 특히 휨 강도가 커지므로 부순 돌을 포장 콘크리 트에 사용하면 좋다.

아래 그림에서 보듯이 강자갈은 물의 침식작용에 의하여 형태는 둥글게 되고 표면은 매끄럽다. 이에 비하여 쇄석은 큰 돌을 파쇄한 것이기 때문에 입자형이 예리하게 되며 표면조직이 다르다. 또한, 다소 풍화된 암석이 혼입될 수도 있다. 쇄석은 일반적으로 굵은 골재로서 취급하며 잔골재에 상당하는 5mm 이하의 것을 **쇄사(부순 모래)**라고 한다.

▌강자갈과 쇄석의 형상 ▌

(3) 경량골재

경석(經石)이라고 하는 돌은 목욕탕에서 발바닥을 닦을 때 사용되는 것이다. 이 경석은 같은 용적의 돌에 비하여 무게가 매우 가벼운데 그 이유는 돌 표면을 잘 관찰하면 알 수 있다. 표면에 많은 공극이 있어 다른 돌에 비하여 가벼운 것이다(오른쪽 그림 참조).

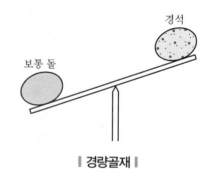

▌경량골재 ▌

콘크리트에 사용되는 경석과 같은 골재를 경량골재라고 한다.

경량골재에는 천연 경량 골재와 인공 경량 골재가 있으며, 경량 콘크리트에 사용한다.

천연 경량 골재에는 화산암, 응회암 등이 있으며, 인공 경량 골재는 팽창성 혈암, 팽창성 점토, 플라이애시 등을 주원료로 하여 불에 구워서 만든 것이다.

토목 구조물에서는 구조용 인공 경량 골재만 사용하고 있으며, 단위 무게는 잔골재에서는 $1.12t/m^3$, 굵은 골재에서는 $0.88t/m^3$ 이하의 것을 사용하도록 하고 있다.

(4) 중량골재

중량 골재에는 중정석, 적철광, 자철광, 갈철광 등이 있으며, 이것은 주로 원자로 등에서 방사선 차폐용 콘크리트를 만드는 데 사용한다.

5 골재의 저장

골재의 저장방법은 다음과 같다.

① 잔골재와 굵은 골재는 따로따로 저장한다.
② 골재를 다룰 때에는 굵은 알과 잔 알이 나뉘지 않도록 하고, 먼지나 잡물 등이 섞이지 않도록 주의해야 한다.
③ 골재의 저장 설비에는 알맞은 배수시설을 하고, 표면수가 고르게 되도록 해야 한다.
④ 골재는 겨울에 얼음 덩어리가 섞이거나 얼지 않도록 알맞은 시설을 갖추어 저장해야 한다.
⑤ 골재는 여름에 건조하거나 온도가 높아지는 것을 막기 위하여 햇빛을 바로 쬐지 않도록 알맞은 시설을 갖추어야 한다.

‖ 골재 ‖

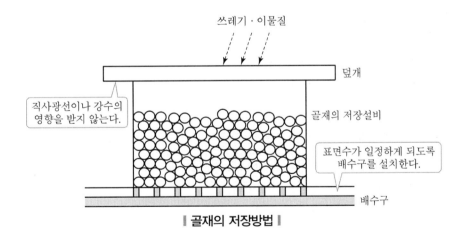

‖ 골재의 저장방법 ‖

01
11②

부순 골재에 대한 설명 중 옳은 것은?

① 부순 잔골재의 석분은 콘크리트 경화 및 내구성에 도움이 된다.

② 부순 굵은 골재는 시멘트 풀과 부착이 좋다.

③ 부순 굵은 골재는 콘크리트를 비빌 때 소요 단위 수량이 적어진다.

④ 부순 굵은 골재를 사용한 콘크리트는 수밀성은 향상되나 휨강도는 감소된다.

⊙ ㉠ 골재의 표면이 거칠수록 골재와 시멘트 풀과의 부착이 좋다.
㉡ 부순 돌을 사용한 콘크리트의 강도는 강자갈을 사용한 콘크리트보다 크다.

02
13④

부순 굵은 골재를 사용한 콘크리트에 대한 설명으로 옳지 않은 것은?

① 워커빌리티가 좋지 않다.

② 강자갈보다 표면적이 작아 압축강도가 작다.

③ 단위수량이 많이 소요된다.

④ 강자갈을 사용한 콘크리트에 비해 수밀성이 약간 저하된다.

⊙ 강자갈보다 표면적이 커 부착강도가 크고 압축강도가 크다.

03
14②,④

콘크리트에서 부순 돌을 굵은 골재로 사용했을 때의 설명이다. 잘못된 것은?

① 단위수량이 많아진다

② 잔골재율이 작아진다.

③ 부착력이 좋아서 압축강도가 커진다.

④ 포장 콘크리트에 사용하면 좋다.

⊙ 부순 자갈을 사용할 경우 워커빌리티가 나빠지므로 잔골재율과 단위수량을 크게 해야 한다.

04
12②
13②

골재의 저장 방법에 대한 설명으로 틀린 것은?

① 잔골재, 굵은 골재 및 종류와 입도가 다른 골재는 서로 섞어 균질한 골재가 되도록 하여 저장한다.

② 먼지나 잡물 등이 섞이지 않도록 한다.

③ 골재의 저장 설비에는 알맞은 배수시설을 한다.

④ 골재는 직사광선을 막을 수 있는 적당한 시설을 갖추어야 한다.

⊙ 잔골재, 굵은 골재 종류와 입도가 다른 골재는 서로 분리하여 저장한다.

정답 01 ② 02 ② 03 ② 04 ①

05 골재의 저장에 대한 설명으로 틀린 것은?

14①

① 직사광선을 피하기 위한 시설이 필요하다.

② 빙설의 혼입이나 동결을 막기 위한 시설이 필요하다.

③ 입도에 알맞게 여러 종류의 골재를 한 장소에 저장한다.

④ 표면수가 일정하도록 저장한다.

6 함수상태

골재의 함수상태에는 여러 가지가 있으며, 콘크리트의 배합설계를 할 때에는 표면건조호화 상태를 기준으로 하고 있다. 따라서 콘크리트의 시방 배합을 현장 배합으로 고칠 때에는 골재의 수량을 측정하여 함수상태에 따라 콘크리트에 사용하는 물의 양을 조절해야 한다.

(1) 골재의 함수상태

① **절대건조상태** : 노건조 상태라고도 하며, 건조로에서 105 ± 5℃의 온도로 무게가 일정하게 될 때까지 완전히 건조시킨 것으로서, 골재 알 속의 빈틈에 있는 물을 모두 없앤 상태이다.

② **공기 중 건조상태** : 기건상태라고도 하며, 습기가 없는 실내에서 자연건조시킨 것으로서, 골재 알 속의 빈틈 일부가 물로 차 있는 상태이다.

③ **표면건조상태** : 표건상태라고도 하며, 골재 알의 표면에는 물기가 없고, 알 속의 빈틈만 물로 차 있는 상태이다.

④ **습윤상태** : 골재 알 속의 빈틈이 물로 차 있고, 또 표면에 물기가 있는 상태이다.

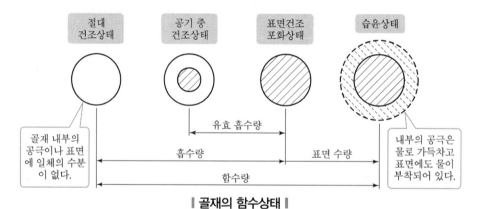

┃ 골재의 함수상태 ┃

이들 골재의 함수상태는 아래 그림과 같이 하여 얻을 수 있다.

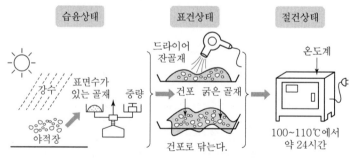

┃ 골재를 함수상태로 만드는 방법 ┃

(2) 골재의 수량

골재의 수량에는 함수량, 흡수량, 유효 흡수량, 표면 수량 등이 있다.

① **함수량** : 골재 알의 안팎에 품고 있는 모든 물의 양이며, 절대건조상태 골재의 무게비(%)로 나타낸다.

② **흡수량** : 골재 알이 절대건조상태에서 표면건조포화 상태로 되기까지 흡수한 물의 양, 즉 표면건조 포화상태일 때의 골재 알 속에 들어 있는 모든 물의 양이며, 절대건조상태 골재의 무게비(%)로 나타낸다.

골재의 흡수량은 보통 골재에서 잔골재는 1~6%, 굵은 골재는 0.5~4% 정도이다.

③ **유효 흡수량** : 골재 알이 공기 중 건조상태에서 표면건조 포화상태로 되기까지 흡수된 물의 양이며, 절대건조상태 골재의 무게비(%)로 나타낸다.

④ **표면수량** : 골재 알의 표면에 묻어 있는 물의 양, 즉 함수량에서 흡수량을 뺀 물의 양이며, 표면건조 포화상태 골재의 무게비(%)로 나타낸다. 골재의 표면수량의 값은 아래와 같다.

▼ **골재의 표면수량(%)**

골재의 상태	표면수량
젖은 자갈 및 부순돌	0.5~2
아주 젖은 모래	5~8
보통 젖은 모래	2~4
조금 젖은 모래	0.5~2

🍀 참고정리

✔ **표면수율과 흡수율**

① 표면수량이 많은 골재를 사용하여 콘크리트를 혼합할 때에는 시방배합으로 구한 사용수량에서 표면 수량만큼을 빼지 않으면 수분이 많아 재료가 분리되어 약한 콘크리트가 만들어진다. 표면수량이 어느 정도인지 구한 값을 표면수율이라고 한다.

② 또한 흡수량의 정도를 표시하는 흡수율은 골재 내부의 공극량을 표시하고 있으며 골재 품질의 양부를 나타낸다. KS에서는 콘크리트용 쇄석의 흡수율을 3% 이하로 규정하고 있다.

기출 및 실전문제

01
11⑤
골재의 절대건조상태에 대한 정의로 옳은 것은?

① 골재를 80~90℃의 온도에서 3시간 이상 건조하여 골재 알의 내부에 포함되어 있는 자유수가 완전히 제거된 상태

② 골재를 90~100℃의 온도에서 6시간 이상 건조하여 골재 알의 내부에 포함되어 있는 자유수가 완전히 제거된 상태

③ 골재를 110~120℃의 온도에서 24시간 이상 건조하여 골재 알의 내부에 포함되어 있는 자유수가 완전히 제거된 상태

④ 골재를 100~110℃의 온도에서 일정한 질량이 될 때까지 건조하여 골재 알의 내부에 포함되어 있는 자유수가 완전히 제거된 상태

02
13②
골재의 함수상태 네 가지 중 습기가 없는 실내에서 자연건조시킨 것으로서 골재 알 속의 빈틈 일부가 물로 차 있는 상태는?

① 습윤상태　　　　② 절대건조상태
③ 표면건조 포화상태　　④ 공기 중 건조상태

03
12①
콘크리트 배합설계 시 기준이 되는 골재의 상태는?

① 절대건조상태　　　② 공기 중 건조상태
③ 표면건조 포화상태　　④ 습윤상태

04
13④
골재 알의 표면에는 물기가 없고 골재 알 속의 빈틈만 물로 차 있는 골재의 함수상태는?

① 절대건조상태　　　② 공기 중 건조상태
③ 표건상태　　　　④ 습윤상태

⊙ 콘크리트 시방배합에서 골재상태는 골재의 표건상태를 기준으로 한다.

05 골재의 절대건조상태에 대한 설명으로 옳은 것은?

12①

① 골재를 90±5℃의 온도에서 무게가 일정하게 될 때까지 건조시킨 것

② 골재를 105±5℃의 온도에서 무게가 일정하게 될 때까지 건조시킨 것

③ 골재를 115±5℃의 온도에서 무게가 일정하게 될 때까지 건조시킨 것

④ 골재를 125±5℃의 온도에서 무게가 일정하게 될 때까지 건조시킨 것

○ 골재를 105±5℃의 온도에서 무게가 일정하게(건조로에서 보통 24시간)될 때까지 건조시킨 것을 절대건조상태라 한다.

06 골재의 표면수량에 대한 설명 중 옳지 않은 것은?

14①

① 골재의 습윤상태에서 표면건조 포화상태의 수분을 뺀 물의 양이다.

② 시방배합을 현장배합으로 보정할 경우 표면수량을 고려한다.

③ 절대건조상태에서 표면건조 포화상태로 되기까지 흡수된 물의 양이다.

④ 골재의 표면에 묻어 있는 물의 양이다.

○ 절대건조상태에서 표면건조 포화상태로 되기까지 흡수된 물의 양은 '흡수량'이라 한다.

07 골재의 습윤상태에서 표면건조 포화상태의 수분을 뺀 물의 양은?

13②

① 함수량   ② 흡수량

③ 표면수량   ④ 유효흡수량

08 골재를 함수상태에 따라 분류할 때 골재입자의 내부에 물이 채워져 있고, 표면에도 물이 부착되어 있는 상태는?

14④

① 습윤상태   ② 표면건조 포화상태

③ 공기 중 건조상태   ④ 절대건조상태

09 골재 흡수량의 계산식으로 옳은 것은?

13②

> • 절대건조상태의 무게 : A
> • 공기 중 건조상태의 무게 : B
> • 표면건조 포화상태의 무게 : C
> • 습윤상태의 무게 : D

① A−B
② D−A
③ C−A
④ B−A

10 골재 함수상태에 따라 분류하고 간단히 설명하시오.

실기
필답형

골재 함수상태에 따른 분류	간단한 설명
절대건조상태	물기가 전혀 없는 상태
①	
②	
③	

⊙ ① 공기 중 건조상태 : 골재 알 속의 일부에만 물기가 있는 상태
② 표면건조 포화상태 : 골재알 표면에는 물기가 없고 골재 알 속의 빈 틈만 물로 차 있는 상태
③ 습윤상태 : 골재 알 속이 물로 차 있고 표면에도 물기가 있는 상태

11 골재가 가진 물의 전량에서 골재 알 속에 흡수된 수량을 뺀 수량은?

14②

① 표면수율
② 흡수율
③ 함수율
④ 유효흡수율

⊙ 표면수율은 표면건조 포화상태에 대한 시료질량의 백분율로 나타낸다.

12 표면건조 포화상태 시료의 질량이 4,000g이고, 물속에서 철망태와 시료의 질량은 3,070g이며 철망태의 질량 580g, 절대건조상태 시료의 질량 3,930g일 때 이 굵은 골재의 절대건조상태의 밀도는?(단, 시험온도에서 물의 밀도는 1g/cm³이다.)

12⑤

① 2.30g/cm³
② 2.40g/cm³
③ 2.50g/cm³
④ 2.60g/cm³

⊙ • 절건밀도
$= A/B-C \times \rho_\omega$
$= 3,930/4,000-(3,070-580) \times 1$
$= 2.60 \text{g/cm}^3$
• 표건밀도
$= B/B-C \times \rho_\omega$
$= 4,000/4,000-(3,070-580) \times 1$
$= 2.65 \text{g/cm}^3$
• 진밀도
$= A/A-C \times \rho_\omega$
$= 3,930/3,930-(3,070-580) \times 1$
$= 2.73 \text{g/cm}^3$

정답 **09** ③ **10** 해설 참조 **11** ① **12** ④

13 굵은 골재 밀도시험의 결과 공기 중의 표건시료의 질량 6,755g, 물 속에서의 시료질량 4,209g, 노건조 시료의 질량 6,658g이다. 이때 절대건조상태의 밀도는?(단, $\rho_w = 1\text{g/cm}^3$)

13④

① 2.62g/cm³　　　② 2.65g/cm³

③ 2.68g/cm³　　　④ 2.72g/cm³

절대건조상태의 밀도
$= A/B - C \times \rho_w$
$= 6,658/6,755 - 4,209 \times 1$
$= 2.62\text{g/cm}^3$

14 표면건조 포화상태인 굵은 골재의 질량이 4,000g이고, 이 시료의 절대건조상태에서의 질량이 3,940g이었다면, 흡수율은?

13①
14①

① 1.25%　　　② 1.32%

③ 1.45%　　　④ 1.52%

흡수율
$= \dfrac{4,000 - 3,940}{3,940} \times 100$
$= 1.52\%$

15 보통 굵은 골재 흡수율의 범위는 일반적으로 얼마 정도인가?

11②
13④

① 0.5~4%　　　② 3~6%

③ 4~10%　　　④ 8~14%

보통골재로 잔골재의 흡수율은 1~6% 정도이다.

16 일반적인 잔골재의 흡수율은 대개 어느 정도인가?

12①

① 1~6%　　　② 6~12%

③ 13~18%　　　④ 18~23%

17 콘크리트용 골재에 대한 설명으로 옳은 것은?

11②

① 골재의 밀도는 일반적으로 공기 중 건조상태의 밀도를 말한다.

② 골재의 입도는 골재의 크기를 말하며, 입도가 좋은 골재란 크기가 균일한 것을 말한다.

③ 골재의 단위 부피 중 골재 사이의 빈틈 비율을 공극률이라 한다.

④ 골재의 기상작용에 대한 내구성을 알기 위해서는 로스앤젤레스 마모시험기로 한다.

• 골재의 밀도는 일반적으로 표건밀도를 말한다.
• 입도가 좋은 골재란 골재의 크기가 골고루 섞인 것을 말한다.
• 골재의 내구성을 알기 위해서는 골재의 안정성 시험을 한다.

정답　**13** ①　**14** ④　**15** ①　**16** ①　**17** ③

G·U·I·D·E

18 보통 잔골재의 일반적인 밀도로 옳은 것은?
12⑤

① 2.40~2.55g/cm³ ② 2.50~2.65g/cm³

③ 2.60~2.85g/cm³ ④ 2.80~2.95g/cm³

◉ 잔골재의 밀도는 표면건조포화상태
를 의미한다.

19 일반적으로 잔골재의 표건밀도는 어느 정도의 범위를 가지
11⑤
14② 는가?

① 2.0g/cm³ 이하 ② 2.50~2.65g/cm³

③ 2.75~2.90g/cm³ ④ 3.10~3.15g/cm³

◉ 표면건조포화상태의 잔골재 밀도는
보통 2.50~2.65g/cm³, 굵은 골재
밀도는 2.55~2.70g/cm³ 범위에
있다.

20 습윤상태에 있는 굵은 골재 6,530g을 채취하여 표면건조
실기
필답형 포화상태가 되었을 때 질량이 6,480g, 공기 중 건조상태
의 질량이 6,400g, 절대건조상태의 질량이 6,387g이었
다. 표면수율을 구하시오.(단, 소수 셋째 자리에서 반올림
하시오.)   [실기 4점]

◉ 표면수율 = $\dfrac{6,530-6,480}{6,480}$
= 0.77%

21 입도가 알맞은 골재를 사용한 콘크리트의 장점에 대한 설명
12① 으로 틀린 것은?

① 내구성 및 수밀성이 좋아진다.

② 시멘트 풀의 양을 줄일 수 있다.

③ 빈틈이 적어져 단위무게가 커진다.

④ 골재의 사용량이 적어지므로 경제적이다.

◉ 시멘트의 사용량이 적어져서 경제적
이다.

22 실적률이 큰 골재를 사용한 콘크리트의 특징으로 틀린 것은?
11①

① 시멘트 페이스트의 양이 적어도 경제적으로 소요의 강도
를 얻을 수 있다.

② 단위시멘트량이 적어지므로 수화열을 줄일 수 있다.

③ 단위시멘트량이 적어지므로 건조수축이 증가한다.

④ 콘크리트의 밀도, 수밀성, 내구성이 증가한다.

◉ 단위시멘트량이 적어지며 건조수축
이 줄어든다.

G·U·I·D·E

23 콘크리트에 사용하는 부순 돌의 특성을 설명한 것으로 옳은
11① 것은?

① 강자갈보다 빈틈이 적고 골재 사이의 마찰이 적다.

② 강자갈보다 모르타르와의 부착성이 나쁘고 강도가 적다.

③ 동일한 워커빌리티를 얻기 위해 강자갈을 사용한 경우보
다 단위수량이 많이 요구된다.

④ 수밀성, 내구성은 강자갈을 사용한 경우보다 월등히 증가
한다.

◉ 부순돌은 ⑤ 실적률이 작고 ⑥ 시공
연도가 떨어진다. ⑥ 강자갈보다 모
르타르와의 부착성이 좋고 ⑥ 강도
가 크다.

정답 **23** ③

7 골재의 비중

아래 그림과 같은 체적 V, 질량 W의 골재에서 비중은 다음 식으로 구할 수 있다.

$$비중 = W/V[g/cm^3]$$

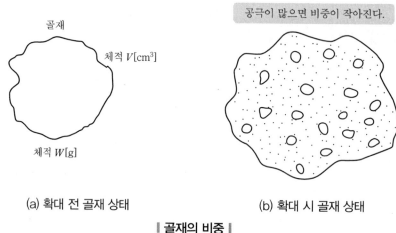

공극이 많으면 비중이 작아진다.

골재
체적 $V[cm^3]$
체적 $W[g]$

(a) 확대 전 골재 상태   (b) 확대 시 골재 상태

❙ 골재의 비중 ❙

그러나 골재를 확대해서 관찰하면 위 그림 (b)와 같이 많은 구멍이 있는 것을 알 수 있다. 이것은 경석을 예로 들면 잘 알 수 있다. 경석은 지하의 마그마가 지표에 나와 급격히 냉각되었기 때문에 고체화될 때에 내부에서 공기가 나와 많은 공극이 생긴 것이다. 이 정도로 극단적인 것은 아니지만 자갈이나 모래의 입자에는 많은 공극이 있다.

① 골재의 비중은 일반적으로 표면 건조포화상태의 골재 알의 비중을 말한다. 골재의 비중이 크면, 빈틈이 적고 흡수량이 적어서 내구성이 크며, 조직이 치밀하므로 강도가 크다.

② 잔골재의 비중은 보통 2.50~2.65 정도이고, 굵은 골재의 비중은 2.55~2.70 정도이다.

③ 골재의 비중은 시료의 무게(g)를 시료와 같은 부피의 물의 무게(g)로 나누어 구한다.

④ 골재의 비중은 콘크리트의 배합설계, 빈틈률, 실적률 등의 계산에 쓰인다.

❙ 비중 측정 장치 ❙

⑤ 잔골재의 비중을 구하는 방법

잔골재의 비중을 비중시험에 의해 구하기 위해서는 표면건조 포화상태의 골재 중량 W와 체적 V를 측정하게 되는데, 측정에는 플라스크를 사용한다.

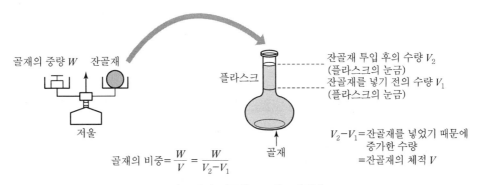

골재의 비중$= \dfrac{W}{V} = \dfrac{W}{V_2 - V_1}$

$V_2 - V_1 =$ 잔골재를 넣었기 때문에 증가한 수량
$=$ 잔골재의 체적 V

‖ 잔골재의 비중을 구하는 방법 ‖

⑧ 골재입도

강변의 모래를 잘 살펴보면 입자의 크기가 다른 것을 알 수 있다. 이와 같이 골재의 크고 작은 입자가 혼합되어 있는 정도를 **입도**라고 하며, 대소의 입자가 적당히 혼합되어 있는 골재를 입도가 좋은 골재라고 한다. 입도가 좋은 골재를 사용하면 필요한 콘크리트를 얻기 위한 단위수량을 적게 할 수 있다.

입도는 아래 그림과 같이 한국산업규격에서 규격화해 놓은 콘크리트용 망 체를 사용하는 **골재의 체가름 분류시험**으로 구할 수 있다.

‖ 잔골재와 굵은 골재에 사용하는 체 ‖

G·U·I·D·E

01 골재의 굵고 잔 알이 섞여 있는 정도를 무엇이라고 하는가?

13④

① 입도

② 밀도

③ 단위용적질량

④ 유해물 함량

02 골재의 입도에 대한 설명으로 옳지 않은 것은?

14②

① 골재의 입도란 골재의 크고 작은 알이 섞여 있는 정도를 말한다.

② 골재의 체가름 시험 결과 굵은 골재 최대치수, 조립률, 입도 분포를 알 수 있다.

③ 골재의 입도가 양호하면 수밀성이 큰 콘크리트를 얻을 수 있다.

④ 골재의 입자가 균일하면 양질의 콘크리트를 얻을 수 있다.

● 골재의 입자가 균일하면 시멘트풀이 많이 들어 비경제적이다.

03 콘크리트 시공에서 시멘트 사용량을 절약하려면 골재로서 다음 중 어느 것에 가장 유의해야 하는가?

14①

① 시멘트 풀과 부착성

② 골재 입도

③ 골재 중량

④ 골재 밀도

● 입도가 양호하면 빈틈이 적어 시멘트가 적게 들어간다.

04 콘크리트 시공에서 시멘트 사용량에 가장 큰 영향을 주는 골재의 성질은?

11⑤

① 골재의 밀도

② 골재의 입도

③ 골재의 내구성

④ 골재의 흡수량

정답 **01** ① **02** ④ **03** ② **04** ②

9 골재의 단위용적중량(단위무게)

① 골재의 단위용적중량이란 기건(氣乾)상태에서 1m³당의 중량을 말한다.

② 잔골재 : 1,450~1,700kg/m³, 굵은 골재 : 1,500~1,850kg/m³

또한, 단위용적중량으로 공극률을 구해야 하는데, 그 값이 골재의 품질을 평가하는 기준이 된다. 공극률이 작으면 콘크리트를 만들 때 시멘트 페이스트의 양이 적어도 되므로 경제적인 콘크리트를 만들 수 있다.

③
$$공극률 = \frac{고체\ 단위용적중량 - 단위용적중량}{고체단위용적중량} \times 100[\%]$$

여기서, 고체의 단위용적중량 : 공극이 없을 때의 단위용적중량이며 골재의 비중×1,000 (kg/m³)으로 구한 값

시험용기

공극률 : 시험용기 중에서 차지하는 공극의 비율
(잔골재에서 30~45%, 굵은 골재에서 30~40%)
실적률 : 시험용기 중에서 차지하는 골재의 비율
(100−공극률)

‖ 공극률과 실적률 ‖

④
$$골재의\ 단위무게(kg/m^3) = \frac{용기\ 속\ 시료의\ 무게(kg)}{용기의\ 부피(m^3)}$$

골재의 단위무게는 골재의 빈틈률 계산, 콘크리트의 배합에서 골재를 부피로 나타낼 때에 필요하다.

‖ 골재의 단위무게 측정용기 ‖

⑩ 빈틈률

골재의 단위 부피 중 골재 사이의 빈틈 비율을 빈틈률이라 한다. 골재의 빈틈률이 작으면, 시멘트풀의 양이 적게 들어 수화열이 적고, 건조수축이 작아지며, 또 콘크리트의 강도, 수밀성, 내구성, 닳음 저항성 등이 커진다. 일반적으로 빈틈률은 잔골재에는 30~45%, 굵은 골재에서는 35~40% 정도이고, 잔골재와 굵은 골재가 섞인 경우에는 25% 이하가 된다.

빈틈률은 다음 식으로 구한다.

$$빈틈률(\%) = \frac{(골재의\ 비중 \times 물의\ 밀도) - (골재의\ 단위무게)}{골재의\ 비중 \times 물의\ 밀도} \times 100$$

굵은 골재의 빈틈률은 프리팩트 콘크리트의 배합 설계에 필요하다.

⑪ 안정성

기상의 영향을 심하게 받는 콘크리트에는 내구성이 큰 골재를 사용해야 한다.
골재의 내구성을 알기 위해서는 안정성 시험을 하는데, 이 시험은 황산나트륨 포화용액을 사용하여 골재의 부서짐 작용에 대한 저항성을 측정하는 것으로서, 시험 후 손실 무게비는 잔골재는 10% 이하, 굵은 골재는 12% 이하로 하고 있다.

⑫ 닳음 저항

도로 포장 콘크리트용 및 댐 콘크리트용 골재는 닳음에 대한 저항성이 커야 한다.
굵은 골재의 닳음 시험은 로스앤젤레스 시험기로 철구를 사용해서 닳음 감량을 측정하며, 아래 표와 같다.

▼ 굵은 골재의 닳음 감량 한도(%)

골재의 종류	닳음 감량의 한도
보통 콘크리트용 골재	50
포장 콘크리트용 골재	35
댐 콘크리트용 골재	40

┃ 로스앤젤레스 시험기 ┃

⑬ 유해물

골재에 실트(Silt), 점토, 연한 돌 조각 등의 물질과 부식토, 이탄 등의 유기물이 어느 정도 들어 있으면 콘크리트의 강도, 내구성, 안정성이 나빠진다. 특히 염화물이 많이 들어 있으면, 철근 콘크리트나 프리스트레스트 콘크리트 속의 강재가 녹슬게 되어 나쁜 영향을 끼치게 된다.

G·U·I·D·E

01 골재 알의 모양을 판정하는 척도인 실적률을 구하는 식으로
12⑤ 옳은 것은?

① 실적률(%) = 공극률(%) − 100

② 실적률(%) = 100 − 공극률(%)

③ 실적률(%) = 조립률(%) − 100

④ 실적률(%) = 100 − 조립률(%)

▶ • 실적률
$$= \frac{골재의\ 단위용적질량}{골재의\ 밀도} \times 100$$
• 공극률 = 100 − 실적률

02 공극률이 25%인 골재의 실적률은?
14④

① 12.5% ② 25%

③ 50% ④ 75%

◉ 실적률 = 100 − 공극률
$= 100 - 25 = 75\%$

03 골재의 밀도가 2.50g/cm³이고 단위용적용량이 1.5t/m³일
11② 때 이 골재의 공극률은 얼마인가?

① 35% ② 40%

③ 45% ④ 50%

◉ 공극률 $= (1 - \frac{\omega}{\rho}) \times 100$
$= (1 - \frac{1.5}{2.5}) \times 100$
$= 40\%$

04 잔골재의 단위무게가 1.65t/m³이고 밀도가 2.65g/cm³일 때
11① 이 골재의 공극률은 얼마인가?

① 32.7% ② 34.7%

③ 37.7% ④ 39.1%

▶ • 실적률 $= \frac{1.65}{2.65} \times 100$
$= 62.3\%$
• 공극률 = 100 − 실적률
$= 100 - 62.3 = 37.7\%$

05 골재의 단위용적질량이 1.6t/m³이고 밀도가 2.60g/cm³일
13② 때 이 골재의 실적률은?

① 61.5% ② 53.9%

③ 38.5% ④ 16.3%

▶ • 실적률 $= \frac{\omega}{\rho} \times 100$
$= 1.6/2.60 \times 100$
$= 61.5\%$
• 공극률 = 100 − 실적률

기출 및 실전문제

06
14④ 다음 중 잔골재에 대한 설명 중 틀린 것은?

① 흡수량이 3% 이상이면 콘크리트 강도나 내구성에 좋은 영향을 끼친다.

② 표건밀도는 보통 2.50~2.65g/cm³ 정도이다.

③ 밀도가 큰 골재는 강도와 내구성이 크다.

④ 흡수량은 골재 알 속의 빈틈이 많고 적음을 나타낸다.

◉ 흡수량이 3% 이상이면 콘크리트 강도나 내구성에 나쁜 영향을 끼친다.

07
13② 골재의 빈틈이 적을 경우 콘크리트에 미치는 영향을 옳게 설명한 것은?

① 혼합수량이 증가한다.

② 투수성 및 흡수성이 증가한다.

③ 내구성이 큰 콘크리트를 얻을 수 있다.

④ 콘크리트의 강도가 커지고 건조수축도 커진다.

◉ ㉠ 혼합수량이 감소한다.
㉡ 투수성 및 흡수성이 감소한다.
㉢ 콘크리트의 강도가 커지고 건조수축이 적어진다.

08
12② 굵은 골재의 연한 석편 함유량의 한도는 최대값을 몇 %(질량 백분율)로 규정하고 있는가?

① 3% ② 5%

③ 10% ④ 13%

◉ 굵은 골재 유해물 함유량 한도
• 점토 덩어리 : 0.25% 이하
• 0.08mm체 통과량 : 1.0% 이하

09
13① 시멘트 중의 알칼리 성분이 골재 중의 여러 가지 조암광물과 반응을 일으키는 것을 알칼리 골재반응이라 하는데 이것이 콘크리트에 미치는 영향은?

① 수화열을 증가시킨다.

② 내구성을 증가시킨다.

③ 균열을 발생시킨다.

④ 수밀성을 좋게 한다.

◉ 알칼리 골재 반응이 발생하면 콘크리트의 내구성이 현저하게 저하된다.

1 콘크리트 혼합수의 특징

콘크리트의 비비기에 사용하는 혼합수는 콘크리트 부피의 약 15% 정도를 차지하며, 콘크리트에 유동성을 주고, 수화작용에 필요한 재료이다. 혼합수는 특별한 맛, 냄새, 빛깔이 없고, 마실수 있는 정도로 깨끗한 물이어야 한다. 물 속에 기름, 산, 염류, 유기물 등이 들어 있으며 콘크리트의 워커빌리티, 굳기, 강도, 부피의 변화 등에 영향을 끼치게 되며, 강재를 녹슬게 한다.

① 일반적으로 수돗물, 지하수, 하천수가 사용되지만, 공장 폐수나 도시 하수에 의해 오염된 물은 콘크리트에 나쁜 영향을 끼치므로 사용 시 주의를 요한다. 만일 이와 같이 오염의 우려가 있는 물을 사용할 경우에는 수질시험 등을 거친 후에 이용하는 것이 좋다.

② 바닷물은 무근 콘크리트에 크게 해롭지 않지만, 철근콘크리트나 프리스트레스트 콘크리트에 사용해서는 안 된다.

③ 콘크리트 표준시방서에는 '콘크리트에 사용하는 물은 유해량의 기름, 산, 알칼리, 염류 및 유기물을 함유하지 않은 청정한 것이라야 한다. 또한, 철근콘크리트에는 해수를 사용해서는 안 된다'고 규정되어 있다.

| 콘크리트에 사용하는 물의 조건 |

④ 철근콘크리트에 염분이 혼입되면 이미 설명한 바와 같이 콘크리트의 중성화나 염해로 콘크리트 내부의 철근이 발청하여 균열 등이 발생하거나 알칼리 골재반응 등 구조물 자체에 악영향을 미치므로 해수를 사용할 수 없다.

혼합 용수로서 보통 수돗물, 하천수, 지하수 등이 사용된다. 그러나 특수한 성분을 함유하는 하천수나 지하수일 때, 혹은 공장배수가 유입되고 있을 때에는 물 사용의 가부에 대하여 신중하게 검토할 필요가 있다.

 수돗물   하천수   지하수

┃ 콘크리트에 사용하는 물 ┃

혼합수 수질의 영향은 콘크리트의 응결, 강도 등에서 나타나는데, 응결과 강도를 검토하면 그 물의 사용 가부를 대체로 판단할 수 있다. 일반적으로 '시험용수를 사용한 모르타르의 재령 7일 및 28일의 압축강도는 기준수(基準水)를 사용했을 때의 90% 이상'이어야 한다.

시멘트

시멘트란 넓은 의미로는 무기질 접착제 또는 광물질 풀을 말하나, 보통 시멘트란 물과 섞으면 시간이 지남에 따라 굳어지는 성질을 가지는 수경성 물질 중에서 석회질 수경성 시멘트인 포틀랜드 시멘트(Portland Cement)를 말한다.

시멘트는 콘크리트에서 골재를 결합시켜 단단하게 하는 역할을 하며, 콘크리트의 구성 재료 중에서 가장 중요한 것이다.

1 시멘트의 종류

토목공사에 사용되는 시멘트는 그 종류가 많지만, 한국산업규격(KS)에 규정되어 있는 품질에 따라 나누면 아래 표와 같다.

▼ 시멘트의 종류

분류	종류
포틀랜드 시멘트	• 보통 포틀랜드 시멘트 • 중용열 포틀랜드 시멘트 • 조강 포틀랜드 시멘트 • 저열 포틀랜드 시멘트 • 내황산염 포틀랜드 시멘트 • 백색 포틀랜드 시멘트
혼합 시멘트	• 고로슬래그 시멘트 • 플라이애시 시멘트 • 포틀랜드 포촐라나 시멘트
특수 시멘트	• 내화물용 알루미나 시멘트 • 석면 단열 시멘트 • 마그네시아 단열 시멘트 • 팽창 질석을 사용한 단열 시멘트 • 팽창성 수경 시멘트 • 메이슨리(Masonry) 시멘트

특수 시멘트로서 초속경 시멘트, 초조강 시멘트, 유정(Oil Well) 시멘트, 초미분말 시멘트, 컬러(Color) 시멘트 등이 있다.

우리 나라에서는 대부분 보통 포틀랜드 시멘트를 생산하고 있으며, 이 밖에도 다른 시멘트의 일부가 약간 생산되고 있다.

❷ 시멘트의 제조 및 성분

포틀랜드 시멘트의 제조 및 성분은 다음과 같다.

(1) 제조

포틀랜드 시멘트는 석회석과 점토를 알맞은 비율로 섞어 회전가마 속에서 $1,400 \sim 1,500 ℃$로 구워서 클링커(Clinker)를 만들어, 이것에 굳는 속도를 늦추기 위하여 응결 지연제로 석고를 3% 정도 넣고 부수어 가루로 만든 것이다. 즉, 시멘트는 원료의 섞기, 굽기, 부수기의 세 가지 공정을 거치게 된다.

시멘트의 제조방식에는 원료의 섞기 방법에 따라 건식법, 습식법, 반건식법이 있다. 우리나라에서는 대부분 건식법을 사용하고 있으며, 그 다음으로 반건식법을 많이 쓰고 있다.

▌ 시멘트 공장 ▌

(2) 화학성분과 화합물

포틀랜드 시멘트의 주성분은 산화칼슘(CaO), 이산화규소(SiO_2), 산화알루미늄(Al_2O_3), 산화철(Fe_2O_3) 등으로 구성되어 있다. 이것들은 불에 구우면 여러 가지 화합물이 되는데, 이 화합물은 시멘트의 수화작용과 강도에 영향을 끼치게 된다.

포틀랜드 시멘트의 주요 화합물은 규산삼석회, 규산이석회, 알루민산삼석회, 알루민산철사석회이며, 이들의 특성은 아래 표와 같다.

▼ 포틀랜드 시멘트의 주요 화합물의 특성

종류	약자	수화속도	수화열	장기 강도
규산삼석회	C_3S	비교적 빠르다.	많다.	크다.
규산이석회	C_2S	느리다.	적다.	크다.
알루민삼석회	C_3A	가장 빠르다.	매우 많다.	작다.
알루민산철사석회	C_4AF	보통이다.	보통이다.	작다.

(3) 물·시멘트비(W/C)

콘크리트 또는 모르타르에서 골재가 표면건조 포화상태에 있을 때, 시멘트 풀 속에 있는 물과 시멘트의 무게비를 물·시멘트비(W/C), 이 역수를 시멘트·물비(C/W)라 한다.

$$단위 \ 시멘트량(kg) = \frac{단위수량}{물 - 시멘트비(W/C)}$$

G·U·I·D·E

01 우리나라에서 일반적으로 가장 많이 사용되는 시멘트는?

11⑤
14④

① 고로 시멘트

② 조강 포틀랜드 시멘트

③ 보통 포틀랜드 시멘트

④ 중용열 포틀랜드 시멘트

02 다음 중 특수 시멘트에 속하는 것은?

11⑤

① 보통 포틀랜드 시멘트

② 중용열 포틀랜드 시멘트

③ 알루미나 시멘트

④ 고로 시멘트

03 다음 시멘트 중 혼합시멘트에 속하지 않는 것은?

14②

① 고로 시멘트

② 플라이애시 시멘트

③ 알루미나 시멘트

④ 포틀랜드 포졸란 시멘트

04 다음 중 혼합시멘트에 속하는 것은?

13②

① 중용열 포틀랜드 시멘트

② 알루미나 시멘트

③ 초속경 시멘트

④ 고로슬래그 시멘트

05 다음 시멘트의 종류 중 혼합시멘트가 아닌 것은?

12⑤

① 고로슬래그 시멘트

② 포틀랜드 포졸란 시멘트

③ 플라이애시 시멘트

④ 알루미나 시멘트

정답 **01** ③ **02** ③ **03** ③ **04** ④ **05** ④

G·U·I·D·E

06 시멘트의 종류에서 특수 시멘트에 속하는 것은?
11①
① 고로슬래그 시멘트
② 팽창 시멘트
③ 플라이애시 시멘트
④ 백색 포틀랜드 시멘트

⊙ 혼합시멘트
• 고로슬래그 시멘트
• 플라이애시 시멘트
• 포틀랜드 포졸란 시멘트

07 다음 시멘트 중 특수 시멘트에 속하는 것은?
14①
① 백색 포틀랜드 시멘트
② 팽창 시멘트
③ 실리카 시멘트
④ 플라이애시 시멘트

⊙ • 혼합시멘트 : 고로슬래그 시멘트, 플라이애시 시멘트 실리카 시멘트
• 특수시멘트 : 알루미나 시멘트, 초속경 시멘트, 팽창 시멘트

08 포틀랜드 시멘트 제조방법 중 옳지 않은 것은?
12⑤
① 건식법
② 반건식법
③ 습식법
④ 수중법

⊙ 건식법, 반건식법, 습식법 중에서 건식법이 가장 많이 제조방법으로 사용되고 있다.

09 일반적인 수중콘크리트의 단위 시멘트량 표준은 얼마 이상 인가?
11②
① 370kg/m³
② 300kg/m³
③ 250kg/m³
④ 200kg/m³

⊙ 일반적인 수중콘크리트의 단위 시멘트량은 370kg/m³ 이상이다.

10 물－결합재비가 50%, 단위수량이 165kg/m³일 때 단위 시 멘트량은?
13④
① 82.5kg/m³
② 165kg/m³
③ 330kg/m³
④ 345kg/m³

⊙ $\dfrac{W}{C} = 50\%$
$\therefore C = \dfrac{165}{0.5} = 330\text{kg/m}^3$

11 물－시멘트비가 50%이고 단위 수량이 180kg/m³일 때 단위 시멘트량은 얼마인가?
12②,⑤
14④
① 90kg/m³
② 180kg/m³
③ 270kg/m³
④ 360kg/m³

⊙ $\dfrac{W}{C} = 0.5$
$\therefore C = \dfrac{W}{0.5} = \dfrac{180}{0.5}$
$\quad = 360\text{kg/m}^3$

정답 **06** ② **07** ② **08** ④ **09** ① **10** ③ **11** ④

12 콘크리트 배합 설계 시 사용 시멘트량이 280kg/m³이고 물
11⑤ ─시멘트비가 46%일 때 사용수량은 약 얼마인가?

① 89kg/m³   ② 129kg/m³

③ 151kg/m³   ④ 609kg/m³

$\frac{W}{C} = 46\%$

$\therefore W = C \times 0.46 = 280 \times 0.46$
$\quad = 129 \text{kg}$

13 단위 수량이 176kg/m³이며, 물─시멘트비가 55%인 경우
11② 단위 시멘트량은?

① 96.8kg/m³   ② 160kg/m³

③ 235.2kg/m³   ④ 320kg/m³

$\frac{W}{C} = 55\%$

$\therefore C = \frac{176}{0.55} = 320 \text{kg/m}^3$

14 포틀랜드 시멘트 종류 3가지를 쓰시오.   [실기 3점]
실기
필답형 ①

②

③

① 보통 포틀랜드 시멘트
② 중용열 포틀랜드 시멘트
③ 조강 포틀랜드 시멘트
④ 저열 포틀랜드 시멘트
⑤ 내황산염 포틀랜드 시멘트

정답 **12** ② **13** ④ **14** 해설 참조

③ 일반적 성질

시멘트의 일반적 성질은 다음과 같다.

(1) 비중

시멘트의 비중은 시멘트의 종류에 따라 다르나, 보통 3.14~3.20 정도이다. 이것은 단위 무게의 계산과 콘크리트의 배합 설계 등에 쓰인다.

시멘트의 비중은 르 샤틀리에(Le Châtlier) 비중병을 사용하여 시멘트의 부피를 광유로 바꾸어서 구하고, 시멘트의 무게(g)를 부피(mL)로 나누어 구한다.

‖ 비중병 ‖

(2) 분말도

시멘트 입자의 가는 정도를 나타내는 것을 분말도라 한다. 시멘트는 입자가 가늘수록 분말도가 높으며, 분말도가 높으면 수화작용이 빠르고 조기 강도가 커진다.

그러나 분말도가 높은 시멘트는 풍화하기 쉽고, 수화열이 많아서 콘크리트에 균열이 생기며, 건조 수축이 커진다.

분말도 시험은 블레인(Blaine) 공기투과장치를 사용해서, 시멘트의 시료에 공기가 통과하는 시간을 구하여 비표면적을 구하는 것이다. 비표면적(cm^2/g)이란, 1g의 시멘트가 가지고 있는 전체 입자의 총 표면적(cm^2)을 말한다.

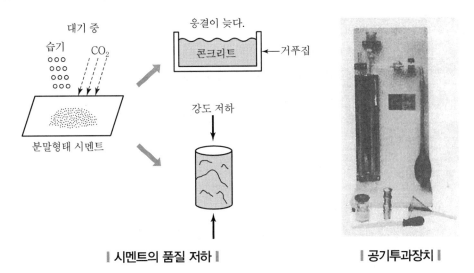

‖ 시멘트의 품질 저하 ‖ ‖ 공기투과장치 ‖

블레인 공기투과장치에 의한 시멘트의 분말도 시험방법은 KS L 5106에 규정되어 있다.

(3) 수화

시멘트에 물을 넣으면 화학반응을 일으켜 수화물을 생성하며, 이러한 반응을 수화라 한다. 시멘트가 수화작용을 할 때에 발생하는 열을 수화열이라 하며, 이것은 시멘트의 종류, 물-시멘트비, 분말도 등에 따라 달라진다. 수화열은 한중 콘크리트에서는 유효하지만, 매스 콘크리트에서는 온도 응력을 일으켜 균열이 생기게 된다. 따라서 매스 콘크리트에서는 여러 가지 방법으로 수화열을 줄이고 있다.

✔ **포틀랜드 시멘트의 수화반응**

시멘트에 물을 가하여 혼합하면 시간과 함께 유동성이 없어지면서 고체화된다. 이것은 시멘트와 물의 화학변화로서 시멘트의 수화(Hydration)라고 한다. 이 반응에 의하여 시간경과와 함께 강도가 증가된다. 이 반응 시에 발생하는 열을 수화열이라고 하며, 이 수화열에 대응하기 위해 콘크리트 시공상 다각적으로 연구가 되어 있다.

포틀랜드 시멘트의 완전 수화에 필요한 수량은 시멘트의 약 35~37% 정도라고 한다. 콘크리트 혼합에 사용하는 물의 양은 너무 많거나 너무 적어도 좋지 않다. 또한 이 수량이 콘크리트의 품질에 크게 영향을 미친다. 따라서 수화반응에 가장 적합한 수량을 구할 필요가 있다.

| 수화반응 |

(4) 풍화

시멘트는 저장 중에 공기와 닿으면 수화작용을 일으킨다. 이때 생긴 수산화칼슘[$Ca(OH)_2$]이 공기 중의 이산화탄소(CO_2)와 작용하여 탄산칼슘($CaCO_3$)과 물이 생기게 되는데, 이러한 작용을 시멘트의 **풍화**라 한다.

시멘트가 풍화하면 비중이 작아지고 응결이 늦어지며, 또 강도가 늦게 나타나고 강열 감량이 커진다.

시멘트의 풍화도 측정방법에는 강열 감량 시험방법(KS L 5120)이 있다. 이 시험은 시료 1g을 백금 도가니에 넣고, 900~1,000℃로 가열한 뒤 무게를 달아서, 이때 줄어든 시멘트의 무게비로 풍화도를 나타낸다.

시멘트의 강열 감량 규격은 KS에서 3% 이하로 하고 있다.

(5) 응결

시멘트에 물을 넣으면 수화작용을 일으켜, 시멘트풀이 시간이 지남에 따라 유동성과 점성을 잃고 점차 굳어진다. 이러한 상태를 응결이라 한다.

또, 응결이 끝난 후 수화작용이 계속되면 굳어져서 강도를 내게 되는데, 이러한 상태를 경화라 한다.

시멘트의 응결 시간은 콘크리트 치기와 관계가 있으며, 응결 시간이 너무 빨라도, 또 너무 늦어도 실제로 공사하는 데 불편하므로, 각 시멘트의 응결 시작(초결)과 응결 끝남(종결)의 시간을 알아야 한다.

일반적으로 **수량이 많고 시멘트가 풍화되었을 때에는 응결이 늦어지고, 온도가 높고 분말도가 높으면 응결이 빨라진다.** 또, 석고나 혼화재를 섞으면 응결 시간이 달라진다.

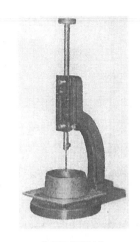

∥ 비카장치 ∥

시멘트의 응결 시간은 표준 반죽 질기의 시멘트 시험체에 규정된 하중을 주었을 때, 시험체가 굳어서 이 하중을 지지하는 데 걸리는 시간으로 나타낸다.

시멘트의 응결시간 측정방법에는 비카(Vicat)침에 의한 방법[KS L 5108]과 길모어(Gillmore)침에 의한 방법(KS L 5103)이 있다.

(6) 안정성

시멘트의 안정성은 시멘트가 굳어 가는 도중에 균열이 생기거나 뒤틀림의 변형이 생기는 정도를 나타내는 것이다.

시멘트의 불안정 원인은 시멘트의 성분 속에 들어 있는 산화칼슘(CaO), 산화마그네슘(MgO), 삼산화황(SO_3) 등이 굳어 가는 도중에 부피가 커져서 팽창성 균열이나 뒤틀림 등이 생기기 때문이다.

시멘트의 안정성은 시험체를 오토클레이브(Autoclave) 속에서 가열하고 냉각했을 때, 시험체의 팽창도 또는 수축도로 나타낸다.

∥ 오토클레이브 ∥

시멘트의 오토클레이브 팽창도 시험방법은 KS L 5107에 규정되어 있다. 포틀랜드 시멘트의 안정도 규격은 KS에서 시험체의 팽창도 또는 수축도를 0.8(%) 이하로 하고 있다.

(7) 강도

시멘트의 강도는 콘크리트의 강도와 직접 관계가 있으며, 이것은 시멘트의 여러 가지 성질 중에서 가장 중요한 것이다.

시멘트의 강도는 물－시멘트비, 모래의 종류와 입도, 시험체의 모양과 크기, 재령, 양생 방법 및 재하 속도 등에 따라 달라진다.

시멘트의 강도를 알기 위해서는 시멘트 모르타르의 강도시험을 한다. 이때, 모르타르 시험체는 표준 모래를 사용한다.

시멘트의 강도시험은 주로 모르타르의 압축강도시험이며, 시험체의 크기는 한 변의 길이가 50mm인 육면체이고, 모르타르의 배합비는 시멘트와 표준사를 1 : 3의 무게비로 한다.

시멘트 모르타르의 압축강도는 다음 식으로 한다.

$$압축강도(kgf/cm^2) = \frac{시험체\ 파괴\ 때의\ 최대\ 하중\,(kgf)}{시험체의\ 단면적\,(cm^2)}$$

▮ 시험체의 몰드 ▮

✔ 시멘트의 여러 가지 성질

시멘트는 다음과 같은 물리적인 성질이 있는데, 최근에 공장에서 출하되는 시멘트의 품질은 대체로 일정하며, 성질을 조사하는 시멘트의 물리시험을 한다고 할 경우, 풍화 정도 등을 알기 위한 시멘트의 강도시험이 일반적이라고 하겠다.

① **비중** : 일반적인 시멘트의 비중은 2,900~3,200kg/m³인데 소성이 불충분하거나 풍화되면 그 값은 작아진다.

② **분말도** : 시멘트 입자의 가늘기를 표시하는 것으로 분말도가 높을수록 표면적이 커져 수화작용이 빨라지지만 쉽게 풍화되기도 한다.

③ **응결** : 시멘트가 수화작용에 의하여 고결되는 현상을 말하며 분말도, 수량, 온도, 습도 등에 의하여 달라진다. 풍화되어 있으면 늦어진다.

④ **안정도** : 시멘트 경화 중 용적의 팽창 정도를 표시하며 팽창이 적은 것을 안정되어 있다고 한다.

⑤ **강도** : 시멘트의 성질 중에서 콘크리트의 강도에 연결되는 가장 중요한 것이며 아래 그림과 같이 콘크리트에 가까운 모르타르로 시험을 한다.

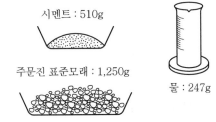

시멘트 : 510g
주문진 표준모래 : 1,250g
물 : 247g

‖ **시멘트의 강도시험(공시체 6개분의 재료)** ‖

01
12②

시멘트의 응결시간에 대한 설명으로 옳은 것은?

① 일반적으로 물－시멘트비가 클수록 응결시간이 빨라진다.
② 풍화되었을 때에는 응결시간이 늦어진다.
③ 온도가 높으면 응결시간이 늦어진다.
④ 분말도가 크면 응결시간이 늦어진다.

⊙ • 일반적으로 물－시멘트비가 클수록 응결시간이 늦어진다.
• 온도가 높으면 응결시간이 빨라진다.
• 분말도가 크면 응결시간이 빨라진다.

02
13④

시멘트의 비중은 종류에 따라 다르며 일반적으로 어느 정도인가?

① 2.50~2.65
② 2.55~2.70
③ 2.90~3.10
④ 3.14~3.20

⊙ 시멘트 비중으로 시멘트의 풍화 정도를 판별한다.

03
14④

시멘트의 비중은 보통 어느 정도인가?

① 2.51~2.60
② 3.04~3.15
③ 3.14~3.16
④ 3.23~3.25

⊙ • 중용열 포틀랜드 시멘트 비중이 가장 크다.
• 석회나 알루미나가 많이 혼합되어 있으면 비중이 작아진다.

04
실기
필답형

시멘트 비중이 작아지는 사유 3가지를 쓰시오.   [실기 6점]

①
②
③

⊙ ① 저장기간이 길어진 경우
② 혼합물이 섞여 있을 때
③ 클링커의 소성이 불충분할 때
④ 시멘트가 풍화된 경우

05
실기
필답형

시멘트의 비중은 시멘트의 품질이 나빠질 경우 작아지는데 일반적으로 어떤 이유로 작아지는지 3가지를 쓰시오.   [실기 6점]

①
②
③

⊙ ① 저장기간이 길었을 때
② 혼합물이 섞여 있을 때
③ 클링커의 소성이 불충분할 때
④ 시멘트가 풍화되었을 때

06
11①,⑤

시멘트의 제조 시 응결시간을 조절하기 위해 첨가하는 것은?

① 석고
② 점토
③ 철분
④ 광재

⊙ 석고의 첨가량이 많을수록 응결은 지연된다.

정답   **01** ②   **02** ④   **03** ③   **04,05** 해설 참조   **06** ①

G·U·I·D·E

07 시멘트의 응결에 대한 설명 중 잘못된 것은?

12①

① 물−시멘트비가 높으면 응결이 늦다.

② 풍화되었을 경우에는 응결이 늦다.

③ 온도가 높으면 응결이 늦다.

④ 분말도가 낮을 때는 응결이 늦다.

> ● 온도가 높으면 응결이 빠르다.

08 시멘트의 응결에 대한 설명이다. 틀린 것은?

13④

① 온도가 낮으면 응결이 늦어진다.

② 물의 양이 많으면 응결이 늦어진다.

③ 분말도가 낮으면 응결이 빠르다.

④ 습도가 낮으면 응결이 빠르다.

> ● 분말도가 낮으면 응결이 늦어진다.

09 시멘트의 응결속도에 영향을 주는 요소에 대한 설명으로 틀

13② 린 것은?

① 분말도가 크면 응결은 빨라진다.

② 석고의 첨가량이 많을수록 응결은 지연된다.

③ 온도가 낮을수록 응결은 빨라진다.

④ 풍화된 시멘트는 일반적으로 응결이 지연된다.

> ● 온도가 높을수록 응결은 빨라진다.

10 시멘트의 응결시간 측정법 2가지를 쓰시오.

실기
필답형

①

②

> ● ① 비카 침
> ② 길모어 침

11 포틀랜드 시멘트 제조 시 클링커를 만든 다음 석고를 3% 첨

13① 가하는 이유로 가장 적합한 것은?

① 강도를 작게 하기 위하여

② 강도를 크게 하기 위하여

③ 응결을 촉진시키기 위하여

④ 응결을 지연시키기 위하여

> ● 클링커 분쇄 과정에 석고를 첨가한다.

정답 **07** ③ **08** ③ **09** ③ **10** 해설 참조 **11** ④

G·U·I·D·E

12 시멘트의 분말도에 대한 설명으로 틀린 것은?

12②

① 시멘트의 분말도가 높으면 조기강도가 작아진다.

② 시멘트의 입자가 가늘수록 분말도가 높다.

③ 분말도란 시멘트 입자의 고운 정도를 나타낸다.

④ 분말도가 높으면 시멘트이 표면적이 커서 수화작용이 빠르다.

⊙ 시멘트의 분말도가 높으면 조기강도가 커진다.

13 분말도가 큰 시멘트에 대한 설명으로 틀린 것은?

11①
14①

① 수밀한 콘크리트를 얻을 수 있으며 균열의 발생이 없다.

② 풍화되기 쉽고 수화열이 많이 발생한다.

③ 수화반응이 빨라지고 조기강도가 크다.

④ 블리딩량이 적고 워커블한 콘크리트를 얻을 수 있다.

⊙ 분말도가 높을수록 수화열이 많이 발생하며 수축으로 인하여 콘크리트에 균열이 발생할 우려가 있다.

14 분말도가 높은 시멘트에 관한 설명으로 옳은 것은?

12①
14④

① 콘크리트에 균열이 생기기 쉽다.

② 수화열 발생이 적다.

③ 시멘트 풍화속도가 느리다.

④ 콘크리트의 수화작용 속도가 느리다.

⊙ • 수화열 발생이 많다.
• 시멘트 풍화속도가 빠르다.
• 콘크리트의 수화작용 속도가 빠르다.

15 분말도가 높은 시멘트에 대한 설명으로 옳은 것은?

13①,②

① 풍화하기 쉽다.

② 수화작용이 늦다.

③ 조기강도가 작다.

④ 발열이 작아 균열 발생이 적다.

⊙ • 수화작용이 빠르다.
• 조기강도가 크다.
• 발열이 커 균열 발생이 크다.

16 분말도가 높은 시멘트의 성질을 3가지만 쓰시오. [실기 6점]

실기
필답형

①

②

⊙ ① 수화작용이 빠르고 조기강도가 크게 된다.
② 워커빌리티가 좋아진다.
③ 풍화하기 쉽다.

정답 12 ① 13 ① 14 ① 15 ① 16 해설 참조

17 시멘트 분말도 시험방법 2가지를 쓰시오.　　　[실기 2점]

실기
필답형
①

②

○ ① 브레인 공기 시험
② 표준체 시험

18 보통 포틀랜드의 시멘트 분말도 규격에서 비표면적은 얼마

11⑤ 이상이어야 하는가?

① 2,800cm²/g 이상　　　② 3,100cm²/g 이상

③ 3,300cm²/g 이상　　　④ 3,500cm²/g 이상

○ 시멘트입자의 크기 정도를 분말도 또는 비표면적으로 나타내며 시멘트 입자가 미세할수록 분말도가 크다.

19 블레인 공기투과장치에 의한 비표면적 시험은 무엇을 얻기

13② 위한 시험인가?

① 시멘트의 분말도　　　② 시멘트의 팽창도

③ 시멘트의 인장강도　　　④ 시멘트의 표준주도

○ 분말도란 시멘트 입자의 고운 정도를 나타내는 것이다.

20 시멘트와 물이 혼합하면 화학반응을 일으켜 수화물을 생성하

14④ 는 반응은?

① 풍화　　　　　　② 수화

③ 응결　　　　　　④ 경화

○ 수화작용은 시멘트의 분말도, 수량, 온도 등의 영향을 받는다.

21 시멘트는 저장 중에 공기와 접촉하면 공기 중의 수분 및 이산

12②
13② 화탄소를 흡수하여 가벼운 수화반응을 일으키는데 이러한 반

응을 무엇이라고 하는가?

① 응결　　　　　　② 경화

③ 풍화　　　　　　④ 균열

22 풍화된 시멘트에 대한 설명으로 틀린 것은?

13② ① 경화가 늦어진다.　　　② 강도가 감소된다.

③ 응결이 늦어진다.　　　④ 밀도가 커진다.

○ 풍화된 시멘트는 비중(밀도)이 작아진다.

정답 **17** 해설 참조　**18** ①　**19** ①　**20** ②　**21** ③　**22** ④

기출 및 실전문제

23 시멘트는 저장 중에 공기와 닿으면 수화작용을 일으킨다. 이 때 생긴 수산화칼슘이 공기 중의 이산화탄소와 작용하여 탄산칼슘과 물이 생기게 되는데 이러한 작용을 무엇이라고 하는가?
14②
① 응결작용　　　　② 산화작용
③ 풍화작용　　　　④ 탄화작용

> 시멘트가 저장 중에 공기와 접하면 공기 중의 수분을 흡수하여 수화작용을 일으켜 굳어지는 현상을 풍화라고 한다.

24 시멘트가 풍화하면 나타나는 현상으로 옳은 것은?
12⑤
① 밀도가 커지고 응결이 빨라진다.
② 강도가 늦게 나타나고 응결이 빨라진다.
③ 밀도가 작아지고 조기강도가 커진다.
④ 응결이 늦어지며 밀도가 작아진다.

> 비중(밀도)이 작아지고 조기강도가 작다.

25 시멘트의 풍화에 대한 설명으로 틀린 것은?
11①
① 비중이 작아지고 응결이 늦어진다.
② 강도가 늦게 나타난다.
③ 고온다습한 경우에는 급속히 풍화가 진행된다.
④ 강열감량이 감소한다.

> 강열감량이 증가한다.

26 풍화된 시멘트에 대한 설명으로 잘못된 것은?
14①
① 입상·괴상으로 굳어지고 이상응결을 일으키는 원인이 된다.
② 시멘트의 비중이 떨어진다.
③ 시멘트의 응결이 지연된다.
④ 시멘트의 강열감량이 저하된다.

> 풍화한 시멘트는 일반적으로 강열감량이 증가한다.

27 풍화된 시멘트의 특징으로 틀린 것은?
11②
① 비중이 떨어진다.
② 응결이 지연된다.
③ 강열감량이 감소된다.
④ 강도의 발현이 저하된다.

> 강열감량이 증가된다.

정답　23 ③　24 ④　25 ④　26 ④　27 ③

46 • 콘크리트 기능사

G·U·I·D·E

28 풍화된 시멘트에 대한 설명으로 틀린 것은?

12①

① 비중이 커진다.

② 강도가 감소된다.

③ 응결이 늦어진다.

④ 경화가 늦어진다.

○ 비중이 작아진다.

29 다음의 시멘트에 관한 물음에 답하시오.   [실기 4점]

실기
필답형

(1) 시멘트 풍화의 정의

(2) 풍화된 시멘트의 특징 2가지

    ①

    ②

○ (1) 시멘트가 저장 중에 공기와 접하면 공기 중 수분을 흡수하여 수화작용을 일으켜 굳어지는 현상

(2) ① 강도 발현이 저하된다.

② 응결이 지연된다.

③ 강열감량이 증가한다.

④ 비중이 작아진다.

30 시멘트의 풍화에 대해 간단히 서술하고 풍화가 되면 어떤 현

실기
필답형

상이 나타나는지 2가지를 쓰시오.   [실기 4점]

(1) 시멘트 풍화란?

(2) 풍화한 시멘트의 성질 2가지는?

    ①

    ②

○ (1) 시멘트가 저장 중에 공기와 접하면 공기 중 수분을 흡수하여 수화작용을 일으켜 굳어지는 현상

(2) ① 강도의 발현이 저하된다.

② 강열감량이 증가된다.

③ 응결이 지연된다.

④ 비중이 감소한다.

31 풍화한 시멘트의 특징을 3가지 쓰시오.   [실기 6점]

실기
필답형

①

②

③

○ ① 강도의 발현이 저하된다.

② 응결이 지연된다.

③ 비중이 작아진다.

④ 강열감량이 증가한다.

32 [보기]에 설명하는 시멘트의 성질은?

12②

- 포틀랜드 시멘트의 경우 KS에서 0.8% 이하로 규정하고 있다.
- 오토클레이브 팽창도 시험방법으로 측정한다.

① 비중   ② 강도

③ 분말도   ④ 안정성

○ 시멘트가 경화 중에 체적이 팽창하여 균열이 생기거나 휨 등이 생기는 정도를 시멘트의 안정성이라 한다.

정답 **28** ①   **29~31** 해설 참조   **32** ④

G·U·I·D·E

33 아래에서 설명하는 시멘트의 성질은?

11⑤

> 시멘트가 굳는 도중에 체적팽창을 일으켜 균열이 생기거나 뒤틀림 등의 변형을 일으키지 않는 성질

① 응결　　　　　　② 풍화
③ 비표면적　　　　④ 안정성

34 시멘트의 성질에 대한 설명으로 틀린 것은?

11②

① 시멘트풀이 물과 화학반응을 일으켜 시간이 경과함에 따라 유동성과 점성을 상실하고 고화하는 현상을 수화라고 한다.
② 수화반응은 시멘트의 분말도, 수량, 온도, 혼화재료의 사용 유무 등 많은 요인들의 영향을 받는다.
③ 수량이 많고 시멘트가 풍화되어 있을 때에는 응결이 늦어진다.
④ 온도가 높고 분말도가 높으면 응결이 빨라진다.

○ 시멘트 풀이 물과 화학반응을 일으켜 시간이 경과함에 따라 유동성과 점성을 상실하고 고화하는 현상을 응결이라 한다.

35 콘크리트 재료 배합 시 재료의 계량오차가 가장 적게 생기도록 해야 하는 것은?

12①

① 시멘트　　　　　② 혼화제
③ 잔골재　　　　　④ 굵은 골재

○ • 시멘트, 물 : ±1%
　• 골재, 혼화제 : ±3%

36 시멘트의 강도시험(KS L ISO 679)에서 모르타르를 조제할 때 시멘트와 표준모래의 질량에 의한 비율로 옳은 것은?

13①

① 1 : 2　　　　　② 1 : 2.5
③ 1 : 3　　　　　④ 1 : 3.5

○ 모르타르는 시멘트와 표준모래를 1 : 3의 질량비로 한다. (시멘트 450g, 표준사 1,350g, 물 225g, W/C=0.5)

정답 **33** ④　**34** ①　**35** ①　**36** ③

4 시멘트별 특성과 용도

(1) 포틀랜드 시멘트

포틀랜드 시멘트는 석회질 수경성 시멘트의 대표적인 것으로서, 석회석과 점토를 주원료로 하여 만들며, 토목 재료로서 좋은 성질을 많이 가지고 있어서 여러 가지 용도로 사용되고 있다.

① **보통 포틀랜드 시멘트** : 일반적으로, 시멘트라 하면 보통 포틀랜드 시멘트를 말한다. 이 시멘트는 중용열 포틀랜드 시멘트와 조강 포틀랜드 시멘트의 거의 중간적 성질을 가지고 있다. 보통 포틀랜드 시멘트는 주원료인 석회석과 점토를 얻기 쉬우며, 제조 공정도 간단하고 성질이 좋으므로, 토목 구조물이나 콘크리트 제품 등 여러 분야에 가장 많이 사용되고 있다.

② **중용열 포틀랜드 시멘트** : 수화열을 적게 하기 위하여 규산삼석회와 알루민산삼석회의 양을 제한하여 만든 것이다. 이 시멘트는 수화열이 적고, 건조 수축이 작으며, 장기 강도가 커서 댐과 같은 매스 콘크리트, 방사선 차폐용, 지하구조물, 이 밖에 도로 포장용 등으로 쓰이며, 또 서중 콘크리트 공사에도 이용되고 있다.

③ **조강 포틀랜드 시멘트** : 제조법이 보통 포틀랜드 시멘트와 같으나 석회분을 더 넣고 분말도를 높게 한 것이다. 이 시멘트는 보통 포틀랜드 시멘트에 비하여 조기 강도가 크며, 재령 7일에서 보통 포틀랜드 시멘트의 재령 28일 강도를 내므로, 조기에 높은 강도를 필요로 하는 공사나 긴급공사에 사용된다. 또, 수화열이 많으므로 한중 콘크리트에 알맞으며 수중 공사, 해중 공사에도 사용된다. 그러나 매스 콘크리트에 사용하면 수화열이 많아 균열이 생기게 되므로 주의해야 한다.

④ **저열 포틀랜드 시멘트** : 수화열이 적게 되도록 보통 포틀랜드 시멘트보다 규산삼석회와 알루민산삼석회의 양을 아주 적게 한 것이다. 이 시멘트는 중용열 포틀랜드 시멘트보다 수화열이 5~10% 정도 적으며, 중력 콘크리트 댐과 같은 매스 콘크리트에 사용하기 위하여 만든 것이다.

⑤ **내황산염 포틀랜드 시멘트** : 황산염의 화학 침식에 대한 저항성을 크게 한 시멘트로서, 알루민산삼석회의 양을 적게 한 것이다. 이 시멘트는 알칼리성 토질, 황산염 지하수, 공장 폐수, 해수에 접하는 콘크리트에 알맞다.

⑥ **백색 포틀랜드 시멘트** : 원료인 점토 중에서 철분을 없애거나 대신 백색 점토를 사용하여 만든 것이다. 이 시멘트의 성질은 보통 포틀랜드 시멘트와 거의 같으며, 흰색이므로 안료를 넣어 여러 가지 색깔을 낼 수 있다. 이것은 주로 도장용, 장식용, 인조석 제조 등에 사용된다.

G·U·I·D·E

01 중용열 포틀랜드 시멘트에 대한 설명으로 옳은 것은?
12②
① 수화열을 크게 만든 것이다.
② 장기강도가 작다.
③ 한중 콘크리트에 적합하다.
④ 매스 콘크리트용으로 적합하다.

> 중용열 포틀랜드 시멘트는 수화열을 작게 만든 것이며 조기강도가 작다.

02 수화열이 적어 댐과 같은 단면이 큰 콘크리트 공사에 적합한 시멘트는?
13④
① 보통 포틀랜드 시멘트
② 중용열 포틀랜드 시멘트
③ 조강 포틀랜드 시멘트
④ 알루미나 시멘트

> 중용열 포틀랜드 시멘트는 건조수축이 작고 장기강도가 크다.

03 조기강도가 작고 장기강도가 큰 시멘트로 체적 변화가 적고 균열 발생이 적어 댐 공사, 단면이 큰 구조물 공사에 적합한 것은?
12⑤
① 보통 포틀랜드 시멘트
② 조강 포틀랜드 시멘트
③ 백색 포틀랜드 시멘트
④ 중용열 포틀랜드 시멘트

04 중용열 포틀랜드 시멘트에 대한 설명으로 틀린 것은?
14②
① 건조수축이 작다.
② 조기강도는 보통 시멘트에 비해 작다.
③ 댐 콘크리트, 방사선차폐용 콘크리트 등 단면이 큰 콘크리트용으로 적합하다.
④ 수화속도가 빠르고, 수화열이 커서 동절기 공사에 유리하다.

> • 수화속도가 늦고 수화열이 작다.
> • 댐이나 방사선 차폐용, 매시브한 콘크리트 등에 유리하다.
> • 장기강도는 보통시멘트와 같거나 약간 크다.

G·U·I·D·E

05
13①
급속공사나 한중 콘크리트 공사에 주로 쓰이는 시멘트는?

① 중용열 포틀랜드 시멘트

② 실리카 시멘트

③ 플라이애시 시멘트

④ 조강 포틀랜드 시멘트

◉ 조강 포틀랜드 시멘트는 재령 7일 정도에서 보통 포틀랜드 시멘트의 28일 강도를 낸다.

06
11①
보통 포틀랜드 시멘트보다 C_3S의 함유량을 높이고 C_2S를 줄이는 동시에 온도는 높여 분말도를 높게 하여 조강성을 준 시멘트는?

① 조강 포틀랜드 시멘트

② 알루미나 시멘트

③ 저열 포틀랜드 시멘트

④ 중용열 포틀랜드 시멘트

07
13②
조강 포틀랜드 시멘트의 경우 습윤상태의 보호기간은 며칠 이상을 표준으로 하는가?(단, 일평균기온이 15℃ 이상일 때)

① 3일

② 4일

③ 5일

④ 7일

◉ 습윤양생기간의 표준

일평균 기온	보통 포틀랜드 시멘트	고로슬래그 시멘트	조강 포틀랜드 시멘트
15℃ 이상	5일	7일	3일
10℃ 이상	7일	9일	4일
5℃ 이상	9일	12일	5일

08
11②
포틀랜드 시멘트의 주원료는?

① 석회석, 점토

② 석회석, 규조토

③ 점토, 규조토

④ 석고, 화산회

◉ 석회질 원료와 점토질 원료를 4 : 1의 비율로 섞는다.

정답 **05** ④ **06** ① **07** ① **08** ①

(2) 혼합 시멘트

혼합 시멘트는 포틀랜드 시멘트의 클링커에 슬래그, 플라이애시, 포촐라나 등을 넣어 만든 것으로서 포틀랜드 시멘트의 결점을 보완하고, 특유의 성질을 가지게 한 것이다.

① **고로슬래그 시멘트** : 포틀랜드 시멘트 클링커에 고로슬래그와 석고를 알맞게 섞어 만든 것이다. 이 시멘트는 포틀랜드 시멘트에 비해서 응결시간이 느리고 조기 강도가 작으나, 수화열이 적고 장기강도가 크다. 또 내열성, 수밀성 및 화학적 저항성이 크다. 이것은 주로 댐, 하천, 항만 등의 구조물에 쓰이며 해수, 하수, 공장 폐수와 닿는 콘크리트 공사에 알맞다.

② **플라이애시 시멘트** : 포틀랜드 시멘트 클링커에 플라이애시와 석고를 알맞게 섞어 만든 것이다. 이 시멘트는 워커빌리티가 좋고, 장기 강도가 크며 수밀성이 좋다. 또, 수화열이 적고 해수에 대한 화학 저항성이 크므로, 댐 및 방파제 공사나 지하철 공사 등에 사용된다.

③ **포틀랜드 포촐라나 시멘트** : 포틀랜드 시멘트 클링커에 포촐라나와 석고를 알맞게 섞어 만든 것이다. 이 시멘트는 플라이애시 시멘트와 성질이 비슷하며, 워커빌리티가 좋고, 수화열이 적다. 또, 수밀성과 장기 강도가 크고, 황산염에 대한 저항성이 크며, 주로 해수 · 하수 · 공장 폐수 등에 접하는 콘크리트에 사용된다.

(3) 특수 시멘트

특수한 목적에 맞도록 만든 것으로서, 그 제조방법과 화학성분도 각각 다르다.

① **알루미나 시멘트** : 보크사이트(Bauxite)와 석회석을 섞어서 전기로, 반사로 등으로 녹이거나 구워서 만든 것이다. 이 시멘트는 조기 강도가 크며, 재령 1일에서 보통 포틀랜드 시멘트의 재령 28일 강도를 내므로 긴급 공사에 사용된다. 또, 수화열이 많아서 한중 콘크리트 공사에 알맞고, 해수 · 산 · 염류 등의 작용에 대한 저항성이 커서 해수공사에도 알맞다. 그러나 포틀랜드 시멘트와 섞어서 사용하면 매우 빨리 굳어지는 성질이 있으므로 주의해야 한다.

② **팽창성 시멘트** : 굳는 도중에 콘크리트에 팽창을 일으켜, 건조수축이 일어나지 않도록 만든 것이다. 이 시멘트는 무수축으로 콘크리트의 균열을 막고, 내구성과 방수성이 좋으므로 포장 콘크리트, 그라우트 모르타르 등에 사용된다.

③ **그 밖의 특수 시멘트** : 그 밖에 특수 시멘트로서, 알루미나 시멘트와 조강 포틀랜드 시멘트의 중간 정도의 조강성을 가진 초조강 시멘트, 초조강 시멘트보다 더 큰 조기 강도를 얻기 위해서 만든 초속경 시멘트 입자를 아주 작게 하여 유동성과 침투성을 좋게 한 초미분말 시멘트 등이 있다.

특히 초속경 시멘트는 녹슬지 않고, 녹지 않으며, 썩지 않는다.

성질이 바뀌므로 수중에서도 문제가 없다.

초속경 시멘트

‖ 초속경 시멘트 ‖

참고정리

✔ 고로슬래그 시멘트의 특징

① 밀도는 포틀랜드 시멘트보다 다소 작다.

② 초기 강도의 발현이 늦고 초기의 양생에는 충분한 주의가 필요하다.

③ 해중 콘크리트나 하수관 등에 많이 사용된다. 이것은 염수, 해수, 하수 등에 대한 화학적 저항성이 크기 때문이다.

파도

호안

해중 콘크리트

항구등의 해중 구조물(호안 등)

하수관

‖ 고로슬래그 시멘트의 용도 ‖

01 고로슬래그 시멘트에 관한 설명으로 옳은 것은?

12②

① 보통 포틀랜드 시멘트에 비해 응결이 빠르다.

② 보통 포틀랜드 시멘트에 비해 발열량이 많아 균열발생이 크다.

③ 보통 포틀랜드 시멘트에 비해 해수 및 화학작용에 대한 저항성이 크다.

④ 보통 포틀랜드 시멘트에 비해 조기강도가 크다.

> • 보통 포틀랜드 시멘트에 비해 응결이 늦다.
> • 보통 포틀랜드 시멘트에 비해 발열량이 적어 균열발생이 작다.
> • 보통 포틀랜드 시멘트에 비해 조기강도가 작다.

02 고로슬래그 시멘트에 대한 설명으로 틀린 것은?

13①

① 보통 포틀랜드 시멘트에 비하여 수화열이 적고 장기 강도가 작다.

② 건조수축은 약간 큰 편이다.

③ 내화학약품성이 좋으므로 해수, 공장폐수, 하수 등에 접하는 콘크리트에 적당하다.

④ 콘크리트의 블리딩이 적어진다.

> • 보통 포틀랜드 시멘트에 비하여 수화열이 적고 장기 강도가 크다.

03 고로슬래그 시멘트에 대한 설명으로 옳은 것은?

13④

① 수화열이 크다.

② 장기강도가 작다.

③ 주로 댐, 하천, 항만 등의 구조물에 사용된다.

④ 조기에 강도를 필요로 하는 공사에 사용된다.

04 우리나라에서 시멘트의 분류를 하는 데 있어서 포틀랜드 시멘트, 혼합 시멘트, 특수 시멘트 등으로 나누는데 다음 중에서 혼합 시멘트에 속하는 것은?

12①

① 중용열 포틀랜드 시멘트

② 알루미나 시멘트

③ 팽창 시멘트

④ 고로슬래그 시멘트

> • 알루미나 시멘트, 팽창 시멘트는 특수 시멘트에 속한다.

정답 01 ③ 02 ① 03 ③ 04 ④

05 다음 중 알루미나 시멘트의 용도로서 옳은 것은?

14①

① 댐 축조 또는 큰 구조물의 콘크리트공사

② 구조물의 중량을 줄이기 위한 콘크리트공사

③ 해수공사나 한중공사

④ 수중 콘크리트나 서중공사

◎ 알루미나 시멘트는 산, 염류, 해수 등의 화학적 침식에 대한 저항성이 크다.

06 알루미나 시멘트의 최대 특징은?

12①

① 원료가 풍부하다. 　② 조기강도가 크다.

③ 값이 싸다. 　④ 타 시멘트와 혼합이 용이하다.

07 다음 중 긴급공사나 한중 콘크리트에 적당한 시멘트는?

13④

① 알루미나 시멘트

② 보통 포틀랜드 시멘트

③ 고로 시멘트

④ 중용열 포틀랜드 시멘트

◎ ㉠ 알루미나 시멘트
   • 발열량이 커 한중공사, 긴급공사에 적합하다.
   • 1일 강도가 보통 포틀랜드 시멘트의 28일 강도와 같다.
   ㉡ 긴급공사나 한중 콘크리트에는 알루미나 시멘트나 조강 포틀랜드 시멘트가 적합하다.

08 아래의 표에서 설명하는 시멘트는?

11⑤

> 시멘트 콘크리트의 큰 결점 중의 하나인 수축은 균열을 일으키는 원인이 되므로 이를 개선하기 위해서 수화 시에 의도적으로 팽창시키는 작용을 지니도록 제조한 시멘트

① 초속경 시멘트 　② 팽창 시멘트

③ 알루미나 시멘트 　④ 포틀랜드 포졸란 시멘트

◎ 팽창성 콘크리트의 수축률은 보통 콘크리트에 비해 20~30% 작다.

09 수화열이 적어 댐이나 방사선 차폐용, 단면이 큰 콘크리트용으로 적합한 시멘트는?

11②

① 조강 포틀랜드 시멘트

② 알루미나 시멘트

③ 중용열 포틀랜드 시멘트

④ 팽창시멘트

정답 **05** ③ **06** ② **07** ① **08** ② **09** ③

10 다음 중 특수 시멘트에 속하는 것은?
12②
① 백색 포틀랜드 시멘트
② 플라이애시 시멘트
③ 내황산염 포틀랜드 시멘트
④ 팽창 시멘트

> ⊙ 특수 시멘트
> 알루미나 시멘트, 팽창 시멘트, 초속
> 경 시멘트, 초조강 시멘트 등

11 포틀랜드 시멘트의 성분 중 많이 함유하고 있는 것부터 순서
14② 대로 나열한 것은?
① 실리카 – 알루미나 – 석회 – 산화철
② 알루미나 – 석회 – 산화철 – 실리카
③ 석회 – 실리카 – 알루미나 – 산화철
④ 석회 – 알루미나 – 실리카 – 산화철

> ⊙ 석회(64%), 실리카(22%), 알루미
> 나(5%), 산화철(3%), 기타

12 다음 중 조기강도가 큰 순으로 열거된 것은?
14②
① 알루미나 시멘트 – 조강 포틀랜드 시멘트 – 고로 시멘트
② 알루미나 시멘트 – 고로 시멘트 – 조강 포틀랜드 시멘트
③ 조강 포틀랜드 시멘트 – 알루미나 시멘트 – 고로 시멘트
④ 조강 포틀랜드 시멘트 – 고로 시멘트 – 알루미나 시멘트

> ⊙ 알루미나 시멘트는 재령 1일에서 조
> 강 포틀랜드 시멘트는 재령 7일에서
> 보통 포틀랜드 시멘트의 재령 28일
> 강도를 낸다.

5 시멘트의 저장

시멘트의 저장 및 사용할 때의 주의사항은 다음과 같다.

① 시멘트는 습기를 막을 수 있는 구조로 된 사일로(Silo) 또는 창고에 **품종별로 나누어** 저장한다.

② 포대 시멘트일 때에는 땅바닥에서 30cm 되는 마루 위에 쌓아올려서 검사나 운반하기 편리하도록 저장한다.

③ 저장 중에 조금이라도 굳은 시멘트는 공사에 사용해서는 안 되며, **오랫동안 저장한 시멘트는 사용하기에 앞서 시험하여 그 품질을 확인해야 한다.**

④ 시멘트의 온도가 너무 높을 때에는 그 온도를 낮추어서 사용한다.

⑤ 시멘트는 **13포 이상 쌓아서는 안 된다.**

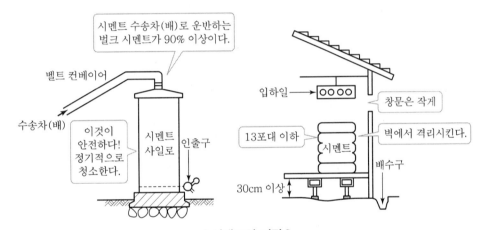

‖ 시멘트의 저장 ‖

G·U·I·D·E

01 시멘트 저장방법에 대한 다음 설명 중 옳지 않은 것은?

12①

① 방습적인 창고에 저장하고 입하 순서대로 사용한다.
② 포대 시멘트는 지상 30cm 이상의 마루에 쌓아야 한다.
③ 통풍이 잘 되도록 저장한다.
④ 품종별로 구분하여 저장한다.

> ◉ 포대 시멘트는 13포 이상 쌓아 놓지 않으며 통풍이 되지 않도록 저장한다.

02 다음 중 시멘트 저장방법으로 부적당한 것은?

11②

① 지상에서 30cm 이상 높은 마루에 저장한다.
② 습기가 차단되도록 방습이 되는 창고에 저장한다.
③ 시멘트는 13포 이상 쌓아야 한다.
④ 시멘트는 입하순으로 사용한다.

> ◉ • 시멘트는 13포 이상 쌓아서는 안 된다.
> • 저장 중에 약간이라도 굳은 시멘트는 공사에 사용해서는 안 된다.

혼화재료

혼화재료란 시멘트, 골재, 물, 이 밖의 재료로서 필요에 따라 모르타르나 콘크리트를 비빌 때에 더 넣는 재료이며, 콘크리트의 여러 가지 성질을 좋게 하기 위하여 사용하는 것이다.

1 혼화재료의 종류

혼화재료는 사용량에 따라 혼화재와 혼화제로 나뉘며, 사용량이 시멘트 무게의 5% 정도 이상이 되어 그 자체의 부피가 콘크리트의 배합 계산에 관계되는 것을 **혼화재**라 하고, 사용량이 1% 정도 이하의 것으로서 콘크리트 배합 계산에서 무시되는 것을 **혼화제**라 한다.

(1) 혼화재

혼화재를 사용 목적에 따라 나누면 다음과 같다.

① **포졸라나 작용이 있는 것** : 플라이애시, 고로슬래그 미분말
② **팽창을 일으키는 것** : 팽창 혼화재
③ **오토클레이브 양생으로 고강도를 내는 것** : 규산질 미분말
④ **그 밖의 것** : 착색재, 폴리머, 증량재 등

(2) 혼화제

혼화제를 사용 목적에 따라 나누면 다음과 같다.

① **워커빌리티와 내구성을 좋게 하는 것** : AE제, 감수제, AE감수제
② **큰 감수효과로 강도를 크게 하는 것** : 고강도용 감수제
③ **유동성을 좋게 하는 것** : 유동화제
④ **응결, 경화 시간을 조절하는 것** : 촉진제, 지연제, 급결제
⑤ **메움성 개선이나 무게를 조절하는 것** : 기포제, 발포제
⑥ **그 밖의 것** : 녹막이제, 방수제, 보수제, 방동제, 수화열 억제제, 건조 수축 저감제, 분진 방지제, 수중 불분리성 혼화제, 펌프 압송 조제 등

② 혼화재

혼화재의 종류 및 특성은 다음과 같다.

(1) 포졸라나(Pozzolana)

실리카질의 가루이며, 그 자체는 수경성이 없지만, 콘크리트 속에서 물에 녹아 있는 수산화 칼슘과 상온에서 천천히 화합하여 불용성 화합물을 만든다. 이것을 포졸라나 반응이라 한다. 포졸라나는 아래 표와 같이 천연산의 것과 인공산의 것이 있으며, 이것은 콘크리트의 워커빌리티를 좋게 하고, 수밀성과 내구성 등을 크게 한다.

▼ 포졸라나의 종류

분류	종류
천연산	화산재, 규조토, 규산, 백토
인공산	플라이애시, 고로슬래그

(2) 플라이애시(Fly Ash)

가루 석탄을 연소시킬 때 굴뚝에서 집진기로 모은 아주 작은 입자의 재이며, 실리카질 혼화재이다. 이것은 입자가 둥글고 매끄럽기 때문에 콘크리트의 워커빌리티를 좋게 하고, 수밀성과 내구성 등을 좋게 한다.

(3) 고로슬래그 미분말

용광로에서 나오는 슬래그를 급랭시켜 만든 가루이다. 이것은 콘크리트의 워커빌리티를 좋게 하고, 수화열이 적으며, 장기 강도를 크게 한다.

(4) 팽창재

콘크리트가 굳어 가는 도중에 부피를 늘어나게 하여 콘크리트의 건조 수축에 의한 균열을 막아 주는 혼화재이다. 팽창재에는 철분계 팽창재와 석고계 팽창재가 있다.

③ 혼화제

혼화 재료의 종류 및 특성은 다음과 같다.

(1) AE제

콘크리트 속에 작고 많은 독립된 기포를 고르게 생기게 하기 위하여 사용하는 혼화제를 AE제(Air Entraining Agent)라 하며, 이 AE제에 의해서 생긴 기포를 AE 공기라 한다.

AE 공기는 지름이 0.025~0.25mm의 공 모양의 기포이며, 이것을 콘크리트 속에 알맞게 분산시키면, 콘크리트의 워커빌리티와 마무리성이 좋아지고, 기상 작용에 대한 내구성과 수밀성이 커진다. 그러나 콘크리트의 강도와 철근과의 부착 강도가 약간 작아지는 단점이 있다. AE제의 품질 규격에 대해서는 KS F 2560에 규정되어 있다.

(2) 감수제

시멘트의 입자를 흐트러지게 하여, 콘크리트의 필요한 반죽 질기를 얻는 데 사용하는 단위 수량을 줄이는 작용을 하는 혼화제로서, 시멘트 분산제라고도 한다. 감수제를 사용하면 콘크리트의 워커빌리티가 좋아지고, 내구성, 수밀성 및 강도가 커지며, 단위 시멘트의 양도 절약된다. 또, 감수제에 AE 공기도 함께 생기도록 한 것을 AE 감수제라 한다.

(3) 고성능 감수제

보통 감수제보다 분산능력이 커서 감수율이 더 큰 혼화제를 고성능 감수제라 한다. 이것은 물−시멘트비를 아주 작게 하므로 고강도용 감수제라고 하며, 또 단위 수량이 일정한 경우 유동성이 크므로 유동화제라고도 한다. 유동화제는 유동화 콘크리트에 사용한다.

(4) 촉진제

시멘트의 수화작용을 빠르게 하는 혼화제이며, 일반적으로 염화칼슘($CaCl_2$) 또는 염화칼슘이 들어 있는 감수제를 사용한다. 촉진제를 사용하면, 응결이 빠르고 조기 강도가 커지므로 뿜어 붙이기 콘크리트나 급속한 공사에 좋으며, 발열량이 많아 동해를 받는 일이 적으므로 한중 콘크리트에 알맞다. 그러나 장기 강도와 내구성이 작아지고, 철근이 녹슬게 되는 결점도 있다.

(5) 급결제

시멘트의 응결을 상당히 빠르게 하기 위하여 사용하는 혼화제로서, 뿜어 붙이기 콘크리트, 그라우트에 의한 지수공법 등에 사용된다. 급결제를 사용하면 1~2일까지는 강도가 커지나, 장기 강도는 작아진다.

(6) 지연제

시멘트의 응결시간을 늦추기 위하여 사용하는 혼화제이다. 이것은 서중 콘크리트나 레디 믹스트 콘크리트(Readyomixed Concrete : Remicon)에서 운반거리가 멀 경우, 또는 연속적으로 콘크리트를 칠 때 콜드 조인트(Cold Joint)가 생기지 않도록 할 경우 등에 사용된다.

(7) 발포제

알루미늄 또는 아연 가루를 넣어, 시멘트가 응결할 때 수소가스를 발생시켜 모르타르 또는 콘크리트 속에 아주 작은 기포를 생기게 하는 혼화제이다.

이것은 프리팩트 콘크리트용 그라우트, 프리스트레스트(PS) 콘크리트용 그라우트 등에 사용되며, 발포에 의하여 그라우트를 팽창시켜 골재나 PS 강재의 빈틈을 잘 채워지게 하여 부착을 좋게 한다.

(8) 기포제

콘크리트 속에 많은 거품을 일으켜, 부재의 경량화나 단열성을 목적으로 사용하는 혼화제이다. 이것은 경량 구조용 부재, 단열 콘크리트, 터널이나 실드 공사에서 뒤채움재 등에 사용된다.

(9) 그 밖의 혼화제

그 밖의 혼화제로서는 염분에 의해 철근이 녹스는 것을 막는 녹막이제, 수밀성을 좋게 하는 방수제, 콘크리트 속의 수분이 없어지는 것을 막는 보수제, 콘크리트가 어는 것을 막는 방동제, 수화열을 적게 하도록 하는 수화열억제제, 건조 수축을 줄이는 건조수축저감제, 먼지가 일어나는 것을 막는 분진방지제, 수중에서 재료 분리를 막는 수중 불분리성 혼화제 등이 있다.

G·U·I·D·E

01 시멘트의 응결을 빠르게 하기 위하여 사용하는 혼화제는?
12⑤
① 지연제   ② 발포제

③ 급결제   ④ 기포제

일반적으로 숏크리트는 급결제의 첨가에 의하여 조기에 강도를 얻을 수 있고 거푸집이 필요치 않으며 급속 시공이 가능하다.

정답 **01** ③

4 혼화재료의 저장

혼화재료는 혼화재와 혼화제를 나누어 저장한다.

(1) 혼화재

혼화재의 저장과 사용은 다음과 같이 한다.

① 혼화재는 습기를 막을 수 있는 사일로 또는 창고 등에 종류별로 나누어 저장하고, 저장한 순서대로 사용해야 한다.

② 저장 기간이 오래 되었거나 변질이 예상되는 혼화재는 사용하기에 앞서 시험하여 품질을 확인해야 한다.

③ 혼화재는 날리지 않도록 주의해서 다룬다.

(2) 혼화제

혼화제의 저장과 사용은 다음과 같이 한다.

① 혼화제는 먼지, 그 밖의 불순물이 섞이지 않도록 한다. 가루 혼화제는 습기를 빨아들이거나 굳지 않도록 하고, 액체 혼화제는 분리되거나 변질되지 않도록 한다.

② 저장 기간이 오래 된 혼화제나 이상이 있다고 예상되는 혼화제는 사용하기에 앞서 시험해야 한다.

01
13①

혼화재료의 저장 및 사용에 대해 옳지 않은 것은?

① 혼화재는 종류별로 나누어 저장하고 저장한 순서대로 사용해야 한다.

② 변질이 예상되는 혼화재는 사용하기에 앞서 시험하여 품질을 확인해야 한다.

③ 저장기간이 오래된 혼화재는 눈으로 살펴 사용 여부를 판단한다.

④ 혼화재는 날리지 않도록 주의해서 다룬다.

○ 저장기간이 오래된 혼화재는 사용하기 전에 품질을 확인해야 한다.

02
12①

혼화재료의 저장에 대한 설명으로 부적당한 것은?

① 혼화제는 먼지나 불순물이 혼입되지 않고 변질되지 않도록 저장한다.

② 저장이 오래된 것은 시험 후 사용 여부를 결정하여야 한다.

③ 혼화재는 날리지 않도록 그 취급에 주의해야 한다.

④ 혼화재는 습기가 약간 있는 창고 내에 저장한다.

○ 혼화재는 방습이 되는 곳에 저장한다.

03
13④

혼화재료의 저장에 대한 설명으로 옳지 않은 것은?

① 장기간 저장한 혼화재는 사용하기 전에 시험하여 품질을 확인한다.

② 혼화재는 방습적인 사일로 또는 창고 등에 품종별로 구분하여 저장한다.

③ 액상의 혼화제는 분리하거나 변질하지 않는 특성이 있어 저장에 유리하다.

④ 혼화재는 날리지 않도록 취급에 주의해야 한다.

04
13①

아래의 〈보기〉는 혼화재료를 설명한 것이다. A, B의 내용이 알맞게 짝지어진 것은?

○ • 혼화재의 계량오차 : ±2%
• 혼화제의 계량오차 : ±3%

> 사용량이 시멘트 무게의 (A) 정도 이상이 되어 그 자체의 부피가 콘크리트 배합 계산에 관계되는 것을 혼화재라 하고, 사용량이 (B) 정도 이하의 것으로서 콘크리트 배합 계산에서 무시되는 것을 혼화제라 한다.

정답 01 ③   02 ④   03 ③   04 ①

① A : 5%, B : 1%   ② A : 4%, B : 2%

③ A : 2%, B : 4%   ④ A : 1%, B : 5%

05
11⑤
혼화재료를 분류할 때 혼화재는 사용량이 시멘트 무게의 몇 % 정도 이상이 되는 것을 혼화재라고 하는가?

① 1% 이상   ② 2% 이상

③ 3% 이상   ④ 5% 이상

◉ • 혼화제 : 시멘트 무게의 1% 이하
• 혼화재 : 시멘트 무게의 5% 이상

06
14①
혼화재료 중 혼화재에 속하지 않는 것은?

① 촉진제   ② 팽창재

③ 플라이애시   ④ 고로슬래그 미분말

◉ 혼화제 : 촉진제, AE 감수제 등

07
13②
혼화재에 속하지 않는 것은?

① 플라이애시   ② 팽창재

③ 고로슬래그 미분말   ④ AE 감수제

08
12⑤
주로 잠재 수경성이 있는 혼화재는?

① 고로슬래그 미분말   ② 플라이애시

③ 규산질 미분말   ④ 팽창재

◉ 경화되기 쉬운 잠재 수경성을 가져 고로시멘트의 원료 많이 사용된다.

09
11①
다음 혼화재료 중 그 사용량이 시멘트 무게의 5% 정도 이상이 되어 그 자체의 양이 콘크리트의 배합 계산에 관계되는 혼화재는?

① 고로슬래그   ② 공기연행제

③ 염화칼슘   ④ 기포제

◉ 혼화재의 종류
포졸란, 플라이애시, 고로슬래그 분말, 팽창재

10
14②
오트클레이브 양생에 의해 고강도를 나타내는 혼화재로 적합한 것은?

① AE제   ② 기포제

③ 폴리머   ④ 규산질 미분말

정답 **05** ④ **06** ① **07** ④ **08** ① **09** ① **10** ④

11 콘크리트가 경화되는 도중에 부피가 늘어나게 하여 콘크리트의 건조수축에 의한 균열을 막는 데 사용하는 혼화재는?

12①
13②
14②

① 공기연행제(AE제) ② 플라이애시(Fly-Ash)
③ 팽창성 혼화재 ④ 포졸란(Pozzolan)

> 팽창재는 콘크리트 부재의 건조수축을 줄여 균열의 발생을 방지할 목적으로 사용한다.

12 다음 혼화재료 중에서 사용량이 시멘트 무게의 5% 정도 이상이 되어 그 자체의 부피가 콘크리트의 배합 계산에 관계되는 혼화재료는?

11②

① 포졸란 ② 응결촉진제
③ 공기연행제 ④ 발포제

> 포졸란은 혼화재에 속한다.

13 천연산의 것과 인공산의 것이 있으며 콘크리트의 워커빌리티를 좋게 하고 수밀성과 내구성 등을 크게 할 목적으로 사용되는 혼화재료는?

13①

① 완결제 ② 포졸란
③ 촉진제 ④ 증량제

14 포졸란의 종류에 해당하지 않는 것은?

12②
14②.④

① 규조토 ② 규산백토
③ 고로슬래그 ④ 포졸리스

> • 천연산 : 화산재, 규조토, 규산백토 등
> • 인공산 : 고로슬래그, 소성점토, 플라이애시 등

15 포졸란 작용이 있는 혼화재 3가지를 쓰시오.

실기
필답형

①
②
③

> 플라이애시, 고로슬래그, 화산재, 규조토, 규산백토

16 포졸란을 사용한 콘크리트의 특징으로 틀린 것은?

12①

① 워커빌리티가 좋아진다.
② 조기강도는 크나, 장기강도가 작아진다.
③ 블리딩이 감소한다.
④ 수밀성 및 화학저항성이 크다.

> 조기강도는 작으나, 장기강도는 크다.

정답 **11** ③ **12** ① **13** ② **14** ④ **15** 해설 참조 **16** ②

17 다음의 혼화재료에 관한 물음에 답하시오.   [실기 6점]
실기
필답형
① 포졸란 작용에 대해 간단히 설명하시오.
② 포졸란의 종류 3가지를 쓰시오.

⊙ ① 포졸란이 수산화칼슘과 상온에서 반응하여 불용성의 화합물을 만드는 것
② 플라이애시, 규조토, 화산재, 규산백토

18 콘크리트에 사용되는 혼화재료에 대한 다음 물음에 답하시오.
실기
필답형
(1) 포졸란 작용을 하는 혼화재 종류 2가지만 쓰시오.

    ①

    ②

(2) 오토클레이브 양생에 의하여 고강도를 나타내게 하는 혼화재의 종류 1가지를 쓰시오.
(3) 잠재수경성이 있는 혼화재의 종류 1가지를 쓰시오.

⊙ (1) ① 플라이애시
    ② 규조토
    ③ 화산재
    ④ 규산백토 등
(2) 규산질 미분말
(3) 고로슬래그 분말

19 다음은 혼화재를 사용목적에 따라 분류한 것이다. 옳게 짝지어진 것은?
13②
① 팽창을 일으키는 것 – 착색재
② 포졸란 작용이 있는 것 – 폴리머
③ 오토클레이브 양생으로 고강도를 내는 것 – 규산질 미분말
④ 주로 잠재수경성이 있는 것 – 증량재

⊙ ① 주로 잠재 수경성이 있는 것 – 고로슬래그 분말
② 포졸란 작용이 있는 것 – 플라이애시, 고로슬래그
③ 팽창을 일으키는 것 – 팽창재

20 콘크리트의 혼화제에 대한 설명으로 가장 적합한 것은?
14④
① 사용량이 시멘트 질량의 5% 정도 이상이 되어 그 자체의 부피가 콘크리트의 배합계산에 관계된다.
② 사용량이 콘크리트 질량의 1% 정도 이상이 되어 그 자체의 부피가 콘크리트의 배합계산에 관계된다.
③ 사용량이 콘크리트 질량의 5% 정도 이하의 것으로서 그 자체의 부피는 콘크리트의 배합계산에서 무시된다.
④ 사용량이 시멘트 질량의 1% 정도 이하의 것으로서 그 자체의 부피는 콘크리트의 배합계산에서 무시된다.

정답 **17, 18** 해설 참조 **19** ③ **20** ④

21
13①

다음 중 혼화제가 아닌 것은?

① 급결제　　　　　② 지연제
③ 팽창재　　　　　④ AE제(공기 연행제)

◉ 팽창재는 혼화재로 콘크리트가 굳어가는 도중에 부피를 늘어나게 하여 건조수축에 의한 균열을 막아주는 역할을 한다.

22
11①,②
13②
14①

서중 콘크리트의 시공이나 레디믹스트 콘크리트에서 운반거리가 먼 경우, 또는 연속 콘크리트를 칠 때 작업이음이 생기지 않도록 할 경우에 사용하면 효과가 있는 혼화제는?

① 분산제　　　　　② 지연제
③ 증진제　　　　　④ 응결경화 촉진제

◉ 지연제는 시멘트의 수화반응을 늦추어 응결시간을 길게 할 목적으로 사용하는 혼화제이다.

23
12②

운반거리가 먼 레미콘이나 무더운 여름철 콘크리트의 시공에 사용하는 혼화제는?

① 기포제　　　　　② 지연제
③ 방수제　　　　　④ 경화 촉진제

24
11②

시멘트가 응결할 때 화학적 반응에 의하여 수소가스를 발생시켜 모르타르 또는 콘크리트 속에 아주 작은 기포를 생기게 하는 혼화제로 알루미늄 가루 등을 사용하며 프리플레이스트 콘크리트용 그라우트나 PC용 그라우트에 사용하면 부착을 좋게 하는 것은?

① 발포제　　　　　② 방수제
③ 촉진제　　　　　④ 급결제

◉ 기포의 작용에 따라 충전성의 개선을 위해 발포제를 사용한다.

25
11①

알루미늄 또는 아연가루를 넣어, 시멘트가 응결할 때 수소가스를 발생시켜 모르타르 또는 콘크리트 속에 아주 작은 기포가 생기게 하는 혼화제는?

① 지연제　　　　　② 발포제
③ 팽창재　　　　　④ 공기연행제

◉ 발포제
모르타르 및 콘크리트 속에 미세한 기포를 생성시킨다.

G·U·I·D·E

26
11⑤
혼화제를 사용 목적에 따라 분류할 때 다음 중 사용목적이 다른 혼화제는?

① 공기연행제 ② 감수제
③ 기포제 ④ 공기연행 감수제

○ 기포제는 발포제라도 하며 모르터 및 콘크리트 속에 미세한 기포를 생기게 하여 부착을 좋게 한다.

27
14①
프리플레이스트 콘크리트용 그라우트, 프리스트레스트(PS) 콘크리트 등에 사용되며 골재나 PS 강재의 빈틈을 잘 채워지게 하여 부착을 좋게 하는 혼화제는?

① 급결제 ② 지연제
③ 발포제 ④ 공기연행제

28
12②
자체로는 수경성이 없으나 콘크리트 속에 녹아 있는 수산화 칼슘과 상온에서 천천히 화합하여 불용성 물질을 만드는 포졸란 반응을 하는 혼화재는?

① 팽창재 ② 플라이애시
③ 폴리머 ④ 고로슬래그 미분말

○ 플라이애시는 수화열이 적어 단면이 큰 콘크리트 구조물에 적합하다.

29
11②
13②
플라이애시를 혼합한 콘크리트의 특징으로 틀린 것은?

① 콘크리트의 워커빌리티가 좋아진다.
② 콘크리트의 조기강도가 증가한다.
③ 콘크리트의 수밀성이 좋아진다.
④ 콘크리트의 건조수축이 감소된다.

○ 콘크리트의 조기강도가 감소된다.

30
12①
14①,④
아래에서 설명하는 혼화재료는?

석탄을 원료로 하는 화력발전소에서 미분탄을 고온으로 연소시켰을 때 회분이 용융되어 고온의 연소가스와 더불어 굴뚝에 이르는 도중에 급격히 냉각되어 구형으로 생성되는 미세한 분말로서 전기식 또는 기계식 집진장치를 사용하여 모은 것이다.

① 포졸란 ② 플라이애시
③ 실리카 품 ④ 공기연행제(AE제)

정답 26 ③ 27 ③ 28 ② 29 ② 30 ②

31
11①
혼화재 중 입자가 둥글고 매끄러워 콘크리트의 워커빌리티를 좋게 하고, 수밀성과 내구성을 향상시키는 혼화재는?

① 폴리머　　　　　　② 플라이애시

③ 염화칼슘　　　　　④ 팽창재

32
11⑤
14②
가루 석탄을 연소시킬 때 굴뚝에서 집진기로 모은 아주 작은 입자의 재이며, 실리카질 혼화재로 입자가 둥글고 매끄럽기 때문에 콘크리트의 워커빌리티를 좋게 하고 수화열이 적으며, 장기 강도를 크게 하는 것은?

① 실리카 품　　　　　② 플라이애시

③ 고로슬래그 미분말　④ 공기연행제

> ◉ 수화열이 적어 단면이 큰 콘크리트 구조물에 적합하다.

33
14④
콘크리트가 경화되는 도중에 부피가 늘어나게 하여 콘크리트의 건조수축에 의한 균열을 막는 데 사용하는 혼화재는?

① 공기연행제　　　　② 플라이애시

③ 팽창성 혼화재　　　④ 포졸란

> ◉ 팽창재는 콘크리트 부재의 건조수축을 줄여 균열의 발생을 방지할 목적으로 사용한다.

34
13④
다음 혼화재료 중 콘크리트의 워커빌리티를 좋게 하고 동결융해에 대한 내구성과 수밀성을 크게 하는 것은?

① 급결제　　　　　　② 지연제

③ AE제　　　　　　④ 발포제

35
14④
콘크리트 내부에 독립된 미세한 기포를 발생시켜 시멘트, 골재 주위에서 볼 베어링 작용을 하여 콘크리트의 워커빌리티를 개선하는 혼화제는?

① AE제　　　　　　② 촉진제

③ 지연제　　　　　　④ 발포제

정답　31 ②　32 ②　33 ③　34 ③　35 ①

36 AE제(공기 연행제)를 사용한 콘크리트의 장점에 대한 설명으로 틀린 것은?
13①

① 알칼리 골재반응이 적다.
② 단위수량이 적게 된다.
③ 수밀성 및 동결융해에 대한 저항성이 작아진다.
④ 워커빌리티가 좋고 블리딩이 적어진다.

⊙ 수밀성 및 동결융해에 대한 저항성이 커진다.

37 공기연행제를 사용한 콘크리트의 성질 중 옳지 않은 것은?
14②

① 콘크리트의 강도가 증가되며 수축과 흡수율은 약간 작아진다.
② 콘크리트의 워커빌리티가 개선되고 단위수량을 줄일 수 있다.
③ 공기량은 콘크리트 체적의 3~6%가 적당하다.
④ 콘크리트의 수밀성과 내구성이 커진다.

⊙ 공기량 1% 증가함에 따라 압축강도는 4~6% 감소한다.

38 공기연행제를 사용할 때의 특성을 설명한 것으로 옳지 않은 것은?
14①,④

① 철근과의 부착 강도가 커진다.
② 동결융해에 대한 저항이 커진다.
③ 워커빌리티가 좋아지고 단위 수량이 줄어든다.
④ 수밀성은 커지나 강도가 작아진다.

⊙ 철근과의 부착강도가 작아지는 경향이 있다.

39 공기연행제에 대한 설명으로 옳은 것은?
11②

① 콘크리트의 워커빌리티가 개선되고 단위수량을 줄일 수 있다.
② 공기연행제에 의한 연행 공기는 지름이 0.5mm 이상이 대부분이며 골고루 분산된다.
③ 동결융해의 기상작용에 대한 저항성이 적어진다.
④ 기포분산의 효과로 인해 블리딩을 증가시키는 단점이 있다.

⊙ • 연행공기는 구형으로 균등하게 분포되어 있다.
• 동결융해의 기상작용에 대한 저항성이 크다.
• 기포가 물의 이동을 도움으로써 블리딩을 감소시킨다.

기출 및 실전문제

40
12②
다음의 혼화재료 중에서 사용량이 소량으로서 배합계산에서 그 양을 무시할 수 있는 것은?

① AE(공기연행)제　　　② 팽창재
③ 플라이애시　　　　　④ 고로슬래그 미분말

41
12⑤
일반 콘크리트의 경우 AE(공기연행) 공기량이 어느 정도일 때 워커빌리티(Workability)와 내구성이 가장 좋은 콘크리트가 되는가?

① 1~3%　　　　　　② 4~7%
③ 8~10%　　　　　④ 11~14%

○ 공기량은 $4.5 \pm 1.5\%$이다.

42
14①
콘크리트에 사용되는 혼화재료 중 워커빌리티 개선에 효과가 없는 것은?

① AE제　　　　　　② 유동화제
③ 응결경화촉진제　　④ 플라이애시

○ 응결경화촉진제는 경화속도를 촉진시키므로 워커빌리티가 감소된다.

43
11⑤
콘크리트에 사용하는 촉진제에 대한 설명으로 옳지 않은 것은?

① 프리플레이스트 콘크리트용 그라우트에 사용하여 부착을 좋게 한다.
② 시멘트의 수화작용을 빠르게 하여 응결이 빠르므로 숏크리트에 사용한다.
③ 일반적으로 시멘트 무게의 1~2%의 염화칼슘을 사용하여 조기강도가 커지게 한다.
④ 염화칼슘을 시멘트 무게의 4% 이상 사용하면 급속히 굳어질 염려가 있고 장기강도가 작아진다.

○ 프리플레이스트 콘크리트용 그라우트에 사용하는 발포제(기포제)는 굵은 골재의 간극이나 PC 강재의 주위에 부착을 좋게 한다.

44
14②
일반적으로 염화칼슘($CaCl_2$), 또는 염화칼슘이 들어있는 감수제를 사용하는 혼화제는?

① 발포제　　　　　　② 급결제
③ 촉진제　　　　　　④ 지연제

○ 촉진제는 시멘트의 수화작용을 촉진하는 혼화제로 보통 시멘트 중량의 2% 이하의 염화칼슘을 사용한다.

정답　40 ①　41 ②　42 ③　43 ①　44 ③

G·U·I·D·E

45 시멘트의 입자를 분산시켜 콘크리트의 단위수량을 감소시키는 혼화제는?

12⑤
13①
14①

① AE(공기연행)제 ② 지연제
③ 촉진제 ④ 감수제

● 감수제는 표준형, 지연형, 촉진형으로 분류된다.

46 감수제에 대한 설명으로 옳지 않은 것은?

13④

① 동결융해에 대한 저항성이 커진다.
② 단위 시멘트량을 증가시킨다.
③ 수밀성이 향상된다.
④ 시멘트 입자를 분산시키므로 콘크리트 워커빌리티를 좋게 한다.

● 단위 시멘트량을 감소시킨다.

47 감수제의 특징을 설명한 것 중 옳지 않은 것은?

14②

① 시멘트 풀의 유동성을 증가시킨다.
② 워커빌리티를 좋게 하고 단위 수량을 줄일 수 있다.
③ 콘크리트가 굳은 뒤에는 내구성이 커진다.
④ 수화작용이 느리고 강도가 감소된다.

● 수화작용이 효율적으로 진행되고 강도가 증가된다.

48 감수제를 사용하면 여러 가지 효과가 나타난다. 그 효과에 대한 설명으로 틀린 것은?

11⑤

① 콘크리트의 워커빌리티가 좋아진다.
② 단위 시멘트의 사용량이 늘어난다.
③ 내구성이 좋아진다.
④ 강도가 커진다.

● 감수제는 단위수량을 감소시킬 목적으로 사용되는 혼화제이다.

49 공기연행 감수제 사용한 콘크리트의 특징으로 틀린 것은?

11①

① 동결융해에 대한 저항성이 증대된다.
② 굳지 않은 콘크리트의 워커빌리티를 개선하고 재료의 분리를 방지한다.
③ 건조수축을 감소시킨다.
④ 수밀성이 감소하고 투수성이 증가한다.

● 수밀성이 증가하고 투수성이 감소한다.

정답 **45** ④ **46** ② **47** ④ **48** ② **49** ④

50
12⑤
플라이애시를 사용한 콘크리트에 대한 설명으로 틀린 것은?

① 콘크리트의 워커빌리티를 좋게 하고 사용 수량을 감소시켜 준다.

② 초기재령의 강도는 다소 작으나 장기재령의 강도는 증가한다.

③ AE(공기연행)제를 조금만 사용해도 공기량이 상당히 많아진다.

④ 콘크리트의 수밀성이 좋아진다.

○ 플라이애시는 소요의 공기량을 얻기 위해서는 공기연행제를 많이 사용해야 한다.

51
11②
콘크리트 치기 기계 중에서 콘크리트 플레이서에 대한 설명으로 틀린 것은?

① 수송관 내의 콘크리트를 압축공기로서 이송하는 기계이다.

② 수송관의 배치는 하향경사로 설치 운용하여야 한다.

③ 터널 등의 좁은 곳에 콘크리트를 운반하는 데 편리하다.

④ 관으로부터의 토출할 때 콘크리트의 재료 분리가 생기는 경우에는 토출할 때의 충격을 완화시키는 등 재료 분리를 되도록 방지하여야 한다.

○ 수송관의 배치는 굴곡을 적게 하고 하향경사로 설치 운용해서는 안 된다.

52
13①
혼화재료인 플라이애시의 특성에 대한 설명 중 틀린 것은?

① 가루 석탄재로서 실리카질 혼화재이다.

② 입자가 둥글고 매끄럽다.

③ 콘크리트에 넣으면 워커빌리티가 좋아진다.

④ 플라이애시를 사용한 콘크리트는 반죽 시에 사용수량을 증가시켜야 한다.

53
13①
콘크리트 재료를 계량할 때 플라이애시의 계량에 대한 허용오차로 옳은 것은?

① +1%
② ±2%

③ ±3%
④ ±4%

○ 플라이애시는 혼화재에 속하므로 계량오차는 ±2%이다.

G·U·I·D·E

54 혼화재료에 대한 설명으로 틀린 것은?

13④

① 지연제는 시멘트의 수화반응을 늦추어 응결시간을 길게 할 목적으로 사용한다.

② 감수제는 시멘트의 입자를 분산시켜 콘크리트의 단위수량을 감소시키는 혼화제이다.

③ 촉진제는 시멘트의 수화작용을 촉진하여 보통 시멘트의 중량의 2% 이하를 사용한다.

④ 포졸란을 사용하면 시멘트의 조기강도 및 수밀성이 커진다.

◐ 포졸란을 사용하면 콘크리트의 장기강도 및 수밀성이 커진다.

콘크리트 제품

콘크리트 제품이란, 정비된 공장에서 만든 모르타르, 콘크리트 및 철근 콘크리트 부재 등을 말하며, 공장 제품, 시멘트 2차 제품 또는 프리캐스트(Precast) 제품 등으로도 불린다.

콘크리트 공장 제품의 종류, 재료, 제조 방법, 모양, 치수, 검사, 시험방법 등의 규격은 KS에 규정되어 있다.

① 콘크리트 제품의 특징

콘크리트 제품을 사용하면 현장 치기 콘크리트에 비해 다음과 같은 이점이 있다.

① 현장에서 거푸집이나 동바리의 준비가 필요 없다.

② 기후 조건에 영향을 받지 않는다.

③ 작업을 기계화할 때, 인력과 숙련작업을 줄일 수 있다.

④ 양생기간이 필요 없으며, 공사기간이 단축된다.

⑤ 표준화되어 있는 KS제품을 얻을 수 있다.

⑥ 사용 전에 검사로 품질을 확인할 수 있다.

이와 같은 장점이 있는 반면에, 제품을 현장에서 이음하는 경우에는 이것이 약점이 되기 쉬우므로, 설계 시공상 충분한 고려를 해야 한다.

② 콘크리트 제품의 제조

공장제품은 재료, 배합, 비비기, 성형, 양생 등에 대하여 특히 주의해서 만들어야 한다.

(1) 재료

소요의 품질을 가진 공장 제품을 만들기 위해서는 그것에 알맞은 재료를 선정해야 한다.

① **시멘트** : 일반적으로, 보통 포틀랜드 시멘트가 사용되며, 조기에 고강도를 필요로 하는 PS 콘크리트 제품, 즉시 탈형 제품 등에는 조강 포틀랜드 시멘트가 쓰인다.

② **혼화 재료** : AE제, 감수제, AE감수제, 고성능 감수제 등의 혼화제와 팽창재, 고강도용 혼화재, 고로슬래그 미분말, 플라이애시, 규산질 미분말 등이 많이 쓰인다.

③ **골재** : 잔골재는 입도가 알맞은 것을 사용하고, 굵은 골재는 최대 치수가 40mm 이하이고, 공장 제품의 최소 두께의 $\frac{2}{5}$, 강재의 최소 수평 순간격의 $\frac{4}{5}$를 넘어서는 안 된다.

④ **강재** : 철근으로 사용할 강재는 KS 규격에 맞는 것을 사용해야 한다.

| 콘크리트 제품 공장 |

(2) 배합

콘크리트의 배합은 성형 및 양생 방법을 고려하여, 공장제품이 소요의 강도, 내구성, 수밀성 등을 가지도록 정한다.

① **물-시멘트비** : 일반 콘크리트 제품의 물-시멘트비의 범위는 35~53% 정도로 한다.
② **반죽 질기** : 반죽 질기의 측정은 슬럼프 2cm 이상인 콘크리트에 대해서는 슬럼프 시험으로 하고, 슬럼프 2cm 미만인 콘크리트에 대해서는 이것에 알맞은 방법에 따른다.
③ **잔골재율** : 공장제품에서는 굵은 골재의 최대 치수가 일반적으로 작고, 또 제품의 끝마감을 고려하므로, 보통 콘크리트의 배합에 비하여 약간 크게 한다.

PART

02

콘크리트

콘크리트 기능사
필기+실기

콘크리트의 구성

시멘트에 물만 넣어 반죽한 것을 시멘트풀(Cement Paste)이라 하고, 시멘트와 잔골재를 물로 반죽한 것을 모르타르(Mortar)라 한다.

보통 사용하는 콘크리트는 다음 그림과 같이 전체 부피의 약 70%가 골재이고, 나머지 약 30%는 시멘트풀로 구성되어 있다.

시멘트풀은 굳지 않은 콘크리트에 유동성을 주고, 골재 사이의 빈틈을 메우며, 수화한 후에는 골재를 결합하여 강도를 내게 한다.

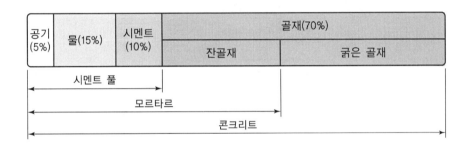

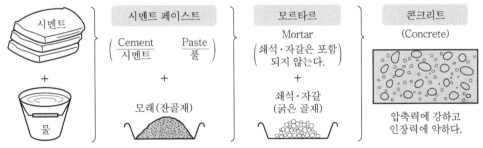

│ 콘크리트의 구성재료 │

1 시멘트

① 시판되고 있는 포장 시멘트

② 시멘트 전용차(열차 · 트럭)로 운반하여 풍화되지 않도록 시멘트 사일로에 저장하는 벌크 시멘트가 있다.

③ 일반 시멘트를 **포틀랜드 시멘트**라고 하며, 이 시멘트에 여러 가지 혼화재를 가한 것을 **혼합 시멘트**라고 한다.

② 물

"콘크리트에 사용하는 물은 유해량의 오일, 산, 알칼리 및 해수를 사용해서는 안 된다."고 규정하고 있다.

③ 골재

쇄석이나 자갈·모래는 콘크리트의 골격으로서 작용하고 있으므로 골재라고 하는 명칭이 주어졌으며, 입자 지름의 크기에 따라 잔골재와 굵은 골재로 분류된다.

골재는 종전에 천연산 강모래·강자갈이 많이 사용되었는데 최근에는 산출량이 부족하여 인공골재가 사용되고 있다.

콘크리트의 특징

콘크리트는 여러 가지 특징을 가지고 있지만, 그중에서도 토목 재료로서 가장 좋은 것은 필요한 강도, 내구성, 경제성을 지니고 있는 것이다. 그러나 콘크리트는 토목 재료로서 많은 단점도 가지고 있다.

1 장점

콘크리트의 토목 재료로서의 장점은 다음과 같다.

① 부재나 구조물의 치수, 모양을 마음대로 만들 수 있다.
② 임의의 강도를 가지는 콘크리트를 만들 수 있다.
③ 재료를 얻기 쉽고, 운반하기 쉽다.
④ 만들기와 시공하기 쉽다.
⑤ 구조물을 일체식으로 만들 수 있다.
⑥ 내화성 · 내구성이 크다.
⑦ 구조물의 유지비가 거의 들지 않는다.
⑧ 구조물을 경제적으로 만들 수 있다.

2 단점

콘크리트의 토목 재료로서의 단점은 다음과 같다.

① 콘크리트 자체의 무게가 무겁다. 그러나 이것은 중력 옹벽이나 해양 구조물 등에서는 장점이 된다.
② 굳는 데 시간이 소요되기 때문에 공사 기간이 길다.
③ 압축 강도에 비해 인장 강도나 휨 강도가 작다.
④ 건조 수축이나 수화열 등에 의하여 균열이 생기기 쉽다.
⑤ 현장 시공일 경우에는 품질 관리가 어렵다.
⑥ 한 번 만든 것은 모양을 바꾸기가 어렵다.
⑦ 구조물을 해체, 철거하기가 어렵다.

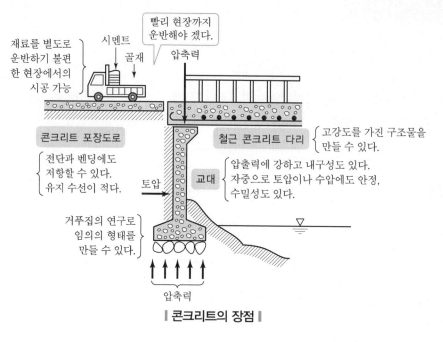

빨리 현장까지 운반해야 겠다.

재료를 별도로
운반하기 불편
한 현장에서의
시공 가능

시멘트
골재

압축력

콘크리트 포장도로

전단과 벤딩에도
저항할 수 있다.
유지 수선이 적다.

토압

교대

철근 콘크리트 다리

고강도를 가진 구조물을
만들 수 있다.

압출력에 강하고 내구성도 있다.
자중으로 토압이나 수압에도 안정,
수밀성도 있다.

거푸집의 연구로
임의의 형태를
만들 수 있다.

압축력

‖ 콘크리트의 장점 ‖

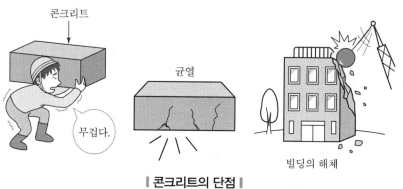

콘크리트

무겁다.

균열

빌딩의 해체

‖ 콘크리트의 단점 ‖

콘크리트가 구비해야 할 성질

콘크리트의 배합 설계를 효과적으로 진행하기 위하여는 콘크리트의 요구 조건을 정확하게 파악하는 것이 중요한데, 이에 따라 콘크리트가 구비하여야 할 성질은 다음과 같다.

(1) 소요 강도를 얻을 수 있을 것

구조물이 소요 강도를 얻어야 하는 것은 당연하고 가장 중요한 것이다. 이때 콘크리트의 강도는 압축 강도가 중요시되는데, KS F 2403의 규정에 따라 공시체를 제작·양생하여, KS F 2405의 강도시험방법에 따라 압축 강도를 구하여 검토한다.

(2) 적당한 워커빌리티를 가질 것

워커빌리티는 콘크리트 부어 넣기 작업이 쉬운지 어려운지에 대한 척도로서 굳지 않은 콘크리트의 성질 중 가장 중요한 것으로, 즉 재료 분리가 없이 철근 사이나 거푸집의 구석구석까지 충분히 채워 넣을 수 있는 것이어야 한다.

워커빌리티를 수치로 표시하는 것은 곤란하여, 일반적으로 슬럼프 시험, 플로 시험, 다짐 계수 시험 등 각종 방법이 제안되고 있으나, 주로 슬럼프 시험을 기준으로 하고 있다.

(3) 균일성을 유지하도록 할 것

콘크리트의 균일성은 재료의 선택, 워커빌리티, 계량 오차, 부어 넣는 방법 등에 의하여 영향을 받으며, 이러한 것이 불량하면 콘크리트에 곰보 등이 생기기 쉽고 강도, 내구성도 현저하게 저하시키므로 콘크리트는 균일성을 가져야 한다. 특히, 경량 콘크리트, 중량 콘크리트 및 제 치장 콘크리트(Exposed Concrete)로 시공되는 구조물의 경우 골재 분리 등이 생기지 않도록 세심한 주의를 기울여야 한다.

(4) 내구성이 있을 것

내구성이란 콘크리트의 중성화에 의한 철근의 녹 발생, 알칼리 골재 반응, 동결·융해 작용에 의한 동해, 마멸, 염화물 이온 침투 등에 대한 저항성을 의미하고, 이들에 대한 충분한 내구성을 가지도록 콘크리트는 구비되어야 한다.

(5) 수밀성 등 기타 수요자가 요구하는 성능을 만족시킬 것

우로에 접하는 지붕 슬래브, 지하실 구조체, 댐 등의 콘크리트는 수밀성이 요구되고, 기타 특수 콘크리트로서 한중·서중 콘크리트의 경우 콘크리트 온도, 경량·중량 콘크리트의 경우 콘크리트 무게 및 기타 수요자가 특별히 요구하는 경우에는 그 성능을 고루 구비하여야만 한다.

⑹ 가장 경제적일 것

콘크리트의 성질은 재료, 시공, 강도 및 내구성 등을 모두 만족시키는 범위에서 가장 경제적인 콘크리트 배합이 요구된다. 그러나 경제적이라 할지라도 단순히 시공 시 경제성뿐만 아니라 건설물의 유지 · 관리 측면도 고려하여 총괄적으로 판단되어야 한다.

04 CHAPTER 내구성

1 콘크리트의 중성화

콘크리트는 원래 알칼리성(pH로 12 정도)이므로, 철근의 녹을 보호하는 역할을 하고 있다. 그러나 시일의 경과와 더불어 공기 중의 이산화탄소의 작용을 받아 수산화칼슘이 서서히 탄산칼슘으로 되며, 알칼리성을 잃어 가는데, 이러한 현상을 **콘크리트의 중성화**라 한다.

철근을 둘러싸고 있는 주위의 콘크리트가 중성화되면 물이나 공기가 침투하여 철근은 녹이 발생하고, 이 때문에 철근의 체적이 팽창

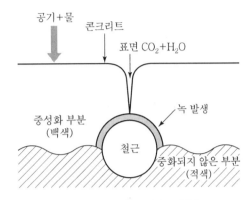

┃ 콘크리트의 중성화 모형 ┃

하여 콘크리트를 파괴하는 경우가 있다. 이와 같이 콘크리트의 중성화는 철근 콘크리트 구조물의 내구성에 있어서 중요한 문제이다.

중성화를 억제하기 위해서는 물−시멘트비를 작게 하고, 피복 두께를 두껍게 하여야 하며, 혼화재 사용량을 적게 하고 환경적으로도 오염되지 않게 한다.

2 콘크리트의 동결 · 융해에 대한 저항

콘크리트 중에 포함되어 있는 물이 동결되면 그 물의 압력 때문에 콘크리트의 조직에 미세한 균열이 생겨 동결과 융해가 반복되어 그 손상이 점차 커진다. 물−시멘트비를 작게 하고 수밀한 콘크리트를 만들거나 AE제를 혼화하여 4~6%의 공기량을 포함시키면 동결과 융해에 대한 저항성을 증가시키는 데 유효하다.

3 해수의 작용에 대한 저항

콘크리트는 해수의 물리적 및 화학적 작용, 기상 작용, 파도나 표류 고형물에 의한 충격이나 마멸 등의 각종 유해한 작용 때문에 점차 손상을 입게 된다. 또, 철근도 해수에 의해서 직접 크게 부식된다. 해수 작용에 대하여 저항성을 가지기 위하여는 피복 두께를 가능한 한 두껍게 하여 철근을 충분히 보호하고, 물−시멘트비가 작고, 수밀성이 높은 콘크리트를 사용하여 주의 깊게 부어넣기를 행하는 것이 중요하다.

CHAPTER 05 콘크리트의 시공

콘크리트공은 재료의 계량, 비비기, 운반, 치기, 양생의 작업 순서에 따라 이루어진다.

1 재료의 계량

콘크리트의 재료는 시방 배합을 현장 배합으로 고친 현장 배합표에 따라 계량한다. 각 재료는 1회분 비비기의 양마다 무게로 계량하며, 물과 혼화제의 용액은 부피로 계량해도 된다.
1회분 비비기의 양은 공사의 종류, 콘크리트 비비기의 양, 비비기의 설비, 운반방법 등을 고려해서 정한다.

(1) 계량 장치

계량 장치는 공사에 알맞고, 또한 각 재료를 정해진 계량 오차 범위 내에서 계량할 수 있는 것이라야 한다.
계량 장치에는 기계식과 전기식이 있으며, 계량 장치는 공사하기에 앞서 검사를 해야 한다.

(2) 계량 오차

콘크리트 각 재료의 계량 오차는 콘크리트 품질의 변동 원인이 되므로 공사의 중요도에 따라 필요한 정밀도로 계량할 수 있는 방법으로 정확하게 계량해야 한다.
각 재료의 1회분에 대한 계량 오차는 다음 표의 값 이하여야 한다.

▼ 재료의 계량 오차

재료의 종류	허용 오차
물	1
시멘트	1
골재	3
혼화재	2
혼화제	3

(3) 각 재료의 계량

각 재료를 계량하는 방법은 다음과 같다.
① 물 : 물은 무게나 부피 어느 쪽을 사용해도 다른 재료에 비해서 비교적 정확하게 계량할 수 있다. 물의 계량 오차는 콘크리트의 반죽 질기, 강도 등에 직접 크게 영향을 끼치므로 특히 정확하게 계량해야 한다.

② **시멘트** : 시멘트는 무게로 계량한다. 포대 시멘트를 사용할 때에는 한 포대의 무게(40kg)가 일정하므로 포대의 수를 세면 되고, 한 포대보다 적은 양은 무게로 계량한다. 무포대 시멘트를 사용할 때에는 계량기를 사용해야 한다.

③ **골재** : 골재는 잔골재와 굵은 골재를 따로따로 무게로 계량한다. 골재의 표면수량 및 유효 흡수량은 콘크리트의 비비기에 사용하는 물의 양에 크게 영향을 끼치므로, 골재의 함수량을 측정하여 수량을 조정해야 한다.

④ **혼화 재료** : 포촐라나는 시멘트와 같은 방법으로 계량한다. AE제는 계량 오차를 적게 하기 위하여 보통 물에 타서 계량한다. 염화칼슘은 항상 용액으로 하여 사용하며, 계량 후에 비비기에 사용할 물에 섞어 사용한다.

G·U·I·D·E

01 콘크리트 재료의 계량에 대한 설명으로 틀린 것은?

11⑤
14②,④

① 골재의 계량오차는 ±3%이다.

② 혼화제를 묽게 하는 데 사용하는 물은 단위수량으로 포함
하여서는 안 된다.

③ 혼화재의 계량오차는 ±2%이다.

④ 각 재료는 1배치씩 질량으로 계량하여야 하며, 물과 혼화
제 용액은 용적으로 계량해도 좋다.

◉ 혼화제를 녹이는 데 사용하는 물, 혼
화제를 묽게 하는 데 사용하는 물은
단위수량에 포함된다.

02 콘크리트를 제조할 때 각 재료의 계량에 대한 허용오차 중 골
재의 허용오차로 옳은 것은?

12②
14①

① ±1%   ② ±2%

③ ±3%   ④ ±4%

◉ • 물, 시멘트 : ±1%
• 혼화재 : ±2%
• 골재, 혼화제 : ±3%

03 콘크리트를 제작하기 위해 재료를 계량하고자 한다. 혼화제
의 계량 허용오차로서 옳은 것은?

11②

① ±1%   ② ±2%

③ ±3%   ④ ±4%

04 콘크리트를 제작할 때 각 재료의 계량에 대한 허용오차로서
틀린 것은?

11①

① 물 : ±1%   ② 시멘트 : ±2%

③ 골재 : ±3%   ④ 혼화제 : ±4%

◉ 물 및 시멘트 : ±1%

05 콘크리트 재료 중 혼화재의 1회 계량분에 대한 계량오차(허
용오차)로 옳은 것은?

12⑤
13②
14②

① ±1%   ② ±2%

③ ±3%   ④ ±4%

◉ • 혼화제 : ±3%
• 혼화재 : ±2%

06 다음 표의 각 재료의 계량오차를 쓰시오.

실기
필답형

재료의 종류	허용오차(%)
물	
시멘트	
골재	
혼화재	

07 콘크리트 각 재료의 양을 계량할 때 반죽 질기, 워커빌리티, 강도 등에 직접 영향을 끼치므로 특히 정확하게 계량해야 하는 재료는?

11⑤

① 혼화재   ② 물
③ 잔골재   ④ 굵은 골재

시멘트, 물 계량 오차 : ±1%

콘크리트의 비비기

콘크리트의 재료는 반죽된 콘크리트가 품질이 고르게 될 때까지 잘 비벼야 한다. 비비기가 잘 되면 같은 배합이라도 콘크리트의 워커빌리티가 좋아지고, 강도가 커진다. 그러나 너무 오래 비비면 워커빌리티가 나빠지고, 재료의 분리가 생기므로 알맞게 비벼야 한다.

1 믹서

콘크리트의 비비기에는 믹서를 사용하며, 믹서의 종류에는 중력식 믹서와 강제식 믹서가 있다. 믹서는 비빈 콘크리트가 나올 때 재료의 분리를 일으키지 않아야 한다.

2 비비기

재료를 믹서에 넣는 순서는 모든 재료를 한꺼번에 고르게 넣는 것이 좋다. 그러나 믹서가 돌아갈 때 먼저 물을 조금 부어 넣고, 넣는 속도를 일정하게 하면서 시멘트, 모래, 자갈을 동시에 넣으며, 마지막에 나머지의 물을 붓는다.

비비기의 시간은 재료를 모두 믹서에 넣은 뒤, 중력식 믹서일 경우에는 1분 30초 이상, 강제식 믹서의 경우에는 1분 이상을 표준으로 하고 있다.

3 다시 비비기

콘크리트를 비빈 뒤 어느 정도 시간이 지났을 때 다시 비비는 작업으로서, 되비비기와 거듭비비기가 있다.

(1) 되비비기

콘크리트 또는 모르타르가 엉기기 시작하였을 때 다시 비비는 작업을 말한다. 되비비기를 하면 콘크리트의 수화열로 물의 일부가 없어지고, 물 – 시멘트비가 작아진다.

(2) 거듭비비기

콘크리트 또는 모르타르가 엉기기 시작하지는 않았으나, 비빈 후 상당히 시간이 지났거나 또 재료가 분리된 경우에 다시 비비는 작업을 말한다. 거듭비비기를 하면 콘크리트는 슬럼프, 철근과의 부착 강도 등이 커지며, 초기의 침하 및 경화 수축이 작아진다.

01 콘크리트가 굳기 시작한 후에 다시 비비는 작업을 무엇이라
12① 고 하는가?

① 되비비기   ② 거듭비비기

③ 믹서   ④ 슈트(Chute)

02 콘크리트 또는 모르타르가 엉기기 시작하지는 않았지만 비빈
11② 후 상당히 시간이 지났거나, 재료가 분리된 경우에 다시 비비
12② 는 작업은?

① 되비비기   ② 거듭비비기

③ 현장비비기   ④ 시방배합

03 다음 콘크리트 믹서 중 중력식 믹서는?
14①
① 1축 믹서   ② 가경식 믹서

③ 2축 믹서   ④ 팬형 믹서

04 비빔통 속에 달린 날개를 회전시켜 콘크리트를 비비는 것이
13② 며 주로 콘크리트 플랜트에 사용되는 믹서는?

① 중력식 믹서   ② 강제식 믹서

③ 가경식 믹서   ④ 연속식 믹서

> ○ 강제식 믹서는 혼합조 속에서 날개가 회전하여 콘크리트를 비빔으로써 비빔 성능이 좋다.

05 콘크리트 비비기 시간에 대한 시험을 하지 않은 경우 강제식
13④ 믹서는 몇 분 이상 비비기를 하는가?

① 1분   ② 1분 30초

③ 2분   ④ 3분

> ○ • 가경식 믹서 : 1분 30초 이상
> • 강제식 믹서 : 1분

06 콘크리트 비비기 시간에 대한 시험을 실시하지 않은 경우 비
11②,⑤ 비기 시간의 최소 시간으로 옳은 것은?(단, 강제식 믹서를 사
용할 경우)

① 30초 이상   ② 1분 이상

③ 1분 30초 이상   ④ 2분 이상

G·U·I·D·E

07
12①
13①
콘크리트를 비빌 때 강제식 믹서의 경우 몇 분 이상 비비는 것을 표준으로 하는가?

① 1분 이상   ② 3분 이상

③ 5분 이상   ④ 7분 이상

08
14②
가경식 믹서를 사용하여 콘크리트 비비기를 할 경우 비비기 시간은 믹서 안에 재료를 투입한 후 얼마 이상을 표준으로 하는가?

① 1분   ② 30초

③ 1분 30초   ④ 2분

09
12①
14①
보통 콘크리트의 비비기로부터 치기가 끝날 때까지의 시간은 외기온도가 25℃ 미만일 때 최대 몇 시간 이하를 원칙으로 하는가?

① 2시간   ② 2.5시간

③ 1.5시간   ④ 1시간

10
11①,②
13②
외기 온도가 25℃ 이상일 경우 콘크리트의 비비기로부터 치기가 끝날 때까지의 시간은 얼마를 넘지 않아야 하는가?

① 50분   ② 90분

③ 120분   ④ 150분

⊙ • 외기 온도가 25℃ 이상일 경우
: 1.5시간(90분)
• 외기 온도가 25℃ 미만일 경우
: 2시간(120분)

11
11①
콘크리트를 비비는 시간은 시험에 의해 정하는 것을 원칙으로 하나 시험을 실시하지 않는 경우 가경식 믹서에서 비비기 시간은 최소 얼마 이상을 표준으로 하는가?

① 1분 30초   ② 2분

③ 3분   ④ 3분 30초

정답 07 ①   08 ③   09 ①   10 ②   11 ①

12 콘크리트 비비기에 대한 설명으로 옳은 것은?

12 ①

① 콘크리트의 비비기를 오래할수록 강도가 커진다.

② 공기연행(AE) 콘크리트는 오래 비빌수록 공기량이 늘어난다.

③ 콘크리트 비비기만으로는 워커빌리티를 좋게 할 수 없다.

④ 콘크리트 비비기는 정해 둔 시간의 3배를 초과하면 안 된다.

> ◎ 비비기 시간은 시험에 의해 정하는 것을 원칙으로 한다.

13 콘크리트의 비비기에 대한 설명으로 틀린 것은?

11 ①

① 비비기가 잘 되면 강도와 내구성이 커진다.

② 오래 비비면 비빌수록 워커빌리티가 좋아진다.

③ 비비기는 미리 정해 둔 비비기 시간의 3배 이상 계속해서는 안 된다.

④ 비비기를 시작하기 전에 미리 믹서 내부를 모르타르로 부착시켜야 한다.

> ◎ 비빔시간이 길면 시멘트의 수화가 촉진되어 워커빌리티가 나빠진다.

14 콘크리트의 비비기에 대한 설명으로 옳은 것은?

12 ②

① 콘크리트 비비기는 오래하면 할수록 재료가 분리되지 않으며, 강도가 커진다.

② AE(공기연행) 콘크리트 비비기는 오래하면 할수록 공기량이 증가한다.

③ 비비기는 미리 정해둔 비비기 시간 이상 계속하면 안 된다.

④ 비비기 시간에 대한 시험을 실시하지 않은 경우 최소 시간은 가경식 믹서인 경우 1분 30초 이상을 표준으로 한다.

> ◎ 최소 비비기 시간은 강제식 믹서의 경우 1분 이상을 표준으로 한다.

15 콘크리트 비비기에 대한 설명으로 잘못된 것은?

14 ②

① 비비기 시간에 대한 시험을 실시하지 않은 경우 가경식 믹서일 때에는 1분 30초 이상을 표준으로 한다.

② 비비기 시간에 대한 시험을 실시하지 않은 경우 강제식 믹서일 때에는 2분 이상을 표준으로 한다.

③ 비비기는 미리 정해둔 비비기 시간의 3배 이상 계속하지 않아야 한다.

④ 비비기를 시작하기 전에 미리 믹서 내부를 모르타르로 부착시켜야 한다.

> ◎ 강제식 믹서 : 1분 이상

정답 12 ④ 13 ② 14 ④ 15 ②

G·U·I·D·E

16 콘크리트 비비기에 대한 설명으로 틀린 것은?

11②
13①

① 연속믹서를 사용할 경우 비비기 시작 후 최초에 배출되는 콘크리트는 사용할 수 있다.

② 미리 정해 둔 비비기 시간의 3배 이상 계속하지 않아야 한다.

③ 반죽된 콘크리트가 균질하게 될 때까지 충분히 비벼야 한다.

④ 배치믹서를 사용하는 경우 비비기를 시작하기 전에 미리 믹서 내부를 모르타르로 부착시켜야 한다.

◉ 연속믹서를 사용할 경우 최초에 배출되는 콘크리트는 사용해서는 안 된다.

17 콘크리트 비비기에 대한 설명으로 옳은 것은?

13②

① 비비기를 시작하기 전에 믹서 내부를 모르타르로 부착시켜야 한다.

② 비비기 최소시간은 가경식 믹서일 경우 3분 이상으로 한다.

③ 비비기는 오래 할수록 콘크리트 강도가 좋아진다.

④ 콘크리트 비비기가 잘되면 워커빌리티가 좋아지고 강도는 작아진다.

◉ • 비비기 최소시간은 가경식 믹서일 경우 1분 30초 이상으로 한다.
• 비비기는 정해 둔 비비기 시간의 3배 이상 계속해서는 안 된다.
• 콘크리트 비비기가 잘되면 강도는 커지고 워커빌리티가 좋아진다.
• 콘크리트 비비기는 오래 하면 강도가 작아진다.

18 재료의 저장 및 계량, 혼합장치 등 일체를 갖추고 다량의 콘크리트를 일괄 작업으로 제조하는 기계설비는?

13④

① 콘크리트 플레이서

② 콘크리트 피니셔

③ 콘크리트 플랜트

④ 레미콘

19 콘크리트를 일관 작업으로 대량 생산하는 장치로서, 재료 저장부, 계량 장치, 비비기 장치, 배출 장치로 규정되어 있는 것은?

11②
14②

① 레미콘

② 콘크리트 플랜트

③ 콘크리트 피니셔

④ 콘크리트 디스트리뷰터

◉ 콘크리트 플랜트 시설에서 대량 공급을 한다.

정답 **16** ① **17** ① **18** ③ **19** ②

20 용량 0.75m³인 믹서 2대로 된 중력식 콘크리트 플랜트의 시
11①
12① 간당 생산량을 구하면?(단, 작업효율(E)＝0.8, 사이클 시간
(C_m)＝4min으로 한다.)

① 12m³/h   ② 14m³/h

③ 16m³/h   ④ 18m³/h

$Q = \dfrac{60 \times 0.75 \times 0.8 \times 2}{4} = 18\text{m}^3/\text{h}$

21 콘크리트의 재료를 비벼서 굳지 않은 상태의 콘크리트를 만
12⑤ 드는 것으로서 재료 저장부, 계량 장치, 비비기 장치, 배출 장
치가 있어 콘크리트를 일관 작업으로 대량 생산하는 기계는?

① 콘크리트 플랜트   ② 콘크리트 믹서

③ 트럭 믹서   ④ 콘크리트 펌프

22 콘크리트의 시간당 생산량은 얼마인가?(단, 믹서의 용량
13②,④ 0.15m³, 작업효율 0.7, 사이클 시간 5분, 믹서기 2대 가동)

① 1.05m³/hr   ② 2.1m³/hr

③ 3.2m³/hr   ④ 4.5m³/hr

㉠ 믹서 1대의 시간당 생산량

$Q = \dfrac{60qE}{C_m} = \dfrac{60 \times 0.15 \times 0.7}{5}$
$\quad = 1.05\text{m}^3/\text{hr}$

㉡ 믹서 2대의 시간당 생산량
$Q = 1.05 \times 2\text{대} = 2.1\text{m}^3/\text{hr}$

콘크리트의 운반

비빈 콘크리트는 재료가 분리되지 않고, 슬럼프가 줄어들지 않도록 될 수 있는 대로 빨리 운반해서 쳐 넣어야 한다. 콘크리트를 운반할 때에는 공사의 종류, 규모, 기간 등을 고려하여 알맞은 운반 방법을 선정하고, 또 빠른 운반로를 결정하여 가장 경제적으로 운반할 수 있도록 운반 계획을 세워야 한다.

콘크리트의 운반방법은 다음과 같다.

1 운반차

운반 거리가 먼 경우나 슬럼프가 큰 콘크리트의 경우에는 애지테이터를 붙인 트럭이나 애지테이터와 같은 교반 설비를 갖춘 운반차를 사용하여 운반해야 한다.

운반 거리가 50~100m 이하인 평탄한 운반로를 만들어 콘크리트의 재료 분리를 막을 수 있을 때에는 손수레를 사용해도 된다.

또, 슬럼프값이 5cm 이하인 된 반죽 콘크리트를 10km 이하의 거리에 운반하는 경우나, 운반 시간이 1시간 이내인 경우에는 덤프 트럭으로 운반해도 된다.

2 버킷

믹서로부터 비벼져 나오는 콘크리트를 알맞은 구조의 버킷으로 받아 바로 콘크리트를 칠 장소로 운반하는 것이 가장 좋은 방법이다.

버킷 운반에는 자동차, 궤도, 크레인 등이 쓰인다. 크레인에 의한 운반은 콘크리트에 진동을 적게 주고, 치기 장소의 상하, 수평 어느 방향으로도 운반이 쉽고 편리하다. 버킷은 콘크리트를 담기 쉽고 부리기 쉬운 구조이어야 한다.

3 콘크리트 펌프

보통 콘크리트를 펌프로 압송할 경우 굵은 골재 최대 치수는 40mm 이하를 표준으로 하며, 슬럼프값은 8~18cm 범위가 알맞다.

수송관은 될 수 있는 대로 꺾이지 않도록 하고, 수평 또는 상향으로 해서 압송 중에 콘크리트가 막히지 않도록 해야 한다.

4 콘크리트 플레이어

콘크리트 펌프와 같이 터널 등의 좁은 곳에 콘크리트를 운반하는 데 편리하다.
콘크리트의 수송 거리는 공기압에 따라 달라지며, 수송관은 되도록 꺾이지 않도록 하고 수평 또는 위로 배치한다.

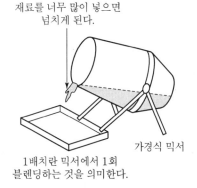

재료를 너무 많이 넣으면 넘치게 된다.

가경식 믹서

1배치란 믹서에서 1회 블렌딩하는 것을 의미한다.

❙ 콘크리트 믹서 ❙

5 벨트 컨베이어

콘크리트를 연속적으로 운반하는 데 편리하다. 운반 거리가 멀면 콘크리트가 햇볕이나 공기에 닿아 마르거나 반죽질기가 변하므로, 컨베이어의 위치를 알맞게 바꾸거나 햇빛 가리개를 사용해야 한다. 또, 끝부분에는 돌아오는 벨트에 모르타르가 붙지 않도록 하고, 조절판 및 깔때기를 설치하여 재료 분리를 막아야 한다.

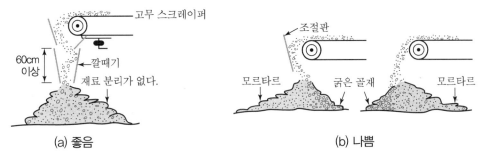

고무 스크레이퍼

60cm 이상

깔때기

재료 분리가 없다.

(a) 좋음

조절판

모르타르   굵은 골재   모르타르

(b) 나쁨

❙ 벨트 컨베이어에 의한 콘크리트의 운반 ❙

6 슈트(Chute)

높은 곳에서 낮은 곳으로 미끄러져 내려갈 수 있게 만든 홈통이나 관 모양의 것으로서, 연직 슈트와 경사 슈트가 있다.
연직 슈트는 높은 곳에서 콘크리트를 내리는 경우 버킷을 사용할 수 없을 때 사용하며, 콘크리트치기의 높이에 따라 길이를 조절할 수 있도록 깔때기 등을 이어서 만든다.
경사 슈트는 재료의 분리를 일으키기 쉬우므로, 될 수 있는 대로 사용하지 않는 것이 좋다. 그러나 경사 슈트를 사용해야 할 경우, 슈트의 기울기는 수평 2에 대해 연직 1 정도로 하고, 슈트의 출구에 조절판 및 깔때기를 설치하여 재료의 분리를 막아야 한다.

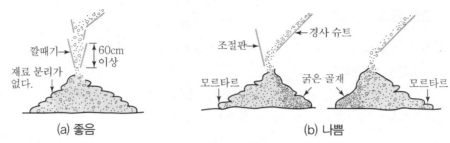

(a) 좋음

(b) 나쁨

‖ 슈트에 의한 콘크리트의 운반 ‖

✔ 운반수단

운반수단으로는 아래 그림과 같은 방법이 있는데, 현장의 지형이나 규모 등에 따라 선정하게 된다. 이 중 버킷에 의한 운반이 가장 좋다.

(교반(애지테이터)하면서)
운반

① 트럭 애지테이터

(슬럼프값이 작은, 주로)
포장용 콘크리트에 사용

② 덤프트럭

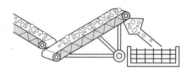

(거리가 긴 경우에는 커버를 한다.)

③ 벨트 컨베이어

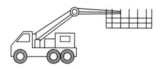

(수평거리에서 400m 가능, 슬럼프 8~18cm)

④ 콘크리트 펌프

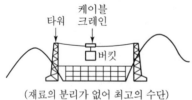

(재료의 분리가 없어 최고의 수단)

⑤ 콘크리트 버킷

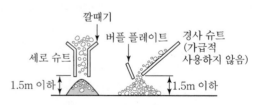

(경사 슈트는 부득이한 경우에 사용)

⑥ 슈트

‖ 프레시 콘크리트의 운반수단 ‖

01 콘크리트의 운반 기구 중 재료 분리가 적고, 연속적으로 칠 수
11① 있어 터널, 댐, 항만 등의 공사에 널리 쓰이는 기계·기구는?

① 덤프트럭   ② 경사슈트

③ 버킷   ④ 콘크리트 펌프

○ [참고] 콘크리트 펌프 수송관의 배치는
⊙ 굴곡을 적게 하고 ⓒ 수평, 상향
으로 해서 압송 중에 콘크리트가 막
히지 않게 한다.

02 콘크리트를 수송관을 통하여 압력으로 비빈 콘크리트를 치기
12② 장소까지 연속적으로 보내는 기계는?
14④

① 롤러   ② 덤프트럭

③ 콘크리트 펌프   ④ 트럭믹서

03 비빈 콘크리트를 수송관을 통해 압력으로 치기 할 장소까지
13① 연속적으로 보내는 기계는?

① 콘크리트 펌프   ② 콘크리트 믹서

③ 트럭 믹서   ④ 콘크리트 플랜트

04 콘크리트 펌프에 대한 설명 중 옳지 않은 것은?
12②
① 압송조건은 관 내에 콘크리트가 막히는 일이 없도록 정해
야 한다.

② 수송관의 배치는 될 수 있는 대로 굴곡을 적게 한다.

③ 수송관은 될 수 있는 대로 수평 또는 상향으로 하여 콘크
리트를 압송한다.

④ 보통 콘크리트를 펌프로 압송할 경우, 굵은 골재의 최대
치수는 25mm 이하로 하여야 한다.

○ 굵은 골재의 최대치수는 40mm 이
하로 하여야 한다.

05 굵은 골재 최대치수 40mm, 슬럼프값 100~180mm인 콘크
13④ 리트를 운반하는 데 가장 적합한 것은?

① 슈트   ② 콘크리트 펌프

③ 콘크리트 플레이서   ④ 벨트 컨베이어

06
13②
콘크리트가 높은 곳에서 낮은 곳으로 미끄러져 내려갈 수 있
게 만든 홈통이나 관 모양의 것으로 만들어진 것은?

① 슈트
② 콘크리트 플레이서
③ 버킷
④ 벨트 컨베이어

07
12①
높은 곳에서 콘크리트를 내리는 경우, 버킷을 사용할 수 없을
때 사용하며 콘크리트 치기의 높이에 따라 길이를 조절할 수
있도록 깔때기 등을 이어서 만든 운반기구는?

① 콘크리트 펌프
② 연직 슈트
③ 콘크리트 플레이어
④ 벨트 컨베이어

08
11①
경사슈트를 사용하여 콘크리트를 타설할 경우 슈트의 경사로
서 가장 적당한 것은?

① 수평 1에 대하여 연직 1 정도
② 수평 2에 대하여 연직 1 정도
③ 수평 1에 대하여 연직 2 정도
④ 수평 1에 대하여 연직 3 정도

09
11⑤
14②
다음 중 콘크리트 펌프에 관한 설명으로 틀린 것은?

① 일반적으로 지름 100~150mm의 수송관을 사용한다.
② 일반 콘크리트를 펌프로 압송할 경우, 굵은 골재의 최대
치수는 40mm 이하를 표준으로 한다.
③ 일반 콘크리트를 펌프로 압송할 경우, 슬럼프값은 100~
180mm의 범위가 적절하다.
④ 수송관의 배치는 굴곡을 많이 하고, 하향으로 해서 압송
중에 콘크리트가 막히지 않도록 해야 한다.

⊙ 수송관의 배치는 수평이나 상향으로
해서 콘크리트가 막히지 않게 한다.

정답 **06** ① **07** ② **08** ② **09** ④

10
14④
콘크리트 펌프를 이용하여 압송 시 다음 설명 중 틀린 것은?

① 압송을 수월하게 하기 위해 유동화 콘크리트를 사용하며 슬럼프값을 아주 높게 한다.

② 보통 콘크리트를 펌프로 압송할 경우 굵은 골재의 최대치수는 40mm 이하, 슬럼프값은 100~180mm의 범위가 적절하다.

③ 펌프의 호퍼(Hopper)에 콘크리트 투입 시의 슬럼프값을 120mm 이상으로 할 경우에는 유동화 콘크리트를 원칙으로 한다.

④ 일반적으로 안정하게 압송할 수 있는 최초의 슬럼프값은 굵은 골재의 최대 입경이 20~40mm이며, 사용할 관의 지름이 150mm 이하인 경우 80mm 정도이다.

◉ ㉠ 압송을 수월하게 하기 위해 고성능 감수제 또는 유동화 콘크리트를 사용한다.
㉡ 슬럼프값을 너무 높게 해서는 안 된다.

11
11①
13②
벨트 컨베이어를 사용하여 콘크리트를 운반할 때 벨트 컨베이어의 끝 부분에 조절판 및 깔때기를 설치하여야 하는 이유로 가장 적당한 것은?

① 콘크리트의 건조를 피하기 위하여

② 콘크리트의 반죽질기가 변화하지 않도록 하기 위하여

③ 콘크리트의 재료 분리를 방지하기 위하여

④ 운반시간을 줄이기 위하여

◉ 벨트 컨베이어는
㉠ 콘크리트를 연속으로 운반하는 데 편리하며
㉡ 된 반죽 콘크리트 운반에 적합하다.
㉢ 재료의 분리가 방지된다.

12
14①
다음 중 콘크리트의 운반 기구 및 기계가 아닌 것은?

① 버킷

② 콘크리트 펌프

③ 콘크리트 플랜트

④ 벨트 컨베이어

◉ 콘크리트 플랜트(배치 플랜트)는 혼합하는 설비에 속한다.

13
13④
배치 믹서(Batch Mixer)에 대한 설명으로 옳은 것은?

① 콘크리트를 1m³씩 혼합하는 믹서

② 콘크리트 재료를 1회분씩 운반하는 장치

③ 콘크리트 재료를 1회분씩 혼합하는 장치

④ 콘크리트를 1m³씩 운반하는 장치

정답 **10** ① **11** ③ **12** ③ **13** ③

14 콘크리트 재료가 고르게 섞이도록 콘크리트를 비비는 장치는?
11⑤
① 콘크리트 믹서　　　　② 트럭
③ 콘크리트 펌프　　　　④ 콘크리트 플레이서

15 콘크리트 시공 장비에 대한 설명으로 틀린 것은?
13①
① 콘크리트 펌프의 형식은 피스톤식 또는 스퀴즈식을 표준으로 한다.
② 콘크리트 플레이서 수송관의 배치는 굴곡을 적게 하고 수평 또는 상향으로 설치하여야 한다.
③ 슈트를 사용하는 경우에는 원칙적으로 경사슈트를 사용하여야 한다.
④ 벨트 컨베이어의 경사는 콘크리트의 운반 도중 재료 분리가 발생하지 않도록 결정하여야 한다.

> ◉ 원칙적으로 연직슈트를 사용하여야 한다.

16 수송관 내의 콘크리트를 압축공기의 압력으로 보내는 것으로서, 주로 터널의 둘레 콘크리트에 사용되는 것은?
11⑤
15②
① 벨트 컨베이어　　　　② 운반차
③ 버킷　　　　　　　　④ 콘크리트 플레이서

> ◉ 콘크리트 플레이서는 터널 등의 좁은 곳에 콘크리트를 운반하는 데 적합하다.

17 다음 중 콘크리트의 시공기계와 가장 거리가 먼 것은?
11⑤
① 콘크리트 펌프　　　　② 콘크리트 믹서
③ 레이크 도저　　　　　④ 콘크리트 플랜트

> ◉ 레이크 도저는 토공 장비에 속한다.

18 콘크리트 플랜트에서 생산된 콘크리트를 칠 때까지 재료 분리가 일어나지 않도록 휘저어 섞으면서 운반하는 형식의 트럭은?
12①
① 콘크리트 플레이서　　② 덤프트럭
③ 애지테이터 트럭　　　④ 스크레이퍼

G·U·I·D·E

19 수송관 속의 콘크리트를 압축공기로써 압송하여 터널 등의 좁
13② 은 곳에 콘크리트를 운반하는 데 편리한 콘크리트 운반장비는?

① 운반차　　　　　　② 콘크리트 플레이서
③ 슈트　　　　　　　④ 버킷

20 콘크리트의 운반작업을 할 경우 고려할 사항으로 먼 것은?
12①
13④ ① 재료 분리 방지　　　② 운반시간 준수
③ 슬럼프 감소 방지　　④ 양생방법

⊙ 콘크리트 타설 순서, 방법, 운반 경
로 등을 검토한다.

21 콘크리트 운반 계획에 대한 사항이 아닌 것은?
14①
① 운반로를 선정한다.
② 운반방법은 한 방법으로 실시하게 한다.
③ 1일 타설량을 고려하여 설비 및 인원을 배치한다.
④ 재료 분리가 최소가 되는 방법을 고려한다.

⊙ 운반방법은 작업 장소를 고려하여
선정한다.

22 비빈 콘크리트의 운반에 대한 설명으로 적당하지 않은 것은?
12⑤
① 재료의 손실이 생기지 않아야 한다.
② 재료의 분리가 생기지 않아야 한다.
③ 슬럼프의 감소가 생기지 않아야 한다.
④ 블리딩이 많이 발생하도록 운반해야 한다.

⊙ 블리딩이 발생하지 않도록 운반해야
한다.

23 굳지 않은 콘크리트를 손수레를 이용하여 운반하는 경우 다
13④ 음 설명 중 옳은 것은?
① 운반거리가 50m 미만인 평탄한 운반로의 경우 사용 가능
하다.
② 운반거리가 50~100m 이하인 평탄한 운반로의 경우 사
용해도 좋다.
③ 운반거리가 300m 이하가 되며 하향구배 10% 이내에서
사용 가능하다.
④ 운반거리가 500m 이하가 되며 하향구배 10% 이내에서
사용 가능하다.

정답 **19** ②　**20** ④　**21** ②　**22** ④　**23** ②

G·U·I·D·E

24
11②
콘크리트 운반에 관한 설명으로 틀린 것은?

① 운반거리가 100m 이하인 평탄한 운반로를 만들어 콘크리트의 재료 분리를 방지할 수 있는 경우에는 손수레를 사용해도 좋다.

② 슬럼프가 25mm 이하의 낮은 콘크리트를 운반할 때는 덤프트럭을 사용할 수 있다.

③ 콘크리트 펌프를 사용한 압송은 계획에 따라 연속적으로 실시하며, 되도록 중단되지 않도록 하여야 한다.

④ 슈트는 낮은 곳에서 높은 곳으로 콘크리트를 운반하며, 원칙적으로 경사슈트를 사용하여야 한다.

◎ 원칙적으로 연직슈트를 사용해야 한다.

25
11①
콘크리트의 운반장비로서 손수레를 사용할 수 있는 경우에 대한 설명으로 옳은 것은?

① 운반거리가 1km 이하가 되는 평탄한 운반로를 만들어 콘크리트의 재료 분리를 방지할 수 있는 경우

② 운반거리가 100m 이하가 되고 타설 장소를 향하여 상향으로 15% 이상의 경사로를 만들어 콘크리트의 재료 분리를 방지할 수 있는 경우

③ 운반거리가 1km 이하가 되고 타설 장소를 향하여 하향으로 15% 이상의 경사로를 만들어 콘크리트의 재료 분리를 방지할 수 있는 경우

④ 운반거리가 100m 이하가 되는 평탄한 운반로를 만들어 콘크리트의 재료 분리를 방지할 수 있는 경우

26
12②
14④
경사 슈트에 의해 콘크리트를 운반하는 경우 기울기는 연직 1에 대하여 수평을 얼마 정도로 하는 것이 좋은가?

① 1   ② 2

③ 3   ④ 4

콘크리트 치기

비벼서 운반한 콘크리트는 될 수 있는 대로 빨리 계속해서 쳐 넣어야 한다. 비비기에서부터 치기가 끝날 때까지의 시간은 1시간 이내로 하고, 온도가 낮고 습기가 있을 때에는 2시간 이내로 한다. 또, 운반 도중에 분리된 콘크리트는 반드시 거듭 비비기를 하여 질을 고르게 해서 쳐야 한다.

┃ 콘크리트 펌프차에 의한 콘크리트의 치기 ┃

1 치기 준비

콘크리트를 치기 전에 철근, 거푸집, 그 밖의 것이 설계도에 정해진 대로 배치되었는지를 확인하고, 콘크리트 속에 잡물이 섞이지 않도록 운반 장치, 치기 설비 및 거푸집 안을 청소한다. 또, 콘크리트가 닿아서 흡수될 염려가 있는 곳은 물로 적셔 두고, 터파기 안의 물은 콘크리트를 치기 전에 빼내야 한다.

2 치기

한 구획 내의 콘크리트는 연속적으로 쳐 넣어야 하며, 치기의 1층 높이는 내부 진동기의 성능 등을 고려하여 40~50cm 이하로 한다.

콘크리트를 2층 이상으로 나누어 칠 경우에는, 각 층의 콘크리트가 일체가 되도록 아래층의 콘크리트가 굳기 전에 위층의 콘크리트를 쳐야 한다.

거푸집의 높이가 높을 경우에는 재료의 분리를 막기 위하여 거푸집에 투입구를 만들거나, 연직 슈트, 깔때기 등을 사용하며, 이때 슈트, 깔때기 등의 배출구와 치기 면의 높이는 1.5m 이하로 한다. 벽이나 기둥과 같이 높이가 높은 콘크리트를 연속해서 칠 경우에는 콘크리트를 쳐 올라가는 속도를 너무 빨리 하면 재료의 분리가 일어나기 쉬우므로, 일반적으로 30분에 1~1.5m 정도로 한다.

③ 시공 이음

콘크리트는 구조물이 일체가 되도록 연속적으로 쳐야 하지만, 시공상의 이유 등으로 도중에 작업을 멈추었다가 다시 시작해야 할 경우가 있다.

이때, 먼저 친 콘크리트와 새로 친 콘크리트의 사이에 이음이 생기게 되는데, 이것을 시공 이음이라 한다.

시공 이음은 될 수 있는 대로 전단력이 작은 곳에 만들고, 부재의 압축력이 작용하는 방향과 직각이 되도록 하는 것이 원칙이다. 할 수 없이 전단력이 큰 위치에 시공 이음을 만들

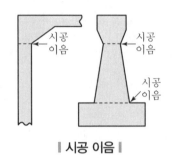

‖ 시공 이음 ‖

경우에는 시공 이음에 장부 또는 홈을 만들거나 강재를 배치하여 보강해야 한다.

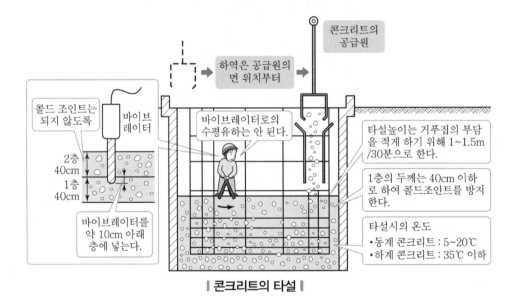

‖ 콘크리트의 타설 ‖

01
13②
14①,②
④,⑤

벽이나 기둥과 같이 높이가 높은 콘크리트를 연속해서 타설할 경우 콘크리트의 쳐 올라가는 속도는 일반적으로 30분에 얼마 정도로 하는가?

① 1m 이하　　　　　② 1~1.5m

③ 2~3m　　　　　　④ 3~4m

> [참고] 재료 분리가 적게 되도록 콘크리트의 반죽질기 및 타설 속도를 조정해야 한다.

02
14④

콘크리트를 타설한 후 다지기를 할 때 내부 진동기를 찔러 넣는 간격은 어느 정도가 적당한가?

① 25cm 이하　　　　② 50cm 이하

③ 75cm 이하　　　　④ 100cm 이하

> [참고] 다질 때 진동기를 천천히 빼 구멍이 생기지 않게 한다.

03
11⑤

콘크리트 치기의 진동 다지기에 있어서 내부 진동기로 똑바로 찔러 넣어 진동기의 끝이 아래층 콘크리트 속으로 어느 정도 들어가야 하는가?

① 0.1m　　　　　　② 0.2m

③ 0.3m　　　　　　④ 0.4m

> [참고] 내부진동기의 삽입간격은 0.5m 이하로 한다.

04
11②

높이가 높은 콘크리트를 연속해서 타설할 경우 타설 및 다질 때 재료 분리가 될 수 있는 대로 적도록 하기 위해서 타설속도는 일반적으로 30분에 얼마 정도로 하여야 하는가?

① 1.0~1.5m　　　　② 2.0~2.5m

③ 3.0~3.5m　　　　④ 4.0~4.5m

05
실기
필답형

콘크리트 타설 시 내부 진동기의 사용에 대한 다음 물음에 답하시오.

① 연직으로 다지는 간격은?

② 하층 콘크리트 속의 다짐 깊이?

③ 1개소의 다짐 시간?

> ① 0.5m 이하
> ② 0.1m
> ③ 5~15초

정답　**01** ②　**02** ②　**03** ①　**04** ①　**05** 해설 참조

06
13①
콘크리트를 칠 때 슈트, 버킷, 호퍼 등의 배출구로부터 치기 면까지의 높이는 최대 얼마 이하를 원칙으로 하는가?

① 0.5m   ② 1.0m

③ 1.5m   ④ 2.0m

07
11②,⑤
12⑤
14②,④
거푸집의 높이가 높을 경우, 재료 분리를 막기 위해 거푸집에 투입구를 설치하거나 연직슈트 또는 펌프배관의 배출구를 타설면 가까운 곳까지 내려서 콘크리트를 타설하여야 한다. 이 경우 슈트, 펌프배관, 버킷 등의 배출구와 타설면까지의 높이로 가장 적합한 것은?

① 1.5m 이하   ② 2.0m 이하

③ 2.5m 이하   ④ 3.0m 이하

08
12②
수중 콘크리트를 타설할 때는 물을 정지시킨 정수 중에서 타설하는 것이 좋으나, 완전히 물막이를 할 수 없는 경우 최대 유속은 1초간 몇 cm 이하로 하여야 하는가?

① 5cm 이하   ② 10cm 이하

③ 15cm 이하   ④ 20cm 이하

◉ 수중 콘크리트 시공 시
㉠ 콘크리트는 수중에 낙하시키지 않는다.
㉡ 연속해서 타설한다.

09
12⑤
완전히 물막이를 할 수 없는 현장에서 수중 콘크리트를 타설하고자 할 때 유속을 얼마 이하로 하여야 수중 콘크리트를 타설할 수 있는가?

① 50mm/s   ② 100mm/s

③ 250mm/s   ④ 500mm/s

10
13①
콘크리트 타설 후 침하·균열이 발생되었을 때, 다짐(Tamping)은 언제 하는 것이 효과가 가장 크게 되는가?

① 발생 직후   ② 발생 2~3시간 경과 후

③ 발생 1일 후   ④ 발생 7일 후

정답   **06** ③   **07** ①   **08** ①   **09** ①   **10** ①

11 콘크리트는 신속하게 운반하여 즉시 타설하고, 충분히 다져
11⑤ 야 한다. 비비기로부터 타설이 끝날 때까지의 시간은 원칙적
으로 얼마 이하로 하여야 하는가?(단, 외기 온도가 25℃ 이
상인 경우)

① 30분 이내　　　　② 1시간 30분 이내
③ 2시간 이내　　　　④ 2시간 30분 이내

12 외기 온도가 25℃ 미만일 때 콘크리트는 비비기로부터 타
14②,④ 설이 끝날 때까지의 시간은 원칙적으로 몇 시간 이내로 하
는가?

① 1시간　　　　　　② 2시간
③ 3시간　　　　　　④ 4시간

13 콘크리트를 2층 이상으로 나누어 타설할 경우, 이어치기 허
12①,⑤ 용시간 간격의 표준으로 옳은 것은?(단, 외기 온도 25℃ 이
하인 경우)

① 30분　　　　　　② 1시간
③ 1.5시간　　　　　④ 2.5시간

14 콘크리트 타설에 대한 설명으로 틀린 것은?
12②
14①,② ① 한 구획 내의 콘크리트는 타설이 완료될 때까지 연속해서
　　　타설해야 한다.
② 콘크리트는 그 표면이 한 구획 내에서는 거의 수평이 되도
　　록 타설하는 것을 원칙으로 한다.
③ 콘크리트 타설 1층 높이는 다짐능력을 고려하여 이를 결
　　정하여야 한다.
④ 타설한 콘크리트는 그 수평을 맞추기 위하여 거푸집 안에
　　서 횡방향으로 이동시키면서 작업하여야 한다.

◆ 타설한 콘크리트는 횡방향으로 이동
시키면서 작업해서는 안 된다.

G·U·I·D·E

15
13②

콘크리트 타설에 대한 설명으로 틀린 것은?

① 콘크리트 치기 도중 발생한 블리딩수가 있을 경우 표면에 도랑을 만들어 물을 흐르게 한다.

② 거푸집의 높이가 높을 경우 거푸집에 투입구를 설치하거나 연직슈트를 타설면 가까이 내려서 타설한다.

③ 콘크리트를 2층 이상으로 나누어 타설할 경우, 상층의 콘크리트는 하층의 콘크리트가 굳기 전에 타설해야 한다.

④ 콘크리트는 그 표면이 한 구획 내에서는 거의 수평이 되도록 타설하는 것을 원칙으로 한다.

> 콘크리트 치기 도중 발생한 고인 물을 제거하기 위해 표면에 홈을 만들어 물을 흐르게 하면 안 된다.

16
11⑤

일반 수중 콘크리트 타설에 대한 설명으로 잘못된 것은?

① 콘크리트는 흐르지 않는 물속에 쳐야 한다. 정수중에 칠 수 없을 경우에도 유속은 1초에 50mm 이하로 하여야 한다.

② 콘크리트는 수중에 낙하시켜서는 안 된다.

③ 수중 콘크리트의 타설에서 중요한 구조물의 경우는 밑열림 상자나 밑열림 포대를 사용하여 연속해서 타설하는 것을 원칙으로 한다.

④ 한 구획의 콘크리트 타설을 완료한 후 레이턴스를 모두 제거하고 다시 타설하여야 한다.

> 밑열림 상자나 밑열림 포대는 콘크리트를 연속해서 타설하는 것이 불가능하다.

17
12②

콘크리트를 타설할 때 거푸집의 높이가 높을 경우, 펌프 배관의 배출구를 타설면 가까운 곳까지 내려서 콘크리트를 타설하여야 한다. 그 이유로 가장 적합한 것은?

① 슬럼프의 감소를 막기 위해서

② 타설 시간을 단축하기 위해서

③ 재료 분리를 막기 위해서

④ 양생을 쉽게 하기 위해서

정답 **15** ① **16** ③ **17** ③

18 콘크리트 타설에 대한 설명으로 옳지 않은 것은?

12⑤

① 콘크리트의 타설은 원칙적으로 시공계획서에 따라야 한다.

② 타설한 콘크리트를 거푸집 안에서 횡방향으로 이동시켜 서는 안 된다.

③ 한 구획 내의 콘크리트는 타설이 완료될 때까지 연속해서 타설하여야 한다.

④ 벽 또는 기둥과 같이 높이가 높은 콘크리트의 치기속도는 1시간에 1~1.5m 정도로 한다.

⊙ 높이가 높은 콘크리트의 치기속도는 30분에 1~1.5m 정도로 한다. (예 : 벽, 기둥)

19 콘크리트 치기에 대한 설명 중 틀린 것은?

13④

① 철근 및 매설물의 변형이 없도록 한다.

② 한 구획 내의 콘크리트는 타설이 완료될 때까지 연속해서 타설한다.

③ 타설한 콘크리트를 거푸집 안에서 횡방향으로 이동시켜 서는 안 된다.

④ 콘크리트 타설 중 재료 분리가 생긴 경우에는 다시 잘 혼 합하여 사용하여야 한다.

⊙ 재료 분리가 생긴 경우에는 사용하 지 않는다.

정답 **18** ④ **19** ④

콘크리트 다지기

콘크리트를 친 후 잘 다져서 콘크리트 속의 빈틈을 없애고, 거푸집의 구석까지 콘크리트를 잘 채워서 밀도가 큰 콘크리트를 만들어야 한다.

콘크리트 다지기는 진동다지기를 하며 내부 진동기를 사용한다. 그러나 얇은 벽 등 내부 진동기를 사용하기 어려운 곳에는 거푸집 진동기를 사용한다.

1 진동 다지기

진동에 의한 다지기를 할 때 내부 진동기는 똑바로 찔러 넣고, 진동기의 끝이 아래층 콘크리트 속으로 10cm 정도 들어가게 한다. 일반적으로, 내부 진동기를 찔러 넣는 간격은 슬럼프 8~15cm 정도의 콘크리트에서는 50cm 이하로 한다. 또, 진동기를 콘크리트 속에서 빼낼 때에는 천천히 빼내어 구멍이 생기지 않도록 해야 한다.

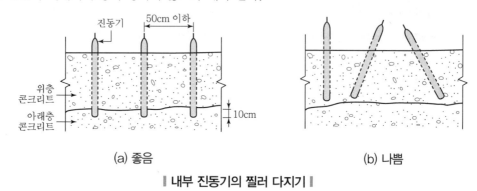

(a) 좋음   (b) 나쁨

‖ 내부 진동기의 찔러 다지기 ‖

2 재진동 다지기

콘크리트를 한 차례 진동 다지기를 한 뒤 알맞은 시기에 다시 진동을 주는 것으로서, 재진동 다지기를 하면 콘크리트는 다시 유동화되어 콘크리트 속의 빈틈이 작아지고, 콘크리트의 강도 및 철근과의 부착 강도가 커지며, 침하균열을 막을 수 있다.

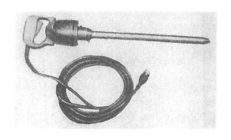

‖ 내부 진동기 ‖

‖ 표면 진동기 ‖

‖ 거푸집 진동기 ‖

✔ **콘크리트의 다지기와 표면 마무리**

타설 후의 콘크리트는 일반적으로 진동기(바이브레이터)를 사용하여 아래 그림과 같이 시공한다. 다지기는 다시 유동화할 수 있는 범위 내에서 다시 진동하게 되면 콘크리트 내의 공극이 적어지며 철근의 부착도 양호하게 된다. 진동기에는 거푸집 자체를 진동시키는 것도 있다.

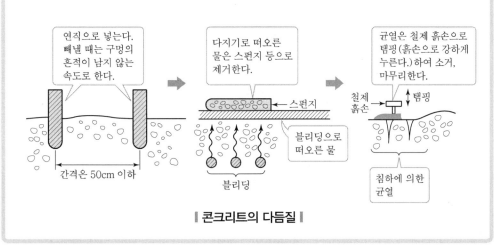

연직으로 넣는다.
빼낼 때는 구멍의
흔적이 남지 않는
속도로 한다.

간격은 50cm 이하

다지기로 떠오른
물은 스펀지 등으로
제거한다.

스펀지

블리딩으로
떠오른 물

블리딩

균열은 철제 흙손으로
탬핑(흙손으로 강하게
누른다.)하여 소거,
마무리한다.

철제
흙손

탬핑

침하에 의한
균열

‖ **콘크리트의 다듬질** ‖

G·U·I·D·E

01
14①
일반적으로 된 반죽의 콘크리트를 다질 때 가장 많이 사용하는 진동기는?

① 거푸집 진동기　　　　② 내부 진동기
③ 공기식 진동기　　　　④ 평면식 진동기

◉ 된 반죽 콘크리트의 다지기에는 내부 진동기가 유효하다.

02
12⑤
13②
콘크리트 다짐기계 중 비교적 두께가 얇고 면적이 넓은 도로 포장 등의 다지기에 사용되는 것은?

① 래머(Rammer)　　　　② 내부 진동기
③ 표면 진동기　　　　　④ 거푸집 진동기

03
12②
거푸집의 외부에 진동을 주어 내부 콘크리트를 다지는 기계는?

① 표면 진동기　　　　　② 거푸집 진동기
③ 내부 진동기　　　　　④ 콘크리트 플레이서

◉ 특히 된 반죽 콘크리트의 다지기에는 내부 진동기가 유효하다.

04
13①
비교적 두께가 얇고, 넓은 콘크리트의 표면에 진동을 주어 고르게 다지는 기계로서, 주로 도로 포장, 활주로 포장 등의 표면 다지기에 사용되는 것은?

① 거푸집 진동기　　　　② 내부 진동기
③ 콘크리트 피니셔　　　④ 표면 진동기

05
11①
다음 중 콘크리트 다짐기계의 종류가 아닌 것은?

① 표면 진동기　　　　　② 거푸집 진동기
③ 내부 진동기　　　　　④ 콘크리트 플레이서

◉ 콘크리트 플레이서
좁은 곳에 콘크리트를 운반하는 데 적합하다.

06
12②
13②
내부 진동기의 사용방법으로 옳지 않은 것은?

① 진동기는 연직으로 찔러 넣는다.
② 진동기 삽입간격은 0.5m 이하로 한다.
③ 진동기를 빨리 빼내어 구멍이 남지 않도록 한다.
④ 진동기를 하층의 콘크리트 속으로 0.1m 정도 찔러 넣는다.

정답 　01 ②　02 ③　03 ②　04 ④　05 ④　06 ③

07
12① 콘크리트의 내부 진동에 의한 다짐 작업에 대한 설명으로 틀린 것은?

① 내부 진동기는 진동효과를 극대화하기 위하여 내부에 비스듬히 찔러 넣는 것이 좋다.

② 내부 진동기의 삽입간격은 일반적으로 0.5m 이하로 하는 것이 좋다.

③ 내부 진동기를 빼낼 때 구멍이 생기지 않도록 한다.

④ 내부 진동기를 아래층 콘크리트 속으로 0.1m 정도 들어가게 한다.

⊙ 내부 진동기는 콘크리트를 횡방향 이동에 사용해서는 안 된다.

08
14① 내부 진동기를 사용하여 콘크리트를 다지기할 때 주의해야 할 사항으로 잘못된 것은?

① 진동다지기를 할 때는 내부 진동기를 하층의 콘크리트 속으로 0.1m 정도 찔러 넣는다.

② 내부 진동기는 콘크리트로부터 천천히 빼내어 구멍이 남지 않도록 한다.

③ 내부 진동기의 삽입간격은 1.5m 이하로 하여야 한다.

④ 내부 진동기는 연직으로 찔러 넣어야 한다.

⊙ 내부 진동기의 삽입간격은 0.5m 이하로 하여야 한다.

09
14② 콘크리트를 타설한 후 다지기를 할 때 내부 진동기를 찔러 넣는 간격은 어느 정도가 적당한가?

① 25cm 이하　　② 50cm 이하

③ 75cm 이하　　④ 100cm 이하

10
13④ 콘크리트 다지기에 대한 설명으로 옳지 않은 것은?

① 내부 진동기의 사용을 원칙으로 한다.

② 재진동은 초결이 일어난 후에 실시한다.

③ 내부 진동기의 1개소당 진동시간은 5~15초로 한다.

④ 얇은 벽의 경우에는 거푸집 진동기를 사용해도 좋다.

정답 **07** ①　**08** ③　**09** ②　**10** ②

11 다음 그림은 콘크리트의 내부 진동기에 의한 다짐 작업을 나
11① 타낸 것이다. A는 다짐 작업 시 진동기의 삽입간격을 나타낸
것이며, B는 아래층의 콘크리트 속으로 찔러 넣는 깊이를 나
타낸 것이다. 여기서 A와 B로 가장 적당한 것은?

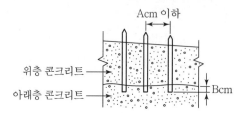

① A : 50cm 이하, B : 30cm 정도
② A : 30cm 이하, B : 30cm 정도
③ A : 30cm 이하, B : 10cm 정도
④ A : 50cm 이하, B : 10cm 정도

12 콘크리트 슬래브의 포설기계의 일종으로 펴고, 다지며 표
14④ 면 마무리 등의 기능을 하며 연속적으로 포설할 수 있는 장
비는?

① 콘크리트 배처 플랜트
② 벨트 컨베이어
③ 콘크리트 펌프
④ 콘크리트 슬립 폼 페이버

콘크리트의 양생

콘크리트를 친 다음 콘크리트가 수화작용에 의하여 충분한 강도를 내고 균열이 생기지 않도록 하기 위하여, 일정한 기간 동안 콘크리트에 충분한 온도와 습도를 주고, 해로운 작용의 영향을 받지 않도록 보호해 주어야 한다. 이러한 작업을 **콘크리트의 양생**이라 한다.

1 습윤양생

콘크리트를 친 후 굳을 때까지 직사광선이나 바람에 의해 수분이 증발하지 않도록 보호해야 하는데, 이것을 **습윤양생**이라 한다.

습윤 양생의 종류로는 콘크리트를 물속에 담그는 **수중양생**, 콘크리트의 표면을 물에 적신 가마니, 마포 등으로 덮는 **습포양생**, 콘크리트 표면에 젖은 모래를 뿌리는 **습사양생**, 콘크리트 표면에 막을 만드는 **피막양생** 등이 있다.

습윤양생은 콘크리트의 강도를 크게 하기 위해서 될 수 있는 대로 오랫동안 하는 것이 좋으나, 일반적인 구조물에서는 어렵고 또 비경제적이므로, 습윤 상태의 보호 기간은 일반 콘크리트에서, 보통 포틀랜드 시멘트를 사용한 경우에는 5일간, 조강 포틀랜드 시멘트를 사용한 경우에는 3일간 이상으로 한다.

2 온도제어양생

기온이 상당히 낮을 경우에는 콘크리트의 수화 반응이 늦고 강도가 늦게 나타나서 초기에 얼어 버릴 염려가 있으므로, 필요한 온도 조건을 유지하기 위하여 일정한 기간 동안 열을 주거나 보온에 의해 온도 제어를 해야 한다.

또, 기온이 상당히 높을 경우에는 온도 응력에 의한 온도 균열을 막기 위하여 온도를 낮추어야 한다. 이것을 온도제어양생이라 한다.

3 해로운 작용에 대한 보호

콘크리트는 양생 기간 중에 예상되는 진동, 충격, 하중 등의 해로운 작용으로부터 보호해야 한다.

|| 교량 슬래브의 증기양생 ||

4 촉진양생

증기양생, 가압양생 등의 촉진양생을 할 경우에는 콘크리트에 나쁜 영향을 끼치지 않도록 양생 시작 시기, 온도 상승 속도, 양생 온도, 양생 시간 등을 정해서 한다.

증기양생은 콘크리트의 조기 강도를 얻기 위한 것으로서, 한중 콘크리트 등에 사용한다.

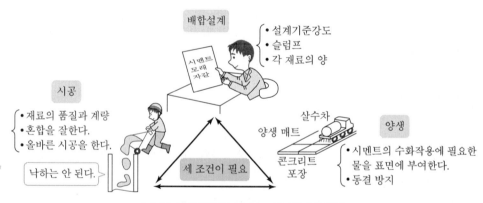

|| 좋은 콘크리트를 만드는 세 가지 조건 ||

01 콘크리트 양생 시 유해한 영향을 주는 요인이 아닌 것은?

14①

① 습도   ② 직사광선

③ 바람   ④ 진동

02 콘크리트를 타설한 다음 일정 기간 동안 콘크리트에 충분한

12① 온도와 습도를 유지시켜 주는 것을 무엇이라 하는가?

① 콘크리트 진동   ② 콘크리트 다짐

③ 콘크리트 양생   ④ 콘크리트 시공

03 콘크리트 양생에 관한 설명 중 옳지 않은 것은?

14②

① 해수, 알칼리, 산성 흙의 영향을 받을 경우에도 양생기간
은 보통 콘크리트의 경우와 같다.

② 양생기간 중에 예상되는 진동, 충격, 하중 등의 유해한 작
용으로부터 보호해야 한다.

③ 콘크리트 노출면을 덮은 후 살수하며 일 평균기온이 15℃
이상일 때 보통 포틀랜드 시멘트의 경우 5일간 같은 상태
로 보호한다.

④ 콘크리트 노출면을 덮은 후 살수하며, 일 평균기온이 15℃
이상일 때 조강 포틀랜드 시멘트의 경우 3일간 같은 상태
로 보호한다.

◎ 해수, 알칼리, 산성 흙의 영향을 받
을 경우에 양생기간은 보통 콘크리
트 경우보다 더 소요된다.

04 콘크리트 시공 과정을 옳게 표현한 것은?

13④

① 계량 → 혼합 → 운반 → 치기 → 양생

② 계량 → 운반 → 혼합 → 치기 → 양생

③ 계량 → 운반 → 치기 → 혼합 → 양생

④ 계량 → 혼합 → 치기 → 운반 → 양생

05 콘크리트 표면을 물에 적신 가마니, 마포 등으로 덮는 양생방

13④
14② 법은 어느 것인가?

① 습포양생   ② 수중양생

③ 습사양생   ④ 피막양생

정답 01 ①   02 ③   03 ①   04 ①   05 ①

06
13①
콘크리트의 표면에 아스팔트 유제나 비닐유제 등으로 불투수층을 만들어 수분의 증발을 막는 양생방법을 무엇이라 하는가?

① 증기양생   ② 전기양생
③ 습윤양생   ④ 피복양생

07
11①
콘크리트의 습윤양생 방법의 종류가 아닌 것은?

① 수중양생   ② 습포양생
③ 습사양생   ④ 촉진양생

◎ 습윤양생(급습양생)
콘크리트 노출면에 살수, 젖은 모래, 젖은 가마니 등으로 덮는다.

08
12①
콘크리트 압축강도 시험용 공시체의 양생은 어떤 양생방법으로 하는가?

① 습윤양생   ② 건조양생
③ 피막양생   ④ 가압양생

09
11⑤
14④
콘크리트의 조기 강도를 얻기 위한 양생으로 한중 콘크리트 등에 사용되는 양생법은?

① 수중양생   ② 습사양생
③ 피막양생   ④ 증기양생

10
11①
14④
타설한 콘크리트의 수분 증발을 막기 위해서 콘크리트의 표면에 양생용 매트, 가마니 등을 물에 적셔서 덮거나 살수하는 등의 조치를 하는 양생방법은?

① 습윤양생   ② 온도제어양생
③ 촉진양생   ④ 증기양생

11
11②
14①
콘크리트의 건조를 방지하기 위하여 방수제를 표면에 바르거나 또는 이것을 뿜어 붙이기를 하여 습윤양생을 하는 것은?

① 전기양생   ② 방수양생
③ 증기양생   ④ 피막양생

정답 **06** ④ **07** ④ **08** ① **09** ④ **10** ① **11** ④

12 콘크리트의 양생법 중 막양생에 대한 설명으로 옳은 것은?

13②

① 거푸집판에 물을 뿌리는 방법

② 가마니 또는 포대 등에 물을 적셔서 덮는 방법

③ 비닐로 덮는 방법

④ 양생제를 뿌려 물의 증발을 막는 방법

13 일명 고온고압양생이라고 하며, 증기압 7~15기압, 온도

12②
13④
180℃ 정도의 고온, 고압으로 양생하는 방법은?

① 오토클레이브 양생   ② 상압증기양생

③ 전기양생   ④ 가압양생

14 다음 중 촉진양생에 포함되지 않는 것은?

12②

① 증기 양생   ② 오토클레이브 양생

③ 막양생   ④ 고주파양생

⊙ 촉진양생에는 증기양생, 전기양생, 오토클레이브(고온고압) 양생 등이 있다.

15 일평균기온이 15℃ 이상이고 조강포틀랜드 시멘트를 사용한

11①,⑤
콘크리트에 대한 습윤양생 기간의 표준은?

① 1일   ② 3일

③ 5일   ④ 7일

16 보통 포틀랜드 시멘트를 사용한 콘크리트를 습윤양생하고자

12①,⑤
13①
할 때 습윤상태로 보호하는 기간의 표준으로 옳은 것은?(단,
14④
일평균기온이 15℃ 이상인 경우)

① 2일   ② 3일

③ 4일   ④ 5일

⊙ • 10℃ 이상인 경우 : 7일
• 15℃ 이상인 경우 : 5일

17 콘크리트 포장 공법에서 보통 포틀랜드 시멘트를 사용한 도

13④
로의 경우 최소 며칠 이상 양생이 필요한가?

① 10일   ② 14일

③ 24일   ④ 28일

⊙ [참고] 조강 포틀랜드 시멘트를 사용한 차도는 7일 이상 양생이 필요하다.

정답 **12** ④ **13** ① **14** ③ **15** ② **16** ④ **17** ②

G·U·I·D·E

18
11②
한중 콘크리트의 초기 양생 중에 소요의 압축강도가 얻어질 때까지 콘크리트의 온도는 최소 얼마 이상으로 유지해야 하는가?

① 0℃   ② 5℃
③ 15℃   ④ 20℃

○ 타설을 할 때 콘크리트 온도는 5~20℃ 범위에서 한다.

19
14①
콘크리트는 타설한 후 습윤상태로 노출면이 마르지 않도록 하여야 한다. 조강 포틀랜드 시멘트를 사용한 콘크리트의 경우 습윤양생 기간의 표준으로 옳은 것은?(단, 일 평균기온 15℃ 이상인 경우)

① 3일   ② 5일
③ 7일   ④ 9일

20
실기
필답형
콘크리트 양생방법 4가지를 쓰시오.

①
②
③
④

○ ① 습윤양생
   ② 막양생
   ③ 증기양생
   ④ 전기양생

21
실기
필답형
다음 물음에 답하시오.

(1) 콘크리트의 표준습윤양생 기간을 쓰시오.(단, 일평균기온이 15℃ 이상인 경우)
   ① 보통 포틀랜드 시멘트를 사용한 경우 :
   ② 조강 포틀랜드 시멘트를 사용한 경우 :
(2) 일반 콘크리트의 비비기에서 믹서 안에 재료를 투입한 후 비비는 시간의 표준을 쓰시오.
   ① 가정식 믹서일 경우 :
   ② 강제식 믹서일 경우 :
(3) 콘크리트를 타설할 때 내부 진동기의 기준을 쓰시오.
   ① 삽입 간격은?
   ② 하층의 콘크리트 삽입 깊이는?

○ (1) ① 5일, ② 3일
   (2) ① 1분 30초 이상, ② 1분 이상
   (3) ① 0.5m, ② 0.1m

22 콘크리트 시험에 관한 사항이다. 다음 물음에 답하시오.
실기
필답형
① 공시체의 양생온도는?

② 공시체를 몰드에서 떼어 내는 시간은?

③ 공시체가 파괴되었을 때 최대 하중이 380kN이었다. 압축강
도를 구하시오.(단, 공시체는 지름 150mm, 높이 300mm
이다.)

G·U·I·D·E

① 20±2℃
② 16시간 이상 3일 이내
③ 압축강도

$$= \frac{P}{A} = \frac{380,000}{\frac{3.14 \times 150^2}{4}}$$

$$= 21.5 \text{MPa}$$

거푸집공과 동바리공

정해진 모양과 치수를 가진 콘크리트의 구조물을 만드는 데 쓰이는 임시 구조물을 거푸집이라 하고, 이 거푸집을 받쳐 주는 기둥을 동바리라 한다.

1 거푸집공

거푸집은 일반적으로 콘크리트에 닿는 면판, 이것을 지지하는 보강재로 되어 있다. 거푸집은 부재의 치수가 정확해야 하고, 또 구조물이 완성될 때까지 변형되지 않도록 단단해야 하며, 조립과 해체가 쉬워야 한다.

(1) 거푸집의 종류

거푸집에는 재료에 따라 목재 거푸집, 강재 거푸집, 플라스틱 거푸집이 있다.

① 목재 거푸집 : 목재 거푸집의 재료는 주로 소나무와 삼나무가 사용되며, 값이 싸고 가공하기 쉬우나 건습에 의한 신축이 크고 파손되기 쉬우므로, 여러 번 되풀이해서 사용할 수 없는 결점이 있다.

최근에는 목재 거푸집 대신에 합판 거푸집이 쓰이는데, 합판 거푸집은 면판에 합판을 사용한 것으로서 건습에 의한 신축과 변형이 작고 가공하기가 쉽다.

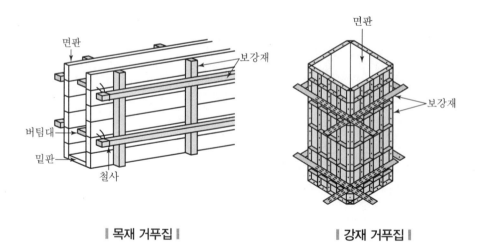

‖ 목재 거푸집 ‖   ‖ 강재 거푸집 ‖

| 목재 거푸집의 설치 |

② 강재 거푸집 : 단단하고 수밀성이 크며, 조립과 해체하기가 쉽고, 여러 번 되풀이해서 사용할 수 있다. 그러나 가공하기 어렵고, 녹슬기 쉬우며, 유지 및 수리하기가 어렵다.

③ 플라스틱 거푸집 : 수밀성이 크고 가벼워서 운반하기 쉽고 여러 번 되풀이해서 사용할 수 있으나, 가공하기가 어렵다.

(2) 거푸집의 시공

거푸집은 하중을 받았을 때에 모양 및 위치를 정확하게 유지할 수 있도록 볼트 또는 강봉을 사용하여 단단히 조인다.

또, 콘크리트가 거푸집에 붙는 것을 막고, 거푸집의 떼어 내기를 쉽게 하기 위하여 거푸집판 안쪽에 박리제를 바른다.

(3) 거푸집의 떼어내기

거푸집은 콘크리트가 그 자중 및 시공 중에 주어지는 하중을 받는 데 필요한 강도를 낼 때까지 떼어 내어서는 안 된다.

▼ 거푸집을 떼어 내어도 좋은 시기의 콘크리트 압축 강도

부재의 종류	보기	콘크리트의 압축 강도(kgf/cm²)
두꺼운 부재의 연직 또는 연직에 가까운 면, 기울어진 윗면, 작은 아치의 바깥면	확대 기초의 옆면	35
얇은 부재의 연직 또는 연직에 가까운 면, 45°보다 기울기가 급한 아랫면, 작은 아치의 안쪽 면	기둥, 벽, 보의 옆면	50
교량, 건물 등의 슬래브 및 보, 45°보다 기울기가 느린 아랫면	슬래브, 보의 밑면 아치의 안쪽 면	140

거푸집을 떼어 내는 순서는 비교적 하중을 받지 않는 부분을 먼저 떼어 내고, 그 뒤에 나머지 중요한 부분을 떼어 낸다. 보기를 들면, 연직 부재의 거푸집은 수평 부재의 거푸집보다 먼저 떼어 내고, 보 양 측면의 거푸집은 밑판보다 먼저 떼어 낸다.

앞의 표는 철근콘크리트에서 거푸집을 떼어 내도 좋은 시기의 콘크리트 압축 강도의 참고값을 나타낸 것이다.

(4) 특수 거푸집

특수 거푸집으로서는 슬립 폼(Slip Form)이 있다. 이것은 콘크리트를 쳐 넣으면서 콘크리트의 면에 따라 거푸집을 천천히 움직여 연속적으로 콘크리트를 치는 거푸집이다.

슬립 폼에는 연직 방향으로 이동하는 것과 수평 방향으로 이동하는 것이 있는데, 연직 방향으로 이동하는 것은 주로 교각, 사일로 등에 사용되고, 수평 방향으로 이동하는 것은 수로 및 터널의 라이닝 등에 사용된다.

이 거푸집의 특징은 시공 속도가 빠르고 경제적이며, 이음이 없는 구조물을 만드는 것이다.

‖ 슬립 폼에 의한 수로의 시공 ‖

2 동바리공

동바리는 거푸집이 위치를 정확하게 유지하도록 거푸집을 받쳐 주는 기둥이며, 이것에 작용하는 하중은 콘크리트의 무게와 거푸집의 무게이다.

(1) 동바리의 종류

동바리에는 재료에 따라 목재 동바리와 강재 동바리가 있다.

① **목재 동바리** : 목재 동바리에는 보통 통나무나 각목을 사용한다. 통나무일 때에는 끝 마구리의 지름이 7cm 이상이 되고, 옹이나 썩은 부분이 없어야 한다.

② **강재 동바리** : 강재 동바리에는 강관 버팀 기둥, 강관틀 버팀 기둥, 강관 조립 기둥 등이 있다. 강재 동바리는 조립하기 쉽고, 성능이 좋아서 되풀이해서 사용할 수 있으며, 또 목재에 비해 안전성이 높다.

(2) 동바리의 시공

동바리를 조립하기에 앞서 기초 지반을 고르고, 필요한 지지력을 얻기 위해 또 부등 침하 등이 생기지 않도록 알맞은 보강을 해야 한다.

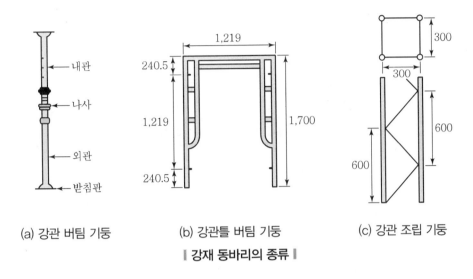

(a) 강관 버팀 기둥   (b) 강관틀 버팀 기둥   (c) 강관 조립 기둥

∥ 강재 동바리의 종류 ∥

동바리를 조립할 때에는 동바리가 충분한 강도와 안전성을 가지도록 기울기, 높이 등에 항상 주의하면서 시공해야 한다.

또, 동바리의 이음부나 부재의 이음부, 만나는 부분 등은 빈틈이나 느슨한 곳이 생기지 않도록 해야 한다. 특히, 이음에서는 축선에 일치되도록 해야 한다.

(3) 특수 동바리

특수 동바리에는 고가교 등에 사용되는 이동 동바리, 트러스를 이용한 동바리, 아치교를 캔틸레버 방식으로 가설할 때에 쓰이는 가설 작업차 등이 있다.

∥ 강재 동바리의 설치 ∥

기출 및 실전문제

GUIDE

01 콘크리트 공사에서 거푸집 떼어 내기에 관한 설명으로 틀린
것은?

① 거푸집은 콘크리트가 자중 및 시공 중에 가해지는 하중에
충분히 견딜 만한 강도를 가질 때까지 해체해서는 안 된다.
② 거푸집을 떼어내는 순서는 비교적 하중을 받지 않는 부분
을 먼저 떼어낸다.
③ 연직 부재의 거푸집은 수평부재의 거푸집보다 먼저 떼어
낸다.
④ 보의 밑판의 거푸집은 보의 양 측면의 거푸집보다 먼저 떼
어 낸다.

◉ 보의 밑판의 거푸집은 보의 양 측면
의 거푸집보다 나중에 떼어 낸다.

02 거푸집과 동바리에 관한 설명 중 옳지 않은 것은?

① 연직부재의 거푸집은 수평부재의 거푸집보다 빨리 떼어
낸다.
② 보에서는 밑면 거푸집을 양측면의 거푸집보다 먼저 떼어
낸다.
③ 거푸집을 시공할 때 거푸집 판의 안쪽에 박리제를 발라서
콘크리트가 거푸집에 붙는 것을 방지하도록 한다.
④ 거푸집 및 동바리는 콘크리트가 자중 및 시공 중에 가해지
는 하중에 충분히 견딜만한 강도를 가질 때까지 해체해서
는 안 된다.

굳지 않은 콘크리트의 성질

굳지 않은 콘크리트(Fresh Concrete)란, 경화한 콘크리트에 대응하여 사용되는 용어로서, 비빔 직후로부터 거푸집 안에 부어 넣어 소정의 강도를 발휘할 때까지의 콘크리트를 말한다.

굳지 않은 콘크리트는 알맞은 유동성을 가지고, 치기와 다지기를 할 때 재료의 분리가 생기지 않아야 하며, 표면 마무리가 잘 되어야 한다.

1 용어의 정의

굳지 않은 콘크리트의 성질을 나타내는 데에는 다음과 같은 용어를 사용한다.

(1) 반죽 질기(Consistency)

주로 물의 양이 많고 적음에 따르는, 반죽의 되고 진 정도를 나타내는 굳지 않은 콘크리트의 성질을 말한다.

(2) 워커빌리티(Workability)

반죽 질기의 정도에 따르는, 작업의 어렵고 쉬운 정도 및 재료의 분리에 저항하는 정도를 나타내는 굳지 않은 콘크리트의 성질을 말한다.

(3) 성형성(Plasticity)

거푸집에 쉽게 다져 넣을 수 있고, 거푸집을 떼어 내면 천천히 모양이 변하기는 하지만, 허물어지거나 재료의 분리가 일어나는 일이 없는 정도의 굳지 않는 콘크리트의 성질을 말한다.

(4) 피니셔빌리티(Finishability)

굵은 골재의 최대 치수, 잔골재율, 잔골재의 입도, 반죽 질기 등에 따르는, 표면 마무리하기 쉬운 정도를 나타내는 굳지 않은 콘크리트의 성질을 말한다.

2 굳지 않은 콘크리트가 구비해야 할 조건

① 운반, 부어 넣기, 다짐 및 표면 마감의 각 시공 단계에 있어서 작업을 용이하게 행할 수 있을 것
② 시공 시 및 그 전후에 있어서 재료 분리가 적을 것
③ 거푸집에 부어 넣은 후 균열 등 해로운 현상이 발생하지 않을 것 등을 들 수 있다.

이 때문에 재료와 배합의 적절한 선정, 정확한 재료의 계량 및 충분한 비빔, 분리가 생기지 않도록 하기 위한 적절한 시공 및 충분한 양생이 필요하다.

3 워커빌리티

균질하고 밀실한 콘크리트를 부어 넣기 위해서는, 그 콘크리트가 운반으로부터 붓기까지의 시공 공정에 있어서 재료의 분리를 발생하지 않고, 시공법에 따른 적당한 반죽 질기, 펌프 압송성 및 마감성을 가져야 한다. 이 작업성에 관련한 종합적인 콘크리트의 성질을 **워커빌리티**(Workability)라 한다.

그러나 일반적으로 워커빌리티의 양부는 **콘크리트의 반죽 질기**(연도, Consistency)에 좌우되는 경우가 많다.

(1) 워커빌리티에 영향을 끼치는 요소

콘크리트의 워커빌리티에 영향을 끼치는 중요한 요소는 구성 재료, 배합비, 시간과 온도 등이다.

① **시멘트** : 시멘트의 양이 많을수록, 분말도가 높을수록 워커빌리티가 좋아지며, 또 시멘트의 종류에 따라서도 워커빌리티가 달라진다.

② **혼화 재료** : 포촐라나, 플라이애시, 고로슬래그 미분말 등의 혼화제와 AE제, 감수제 등의 혼화제를 사용하면 워커빌리티가 좋아진다.

③ **골재** : 골재와 시멘트의 비가 작을수록, 골재 알의 모양이 둥글수록 워커빌리티가 좋아진다. 또, 골재의 입도, 최대 치수, 표면 조직과 흡수량도 워커빌리티에 영향을 끼친다.

④ **물** : 워커빌리티에 영향을 끼치는 가장 중요한 것은 물의 양이다. 물의 양이 많을수록 콘크리트는 묽은 반죽이 되어 재료가 분리되기 쉬우며, 물의 양이 적으면 된 반죽이 되어 유동성이 작아진다.

⑤ **시간과 온도** : 시간이 지날수록, 온도가 높아질수록 워커빌리티가 나빠진다.

> **참고정리**
>
> ✔ **워커빌리티**
>
> Workability = <u>Work</u> + <u>ability</u>
>   작업   가능케 하는 것
>
> 타설의 용이성이나 재료 분리의 정도를 표시하는 것

---

(2) 워커빌리티의 측정방법

콘크리트의 워커빌리티는 반죽 질기에 의해 좌우되는 일이 많으므로, 일반적으로 반죽 질기를 측정하여 그 결과에 따라서 워커빌리티의 정도를 판정하고 있다.

반죽 질기를 측정하는 방법에는 여러 가지가 있으나, 그중에서 슬럼프 시험이 널리 사용되고 있다.

‖ 슬럼프 시험 기구 ‖

① **슬럼프(slump) 시험** : 아래 그림의 (a)와 같은 슬럼프콘(Cone)에 콘크리트를 3층으로 나누어 넣고, 지름 16mm의 다짐대로 각 층을 25번씩 다진 후, 슬럼프 콘을 빼 올렸을 때, 콘크리트가 무너져 내려앉은 값을 슬럼프값으로 한다.

슬럼프 시험이 끝난 뒤 즉시 다짐대로 콘크리트의 옆면을 가볍게 두들겨 그 상태를 관찰하면 성형성을 대체로 판단할 수 있다.

이 시험은 주로 일반 콘크리트의 반죽 질기 측정에 사용된다.

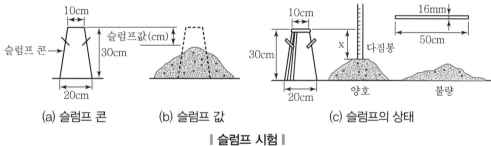

(a) 슬럼프 콘   (b) 슬럼프 값   (c) 슬럼프의 상태

‖ 슬럼프 시험 ‖

② **반죽 질기 시험** : 진동대식 반죽 질기 시험기를 사용하며, 진동대 위에 놓은 용기 속의 콘크리트의 윗면에 투명한 원판을 얹어 놓고, 용기를 흔들어서 원판에 콘크리트가 완전히 닿을 때의 시간을 측정한다. 이것을 비비(Vebe) 시간(침하도)이라 하고, 초로 나타낸다. 이 시험은 보통 슬럼프 시험으로 나타낼 수 없는 포장 콘크리트와 같은 된 반죽 콘크리트의 반죽 질기 측정에 사용한다.

③ **유동성 시험** : 진동식 반죽 질기 측정기를 사용하며, 시험기 판 위의 안쪽 관 속에 콘크리트를 넣고, 판을 6mm로 상하 운동을 시켜, 안쪽 관 속의 콘크리트가 바깥쪽 관 속으로 흘러 나와서 안쪽 관과 바깥쪽 관 속의 콘크리트의 높이가 같아질 때의 낙하 횟수를 콘크리트의 반죽 질기로 나타낸다.

이 시험은 주로 프리스트레스트 콘크리트의 반죽 질기 측정에 이용된다.

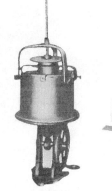

‖ 진동대식 반죽 질기 시험기 ‖　　　　　‖ 진동식 반죽 질기 측정기 ‖

④ 기타 시험 : 비빔 콘크리트의 질기 정도를 측정하는 것으로는, 다음과 같은 방법이 있다.

　　㉠ 비비(Vee Bee) 시험기에 의한 방법

　　㉡ 다짐도에 의한 방법

　　㉢ KS 규격에 규정되어 있지는 않으나 슬럼프 플로 시험, 플로 시험, 구(球)의 관입 시험
　　　등이 있다.

‖ 비비(Vee Bee) 시험기에 의한 콘크리트　　　　‖ 콘크리트 플로 시험장치 ‖
반죽 질기 시험장치 ‖

4 재료 분리(Segregation)

균질하게 비벼진 콘크리트는 어느 부분의 콘크리트를 채취해도 그 구성 요소인 시멘트, 물, 잔·굵은 골재의 구성 비율은 동일해야 하나, 이 균질성이 소실되는 현상을 분리라 한다.

재료가 분리되면 콘크리트의 강도와 수밀성이 작아지고 품질이 고르지 못하므로, 재료의 분리가 일어나지 않도록 해야 한다.

┃ 블리딩 시험 기구 ┃

(1) 작업 중의 재료 분리

콘크리트는 굵은 골재의 최대 치수가 너무 크거나, 시멘트의 양이 너무 적고, 골재량과 물의 양이 너무 많으면 재료가 분리된다.

이러한 재료의 분리를 막기 위해서는 AE제, 포촐라나 등을 사용하면 효과가 있다.

(2) 작업 후의 재료 분리

콘크리트를 친 후 시멘트와 골재 알이 가라앉으면서 물이 올라와 콘크리트의 표면에 떠오른다. 이러한 현상을 블리딩(Bleeding)이라 하며, 이 블리딩에 의하여 콘크리트의 표면에 떠올라 가라앉는 아주 작은 물질을 레이턴스(Laitance)라 한다.

블리딩이 크면 콘크리트 윗부분의 강도가 작아지고 수밀성과 내구성이 나빠지며, 레이턴스는 굳어도 강도가 거의 없으므로, 콘크리트를 덧치기할 때에는 이것을 없앤 뒤에 작업을 해야 한다.

블리딩을 작게 하는 데에는 분말도가 높은 시멘트, AE제나 포촐라나 등을 사용하고, 될 수 있는 대로 물의 양을 적게 한다.

$$블리딩의 양(\mathrm{mL/cm^2}) = \frac{블리딩\ 물의\ 양(\mathrm{mL})}{콘크리트의\ 윗\ 면적(\mathrm{cm^2})}$$

5 공기량

AE제 또는 AE 감수제를 이용하여 계획적으로 콘크리트 중에 균등히 분포시킨 미소한 독립 공기포를 **연행 공기**(Entrained Air), AE제 등을 사용하지 않는 경우에도 콘크리트 중에 존재하는 공기포를 **갇힌 공기**(Entapped Air)라 한다. 연행 공기는 콘크리트의 비빔시 AE제 등의 계면 활성 작용에 의하여 콘크리트 중에 발생하는 안정되고 미세한 기포로서, 그 발생량은 AE제 사용량에 따라 달라진다.

(1) AE 공기

콘크리트 속에 알맞은 AE공기량이 들어 있으면 워커빌리티가 좋아지고, 기상작용에 대한 내구성이 커진다. AE콘크리트의 알맞은 공기량은 굵은 골재의 최대 치수에 따라 다르며, 콘크리트 부피의 4~7%를 표준으로 하고 있다.

AE공기량은 시멘트의 양, 물의 양, 비비기 시간, 온도, 다지기 등에 따라 달라지며, AE 콘크리트에서 **공기량이 많아지면, 압축 강도가 작아진다.** 따라서, AE콘크리트를 시공할 때에는 알맞은 공기량이 들어 있는지를 시험해야 한다.

(2) 공기량 시험

공기량 시험 방법에는 무게법, 부피법, 공기실 압력법 등이 있으나, 일반적으로 공기실 압력법이 많이 쓰인다.

① 무게법

공기가 전혀 없는 것으로 하여 시방배합에서 계산한 콘크리트의 이론 단위 무게와 실제로 측정한 단위 무게와의 차로써 공기량을 구하는 것이다.

② 부피법

콘크리트 속에 있는 공기를 물로 바꾸고, 바꾼 물의 부피로써 공기량을 측정하는 것이다.

③ 공기실 압력법

다음 그림과 같은 워싱턴형 공기량 측정기를 사용하며, 공기실의 일정한 압력을 콘크리트에 주었을 때, 공기량으로 인하여 공기실의 압력이 떨어지는데, 이것으로부터 공기량을 구한다.

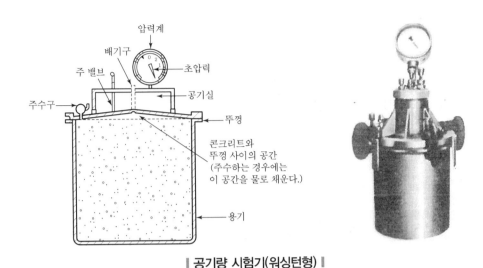

┃ 공기량 시험기(워싱턴형) ┃

6 응결

콘크리트의 응결은 시멘트의 품질뿐만 아니라 콘크리트의 배합, 골재나 물에 포함된 성분, 기상 조건, 시공 조건에 의해서 영향을 받는다. 시멘트 품질의 영향으로서는, 일반적으로 조강성의 시멘트일수록 응결이 빠르고, 동일 시멘트에서는 슬럼프가 작을수록, 물－시멘트비가 작을수록 빨라지는 경향이 있다. 골재나 물에 포함되어 있는 성분 중 바다 모래에 포함된 염분은 응결을 촉진시키고, 당류, 부식토 등의 유기물은 응결을 지연시킨다. 또, 기상 조건으로서 고온, 저습, 일사, 바람 등이 응결을 촉진시키고, 그 반대는 응결을 지연시킨다. 콘크리트의 응결 시간을 측정하는 방법은 관입 저항 침법(KS F 2436)에 의한다.

┃ 관입 저항 시험용 기구 ┃

7 온도

콘크리트의 응결 · 경화 시에 시멘트의 수화열이 축적되면 콘크리트 내부의 온도가 높게 상승하여 고층 건물의 저층부 굵은 기둥과 같은 매스 콘크리트에서는 그 영향을 충분히 고려해야 한다. 최고 상승 온도는 시멘트의 종류 이외에도 단위 시멘트량, 콘크리트의 부어 넣기 구획, 속도, 콘크리트 단면의 크기, 양생 온도 및 쿨링의 효과 등에 의해 변화한다.

8 크리프

콘크리트에 힘을 가하면 수축되는데, 그 힘을 계속 가한 상태로 방치하면 아래 그림과 같이 시간과 함께 수축이 증가해 간다. 이와 같이 힘은 변화하지 않는데 시간과 함께 변형이 증가되어 가는 성질을 콘크리트의 **크리프**라고 한다.

❚ **콘크리트의 크리프 상태** ❚

크리프의 발생 원인은 시멘트 간극 수의 압축이나 결정 사이의 슬립에 의한 것이 있다. 또한, 크리프에 영향을 미치는 요인으로는 다음과 같은 것을 들 수 있다.

① 재하 시의 재령이 단기간이거나 재하기간이 길수록 크리프 변형은 커진다.
② 재하하중이 클수록 크리프 변형은 커진다.
③ 고강도의 콘크리트일수록 크리프 변형은 작아진다.
④ 콘크리트 온도가 높을수록 크리프 변형은 커진다.
⑤ 습도가 낮을수록 크리프 변형은 커진다.

01
11②
굳지 않은 콘크리트에서 물이 분리되어 위로 올라오는 현상을 무엇이라 하는가?

① 워커빌리티(Workability)

② 레이턴스(Laitance)

③ 블리딩(Bleeding)

④ 피니셔빌리티(Finishability)

▶ 블리딩을 적게 하기 위해서는
㉠ 단위수량을 적게 하고
㉡ 골재의 입도를 고르게 분포시켜야 한다.

02
11①
콘크리트를 친 후 시멘트와 골재 알이 가라앉으면서 물이 올라와 콘크리트의 표면에 떠오르는 현상을 무엇이라 하는가?

① 워커빌리티

② 피니셔빌리티

③ 리몰딩

④ 블리딩

▶ • 시멘트의 분말도가 클수록 블리딩은 작아진다.
• 콘크리트 치기 속도가 빠르면 블리딩이 증가한다.

03
실기
필답형
블리딩의 방지 방법 3가지를 쓰시오.

①

②

③

▶ ① 공기연행제, 감수제를 사용한다.
② 골재 입도가 적당해야 한다.
③ 단위수량을 적게 한다.

04
실기
필답형
다음 물음에 답하시오.

(1) 블리딩이란?

(2) 블리딩의 저감대책 3가지를 쓰시오.

①

②

③

▶ (1) 콘크리트의 타설 후 표면에 물이 떠오르는 현상
(2) ① 공기연행제, 감수제를 사용한다.
② 골재 입도가 적당해야 한다.
③ 단위수량을 적게 한다.

05
14②,④
굳지 않은 콘크리트 또는 모르타르(Mortar)에 있어서 골재 및 시멘트 입자의 침강으로 물이 분리되어 상승하는 현상으로 인하여 콘크리트나 모르타르의 표면에 떠올라서 가라앉은 물질을 무엇이라 하는가?

① 워커빌리티

② 레이턴스

③ 피니셔빌리티

④ 블리딩

▶ 블리딩과 레이턴스
• 골재 및 시멘트 입자의 침강으로 물이 상승하는 현상을 블리딩이라 한다.
• 블리딩 현상 후 콘크리트나 모르타르의 표면에 떠올라 가라앉은 물질을 레이턴스라 한다.

정답 **01** ③ **02** ④ **03,04** 해설 참조 **05** ②

06 콘크리트 타설 후 콘크리트 표면에 떠올라 침전한 미세한 물
질은?

① 블리딩   ② 레이턴스

③ 성형성   ④ 슬럼프

07 다음 물음에 답하시오.

① 블리딩으로 인하여 콘크리트나 모르타르의 표면에 떠올
라서 가라앉은 회백색의 물질을 무엇이라 하는가?

② 재료가 외력을 받으면 변형이 생기는데, 외력의 증가 없
이도 시간의 경과에 따라 변형이 증가되는 현상을 무엇이
라 하는가?

③ 일반적으로 보통 콘크리트의 설계기준 압축강도는 재령
며칠의 압축강도를 기준으로 하는가?

08 콘크리트의 반죽질기 여하에 따르는 작업의 난이 정도 및 재
료의 분리에 저항하는 정도를 나타내는 굳지 않은 콘크리트
의 성질을 무엇이라 하는가?

① 워커빌리티(Workability)

② 반죽질기(Consistency)

③ 성형성(Plasticity)

④ 피니셔빌리티(Finishability)

09 콘크리트의 워커빌리티 측정방법 4가지를 쓰시오.

①

②

③

④

⊙ ① 레이턴스
② 크리프
③ 28일

⊙ ① 비비 시험
② 흐름 시험
③ 구관입 시험
④ 슬럼프 시험

콘크리트의 배합 설계

콘크리트를 만들기 위한 각 재료의 비율 또는 사용량을 콘크리트의 배합이라 하며 필요한 강도, 내구성, 수밀성 및 작업에 알맞은 워커빌리티를 가지는 범위 안에서 단위 수량이 적게 되도록 각 재료의 비율을 정하는 것을 콘크리트의 배합 설계라 한다.

1 배합의 표시법

콘크리트 $1m^3$를 만드는 데 필요한 재료의 양(kg)을 단위량(kg/m^3)이라 하며, 콘크리트의 각 재료량은 단위 시멘트의 양, 단위 수량, 단위 잔골재량, 단위 굵은 골재량 등으로 나타낸다. 배합에는 시방 배합과 현장 배합이 있으며, 배합은 각 재료의 비율을 무게비로 나타낸다.

(1) 시방배합

시방서 또는 책임 기술자가 지시한 배합으로서, 이때 골재는 표면 건조 포화 상태의 것으로 하고, 5mm체를 통과하는 것을 잔골재, 5mm체에 남는 것을 굵은 골재로 한다.

(2) 현장배합

현장에서 사용하는 골재의 함수 상태와 잔골재 중에서 5mm체에 남는 양, 굵은 골재 중에서 5mm체를 통과하는 양을 고려하여 시방 배합을 현장 골재의 상태에 따라 고친 것이다.

G 참고정리

✔ **시방배합과 현장배합**
① 콘크리트의 배합이란 콘크리트를 만들 때의 각 재료의 비율 또는 사용량을 말한다.
② 시방배합이란 골재가 표면건조 포화상태이며 잔골재는 5mm체를 통과한 것, 굵은 골재는 5mm체에 남은 것을 사용한 경우 각 재료의 단위량을 계산한 것이다.

∥ 시방배합 ∥

---

③ 현장배합이란 현장에서 입수한 골재를 사용하므로 골재에는 표면수도 있고, 입도도 대소 입자지름의 것이 혼재되어 있다. 이와 같은 골재를 사용하여 혼합한 콘크리트가 시방배합으로 혼합한 콘크리트와 같은 품질을 얻을 수 있도록 골재의 함수율, 굵은 골재 중의 5mm체를 통과하는 양 등을 고려하여 시방배합을 수정한 것이다.
특히, 현장에서의 골재상태가 야적된 상태라면 기후에 따라 함수율은 항상 변화하기 때문에 사용 수량의 조정이 필요하게 된다.

‖ 현장배합 ‖

② 배합 설계 순서 및 방법

(1) 배합강도의 결정

배합강도는 콘크리트의 배합을 정할 경우에 목표로 하는 강도를 말하며, 재령 28일의 압축 강도를 기준으로 한다.

배합강도는 구조물의 설계에서 고려한 안전도를 얻기 위해서는 콘크리트의 품질 변동을 고려해서 결정해야 한다. 따라서, 배합강도는 설계기준강도에 변동계수에 따라 정해지는 증가계수를 곱해야 한다. 즉, 다음 식과 같이 된다.

$$\sigma_r = \sigma_{ck} \times \alpha$$

여기서, σ_r : 배합강도(kgf/cm^2)
σ_{ck} : 설계기준강도(kgf/cm^2)
α : 증가계수

일반 콘크리트에서 증가 계수 α는 현장에서 예상되는 콘크리트 압축강도의 변동계수에 따라 정해진다.

(2) 물 - 시멘트비(W/C)의 결정

물-시멘트비는 비빈 콘크리트에서 골재가 표면 건조 포화 상태일 때 시멘트풀 속에 들어 있는 물의 양(W)과 시멘트 양(C)의 무게비를 말한다.

$$\sigma_{28} = -210 + 215 \frac{C}{W}$$

(3) 굵은 골재의 최대 치수 선정

콘크리트를 경제적으로 만들기 위해서는 될 수 있는 대로 최대 치수가 큰 굵은 골재를 사용하는 것이 좋다. 그러나 철근콘크리트의 경우에는 철근의 간격이나 부재의 치수, 모양 등 때문에 큰 골재를 사용할 수 없을 때가 많다.

▼ 굵은 골재의 최대 치수의 표준(mm)

콘크리트의 종류			굵은 골재의 최대 치수	
일반 콘크리트	무근콘크리트		40 표준, 100 이하	
			부재 최소 치수의 $\frac{1}{4}$ 이하	
	철근콘크리트	일반적인 경우	20 또는 25	부재 최소 치수의 $\frac{1}{5}$ 이하
		단면이 큰 경우	40	및 철근 순간격의 $\frac{3}{4}$ 이하
포장콘크리트			40 이하	
댐콘크리트			150 이하	

(4) 슬럼프의 선정

슬럼프가 큰 콘크리트를 사용하면 작업하기는 쉽지만, 블리딩이 커지고, 굵은 골재가 분리되기 쉽다. 따라서, 작업에 알맞은 범위 내에서 될 수 있는 대로 슬럼프값을 작게 해야 한다. 슬럼프값은 일반 콘크리트에서 아래 표의 값을 표준으로 하고 있다.

▼ 슬럼프값의 표준(cm)

콘크리트의 종류			슬럼프값
일반 콘크리트	무근콘크리트	일반적인 경우	5~12
		단면이 큰 경우	3~8
	철근콘크리트	일반적인 경우	5~12
		단면이 큰 경우	3~10

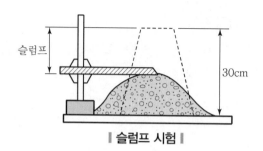

▌슬럼프 시험 ▌

(5) 공기량의 산정

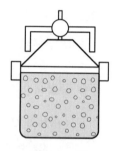

AE 콘크리트는 기상작용에 대한 내구성이 크므로, 심한 기상작용을 받을 경우에는 AE 콘크리트를 사용하는 것을 원칙으로 한다.

AE 콘크리트의 알맞은 공기량은 굵은 골재의 최대 치수에 따라 다르다.

▌공기량 시험 ▌

(6) 단위수량 산정

① 단위량 : 콘크리트 1m³를 만드는 데 사용하는 각 재료의 양을 단위량이라고 하며 단위수량, 단위 시멘트량, 단위 잔골재량, 단위 굵은 골재량, 단위 혼화재량 등으로 나타낸다.

② 단위수량 : 단위수량은 콘크리트의 품질을 좌우하는 중요한 것으로, 워커빌리티를 얻을 수 있는 범위 내에서 가급적 적어지도록 시험에 의하여 결정해야 한다.

③ 단위수량의 산정 : 필요한 슬럼프를 얻는 데 필요한 단위수량은 굵은 골재의 최대 치수, 골재의 입도 및 모양, 혼화 재료의 종류나 양, 콘크리트의 공기량 등에 따라서 달라지므로, 사용 재료에 따라 시험해서 정한다.

(7) 잔골재율

잔골재율(S/a)은 골재에서 5mm체를 통과한 것을 잔골재, 5mm체에 남는 것을 굵은 골재로 하여 구한 잔골재량의 전체 골재에 대한 절대 부피비(%)로 나타낸다.

$$잔골재율\,(s/a) = \frac{잔골재의\ 절대용적\,[l]}{전골재의\ 절대용적\,[l]} \times 100\,[\%]$$

잔골재율을 작게 하면, 즉 잔골재의 양을 감소시키면 골재 표면적의 총합이 작아져서 컨시스턴시를 얻기 위한 단위수량을 감소시킬 수 있으며 경제적인 콘크리트를 얻을 수 있다. 그러나 잔골재율을 작게 하면 콘크리트가 거칠어지며 재료 분리가 현저하게 된다.

⑻ 단위 시멘트 양의 산정

단위 시멘트의 양은 단위수량과 물-시멘트비로부터 다음 식에 따라 구한다.

$$\text{단위 시멘트의 양(kg)}=\frac{\text{단위수량}}{\text{물}-\text{시멘트비}}$$

산출방법으로는 물-시멘트비를 강도, 내구성, 수밀성 등의 관계를 시험결과에서 구하고, 물-시멘트비와 단위수량으로부터 단위 시멘트량을 구한다.

⑼ 단위 혼화 재료량의 산정

혼화 재료를 사용하는 경우 단위 혼화 재료량은 그 종류에 따라 알맞은 양을 선정하고, AE제의 경우에는 최종적으로 시험 비비기를 하여 필요한 공기량을 얻도록 정한다.

⑽ 단위 골재량의 산정

단위 잔골재량, 단위 굵은 골재량은 다음 식에 따라 구한다.

$$\text{단위 골재량의 절대 부피(m}^3)$$
$$=1-\left(\frac{\text{단위수량}}{1,000}+\frac{\text{단위 시멘트의 양}}{\text{시멘트의 비중}\times1,000}+\frac{\text{단위 혼화재량}}{\text{혼화재의 비중}\times1,000}+\frac{\text{공기량}}{100}\right)$$

$$\text{단위 잔골재량의 절대 부피(m}^3)=\text{단위 잔골재량의 절대 부피}\times\text{잔골재율}$$

$$\text{단위 잔골재량(kg)}=\text{단위 잔골재량의 절대 부피}\times\text{잔골재의 비중}\times1,000$$

$$\text{단위 굵은 골재량의 절대 부피(m}^3)=\text{단위 골재량의 절대 부피}$$
$$-\text{단위 잔골재량의 절대 부피}$$

$$\text{단위 굵은 골재량(kg)}=\text{단위 굵은 골재량의 절대 부피}\times\text{굵은 골재의 비중}\times1,000$$

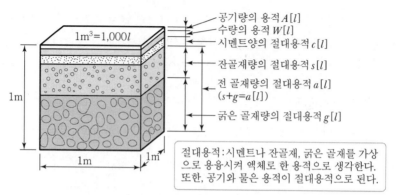

공기량의 용적 $A[l]$
수량의 용적 $W[l]$
시멘트양의 절대용적 $c[l]$
잔골재량의 절대용적 $s[l]$
전 골재량의 절대용적 $a[l]$
$(s+g=a[l])$
굵은 골재량의 절대용적 $g[l]$

$1m^3=1,000l$

1m

1m

1m

절대용적:시멘트나 잔골재, 굵은 골재를 가상으로 용융시켜 액체로 한 용적으로 생각한다. 또한, 공기와 물은 용적이 절대용적으로 된다.

‖ 콘크리트 1m³ 중에 차지하는 각 재료의 절대용적 ‖

Ⅲ 예상문제

물−시멘트 비 $W/C=50\%$, 잔골재율 $S/a=37\%$, 단위수량 $W=150\text{kg}$, 공기량 $a=4.5\%$인 경우, 각 재료의 단위량을 구하여라. 사용재료의 시험결과는 다음과 같다.

- 시멘트의 비중=3.15
- 잔골재의 비중=2.60
- 굵은 골재의 비중=2.70

해설 (1) 단위 시멘트량 : $C[\text{kg}]=\dfrac{150\text{kg}}{0.50}=300\text{kg}$

(2) 단위 시멘트량의 절대용적

$$c[l]=\frac{300\text{kg}}{3.15}=95.2l$$

(3) 전 골재의 절대용적(V)

$V[l]=1,000-\{(0.045\times1,000)+150+95.2\}=709.8l$

잔골재의 절대용적 : $s=709.8\times0.37=262.6l$

굵은 골재의 절대용적 : $g=709.8-262.6=447.2l$

(4) 단위 잔골재량

$S[\text{kg}]=262.6l\times2.60=682.8\text{kg}$

(5) 단위 굵은 골재량

$G[\text{kg}]=447.2\times2.70=1,207.4\text{kg}$

다음의 설계 조건과 재료를 사용하여 콘크리트의 배합을 설계하여라.(단, 실험을 하지 않고 계산으로 구한다.)

(1) 설계 조건

- 설계기준강도 : $\sigma_{ck} = 200\text{kgf/cm}^2$
- 슬럼프값 : 8cm
- 단위수량 : $W = 175\text{kg}$
- 잔골재율 : $S/a = 41\%$
- 갇힌 공기량 : 1.5%
- 증가계수 : $\alpha = 1.25$
- C/W와 σ_{28}의 관계식 : $\sigma_{28} = -210 + 215\dfrac{C}{W}$

(2) 재료 조건

- 시멘트 : 보통 포틀랜드 시멘트, 비중 3.16
- 잔골재 : 표면건조 포화상태, 비중 2.62
- 굵은 골재 : 표면건조 포화상태, 비중 2.65, 최대 치수 25mm

해설 (1) 배합 강도(σ_r) : $\sigma_r = 200 \times 1.25 = 250(\text{kgf/cm}^2)$

(2) 물－시멘트비(W/C) : $\sigma_{28} = -210 + 215\dfrac{C}{W}$에서, $250 = -210 + 215\dfrac{C}{W}$가 된다.

$$\therefore \frac{W}{C} = \frac{215}{250 + 210} = 0.467 = 46.7(\%)$$

(3) 각 재료의 단위량 : 단위수량＝175(kg)

단위 시멘트의 양$= \dfrac{175}{0.467} = 375(\text{kg})$

단위 골재량의 절대 부피$= 1 - \left(\dfrac{175}{1,000} + \dfrac{375}{3.16 \times 1,000} + \dfrac{1.5}{100}\right) = 0.691(\text{m}^3)$

단위 잔골재량의 절대 부피$= 0.691 \times 0.41 = 0.283(\text{m}^3)$

단위 잔골재량$= 0.283 \times 2.62 \times 1,000 = 741(\text{kg})$

단위 굵은 골재량의 절대 부피$= 0.691 - 0.283 = 0.408(\text{m}^3)$

단위 굵은 골재량$= 0.408 \times 2.65 \times 1,000 = 1,081(\text{kg})$

이상의 결과를 정리한 시방 배합표는 아래 표와 같다.

굵은 골재의 최대 치수 (mm)	슬럼프의 범위 (cm)	공기량의 범위 (%)	물－시멘트비 W/C (%)	잔골재율 S/a (%)	단위량(kg/m³)			
					물 W	시멘트 C	잔골재 S	굵은 골재 G
25	8	－	46.7	41	175	375	741	1,081

G·U·I·D·E

01 다음 중 콘크리트의 배합설계 방법에 속하지 않는 것은?
14①
① 겉보기 배합에 의한 방법
② 계산 배합에 의한 방법
③ 시험 배합에 의한 방법
④ 배합표에 의한 방법

02 콘크리트 배합설계 방법에 속하지 않는 것은?
13④
① 배합표에 의한 방법　　② 계산에 의한 방법
③ 시험배합에 의한 방법　④ 경험에 의한 방법

03 설계기준강도란 일반적으로 무엇을 말하는가?
11②
① 재령 28일의 인장강도　② 재령 28일의 압축강도
③ 재령 7일의 인장강도　④ 재령 7일의 압축강도

◉ 콘크리트의 강도는 보통 압축강도를 말한다.

04 다음 중 콘크리트 워커빌리티에 가장 큰 영향을 주는 것은?
13④
① 단위수량　　　② 시멘트
③ 골재의 밀도　④ 혼화재료

◉ [참고] 단위수량은 작업이 가능한 범위에서 적게 한다.

05 콘크리트의 워커빌리티에 가장 큰 영향을 미치는 요소는?
11②
① 시멘트　　　② 단위수량
③ 잔골재　　　④ 굵은 골재

06 시방배합에서 규정된 배합의 표시법에 포함되지 않는 것은?
12⑤
① 슬럼프의 범위　　② 잔골재의 최대치수
③ 물–결합재비　　　④ 시멘트의 단위량

07 콘크리트 배합을 결정하는 중요한 요소가 아닌 것은?
11①
① 굵은 골재의 최대치수　② 단위수량
③ 단위시멘트량　　　　④ 잔골재의 최대치수

정답　**01** ①　**02** ④　**03** ②　**04** ①　**05** ②　**06** ②　**07** ④

08 콘크리트 배합설계에서 물－결합재비를 결정할 때 고려하여
실기 야 할 사항 3가지를 쓰시오.
필답형

①

②

③

> 콘크리트
> ① 압축강도
> ② 수밀성
> ③ 내구성

09 콘크리트 1m³를 배합할 때 재료의 양을 무엇이라고 하는가?
14①

① 시방배합   ② 배합 강도

③ 단위량   ④ 현장배합

10 콘크리트 배합설계에서 물－시멘트비가 50%, 단위 시멘트
13① 량이 354kg/m³일 때 단위수량은?

① 157kg/m³   ② 167kg/m³

③ 177kg/m³   ④ 187kg/m³

> $W/C = 0.5$,
> $W = C \times 0.5 = 354 \times 0.5$
> $= 177 \text{kg/m}^3$

11 시방배합을 정할 때 적용되는 잔골재의 정의로서 옳은 것은?
11②

① 10mm체를 거의 다 통과하고 0.08mm체에 남는 골재

② 5mm체를 통과하고 0.08mm체에 남는 골재

③ 5mm체를 거의 다 통과하고 0.08mm체에 거의 다 남는 골재

④ 10mm체를 거의 다 통과하고 5mm체에 거의 다 남는 골재

> [참고] 시방배합에 사용되는 골재는
> 표면건조 포화상태이다.

12 포장용 콘크리트 배합기준 중 굵은 골재의 최대치수는 몇 mm
11② 이하이어야 하는가?

① 25mm   ② 40mm

③ 100mm   ④ 150mm

> • 댐콘크리트의 경우
>   : 150mm 이하
> • 무근콘크리트의 경우
>   : 40mm 이하
> • 철근콘크리트의 단면이 큰 경우
>   : 40mm 이하

13 골재의 절대 부피가 0.75m³인 콘크리트에서 잔골재율이 35%
12① 이고 잔골재 밀도가 2.6g/cm³이면 단위 잔골재량은 얼마인가?

① 595kg   ② 643kg

③ 683kg   ④ 726kg

> 단위 잔골재량
> $26 \times 0.75 \times 0.35 \times 1000$
> $= 683 \text{kg}$

정답 08 해설 참조   **09** ③   **10** ③   **11** ②   **12** ②   **13** ③

G·U·I·D·E

14 콘크리트 배합설계 순서 중 가장 마지막에 하는 작업은?
11①
① 굵은 골재의 최대치수 결정
② 물−결합재비 결정
③ 골재량 산정
④ 시방배합을 현장배합으로 수정

15 콘크리트의 시방배합을 현장배합으로 수정할 때 일반적으로
11⑤ 재료 계량의 양이 달라지지 않는 것은?
① 물   ② 시멘트
③ 잔골재   ④ 굵은 골재

◉ 골재 입도 및 표면수의 변화로 인해 시방배합을 현장배합으로 보정한다.

16 콘크리트의 재료는 시방배합을 현장배합으로 고친 다음, 현
13① 장배합표에 따라 각 재료의 양을 질량으로 계량한다. 이때 계
량할 재료가 아닌 것은?
① 거푸집   ② 시멘트
③ 잔골재   ④ 굵은 골재

17 콘크리트의 배합에 관한 설명으로 옳은 것은?
11①
① 사용하는 각 재료의 비율은 부피비로 나타낸다.
② 물의 양은 작업의 난이도에 따라 결정한다.
③ 현장배합을 기준으로 시방배합을 정한다.
④ 잔골재량의 전체 골재량에 대한 절대부피비를 백분율로
  나타낸 것을 잔골재율이라고 한다.

◉ • 시방배합을 기준으로 현장배합을 정한다.
• 콘크리트의 반죽질기는 슬럼프로 정한다.
• 사용하는 각 재료는 중량배합이 이용되고 있다.

18 일반적인 경량골재 콘크리트란 콘크리트의 기건단위질량이
13① 얼마 정도인 것을 말하는가?
① $0.5{\sim}1.0\text{t/m}^3$ ② $1.4{\sim}2.0\text{t/m}^3$
③ $2.1{\sim}2.7\text{t/m}^3$ ④ $2.8{\sim}3.5\text{t/m}^3$

정답 **14** ④ **15** ② **16** ① **17** ④ **18** ②

G·U·I·D·E

19
13①
콘크리트의 배합설계에서 골재의 절대부피가 0.95m³이고, 잔골재율이 39%, 잔골재의 표건밀도가 2.60g/cm³일 때 단위 잔골재량은?

① 852kg

② 916kg

③ 954kg

④ 963kg

○ 단위 잔골재량
= 잔골재의 표건밀도 × 잔골재의 절
  대부피 × 1,000
= 2.60 × 0.95 × 0.39 × 1,000
= 963kg

20
12②
잔골재의 절대부피가 0.279m³이고 잔골재 밀도가 2.64g/cm³일 때 단위 잔골재량은 약 얼마인가?

① 106kg

② 573kg

③ 737kg

④ 946kg

○ 단위 잔골재량
2.64 × 0.279 × 1,000 = 737kg

21
11②
13④
잔골재의 입도가 2.62g/cm³이고, 잔골재의 절대부피가 0.305 m³인 경우 단위 잔골재량은?

① 201kg

② 658kg

③ 799kg

④ 1,821kg

○ $S = 2.62 \times 0.305 \times 1,000 = 799kg$

22
11①
시방배합에서 단위 잔골재량이 720kg/m³이다. 현장 골재의 시험에서 표면수량이 1%라면 현장 배합으로 보정된 잔골재량은?

① 727.2kg/m³

② 712.8kg/m³

③ 702.4kg/m³

④ 693.1kg/m³

○ $S = 720 \times 1.01 = 727.2kg/m^3$

23
13②
갇힌 공기량 2%, 단위수량 180kg, 단위 시멘트량 315kg인 콘크리트인 단위 골재량의 절대부피는 얼마인가?(단, 시멘트의 비중은 3.15g/cm³임)

① 650L

② 680L

③ 700L

④ 730L

○ $V = 1 - \left(\dfrac{180}{1 \times 1,000} + \dfrac{315}{3.15 \times 1,000} + \dfrac{2}{100} \right)$
$= 0.7m^3 \times 1,000 = 700L$

정답 **19** ④ **20** ③ **21** ③ **22** ① **23** ③

기출 및 실전문제

G·U·I·D·E

24
실기
필답형

굵은 골재 최대치수 25mm, 단위수량 178kg, 단위 시멘트량 314kg, 시멘트 비중 3.14, 갇힌 공기량 1.2%일 때 단위 골재량의 절대부피를 구하시오.

$$V = 1 - \left(\frac{170}{1,000} + \frac{314}{3.14 \times 1,000} + \frac{1.2}{100} \right)$$
$$= 0.71 \text{m}^2$$

25
14④

단위골재량의 절대부피가 650l이고 잔골재율이 38%인 경우 단위 굵은 골재량의 절대부피는?

① 247l ② 403l

③ 494l ④ 508l

㉠ $V_G = 650 \times (1 - 0.38) = 403l$
㉡ $V_S = 650 \times 0.38 = 247l$

26
13④

골재의 절대부피가 0.672m³이고 잔골재의 절대부피는 0.317 m³일 경우 잔골재율(S/a)은?

① 31.7% ② 40.7%

③ 47.1% ④ 52.9%

$S/a = \frac{0.317}{0.672} \times 100 = 47.1\%$

27
13①

콘크리트의 배합에서 단위 골재량의 절대부피를 구하는 데 관계가 없는 것은?

① 공기량 ② 단위수량

③ 잔골재율 ④ 시멘트의 비중

잔골재율 $= \dfrac{\text{잔골재의 절대용적}}{\text{골재 전체의 절대용적}} \times 100$

28
11①

시방배합으로 잔골재 600kg/m³, 굵은 골재 1,250kg/m³일 때 현장배합으로 고친 잔골재량은?(단, 5mm체에 남는 잔골재량 3%, 5mm체를 통과하는 굵은 골재량 2%이며, 표면수량에 대한 조정은 무시한다.)

① 593kg/m³ ② 600kg/m³

③ 607kg/m³ ④ 627kg/m³

잔골재량
$$\frac{100S - b(S+G)}{100 - (a+b)}$$
$$= \frac{100 \times 600 - 2(600 + 1,250)}{100 - (3+2)}$$
$$= 593 \text{kg/m}^3$$

정답 **24** 해설 참조 **25** ② **26** ③ **27** ③ **28** ①

G·U·I·D·E

29
11②

콘크리트 시방배합으로 각 재료의 양과 현장골재의 상태가 아래와 같을 때 현장배합에서 굵은 골재의 양은 얼마로 하여야 하는가?(단, 현장골재는 표면건조 포화상태임)

[시방배합]
- 시멘트 : $300kg/m^3$
- 물 : $160kg/m^3$
- 잔골재 : $666kg/m^3$
- 굵은 골재 : $1,178kg/m^3$

[현장 골재]
- 5mm체에 남는 잔골재량 : 0%
- 5mm체에 통과하는 굵은 골재량 : 5%

① $1,116kg/m^3$
② $1,178kg/m^3$
③ $1,240kg/m^3$
④ $1,258kg/m^3$

- 굵은 골재량
$$\frac{100G - a(S+G)}{100 - (a+b)}$$
$$= \frac{100 \times 1,178 - 0 \times (666 + 1,178)}{100 - (0+5)}$$
$$= 1,240kg/m^3$$

- 잔골재량
$$\frac{100S - b(S+G)}{100 - (a+b)}$$
$$= \frac{100 \times 666 - 5 \times (666 + 1,178)}{100 - (0+5)}$$
$$= 604kg/m^3$$

30
13②
14①

잔골재의 단위 무게가 $1.65t/m^3$이고 밀도가 $2.65g/cm^3$일 때 이 골재의 공극률은 얼마인가?

① 32.7%
② 34.7%
③ 37.7%
④ 39.1%

㉠ 실적률 $= \frac{1.65}{2.65} \times 100 = 62.3\%$
㉡ 공극률 $=100 -$ 실적률
$= 100 - 62.3$
$= 37.7\%$

31
12②

골재의 단위용적질량 시험에서 굵은 골재의 단위용적질량 평균값이 $1.64t/m^3$이고 밀도가 $2.60g/cm^3$이면 공극률은?

① 4.2%
② 30.9%
③ 36.9%
④ 63.1%

㉠ 공극률 $= \left(1 - \frac{\omega}{\rho}\right) \times 100$
$= \left(1 - \frac{1.64}{2.60}\right) \times 100$
$= 36.9\%$

㉡ 실적률 $= \frac{\omega}{\rho} \times 100$
$= \frac{1.64}{2.60} \times 100$
$= 63.1\%$

㉢ 공극률 $= 100 -$ 실적률

32
14②

잔골재의 밀도 및 흡수율 시험결과 물을 채운 플라스크의 무게가 692g, 시료와 물을 검정점까지 채운 플라스크의 무게가 1,001.8g이었다. 이 시료의 표면건조 포화상태의 밀도는 얼마인가?(단, 플라스크에 채운 표면건조 포화상태의 시료 무게는 500g, $\rho_\omega = 1g/cm^3$이다.)

① $2.57g/cm^3$
② $2.59g/cm^3$
③ $2.61g/cm^3$
④ $2.63g/cm^3$

잔골재의 표면 건조 포화상태의 밀도
$$\frac{m}{B + m - C} \times \rho_\omega$$
$$= \frac{500}{692 + 500 - 1,001.8} \times 1$$
$$= 2.63g/cm^3$$

정답 29 ③ 30 ③ 31 ③ 32 ④

33
12①
콘크리트의 배합강도를 결정하기 위한 압축강도의 표준편차
는 실제 사용한 콘크리트 몇 회 이상의 시험실적으로부터 결
정하는 것을 원칙으로 하는가?

① 30회   ② 20회

③ 15회   ④ 10회

⊙ 15회<압축강도 시험횟수<29회는
계산한 표준편차에 보정계수를 곱한
값을 표준편차로 사용한다.

34
실기
필답형
콘크리트 시방배합으로 각 재료의 단위량과 현장 골재의 상
태는 다음과 같다. 물음에 답하시오.

[시방 배합표(kg/m³)]

물(W)	시멘트(C)	잔골재(S)	굵은 골재(G)
180	370	710	1,190

[현장 골재 상태]
• 잔골재 중 5mm체에 남는 양 3%
• 굵은 골재 중 5mm체 통과량 2%
• 잔골재 표면수량 3%
• 굵은 골재 표면수량 1%

① 잔골재량을 구하시오.
② 굵은 골재량을 구하시오.
③ 물의 양을 구하시오.

⊙ ① 잔골재량
  ㉠ 입도 조정

$$x = \frac{100S - b(S+G)}{100-(a+b)}$$

$$= \frac{100 \times 710 -2(710+1,190)}{100-(3+2)}$$

$$= 707.4\text{kg}$$

  ㉡ 표면수 조정
    $707.4 \times 0.03 = 21.22\text{kg}$
    $\therefore S = 707.4 + 21.22$
      $= 728.6\text{kg}$

② 굵은 골재량
  ㉠ 입도 조정

$$y = \frac{100G - a(S+G)}{100-(a+b)}$$

$$= \frac{100 \times 1,190 -3(710+1,190)}{100-(3+2)}$$

$$= 1192.6\text{kg}$$

  ㉡ 표면수 조정
    $1,192.6 \times 0.01 = 11.93\text{kg}$
    $\therefore G = 1,192.6 + 11.93$
      $= 1,204.5\text{kg}$

③ 물의 양
  $W = 180 - (21.22 + 11.93)$
    $= 146.9\text{kg}$

35
12⑤
시방배합 결과 단위 잔골재량이 700kg/m³이고 단위 굵은 골
재량이 1,000kg/m³, 단위수량이 180kg/m³이었다. 현장에
서 골재의 상태가 잔골재의 표면수량이 5%, 굵은 골재의 표
면수량이 1%인 경우 현장배합으로 보정한 단위수량은?(단,
입도에 대한 보정은 필요 없는 경우)

① 120kg/m³   ② 135kg/m³

③ 210kg/m³   ④ 225kg/m³

⊙ $180 - (700 \times 0.05) - (1,000 \times 0.01)$
  $= 135\text{kg/m}^3$

정답 **33** ①   **34** 해설 참조   **35** ②

기출 및 실전문제

36
12⑤
콘크리트의 배합에서 단위 잔골재량이 600kg/m³, 단위 굵은 골재량이 1,400kg/m³일 때 절대 잔골재율(S/a)은?(단, 잔골재와 굵은 골재 밀도는 같다.)

① 30%　　　　② 35%

③ 40%　　　　④ 45%

$$S/a = \frac{S}{S+G} \times 100$$
$$= \frac{600}{600+1,400} \times 100 = 30\%$$

37
12⑤
골재의 절대부피가 0.691m³인 콘크리트에서 잔골재율이 41%이고 잔골재의 밀도가 2.6g/cm³, 굵은 골재의 밀도가 2.65g/cm³라면 단위 굵은 골재량은 약 얼마인가?

① 410kg/m³

② 740kg/m³

③ 820kg/m³

④ 1,080kg/m³

G=굵은 골재의 밀도×굵은 골재의 체적×1,000
$= 2.65 \times 0.691 \times 0.59 \times 1,000$
$= 1,080\text{kg/m}^3$

38
12②
시방배합에서 잔골재와 굵은 골재를 구별하는 표준체는?

① 5mm체

② 10mm체

③ 2.5mm체

④ 1.2mm체

• 잔골재 : 5mm체를 다 통과하고 0.08mm체에 남는 골재
• 굵은 골재 : 5mm체에 다 남는 골재

39
14①
단위 골재량의 절대부피가 0.75m³인 콘크리트에서 절대 잔골재율이 38%이고 잔골재의 밀도 2.6g/cm³, 굵은 골재의 밀도가 2.65g/cm³라면 단위 굵은 골재량은 몇 kg/m³?

① 741　　　　② 865

③ 1,021　　　　④ 1,232

• 잔골재의 절대부피
$V_s = 0.75 \times 0.38 = 0.285\text{m}^3$

• 굵은 골재의 절대부피
$V_G = 0.75 - 0.285 = 0.465\text{m}^3$
또는 $0.75 \times 0.65 = 0.465\text{m}^3$

• 단위 잔골재량
$2.6 \times 0.285 \times 1,000$
$= 741\text{kg/m}^3$

• 단위 굵은 골재량
$2.65 \times 0.465 \times 1,000$
$= 1,232\text{kg/m}^3$

정답　**36** ①　**37** ④　**38** ①　**39** ④

G·U·I·D·E

40
실기
필답형

다음의 재료를 사용하여 콘크리트 1m의 배합에 필요한 단위 잔골재량과 단위 굵은 골재량을 구하시오. [실기 4점]

- 시멘트 : 220kg
- W/C : 55%
- 잔골재율 : 34%
- 시멘트 비중 : 3.17
- 잔골재 표건밀도 : 2.65g/cm³
- 굵은 골재 표건밀도 : 2.7g/cm³
- 공기량 : 2%

① 단위 잔골재량
② 단위 굵은 골재량

◉ ① 단위수량

$$\frac{W}{C} = 0.55,$$

$$\therefore W = 220 \times 0.55 = 121kg$$

골재의 절대 체적

$$V = 1 - \left(\frac{121}{1 \times 1,000} + \frac{220}{3.17 \times 1,000} + \frac{2}{100} \right)$$

$$= 0.79m^3$$

$$\therefore S = 2.65 \times (0.79 \times 0.34) \times 1,000$$
$$= 711.79kg/m^3$$

② $G = 2.7 \times (0.79 \times 0.66) \times 1,000$
$$= 1,407.78kg/m^3$$

41
실기
필답형

잔골재 용적이 650L, 밀도가 2.60g/cm³, 굵은 골재 용적이 1,262L, 밀도가 2.65g/cm³일 때 다음 물음에 답하시오.

① 골재의 절대부피를 구하시오.
② 잔골재율을 구하시오.
③ 잔골재량을 구하시오.
④ 굵은 골재량을 구하시오.

◉ ① $V = 0.65 + 1.262 = 1.912m^3$

② $S/a = \frac{650}{650 + 1,262} \times 100$
$$= 34\%$$

③ $S = 1.912 \times 0.34 \times 2.60 \times 1,000$
$$= 1,690kg$$

④ $G = 1.912 \times 0.66 \times 2.65 \times 1,000$
$$= 3,344kg$$

42
실기
필답형

콘크리트 시방배합으로 각 재료의 단위량과 현장 골재의 상태는 다음과 같다. 물음에 답하시오. [실기 12점]

[시방 배합표(kg/m³)]

단위수량	굵은 골재	잔골재	시멘트
175	1,126	726	339

[현장 골재 상태]
- 잔골재 중 5mm체에 남는 양 : 4%
- 굵은 골재 중 5mm체를 통과하는 양 : 4%
- 잔골재 표면수량 : 4%
- 굵은 골재 표면수량 : 2%

① 단위 잔골재량을 구하시오.
② 단위 굵은 골재량을 구하시오.

◉ ① 단위 잔골재량
ⓐ 입도 보정

$$\frac{100S - b(S+G)}{100 - (a+b)}$$

$$= \frac{100 \times 726 - 4(726 + 1,126)}{100 - (4+4)}$$

$$= 708.6kg$$

ⓑ 표면수 보정
$$708.6 \times 0.04 = 28.34kg$$
$$\therefore S = 708.6 + 28.34 = 737kg$$

② 단위 굵은 골재량
ⓐ 입도 보정

$$\frac{100G - a(S+G)}{100 - (a+b)}$$

$$= \frac{100 \times 1,126 - 4(726 + 1,126)}{100 - (4+4)}$$

$$= 1,143.4kg$$

ⓑ 표면수 보정
$$1,143.4 \times 0.02 = 22.87kg$$
$$\therefore G = 1,143.4 + 22.87$$
$$= 1,166kg$$

정답 **40~42** 해설 참조

③ 단위수량을 구하시오.

④ 1배치에 계량하는 재료의 양을 구하시오.(단, 1배치에 시멘트 3포를 사용하며, 시멘트 1포는 40kg이다.)

43 굵은 골재 최대 치수 40mm, 단위수량 175kg, 물 − 결합재비 50%, 슬럼프 값 100mm, 잔골재율 40%, 잔골재 밀도 2.59 g/cm³, 굵은 골재 밀도 2.62g/cm³, 시멘트 비중 3.15, 갇힌 공기량은 1%이며 골재는 표면건조 포화상태일 때 콘크리트 1m³에 필요한 각각의 재료량에 대한 다음 물음에 답하시오.

① 단위 시멘트량을 구하시오.(단, 소수 첫째 자리에서 반올림하시오.)

② 단위 골재량의 절대부피를 구하시오.(단, 소수 넷째 자리에서 반올림하시오.)

③ 단위 잔골재량의 절대부피를 구하시오.(단, 소수 넷째 자리에서 반올림하시오.)

④ 단위 굵은 골재량의 절대부피를 구하시오.(단, 소수 넷째 자리에서 반올림하시오.)

⑤ 단위 잔골재량을 구하시오.(단, 소수 첫째 자리에서 반올림하시오.)

⑥ 단위 굵은 골재량을 구하시오.(단, 소수 첫째 자리에서 반올림하시오.)

③ 단위수량
$$W = 175 - 28.34 - 22.87 = 124 \text{kg}$$

④ 1배치에 계량하는 재료의 양
  ㉠ 잔골재량
  $$737 \times \frac{120}{339} = 261 \text{kg}$$
  여기서, 시멘트 1포는 40kg 이므로 $40 \times 3 = 120$kg

  ㉡ 굵은 골재량
  $$1,166 \times \frac{120}{339} = 413 \text{kg}$$

  ㉢ 물의 양
  $$124 \times \frac{120}{339} = 44 \text{kg}$$

① 물시멘트비 $= \dfrac{W}{C} = 0.5$

$\therefore C = \dfrac{175}{0.5} = 350$kg

②
$$V = 1 - \left(\frac{175}{1,000} + \frac{350}{3.15 \times 1,000} + \frac{1}{100} \right) = 0.704 \text{m}^3$$

③ $V_S = 0.704 \times 0.4 = 0.282 \text{m}^3$

④ $V_G = 0.704 - 0.282 = 0.422 \text{m}^3$
  (또는 $0.704 \times 0.6 = 0.422 \text{m}^3$)

⑤ $S = 2.59 \times 0.282 \times 1,000 = 730 \text{kg}$

⑥ $G = 2.62 \times 0.422 \times 1,000 = 1,106 \text{kg}$

G·U·I·D·E

44

실기
필답형

콘크리트 각 재료의 현장배합표와 길이가 100m인 T형 옹벽 단면도를 보고 다음 물음에 답하시오.

[현장 배합표(kg/m³)]

물	시멘트	잔골재	굵은 골재
160	320	850	1,120

[T형 옹벽 단면도(단위 : mm)]

```
        500
      ┌─────┐
      │     │
      │     │      5,000
      │     │
 ┌────┘     └────┐
 │               │  400
 └───────────────┘
      3,000
```

(1) 각 재료의 양을 구하시오.

① 물
② 시멘트
③ 잔골재
④ 굵은 골재

(2) 시멘트 40kg 1포가 4500원, 잔골재 1m³당 8,500원, 굵은 골재 1m³당 11,000원일 때 각 재료의 비용을 구하시오.

① 시멘트
② 잔골재
③ 굵은 골재

45

13①

콘크리트의 설계기준 압축강도(f_{ck})가 25MPa일 때 이 콘크리트의 배합강도는?(단, 압축강도시험의 기록이 없는 현장인 경우)

① 25MPa
② 32MPa
③ 33.5MPa
④ 35MPa

GUIDE

(1) 각 재료의 양
- 콘크리트 단면적(m²)
  $(0.5 \times 5) + (0.4 \times 3)$
  $= 3.7 \text{m}^2$
- 콘크리트 체적(m³)
  $3.7 \times 100 = 370 \text{m}^3$
- 각 재료의 양
  ① 물 : $160 \times 370 = 59,200 \text{kg}$
  ② 시멘트 : 320×370
  $= 118,400 \text{kg}$
  ③ 잔골재 : 850×370
  $= 314,500 \text{kg}$
  ④ 굵은 골재 : $1,120 \times 370$
  $= 414,400 \text{kg}$

(2) 각 재료의 비용
① 시멘트
$4,500 \times \dfrac{118,400}{40}$
$= 13,320,000$원
② 잔골재
$8,500 \times \dfrac{314,500}{1,000}$
$= 2,673,250$원
③ 굵은 골재
$11,000 \times \dfrac{414,400}{1,000}$
$= 4,558,400$원

f_{ck}가 21~28MPa이므로
$f_{cr} = f_{ck} + 8.5 = 25 + 8.5$
$= 33.5$MPa이다.

정답 **44** 해설 참조 **45** ③

G·U·I·D·E

46 30회 이상의 시험실적으로부터 구한 압축강도의 표준편차
가 2MPa이고 설계기준 압축강도가 30MPa인 경우 배합강
도는?

12⑤

① 30MPa　　　　　　② 31.2MPa

③ 32.7MPa　　　　　④ 33.9MPa

- $f_{cr} = f_{ck} + 1.34s$
  $= 30 + 1.34 \times 2 = 32.7\text{MPa}$
- $f_{cr} = (f_{ck} - 3.5) + 2.33s$
  $= (30 - 3.5) + 2.33 \times 2$
  $= 31.2\text{MPa}$
∴ 큰 값인 32.7MPa이다.

47 설계기준 압축강도가 28MPa, 30회 이상의 압축강도 시험 실
적으로부터 결정한 표준편차가 3MPa인 일반 콘크리트의 배
합강도를 구하시오.

실기
필답형

[실기 4점]

㉠ $f_{cr} = f_{ck} + 1.34s$
　$= 28 + 1.34 \times 3$
　$= 32.02\text{MPa}$
㉡ $f_{cr} = (f_{ck} - 3.5) + 2.33s$
　$= (28 - 3.5) + 2.33 \times 3$
　$= 31.49\text{MPa}$
∴ 배합강도는 큰 값인 32.02MPa
　이다.

48 다음 물음에 대하여 콘크리트 배합강도를 구하시오.

실기
필답형

[실기 10점]

(1) 콘크리트 압축강도의 시험 기록이 없는 경우

　① 설계기준 압축강도가 20MPa인 경우

　② 설계기준 압축강도가 28MPa인 경우

(2) 30회의 압축강도 시험 실적이 있는 경우

　① 설계기준 압축강도가 30MPa이며 표준편차가 3MPa
　　인 경우

　② 설계기준 압축강도가 40MPa이며 표준편차가 5MPa
　　인 경우

(1) ① $f_{cr} = f_{ck} + 7 = 20 + 7$
　　　$= 27\text{MPa}$
　② $f_{cr} = f_{ck} + 8.5 = 28 + 8.5$
　　　$= 36.5\text{MPa}$

(2) ① $f_{cr} \leq 35\text{MPa}$인 경우
　　- $f_{cr} = f_{ck} + 1.34s$
　　　$= 30 + 1.34 \times 3$
　　　$= 34.02\text{MPa}$
　　- $f_{cr} = (f_{ck} - 3.5) + 2.33s$
　　　$= (30 - 3.5) + 2.33 \times 3$
　　　$= 33.49\text{MPa}$
　　∴ 배합강도는 큰 값인
　　　34.02MPa이다.

　② $f_{cr} > 35\text{MPa}$인 경우
　　- $f_{cr} = f_{ck} + 1.34s$
　　　$= 40 + 1.34 \times 5$
　　　$= 46.7\text{MPa}$
　　- $f_{cr} = 0.9f_{ck} + 2.33s$
　　　$= 0.9 \times 40 + 2.33 \times 5$
　　　$= 47.65\text{MPa}$
　　∴ 배합강도는 큰 값인
　　　47.65MPa이다.

기출 및 실전문제

49 콘크리트 설계기준 압축강도 f_{ck}가 24MPa이고 압축강도 시
실기
필답형 험횟수가 22회, 콘크리트 표준편차가 2.5MPa라고 한다. 이
콘크리트의 배합강도를 구하시오.   [실기 6점]

[압축강도 시험횟수가 29회 이하이고 15회 이상인 경우 표준
편차의 보정계수]

시험횟수	표준편차의 보정계수
15	1.16
20	1.08
25	1.03
30 이상	1.00

50 다음 물음에 대하여 콘크리트 배합강도를 구하시오.
실기
필답형
[실기 6점]

(1) 콘크리트 압축강도의 시험 기록이 없는 경우

① $f_{ck} = 18$MPa

② $f_{ck} = 28$MPa

(2) 30회 이상의 압축강도 시험 실적으로부터 결정한 표준편
차가 3MPa이며 설계기준 압축강도가 24MPa인 경우

51 다음 물음에 대하여 콘크리트 배합강도를 구하시오.
실기
필답형
[실기 6점]

(1) 콘크리트 압축강도의 시험 기록이 없는 경우이며, 설계
기준 압축강도가 24MPa이다.

(2) 30회 이상의 압축강도 시험 실적으로부터 결정한 표준편
차가 3.0MPa이며 설계기준 압축강도가 30MPa이다.

---

(1) 표준편차의 보정
$S' = 2.5 \times 1.6 = 2.65$MPa
여기서, 20회(1.08)
21회(1.07)
22회(1.06)
23회(1.05)
24회(1.04)
25회(1.03)

(2) 콘크리트 배합강도
- $f_{cr} = f_{ck} + 1.34S$
$= 24 + 1.34 \times 2.65$
$= 27.55$MPa
- $f_{cr} = (f_{ck} - 35) + 2.33S$
$= (24 - 3.5) + 2.33 \times 2.65$
$= 26.67$MPa
∴ 큰 값인 27.55MPa

(1) ① $f_{cr} = f_{ck} + 7 = 18 + 7$
$= 25$MPa
② $f_{cr} = f_{ck} + 8.5 = 28 + 8.5$
$= 36.5$MPa

(2) $f_{ck} \leq 35$MPa이므로
① $f_{cr} = f_{ck} + 1.34s$
$= 24 + 1.34 \times 3$
$= 28.02$MPa
② $f_{cr} = (f_{ck} - 3.5) + 2.33s$
$= (24 - 3.5) + 2.33 \times 3$
$= 27.49$MPa
∴ 배합강도는 큰 값인 28.02
MPa이다.

(1) $f_{cr} = f_{ck} + 8.5 = 24 + 8.5$
$= 32.5$MPa
(2) $f_{ck} \leq 35$MPa이므로
① $f_{cr} = f_{ck} + 1.34S$
$= 30 + 1.34 \times 3.0$
$= 34.02$MPa
② $f_{cr} = (f_{ck} - 3.5) + 2.33S$
$= (30 - 3.5) + 2.33 \times 3.0$
$= 33.49$MPa
∴ 배합강도는 큰 값인 34.02
MPa이다.

정답 **49~51** 해설 참조

특수 콘크리트

특수 콘크리트에는 특수 환경 조건에서 사용하는 콘크리트, 특수 공법으로 시공하는 콘크리트 등이 있으며, 그 시공방법은 각각 다르다.

1 한중 콘크리트

기온이 낮을 때 콘크리트를 치는 것을 한중 콘크리트라 한다. 콘크리트를 칠 때, 하루 평균 기온이 4℃ 이하로 될 때에는 한중 콘크리트로 시공해야 한다.

콘크리트는 응결·경화의 초기에 얼면 수화작용이 진행되지 않아서 그 뒤에 양생하여도 강도, 내구성, 수밀성에 나쁜 영향을 끼치게 된다.

따라서, 한중 콘크리트를 시공할 때에는 초기에 얼어붙지 않도록 하고, 양생이 끝난 뒤 동결·융해작용에 대하여 충분한 저항성을 가지게 해야 한다.

(1) 재료와 배합

시멘트는 보통 포틀랜드 시멘트를 표준으로 한다. 부재의 치수가 큰 구조물의 경우를 제외하고는 조강 포틀랜드 시멘트, 초조강 시멘트 등의 촉진형의 시멘트를 사용하는 것이 좋다.

혼화제는 AE제 또는 감수제를 사용하면 동결에 대한 저항성이 커져서 효과적이다.

배합은 필요한 워커빌리티를 얻는 범위 내에서 단위수량이 될 수 있는 대로 적게 되도록 정해야 한다.

(2) 시공

쳐 넣을 때의 콘크리트의 온도는 구조물의 최소 치수, 기상 조건 등을 고려하여 5~20℃의 범위로 한다.

콘크리트는 쳐 넣은 뒤 초기에 얼어붙지 않도록 잘 보호하고, 특히 바람을 막아야 하며, 양생 중에는 콘크리트의 온도를 5℃ 이상으로 유지해야 한다.

양생 기간은 예상되는 하중에 대하여 충분한 강도가 얻어질 때까지로 한다.

G·U·I·D·E

01

13①
14①

한중 콘크리트에 관한 설명으로 틀린 것은?

① 하루의 평균기온이 4℃ 이하가 예상되는 조건일 때는 한중 콘크리트로 시공하여야 한다.

② 한중 콘크리트는 공기연행 콘크리트를 사용하는 것을 원칙으로 한다.

③ 콘크리트를 타설할 때에는 철근이나 거푸집 등에 부착되어 있지 않아야 한다.

④ 초기 동해를 적게 하기 위하여 단위수량은 크게 하는 것이 좋다.

○ 단위수량을 적게 하는 것이 좋다.

02

13④

한중 콘크리트에 대한 설명으로 옳지 않은 것은?

① 하루 평균기온이 4℃ 이하에서는 한중 콘크리트로 시공한다.

② 공기연행 콘크리트를 사용하는 것을 원칙으로 한다.

③ 골재가 동결되어 있거나 골재에 빙설이 혼입되어 있는 골재는 사용하지 않는다.

④ 물 − 결합재비는 50% 이하로 한다.

○ 물 − 결합재비는 60% 이하로 한다.

03

실기
필답형

다음은 한중 콘크리트에 관한 사항이다. 빈칸을 채우고 물음에 답하시오. [실기 6점]

① 하루 평균 기온 (　)℃ 이하에서 콘크리트가 동결할 염려가 있으므로 한중 콘크리트로 시공한다.

② 타설할 때 콘크리트 온도는 (　)~(　)℃의 범위로 한다.

③ 동결 방지를 위해 넣는 혼화재료는?

○ ① 4
② 5, 20
③ 공기연행제, 공기연행 감수제 등

04

실기
필답형

다음은 특수 콘크리트에 대한 내용이다. 물음에 답하시오. [실기 4점]

① 한중 콘크리트를 타설할 때 콘크리트의 온도 범위는?

② 하루 평균 기온이 몇 ℃를 초과할 경우에 서중 콘크리트로 시공하는가?

○ ① 5~20℃
② 25

정답 01 ④ 02 ④ 03,04 해설 참조

기출 및 실전문제

05 해중 공사 또는 한중 콘크리트 공사용 시멘트는?
12②
① 고로슬래그 시멘트　② 보통 포틀랜드 시멘트
③ 알루미나 시멘트　④ 백색 포틀랜드 시멘트

⊙ [참고] 알루미나 시멘트는 발열량이 커 한중공사, 긴급공사에 적합하다.

06 한중 콘크리트로서 시공하여야 하는 온도의 기준으로 옳은
11① 것은?
① 하루의 평균기온이 4℃ 이하가 예상될 때
② 하루의 평균기온이 0℃ 이하가 예상될 때
③ 하루의 평균기온이 10℃ 이하가 예상될 때
④ 하루의 평균기온이 −4℃ 이하가 예상될 때

07 한중 콘크리트 시공 시 동결 온도를 낮추기 위한 방법으로 옳
12①
13②
14②
지 않은 것은?
① 적당한 보온장치를 한다.　② 시멘트를 가열한다.
③ 골재를 가열한다.　④ 물을 가열한다.

⊙ 시멘트는 직접 가열해서는 안 된다.

08 한중 콘크리트의 시공에서 타설할 때의 콘크리트 온도는 어
11⑤ 느 정도의 범위로 하여야 하는가?
① 0~5℃　② 5~20℃
③ 20~30℃　④ 30~35℃

09 한중 콘크리트로 양생 중인 콘크리트는 온도를 최소 몇 ℃ 이
13②
14①,④
상으로 유지하는 것을 표준으로 하는가?
① 0℃　② 4℃
③ 5℃　④ 20℃

10 한중 콘크리트에서 재료를 가열할 때 가열해서는 안 되는 재
11② 료는?
① 시멘트　② 물
③ 잔골재　④ 굵은 골재

정답　05 ③　06 ①　07 ②　08 ②　09 ③　10 ①

11 한중 콘크리트의 시공에 관한 사항 중 옳지 않은 것은?

12②

① 물, 골재, 시멘트를 가열하여 적당한 온도에서 비볐다.

② 가능한 한 단위수량을 줄였다.

③ 타설할 때의 콘크리트 온도를 구조물의 단면치수, 기상조
건 등을 고려하여 5~20℃의 범위에서 정하였다.

④ AE(공기연행) 콘크리트를 사용하여 시공하였다.

2 서중 콘크리트

여름철, 즉 기온이 높을 때 치는 콘크리트를 서중 콘크리트라 하며, 월 평균 기온이 25℃를 넘을 때에는 서중 콘크리트로서 시공해야 한다.

콘크리트의 온도가 높아지면, 시멘트의 수화작용이 빨라지고 초기에 응결되어, 먼저 친 콘크리트의 층과 나중에 친 콘크리트의 층이 붙지 않아서 콜드 조인트(Cold Joint)가 생기기 쉽다. 또, 같은 슬럼프를 얻기 위한 단위수량이 많아지며, 초기 강도에 나쁜 영향을 끼치고, 온도에 의한 균열이 생기기 쉽다.

(1) 재료와 배합

중용열 포틀랜드 시멘트나 혼합 시멘트는 수화열이 적고, 응결 시간도 늦으므로 사용하면 좋다. 골재나 물은 될 수 있는 대로 온도를 낮게 하여 콘크리트의 온도를 낮춘다. 혼화제는 지연형의 AE제나 감수제를 사용하면 좋다. 배합은 필요한 강도 및 워커빌리티를 얻는 범위 내에서 단위수량 및 단위 시멘트의 양이 될 수 있는 대로 적게 되도록 정해야 한다.

(2) 시공

콘크리트를 쳐 넣기에 앞서 지반, 거푸집 등 콘크리트로부터 흡수할 염려가 있는 부분은 물을 뿌려 젖은 상태로 해야 한다. 콘크리트를 비벼서 쳐 넣을 때까지의 시간은 90분을 넘어서는 안 되며, 또 쳐 넣을 때의 콘크리트의 온도는 35℃ 이하라야 한다. 콘크리트 치기가 끝나면 빨리 양생을 시작하여 콘크리트의 표면이 건조되는 것을 막아야 한다.

G·U·I·D·E

01
11⑤
14④

응결지연제(Retarder)를 혼입해서 사용해야 하는 콘크리트는?

① 한중 콘크리트 ② 서중 콘크리트
③ 수중 콘크리트 ④ 진공 콘크리트

⊙ 서중 콘크리트는 1.5시간 이내에 타설하여야 하며 응결지연제를 혼입하여 사용한다.

02
12⑤
13④

서중 콘크리트를 칠 때 콘크리트의 온도는 몇 ℃ 이하이어야 하는가?

① 25℃ ② 30℃
③ 35℃ ④ 40℃

03
14④

하루 평균기온 ( )℃를 초과하는 시기에 시공할 경우에는 서중 콘크리트로 시공한다. ( ) 안에 들어갈 온도는?

① 20 ② 25
③ 30 ④ 35

04
13④

서중 콘크리트는 비빈 후 얼마 이내에 타설해야 하는가?

① 1시간 ② 1.5시간
③ 2시간 ④ 2.5시간

⊙ [참고] 서중 콘크리트는 적어도 5일 이상 양생을 실시한다.

05
11②

서중 콘크리트에 대한 설명으로 틀린 것은?

① 하루 평균기온이 15℃를 초과하는 것이 예상되는 경우 서중 콘크리트로 시공하여야 한다.
② 서중 콘크리트의 배합온도는 낮게 관리하여야 한다.
③ 콘크리트를 타설할 때의 콘크리트 온도는 35℃ 이하이어야 한다.
④ 타설하기 전에 지반, 거푸집 등 콘크리트로부터 물을 흡수할 우려가 있는 부분을 습윤상태로 유지하여야 한다.

⊙ 하루 평균기온이 25℃를 초과하는 것이 예상되는 경우 서중 콘크리트로 시공한다.

정답 **01** ② **02** ③ **03** ② **04** ② **05** ①

❸ 수중 콘크리트

물속에 콘크리트를 치는 것을 수중 콘크리트라 한다. 수중 콘크리트는 방파제의 기초, 호안 기초, 수문 기초, 케이슨 바닥, 안벽 등의 구조물 축조에 쓰인다.

(1) 재료와 배합

수중 콘크리트는 품질을 확인하기가 어려우므로, 배합 강도를 크게 하는 것이 좋다.
물-시멘트비는 50% 이하, 단위 시멘트의 양은 370kg/m³ 이상, 잔골재율은 40~45%를 표준으로 한다.
수중 콘크리트의 슬럼프값은 다음 표의 값을 표준으로 한다.

▼ 수중 콘크리트의 슬럼프값 표준

시공방법	슬럼프값의 범위(cm)
트레미, 콘크리트 펌프	13~18
밑열림 상자, 밑열림 포대	10~15

(2) 시공

수중 콘크리트 치기의 원칙은 다음과 같다.
① 콘크리트는 흐르지 않는 물속에 쳐야 한다. 그렇게 하기 어려울 때에는 유속을 1분간에 3m 이하로 한다.
② 시멘트가 물에 씻겨서 없어지는 것을 막기 위하여, 콘크리트를 물속으로 떨어뜨려서는 안 된다.
③ 콘크리트는 트레미(Tremie)나 콘크리트 펌프를 사용해서 쳐야 한다. 할 수 없는 경우에는 밑열림 상자나 밑열림 포대를 사용해도 된다.

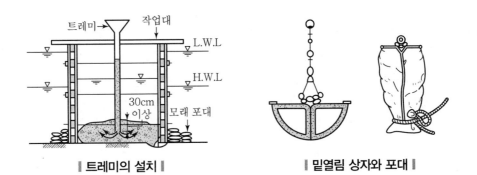

┃ 트레미의 설치 ┃   ┃ 밑열림 상자와 포대 ┃

01
13①

일반 수중 콘크리트의 단위 시멘트량의 표준으로 옳은 것은?

① 300kg/m³ 이상
② 320kg/m³ 이상
③ 350kg/m³ 이상
④ 370kg/m³ 이상

02
12⑤

일반 수중 콘크리트의 물 – 결합재비의 표준은 몇 % 이하 인가?

① 20%
② 30%
③ 40%
④ 50%

03
12①

일반 수중 콘크리트는 정수 중에 타설하는 것을 원칙으로 하고 있다. 이때 완전히 물막이를 할 수 없는 경우 유속은 최대 얼마 이하로 하여야 하는가?

① 50mm/s 이하
② 100mm/s 이하
③ 150mm/s 이하
④ 200mm/s 이하

04
13②

수중 콘크리트의 타설은 물을 정지시킨 정수 중에서 타설하는 것을 원칙으로 하나, 완전히 물막이를 할 수 없는 경우 물의 속도가 얼마 이내일 때 시공해야 하는가?

① 50mm/sec
② 100mm/sec
③ 150mm/sec
④ 200mm/sec

05
14②

수중 콘크리트에 대한 설명 중 옳지 않은 것은?

① 콘크리트를 수중에 낙하시키지 말아야 한다.
② 물의 속도가 5cm/sec 이상일 때에 한하여 수중에 시공한다.
③ 트레미나 포대를 사용한다.
④ 정수중에 치면 더욱 좋다.

◉ 물의 속도가 5cm/sec 이하를 유지해야 수중에 시공이 가능하다.

정답 **01** ④ **02** ④ **03** ① **04** ① **05** ②

06 수중 콘크리트 타설의 원칙에 대한 설명으로 틀린 것은?

13①

① 콘크리트는 물을 정지시킨 정수 중에서 타설하여야 한다.
② 콘크리트 트레미(Tremie)나 콘크리트 펌프를 사용해서 타설하여야 한다.
③ 콘크리트는 물속으로 직접 낙하시킨다.
④ 완전한 물막이가 어려울 경우에는 유속을 1초당 50mm 이하로 하여야 한다.

07 수중 콘크리트에 대한 설명 중 옳지 않은 것은?

14④

① 콘크리트를 수중에 낙하시키지 말아야 한다.
② 물의 속도가 5cm/sec 이상일 때에 한하여 수중에 시공한다.
③ 트레미나 포대를 사용한다.
④ 정수 중에 치면 더욱 좋다.

⊙ [참고] 수중콘크리트 타설은 연속해서 타설한다.

08 일반 수중 콘크리트에 대한 설명으로 틀린 것은?

12②

① 트레미, 콘크리트 펌프 등에 의해 타설한다.
② 물－결합재비는 50% 이하라야 한다.
③ 단위 시멘트량은 300kg/m³ 이상으로 한다.
④ 콘크리트는 수중에 낙하시키지 않아야 한다.

⊙ 단위 시멘트량은 370kg/m³ 이상으로 한다.

09 다음 물음에 답하시오.

실기
필답형

(1) 수중 콘크리트 시공에 사용되는 기구 3가지를 쓰시오.
　　①
　　②
　　③
(2) 서중 콘크리트의 타설시간, 타설 시 콘크리트 온도는?
(3) 하루 평균 기온이 얼마 이하일 때 한중 콘크리트로 시공하는가?

⊙ (1) ① 트레미
　　② 콘크리트 펌프
　　③ 밑열림 상자 또는 밑열림 포대
(2) 1.5시간 이내, 35℃ 이하
(3) 4℃

G·U·I·D·E

10
실기
필답형

다음 물음에 답하시오.　　　　　　　　　　　　[실기 10점]

(1) 하루의 평균기온이 몇 ℃ 이하일 때 한중 콘크리트로 시공하는가?

(2) 한중 콘크리트 시공 시 확보해야 하는 온도 범위는?

(3) 수중 콘크리트 타설 원칙 3가지를 쓰시오.

　　①

　　②

　　③

⊙ (1) 4℃
(2) 5~20℃
(3) ① 수중에 낙하시키지 않는다.
② 연속해서 타설한다.
③ 콘크리트가 경화될 때까지 물의 유동을 방지한다.
④ 트레미나 콘크리트 펌프를 사용하여 타설한다.

11
실기
필답형

수중 콘크리트의 타설 원칙을 3가지 쓰시오.

①

②

③

⊙ ① 정수 중 타설을 원칙으로 한다.
② 수중에 낙하시키지 않는다.
③ 연속해서 타설한다.

12
실기
필답형

다음 물음에 답하시오.

① 하루 평균기온이 몇 ℃ 이하이면 한중 콘크리트로 시공하는가?

② 하루 평균기온이 몇 ℃ 이상이면 서중 콘크리트로 시공하는가?

⊙ ① 4℃
② 25℃

13
14④

미리 거푸집 안에 굵은 골재를 채우고, 그 틈에 특수 모르타르를 펌프로 주입한 콘크리트는?

① 프리플레이스트 콘크리트　　② 중량 콘크리트

③ PC 콘크리트　　　　　　　④ 진공 콘크리트

14
실기
필답형

특정한 입도를 가진 굵은 골재를 거푸집에 채워 넣고, 그 공극 속에 특수한 모르타르를 적당한 압력으로 주입하여 제조하는 콘크리트를 무엇이라 하는가?

① 레디믹스트 콘크리트　　② 프리스트레스트 콘크리트

③ 레진 콘크리트　　　　　④ 프리플레이스트 콘크리트

정답　10~12 해설 참조　13 ①　14 ④

15 그림과 같이 거푸집에 골재를 먼저 채워 넣고 모르타르(Mortar)
12① 를 나중에 주입하는 콘크리트 시공법은?

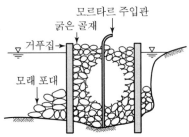

① 숏크리트(Shotcrete)

② 시멘트 풀(Cement Paste)

③ 매스 콘크리트(Mass Concrete)

④ 프리플레이스트 콘크리트(Preplaced Concrete)

○ 프리플레이스트 콘크리트는 수중 콘크리트 시공에 적합하다.

16 프리플레이스트 콘크리트의 특징이 아닌 것은?
14①

① 블리딩 및 레이턴스가 없다.

② 수중 콘크리트에 적합하다.

③ 장기 강도는 보통 콘크리트보다 크다.

④ 초기 강도는 보통 콘크리트보다 크다.

○ 초기 강도는 보통 콘크리트보다 작다.

17 프리플레이스트 콘크리트에서 굵은 골재의 최소 치수는 몇
11⑤ mm 이상이어야 하는가?

① 15mm   ② 25mm

③ 40mm   ④ 60mm

○ 굵은 골재 최대 치수
최소 치수의 2~4배 정도

18 프리플레이스트 콘크리트에 대한 설명으로 틀린 것은?
12②

① 장기강도가 적다.

② 경화수축이 적다.

③ 수밀성이 크다.

④ 내구성이 크다.

○ 장기 강도가 크다.

19
13②
프리플레이스트 콘크리트에 있어서 연직 주입관의 수평간격은 얼마 정도를 표준으로 하는가?

① 1m ② 2m

③ 3m ④ 4m

⊙ 수평 주입관의 수평간격 : 2m

20
실기
필답형
다음 물음에 답하시오.

① 특정한 입도를 가진 굵은 골재를 거푸집에 채워 넣고 그 공극 속에 특수한 모르타르를 적당한 압력으로 주입하여 만든 콘크리트를 무엇이라 하는가?

② 수화열이 작으며 댐 공사에 적합한 시멘트는?

⊙ ① 프리플레이스트 콘크리트
② 중용열 포틀랜드 시멘트

21
실기
필답형
콘크리트 폴리머 복합체로 이루는 콘크리트의 종류 3가지를 쓰시오.

①

②

③

⊙ ① 폴리머 시멘트 콘크리트
② 폴리머 콘크리트
③ 폴리머 함침 콘크리트

4 해양 콘크리트

항만, 해안 등의 해양 구조물에 쓰이는 콘크리트를 해양 콘크리트라 하는데, 해양 콘크리트는 바닷물의 작용에 대한 내구성을 가져야 한다.

(1) 재료와 배합

시멘트는 고로슬래그 시멘트, 중용열 포틀랜드 시멘트, 플라이애시 시멘트, 내황산염 시멘트를 사용하면 바닷물 작용에 대한 내구성이 큰 콘크리트를 만들 수 있다. 혼화재로는 포촐라나를 사용한다.

단위 시멘트의 양은 굵은 골재 최대 치수에 따라 다르나 $280\sim330kg/m^3$로 하고, 물−시멘트비는 $45\sim50\%$로 한다.

(2) 시공

시공 이음은 될 수 있는 대로 만들지 말아야 하며, 콘크리트는 재령 5일이 되기까지 바닷물에 씻기지 않도록 보호해야 한다.

또, 강재와 거푸집판의 간격은 최소 덮개를 가져야 하며, 이때 최소 덮개는 $5\sim7.5cm$로 한다.

5 수밀 콘크리트

물이 새지 않도록 치밀하게 만든 수밀성이 큰 콘크리트를 수밀 콘크리트라 한다.

지하 구조물이나 물통과 같이 수밀성을 크게 해야 할 경우에는 콘크리트의 수밀성을 높게 하고, 균열이 생기지 않도록 하며, 이음부에서 물이 새지 않도록 해야 한다.

(1) 재료와 배합

품질이 좋은 AE제, 감수제, AE 감수제, 고성능 감수제 또는 포촐라나 등을 사용하는 것이 좋다. 물−시멘트비는 55% 이하를 표준으로 한다.

(2) 시공

시공 이음은 물이 새는 원인이 되므로 될 수 있는 대로 이음을 만들지 말아야 하며, 또 콘크리트를 친 후 습윤양생의 일수를 늘려야 한다.

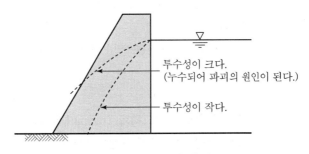

투수성이 크다.
(누수되어 파괴의 원인이 된다.)

투수성이 작다.

▌ 댐 콘크리트의 침윤선 ▌

✔ 수밀성

콘크리트는 다공질의 성질을 가지고 있다. 따라서, 물을 통과시키는 성질이 있으며 물을 흡수하기도 한다. 이 성질을 투수성이라 하고, 물이 통과되는 것이 적을수록 수밀성이 크다고 하며 수밀성이 큰 콘크리트를 수밀 콘크리트라고 한다.

6 레디믹스트 콘크리트

콘크리트의 제조 설비가 잘 된 공장에서 수요자가 지정한 배합의 콘크리트를 만들어서, 현장까지 운반해 주는 굳지 않은 콘크리트를 레디믹스트 콘크리트(Ready-Mixed Concrete)라 하며, 간단히 레미콘(Remicon)이라 부른다.

레디믹스트 콘크리트의 규격은 KS F 4009에 규정되어 있다.

(1) 이점

레디믹스트 콘크리트의 이점은 다음과 같다.
① 현장에 설비가 없어도 콘크리트를 구입할 수 있다.
② 공사 진행에 차질이 없다.
③ 품질이 보증된다.

(2) 제조와 운반방법에 따른 구분

레디믹스트 콘크리트는 제조와 운반 방법에 따라 다음과 같이 세 가지로 나눈다.

① 센트럴 믹스트 콘크리트(Central Mixed Concrete) : 공장에 있는 고정 믹서에서 완전히 비빈 콘크리트를 애지테이터 트럭 또는 트럭 믹서로 운반하는 방법이다.

② 슈링크 믹스트 콘크리트(Shrink Mixed Concrete) : 공장에 있는 고정 믹서에서 어느 정도 콘크리트를 비빈 다음 트럭 믹서에 싣고 비비면서 현장에 운반하는 방법이다.

❙ 트럭 믹서 ❙

③ 트랜싯 믹스트 콘크리트(Transit Mixed Concrete) : 콘크리트 플랜트에서 재료를 계량하여 트럭 믹서에 싣고, 운반 중에 물을 넣어 비비는 방법이다.

G·U·I·D·E

01
13①
콘크리트의 제조 설비가 잘 된 공장에서 수요자가 지정한 배합의 콘크리트를 만들어서 현장까지 운반해 주는 굳지 않은 콘크리트는?

① 레디믹스트 콘크리트　② 한중 콘크리트
③ 서중 콘크리트　④ 프리플레이스트 콘크리트

◉ [참고] 레디믹스트 콘크리트의 운반 차량으로 애지테이터 트럭이 가장 많이 사용된다.

02
11②
레디믹스트 콘크리트를 제조와 운반방법에 따라 분류할 때 아래의 설명에 해당하는 것은?

> 콘크리트 플랜트에서 재료를 계량하여 트럭믹서에 싣고 운반 중에 물을 넣어 비비는 방법이다.

① 센트럴 믹스트 콘크리트
② 슈링크 믹스트 콘크리트
③ 가경식 믹스트 콘크리트
④ 트랜싯 믹스트 콘크리트

◉ ㉠ 센트럴 믹스트 콘크리트(Central Mixed Concrete) : 완전히 비벼진 콘크리트를 운반
㉡ 슈링크 믹스트 콘크리트(Shrink Mixed Concrete) : 어느 정도 비빈 콘크리트를 운반

03
12⑤
공장에 있는 고정믹서에서 어느 정도 비빈 콘크리트를 믹서에 싣고, 비비면서 현장에 운반하는 방법은?

① 슈링크 믹스트 콘크리트
② 트랜싯 믹스트 콘크리트
③ 센트럴 믹스트 콘크리트
④ 콘크리트 플레이서

04
11①
다음 설명에 해당하는 레디믹스트 콘크리트의 종류는?

> 공장에 있는 고정 믹서에서 완전히 비빈 콘크리트를 애지테이터 트럭 또는 트럭 믹서로 운반하는 방법

① 슈링크 믹스트 콘크리트
② 트랜싯 믹스트 콘크리트
③ 센트럴 믹스트 콘크리트
④ 드라이 배칭 콘크리트

정답 **01** ①　**02** ④　**03** ①　**04** ③

G·U·I·D·E

05
실기
필답형
플랜트에 고정믹서가 설치되어 있어 각 재료를 계량하고 혼합하여 완전히 비벼진 콘크리트를 트럭믹서 또는 트럭 애지테이터에 투입하여 운반 중에 교반하면서 지정된 공사현장까지 배달·공급하는 방식의 레디믹스트 콘크리트 제조방법은?

◉ 센트럴 믹스트 콘크리트(Central Mixed Concrete)

06
12⑤
레디믹스트(Ready Mixed) 콘크리트에 관한 설명으로 틀린 것은?

① 콘크리트를 치기가 쉬워 능률적이다.

② 공사비용과 공사기간이 늘어나는 단점이 있다.

③ 콘크리트의 품질을 염려할 필요가 없이 시공에만 전념할 수 있다.

④ 좋은 품질의 콘크리트를 얻기가 쉽다.

◉ 공사비용과 공사기간이 줄어드는 장점이 있다.

07
실기
필답형
레디믹스트 콘크리트의 종류를 지정함에 있어서 구입자가 생산자와 협의하여 지정할 사항을 5가지만 쓰시오.

①

②

③

④

⑤

◉ ① 시멘트의 종류
② 굵은 골재 최대치수
③ 물－결합재비 상한치
④ 단위수량 상한치
⑤ 단위 시멘트량 하한치 또는 상한치

08
실기
필답형
경량골재 콘크리트의 제조방법 3가지를 쓰시오. [실기 6점]

①

②

③

◉ ① 굵은 골재의 일부 또는 전부를 보통골재로 사용한다.
② 잔골재의 일부 또는 전부를 보통골재로 사용한다.
③ 잔골재와 굵은 골재를 모두 경량골재로 사용한다.

정답 **05** 해설 참조 **06** ② **07,08** 해설 참조

09 실적률이 큰 값을 갖는 골재를 사용한 콘크리트의 특징으로
11⑤ 틀린 것은?

① 콘크리트의 밀도가 감소하여 자중이 작은 구조물의 제작에 적합하다.

② 시멘트 페이스트의 양이 적어도 경제적으로 소요의 강도를 얻을 수 있다.

③ 콘크리트의 수밀성이 증대한다.

④ 단위 시멘트량이 적어지므로 건조수축이 작은 콘크리트를 얻을 수 있다.

７ 펌프 콘크리트

비빈 콘크리트를 펌프에 의하여 압송하는 것을 펌프 콘크리트(Pump Concrete)라 한다. 펌프 콘크리트는 압송관 속에서 최대 20kgf/cm² 정도의 압력을 받는다. 그러므로 콘크리트는 품질이 고르고, 펌프 압송할 때 관 내에서 성질의 변화가 없어야 하며, 또 펌프로 압송하기 쉬워야 한다.

(1) 이점

펌프 콘크리트의 이점은 다음과 같다.

① 인력이 부족할 때 기계적 운반에 의한 합리화를 이룬다.

② 준비하기 쉽고, 가설 기기류가 간단하다.

③ 치기의 범위가 넓다.

④ 물속 같은 특수한 조건에서의 시공이 가능하다.

⑤ 알맞은 배합으로 품질 변동이 적다.

(2) 문제점

펌프 콘크리트를 사용하면 다음과 같은 문제점이 있다.

① 압송 전후의 콘크리트의 품질이 변화한다.

② 압송성(Pumpability)을 위한 배합의 보정이 필요하다.

③ 거푸집, 배근에 영향을 받는다.

펌프 콘크리트는 운반로가 좁은 방파제나 터널의 둘레 콘크리트 치기 등의 공사에 사용된다.

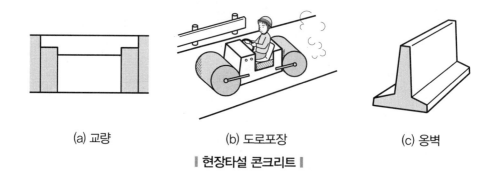

(a) 교량 　　　　　 (b) 도로포장 　　　　　 (c) 옹벽

‖ 현장타설 콘크리트 ‖

8 뿜어 붙이기 콘크리트(Shotcrete)

모르타르 또는 콘크리트를 압축 공기에 의해 뿜어 붙여서 만드는 콘크리트를 **뿜어 붙이기 콘크리트** 또는 **숏크리트(Shotcrete)**라 한다. 이 공법은 터널이나 구조물의 라이닝, 비탈면의 보호, 댐, 교량의 보수 · 보강 공사 등에 쓰인다.

(1) 재료와 배합

시멘트는 보통 포틀랜드 시멘트를 사용하고, 혼화제는 급결제를 사용한다.
잔골재는 조립률이 2.3~3.1인 보통 골재를 사용하고, 굵은 골재는 최대 치수 10~15mm 의 부순 돌 또는 강자갈을 사용한다.
물 – 시멘트비는 40~60%, 잔골재율은 55~70% 정도로 한다.

(2) 시공

뿜어 붙이기 콘크리트 공법에는 건식 공법과 습식 공법이 있다.

① 건식 공법 : 시멘트와 골재를 비벼서 노즐(Nozzle)에 보내어 여기서 물과 섞어서 압축 공기로 뿜어 붙이는 공법으로서, 작업원의 능력과 숙련도에 따라 품질이 크게 달라진다.

② 습식 공법 : 모든 재료를 정확하게 계량하여 비벼서 압축 공기로 노즐에 보내어 뿜어 붙이는 것으로서, 품질 관리가 쉽다.

| 뿜어 붙이기 기계 |

G·U·I·D·E

01
14②
모르타르 또는 콘크리트를 압축공기에 의해 뿜어 붙여서 만든 콘크리트로 비탈면의 보호, 교량의 보수 등에 쓰이는 콘크리트는?

① 진공 콘크리트　　　② 프리플레이스트 콘크리트

③ 숏크리트　　　　　④ 수밀 콘크리트

02
12①
펌프 등을 이용하여 노즐 위치까지 호스 속으로 운반한 콘크리트를 압축공기에 의해 시공면에 뿜어서 만든 콘크리트를 무엇이라 하는가?

① 숏크리트

② 프리플레이스트 콘크리트

③ 프리스트레스트 콘크리트

④ 레진 콘크리트

⊙ 숏크리트 작업은 뿜어 붙일 면에 직각으로 한다.

03
12⑤
숏크리트에 대한 설명으로 틀린 것은?

① 시멘트는 보통 포틀랜드 시멘트를 사용하는 것을 표준으로 한다.

② 혼화제로는 급결제를 사용한다.

③ 굵은 골재는 최대치수 40~50mm의 부순 돌 또는 강자갈을 사용한다.

④ 시공방법으로는 건식 공법과 습식 공법이 있다.

⊙ 굵은 골재는 최대치수 10~15mm의 부순 돌 또는 강자갈을 사용한다.

04
11⑤
숏크리트에 대한 설명으로 틀린 것은?

① 시멘트 건(Gun)에 의해 압축공기로 모르타르를 뿜어 붙이는 것이다.

② 수축균열이 생기기 쉽다.

③ 공사기간이 길어진다.

④ 건식 공법의 경우 시공 중 분진이 많이 발생한다.

⊙ 공사기간이 짧아진다.

정답　**01** ③　**02** ①　**03** ③　**04** ③

05 숏크리트 작업에서 주의할 사항으로 옳지 않은 것은?

13②

① 리바운드된 재료가 다시 혼입되지 않게 한다.

② 숏크리트는 빠르게 운반하고, 급결제를 첨가한 후에 바로 뿜어 붙이기 작업을 실시하여야 한다.

③ 노즐은 항상 뿜어 붙일 면에 45° 경사지게 유지한다.

④ 뿜어 붙이는 거리와 뿜는 압력을 일정하게 유지한다.

⊙ 노즐은 항상 뿜어 붙일 면에 직각 (90°)을 유지한다.

06 압축공기를 이용하여 모르타르나 콘크리트를 시공면에 뿜어

실기 필답형 붙이는 특수한 시공방법은?

⊙ 숏크리트 또는 뿜어 붙이기 콘크리트

정답 **05** ③ **06** 해설 참조

9 AE 콘크리트

콘크리트에 AE제를 사용하여 AE 공기를 가지도록 만든 것을 AE 콘크리트라 한다.

(1) 장점

AE 콘크리트의 장점은 다음과 같다.

① 워커빌리티가 좋다.

② 단위수량이 적어진다.

③ 재료 분리를 적게 하고, 블리딩이 적어진다.

④ 수밀성이 좋아진다.

⑤ 동결 융해에 대한 저항성이 커진다.

(2) 단점

AE 콘크리트에는 다음과 같은 단점이 있다.

① 공기량 1% 증가에 압축 강도가 4~6% 정도 작아진다.

② 콘크리트의 무게를 이용할 경우 가벼워진다.

③ 철근과의 부착 강도가 조금 작아진다.

01 AE 콘크리트 특징에 대한 설명으로 옳지 않은 것은?

13④

① 동결융해에 대한 저항성이 크다.

② 공기량에 비례하여 압축강도가 커진다.

③ 철근과의 부착강도가 떨어진다.

④ 워커빌리티와 내구성·수밀성이 좋아진다.

⊙ 공기량에 비례하여 압축강도가 작아진다.

02 AE(공기연행) 콘크리트의 특성에 대한 설명으로 틀린 것은?

12②

① 워커빌리티(Workability)가 좋아진다.

② 소요 단위수량이 적어진다.

③ 재료 분리가 줄어든다.

④ 공기량 1% 증가에 압축강도가 4~6% 정도 커진다.

⊙ 공기량 1% 증가에 압축강도가 4~6% 정도 감소한다.

03 AE제를 사용한 콘크리트의 특성에 대한 설명으로 옳지 않은 것은?

13②

① 워커빌리티가 증가한다.

② 단위수량이 증가한다.

③ 블리딩이 감소된다.

④ 동결융해 저항성이 커진다.

04 공기연행(AE) 콘크리트의 성질에 관한 설명으로 틀린 것은?

12①

① 워커빌리티가 좋다.

② 소요 단위수량이 적어진다.

③ 블리딩이 적어진다.

④ 철근과의 부착강도가 커진다.

⊙ 철근과의 부착강도가 적어진다.

🔟 PS 콘크리트

PS 콘크리트(Prestressed Concrete)는 고강도의 강재나 피아노선과 같은 특수 선재를 사용하여 재축 방향으로 콘크리트에 미리 압축력을 준 콘크리트로서, 시공하는 방법에는 프리텐셔닝(Pre-Tensioning)법과 포스트텐셔닝(Post-Tensioning)법이 있다.

(1) 프리텐션(Pretensioning) 방식

아래 그림의 (a)와 같이 PC 강선을 일정한 장력으로 인장하여 놓은 채로 콘크리트를 쳐서 콘크리트가 굳은 후에 콘크리트와 강선과의 부착으로 콘크리트에 프리스트레싱을 주는 것으로서, 주로 공장 제품에 이용된다.

(2) 포스트텐션(Posttensioning) 방식

아래 그림의 (b)와 같이 콘크리트를 미리 쳐서 콘크리트가 굳은 후에 PC 강선을 콘크리트 속에 넣고 긴장시켜서 프리스트레싱을 주는 것으로서, 주로 현장에서 이용된다.

(a) 프리텐션 방식   (b) 포스트텐션 방식

| 프리스트레싱을 주는 방법 |

G·U·I·D·E

01
실기
필답형

프리스트레스 콘크리트에서 포스트텐션 방식으로 시공할 때 콘크리트 타설, 경화 후 시스 내에 PC 강재를 삽입하여 긴장시키고 정착한 다음 모르타르를 주입하는 과정을 무엇이라고 하는가?

○ 그라우팅

⑪ 매스 콘크리트

댐과 같이 부재 또는 구조물의 치수가 커서, 시멘트의 수화열 때문에 온도가 높아지는 것을 고려하여 시공해야 하는 콘크리트를 **매스 콘크리트**(Mass Concrete)라 한다. 매스 콘크리트 구조물은 시멘트의 수화열 때문에 열응력이 생겨 콘크리트에 균열이 생기므로, 콘크리트의 온도를 낮추어야 한다.

콘크리트를 냉각하는 방법에는 프리쿨링과 파이프쿨링이 있다.

⑫ 롤러 다짐 콘크리트

롤러 다짐 콘크리트는 매우 된 반죽, 빈 배합 콘크리트를 덤프 트럭으로 현장에 운반해서 불도저 등으로 깔고, 진동 롤러로 다져서 만든 것이다.

이 공법으로 만든 콘크리트 댐을 RCD(Roller Compacted Dam)라 한다.

롤러 다짐 콘크리트는 단위 시멘트의 양을 120kg/m^3 정도 이하로 하고, 굵은 골재의 최대 치수를 80mm 이하로 한다.

콘크리트 깔기는 1회 치기 높이(Lift)를 70cm 이하로 하고, 최저 24시간 후에 다음 콘크리트를 친다.

G·U·I·D·E

01
12①
넓이가 넓은 평판구조의 경우 두께가 얼마 이상인 경우에 매스 콘크리트로 다루어야 하는가?

① 0.2m

② 0.4m

③ 0.6m

④ 0.8m

◉ 벽체에서는 두께 0.5m 이상인 경우
매스 콘크리트로 다룬다.

02
12⑤
부재 혹은 구조물의 치수가 커서 시멘트의 수화열에 의한 온도 상승 및 강하를 고려하여 설계·시공해야 하는 콘크리트는?

① 뿜어붙이기 콘크리트

② 진공 콘크리트

③ 매스 콘크리트

④ 롤러 다짐 콘크리트

03
12②
다음 중 특수 콘크리트에 대한 설명으로 옳은 것은?

① 일 평균기온 4℃ 이하에서 사용하는 콘크리트를 서중 콘크리트라 한다.

② 압축 공기에 의해 모르타르 또는 콘크리트를 뿜어 시공하는 것을 프리플레이스트 콘크리트라 한다.

③ 구조물의 치수가 커서 시멘트의 수화열에 대한 고려를 하여 시공하는 것을 매스 콘크리트라 한다.

④ 서중 콘크리트를 치고자 할 때는 조강 또는 초조강 포틀랜드 시멘트를 사용하면 좋다.

◉ ① 일 평균기온 4℃ 이하에서 사용하는 콘크리트를 한중 콘크리트라 한다.
② 숏크리트 : 압축 공기에 의해 모르타르 또는 콘크리트를 뿜어 시공하는 것을 말한다.
④ 한중 콘크리트를 치고자 할 때는 조강 포틀랜드 시멘트를 사용한다.

04
11⑤
14④
매우 된 반죽의 빈배합 콘크리트를 불도저로 깔고 진동롤러로 다져서 시공하는 콘크리트는?

① 매스 콘크리트

② 프리플레이스트 콘크리트

③ 강섬유 콘크리트

④ 진동 롤러 다짐 콘크리트

정답 **01** ④ **02** ③ **03** ③ **04** ④

⑬ 프리팩트 콘크리트

특정한 입도를 가진 골재를 거푸집 안에 미리 다져 넣고, 그 빈틈 사이에 유동성이 좋고, 재료 분리가 적은 모르타르를 펌프로 압력을 가하여 주입시켜 만든 콘크리트를 프리팩트 콘크리트 (Prepacked Concrete)라 한다. 이 공법은 호안, 교각 등의 수중 콘크리트 공사나 구조물의 기초 공사 등에 쓰인다.

(1) 재료와 배합

시멘트는 보통 포틀랜드 시멘트, 고로슬래그 시멘트, 플라이애시 시멘트 등을 사용한다. 혼화재는 플라이애시, 혼화제는 감수제, 알루미늄가루를 사용한다.
잔골재는 조립률이 1.4~2.2의 범위에 있는 것이 좋고, 굵은 골재의 최대 치수는 15mm 이상으로 한다.

(2) 시공

골재는 굵고 잔 알이 고르게 분포되도록, 또 부스러지지 않도록 채워야 한다.
연직 주입관의 수평 간격은 2m 정도를 표준으로 하고, 수평 주입관의 수평 간격은 2m 정도, 연직 간격은 1.5m를 표준으로 한다.
모르타르를 주입할 때, 연직 및 수평 주입관의 끝은 0.5~2m 정도 모르타르 속에 묻혀 있어야 하고, 모르타르의 치기 속도는 0.3~2m/h 정도로 한다.

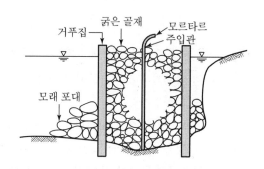

‖ 프리팩트 콘크리트의 시공 ‖

⑭ 경량 골재 콘크리트

인공 경량 골재를 사용한 단위 무게 $1.7t/m^3$ 이하의 콘크리트를 경량 골재 콘크리트라 한다.

(1) 특징

경량 골재 콘크리트는 자중이 가벼워서 구조물 부재의 치수를 줄일 수 있고, 운반과 치기가 쉬우며, 또 내화성이 크고, 열전도율과 음의 반사가 작다. 그러나 강도와 탄성계수가 작고, 건조 수축과 수중 팽창이 크며, 다공질이어서 흡수성과 투수성이 크다.

(2) 성질

경량 골재 콘크리트의 성질은 다음과 같다.

① 단위 무게 : 단위 무게는 배합이나 골재의 종류에 따라 달라진다. 골재의 종류에 따른 경량 골재 콘크리트의 단위 무게는 다음 표와 같다.

▼ 경량 골재 콘크리트의 단위 무게(t/m^3)

골재		콘크리트의 단위 무게
잔골재	굵은 골재	
경량	경량	1.5~1.7
경량	경량, 일부 자갈	1.8~2.0
모래	경량	1.7~2.0

② 강도 : 경량 골재 콘크리트의 압축 강도는 보통 골재 콘크리트의 경우와 거의 같으며, 압축 강도, 이 밖의 강도도 대체로 압축에 의해서 판단할 수 있다. 그러나 골재의 강도가 한계가 있기 때문에 실용적인 압축 강도의 한계는 $500kgf/cm^2$ 정도이고, 인장 및 전단 강도는 보통 골재 콘크리트의 70% 정도이다.

③ 탄성계수 : 대개 $1.2 \sim 2.0 \times 10^5 kgf/cm^2$이며, 같은 정도의 압축 강도를 가진 보통 골재 콘크리트의 50~70% 정도이다.

15 중량 콘크리트

비중이 큰 중량 골재를 사용하여 만든 콘크리트를 중량 콘크리트라 한다.

중량 콘크리트는 X선, γ선, 중성자선의 차폐 재료로서 사용된다. 연구용 원자로 등의 차폐 재료로서 중량 콘크리트를 이용하는 것은 다른 재료에 비해 구조적 강도, 차폐 성능, 가공성, 경제성이 우수하기 때문이다.

16 진공 콘크리트

진공 콘크리트는 콘크리트를 친 후 콘크리트의 표면에 진공 덮개를 덮고, 진공 펌프로 표면의 물과 공기를 빼내어 콘크리트에 대기압(약 $9tf/m^2$)을 주어 만든 콘크리트이다.

콘크리트 속의 공기를 빼내면 물 – 시멘트비가 작아져서 콘크리트의 강도가 동결 융해에 대한 저항성, 닳음 저항성이 커진다.

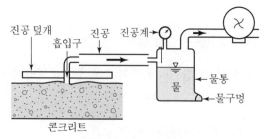

┃ 진공 콘크리트의 시공 ┃

이 공법은 도로 포장, 콘크리트 댐, 프리캐스트 콘크리트(Precast Concrete) 제품에 효과적으로 이용된다.

17 팽창 콘크리트

팽창 콘크리트는 콘크리트에 팽창재를 사용하여, 건조 수축 때문에 생기는 균열을 줄이기 위하여 만든 수축 보상 콘크리트이다.

굳지 않은 팽창 콘크리트의 성질은 보통 콘크리트와 같다. 굳은 팽창 콘크리트의 성질은 팽창률과 강도가 있으나, 이것은 단위 팽창재량에 따라 달라지며, 팽창률은 보통 $15\sim20\times10^{-5}$의 범위가 좋다.

이 콘크리트는 물탱크, 지붕 슬래브, 지하벽, 이음매 없는 콘크리트 포장 등에 사용된다.

G·U·I·D·E

01 건조 수축에 의한 균열을 막기 위하여 콘크리트에 팽창재를
넣거나 팽창 시멘트를 사용하여 만든 콘크리트를 무엇이라
12⑤
하는가?

① AE(공기연행) 콘크리트

② 유동화 콘크리트

③ 팽창 콘크리트

④ 철근 콘크리트

18 폴리머 콘크리트

폴리머(Polymer) 콘크리트는 결합재의 일부 또는 전부를 폴리머를 사용하여 만든 콘크리트를 통틀어 말한다.

폴리머 콘크리트에는 레진 콘크리트, 폴리머 주입 콘크리트, 폴리머 시멘트 콘크리트가 있다.

(1) 레진 콘크리트

경화제를 넣은 액상 레진(Resin)을 골재와 섞어서 만든 콘크리트를 레진 콘크리트라 한다. 레진 콘크리트는 강도가 크고, 속경성이며 내수성, 내식성, 닳음 저항성이 크다.

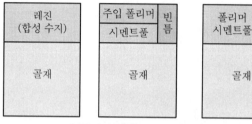

‖ 폴리머 콘크리트의 종류 ‖

그러나 굳을 때 수축과 발열이 크고, 내화성이 작으며, 온도에 따라 역학적 성질이 달라진다. 이 콘크리트는 맨홀, 옆도랑, 터널용 세그먼트(Segment) 등의 공장 제품에 사용되며, 현장 제품은 댐의 배수로 등에 쓰인다.

(2) 폴리머 주입 콘크리트

미리 만든 콘크리트에 폴리머의 원료인 액상의 모노머(Monomer)를 주입시켜 만든 것을 폴리머 주입 콘크리트라 한다.

폴리머 주입 콘크리트는 강도가 크고 내수성, 내식성, 닳음 저항성, 동결 융해 저항성이 크다. 그러나 부재의 크기가 한정되며, 현장에서 시공하기 어렵다. 이 콘크리트는 터널용 세그먼트, 콘크리트관, 슬래브 등에 사용된다.

(3) 폴리머 시멘트 콘크리트

결합재로서 시멘트와 물, 폴리머를 사용하여 잔골재와 굵은 골재를 결합시킨 콘크리트를 폴리머 시멘트 콘크리트라 하고, 결합재와 잔골재만 사용하여 만든 것을 폴리머 시멘트 모르타르라 한다.

폴리머 시멘트 콘크리트는 워커빌리티가 좋고, 휨 강도, 인장 강도가 크며, 내수성, 내충격성, 닳음 저항성, 동결 융해 저항성이 크다. 그러나 굳는 속도가 약간 느리다.

⑲ 섬유 보강 콘크리트

섬유 보강 콘크리트란, 가는 철선을 짧게 자른 강섬유, 유리섬유, 탄소섬유 등의 섬유 물질을 콘크리트 혼합 과정에 함께 넣어서 비벼 낸 콘크리트를 말한다. 압축 강도 면에서는 큰 효과가 없지만, 인장 강도, 휨 강도, 충격 강도 등 전반적으로 인성이 큰 콘크리트를 만들 수 있다.

⑳ 유동화 콘크리트, 고유동 콘크리트, 고성능 콘크리트

된 비빔 콘크리트보다 묽은 비빔 콘크리트가 작업하기에 편리하다. 그러나 단순히 물의 양만을 늘려 묽게 만들면 재료 분리가 생겨서 강도, 내구성 등 모든 면에서 나쁜 콘크리트가 된다. 그러나 유동화제를 첨가하여 묽게 만들면 재료 분리를 막을 수 있는데, 된 비빔 콘크리트를 주문하여 현장에서 유동화제를 넣고 유동성이 큰 콘크리트를 만들 수 있으며 이를 **유동화 콘크리트**라 한다.

유동화 콘크리트는 슬럼프 21cm 이하의 콘크리트이나, 재료 분리가 없는 상태에서 이보다 더욱 더 유동성이 큰 상태로 레미콘 공장에서 콘크리트를 제조하여 현장에서 시공 시 다짐을 하지 않아도 될 정도인 콘크리트를 고유동 콘크리트 혹은 초유동 콘크리트라 하여 최근 개발에 박차를 가하고 있다.

또, 최근에는 고성능 AE 감수제의 대폭적인 감수 효과를 활용하여 고유동은 물론 고강도, 고내구성까지도 발휘하는 만능적인 콘크리트도 연구되고 있는데, 이를 **고성능 콘크리트**라 한다.

콘크리트 제품의 종류

1 도로용 콘크리트 제품

도로 포장이나 도로 구조물에 사용되는 것으로서, 이것에는 여러 가지가 있다.

(1) 보도용 콘크리트판

정사각형의 무근 콘크리트판으로서, 보도의 노면 포장에 사용된다. 종류로는 $300 \times 300 \times 60mm$와 $330 \times 330 \times 60mm$의 두 가지가 있다.

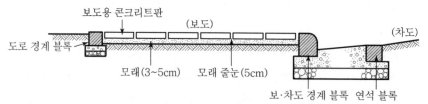

∥ 보도용 콘크리트판과 경계 블록의 사용 보기 ∥

(2) 콘크리트 경계 블록

차도 또는 식수대, 그 밖의 지역과 노면의 경계 등에 사용되며, 보·차도 경계 블록과 도로 경계 블록의 두 가지가 있다.

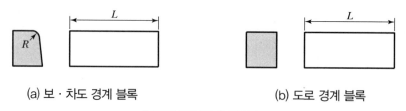

(a) 보·차도 경계 블록   (b) 도로 경계 블록

∥ 콘크리트 경계 블록 ∥

2 콘크리트관

콘크리트관은 하수나 배수용으로 사용되는 것으로서, 그 종류는 용도에 따라 여러 가지가 있다.

(1) 무근 콘크리트관 및 철근 콘크리트관

하수나 관개 배수용으로 수압을 받지 않는 관로에 사용된다. 철근 콘크리트관은 A형과 B형의 두 종류가 있으며, 그 모양은 다음 그림과 같다.

‖ 콘크리트관 ‖

(2) 원심력 철근 콘크리트관

원심력을 이용하여 만든 고강도와 수밀성을 가진 관으로서 하수관, 관개 배수용 관으로 널리 사용되며, 그 종류에는 보통관과 압력관이 있다.

(3) 코어식 프리스트레스트관

콘크리트관 바깥 둘레의 고장력 강선을 당겨서 코어(Core)에 미리 응력을 주어 만든 것으로서, 안팎의 압력이 비교적 큰 관로에 사용된다.

3 콘크리트 말뚝 및 전주

콘크리트 말뚝은 구조물의 기초용으로 사용되며, 콘크리트 전주는 나무 전주 대신에 많이 사용된다.

(1) 원심력 철근 콘크리트 말뚝

나무 말뚝에 비해서 경제적이고, 지하수 등에 관계없이 사용된다. 이것은 필요한 치수를 비교적 쉽게 만들 수 있어서, 교량이나 건축물의 기초용으로 많이 사용된다.
원심력 철근 콘크리트 말뚝의 모양은 다음 그림과 같다.

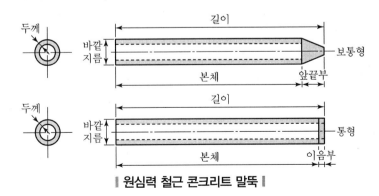

‖ 원심력 철근 콘크리트 말뚝 ‖

(2) 프리텐션 방식 원심력 PS 콘크리트 전주

원심력을 이용하여 만든 프리텐션 방식에 의한 PS 콘크리트 전주로서 송전, 통신 및 조명에 사용되며, 신호주에 사용되는 1종과 철도나 궤도의 전차 선로주에 사용되는 2종이 있다. 프리텐션 방식 원심력 PS 콘크리트 전주의 모양은 다음 그림과 같다.

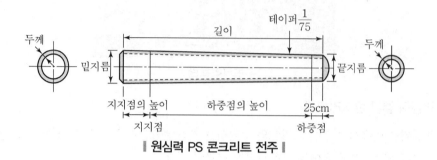

‖ 원심력 PS 콘크리트 전주 ‖

PART
03

골재시험

콘크리트 기능사
필기+실기

골재의 체가름 시험
Test for sieve Analysis of Fine and Coarse Aggregates

1 시험의 목적

① 골재의 입도, 조립률, 굵은 골재의 최대치수 등을 알기 위하여 실시한다.
② 골재로서의 적부, 각종 골재의 적당한 비율의 결정, 콘크리트의 배합설계, 골재의 품질관리 등에 필요하다.

2 시험용 기구 및 재료

① 골재 : 굵은 골재, 잔골재
② 표준체 : 체는 KS A 5101에 규정하는 표준망 체
   • 잔골재용 : No.100(0.15mm), No.50(0.3mm), No.30(0.6mm), No.16(1.2mm), No.8 (2.5mm), No.4(5mm), 10mm체
   • 굵은 골재용 : No.16(1.5mm), No.8(2.5mm), No.4(5mm), 10, 15, 19, 25, 30, 40, 50, 65, 75, 100(mm)체
③ 저울 : 시료중량의 0.1% 이상의 감도를 가진 것
④ 시료 분취기
⑤ 삽
⑥ 체 진동기(sieve shaker)
⑦ 건조기 : 105±5℃의 온도를 유지할 수 있는 크기
⑧ 시료팬

3 시료의 준비

① 4분법 또는 시료 분취기에 의해서 채취된 대표적 시료를 105℃±5℃의 온도로서 항량이 될 때까지 건조한다.

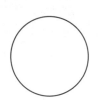 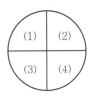

(1)+(4) 또는
(2)+(3)

❚ 시료의 사분법 ❚   ❚ 시료 분취기 ❚

② 건조된 시료로서 다음의 양을 표준으로 한다.

▼ 건조된 시료의 표준양

골재의 분류	골재알의 최대 호칭치수[mm]	시료의 최소 무게[g]
잔골재	1.2mm체를 95[%] 이상 통과하는 잔골재	100
	1.2mm체에 5[%] 이상 남는 잔골재	500
굵은 골재	최대 치수 10mm 정도의 것	1,000
	최대 치수 19mm 정도의 것	5,000
	최대 치수 25mm 정도의 것	10,000
	최대 치수 40mm 정도의 것	15,000
	최대 치수 50mm 정도의 것	20,000
	최대 치수 65mm 정도의 것	25,000
	최대 치수 80mm 정도의 것	30,000

③ 5,000g 또는 그 이상의 시료에서는 지름 40mm 또는 그 이상의 체를 가진 체를 사용하는 것이 좋다.

④ 건조된 표준시료를 채취하기 위하여서는 표준시료보다도 얼마간 더 많은 양을 가지고 건조로에 넣어서 건조시킨다.(규정한 양과 근소한 차일 경우 그대로 시험한다. 규정 양에 맞추려 더 넣거나 퍼내서는 안 된다.)

4 시험방법

① 각 체의 무게를 측정한다.

잔골재 : NO.100 → NO.16 → NO.8 → NO.4
(체구멍지름이 작은 순서대로 측정)

② 체는 규정된 (KS A 5101) 1조의 체를 쓰고
　 체 눈이 가는 것을 밑에 놓는다.

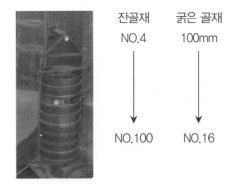

잔골재　굵은 골재
NO.4　100mm

↓　↓

NO.100　NO.16

③ 체를 체 진동기(Sieve Shaker)에 걸어 놓은 다음 시료를 맨 위 체에 붓는다.

❙ 굵은 골재 ❙

❙ 잔 골재 ❙

④ 체 진동기로 1분간에 각 체에 남는 시료의 양이 1% 이상 그 체를 통과하지 않을 때까지 계속한다.

❙ 진동기 조립 ❙

❙ 진동기를 이용하여 체가름하는 모습 ❙

⑤ 각 체에 남은 시료의 중량을 저울로 측정한다.(1cm²당 0.6g 이상의 시료가 체에 남아서는
  안 된다.)

체눈이 굵은 것부터 가는 순서로 저울로 측정한다.

⑥ 각 체에 잔류하는 시료의 중량을 전 중량에 대한 백분율(%)로 표시한다.

▌ 시료 무게를 측정하기 위해 시료를 종이 위에 놓는 모습 ▌

⑦ 횡축에 체 눈의 크기를 종축에는 각 체에 남는 시료의 중량(%) 값을 점으로 찍는다.
⑧ 시험은 2회 이상으로 하고 그 평균치를 취한다.

5 주의사항

① 측정결과의 중량백분율의 표시는 이와 가장 가까운 정수로 수정하고, No.200체를 통과하는 재료를 포함한 전 시료의 양을 기준으로 하여 계산한다.

② 체가름 할 때 체 눈에 끼인 골재 알을 손으로 눌러 통과시켜서는 안 되며, 골재 알이 부서지지 않도록 빼내고, 체에 남는 시료로 간주한다.

③ 기계로 체가름하였을 때는 다시 손으로 체가름하고 1분간에 각 체에 남은 시료가 1% 이하가 되었는가를 확인한다.

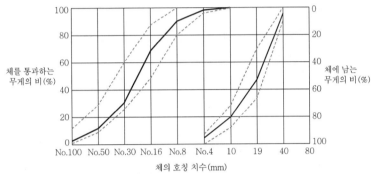

‖ 골재의 입도분포 곡선 ‖

6 참고사항

① 굵은 골재와 잔골재가 혼합되어 있을 경우 No.4체로 쳐서 잔류하는 것은 굵은 골재로, 통과하는 것을 잔골재로 적용하며 각각의 최대 입경에 따라 필요한 양을 채취하여 체가름 시험을 실시한다.

ㄱ **잔골재** : 10mm체를 전부 통과하고, No.4(5mm) 체를 거의 다 통과하며, No.200(0.074mm) 체에 거의 다 남는 골재를 말한다.

ㄴ **굵은 골재** : No.4(5mm) 체에 거의 다 남는 골재를 말한다.

▼ **표준체의 크기**

호칭치수	No.100	No.50	No.30	No.16	No.8	No.4	10[mm]	15[mm]
체눈의 크기[mm]	0.149	0.297	0.59	1.19	2.38	4.76	9.51	16.0
호칭치수	20[mm]	25[mm]	40[mm]	50[mm]	65[mm]	80[mm]	90[mm]	100[mm]
체눈의 크기[mm]	19.0	25.4	38.1	50.8	64.0	76.1	90.5	101.6

② 체가름 실측 입도곡선을 볼 때는 굵은 골재는 체에 남은 누계중량의 %값을 보고, 잔골재는 체를 통과하는 중량의 %값을 본다.

③ **입도**란 골재의 대소 알갱이가 혼합되어 있는 정도를 말하며, 골재의 입도가 알맞으면 콘크리트의 단위중량이 커지고 시멘트 풀이 줄어들어 경제적인 콘크리트를 만들 수 있다.

④ 알의 크기가 고른 것은 공극률의 크기 때문에 같은 강도의 콘크리트로 하는데 다량의 모르타르가 필요하며 콘크리트 단가가 높아진다.

⑤ 세립이 많은 모래일수록 다량의 시멘트 풀을 사용해야 하며 표준 입도 범위에서 각 체를 통과하는 양이 최대치에 가까운 골재가 좋다.

⑥ **조립율**이란 0.15mm, 0.3mm, 0.6mm, 1.2mm, 2.5mm, 5mm, 10mm, 19mm, 40mm, 80mm의 10개의 체를 사용하여 체가름 시험을 하였을 때, 각 체에 남는 골재의 전체 무게에 대한 무게비(%)의 합을 100으로 나눈 값을 말한다.

⑦ 골재의 조립률은 잔골재는 2.3~3.1, 굵은 골재는 6~8 정도가 좋으며, 골재입자의 지름이 클수록 일반적으로 조립률은 크다.

⑧ 조립률 계산 예는 다음과 같다.

▼ 조립률 계산 예

체의 호칭(mm)	잔골재		굵은 골재	
	체에 남은 양(%)	체에 남은 양의 누계(%)	체에 남은 양(%)	체에 남은 양의 누계(%)
* 80				
65				
50			0	0
* 40			4	4
30			22	26
25			13	39
* 20			19	58
15			12	70
* 10	0	0	11	81
* 5	4	4	16	97
* 2.5	8	12	3	100
* 1.2	15	27	0	100
* 0.6	43	70	0	100
* 0.3	20	90	0	100
* 0.15	9	99	0	100
접 시	1	100		
합계		302		740
조립률(FM)	FM=302÷100=2.81		FM=740÷100=7.40	

* 골재의 조립률은 * 표가 있는 것으로만 계산한다.

* 잔골재의 조립률($F.M$) = $\dfrac{4+12+27+70+90+99}{100} = 3.02$

* 굵은 골재의 조립률($F.M$) = $\dfrac{4+58+81+97+100+100+100+100+100}{100} = 7.40$

잔골재의 체가름 시험

시험일	서기		년	월	일	요일		날씨

시험일의 상태	상온(℃)				습도(%)			

시료	채취장소		채취날짜		채취자	

체 크기(mm)	각 체에 남은 양의 누계		각 체에 남은 양		통과량
	(g)	(%)	(g)	(%)	(%)
10mm					
No.4(4.76)					
No.8(2.38)					
No.16(1.19)					
No.30(0.595)					
No.50(0.297)					
No.100(0.149)					
팬(접시)					
계					
조립률					

〈고 찰〉

실험자	소속		성명	
검인	서기	년 월 일		요일

굵은 골재의 체가름 시험

시험일	서기		년	월	일	요일	날씨

시험일의 상태	상온(℃)			습도(%)	

시료	채취장소		채취날짜		채취자	

체 크기(mm)	각 체에 남은 양의 누계		각 체에 남은 양		통과량
	(g)	(%)	(g)	(%)	(%)
100					
80					
65					
50					
40					
30					
25					
19					
16					
10					
No.4(4.76)					
No.8(2.38)					
팬(접시)					
계					
최대치수(mm)		조립률			

〈고 찰〉

실험자	소속		성명	
검인	서기	년 월 일		요일

01
14①

콘크리트에 사용되는 굵은 골재의 설명으로 틀린 것은?

① 골재의 입자가 크고 작은 것이 골고루 섞여 있는 것이 좋다.

② 골재의 모양은 둥근 것이 좋다.

③ 굵은 골재는 5mm체에 거의 남는 골재이다.

④ 유기물이 일정량 함유되어야 한다.

> ○ 골재는 깨끗하고 유해물을 함유하지 않아야 한다.

02
11①,②
14④

굵은 골재의 최대치수를 옳게 설명한 것은?

① 부피비로 90% 이상을 통과시키는 체 중에서 최소 치수인 체의 호칭치수로 나타낸 굵은 골재의 치수

② 질량비로 90% 이상을 통과시키는 체 중에서 최소 치수인 체의 호칭치수로 나타낸 굵은 골재의 치수

③ 질량비로 95% 이상을 통과시키는 체 중에서 최소 치수인 체의 호칭치수로 나타낸 굵은 골재의 치수

④ 부피비로 95% 이상을 통과시키는 체 중에서 최소 치수인 체의 호칭치수로 나타낸 굵은 골재의 치수

03
11⑤
13②

굵은 골재의 최대치수는 질량비로 약 몇 % 이상 통과시킨 체 중에서 체눈의 크기가 가장 작은 체눈의 호칭값인가?

① 80%   ② 85%

③ 90%   ④ 95%

04
12②

굵은 골재의 최대치수에 대한 설명으로 옳은 것은?

① 콘크리트에서 굵은 골재의 최대치수가 크면 소요 단위수량은 증가한다.

② 콘크리트에서 굵은 골재의 최대치수가 크면 소요 단위시멘트량은 증가한다.

③ 굵은 골재의 최대치수가 크면 재료분리가 감소한다.

④ 굵은 골재의 최대치수가 크면 시멘트 풀의 양이 적어져서 경제적이다.

> ○ 굵은 골재의 최대치수가 크면
> ㉠ 소요 단위수량은 감소한다.
> ㉡ 재료분리가 증가한다.

05 굵은 골재 최대치수가 크면 어떤 효과가 있는가?

13④

① 시멘트 풀의 양이 적어져 경제적이다.

② 재료분리가 잘 일어나지 않는다.

③ 시공하기가 쉽다.

④ 배합 시 단위수량이 증가된다.

◉ 배합 시 ㉠ 단위수량이 적게 소요되며 ㉡ 재료분리가 일어나기 쉽고 ㉢ 시공하기 어렵다.

06 콘크리트에서 부순 돌을 굵은 골재로 사용했을 때의 설명으로 틀린 것은?

12②

① 일반 골재를 사용한 콘크리트와 동일한 워커빌리티의 콘크리트를 얻기 위해 단위수량이 많아진다.

② 일반 골재를 사용한 콘크리트와 동일한 워커빌리티의 콘크리트를 얻기 위해 잔골재율이 작아진다.

③ 일반 골재를 사용한 콘크리트보다 시멘트 페이스트와의 부착이 좋다.

④ 포장 콘크리트에 사용하면 좋다.

◉ 콘크리트와 동일한 워커빌리티의 콘크리트를 얻기 위해 잔골재율이 커진다.

07 굵은 골재의 최대치수가 클수록 콘크리트에 미치는 영향을 설명한 것으로 가장 적합한 것은?

13①

① 재료분리가 일어나기 쉽고 시공이 어렵다.

② 시멘트 풀의 양이 많아져서 경제적이다.

③ 콘크리트의 마모 저항성이 커진다.

④ 골재의 입도가 커져서 골재 손실이 발생한다.

08 일반적인 구조물의 콘크리트에 사용되는 굵은 골재의 최대치수는 다음 중 어느 것을 표준으로 하는가?

12⑤

① 25mm　　　　② 50mm

③ 75mm　　　　④ 100mm

정답 　05 ①　06 ②　07 ①　08 ①

G·U·I·D·E

09
11②

콘크리트 펌프로 콘크리트를 압송할 경우 굵은 골재 최대치수는 얼마를 표준으로 하는가?

① 20mm 이하

② 30mm 이하

③ 40mm 이하

④ 50mm 이하

◎ [참고] 슬럼프 범위는 100~180mm 가 알맞다.

10
14①,②

프리스트레스 콘크리트에서 굵은 골재의 최소 치수는 몇 mm 이상이어야 하는가?

① 15mm

② 25mm

③ 40mm

④ 60mm

◎ [참고] 굵은 골재 최대치수는 최소 치수의 2~4배 정도이다.

11
14①,②

굵은 골재의 최대치수에 대한 설명 중 틀린 것은?

① 무근 콘크리트의 굵은 골재 최대치수는 40mm이고, 이때 부재 최소치수의 1/4을 초과해서는 안 된다.

② 철근 콘크리트의 굵은 골재 최대치수는 거푸집 양 측면 사이의 최소 거리의 1/5을 초과하지 않아야 한다.

③ 일반적인 철근콘크리트 구조물인 경우 굵은 골재 최대치수는 15mm를 표준으로 한다.

④ 단면이 큰 철근콘크리트 구조물인 경우 굵은 골재 최대치수는 40mm를 표준으로 한다.

◎ 철근 콘크리트 구조물인 경우 굵은 골재의 최대치수는 20 또는 25mm 이다.

12
11①

철근 콘크리트에서 구조물의 단면이 큰 경우 굵은 골재의 최대치수는 다음 중 어느 것을 표준으로 하는가?

① 25mm

② 40mm

③ 50mm

④ 100mm

◎ 포장 콘크리트 : 40mm 이하

13
11⑤

굵은 골재의 최대치수에 대한 설명으로 틀린 것은?

① 거푸집 양 측면 사이의 최소 거리의 1/5을 초과하지 않아야 한다.

② 슬래브 두께의 2/3를 초과하지 않아야 한다.

③ 일반적인 구조물인 경우 20mm 또는 25mm를 표준으로 한다.

④ 단면이 큰 구조물인 경우 40mm를 표준으로 한다.

◎ 슬래브 두께의 1/3를 초과하지 않아야 한다.

정답 **09** ③ **10** ① **11** ③ **12** ② **13** ②

G·U·I·D·E

14
12①

공기연행(AE) 콘크리트의 알맞은 공기량은 굵은 골재의 최대 치수에 따라 다르며 보통 콘크리트 부피의 몇 %를 표준으로 하는가?

① 1~3%
② 4~7%
③ 7~12%
④ 12~17%

◎ [참고] 동결융해에 대한 저항성이 큰 콘크리트 = 공기연행 콘크리트

15
13①

콘크리트용 굵은 골재 유해물의 한도 중 연한 석편은 질량 백분율로 최대 몇 % 이하이어야 하는가?

① 0.25%
② 0.5%
③ 2.5%
④ 5%

◎ 유해물 한도
㉠ 점토 덩어리는 0.25% 이내이어야 한다.
㉡ 연한 석편은 5% 이내

16
12②

무근 콘크리트 구조물의 부재 최소치수가 160mm일 때 굵은 골재 최대치수는 몇 mm 이하로 하여야 하는가?

① 25mm
② 40mm
③ 50mm
④ 100mm

◎ • 무근 콘크리트 구조물의 경우
: 40mm
• 철근 콘크리트 구조물의 경우
: 일반적인 경우 20mm, 또는 25mm이다.

17
12②

골재에서 F.M(Fineness Modulus)이란 무엇을 뜻하는가?

① 입도
② 조립률
③ 잔골재율
④ 골재의 단위량

◎ • 잔골재 조립률 : 2.3~3.1
• 굵은 골재 조립률 : 6~8

18
14④

다음 중 골재의 조립률(FM)에 대한 설명 중 틀린 것은?

① 잔골재의 조립률은 2.3~3.1이다.
② 굵은 골재의 조립률은 6~8이다.
③ 골재의 조립률은 골재 알의 지름이 클수록 크다.
④ 조립률이란 굵은 골재 및 잔골재의 치수를 나타내는 것이다.

◎ 조립률이란 골재의 입도를 개략적으로 나타내는 방법이다.

19 골재의 조립률(FM)을 알기 위해 사용되는 체가 아닌 것은?

12⑤
13④
14④
① 25mm   ② 5mm

③ 2.5mm   ④ 1.2mm

⊙ 80, 40, 20, 10, 5, 2.5, 1.2, 0.6, 0.3, 0.15mm체가 사용된다.

20 골재의 조립률을 구하기 위한 체의 호칭치수로 적당하지 않은 것은?

13②
① 40mm   ② 25mm

③ 5mm   ④ 2.5mm

21 골재의 조립률 측정을 위해 사용되는 체가 아닌 것은?

11②
① 40mm   ② 30mm

③ 20mm   ④ 10mm

22 골재의 조립률에 대한 설명으로 옳지 않은 것은?

13④
① 골재의 입도 상태를 수치적으로 나타내는 방법이다.

② 골재 알의 지름이 클수록 조립률이 크다.

③ 잔골재의 조립률은 6~8이다.

④ 콘크리트 배합결정에 조립률을 보정한다.

⊙ 잔골재의 조립률은 2.3~3.1, 굵은 골재의 조립률은 6~80이다.

23 조립률이 3.0인 잔골재 2kg과 조립률이 7.0인 3kg의 굵은 골재를 혼합한 경우 조립률은?

13①
① 4.2   ② 4.6

③ 5.0   ④ 5.4

⊙ $FM = \dfrac{3.0 \times 2 + 7.0 \times 3}{2+3} = 5.4$

24 잔골재의 조립률이 2.80이고 굵은 골재의 조립률이 7.24일 때 무게비 1 : 1.5로 섞으면 혼합 골재의 조립률은?

11⑤
12①
① 5.02   ② 5.46

③ 5.64   ④ 10.14

⊙ $FM = \dfrac{2.8 \times 1 + 7.24 \times 1.5}{1 + 1.5} = 5.46$

25 잔골재의 조립률이 2.5이고 굵은 골재의 조립률이 7.5일 때
에 잔골재와 굵은 골재를 질량비 2 : 3으로 섞으면 혼합 골재
의 조립률은?

13②

① 3.5   ② 4.5

③ 5.5   ④ 6.5

$$\mathrm{FM} = \frac{2.5 \times 2 + 7.5 \times 3}{2+3} = 5.5$$

26 조립률이 2.80인 잔골재와 조립률이 7.40인 굵은 골재를
1 : 1.5 무게비로 섞을 때 혼합골재의 조립률은?

실기
필답형

$$F \cdot M = \frac{2.80 \times + 7.40 \times 1.5}{1+1.5} = 5.56$$

27 품질이 좋은 콘크리트를 만들기 위해 일반적으로 사용되는
잔골재의 조립률 범위로 옳은 것은?

12⑤

① 2.3~3.1   ② 3.4~4.1

③ 4.5~5.7   ④ 6~8

[참고] 굵은 골재의 조립률 : 6~8

28 2.5mm체를 95%(질량비) 이상 통과하는 잔골재 시료로 골재
의 체가름 시험을 하고자 할 때 준비하여야 할 시료의 최소 건
조 질량은?

11⑤.
12⑤.
14②,④

① 100g   ② 500g

③ 1,000g   ④ 2,000g

2.5mm체에 5% 이상 남는 것은 최
소 500g이다.

29 골재의 체가름 시험에 사용되는 시료는 건조기 안에 넣어 몇
℃의 온도로 질량이 일정하게 될 때까지 건조시키는가?

14②

① 25±5℃   ② 65±5℃

③ 85±5℃   ④ 105±5℃

[참고] 필요한 시료는 4분법 또는 시
료 분취기로 채취한다.

정답   **25** ③   **26** 해설 참조   **27** ①   **28** ①   **29** ④

30 골재의 체가름 시험에 사용되는 시료에 대한 설명 중 틀린 것은?

14①

① 굵은 골재 최대치수 25mm일 때 시료의 최소 질량은 5kg으로 한다.

② 시험할 대표 시료를 4분법이나 시료 분취기를 이용하여 채취한다.

③ 채취한 시료는 표면건조포화상태에서 시험을 한다.

④ 잔골재는 1.2mm체에 5%(질량비) 이상 남는 시료의 최소 질량은 500g으로 한다.

⊙ 채취한 시료는 건조기 안에서 건조한 후 시험을 한다.

31 골재의 체가름 시험 과정에서 골재가 체눈에 끼인 경우 올바른 조치는?

14④

① 체눈에 끼인 골재는 손으로 밀어 체를 통과시킨다.

② 체눈에 끼인 골재 알은 부서지지 않도록 빼내고 체에 남는 시료로 간주한다.

③ 체눈에 끼인 골재는 통과된 시료로 간주한다.

④ 체눈에 끼인 골재는 부서지지 않도록 빼내고 전체 시료량에서 제외한다.

⊙ 체가름할 때 체눈에 끼인 골재 알을 손으로 눌러 통과시켜서는 안 된다.

32 골재의 체가름 시험에 사용하는 저울은 어느 정도의 정밀도를 가진 것이 필요한가?

13①

① 최소 측정 값이 1g인 정밀도를 가진 것

② 최소 측정 값이 0.1g인 정밀도를 가진 것

③ 시료 질량의 1% 이상인 눈금량 또는 감량을 가진 것

④ 시료 질량의 0.1% 이하의 눈금량 또는 감량을 가진 것

⊙ 시료 질량의 0.1% 이하의 눈금량 또는 감량을 가진 것으로 하며 현장에서 시험을 하는 경우에는 저울의 정밀도를 시료 질량의 0.5%까지 측정할 수 있는 것으로 한다.

33 굵은 골재 전체질량 10,000g을 가지고 체가름 시험한 결과 다음 표와 같다. 이 골재의 최대치수는?

14①

체	80mm	40mm	25mm	20mm
통과량	10,000g	9,400g	9,200g	8,700g

① 80mm

② 40mm

③ 25mm

④ 20mm

⊙ 통과율 90% 이상 중 체눈의 최소 공칭치수를 선택한다.

$$통과율 = \frac{통과량}{전체질량} \times 100$$

34
13①
골재의 실적률이 80%이고 함수비가 76%일 때 공극률은 얼마인가?

① 24%　　　　　　② 20%

③ 10%　　　　　　④ 4%

35
실기
필답형
주어진 굵은 골재의 체가름 시험 결과표를 보고 물음에 답하시오.

체 크기 (mm)	잔류량(g)	잔류율(%)	가적잔류율 (%)	가적통과율 (%)
80	0	0	0	100
40	825			
25	5,615			
20	3,229			
10	3,960			
5	2,450			
2.5	545			
pan	0	−	−	−
합계	16,624	−	−	−

① 빈칸의 성과표를 완성하시오.(단, 소수 2째 자리에서 반올림하시오.)

② 조립률을 구하시오.(단, 소수 2째 자리에서 반올림하시오.)

⊙ ①

체 크기 (mm)	잔류량 (g)	잔류율 (%)
*80	0	0
*40	825	5
25	5,615	33.8
*20	3,229	19.4
*10	3,960	23.8
*5	2,450	14.7
*2.5	545	3.3
*pan	0	−
합계	16,624	−

가적잔류율(%)	가적통과율(%)
*0	100
*5	95
38.8	61.2
*58.2	41.8
*82	18
*96.7	3.3
*100	0
−	−
−	−

〈공식〉

- 잔류율 = $\dfrac{\text{해당 체의 잔류량}}{\text{전체질량}} \times 100$
- 가적 잔류율 = 각 체의 잔류율의 누계
- 가적 통과율 = 100 − 가적 잔류율

② 조립률(FM)

$$= \frac{\begin{array}{c}0+5+58.2+82+96.7+100\\+100+100+100+100\end{array}}{100}$$

$$= 7.4$$

〈주의〉

조립률을 구할 때 25mm체는 10개의 체에 속하지 않으므로 제외한다.
*10개 체 = 80, 40, 20, 10, 5, 2.5, 1.2, 0.6, 0.2, 0.15

G·U·I·D·E

36 콘크리트용 잔골재의 체가름 시험의 결과를 보고 조립률을
실기 필답형 구하시오.

[실기내업]

체(mm)	잔류량(g)
10	0
5	20
2.5	41
1.2	136
0.6	150
0.3	84
0.15	54
pan	3

체 (mm)	잔류량 (g)	잔류율 (%)	가적 잔류율 (%)
*10	0	0	0
*5	20	4.1	4.1
*2.5	41	8.4	12.5
*1.2	136	27.9	40.4
*0.6	150	30.7	71.7
*0.3	84	17.2	88.3
*0.15	54	11.1	99.4
*pan	3	0.6	100

조립률(FM)
$$= \frac{4.1 + 12.5 + 40.4 + 71.7 + 88.3 + 99.4}{100}$$
$$= 3.16$$

37 어떤 골재의 체가름 시험을 한 결과이다. 이 골재의 조립률을
실기 필답형 구하시오.

[실기내업]

체(mm)	남은 양(g)
50	0
40	430
25	2,140
20	3,920
15	1,630
10	1,160
5	720

체 (mm)	남은 양 (g)	잔류율 (%)	가적 잔류율 (%)
50	0	0	0
*40	430	4.3	4.3
25	2,140	21.4	25.7
*20	3,920	39.2	64.9
15	1,630	16.3	81.2
*10	1,160	11.6	92.8
*5	720	7.2	100
계	10,000		

조립률(FM)
$$= \frac{\begin{matrix}4.3 + 64.9 + 92.8 + 100 \\ + 100 + 100 + 100 + 100 + 100\end{matrix}}{100}$$
$$= 7.62$$

정답 **36,37** 해설 참조

기출 및 실전문제

38 골재의 체가름 시험결과 다음과 같다. 물음에 답하시오.

실기
필답형

[실기내업]

체크기(mm)		80	40	20	10	5	2.5	1.2	0.6	0.3	0.15
각체 잔류율 (%)	잔 골재	0	0	0	0	3	9	14	28	35	11
	굵은 골재	0	5	34	36	22	3	0	0	0	0

① 잔골재 조립률을 구하시오.

② 굵은 골재 조립률을 구하시오.

③ 굵은 골재 최대치수를 구하시오.

G·U·I·D·E

체 크기 (mm)	각체 잔류율(%)		각체 가적 잔류율(%)	
	잔 골재	굵은 골재	잔 골재	굵은 골재
80	0	0	0	0
*40	0	5	0	5
20	0	34	0	39
10	0	36	0	75
5	3	22	3	97
2.5	9	3	12	100
1.2	14	0	26	100
0.6	28	0	54	100
0.3	35	0	89	100
0.15	11	0	100	100
계				

①
$$FM = \frac{(3+12+26+54+89+100)}{100}$$
$$= 2.84$$

②
$$FM = \frac{\begin{pmatrix}5+39+75+97+100\\+100+100+100+100\end{pmatrix}}{100}$$
$$= 7.16$$

굵은 골재 최대치수란 질량으로 90% 이상 통과시키는 체 중에서 최소치수의 체눈을 공칭치수로 나타낸다.

③ • 40mm체 통과율 = 100 − 5
  　　　　　　 = 95%
 • 굵은 골재 최대치수 Gmax
  　 = 40mm

39 다음은 골재의 체가름 시험 결과이다. 물음에 답하시오.

실기
필답형

체 크기(mm)	잔류율(%)
80	0
40	4
20	35
10	37
5	21
2.5	3

① 조립률을 구하시오.

② 굵은 골재 최대치수를 구하시오.

체크기 (mm)	잔류율 (%)	가적 잔류율 (%)
80	0	0
40	4	*4
20	35	39
10	37	76
5	21	97
2.5	3	100

①
$$FM = \frac{4+39+76+97+100+400}{100}$$
$$= 7.16$$

② Gmax = 40mm
  40mm체 통과율 = 100 − 4
  　　　　　　 = 96%

정답 **38,39** 해설 참조

216 • 콘크리트 기능사

굵은 골재의 비중 및 흡수량 시험법
Testing Method for Specific Gravity and Absorption of Coarse Aggergate

02 CHAPTER

1 시험의 목적

① 굵은 골재의 일반적 성질과 콘크리트의 배합설계에서 절대용적을 알기 위해서 행한다.
② 콘크리트의 배합설계에는 골재립 내부의 공극 외에도 골재립이 차지하는 용적을 필요로 하고, 또 표면건조 포화상태의 골재립의 비중이 필요하게 된다.
③ 흡수량 시험은 골재 알 속의 빈틈을 알거나 콘크리트 배합의 계산에서 사용수량을 조절하기 위하여 필요하다.

2 시험용 기구 및 재료

(1) 굵은 골재

시료를 충분히 혼합한 다음 4분법으로 대략 소요량을 채취하여 No.4체를 통과하는 시료는 모두 버린다. 일반적인 경우 시료를 여러 개의 무더기로 나누어 시험하는 것이 좋으며, 시료가 38mm체에 15% 이상 잔류할 경우에는 38mm의 무더기 또는 그보다 작은 무더기에 합하여 시험한다. 시료를 여러 개의 무더기로 나누어서 시험할 때 시험 시료의 최소중량은 다음과 같으며, 각 무더기의 최대치수에 따라 시료의 양을 결정한다.

(2) 저울

수중 중량을 계량할 수 있도록 철 망태를 저울접시의 중앙에 매달 수 있는 장치가 있어야 하며, 칭량 5kg 이상, 감도 0.5g 이하, 시료중량의 0.1% 이내를 읽을 수 있는 것

(3) 철 망태

굵은 골재를 넣을 철 망태는 3mm 또는 그 이하의 철선으로 만든 것으로서, 폭과 높이가 같은 것이어야 하며 골재의 최대치수가 38mm 이하일 때, 4,000~7,000cm³, 골재의 최대치수가 38mm 이상일 때 8,000~16,000cm³의 용량을 가진 것이어야 한다.

(4) 수조

철망태를 침수시킬 수 있는 적당한 크기의 것

(5) 건조기

105±5℃의 온도를 유지할 수 있는 것

(6) 시료팬, 데시게이터, 마른걸레

▼ 일반적인 시료의 무게결정

공칭 최대치수(mm)	시료의 최소무게(kg)
13 또는 그 이하	2
19	3
25	4
38	5
50	8
63	12
75	18
90	25

3 시험방법

① 시료를 물로 깨끗이 씻어 항량이 될 때까지 105±5℃의 온도로 건조시키고, 1~3시간 동안 실내온도로 냉각시킨 다음 24±4시간 동안 실내온도(15~20℃)의 물에 담근다.

② 시료를 물 속에서 꺼내어 큰 흡수천에 굴려 골재표면의 물기를 제거하고 큰 낱알을 일일이 닦아서 표면건조 포화상태의 골재로 만든다.

③ 표면건조 포화상태를 만든다.

④ 표면건조 포화상태의 시료의 대기 중의 무게를 정확히 저울에 단다.

⑤ 철 망태의 수중무게를 단다. 이때 수조 속의 수위는 일정하게 유지한다.

⑥ 표면건조 포화상태의 시료를 철 망태에 넣어 수중무게를 단다. 이때는 용기를 흔들어 갇힌 공기를 조심스럽게 제거한다.

⑦ 물속에서 꺼낸 시료를 항량이 될 때까지 105±5℃의 온도에서 건조시키고 실내온도까지 식힌 뒤 0.5g까지 무게를 단다. 이때는 건조로에서 어느 정도 온도까지 내려갔을 때 데시게이터에 넣어서 실내온도까지 식힌다.

⑧ 비중 및 흡수량을 나타내는 흡수율은 다음 식으로 구한다.

$$진비중 = \frac{A}{B-C}$$

$$겉보기\ 비중 = \frac{A}{A-C}.$$

$$표면건조\ 포화상태\ 비중 = \frac{B}{B-C}$$

$$흡수율(무게비\ \%) = \frac{B-A}{A} \times 100$$

여기서, A : 공기 중 시료를 건조기에서 건조시킨 중량(g)
B : 공기 중 시료의 표면건조 포화상태 중량(g)
C : 시료의 수중중량(g)

⑨ 시험은 2번 실시하여 그 측량값의 차가 비중시험일 경우 0.02 이하, 흡수량 시험인 경우 0.05% 이하여야 한다.

4 주의사항

① 시료의 표면건조 작업 중 골재 내부의 수분이 증발하지 않도록 주의해야 한다.
② 시료는 No.4체를 통과하는 것은 모두 버리고 물에 깨끗이 씻어야 한다. 그렇지 않으면 시험 중에 철망태에서 빠져 오차가 생기기 쉽다.
③ 흡수량 및 비중값을 보통 습윤상태의 골재를 사용하는 콘크리트 배합설계의 기준으로 이용할 때는 굵은 골재를 항량이 될 때까지 건조시킬 필요가 없다.

5 참고사항

① 일반적으로 굵은 골재의 비중이라는 것은 표면건조 포화상태에 있어서 골재 알의 비중을 말하는데 비중이 큰 것은 강도가 크고 흡수량은 적어 동결에 대한 내구성은 크다.
② 골재의 채취장소, 풍화의 정도에 따라 비중, 흡수량에 변화가 생긴다.
③ 골재의 표면건조 포화상태라는 것은 골재의 표면수는 없고 골재알 속의 빈틈(공극)이 물로 가득 차 있는 상태를 말한다.
④ 굵은 골재의 비중은 2.50~2.70, 도로용 부순 돌의 비중은 2.50 이상, 흡수량은 2.5% 이하, 마모감량은 40% 이하가 좋다.(KSF 2525)

⑤ 댐 콘크리트용 굵은 골재의 비중은 2.60 이상을 표준으로 한다.(댐 콘크리트 표준시방서 제15조)
⑥ 골재의 함수상태를 도시하면 다음과 같다.

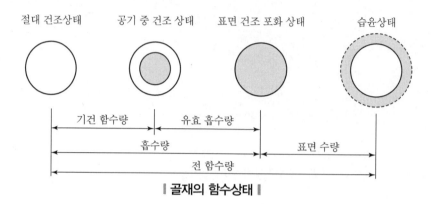

┃ **골재의 함수상태** ┃

🎧 **참고정리**

✔ **골재의 함수상태**

  1. 절대건조상태

    110℃ 정도의 온도에서 24시간 이상 골재를 건조시킨 상태, 노건조 상태로 골재의 표면과 내부에
    전혀 수분이 없는 것으로 간주한다.

  2. 공기 중 건조상태

    실내에 방치한 경우로 골재입자의 표면과 내부의 일부가 건조되어, 수분은 내부의 일부에만 존재
    하는 것으로 간주한다.

  3. 표면건조 포화상태

    골재입자의 표면은 건조되고, 내부의 공극이 포화되어 있는 상태로 S.S.D 상태라고도 한다.

  4. 습윤상태

    골재입자의 표면에도 물이 부착되어 있고, 내부의 공극이 포화되어 있는 상태

---

⑦ 골재의 비중은 측정방법이 단순한 반면, 표면건조 포화상태의 조작과 잔골재의 기포제거 등
  이 객관성을 갖지 못할 뿐만 아니라 시험결과에 허용오차 내에 들도록 하기 어렵고 절대치의
  확인이 곤란하다.

⑧ 골재의 종류에 따른 비중의 대략값은 다음과 같다.

▼ 골재의 비중

종류	표면 건조상태의 비중	
	평균	범위
사암	2.5	2.0~2.6
모래 및 사리	2.65	2.5~2.8
화강암	2.65	2.6~2.7
석회암	2.65	2.6~2.7

⑨ 동일시료의 비중값은 겉보기 비중, 표면건조 포화상태의 비중, 표면건조 포화상태의 겉보기 비중 순으로 작아진다.

⑩ 일반적으로 비중이 2.5 미만, 흡수량이 3% 이상인 굵은 골재는 건설재료로 부적합한 것이 많으므로 주의할 필요가 있다.

⑪ 콘크리트용 부순 돌의 비중은 2.5 이상, 흡수량은 2.0% 이하여야 한다.

⑫ 댐 콘크리트용 굵은 골재의 비중은 2.60 이상을 표준으로 한다.

굵은 골재의 비중 및 흡수량 시험

시험일	서기		년	월	일	요일		날씨

시험일의 상태	실온(℃)		습도(%)		수온(℃)		건조온도(℃)	

시료	채취장소		채취날짜		채취자	

측정번호	1	2	3	4
① 공기 중의 시료의 중량　　　　(g)				
② 물속의 철망태와 시료의 중량　(g)				
③ 물속의 철망태의 중량　　　　(g)				
④ 물속의 시료의 중량 ②-③　　(g)				
⑤ 표면건조 포화상태의 비중 $\dfrac{①}{(①-④)}$				
⑥ 허용차				
⑦ 평균치				
⑧ 건조 후의 시료의 중량				
⑨ 흡수량 $\dfrac{(①-⑧)}{⑧}\times100$ (%)				
⑩ 허용차				
⑪ 평균치				

〈고 찰〉

실험자	소속			성명	
검인	서기	년	월	일	요일

잔골재의 비중 및 흡수량 시험법

Testing Method for Specific Gravity and Absorption of fine Aggergate

CHAPTER 03

1 시험의 목적

① 잔골재의 일반적 성질을 판단하고, 콘크리트의 배합설계에서의 잔골재의 절대용적을 알기 위해서 행한다.

② 잔골재의 흡수량 시험은 잔골재 알의 빈틈을 알 수 있고, 또 콘크리트의 배합설계 계산에서 사용수량을 조절하기 위해서 행한다.

2 시험용 기계기구 및 재료

(1) 잔골재

4분법이나 시료분취기에 의하여 약 1,000g의 시료를 준비한다.

(2) 저울

칭량 1kg 이상, 감도 0.1g 이상으로 시료중량의 0.1% 이내의 정밀도로 칭량가능한 것

(3) 플라스크

시험시료를 용이하게 집어넣을 수 있고 용기의 용적은 시험에 소요되는 부분보다 최소 50% 이상 커야 하며, 500g의 시료에 대하여 20℃에서 500ml의 용적플라스크가 적당하고 0.15 ml의 눈금이 있어야 한다.

(4) 원추형 몰드

윗지름 40±3mm, 아랫지름 90±3mm, 높이 75±3mm, 최소두께 0.8mm의 원추형 몰드

(5) 다짐막대

중량 340±15g, 지름 25±3mm인 평평하고 원형인 다짐면을 가진 것

(6) 시료분취기

(7) 건조기

105±5℃의 온도 유지 가능한 것

(8) 기타

데시게이터, 수조, 팬, 마른걸레, dryer, 증류수, 분무기, 비커 등 기타

| 잔골재 비중병 및 코니칼 몰드 |

③ 시료의 준비

① 준비된 잔골재 시료에서 약 1kg을 시료분취기나 4분법으로 채취하여 적당한 그릇에 넣어 105±5℃의 온도에서 항량이 될 때까지 건조시킨다.

② 건조된 시료를 24±4시간 동안 물 속에 담그어 놓는다.

③ 시료를 평평한 용기에 넓게 펴서 따뜻한 공기로 자주 시료를 헤쳐 균일하게 건조시킨다. 잔골재 표면의 물기가 거의 없어져 갈 때까지 계속한다.
(표면 건조상태까지 단 Dryer를 멀리 떨어져 사용해도 좋다.)

④ 잔골재를 평평한 면 위에 놓은 원추형 몰드에 다지는 일이 없이 서서히 채운 뒤 표면을 다짐 막대로 가볍게 25회 다지고 나서 몰드를 수직으로 빼 올린다. 이때 잔골재 표면에 표면수가 있으면 잔골재의 원추가 흘러내리지 않고 그 상태를 유지한다.
(만약 최초의 시험에서 원추형의 모래가 흘러내린다면 표면건조 포화상태의 한도를 넘어서 건조된 것을 의미한다. 이 경우 물을 분무기로 시료에 다시 가하고 섞은 후 30분간 데시게이터에 넣은 후 시험을 한다.)

⑤ 잔골재의 원추가 흘러내릴 때까지 계속하여 잔골재를 조금씩 건조시키는 작업을 반복한다. 이때 잔골재의 원추가 처음으로 흘러내릴 때의 상태를 표면건조 포화상태로 한다.

④ 비중 및 흡수량 시험방법

(1) 질량에 의한 측정법

① 자연건조시킨 잔골재를 준비한다.(굵은 골재와 잔골재의 구분은 5mm체를 기준으로 한다.)

(a) 습윤상태　　　(b) 표면 건조 포화 상태　　　(c) 공기 중 표면건조상태

② 표면건조 포화상태의 잔골재 시료
　 200g을 정확히 저울에 단다.(m_1)

③ 플라스크에 표시선까지 물을 채우고
　 질량을 단다.(m_2)

④ 플라스크를 비운 다음 시료가 잠기도록 물을 넣고, 시료를 플라스크 속에 넣는다.(왼쪽 그림)

⑤ 플라스크를 흔들어서 공기를 없앤다.(가운데 그림)

⑥ 플라스크를 표시선까지 물을 채우고 플라스크＋시료＋물의 질량을 단다.(m_3)(오른쪽 그림)

⑦ 시료가 밀어낸 물의 질량(m)을 구한다.

$$m = m_1 + m_2 - m_3$$

여기서, m_1 : 시료의 질량(g)

m_2 : 표시선까지 물이 들어있는 플라스크 질량(g)

m_3 : 시료를 넣고 표시선까지 물을 채웠을 때 플라스크 질량(g)

(2) 용적에 의한 측정법

① 표면건조 포화상태 잔골재를 준비한다.

② 표면건조 포화상태 잔골재 시료 200g을 준비한다.

③ 20℃의 물을 용기 용량의 90% 눈금까지 채운다.

④ 플라스크를 0.1g 정밀도로 칭량하고 앞의 시료를 유실되지 않도록 플라스크 속에 조심스럽게 곧바로 넣는다.

⑤ 표면건조 포화상태의 흙을 플라스크에 넣는다. 시료가 담긴 플라스크에 물을 넣는다.

⑥ 플라스크를 책상 또는 평평한 면에 굴려서 기포를 없앤다. 이때 기포의 제거상태에 따라 비중이 달라지므로 충분히 흔들어 기포를 없앤다.

⑦ 플라스크를 항온수조에 담가 23±1.7℃로 조정한 후 플라스크에 500ml까지 눈금에 맞춰 물을 정확히 채운 후 플라스크, 시료 및 물의 무게를 측정한다.(500ml에 맞춘 뒤 시료가 물을 충분히 흡수할 때까지 30분 정도 기다린다.)

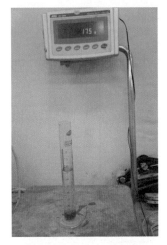

⑧ 플라스크에서 잔골재를 꺼내 항량이 될 때까지 105±5℃의 건조기에서 건조시킨 후 데시게이터에서 실온으로 냉각시켜 시료의 건조중량을 측정한다.

⑨ 빈 플라스크에 23±1.7℃의 물을 검정눈금까지 채운 후 중량을 측정한다.

⑩ 잔골재의 비중 및 흡수량은 다음 식에 따라 계산한다.

$$겉보기 비중 = \frac{A}{A + B - C}$$

$$표면건조 포화상태의 비중 = \frac{500}{500 + B - C}$$

$$진비중 = \frac{A}{500 + B - C}$$

$$흡수량(\%) = \frac{500 - A}{A} \times 100$$

여기서, A : 건조기에서 건조시킨 시료의 공기 중에서의 중량(g)
B : 물을 넣은 플라스크의 중량(g) 또는 용적(cc)
C : 시료와 물을 검정표시까지 채운 플라스크의 중량(g)

5 주의사항

① 표면 건조상태의 시료를 원추형 몰드에 넣고 다질 때 시료 표면을 다짐대만의 무게로 25회 가볍게 다진다.

② 시료를 플라스크에 넣기 전에 미리 물을 조금 넣어두면 플라스크가 깨질 염려가 없다.

③ 굵은 골재의 경우와 마찬가지로 흡수량 및 비중 값을 보통의 습윤상태 골재를 사용하는 콘크리트 배합설계를 기준으로 이용할 때는 잔골재를 항량이 될 때까지 건조시킬 필요가 없다.

④ 원추형 몰드시험은 반드시 골재에 약간의 표면수가 있을 경우에 해야 한다. 만약 최초의 시험에서 원추의 시료가 흘러내린다면 이것은 잔골재의 표면건조 포화상태의 한도를 넘어서 건조된 것을 의미하므로 이때는 분무기로 시료에 물을 뿌리고 골재를 완전히 섞은 다음 약 30분간 밀폐상자에 넣은 후 새로 표면건조 포화상태 시료조제를 시작한다.

잔골재의 비중 및 흡수량 시험

시험일	서기		년	월	일	요일	날씨	

시험일의 상태	실온(℃)		습도(%)		수온(℃)		건조온도(℃)	

시료	채취장소		채취날짜		채취자	

측정번호		1	2	3	4
① 플라스크의 번호	(g)				
② 플라스크의 용량	(g)				
③ 시료의 중량	(g)				
④ (플라스크)+(물)+(시료)의중량	(g)				
⑤ 물의 중량	(g)				
⑥ 표면건조 포화상태의 비중 $\dfrac{③}{(②-⑤)}$					
⑦ 허용차					
⑧ 평균치					
⑨ 시료의 건조중량					
⑩ 흡수량 $\dfrac{(③-⑨)}{⑨}\times100$ (%)					
⑪ 허용차					
⑫ 평균치					

〈고 찰〉

실험자	소속		성명	
검인	서기	년 월 일	요일	

01
11①
12⑤
잔골재의 밀도 및 흡수율시험에 사용되는 시험기구로 옳지 않은 것은?

① 저울   ② 플라스크

③ 원심분리기   ④ 원뿔형 몰드

> ◉ 밀도가 큰 골재는 빈틈이 적어 흡수율이 적고 강도와 내구성이 크다.

02
14②
다음 중 잔골재 밀도 측정시험에 사용되는 기계기구가 아닌 것은?

① 원뿔형 몰드   ② 플라스크(ml)

③ 항온 수조   ④ 철망태

> ◉ 철망태($\phi 20 \times 20 cm$, 5mm체망)는 굵은 골재 밀도측정 시 사용된다.

03
14①
잔골재 밀도시험에서 원뿔형 몰드에 시료를 넣고 다짐대로 몇 회 다져 잔골재의 흘러내리는 상태를 관찰하는가?

① 15회   ② 20회

③ 25회   ④ 50회

> ◉ 원뿔형 몰드를 이용하여 표면건조 포화상태 시료를 확인한다.

04
13④
잔골재의 밀도 및 흡수율 시험에서 1회 시험을 할 때 표면건조 포화상태 시료 몇 g 이상이 필요한가?

① 100g   ② 200g

③ 400g   ④ 500g

05
13①
잔골재의 밀도 및 흡수율 시험에서 시료의 질량을 측정한 후 플라스크에 넣고 물을 용량의 몇 %까지 채우는가?

① 70%   ② 80%

③ 90%   ④ 100%

> ◉ 물을 90% 정도 채우고 기울여 기포를 제거한다.

06
12①
골재에 포함된 잔입자 시험을 하는 과정에서 골재에 씻은 물을 붓는 데 필요한 체 2개는?

① 0.08mm, 2.5mm   ② 2.5mm, 5mm

③ 0.08mm, 1.2mm   ④ 1.2mm, 2.5mm

정답   **01** ③   **02** ④   **03** ③   **04** ④   **05** ③   **06** ③

G·U·I·D·E

07 잔골재의 밀도 및 흡수율 시험을 하면서 시료와 물이 들어있
14② 는 플라스크를 편평한 면에 굴리는 이유 중 가장 옳은 것은?

① 먼지를 제거하기 위하여

② 온도차에 의한 물의 단위질량을 고려하기 위하여

③ 공기를 제거하기 위하여

④ 플라스크 용량 검정을 위하여

08 아래의 그림 및 표의 설명은 어떤 시험에 대한 내용인가?
13②

시료 숟가락

시료

깔때기

200ml

천천히 움직인다.

공기를 뺀다.

공기가 들어가 있다.

메니스커스 주의

가만히 놓아 둔다.

⊙ 잔골재의 표면수 시험은 질량법과
용적법이 있다.

㉠ 시료의 질량은 0.1g까지 측정한다.

㉡ 플라스크의 표시선까지 물을 채우고 질량을 측정한다.

㉢ 물을 일정량 비우고 시료를 넣고 흔들어서 공기를 제거한다.

㉣ 플라스크 표시선까지 물을 채운 상태에서 질량을 측정한다.

① 잔골재의 밀도시험 ② 잔골재의 표면수시험

③ 콘크리트 슬럼프 시험 ④ 콘크리트 인장강도시험

09 아래의 그림은 잔골재의 밀도 및 흡수율 시험에서 잔골재를
14④ 원뿔형 몰드에 넣어 다지고 난 후 빼 올렸을 때의 형태를 나타
낸 것이다. 함수량이 많은 순서로 나열하면?

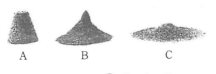

A   B   C

① A>C>B

② C>A>B

③ B>A>C

④ A>B>C

(a) 습윤상태

(b) 표면건조 포화상태

(c) 공기 중 건조상태

정답 **07** ③ **08** ② **09** ④

G·U·I·D·E

10 잔골재의 밀도시험은 두 번 실시하여 밀도 측정값의 평균값
12⑤ 과 차가 얼마 이하이어야 하는가?
14②

① 0.01g/cm³   ② 0.1g/cm³

③ 0.02g/cm³   ④ 0.5g/cm³

> [참고] 흡수율 시험의 경우 : 0.05% 이하

11 잔골재 밀도 시험의 결과가 아래의 표와 같을 때 이 잔골재의
11⑤ 표면건조 포화상태의 밀도(ρ)는?
12②

> - 검정된 용량을 나타낸 눈금까지 물을 채운 플라스크의 질량 (g) : 711.2
> - 표면건조 포화상태 시료의 질량(g) : 500
> - 시료와 물로 검정된 용량을 나타낸 눈금까지 채운 플라스크의 질량(g) : 1019.8
> - 시험온도에서 물의 밀도(1g/cm³)

① 2.046g/cm³   ② 2.357g/cm³

③ 2.586g/cm³   ④ 2.612g/cm³

> 〈공식〉
>
> $$\text{표건밀도} \quad \frac{m}{B+m-C} \times \rho_\omega$$
>
> $$\rho = \frac{500}{711.2+500-1,019.8} \times 1$$
> $$= 2.612 \text{g/cm}^3$$

정답 **10** ①   **11** ④

골재의 유기불순물 시험법
Testing Method for Organic Impurities in Sand for Concrete

1 시험의 목적

잔골재 중에 함유되어 있는 유기불순물의 함유 정도를 알고 그 모래의 사용 적부를 판정하는 자료를 얻을 목적으로 시험을 실시한다.

2 시험용 기계기구 및 재료

① 시험 잔골재 시료(공기 중 건조상태 450ml)
② 시험용 유리병 2개 : 0.1ml의 눈금이 있는 용량 400ml의 무색 유리병으로 고무마개를 갖고 있을 것
③ 시료분취기
④ 메스실린더
⑤ 화학천평
⑥ 피펫
⑦ 표준색 용액 조제시약 : 수산화나트륨 무수알코올, 탄닌산

3 시험방법

① 10%의 알코올액으로 2%의 탄닌산 용액을 만든다.
② 물 97%에 가성소다 3%의 중량비로 섞어 3%의 수산화나트륨 용액을 만든다.
③ 탄닌산 2.5ml를 물 3% 수산화나트륨 용액 97.5ml에 탄다.
④ 고무마개를 막고 잘 흔들어 24시간을 가만히 놓아둔다. 24시간 후의 것을 표준색 용액으로 한다.
⑤ 시료를 용량 400ml 무색 시험용 유리병에 1.25ml 되는 눈금까지 채운다.
⑥ 여기에 3%의 수산화나트륨(가성소다)용액을 가하여 모래와 용액의 전량이 200ml가 되게 한다.
⑦ 병마개를 닫고 잘 흔든 후 24시간 가만히 둔다.
⑧ 색도의 측정은 24시간 가만히 놓아둔 시험용 유리병에 식별용 표준색 용액이 준비된 후 24시간을 경과하지 않은 표준색 용액을 70ml 눈금까지 넣는다.
⑨ 그 후 시료 윗부분에 투명한 용액의 색을 표준색 용액의 색과 비교한다.
    (시료 윗부분이 용액이 표준색보다 진하지 연하지 같은지 기록한다.)
⑩ 두병을 가까이 대고 실질적으로 같은 색의 배경에 대고 충분히 관찰하여 비교한다.
⑪ 모래 위쪽의 시험 용액의 색도가 표준색 용액보다 연한 경우 그 모래는 합격이다.

④ 주의사항

① 시약 칭량 시 칭량법을 쓰지 않고 공기 중에서 칭량하면 수산화나트륨은 흡습성 때문에 오차가 크게 생기므로 주의해야 한다.

② 시료의 용액을 24시간 가만히 놓아둘 때는 손을 대거나 흔들어서는 안 된다.

③ 표준색 용액은 시간이 경과함에 따라 변화하므로 시험할 때마다 만들어야 한다.

④ 3%의 수산화나트륨 용액은 표준색 용액, 시험용 용액을 합한 양보다 조금 많이 만들면 편리하다.

⑤ 2%의 탄닌산 용액을 100cc 정도 만드는 것이 색도의 차가 적게 된다.

⑤ 참고사항

① 골재를 오염시키는 유기불순물은 이탄질, 부식토에 포함되어 그 양이 1%에 달하지 못한 때에는 콘크리트의 경화를 방해하고 콘크리트의 강도, 내구성, 안정성을 해치는 것을 말한다.

② 모래 중에 포함되는 유기물은 부식된 식물질의 형태로 들어 있는 것이 보통이고 대부분 씻어낸 모래에는 유기불순물의 함량이 거의 없다.

③ 산모래, 산자갈은 같은 구하성 또는 구릉지 같은 데서 취한 것으로 유기물, 기타의 불순물을 다량으로 포함하고 있다. 만일 할 수 없는 경우에는 사용 시 **충분히 씻어서 깨끗이 한 후 사용한다.**

④ 유기불순물은 함유량의 색도에 의한 판정결과를 보기로 들면 다음과 같다.

▼ 유기불순물 판정의 보기

반응색	적부	사용범위	1 : 3 모르타르의 $\sigma_7 \sigma_{28}$ 강도저하율(%)
무색~담황색	◎	좋은 콘크리트에 사용할 수 있다.	0
녹황색	○	사용하여도 좋다.	10~20
적황색	△	콘크리트의 강도가 작을 때 사용	15~30
담적갈색	×	사용할 수 없다.	25~50
암적갈색	×	사용할 수 없다.	50~100

⑤ 잔골재의 유해물 함유량의 허용값은 다음의 표와 같다.

▼ 잔골재의 유해물 함유량 허용값

종류	전체 시료에 대한 최대 무게비(%)
점토 덩어리	1.0
골재 씻기 시험에서 없어진 것(No.200체 통과량)	
• 콘크리트 표면이 닳음작용을 받는 경우	3.0
• 그 밖의 경우	5.0
석탄과 갈탄 등으로 비중 2.0의 액체에 뜨는 것	
• 콘크리트의 외관이 중요한 경우	0.5
• 그 밖의 경우	1.0

▼ 굵은 골재의 유해물 함류량 허용값

종 류	최대치(%)
점토 덩어리	0.25
• 연한 석편	5.0
• No.200체 통과량	1.0
• 석탄, 갈탄 등으로 비중 2.0의 액체에 뜨는 것	
－ 콘크리트의 외관이 중요한 경우	0.5
－ 기타의 경우	1.0

⑥ 만일 시험용액의 색도가 표준색 용액보다 진하더라도 소량의 석탄 또는 이와 유사한 분말이 함유되어 있는 경우에는 그 골재를 사용할 수도 있다.

⑦ 시험용액의 색도가 용액보다 진하더라도 그 잔골재로 만든 모르타르 공시체의 7일 및 28일 압축강도가 그 잔골재를 3%의 수산화나트륨으로 씻고 다시 물로 씻어서 사용한 모르타르 공시체 압축강도 95% 이상으로 되는 잔골재는 사용해도 좋다. 이때 잔골재를 씻을 경우는 입도가 변화되지 않도록 세립의 손실에 유의하며 씻은 잔골재의 시험용액의 색도가 표준색 용액보다 연해야 한다.

⑧ 유기물의 유무는 육안으로는 판별이 어려우므로 일반적으로 시험용액의 색깔이 표준용액의 색보다 진할 경우는 그 모래는 사용하지 않는다.

⑨ 골재에 포함된 유기불순물은 주로 fumic산과 탄닌이며 이들은 시멘트의 수화반응을 저해하므로 콘크리트의 경화를 방해하며 강도를 저하시키는 요인이 된다.

골재의 유기불순물 시험방법

시험일	서기	년	월	일	날씨

시험일의 상태	실온(℃)	습도(%)	수온(℃)	건조온도(℃)

시료	채취장소	채취날짜	채취자

측정번호	1	2	3	4
용액의 색	표준색의 ( )배	표준색의 ( )배	표준색의 ( )배	표준색의 ( )배
결과				

〈고 찰〉

실험자	소속		성명	
검인	서기	년 월	일	날씨

01

11②
12①,②
14④

콘크리트용 모래에 포함되어 있는 유기불순물 시험에 사용되는 시약은?

① 무수황산나트륨

② 염화칼슘 용액

③ 실리카 겔

④ 수산화나트륨 용액

◉ 유기불순물시험에 사용되는 시약은
㉠ 알코올, ㉡ 탄닌산, ㉢ 수산화나트륨이다.

02

14①

모래의 유기불순물 시험에서 필요 없는 것은?

① 수산화나트륨

② 탄닌산

③ 표준색 용액

④ 황산나트륨

◉ 황산나트륨은 골재의 안정성 시험에 이용된다.

03

11②

콘크리트용 모래에 포함되어 있는 유기 불순물 시험에서 시험용 유리병은 용량 얼마의 시험용 무색 유리병 2개가 있어야 하는가?

① 1000mL   ② 800mL

③ 600mL   ④ 400mL

◉ 시험용 용액은 시료를 용량 400ml의 무색 유리병에 130ml 눈금까지 넣고 3% 수산화나트륨 용액을 200ml 눈금까지 넣고 병마개를 닫고 잘 흔들어 24시간 놓아둔다.

04

14④

굵은 골재의 유해물 함유량의 한도 중 연한 석편은 질량백분율로 최대 몇 % 이하로 규정하고 있는가?

① 0.25% 이하

② 1.0% 이하

③ 5.0% 이하

④ 7.0% 이하

05

14②

잔골재의 유해물 중 염화물 한도(질량 백분율)는 얼마인가?

① 0.04%   ② 0.2%

③ 0.5%   ④ 3%

정답 01 ④ 02 ④ 03 ④ 04 ③ 05 ①

06 콘크리트용 모래에 포함되어 있는 유기 불순물 시험에 사용
11①
14② 하는 식별용 표준색 용액의 제조방법으로 옳은 것은?

① 10%의 수산화나트륨액 용액으로 2% 탄닌산 용액을 만들
고, 그 2.5mL를 3%의 알코올 용액 97.5mL에 가하여 유
리병에 넣어 마개를 닫고 잘 흔든다.

② 10%의 알코올 용액으로 2% 탄닌산 용액을 만들고, 그
2.5mL를 3%의 수산화나트륨 용액 97.5mL에 가하여 유
리병에 넣어 마개를 닫고 잘 흔든다.

③ 3%의 알코올 용액으로 10% 탄닌산 용액을 만들고, 그
2.5mL를 2%의 황산나트륨 용액 97.5mL에 가하여 유리
병에 넣어 마개를 닫고 잘 흔든다.

④ 3%의 황산나트륨 용액으로 10% 탄닌산 용액을 만들고,
그 2.5mL를 2%의 알코올 용액 97.5mL에 가하여 유리
병에 넣어 마개를 닫고 잘 흔든다.

> 모래는 시험용액의 색깔이 표준색 용
> 액보다 연할 때에는 사용 가능하다.

07 콘크리트용 모래에 포함되어 있는 유기 불순물 시험에 대한
13②
14② 설명으로 옳은 것은?

① 사용하는 수산화나트륨 용액은 물 50에 수산화나트륨 50
의 질량비로 용해시킨 것이다.

② 시료는 대표적인 것을 취하고 절대건조상태로 건조시켜 4
분법을 사용하여 약 5kg을 준비한다.

③ 시험에 사용할 유리병은 노란색으로 된 유리병을 사용하
여야 한다.

④ 시험의 결과 24시간 정치한 잔골재 상부의 용액색이 표준
용액보다 연할 경우 이 모래는 콘크리트용으로 사용할 수
있다.

> • 수산화나트륨은 물 97에 수산화나
> 트륨 3의 질량비로 용해시킨다.
> • 시료는 공기 중 건조상태로 건조시
> 켜 4분법을 사용하여 약 450g을
> 준비한다.
> • 시험에 사용할 유리병은 무색 투명
> 유리병을 사용하여야 한다.

G·U·I·D·E

08 콘크리트용 모래에 포함되어 있는 유기불순물 시험에 사용하
는 유리병에 대한 설명으로 옳은 것은?

12⑤

① 병은 고무마개를 가지고 눈금이 없는 용량 800mL의 무
색 투명 유리병이 1개 있어야 한다.

② 병은 고무마개를 가지고 눈금이 없는 용량 400mL의 무
색 투명 유리병이 2개 있어야 한다.

③ 병은 고무마개를 가지고 눈금이 없는 용량 800mL의 파
란색 투명 유리병이 2개 있어야 한다.

④ 병은 고무마개를 가지고 눈금이 없는 용량 400mL의 파
란색 투명 유리병이 1개 있어야 한다.

09 굵은 골재 유해물 함유량 한도를 쓰시오.   [실기내업]

실기
필답형

① 점토 덩어리

② 연한 석편

③ 0.08mm 통과량

⊙ ① 0.25% 이하
② 5% 이하
③ 1.0% 이하

굵은 골재의 닳음(마모) 시험법

Testing Method for Abrasion of Coarse Aggergate

1 시험의 목적

이 시험은 시료 굵은 골재가 마모저항이 요구되는 콘크리트에 사용되는 경우, 그 적부를 판정하기 위하여 로스앤젤스 시험기를 사용하여 닳음 저항시험을 실시한다.

2 시험용 기계기구 및 재료

① 굵은 골재

② 시료 분취기 및 저울(칭량 5kg 이상, 감량 1g 정도)

③ 로스앤젤스 시험기 세트 : 내경 710mm, 내측길이 510mm의 양단이 밀폐된 강철제 원통형으로 돌가루가 새어 나오지 않도록 뚜껑을 볼트로 조여서 닫을 수 있는 것으로, 원통 안의 선반의 위치는 두 입구까지의 거리가 1,270mm 이상이어야 하며 매 분당 회전수는 30~33회이다.

| 로스앤젤레스 마모시험기 |

④ 표준체 1조(No.12, No.8, No.4, No.3, $3\frac{1}{2}$ 및 10mm, 13, 19, 25, 40, 50, 65, 80mm)

⑤ 강구 : 지름 약 47.5mm, 무게 390~445g의 주철 또는 강철로 만들어진 것으로 강구의 수및 전 중량은 다음에 표시하는 입도의 구분에 따라 같게 한다.

▼ 강구의 수와 강구의 전체무게

등급	사용 강구의 수	사용 강구의 전체무게(g)
A	12	5,000±25
B	11	4,580±25
C	8	3,330±20
D	6	2,500±15
E	12	5,000±25
F	12	5,000±25
G	12	5,000±25

▼ 사용시료의 등급에 따르는 무게

정4각형 체눈을 가진 체의 크기(mm)		무게						
통 과 체	남 는 체	A	B	C	D	E	F	G
80	65	–	–	–	–	2,500	–	–
65	50	–	–	–	–	2,500	–	–
50	40	–	–	–	–	5,000	5,000	–
40	25	1,250	–	–	–	–	5,000	5,000
25	19	1,250	–	–	–	–	–	5,000
19	13	1,250	2,500	–	–	–	–	–
13	10	1,250	2,500	–	–	–	–	–
10	No.3$\frac{1}{2}$	–	–	2,500	–	–	–	–
No.3$\frac{1}{2}$	No.4	–	–	2,500	–	–	–	–
No.4	No.8	–	–	–	5,000	–	–	–

③ 시험방법

(1) 시료의 준비

① 굵은 골재를 KS A5101에 규정된 No.12, No.8, No.4, No.3, 3$\frac{1}{2}$ 및 10mm, 13, 19, 25, 40, 50, 65, 80mm체로 체가름한다.

② 첫번째 표에 나타낸 입도의 구분 중 시험하는 골재의 입도에 가장 가까운 것을 택한다.

③ 골재를 깨끗이 씻은 뒤에 105±5℃로 항량이 될 때까지 건조시킨다.

④ 시험할 골재의 건조 후의 무게를 등급에 따라 칭량한다.(A~D급은 1g, E~G급은 5g의 정밀도로 칭량한다.)

(2) 닳음 시험

① 시료의 입도에 따라 필요한 강구의 수를 구하여 이것을 시료와 함께 시험기의 원통 속에 넣고 뚜껑을 볼트로 조여 닫는다.

② 시험기를 A~D급은 500번, E~G급은 1,000번 매분 30~33회 회전수로 회전시킨다.

③ 시료를 시험기에서 꺼내 1.7mm로 체가름한다.

④ No.12체에 남는 시료를 물로 씻어 105±5℃의 온도로 항량이 될 때까지 건조시켜 1g까지 단다.

⑤ 실험결과의 계산은 다음 식에 의한다.

$$닳음률(마모율, \%) = \frac{시험\ 전\ 시료의\ 무게(g) - 시험\ 후\ 시료의\ 무게(g)}{시험\ 전\ 시료의\ 무게(g)} \times 100$$

$$닳음손실중량(g) = 시험\ 전의\ 시료의\ 무게(g) - 시험\ 후의\ No.12체에\ 남은\ 시료무게(g)$$

④ 주의사항

① 시험기는 균일한 속도로 회전시켜야 한다.
② 시험의 결과는 소수점 첫째 자리에서 반올림한다.
③ 시료는 실제공사에 사용되는 입도를 가장 잘 대표하는 것이어야 한다.

⑤ 참고사항

① 시험기를 100회 회전시킨 후, 시료의 닳음을 계량하면, 시험 중의 시료의 균일성에 관한 유용한 판정자료를 얻을 수 있다. 100회 회전 후의 닳음의 계량이 끝나면 시료가 분쇄되지 않도록 주의하여 부스러진 가루를 포함하여 모든 시료를 시험기에 다시 넣어 나머지 회전수를 돌려야 한다.(100회 회전에서의 마모율과 500회 회전에서의 마모율 비율이 1/5을 넘지 않으면 그 시료는 균일성이 있다고 본다.)
② 암석을 대략 입방형이 되도록 손으로 깨어 시료를 만들어 이 방법으로 시험했을 때의 마모값은 크랏셔로 생산한 골재를 시료로 하였을 때의 마모값의 약 85% 정도이다.
③ 1916년 Los - Angeles 시에서 처음 사용 후 각국에서 많이 활용하며, Deval시험기가 거의 정적인 마모작용인 데 비하여 로스앤젤리스 시험기는 철구와 함께 시료가 낙하하므로 충격, 파쇄 등의 형상이 함께 판정될 수 있다는 이점과 시험과정이 실제 현장에서 일어나고 있는 현상과 유사하며 잘 일치한다.
④ 이 외에 석질 판정시험법으로서 다음이 있다.
　㉠ 골재 충격 시험기　　　㉡ 골재 파쇄 시험기
　㉢ 10% 세립치 시험　　　㉣ 골재 파손 시험
　㉤ 촉진 연마시험
⑤ 영국의 포장용 골재의 파쇄치는 25 이하로 규정, 포장용 골재의 로스엔젤리스 마모율을 30% 이하로 한다.
⑥ 굵은 골재의 마모손실이 적을수록 콘크리트의 마모감량이 적다.
⑦ 마모율이 40% 이상인 굵은 골재라도 선정된 배합비로 만든 콘크리트에서 만족한 강도를 얻었다면 사용해도 좋다.
⑧ 부순 돌의 품질규정

굵은 골재의 닳음 시험

시험일	서기		년	월	일	요일		날씨

시험일의 상태	실 온 (℃)			습 도 (%)	

시료	채취장소	채취일자	채취자

체의 크기 또는 번호		각 무더기의 중량(g)	각 무더기의 중량 백분율(%)	① 시험 전의 시료의 중량(g)
남는체(mm)	통과체(mm)			
	No.8			
No.8	No.4			
No.4	No.$3\frac{1}{2}$			
No.$3\frac{1}{2}$	10			
10	13			
13	19			
19	25			
25	40			
40	50			
50	65			
65	80			
합계				
입도 구분				
철구의 수				
회전 수				
② 시험 후 No.12체에 남은 시료의 중량(g)				
③ 닳음손실중량 ①-②(g)				
④ 닳음(마모)률 $\frac{③}{①}\times100$				

〈고 찰〉

실험자	소속		성명	
검인	서기	년	월	일

G·U·I·D·E

01 굵은 골재의 마모시험에 사용되는 기계 · 기구로 옳은 것은?
13①,②
① 로스앤젤레스 시험기　　② 비카트 침
③ 침입도계　　　　　　　④ 비비 미터

02 골재의 마모시험 방법 중 로스앤젤레스 마모시험기에 의해
12⑤ 마모시험을 한 경우 잔량 및 통과량을 결정하는 체는?

① 5mm체　　　　　　　② 2.5mm체
③ 1.7mm체　　　　　　④ 1.2mm체

◉ 보통 콘크리트용 골재의 닳음 감량
의 한도는 40% 이하이다.

03 골재의 마모시험에서 시료를 시험기에서 꺼내 몇 mm체로 체
12①,② 가름을 하는가?

① 1.7mm　　　　　　　② 3.4mm
③ 1.25mm　　　　　　④ 2.5mm

04 굵은 골재의 마모시험에 관한 설명으로 옳지 않은 것은?
14④
① 로스앤젤레스 시험기를 사용한다.
② 마모에 대한 저항성이 측정하는 시험이다.
③ 일반 콘크리트용 굵은 골재의 마모율 한도는 40% 이하
　이다.
④ 시료를 시험기에서 꺼내서 5mm의 망체로 친다. 이때, 습
　식으로 쳐도 된다.

◉ 시료를 시험기에서 꺼내어 1.7mm
의 망체로 친다.

05 굵은 골재 마모시험(KS F 2508)에서 골재를 시험기에 넣
13① 고 회전시킨 뒤 몇 mm체를 통과하는 것을 마모감량으로
하는가?

① 0.6mm　　　　　　　② 1.0mm
③ 1.5mm　　　　　　　④ 1.7mm

◉ 마모감량(%)

$$= \frac{\text{시험 전의 시료 질량} - \text{시험 후 1.7mm체에 남은 시료 질량}}{\text{시험 전의 시료 질량}} \times 100$$

06
11⑤

로스앤젤레스 시험기에 의한 굵은 골재의 마모시험을 실시한 결과가 아래와 같을 때 마모감량은?

- 시험 전의 시료의 질량 : 5,000g
- 시험 후 1.7mm의 망체에 남은 시료의 질량 : 4,525g

① 8.5%   ② 9.5%

③ 10.5%   ④ 11.5%

G·U·I·D·E

$$마모율 = \frac{5,000 - 4,525}{5,000} \times 100$$
$$= 9.5\%$$

정답 **06** ②

골재의 안정성 시험법
Testing Method for Soundness of Aggregate

1 시험의 목적

이 시험은 기상작용에 대한 골재의 내구성을 조사하는 시험으로 골재를 사용한 콘크리트의 기상작용에 대한 내구성을 판단하기 위한 자료를 얻을 목적으로 실시한다.

2 시험용 기계기구 및 재료

(1) 골재

① 잔골재
② 굵은 골재

(2) 표준체

KS A 5101에 규정한 망체
① 잔골재용 : No.100(0.15mm), No.50(0.3mm), No.30(0.6mm), No.16(1.2mm), No.8(2.5mm), No.4(5mm)
② 굵은 골재용 : 8, 10, 13, 16, 19, 25, 30, 40, 50, 65, 80mm체

(3) 철망태

골재의 손실 없이 액체가 자유로이 통과할 수 있는 No.4체 정도의 망눈을 가진 것

(4) 비중계

용액의 비중을 ±0.001까지 측정할 수 있는 것

(5) 저울

① 잔골재용 : 칭량 500g 이상, 감량 0.1g 이상
② 굵은 골재용 : 칭량 5,000g 이상, 감량 1g 이상

(6) 건조기

110±5℃의 온도를 조정할 수 있는 것으로 이 온도에서 증발비율은 건조기의 문이 닫혀 있을 때 4시간 동안 최소 25G/H 이상이어야 한다.

(7) 용기

시료침수용 용액을 넣을 수 있는 금속제로 침수시킬 시료용적의 5배 이상 용량을 가진 것

(8) 온도 조절장치

용기 중의 용액의 온도를 소정의 온도로 유지할 수 있는 것

(9) 시약

황산나트륨($NaSO_4$), 황산마그네슘($MgSO_4$), 염화바륨($BaCl_2$)

❸ 시험용 용액의 제조

(1) 황산나트륨 포화용액

① 20~30℃의 깨끗한 물 1l당 순도 99.5%의 무수황산나트륨($NaSO_4$)을 약 350g, 또는 특급의 황산나트륨($NaSO_4$, $10H_2O$)을 약 750g의 비율로 가하여 잘 휘저으면서 용해시킨 후 21±1℃의 온도로 냉각한다.

② 용액은 자주 휘저으면서 21±1℃의 온도로 48시간 이상 보존한 후 시험에 사용한다. 이때 용액의 비중은 1.151~1.174이어야 하며 더러워진 용액은 거른 후 비중을 검사하여 그 비중이 위의 범위 내에 있으면 사용하고 10회 이상 반복사용해서는 안 된다.

(2) 황산마그네슘 포화용액

① 25~30℃의 깨끗한 물 1L당 순도 99.5%의 황산마그네슘($MgSO_4$, $7H_2O$)을 약 1,500g의 비율로 잘 휘저으면서 용해시킨 후 21±1℃의 온도로 냉각시킨다.

② 나머지는 황산나트륨의 포화용액 시험방법과 같으나 용액의 비중은 1.295~1.308이어야 한다.

❹ 시료의 준비

(1) 잔골재

① 시험용 잔골재는 No.50에 담고 물로 깨끗이 씻은 다음 105±5℃에 건조시킨 후 한 벌의 체로 체가름한다.

② 시료는 각 무더기에서 100g 이상 나올 수 있어야 하며, 중량 백분율이 5% 이상일 것

▼ 시료의 준비

체의 공칭치수에 의하여 구분한 각 무더기의 낱알 치수
No.50~No.30
No.50~No.30
No.50~No.30
No.50~No.30
No.4~100mm

(2) 굵은 골재

No.4번 체에 잔류한 골재로서 채취방법은 잔골재와 동일하다.

(3) 암석

① 될수록 같은 모양, 크기로서 1개의 무게가 약 100g이 되도록 부순다.
② 시료를 물로 깨끗이 씻고 110±5℃의 건조기에서 항량까지 건조시킨 후 5,000±100g
  을 취한다.

▼ 시료의 최소 무게

체의 공칭치수에 의하여 구별한 각 낱알의 크기(mm)	시료의 최소 무게(g)	
No.4~10	300±5	
10~19	1,000±10 이중	• 10~13mm 330±5 • 13~19mm 670±10
19~40	1,500±50 이중	• 19~25mm 500±30 • 25~40mm 1,000±50
40~65	5,000±300 이중	• 40~50mm 2,000±500 • 50~65mm 3,000±300
25mm 증가될 때	7,000±1000	

5 시험방법

① 시료를 금속제 망태에 담고 시험용액에 6~18시간 담가 두되, 용액의 표면이 시료의 표면보
  다 15mm 이상 올라오게 담그어 둔다. 이때, 용액 중 시료의 온도는 21±1℃를 유지하며
  뚜껑을 덮어야 한다.
② 침수시간이 끝난 후 용액에서 시료를 꺼내어 용액이 잘빠진 후 (이때 19mm체보다 굵은 시료에
  대한 낱알의 파괴상태를 관찰한다.)105±5℃의 건조로에서 항량이 될 때까지 건조시킨다.
③ 건조로에서 꺼내어 실내온도로 냉각시킨 다음 2~4시간 간격으로 무게를 측정, 전후의 무게
  차가 1% 이내 될 때까지 시료가 항량에 도달한 것으로 본다.
④ ①~③의 조작을 소정의 횟수만큼 반복한다.
⑤ 소정 횟수의 조작이 끝난 시료를 깨끗한 물로 씻는다.(이때 씻은 물에 소량의 염화바륨용액
  을 가하여 흰앙금이 생기지 않을 때까지 씻는다.)
⑥ 완전히 씻은 시료를 105±5℃의 건조로에서 항량이 될 때까지 건조시킨다.
⑦ 건조시킨 시료의 무더기를 잔골재에 대하여 시험 전에 사용한 동일한 체로 체가름하고 굵은
  골재는 다음 표와 같은 체로 체가름한다.

▼ 손실 측정에 사용할 예

골재의 크기	손실 측정에 사용할 체	골재의 크기	손실 측정에 사용할 체
60~40	40mm	20~15	15mm
40~25	25mm	15~10	10mm
15~20	20mm	10~5	5mm

⑧ 낱알의 파괴상태를 정확하게 관찰한다.(붕괴, 항열, 박리, 균열 등으로 분류)

6 시험결과의 계산

(1) 잔골재 및 굵은 골재의 경우

시험 후에는 다음 사항을 기록해야 한다.

① 시험 전의 각 시료 무게의 중량(g), 및 백분율(%)

② 각 시료 무더기 손실중량백분율(%)

> 각 무더기의 시료의 손실중량백분율(%)
> $$= \left(1 - \frac{\text{시험 전에 시료가 머무른 체에 잔류한 시험 후의 시료의 중량(g)}}{\text{시험 전에 시료의 중량(g)}}\right) \times 100$$

③ 골재의 손실중량백분율(%)

> 골재의 손실중량백분율(%)
> $$= \sum \frac{(\text{각무더기의 중량백분율}) \times (\text{각무더기의 손실중량백분율})}{100}$$

No.50체를 통과하는 낱알에 대해서는 손실중량 백분율을 0으로 가정하여 계산한다.
19mm보다 굵은 낱알의 경우에는 다음 사항을 기록한다.

　㉠ 시험 전의 각 시료의 각 시료 무더기의 낱알의 수

　㉡ 손상된 낱알의 수(붕괴, 할렬, 박리, 균열 등)

　㉢ 시험용액의 종류(황산나트륨, 황산 마그네슘)

(2) 암석의 경우

시험 후는 다음 사항을 계산하여 기록한다.

① 시험 전의 시료의 중량(g)

② 시험 후의 세 조각 이상으로 분리된 낱알의 수 및 중량

③ 손실중량백분율(%)

골재의 안정성 시험

시험일	서기		년		월	일		요일		날씨

시험일의 상태	실온(℃)		습도(%)		수온(℃)		건조 온도(℃)

시료	잔골재		굵은 골재		암석	

용액의 종류

체눈의 크기		각 무더기의 중량(g)	① 각 무더기의 중량백분율 (%)	② 시험 전의 각 무더기의 중량(g)	③ 시험 후의 각 무더기의 중량(g)	④ 각 무더기의 손실중량백분율 $\left(1-\dfrac{③}{②}\right)\times100$	⑤ 골재의 손실 중량백분율 ①×④/100
통 과	잔 류						

잔골재의 안정성 시험

통과	잔류	각 무더기의 중량(g)	① (%)	② (g)	③ (g)	④	⑤
No.100	–						
No.50	No.100						
No.30	No.50						
No.16	No.30						
No.8	No.16						
No.4	No.8						
10mm	No.4						
합 계			100				
비 고							

굵은 골재의 안정성 시험

통과	잔류	각 무더기의 중량(g)	① (%)	② (g)	③ (g)	④	⑤
80	65						
65	40						
40	19						
19	10						
10	No.4						
합 계			100				

관찰 (19mm 이상의 낱알)	시험 전의 개수		파괴상황	붕괴	할렬	박리
	시험 후의 개수			균열	기타	

비 고	

압석의 안정성 시험

① 시험 전의 시료의 중량		3조각 이상으로 쪼개진 낱알의 수		
② 시험 후의 3조각 이상으로 쪼개지는 낱알의 중량		관찰	붕괴	할렬
③ 손실중량 백분율 $\left(1-\dfrac{①-②}{①}\right)\times100$			균열	기타 박리

〈고 찰〉

실험자	소속		성명	
검인	서기	년	월	일	날씨

G·U·I·D·E

01 기상작용에 대한 골재의 내구성을 알기 위한 시험은 다음 중 어느 것인가?
11①

① 골재의 밀도 시험
② 골재의 빈틈률 시험
③ 골재의 안정성 시험
④ 골재에 포함된 유기불순물 시험

02 골재의 안정성 시험에 사용되는 시약은?
13②,④

① 수산화나트륨　　　② 알코올
③ 탄닌산　　　④ 황산나트륨

● 잔골재 유기 불순물 시험에는 알코올, 수산화나트륨, 탄닌산이 사용된다.

03 골재의 안정성 시험용 황산나트륨 포화 용액을 만들 때 25~30℃의 깨끗한 물 1L에 황산나트륨(Na_2SO_4) 약 얼마를 넣는가?
11①

① 1,000g　　　② 500g
③ 350g　　　④ 150g

04 잔골재의 안정성 시험에서 황산나트륨을 사용할 경우 손실 질량 백분율은 몇 % 이하이어야 하는가?
14④

① 8%　　　② 10%
③ 12%　　　④ 15%

● 잔골재는 10% 이하, 굵은 골재는 12% 이하이다.

05 골재의 안정성 시험은 황산나트륨을 용해시켜 황산나트륨 용액을 만들어 사용한다. 이때 시험용 용액의 비중은?
11⑤
12⑤

① 1.151~1.174　　　② 1.251~1.274
③ 1.351~1.374　　　④ 1.451~1.474

● 기상작용에 대한 골재의 저항성을 알기 위해 안정성 시험을 한다.

06 콘크리트용 굵은 골재의 안정성은 황산나트륨으로 5회 시험을 하여 평가한다. 이때 손실질량은 몇 % 이하를 표준으로 하는가?
12⑤
14①

① 12%　　　② 10%
③ 5%　　　④ 3%

● 잔골재의 경우 10% 이하를 표준으로 한다.

정답　01 ③　02 ④　03 ③　04 ②　05 ①　06 ①

잔골재의 표면수 측정법
Testing Method for Surface Moisture in fine Aggergate

1 시험의 목적

① 이 시험은 잔골재의 표면수가 모르타르나 콘크리트의 혼합용수에 미치는 영향을 알아 콘크리트의 시방배합을 조정하기 위하여 실시한다.

② 현장배합으로 환산하는 데 필요한 시험으로 콘크리트의 품질관리에 상당히 중요한 시험이다.

2 시험용 기계기구 및 재료

(1) 시료

자연상태의 잔골재 200g 이상(200g 이상의 보다 더 많은 시료에 대하여 시험된 결과는 보다 더 정확한 결과를 주며 시료채취 장소에 따라 표면수의 차가 크다.)

(2) 저울

칭량 2kg 이상, 감도 0.5g 이상인 것

(3) 플라스크

차프만 플라스크, 또는 피크노미터 용기 및 유리나 녹슬지 않는 금속으로 된 적당한 플라스크 또는 용기로서 용량은 다져지지 않은 시료용적의 2~3배 정도이어야 하며, 0.5ml 이하까지 읽을 수 있는 것

(4) 피펫(pipette), 뷰렛(burette), 비커(beaker)
(5) 시료 팬

3 시험방법

(1) 중량법

① 대표적인 시료 200g 이상을 달아 채취한다(W_S).

② 플라스크의 표시 선까지 물을 채운 후 중량을 g 단위로 측정한다(W_C).

③ 플라스크의 물을 따르고 비운 후, 다시 플라스크에 시료를 침수시킬 수 있는 충분한 물을 플라스크 속에 넣는다.

④ 무게를 단 잔골재를 플라스크 속에 넣고 흔들어 시료 속의 기포를 제거한다.

⑤ 플라스크의 표시 선까지 물을 채운 후 그 중량을 g 단위로 측정한다(W).

⑥ 시료에 의해서 배제되는 물의 무게는 다음 식으로 구한다.

$$V_S = W_C + W_S - W$$

여기서, V_S : 시료에 의해서 배제되는 물의 중량(g)

W_C : 표시 선까지 물을 넣은 플라스크의 중량(g)

W_S : 시료의 중량(g)

W : 표시선까지 물을 채웠을 때 시료가 들어있는 플라스크의 중량(g)

(2) 용적법

① 시료 200g 이상을 달아 채취한다.

② 시료를 충분히 침수시킬 수 있는 물의 양을 ml까지 측정하여 용기 속에 넣는다.(V_1)

③ 준비된 시료를 플라스크에 조심하여 넣은 후 흔들어 기포를 제거한다.

④ 시료와 물을 넣은 용적을 ml 단위로 읽는다(V_2)

⑤ 시료에 의해서 배제되는 물의 용적은 다음 식으로 구한다.

$$V_S = V_2 - V_1$$

여기서, V_S : 시료에 의해서 배제되는 물의 용적(ml)

V_2 : 시료와 물의 혼합용적(ml)

V_1 : 시료를 완전히 침수시킬 수 있도록 넣은 물의 용적(ml)

(3) 표면수량의 계산

표면건조 포화상태를 기준으로 한 표면수율과 습윤상태의 잔골재의 무게를 기준으로 한 표면수율은 다음 식에 의하여 구한다.

$$P_1(\%) = \frac{V_S - V_d}{W_S - V_S} \times 100 \qquad\qquad P_2(\%) = \frac{V_S - V_d}{W_S - V_S} \times 100$$

여기서, P_1 : 표면건조 포화상태의 잔골재의 기준으로 한 표면수율

P_2 : 습윤상태의 잔골재의 무게를 기준으로 한 표면수율(%)

V_S : 배제된 물의 무게(g)

V_d : 시료의 무게(W_s)를 잔골재의 비중 및 흡수량 시험에서 구한 표면건조

V_S : 배제된 물의 무게(g)

V_d : 시료의 무게(W_S)를 잔골재의 비중 및 흡수량 시험에서 구한 표면건조

포화상태의 비중으로 나눈 값

$V_d = \dfrac{W_S}{\text{비중}}$

W_S : 시료의 무게(g)

4 주의사항

① 표면수량은 시료의 채취 장소에 따라 다르므로 여러 곳에 있는 골재에 대하여 시험한다.

② 시험은 18~29℃의 온도 범위 안에서 실시한다.

③ 시험의 정밀도는 잔골재의 표면건조 포화상태의 비중을 정확하게 측정하는 데 따라 좌우된다.

④ 시험은 동일 시료에 대하여 2회 행하고 그 오차는 0.3% 이하여야 한다.

⑤ 계산의 결과는 소수점 이하 2자리를 반올림하여 1자리로 한다.

5 참고사항

① 골재의 표면수란 골재입자의 표면에 붙어 있는 물을 말하여, 골재가 가지고 있는 물의 전량에서 골재입자 속에 흡수되어 있는 물을 뺀 나머지 물을 말한다.

② 콘크리트의 배합설계는 골재의 표면건조 포화상태를 기준으로 한다. 그러나 현장의 잔골재는 습윤상태에서 표면수를 가지고 있는 것이 보통이다. 이 표면수는 물·시멘트 비에 영향을 미치게 된다.

③ 잔골재의 표면수량의 근사값은 다음 표와 같다.

▼ 잔골재의 표면수량

골재의 상태	표면수량(%)
습윤 자갈 또는 부순돌	1.5~2
약간 습윤 모래(손에 쥐면 모양이 바로 무너지고, 손바닥이 약간 젖는 것을 느낄 수 있음)	0.5~2
보통 습윤 모래(손에 쥐면 모양이 쥐어지고, 손바닥에 약간의 수분이 묻음)	2~4
아주 습윤 모래(손에 쥐면 손바닥이 젖음)	5~8

④ 비슷한 표면수량으로 보일 때도 굵은 모래일수록 표면수는 적다.

⑤ 시료의 크기와 용기의 치수만 정확하게 수정하면 같은 시험법으로 굵은 골재의 표면수량 측정이 가능하다.

⑥ 시료의 크기와 용기의 치수만 정확하게 수정하면 같은 시험법으로 굵은 골재의 표면수량 측정이 가능하다.

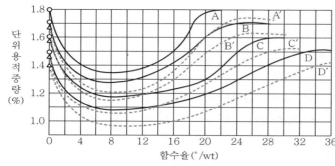

A, A′ : 5mm 이하의 모래
B, B′ : 2.5mm 이하의 모래
C, C′ : 1.2mm 이하의 모래
D, D′ : 0.6mm 이하의 모래
* ↑ 표는 이론상의 최대 함수율

▌함수율과 단위용적중량과의 관계곡선▐

⑦ 시험 보고서는 다음 사항을 기재한다.
　　㉠ 시험 날짜　　　　　　　　　　㉡ 시료(중량, 최대치수)
　　㉢ 시험방법(중량법, 용적법)　　　㉣ 용기
　　㉤ 표면건조포화상태의 비중 값　　㉥ 표면수량
　　㉦ 기타 사항(온도, 습도, 측정자 등)

⑧ 일반적인 중량(500g)을 사용하였을 경우 잔골재의 표면수량 측정 일례는 다음 표와 같다.

▼ 잔골재의 표면수량 측정 일례

V_S (g·cc)	잔골재의 비중 G									
	2.61	2.62	2.63	2.64	2.65	2.66	2.67	2.68	2.69	2.70
	표면수량 P(%)									
186										0.3
187								0.1	0.4	0.6
188							0.2	0.5	0.7	0.9
189						0.3	0.6	0.8	1.0	1.2
190				0.2	0.4	0.7	0.9	1.1	1.3	1.6
191		0.1	0.2	0.5	0.8	1.0	1.2	1.4	1.7	1.9
192	0.1	0.4	0.6	0.8	1.1	1.3	1.5	1.8	2.0	2.2
193	0.5	0.7	0.9	1.2	1.4	1.6	1.9	2.1	2.3	2.5
194	0.8	1.0	1.3	1.5	1.7	2.0	2.2	2.4	2.7	2.9
195	1.1	1.4	1.6	1.8	2.1	23.3	2.5	2.8	3.0	3.2
196	1.5	1.7	1.9	2.2	2.4	2.6	2.9	3.1	3.3	3.6
197	1.8	2.0	2.3	2.5	2.7	3.0	3.2	3.4	3.7	3.9
198	2.1	2.4	2.6	2.9	3.1	3.3	3.6	3.8	4.0	4.3
199	2.5	2.7	3.0	3.2	3.4	3.7	3.9	4.1	4.4	4.6
200	2.8	3.0	3.3	3.5	3.8	4.0	4.2	4.5	4.7	4.9
201	3.2	3.4	3.6	3.9	4.1	4.4	4.6	4.8	5.1	5.3
202	3.5	3.7	4.0	4.2	4.5	4.7	5.0	5.2	5.4	5.6
203	3.8	4.1	4.3	4.6	4.8	5.1	5.3	5.5	5.8	6.0
204	4.2	4.4	4.7	4.9	52	5.4	5.7	5.9	6.1	6.4
205	4.6	4.8	5.0	5.3	5.5	5.8	6.0	6.2	6.5	6.7
206	4.9	5.2	5.4	5.6	5.9	6.1	6.4	6.6	6.8	
207	5.3	5.5	5.8	6.0	6.3	6.5	6.7			
208	5.6	5.9	6.1	6.4	6.6	6.9				
209	5.9	6.2	6.5	6.7						
210	6.4	6.6	6.9							

잔골재의 표면수 측정

시 험 일	서기	년	월	일	요일	날씨

시험일의 상태	실온(℃)	습도(%)	수온(℃)	건조 온도(℃)

시 료	채 취 장 소	채 취 날 짜	채 취 자	표 건 비 중

중 량 법	1	2	3	4
① (용기)+(표시선까지의 물)의 중량 W_c (g)				
② 시료의 용량 W_s (g)				
③ (용기)+(표시선까지의 물)+(시료)의 중량 W (g)				
④ V_S=①+②-③ (g)				
⑤ $V_d = \dfrac{②}{비중}$				
표면수량 $P_1 = \dfrac{④-⑤}{②-⑤} \times 100(\%)$				
표면수량 $P_2 = \dfrac{④-⑤}{②-⑤} \times 100(\%)$				
측정 값의 차 / 허용차				
평 균 치				
용 적 법				
⑥ 시료를 완전히 침수시킬 수 있는 물의 용적 V_1 (ml)				
⑦ (시료)+(물)의 용적 V_2 (ml)				
⑧ V_S=⑪-⑩ (ml)				
표면수량 $P_1 = \dfrac{⑧-⑤}{②-⑧} \times 100(\%)$				
표면수량 $P_2 = \dfrac{⑧-⑤}{②-⑤} \times 100(\%)$				
측정 값의 차(%) / 허 용 차(%)				
평 균 치(%)				

〈고 찰〉

실 험 자	소속		성명	
검 인	서기	년	월	일

01
13①

잔골재의 표면수 시험에 대한 설명으로 틀린 것은?

① 시험방법으로 질량법과 용적법이 있다.

② 시료의 양이 많을수록 정확한 결과가 얻어진다.

③ 시료는 400g을 채취하고, 채취한 시료는 가능한 함수율의 변화가 없도록 주의하여 2분 하고 각각을 1회의 시험의 시료로 한다.

④ 2회째의 시험에 사용하는 시료는 특히 시험을 할 때까지의 사이에 함수량이 변화하지 않도록 주의한다.

> ◐ ㉠ 시료는 200g 이상을 채취하고, ㉡ 채취한 시료는 2분 하고 각각을 1회의 시험의 시료로 한다.

02
13④

잔골재의 표면수 시험에 대한 설명 중 틀린 것은?

① 시험방법에는 질량에 의한 측정법과 부피에 의한 측정법이 있다.

② 시험은 같은 시료에 대하여 계속 두 번 시험을 한다.

③ 시험은 잔골재의 표면건조 포화상태의 밀도와 관계가 있다.

④ 두 번 시험을 하였을 때의 평균값과 각 시험 차가 0.1% 이하이어야 한다.

> ◐ 두 번 시험을 하였을 때의 평균값과 각 시험 차가 0.3% 이하이어야 한다.

03
12②

잔골재 표면수 시험(KS F 2509)에 대한 설명으로 옳지 않은 것은?

① 시험방법 중 질량법이 있다.

② 시험의 정밀도는 각 시험값과 평균값과의 차가 3% 이하이어야 한다.

③ 시험방법 중 용적법이 있다.

④ 시험은 동시에 채취한 시료에 대하여 2회 실시하고 결과는 그 평균값으로 나타낸다.

정답 01 ③ 02 ④ 03 ②

골재의 단위용적중량 및 공극률 시험법
Testing Method for Unit Weight of Aggregates and Solid content in Aggregates

1 시험의 목적

① 골재의 공극률의 계산, 콘크리트의 배합을 용적으로 표시하는 경우 골재를 용적으로 계량할 때 필요한 시험이다.

② 배합설계에 사용되는 단위골재용적을 결정하는 데 필요하다.

③ 골재의 공극률 계산에 의하여 골재의 적부판정 표준이 된다.

$$공극률(\%) = \frac{(고체단위용적중량) - (단위용적중량)}{고체단위용적중량} \times 100$$

고체단위 용적중량이란 공극이 없다고 생각했을 때의 골재의 단위용적을 말한다.

④ 쇄석, 경량골재의 입형판정에 사용된다.

⑤ 골재의 용적에 의한 검수에 사용된다.

2 시험용 기계기구 및 재료

① 여러 가지 재료

② 저울 : 시료 무게의 0.1%까지 측정 가능한 감도를 가진 것

③ 다짐대 : 지름 16mm, 길이 60cm의 크기를 가진 강제직선봉으로 끝은 지름 16mm의 반구형으로 된 것이다.

④ 골재단위 무게측정 용기 : 금속제 원통형으로 가급적 손잡이가 있는 것이 좋으며, 밑면이 평평하고 수밀해야 하고, 거친 사용에 견딜 수 있는 경도를 가진 것이어야 한다.

크기는 골재의 최대치수에 따라 다르며 용량과 치수는 다음과 같다.

▼ 용기의 용량과 골재치수

용 량(l)	내경(mm)	안높이(mm)	금속 용기의 최소두께(mm)		골재의 최대치수(mm)
			바닥	벽	
3	155±2	160±2	5.0	2.5	12.5
10	205±2	305±2	5.0	2.5	25
15	255±2	295±2	5.0	3.0	40
30	355±2	305±2	5.0	3.0	100

⑤ 삽(hand shovel), 시료 팬

③ 시험방법

골재의 최대치수가 50mm 이하일 때는 봉다짐 시험으로, 50mm 이상 100mm 이하인 경우는 지깅 시험(Jigging Test)으로, 100mm 이하인 경우 삽 시험방법으로 실시하며 모든 시험에 앞서 용기의 검정을 실시한다.

(1) 용기의 검정

① 실온에서 용기에 물을 채우고, 기포나 여분의 물을 제거할 수 있도록 판유리로 덮는다.
② 용기 내의 물의 중량을 0.1%의 정밀도로 측정한다.
③ 용기 안의 물의 온도를 측정하여, 물의 단위중량을 다음 표에서 찾는다.

▼ 물의 온도와 단위중량

온도 (℃)	단위 무게 (kg/cm²)	온도 (℃)	단위 무게 (kg/cm²)
4	1,000.00	18	998.62
5	999.99	19	998.43
6	999.96	20	998.23
7	999.93	21	998.02
8	999.87	22	997.80
9	999.80	23	997.56
10	999.73	24	997.32
11	999.63	25	997.07
12	999.52	26	996.81
13	999.40	27	996.54
14	999.27	28	996.26
15	999.12	29	995.97
16	998.97	30	995.67
17	998.80		

④ 용기를 채우는 데 필요한 물의 무게를 그 물의 단위용적중량으로 나누어 용기의 부피 l(V)를 계산하거나, 물의 단위용적중량을 용기를 채우는 데 필요한 물의 무게로 나누어 용기의 계수(F = 1/V)를 계산한다.

(2) 봉다짐 시험방법

골재의 최대치수가 40mm 이하인 경우에 적용

① 기건상태의 시료를 용기의 1/3 정도 채우고 윗면을 손가락으로 고른 다음 다짐대로 25회 고르게 다진다. 이때 골재의 대소립이 분리되지 않게 주의하며 다질 때 용기바닥에 다짐봉이 닿지 않도록 한다.

② 다시 용기의 2/3 정도 시료를 넣은 후 먼저와 같이 25회 다진다.

③ 용기에 넘쳐흐르도록 시료를 채우고, 같은 방법으로 다지되 2, 3층의 다짐은 다짐봉이 그 전 층에 달할 정도로 다짐한다.

④ 여분의 시료는 잔골재의 경우 다짐대를 사용하여 표면을 고른다. 굵은 골재일 경우에는 골재의 표면을 손이나 곧은 자로 고르고 용기의 윗면에서 굵은 골재 알의 튀어나온 부분이 상면의 빈틈과 대략 같게 한다.

⑤ 용기와 시료의 무게(G) 및 용기만의 무게(T)를 각각 0.01%까지 달아 그 무게를 기록하고, 아래의 계산방법에 의해 골재의 단위중량을 구한다.

(3) 지깅 시험방법

골재의 최대치수가 40mm 이상 100mm 이하인 경우에 적용

① 용기의 시료를 같은 크기의 3층으로 채우는데, 콘크리트 슬래브 같은 견고한 기초 위에 놓고 시료를 용기의 1/3 정도까지 채운다.

② 용기의 한쪽을 약 50mm 들었다가 낙하시키고, 반대쪽도 50mm 들어 낙하시킨다. 이 작업을 한쪽 25회씩 전체 50회 낙하시킨 다음 흔들어 다진다.

③ 용기의 2/3 정도까지 채우고 낙하시켜 흔들어 다진 후 다시 용기가 넘치도록 시료를 채우고 낙하시켜 흔들어 다진다.

④ 용기의 상면에서는 봉다짐 경우와 마찬가지로 잔골재인 경우는 다짐대를 사용하여 고르고 굵은 골재인 경우는 표면을 손이나 곧은 자로 골라 용기 윗면에서 골재 알의 튀어나온 부분이 상면의 빈틈과 대략 같게 한다.

⑤ 용기와 시료의 무게(G) 및 용기만의 무게(T)를 각각 0.01%까지 달아 그 무게를 기록하고, 아래의 계산방법에 의해 골재의 단위중량을 구한다.

(4) 삽 시험방법

골재의 최대치수가 100mm 이하인 경우에 적용

① 골재를 용기 윗면에서의 높이가 50mm가 넘지 않도록 삽으로 채운다. 이때 가급적 시료의 입도 분리가 일어나지 않도록 주의하여야 한다. 용기의 윗면에서 골재의 튀어나온 부분이 빈틈과 가도록 손가락이나 곧은 날로 고른다.

② 용기와 시료의 무게(G) 및 용기만의 무게(T)를 각각 0.01%까지 달아 그 무게를 기록하고, 아래의 계산방법에 의해 골재의 단위중량을 구한다.

(5) 시료 중의 함수량 측정방법

① 용기에 넣어서 중량을 측정한 시료로부터 4분법이나 시료분취기를 사용하여 함수량 측정을 위한 시료를 채취한다. 그 양은 다음과 같다.
ㄱ 잔골재 ·· 500g
ㄴ 굵은 골재 : 최대치수 25mm 이하인 것 ···················· 1,000g
　　　　　　 최대치수 25mm 이상인 것 ···················· 2,500g

② 채취한 시료의 중량을 정확하게 달고 그 다음 105±5℃에서 항량이 될 때까지 건조시킨 후 다시 무게를 단다. 이때 함수량이 1% 이하라고 생각될 때에는 함수량의 측정을 생략해도 좋다.

(6) 골재의 단위용적 중량계산

① 골재의 단위용적중량은 다음 식에 따라 산출하고 유효숫자 4위까지 계산하여 3자리에서 끝맺음한다.
ㄱ 함수량 측정을 한 경우

$$
\text{골재의 단위용적중량}(kg/cm^3),\ (kg/L)
$$
$$
= \frac{\text{용기 중의 시료의 중량}(kg)}{\text{용기의 용적}(cm^3)} \times \frac{\text{함수량 측정을 위한 시료의 건조 후의 중량}(kg)}{\text{함수량 측정을 위한 시료의 건조 전의 중량}(kg)}
$$

ㄴ 함수량 측정을 하지 않은 경우

$$
\text{골재의 단위용적중량}(kg/cm^3),\ (kg/L)= \frac{\text{용기 중의 시료의 중량}(kg)}{\text{용기의 용적}(cm^3)}
$$

ㄷ 식으로 표시하면 아래와 같다.

$$
M = \frac{(G-T)}{V} \text{ 또는 } M = (G-T) \times F
$$

여기서, M : 단위용적 중량(kg/m^3)
　　　　G : 용기를 포함한 시료의 무게(kg)
　　　　V : 용기를 채운 물의 무게를 물의 단위용적중량으로 나눈 값(m^3)
　　　　F : 물의 단위용적중량을 용기 채우는 데 필요한 물의 무게로 나눈 값(m^3)

② 표면건조 상태의 단위용적 중량은 다음 식으로 구한다.

$$M_{SSD} = M\left[1 + \left(\frac{A}{100}\right)\right]$$

여기서, M_{SSD} : 표면건조상태의 단위용적중량(kg/m³)

M : 절대건조상태의 단위용적중량(kg/m³)

A : 골재의 흡수율(%)

② 공극률 계산방법 : 골재의 공극률은 다음 식으로 구한다.

$$공극률(\%) = \frac{[(S \times W) - M]}{(S \times W)} \times 100$$

여기서, M : 골재의 단위용적중량(kg/m³)

S : 골재의 비중

W : 물의 밀도(998kg/m³)

③ 보고서에는 다음과 같은 사항을 기재해야 한다.

㉠ 골재의 단위용적 중량

㉡ 시료의 다짐방법

㉢ 함수량 측정의 유무

4 주의사항

① 골재의 최대치수에 따라 시험 용기의 용량과 시험방법이 달라진다.

② 시료를 기건상태로 건조시킨 후 충분히 혼합한다.

③ 용기에 시료를 채울 때 굵은 입자와 잔 입자의 입도분리가 되지 않도록 한다.

④ 동일 시료에 대해서 같은 방법으로 행한 시험오차는 1% 이내여야 한다. 시험은 2회 이상 실시한다.

5 참고사항

① 시료는 기건상태로 건조시킨 후 충분히 혼합한다.

② 고체의 단위용적중량은 골재에 공극이 없다고 생각했을 때의 골재의 단위용적 중량을 말한다.

③ 표준온도 17℃에서 물 1m³의 중량은 0.999t이다.

④ 시험에서 골재 단위중량이 골재의 비중에 따라 달라지는 것은 물론이나 입형, 입도, 함수량, 다짐방법에 따라 크게 달라지며 좋은 입도를 가진 혼합골재는 2,000kg/m³ 이상 높게 나오는 경우도 있다.

⑤ 골재의 단위중량의 대략 값은 다음과 같다.

▼ 골재의 단위용적중량(kg/m³)

골재의 종류	다지지 않는 경우	다진 경우
모래(건조)	1,540~1,720	1,600~1,840
모래(습윤)	1,250~1,600	1,420~1,720
굵은 골재(건조 또는 습윤) 5mm부터 20mm까지 5mm부터 40mm까지 5mm부터 80mm까지 5mm부터 150mm까지 20mm부터 40mm까지 40mm부터 80mm까지 80mm부터 150mm까지	 1,480~1,600 1,540~1,720 1,540~1,840 1,600~1,900 1,480~1,600 1,420~1,600 1,360~1,540	 1,600~1,720 1,600~1,840 1,660~1,900 1,720~2,020 1,540~1,660 1,480~1,660 1,420~1,600
모래 및 자갈의 혼합(건조)	1,780~2,080	1,900~2,200

⑥ 봉다짐 시험과 지깅 시험법은 골재의 빈틈률을 계산할 때 사용하고, 삽을 사용하는 방법은 현장에서 골재의 무게를 체적으로 환산할 때 적용한다.

⑦ 봉다짐시험 및 지깅시험은 다졌을 경우이고 shovel 시험은 다지지 않았을 경우이다.

⑧ 보통골재 및 경량골재의 단위용적중량 및 빈틈률(실적률)의 범위는 다음과 같다.

▼ 골재의 단위용적중량 및 빈틈률

골재의 종류		단위용적중량(kg/m³)	실적률(%)
보통 골재	잔골재	1,500~1,850	53~73
	굵은 골재	1,550~2,000	45~70
경량 골재	잔골재	800~1,200	48~72
	굵은 골재	650~900	50~70

⑨ 골재의 단위용적중량은 함수량에 따라 크게 변화하여 세립의 것일수록 부풀어짐이 크며(함수량 4.6%에서 최대), 또 입도가 거친 것일수록 크게 된다.

⑩ 골재번호가 입도가 양호하기 때문에 단위중량도 따라서 커진다.

골재의 단위용적중량 및 공극률 시험방법

시 험 일	서기		년	월	일	요일	날씨

시험일의 상태	실 온(℃)	습 도(%)	수 온(℃)	건조온도(℃)

시 료	채 취 장 소	채 취 날 짜	채 취 자

측정 번호		1	2	3	4
① 물의 단위 무게	(g)				
② 용기 속의 물의 무게	(g)				
③ 용기의 계수 $\frac{①}{②}$					
④ (시료+용기)의 무게	(kg)				
⑤ 용기의 무게	(kg)				
⑥ 시료의 무게 ④-⑤	(kg)				
단 위 무 게 ⑥×③	(kg/m³)				
측정값의 편차	(%)				
허용 편차	(%)				
평 균 값	(kg/m³)				

〈고 찰〉

실 험 자	소속		성명	
검 인	서기	년 월 일	날씨	

01
11⑤
12②
13②

골재의 단위용적 질량시험방법 중 충격에 의한 경우는 용기에 시료를 3층으로 나누어 채우고 각 층마다 용기의 한 쪽을 몇 cm 정도 들어 올려서 낙하시켜야 하는가?

① 5cm ② 10cm

③ 15cm ④ 20cm

02
12②

굳지 않은 콘크리트의 공기 함유량 시험에서 보일(Boyle)의 법칙을 이용한 시험법은?

① 밀도법

② 용적법

③ 질량법

④ 공기실 압력법

◈ 공기실 압력법에 의한 공기량 시험은 최대치수 50mm 이하의 보통 골재를 사용한 콘크리트에 적당하다.

03
12⑤

굳지 않은 콘크리트의 압력법에 의한 공기량 측정기구는?

① 진동대식 공기량 측정기

② 워싱턴형 공기량 측정기

③ 관입침

④ 슈미트 해머

◈ 공기량의 측정법에는 ㉠ 공기실 압력법, ㉡ 질량법, ㉢ 부피법 등이 있다.

PART
04

시멘트시험

콘크리트 기능사
필기+실기

CHAPTER 01 시멘트의 비중시험법
Testing Method for Specific Gravity of Hydraulic Cement

1 시험의 목적

① 시멘트의 비중시험으로부터 시멘트의 화학적 성질, 소성 정도, 혼합물의 첨가 등을 판정할 수 있는 자료를 얻는다.

② 시멘트의 비중값으로부터 시멘트의 풍화 정도를 알 수 있으며, 미지의 시멘트의 종류를 어느 정도 추정할 수 있다.

③ 시멘트의 분말도 시험과 콘크리트의 배합설계에서는 시멘트가 차지하는 용적을 계산하기 때문에 그 비중을 알아둘 필요가 있다.

2 재료

① 시멘트(1회 시험에는 약 64g 정도가 필요하다.)

② 광유(비중이 0.83인 완전 탈수된 등유 또는 나프타(Naphtha)를 사용한다.)

③ 탈지면 또는 마른 천

3 기계 및 기구

① 르 샤틀리에 비중병
　(Le Chatlier Flask)

② 저울(용량 200g, 강도 0.1g)

③ 항온 수조

④ 온도계

⑤ 약수저(Tea Spoon)

⑥ 솔 및 붓

⑦ 가는 철사

⑧ 시멘트 시료 채취기

▎시멘트 비중시험 기구들 ▎

4 안전 및 유의사항

① 르 샤틀리에 비중병은 파손되기 쉬우므로 주의하여 다룬다.

② 광유를 사용하므로 화기에 주의하여야 한다.

③ 시멘트, 광유, 수조의 물, 기계 기구 등은 시험 전에 미리 실온과 일치시켜 놓고 사용한다.

④ 비중병에 시멘트를 넣는 과정에서 일시에 다량으로 투입하여 광유가 튀어 오르거나 막히지 않도록 조금씩 넣으며, 이때 시멘트가 유실되지 않도록 주의한다.

⑤ 광유 표면의 눈금을 읽을 때에는 곡면의 밑면 눈금을 읽는다.

⑥ 시험이 끝난 비중병은 광유로 잘 청소하며, 병의 내부에 시멘트 입자가 부착된 경우는 광유와 입자가 굵은 마른 모래를 넣고 잘 흔들어 깨끗하게 닦는다. 이때, 물을 사용해서는 안 된다.

5 시료의 준비

① 시험 시료는 어떤 정한 양에 대하여 시멘트의 평균 품질을 나타내도록 KS L 5101에 따라 다음과 같이 채취한다.

② 물리 및 화학시험용 시료는 별도의 규정이 없는 한 300톤(7,500포대)마다 평균 품질을 나타낼 수 있도록 일정량의 시료를 채취함을 원칙으로 한다.

③ 규정된 모든 시험을 하기 위하여 채취·혼합된 시료의 양은 5kg 이상이어야 하며, 그중 비중시험용은 비중병의 크기에 따라 다르나 64g 정도를 취한다.

④ 시멘트가 벌크(Bulk) 상태로 운반될 때는 50톤마다 일정량의 시료를 채취하여 평균 혼합 시료로 한다.

⑤ 포내 시멘트로부터 시료를 채취할 때는 아래 그림과 같은 시료 채취기를 사용하여 4톤(100포대)마다 한 포대씩 대각선으로 시료를 채취하고, 이를 모아 평균 혼합 시료로 한다.

⑥ 채취 시료는 즉시 방습성 밀폐 용기에 넣고 습기나 공기와 접촉하지 않도록 밀봉하여 보관한다.

⑦ 시험 실시 전에 NO. 20 표준체로 쳐서 잡물을 제거하며, 이때 굳어진 덩어리 및 잡물은 깨뜨리지 말고 버린다.

⑧ 시험하기 전에 준비된 시료를 완전히 혼합한다.

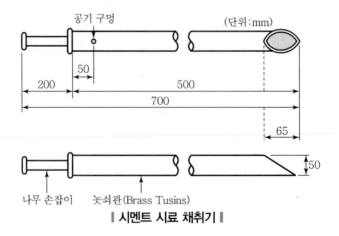

| 시멘트 시료 채취기 |

6 실습 순서

(1) 시험방법

① 비중병의 눈금 0~1mL 사이
에 광유를 넣은 다음, 오른쪽
그림 비중병의 목 부분 내면
에 묻은 광유를 철사 끝에 탈
지면 또는 마른 천을 달아 닦
아 낸다.

② 실온으로 일정하게 되어 있는
수조 속에 비중병을 넣는다.

③ 광유의 온도차가 0.2℃ 이내
로 되었을 때, 광유 표면의 눈
금을 0.02mL까지 읽어 기록
한다.(mL)

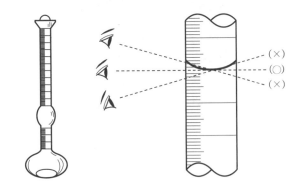

④ 시멘트 약 64g을 칭량한다.(g)

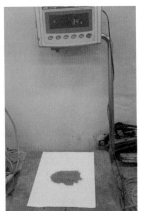

⑤ 광유와 동일한 온도에서 시멘트를 조금씩 비중병의 목 부분에 묻지 않도록 조심하여 넣는다.

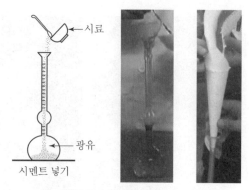

∥ 시멘트를 비중병에 넣는 모습 ∥

∥ 비중병 안에 들어간 시멘트 모습 ∥　∥ 비중병 안에 시멘트가
가라앉는 모습 ∥

⑥ 시멘트를 전부 넣은 다음 광유가 휘발하지 않도록 비중병의 마개를 막고, 공기 방울이 나오지 않을 때까지 병을 조금 기울여 굴리거나 또는 천천히 수평으로 돌려 시멘트 내부의 공기를 빼낸다.

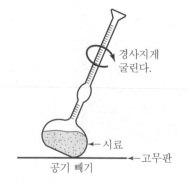

⑦ 비중병을 다시 수조에 넣어 물과 광유의 온도차가 0.2℃ 이내로 되었을 때(왼쪽 그림),
   광유의 표면이 가리키는 눈금을 읽는다(ml).(오른쪽 그림)

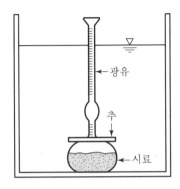

(2) 결과의 계산

① 시험 결과값을 다음 식에 대입하여 시멘트의 비중을 계산한다. 이때, 계산값은 소수점
   아래 셋째 자리를 반올림하여 구하며, 무차원으로 표시한다.

$$\text{시멘트의 비중} = \frac{\text{시멘트의 무게(g)}}{\text{비중병 눈금의 차(ml)}}$$

② 위와 같은 방법으로 두 번 이상의 시험을 실시하며, 측정값의 차이가 0.01 이내로 되면
   평균값을 취한다.

시 험 명	시멘트의 비중시험			
시 험 일	서기 년 월 일 요일 날씨			
시험일의 상태	실온(℃)	습도(%)		수온(℃)
	22.5			22.0
시 료	보통 포틀랜드 시멘트			

측 정 번 호	1	2	3	4
① 비중병의 번호	1	2		
② 처음의 광유 표면 읽기(ml)	0.48	0.62		
③ 시료의 무게(g)	64.0	64.2		
④ 시료와 광유의 표면 읽기(ml)	20.80	21.00		
⑤ 비중 $\dfrac{③}{④-②}$	3.15	3.15		
⑥ 평균 비중	3.15			

고 찰 :

시 험 자	소 속	
	성 명	
검 인	서기 20 년 월 일	

기출 및 실전문제

G·U·I·D·E

01 시멘트 밀도(비중)시험의 목적이 아닌 것은?
12⑤
① 시멘트의 종류를 어느 정도 추정할 수 있다.
② 시멘트의 품질을 판정할 수 있다.
③ 시멘트 입자 사이의 공기량을 알 수 있다.
④ 콘크리트 배합설계를 할 때 시멘트의 절대 용적을 구할 수 있다.

◉ 시멘트의 풍화상태를 알 수 있다.

02 시멘트 밀도(비중)에 영향을 미치는 요소에 대한 설명으로 옳지 않은 것은?
12⑤
① 저장기간이 길어지면 밀도가 작아진다.
② 혼합물이 섞이면 밀도가 작아진다.
③ SiO_2, Fe_2O_3가 많으면 밀도가 커진다.
④ 소성과정(Burning)이 불충분하면 밀도가 커진다.

◉ 소성과정(Burning)이 불충분하면 밀도가 작아진다.

03 시멘트 비중시험에 사용되는 것이 아닌 것은?
13④
① 가는 철사 　　　　② 광유
③ 원뿔형 몰드 　　　④ 르 샤틀리에 병

◉ 원뿔형 몰드는 잔골재의 밀도시험에 이용한다.

04 시멘트 비중시험에 사용되는 기구는?
11②
12②
① 르 샤틀리에 플라스크　② 데시케이터
③ 피크노미터　　　　　　④ 건조로

◉ 시멘트 비중시험에 사용되는 것은 광유, 르 샤틀리에 비중병, 철사, 스푼, 헝겊 등이다.

05 시멘트 비중시험 결과 시멘트의 질량은 64g, 처음 광유 눈금을 읽은 값은 0.4mL, 시료를 넣은 후 광유 눈금을 읽은 값은 20.9mL였다. 이 시멘트의 비중은 얼마인가?
13①
14①,②
① 3.09　　　　　　② 3.12
③ 3.15　　　　　　④ 3.18

◉ 시멘트 비중 $= \dfrac{64}{\text{눈금의 차}}$
$= \dfrac{64}{20.9 - 0.4} = 3.12$

정답 **01** ③　**02** ④　**03** ③　**04** ①　**05** ②

시멘트 응결시간 시험법

Testing Method for Setting Time of Hydraulic Cement by Gilmour and Vicat Needles

1 시험 목적

① 시멘트의 응결(Setting) 과정이 적절해야만 실제 시공에 편리하므로 여러 가지 시멘트에 대하여 시멘트가 물과 혼화된 후 유동성을 잃고 경화하기까지 응결의 시작(초결)과 끝날 때(종결)를 측정할 필요가 있다.

② 현장에서 물과 시멘트를 혼합할 때 물 · 시멘트비(W/C)에 따라 시멘트 응결시간이 달라지므로 실험을 통하여 적절한 응결시간에 적당한 물 · 시멘트비(W/C)를 설정하는 데 있다.

2 재료

시멘트(1회 시험에는 약 500g이 필요하다.)

3 기계 및 기구

(1) 비카 장치

① 표준 주도 시험용 침의 지름 : 10 ± 0.05mm

② 초결 시험용 침의 지름 : 1 ± 0.05mm

③ 종결 시험용 침의 지름 : 초결 시험용 침 끝에 지름 3mm의 링을 끼운 것

④ 플런저와 시험용 침의 합친 무게는 300 ± 0.5g으로 조절 가능해야 한다.

⑤ 링(Ring) 아랫부분 안지름 : 70 ± 3mm

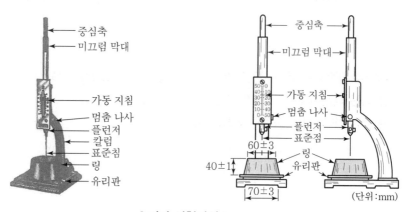

‖ 비카 시험장치 ‖

⑥ 링 윗부분의 안지름 : 60±3mm

⑦ 링의 높이 : 40±1mm

⑧ 눈금자는 mm 눈금이며, 전체 길이는 50mm이다.

(2) 길모어 장치

① 초결 시험용 침의 무게 : 113.4±0.5g

② 초결 시험용 침의 지름 : 2.12±0.05mm

③ 종결 시험용 침의 무게 : 453.6±0.5g

④ 종결 시험용 침의 지름 : 1.06±0.05mm

⑤ 침의 끝 약 4.7mm는 원뿔형으로 되어 있고, 그 단면은 침축에 직각인 평면이며 깨끗한
것이어야 한다.

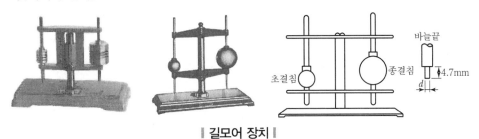

‖ 길모어 장치 ‖

(3) 혼합기(Mortar Mixer) : $\frac{1}{6}$ HP 이상

① 제1속도 : 패들이 약 62rpm의 유성운동을 하면서 140±
5rpm의 속도로 회전운동을 하여야 한다.

② 제2속도 : 패들이 약 125rpm의 유성운동을 하면서 285
±10rpm의 속도로 회전운동을 하여야 한다.

③ 패들(Paddle) : 패들의 가장자리 부분과 용기 내면의 간
격이 약 2.5mm가 되도록 하고, 0.8mm 이하가 되지 않
도록 조절할 수 있어야 한다.

④ 혼합 용기 : 스테인리스 강제로 떼어 낼 수 있어야 하고
공칭 용량은 5.7L이며, 모양과 치수가 규격에 맞아야
한다.

‖ 혼합기 ‖

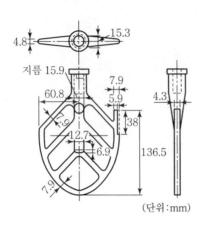

| 패들 | | 혼합 용기 |

(단위:mm)

(단위:mm)

(4) 재료 및 기구

① 고무제 스크레이퍼(Scraper)

반강성 고무날로 길이 약 150mm의 자루가 달려 있고 날의 길이는 약 75mm, 폭은 50mm로서 끝의 두께가 약 1.6mm 정도로 얇다.

② 메스실린더(용량 150~200ml) 및 뷰렛(Burette)

③ 저울(용량 1,000g, 감도 0.1g)

④ 시멘트용 칼(Cement Knife)

⑤ 유리판(10×10×0.5cm)

⑥ 시계

⑦ 습기함 또는 습기실

⑧ 흙손, 젖은 걸레, 온도계

4 안전 및 유의사항

① 용기, 시멘트 및 실내 온도는 20~27.5℃를 유지하도록 하고, 시험실의 상대습도는 50% 이상이 되도록 한다.

② 혼합수, 습기함 또는 습기실의 온도는 23±1.7℃를 유지하도록 하고, 상대습도는 90% 이상이 되도록 한다.

③ 표준 주도를 얻기 위하여 실시한 시멘트 반죽은 다시 사용해서는 안 되며, 반드시 새로운 시멘트 반죽으로 한다.

④ 응결시간 측정을 위한 침입도 시험 동안에는 모든 장치를 움직이지 않도록 한다.

5 시료의 준비

① 시료의 채취방법 및 준비는 KS L 5101에 따른다.

② 응결시간 측정시험 1회에 사용되는 시멘트 500g을 준비한다.

6 실습 순서

(1) 비카 장치에 의한 시험방법

1) 표준 주도(Normal Consistency) 시험

① 시료 시멘트 500g을 계량한다.

② 표준 주도를 얻기에 적당한 양의 물을 메스실린더로 재어 혼합 용기에 넣는다(물－시멘트 비(w/c)로 보통 포틀랜드 시멘트는 25~28%, 혼합 시멘트는 28~30% 정도이다).

③ 시멘트를 물에 넣고 30초 동안 물을 흡수시킨다.

④ 혼합기를 시동하여 제1속도로 30초 동안 혼합한다.

⑤ 혼합기를 정지하고 15초 동안 반죽을 전부 긁어내려 모은다.

⑥ 혼합기를 제2속도로 시동하여 60초 동안 혼합한다.

⑦ 고무 장갑을 낀 손으로 혼합된 시멘트 반죽을 공 모양으로 만든 다음, 두 손을 약 15cm 간격으로 벌리고 한 손에서 다른 손으로 여섯 번 정도 엇바꾸어 던진다.

⑧ 한 손으로 공 모양의 시멘트 반죽을 잡고 다른 손에 있는 링의 넓은 쪽으로 밀어 넣어 링을 반죽으로 완전히 채운다.

⑨ 링의 넓은 쪽에 있는 여분의 반죽은 손바닥으로 한번에 떼어 낸다.

⑩ 링의 넓은 쪽을 밑으로 하여 유리판 위에 놓고 좁은 쪽의 여분의 반죽은 링의 윗면에 대하여 조금 기울여 잡는 예리한 흙손날로 한번에 경사지게 문질러 링 윗부분을 잘라 낸다. 이때, 필요하다면 흙손날로 윗면을 가볍게 대어 윗면을 매끄럽게 한다. 단, 잘라 내고 매끄럽게 하는 작업 중 반죽을 압축하지 않도록 주의한다.

⑪ 유리판 위에 올려놓은 링 안의 반죽을 표준 주도용 침을 끼운 비카 장치에 놓고 침이 반죽의 중심에 오도록 맞춘다.

⑫ 침의 끝을 반죽의 표면에 접촉시켜 멈춤 나사를 죈다. 이때 (침＋플런저)의 누르는 무게는 300±0.5g으로 한다.

⑬ 가동 지침을 눈금자의 0에 맞추든지, 아니면 최초 눈금을 읽는다.

⑭ 혼합이 끝난 30초 만에 미끄럼 막대를 풀어 놓는다.

⑮ 미끄럼 막대를 풀어 놓고 30초 뒤에 처음 면에서 10±1mm의 점까지 내려갔을 때의 반죽을 표준 주도로 한다.

⑯ 표준 주도를 얻을 때까지 물의 양을 변경하여 위와 같은 방법으로 재시험한다. 이때, 각 시험체 반죽은 새로운 시멘트로 만든다.

2) 시험체의 조제

 ① 시료 시멘트 500g을 표준 주도를 얻는 데 필요한 물의 양으로 '표준 주도 시험방법'
  의 ③~⑩과 같은 방법으로 시험체를 만든다.

 ② 조제된 시험체는 습기함에 넣어 두고 응결시험을 할 때에만 꺼내어 쓰도록 한다.

3) 응결시간 측정시험

 ① 시험체는 성형 후 30분 동안 움직이지 않고 습기함 속에 넣어 두며, 30분 후부터 15
  분마다 시험한다.

 ② 비카 장치의 표준침을 초결 시험용 침으로 바꿔 끼운다. 이때, 플런저와 표준침을 합
  한 무게는 300±0.5g이 되도록 조정한다.

 ③ 표준침을 시험체의 표면에 접촉시키고 멈춤 나사를 죈다.

 ④ 가동 지침을 눈금자의 0에 맞추든지, 아니면 최초 눈금을 읽는다.

 ⑤ 멈춤 나사를 돌려 미끄럼 막대를 풀고 30초 동안 침이 내려가도록 하여 침입도를 얻
  는다.

 ⑥ 15분마다 시험에서 침입도를 얻고, 25mm의 침입도를 얻을 때까지 시험한다.
  여기서, 배합한 시각에서 이 시간까지를 응결의 시작점, 즉 초결(Initial Setting
  Time)이라 한다. 이때, 침입 시험 위치는 이미 시험한 점으로부터 6mm, 링의 안쪽
  면에서 9mm 이상 떨어진 점에 침입 시험을 해야 한다.

 ⑦ 초결을 얻고 난 시험체를 습기함 속에 보관하였다가 표준침을 종결용 침으로 바꾸어
  침입시험을 실시하여 시험체 표면에 아무런 흔적이 나타나지 않을 때까지의 시간을
  종결(Final Setting Time)로 한다.

(2) 길모어 장치에 의한 시험방법

1) 시험체의 조제

 ① 비카 장치에 의한 표준 주도 시험으로 물의 양을 결정한다.

 ② 시료 시멘트 500g을 계량한다.

 ③ 결정된 물의 양과 시멘트로 '표준 주도 시험' ③~⑦과 같은 방법으로 시멘트 반죽을
  만든다.

 ④ 조제된 반죽을 한 변이 약 10cm 되는 정사
  각형의 깨끗한 유리판 위에 놓고 그림과 같
  이 지름이 약 7.5cm, 중앙면의 두께가 약
  1.3cm이고 바깥으로 갈수록 점점 얇은 패트

**┃ 길모어 방법에 따라 응결 시간을
결정하기 위한 패트 ┃**

  (Pat)를 만든다. 이때, 패트를 만드는 방법은 처음에 시멘트 반죽을 유리판 위에 편평하게
  놓고 패트의 바깥쪽에서 안쪽으로 훑는 것과 같이 흙손질하여 윗면을 편평하게 고른다.

 ⑤ 조제된 패트는 습기함에 넣어 두고 응결시간을 측정하는 때 외에는 가만히 놓아 둔다.

2) 응결시간 측정시험

   ① 길모어 장치의 초결침 아래 패트의 중앙 부분이 오도록 수직으로 놓고 초결침을 패트의 표면에 가볍게 올려놓는다.

   ② 패트가 알아볼 만한 흔적을 남기지 않고 길모어 초결침을 받치고 있을 때까지의 시간을 초결로 한다.

   ③ 패트를 습기함 속에 계속 보관하다가 다시 종결침으로 초결 시험의 경우와 같이 시험하여 패트가 흔적을 내지 않고 길모어 종결침을 받치고 있을 때까지의 시간을 종결로 한다.

시 험 명	시멘트 응결시간 측정시험				
시 험 일	서기 년	월	일	요일	날씨

시험일의 상태	실온(℃)	습도(%)	수온(℃)	양생 온도(℃)
	22.5		22.0	23.0

시 료	보통 포틀랜드 시멘트

시 험 일	표준 주도 시험			
측정 번호	1	2	3	4
시료의 무게(g)	500	500		
물의 양(ml)	130	135		
침입도(mm)	8	10		
표준 주도의 물의 양(%)	w/c = 27.0%			

고 찰 :

시 험 명	응결시간 측정시험							
주수 시각(h.m)	AM 09 : 45							
초결	측정 시각(h.m)	10 : 15	10 : 30	10 : 45	11 : 00	11 : 15	11 : 30	11 : 45	
	경과 시간(h.m)	00 : 30	00 : 45	01 : 00	01 : 15	01 : 30	01 : 45	02 : 00	
	침입도(mm)	38	35	32	30	28	26	25	
종결	측정 시각(h.m)	12 : 00	12 : 15	12 : 30	12 : 45	13 : 00	13 : 15	13 : 30	13 : 45
	경과 시간(h.m)	02 : 15	02 : 30	02 : 45	03 : 00	03 : 15	03 : 30	03 : 45	04 : 00
	침의 관찰	관입	관입	관입	관입	관입	소흔	소흔	무흔
초결 시간(h.m)	02 : 00							
종결 시간(h.m)	04 : 00							

고 찰 :

시 험 자	소 속	
	성 명	
검 인	서기 20 년 월 일	

G·U·I·D·E

01 시멘트의 응결시간을 측정하는 시험방법은?

13④

① 브레인 공기투과장치

② 비카 장치, 길모어 장치

③ 시멘트 비중시험

④ 오토클레이브 장치

◎ ㉠ 브레인 공기투과장치
  : 분말도 시험
㉡ 르 샤틀리에 병
  : 시멘트 비중시험
㉢ 오토클레이브 장치
  : 시멘트 안정성 시험

정답 **01** ②

시멘트 모르타르의 인장강도 시험법

Testing Method for Tensile Strength of Cement Mortars

1 시험 목적

① 시멘트의 인장강도를 측정함으로써 같은 시멘트를 사용해서 만든 콘크리트의 강도를 어느 정도 추정할 수 있다.

② 시험을 통하여 시험방법을 이해하고, 시멘트의 품질검사를 할 수 있는 능력을 기른다.

2 시험용 시험기구 및 재료

① 저울 : 용량 1,000g, 강도 0.1g

② 표준체 : No. 20(841μ), No. 30(595μ)

③ 메스실린더 : 용량 150~200ml

④ 인장시험용 몰드 : 시험체 가운데 부분 내면 사이의 간격은 25.4±0.25mm, 두께는 25.4±0.05mm이어야 한다.

‖ 인장시험용 몰드(브리키트 몰드) ‖

⑤ 인장강도 시험기

　㉠ 하중속도가 270±10kg/min, 부하 속도 조절장치가 있어야 한다.

　㉡ 15kg 이상의 하중에 대한 오차는 새 기계는 ±1.0%, 사용 중 기계는 ±1.5% 이내여야 한다.

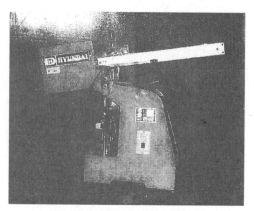

‖ 인장강도 시험기 ‖

⑥ 공시체의 시험용 클립(Clip)

⑦ 흙손 : 길이 10~15cm

⑧ 온도계 및 습도계

⑨ 혼합용기

⑩ 유리판

⑪ 고무제 스크레이퍼(Scraper)

⑫ 곧은 날(Straight Edge)

⑬ 습기함 : 23±2℃ 유지 가능한 것

⑭ 저장수조 : 23±2℃ 유지 가능한 것

⑮ 기타 : 나무망치, 마른걸레, 대나무 숟가락, 고무장갑, 중광유 또는 그리스(Grease) 등

⑯ 여러 가지 시멘트 및 표준모래

③ 시험방법

(1) 모르타르의 제조

① 표준 모르타르의 배합은 무게비로 하며 시멘트와 표준모래의 비가 1 : 2.7의 비율로 섞어 저울에 달아야 하며, 3개의 공시체를 만드는 데 필요한 건조무게는 시멘트 150g, 표준모래 405g이다. 일반적으로 공시체 6개 분을 준비한다.

② 표준 모르타르 조제에 사용할 물의 양은 같은 시멘트를 사용해서 표준 반복 질기를 나타낼 순 시멘트 반죽을 만드는 데 소요된 수량을 기준으로 하며 다음의 표와 같다.
시멘트와 모래의 비율이 중량비로 1 : 2.7이 아닐 때 혼합수의 양은 다음 식으로 계산한다.

$$Y = \frac{2}{3} \cdot \frac{P}{N+1} + K$$

여기서, Y : 모래 모르타르에 필요한 물의 양(%)
P : 표준 반죽 질기의 순 시멘트에 필요한 물의 양(%)
N : 시멘트에 대한 모래의 양(중량비)
K : 표준모래에 대한 상수로서 6.5

이 수치는 시멘트와 표준모래를 합한 건조중량에 대한 백분율이며, 표준 반죽 질기의 순 시멘트 반죽을 만드는 데 소요되는 물의 양은 시멘트 응결시간 측정방법의 표준반죽 질기의 시멘트 풀을 만드는 방법에 의해 결정한다.

▼ 표준 모르타르에 대한 물의 양(%)

표준 반죽질기의 순 시멘트 반죽에 대한 물의 양	시멘트 1, 표준모래 2.7의 모르타르에 대한 물의 양
15	9.2
16	9.4
17	9.6
18	9.7
19	9.9
20	10.1
21	10.3
22	10.5
23	10.6
24	10.8
25	11.0
26	11.2
27	11.4

표준 반죽질기의 순 시멘트 반죽에 대한 물의 양	시멘트 1, 표준모래 2.7의 모르타르에 대한 물의 양
28	11.5
29	11.7
30	11.9

③ 건조재료를 달아서 매끈하고 비흡수성인 반죽 판 위에 놓고 건조한 그대로 잘 혼합한 다음 중앙에 홈을 만든다.

④ 정확한 양의 깨끗한 물을 홈 안에 붓고 가장자리에 있는 재료를 흙손을 써서 30초 이내로 홈 안에 걷어 넣는다. 증발로 인한 손실을 줄이고 흡수를 촉진시키기 위해서 주위에 있는 마른 모르타르를 남은 모르타르 위에 가볍게 흙 손질하여 30초간 흡수할 시간을 준 다음 계속해서 고무장갑을 낀 손으로 힘있게 반죽하여 90초 동안에 작업을 완료한다.

(2) 공시체의 성형

① 몰드에 모르타르를 채우기 전에 미리 광유를 엷게 바른다.

② 모르타르 반죽이 끝난 직후 몰드는 기름을 바르지 않은 유리판 위에 올려놓고 모르타르를 다지는 일이 없이 몰드 안에 수북히 채운다.

③ 각 공시체마다 두 손의 엄지손가락을 이용해 8~10kgf의 힘으로 12번씩 전 면적에 걸쳐 힘이 미치도록 힘껏 모르타르를 밀어 넣는다.

④ 흙손으로 모르타르의 표면을 2kgf 정도의 힘을 주어 고른다.

⑤ 몰드 위에 광유를 바른 유리판이나 금속판을 덮고, 두 손으로 몰드와 유리판을 받쳐들고 몰드가 그 종축 주위를 회전하도록 뒤집는다.

⑥ 위판을 떼고 다시 모르타르를 쌓아 올린 다음 다지고 흙손으로 표면 고르기를 반복한다.

⑦ 공시체의 수는 각 재령에 따라서 3개 이상씩 만들어야 한다.

(3) 공시체의 양생

① 몰드를 습기함에 20~24시간 동안 넣어둔다.

② 몰드에서 공시체를 탈형시켜 양생실 및 저장수조에 보관한다. 수조의 온도는 23±2℃, 습도는 90% 이상이어야 한다.

(4) 인장강도 시험

① 재령 1일 공시체는 습기함에서 꺼낸 직후 시험을 실시한다.

② 재령 1일 시험을 위해 미리 꺼내놓은 공시체는 시험할 때까지 젖은 헝겊으로 덮어두거나 23±2℃의 물속에 담가 놓는다.

③ 각 공시체(Briquet)는 표면건조 포화상태가 되도록 물기를 닦고 시험기의 클립(Clip)과 접촉하는 면에 붙은 모래알이나 다른 부착물을 깨끗이 제거한다.

④ 롤러 베어링(Roller Bearing)은 기름을 잘 쳐서 회전이 용이하도록 한다.

⑤ 공시체를 클립 단의 중심에 오도록 넣은 다음 하중은 계속해서 270±10kg/min의 속도로 부하한다.

⑥ 공시체가 파괴되었을 때의 최대하중을 기록한 다음 kg/cm² 단위로 환산하여 표시한다.

⑦ 메하리스(Mechaelis) 시험기를 사용할 때는 산탄 낙하량이 매초 100g이 되도록 댐퍼를 조절한다.

4 주의사항

(1) 모르타르 제조

① 혼합수의 양은 시멘트 중량에 대한 백분율로 표시한다.

② 반죽판, 건조재료, 몰드 밑판 및 혼합용기 부근의 공기온도는 20~27.5℃, 혼합수의 온도는 23±2℃, 실험실의 상대습도는 50% 이상이어야 한다.

(2) 공시체의 성형

공시체의 성형 시 두드리거나 찧거나 하는 충격이 가해져서는 안 되며 공시체 표면을 고르는 이외의 흙 손질은 금한다.

(3) 공시체의 양생

시멘트 모르타르의 압축강도 시험의 공시체 양생방법과 같은 방법으로 양생한다.

5 참고사항

① 모르타르 및 콘크리트의 인장강도는 사용모래, 사용수량, 재령, 온도, 양에 의해 좌우된다.

② 인장강도 시험용 모르타르에 표준모래를 사용하는 것은 사용하는 모래알의 차이에 의한 영향을 없애고 시험조건을 일정하게 하기 위함이다.

③ 강도시험용 표준모래의 규격은 표와 같다.

▼ 인장 강도 시험용 표준모래(KS L 5100)

항 목	입도(표준체의 잔류량(%))				단위용적무게 (t/m³)
종 별	No.20(840μ)	No.30(595μ)	No.50(297μ)	흙의 양(%)	
인장강도 시험용 모래	1.0 이하	95.0 이상	–	0.4 이하	1.53~1.60

④ 인장강도는 압축강도의 1/8~1/12 정도이다.

⑤ 시멘트 모르타르의 강도시험에는 압축, 인장시험 외에도 휨 강도시험이 있으며, 시험방법은 인장강도 시험 시와 같은 요령으로 실시하되 메하리스 시험기를 사용하고, 40×40×160mm의 휨 강도 시험용 공시체를 가지고 시험을 행한다. 휨 강도는 압축강도의 15~20% 정도이다.

시멘트의 인장강도 시험

시 험 일	서기 년 월 일 요일 날씨		
시 험 일 의 상 태	실 온 (℃)	습 도 (%)	수 온 (℃)
시 료 명			

시험용 모르타르 만들기	
표준반죽질기의 순 시멘트 반죽에 필요한 물의 양(%)	
시멘트와 표준 모래의 무게 비(1 : N)	
표준 모래의 상수	
표준 반죽 질기의 모르타르에 필요한 물의 양(%)	

배치시료의 무게(g)	시멘트	표준 모래	물

〈고찰〉

인 장 강 도 시 험

시 험 일		년 월 일			년 월 일			년 월 일		
시험일의 상 태	실 온(℃)									
	습 도(%)									
	양생온도(℃)									
재 령 (일)		3			7			28		
측정번호		1	2	3	1	2	3	1	2	3
최대하중 P (kg/cm²)										
단면적 A (cm²)										
압축강도 $\sigma_c = \dfrac{P}{A}$ (kg/cm²)										
평균값 (kg/cm²)										

〈고찰〉

실험자	소속		성 명	
검 인	서기 20 년 월 일 요일			

01 시멘트 모르타르의 강도시험에 표준모래를 사용하는 이유로
서 가장 적합한 것은?

① 경제적인 모르타르를 제조하여 시험하기 위함이다.

② 표준모래는 양생이 쉽고 온도의 영향을 적게 받기 때문
이다.

③ 표준모래는 품질이 좋고 강도가 크기 때문이다.

④ 모래알의 차이에 의한 영향을 없애고 시험조건을 일정하
게 하기 위함이다.

시멘트의 분말도 시험법
Testing Method for Fineness of Portland Cement

1 시험 목적

① 분말도 시험은 시멘트 입자의 가는 정도를 알아보기 위한 시험으로서 분말도와 비표면적을 구한다.

② 시멘트의 분말도는 시멘트 콘크리트의 성질을 좌우하는 물리적인 중요 인자로서 모르타르(Mortar), 콘크리트의 제 성질을 예측할 수가 있다.

③ 비표면적(cm^2/g)이라 함은 1g의 시멘트가 가지고 있는 총 표면적이다.

2 시험용 기계기구 및 재료

(1) 비표면적 시험(KSL 5106)

① 블레인(Blaine) 공기투과장치(Air Permeability Apparatus) 세트

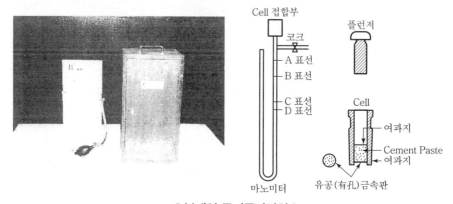

┃ 블레인 공기투과장치 ┃

  ㉠ 투과 셀(Cell)

  ㉡ 플린저(Plunger)

  ㉢ 다공 금속판

② **여과지** : 여과지는 정량분석용으로 하고 크기는 셀(Cell)의 안지름에 꼭 맞도록 한다.

③ **스톱워치(Stop Watch)** : 0.5초까지 정확하게 읽을 수 있고, 60~300초 사이에는 1% 이상의 정밀도를 갖는 것이어야 한다.

④ 천칭(칭량 100g, 감량 0.005g)

⑤ **마노미터(Manometer)액** : 디부틸 푸탈레이트(Dibutyl Pthalate)나 경질 광유와 같은 점도나 비중이 낮고 비휘발성 비흡습성인 액체를 사용하며 마노미터의 제D표선까지 채운다.

⑥ 붓 및 숟가락

⑦ 시료병

(2) 표준체 No.325(44μ)에 의한 방법(KSL 5112)

① 표준체 No.325(44μ) : 물에 침식되지 않는 체틀로 지름 50±6mm, 높이 75±6mm 의 것

② 분사노즐(Spray Nozzle) : 분사노즐은 물에 침식되지 않는 금속으로 되어 있고, 안지름 17.5mm로 중심구멍이 중심 축방향으로 뚫려 있고, 중간선의 8개 구멍이 중심에서 6mm 되는 곳에 중심 축과 5°의 각도로 뚫려 있으며, 바깥선에 8개의 구멍이 중심선에서 12mm 되는 곳에서 중심 축과 10°의 각도로 뚫려 있어야 하고, 구멍의 지름은 0.5mm이어야 한다.

③ 압력계 : 지름이 75~100mm의 것으로 최대압력은 2kg/cm²이며 0.1kg/cm²마다 눈금 이 있어야 한다.

④ 저울 : 0.0005g까지 칭량할 수 있는 것

⑤ 솔(Brush)

⑥ 스톱워치(Stop Watch)

③ 시험방법

분말도는 블레인 방법에 의하여 결정하는 것을 원칙으로 한다. 단, 표준체에 의한 방법으로 결정할 수도 있다.

(1) 비표면적 시험(블레인 방법, KSL 5106)

① 미국 표준국 표준시료 No.114를 사용하고 ②~⑭항에 준하여 측정하며 매회 새로운 시멘트 베드를 형성하고 3회 이상 동일인이 행하여 그 평균치를 구한다.(표준화 시험)

② 시멘트 표준시료 약 10g을 100ml의 시료병에 넣고 밀봉하여 약 2분간 세게 흔들어 덩어리를 잘 풀어 놓는다.

③ 저울로 측정할 시료의 양은 다음 식에 따라 계산하고 시료를 0.001g까지 정확히 칭량한다.

$$W = P_s \cdot V(1-e)$$

여기서, W : 저울로 측정할 시료의 무게(g)

P_s : 표준시료의 비중(보통포틀랜드 시멘트는 3.15로 함)

V : 시멘트 베드의 부피(cm³)

e : 시멘트 베드의 기공률(Porosity, 보통 포틀랜드 시멘트 : 0.500±0.005)

④ 투과 셀(Cell)을 마노미터에서 분리시켜 플린저(Plunger)를 빼낸 다음 투과 셀의 저부에 다공 금속판을 바르게 접촉시켜서 넣는다.

⑤ 다공 금속판 위에 여과지 1장을 셀보다 조금 가는 막대기로 눌러 고르게 해놓는다.

⑥ 셀에 ③항의 시료를 서서히 흐트러지지 않도록 넣는다.

⑦ 셀 측면을 붓으로 가볍게 두들겨 시료를 고르게 한다.

⑧ 다시 별도의 여과지를 시료의 위에 넣는다.

⑨ 그 플린저의 턱이 셀의 위쪽에 닿을 때까지 가만히 누른다.

⑩ 플린저를 가만히 빼어낸다.

⑪ 셀을 마노미터관에 밀착시켜서 기밀하게 하고 준비한 시멘트 베드가 흩어지지 않도록 주의한다.

⑫ 오른손으로 고무구를 쥐고 왼손으로 콕을 연다.

⑬ 고무구를 쥐었던 손을 서서히 떼고 공기를 빼내어 U자 관내의 마노미터 액두를 A선까지 끌어올리고 콕을 닫는다.

⑭ 액두가 B표선까지 오면 스톱워치를 누르고 C표선까지 강하하는 시간을 초단위로 측정하여, 실험실의 온도를 기록한다.

⑮ 시험시료에 대해서도 ②~⑭항에 따라 시험을 실시한다.

⑯ 보통 포틀랜드 시멘트의 비표면적은 다음 식으로 계산한다.

$$S = S_s \sqrt{T/T_s}$$

여기서, S : 시험시료의 비표면적(cm³/g)
　　　　S_s : 표준시료의 비표면적(cm³/g)
　　　　T : 시험시료에 대한 마노미터액의 B표면에서 C표선까지 낙하하는 시간(sec)
　　　　T_s : 표준시료에 대한 마노미터의 B표면부터 C표면까지 낙하하는 시간(sec)

(2) 표준체에 의한 방법(KSL 5112)

① **표준체의 보정** : 표준시료 시멘트 1g을 깨끗하고 건조한 표준체 안에 넣고 ②~⑥항의 시험방법에 따라서 시험을 행한다. 표준체 보정계수는 실측한 잔사량과 표준시료에 대하여 표시된 잔사량의 차를 %로 표시한다.

▼ 시멘트 분말도

규격	시멘트 종류		Blaine 방법 비표면적(cm³/g)		표준체 방법 잔분(%)
KS L5201	포틀랜드 시멘트	보통(1종)	A급	2,800 이상	−
			B급	2,600 이상	−
		중용열(2종)	A급	2,800 이상	−
			B급	2,600 이상	−
		조강(3종)	A급	3,300 이상	−
		저열(4종)		2,800 이상	−
		내황산염(5종)		2,800 이상	−
KS L5204	백색 포틀랜드 시멘트		3,000 이상		−
KS L5401	포틀랜드 포조란 시멘트	A, B, C종	3,000 이상		1.0 이하[1] 12.0 이하[2]
KS L5211	플라이애시 시멘트	A, B, C종	2,500 이상		9.0 이하[3]

주 1) 표준체 149μ(No.100) 습식체질에서 남은 양(%)
 2) 표준체 44μ(No.325) 습식체질에서 남은 양(%)
 3) 평균입경(μ)

② 시료를 셀 중에 다져서 만든 시멘트 베드의 부피측정은 수은 대치법으로 결정한다.

③ 시멘트 베드의 부피측정은 다음 식으로 구한다.

$$V = \frac{W_a - W_b}{D}$$

여기서, V : 시멘트 베드의 부피(cm³)
　　　　W_a : 셀 안에 다공 금속판과 여과지 2매를 넣고 수은을 채운 윗면을 유리판으로 수평하게 했을 때 수은의 무게(g)
　　　　W_b : 셀 안에 다공 금속판과 여과지를 넣고 시멘트 약 2.8g을 채운 후 그 위에 여과지를 깔고 플런저의 턱이 셀의 위쪽에 닿을 때까지 가볍게 누른 다음 수은을 가득 채우고 윗면을 수평하게 했을 때 수은의 무게(g)
　　　　D : 시험온도에서 수은의 밀도(g/cm³)

시멘트 분말도 시험(표준체 방법)

시 험 일	서기 20 년 월 일 요일 날씨			

시험일의 상태	실온(℃)		습도(%)	

시 료 명				

실 험 횟 수	1	2	3	4
① 시료의 중량　　　　　　　　　(W1)(g)				
② 체침 후 표준체에 남은 중량　　　(W2)(g)				
③ 광택지에 떨어진 시멘트의 중량　(W3)(g)				
④ 분말도　　　　　f =(②÷①)×100(%)				
평 균 치				

〈고찰〉

실험자	소속		성명	
검 인	서기　　20　　년　　　월　　　일			

시멘트 분말도 시험(블레인 방법)

시 험 일	서기 20 년 월 일 요일 날씨				

시험일의 상태	실 온 (℃)			습 도 (%)	

시 료 명					
① 셀과 수은의 중량	(g)				
② 셀의 중량	(g)				
③ 수은의 중량 ①−②	(g)				
④ (셀)+(시멘트)+(수은)의 중량	(g)				
⑤ (셀)+(시멘트)의 중량	(g)				
⑥ 수은의 중량 ④−⑤	(g)				
⑦ 수은의 밀도	(g/cm³)				
⑧ 배치의 체적 $\dfrac{③−⑥}{⑦}$	(cm³)				
측정값의 차					
허 용 차					
평 균 값					
측 정 번 호		1	2	3	4
⑨ 시료의 중량	(g)				
⑩ 표준시료의 내려오는 시간 T_s	(sec)				
⑪ 표준시료 비표면적 S_s	(cm²/g)				
⑫ 시험시료의 낙하시간 T	(sec)				
시멘트 비표면적 S $S=⑪\sqrt{\dfrac{⑫}{⑩}}$ (cm²/g)	(cm²/g)				
평 균 치					

〈고찰〉

실험자	소속			성명	
검 인	서기 20 년 월 일				

05 CHAPTER

시멘트의 오토클레이브 팽창도 시험법
Testing Method for Autoclave Expansion of Portland Cement

1 시험의 목적

시멘트가 불안정하면 그것을 사용한 콘크리트는 팽창으로 인해 금이 가서 깨어지고 또는 뒤틀림을 일으키거나 구조물의 내구성을 해치는 원인이 되므로 안전성 있는 시멘트를 사용하기 위해 안정성을 알아볼 필요가 있다.

2 시험용 기계기구 및 재료

① 여러 가지 시멘트
② **오토클레이브(고압솥)** : 사용압력 $21 \pm 1kg/cm^2$, 압력조절용으로 자동압력 조절 및 안전 밸브 장치가 있는 것
③ 몰드 : 단면 $25.4 \times 25.4mm$, 유효 표점거리 254mm의 시험체를 만들 수 있는 것
④ 저울(칭량 1,000g, 감도 0.1g)
⑤ 메스실린더(용량 150~200ml)
⑥ **흙손** : 길이 15~20cm
⑦ 길이 측정용 콤퍼레이터 및 표준막대
⑧ 칼(흙칼)
⑨ 걸레
⑩ 광유
⑪ 습기함 또는 습기실
⑫ 혼합기, 혼합용기 및 패들

┃오토클레이브┃

┃콤퍼레이터┃

3 시험방법

(1) 공시체를 만드는 방법

① 표준배치는 먼저 저울로 측정한 시멘트 500g에 메스실린더로 표준 반죽질기의 반죽을 만드는 데 알맞은 물을 가하여 KS L 5102(시멘트 표준반죽질기 시험방법)의 규정이나 시멘트 응결시험방법 **3**의 (1)항에 따라서 혼합한다.

② 공시체는 하나만 만든다. 만약 재시험을 할 경우에는 공시체 3개를 만든다.

③ 혼합이 끝나면 바로 공시체는 두 층으로 고르게 채워 넣고 각 층은 엄지손가락이나 집게 손가락으로 몰드의 구석이나 끼워 놓은 표점 주위와 몰드의 표면을 따라서 반죽을 다져 넣어 균일한 공시체가 되도록 한다.

④ 위층이 단단하게 되면 흙손의 얇은 날로 반죽을 몰드의 높이대로 깎아내고 표면이 매끈 해질 때까지 문질러 준다.

(2) 공시체의 저장방법

몰드에 반죽을 채워 성형이 끝나면 몰드에 채워둔채 바로 습기함에 넣어 최소 20시간 이상 방치한다.

(3) 팽창도 시험

① 성형 후 24시간±30분에 공시체를 습기실에 들어내어 즉시 길이를 측정하고 각 공시체 의 4면이 포화증기에 닿도록 공시체 길이에 끼워 실온 상태에 있는 오토 클레이브(고압 솥) 안에 넣고 가열한다.

② 시험하는 동안 오토클래이브 안에 고압솥 용적의 7~10%의 물을 넣어 항상 포화증기로 차 있도록 한다.

③ 가열시간의 초기에는 오토클레이브로부터 공기가 빠져나가도록 통기밸브를 수증기가 나오기 시작할 때까지 열어 놓는다.

④ 통기밸브를 닫고 가열하기 시작하여 45~75분 동안에 증기압이 $21\pm1\text{kg/cm}^2$가 되도 록 오토클레이브의 온도를 올리며 $21\pm1\text{kg/cm}^2$ 압력으로 3시간 동안 유지한다.

⑤ 3시간이 지난 다음 가열을 중지하고 다시 1시간 30분가량 압력이 1kg/cm^2 이하가 되도 록 오토클래이브를 냉각시킨다.

⑥ 통기밸브를 조금씩 열어 남은 압력을 천천히 내려 완전히 대기압이 되면 오토클레이브를 열고 공시체를 즉시 90℃ 이상의 물속에 담근 다음 공시체 주위의 물에 골고루 찬물을 가하여 15분 동안 23℃가 되도록 균일하게 냉각시킨다.

⑦ 공시체 주위의 물은 23℃로 15분간 다시 유지하고 공시체를 꺼내어 표면이 건조하면 다 시 길이를 측정한다.

⑧ 오토클래이브 시험 전후의 공시체의 길이 차는 유효 표점길이의 0.01%까지 계산하여 팽 창도로 보고한다. 길이가 수축했을 때는 백분율에 (−)부호를 붙인다.

⑨ 측정 결과가 규격에 미달일 때는 3개의 공시체를 만들어 재시험을 하여야 하며 시험한 결과를 평균해야 한다.

⑩ 시험체의 팽창도는 다음 식으로 구한다.

$$팽창도(\%) = \frac{l_1 - l_2}{L_1} \times 100$$

여기서, l_1 : 시험 전의 길이(0.001mm까지 측정)
l_2 : 시험 후의 길이(0.001mm까지 측정)

4 주의사항

① 실험온도는 공시체 및 건조재료에서는 20~27.5℃, 혼합수와 습기함 또는 습기실 23±1.7℃, 습도는, 실험실은 50% 이상, 습기함이나 습기실은 90% 이상의 상대습도를 유지해야 한다.

② 몰드는 광유를 엷게 바른 후 표점을 끼우며 기름이 묻어 있지 않도록 깨끗이 한다.

③ 공시체의 혼합이나 성형 시에는 손에 맞는 깨끗한 고무장갑을 끼도록 한다.

④ 공시체 저장 중 24시간 전에 몰드에서 탈형시켰을 때는 시험 시까지 습기함 또는 습기실에 보관해야 한다.

5 참고사항

① 안정성이라는 것은 시멘트가 경화 중에 용적이 팽창하는 정도를 말하는 것이다.

② 팽창으로 인하여 금이 가거나 뒤틀리는 원인은 시멘트 클링커 중의 유리산화칼슘, 산화 마그네슘, 삼산화황 등에 의해 함량이 한도를 초과하기 때문이다.

③ 오토클레이브 시험방법의 안정도 시험에 불합격된 시멘트는 28일 이내에 새로운 시료로 재시험하여 합격된 것이어야 합격품으로 인정한다.

④ 시멘트 안정성의 규격은 다음 표와 같다.

▼ 시멘트의 팽창도

규격	종류		오토클레이브 팽창도 또는 수축도(%)
KS L 5201	보통 포틀랜드 시멘트	보통	0.80 이하
		중용열	0.80 이하
		조강	0.80 이하
		저열	0.80 이하
		내황산염	0.80 이하
KS L 5204	백색포틀랜드 시멘트		0.80 이하
KS L 5401	포틀랜드 포조란 시멘트		0.50 이하
KS L 5211	플라이애시 시멘트		0.50 이하

시멘트의 오토클레이브 팽창도 시험

시 험 일	서 기 20 년 월 일 요일 날씨			
시험일의 상태	실 온 (℃)		습 도 (%)	
시 료 명				

측 정 번 호	1	2	3	4
① 시료의 중량 (g)				
② 물의 양 (ml)				
③ 시험 전의 길이 l_1 (mm)				
④ 시험 후의 길이 l_2 (mm)				
팽창도 $\dfrac{④-③}{③}\times100(\%)$				

〈고찰〉

실험자	소속		성명	
검 인	서기 20 년 월 일			

시멘트 모르타르의 압축강도 시험법
Testing Method for Compressive Strength of Cement Mortar

1 시험 목적

① 시멘트의 압축강도를 측정함으로써 같은 시멘트를 사용해서 만든 콘크리트의 압축강도를 어느 정도 추정할 수 있다.

② 시험을 통하여 시험방법을 이해하고, 시멘트의 품질검사를 할 수 있는 능력을 기른다.

2 재료

① 시멘트

② 표준 모래(KS L 5100에 따른 시멘트 강도 시험용 표준 모래를 사용한다.)

3 기계 및 기구

(1) 모르타르의 조제

① 혼합기(Mortar Mixer)

② 표준체(No.30체(595μ), No.50체(297μ))

③ 저울(용량 2kg, 감도 1g)

④ 메스실린더($250\sim500$ml)

⑤ 고무제 스크레이퍼(Scraper)

⑥ 온도계, 습도계

(2) 흐름 시험(Flow Test)

① 흐름 시험기(Flow Table App.)

    ㉠ 흐름판(Flow Table) : 지름 254 ± 2.5mm, 낙하되는 무게는 $4,100\pm50$g의 주철재 원형판이다.

    ㉡ 흐름 몰드(Flow Mold) : 원뿔 모양으로 상부 안지름 70 ± 0.5mm, 하부 안지름 : 100 ± 0.5mm, 높이 50 ± 0.5mm이어야 한다.

    ㉢ 다짐봉(Tamping Rod) : 지름 20mm 원형이며, 길이는 20cm이다.

② 캘리퍼스(Calipers) : 300mm 정도 측정용인 것

③ 흙손

④ 마른 걸레

‖ 흐름 시험기 ‖

(3) 시험체의 성형

① 모르타르 몰드(Mortar Mold) : 한 변이 50.8mm 입방체로, 주로 3연식을 사용한다.

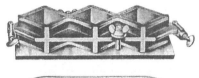

┃ 모르타르 압축 강도 시험용 몰드 종류 ┃

② 다짐 막대(Tamper) : 비흡수성, 비취성이며 내마모성 재료로 되어 있다.
다짐면은 13×25mm이고, 12~15cm 정도의 적당한 길이를 가지며, 찧는 면은 편평하고 축에 대해 직각이다.

③ 나무망치

④ 고무장갑

⑤ 그리스(Grease)

(4) 시험체의 탈형 및 양생

① 나무망치

② 시멘트 칼(Cement Knife)

③ 습기함(23±2℃ 유지 가능한 것)

④ 양생 수조(23±2℃ 유지 가능한 것)

⑤ 온도계, 습도계

(5) 압축강도시험

① 압축 강도 시험기(유압형이나 스크루(Screw)형)

② 캘리퍼스(Calipers)

③ 마른걸레

┃ 압축 강도 시험기 ┃

4 안전 및 유의사항

① 모르타르의 조제 및 시험체 성형은 항상 실내에서 실시하되 직사광선을 피하고, 시험실의 온도는 20~27℃로 유지한다.

② 시험실의 상대습도는 50% 이상, 습기함 및 습기실의 상대 습도는 90% 이상이어야 한다.

③ 혼합수, 습기함, 습기실 및 양생 수조 물의 온도는 23±2℃이어야 한다.

④ 흐름 시험기는 콘크리트 대에 수평으로 고정시켜야 한다.

⑤ 시험체 성형 작업 시에는 고무장갑을 낀다.

⑥ 압축강도 시험 시 편심이 일어나지 않도록 주의한다.

⑦ 압축강도 시험 시 쿠션(Cushion)이나 베드(Bed)재를 사용하면 안 된다.

5 시료의 준비

시멘트와 표준 모래를 1 : 2.45의 무게비로 혼합한다.

참고로 6개의 시험체를 한 배치(Batch)로 한 번에 반죽할 건조재료의 양은 시멘트 510g에 표준 모래 1,250g이고, 9개의 시험체를 한 배치로 한 번에 반죽할 건조재료의 양은 시멘트 760g에 표준사 1,862g이다.

(1) 시험방법

① 모르타르의 조제

ㄱ) 시멘트와 표준 모래를 1 : 2.45의 무게비로 계량한다.

ㄴ) 혼합수의 양을 계량한다. 포틀랜드 시멘트의 경우는 사용 시멘트 무게의 약 48.5% 정도로 한다.

ㄷ) 계량된 혼합수를 혼합 용기에 넣는다.

ㄹ) 시멘트를 물 안에 넣고 혼합기를 시동하여 제1속도로 30초 동안 혼합하면서 그동안에 계량된 표준 모래 전량을 천천히 넣는다.

ㅁ) 혼합기를 정지하고 제2속도로 바꾸어 30초 동안 혼합한다.

ㅂ) 혼합기를 정지하고 모르타르를 90초 동안 방치한다. 이 기간의 처음 15초 동안에 용기 측면에 부착한 모르타르를 전부 배치 안에 긁어내리고, 이 기간의 나머지 시간은 용기에 뚜껑을 덮어 둔다.

ㅅ) 제2속도로 60초 동안 혼합하고 혼합을 마친다.

② 흐름 시험

ㄱ) 마른 헝겊으로 흐름판을 깨끗이 닦고, 흐름 몰드를 가운데 놓는다.

ㄴ) 몰드에 배합한 모르타르를 약 2.5cm 두께로 채우고, 다짐봉으로 20번 다진다. 이때, 찧는 압력은 몰드에 모르타르가 균일하게 차는 데 충분하도록 한다.

ⓒ 다시 모르타르를 전부 채우고 균일한 압력으로 처음 층과 같이 20번 다진다.

ⓔ 몰드 윗부분의 모르타르를 평면으로 잘라내고, 몰드의 윗면에 맞추어 흙손의 곧은 날로 몰드 면에 거의 직각이 되도록 세우고, 몰드 윗면을 따라서 톱질 운동으로 편평하게 한다.

ⓜ 흐름판 윗면을 닦고, 특히 흐름 몰드 주변의 물기를 완전히 없앤다.

ⓗ 1분 동안 두었다가 몰드를 모르타르로부터 천천히 들어올린다.

ⓢ 즉시 흐름판을 1.27cm의 낙하 높이로 15초 동안에 25회 낙하시킨다.

ⓞ 흐름판 위에 퍼진 모르타르를 거의 같은 간격으로 나누어 4개의 평균 지름을 측정하고, 이것을 원래 지름의 백분율로 표시한다.

ⓙ 규정된 흐름값 110±5를 얻을 때까지 물의 양을 변경하여 시험 모르타르를 만들어 시험한다. 이때, 각 시험 모르타르는 새로운 시료로 만들어야 한다.

③ 시험체의 성형

ⓐ 흐름 시험이 끝나는 즉시 모르타르를 혼합 용기에 넣어 제1속도로 15초 동안 되비비기를 한다.

ⓑ 모르타르는 처음 반죽이 끝난 후 2분 15초 이내에 성형을 시작한다.

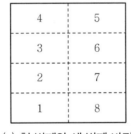
(a) 첫 번째와 세 번째 바퀴

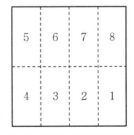
(b) 두 번째와 네 번째 바퀴

‖ 시험체를 만들 때 다지는 순서 ‖

ⓒ 성형 시 몰드는 물이 새지 않도록 광유나 그리스를 엷게 발라 조립하고 두께가 약 2.5cm 되도록 각 입방체의 칸 안에 모르타르를 넣고, 각 성형체마다 약 10초 동안에 네 바퀴로 32회 다진다.

ⓓ 모든 칸에 나머지 모르타르를 채우고 1층과 같이 다진다. 이때, 다지는 동안 한 바퀴마다 고무 장갑을 낀 손가락과 다짐 막대로 밀려 나온 모르타르를 다시 몰드에 밀어 넣고, 다짐이 끝났을 때는 각 입방체의 윗부분은 몰드보다 약간 나와 있어야 한다.

ⓔ 모르타르의 윗면을 흙손의 편평한 면으로 진행 방향의 날을 약간 올리고, 몰드의 길이 방향에 대하여 직각으로 각 입방체 윗부분을 한 번에 건너 당김으로써 고르게 한다.

ⓕ 흙손의 곧은 날을 몰드에 직각으로 대고 몰드의 길이에 따라 톱질 운동하며 당김으로써 몰드의 윗면과 편평하게 한다.

④ 시험체의 탈형 및 양생

   ⊙ 성형된 시험체는 성형 즉시 몰드와 함께 습기함이나 습기실에 20~24시간 보관한다.

   ⓒ 24시간 이전에 탈형을 한 경우에는 24시간이 될 때까지 습기함이나 습기실 선반에 보관하고, 그 외는 24시간 만에 탈형하여 24시간 시험용 시험체를 제외하고는 $23 \pm 2℃$의 깨끗한 양생 수조 물 속에 담가 양생시킨다.

⑤ 압축강도시험

   ⊙ 24시간 시험체는 습기함에서 꺼낸 직후에, 그 밖의 시험체는 양생 수조에서 꺼낸 직후 시험한다.

   ⓒ 강도시험 때마다 수조에서 시험체를 1개씩 꺼내어 표면이 건조 상태가 되도록 마른 걸레로 물기를 닦는다.

   ⓒ 시험기의 압축면과 접촉할 면에 붙어 있는 모래알이나 부착물을 제거한다.

   ⓔ 시험체의 재하 평균 단면적을 구한다.

   ⓜ 몰드의 정확한 평면과 접촉하였던 시험체 면에 하중을 가한다. 이때, 예측하는 최대 하중이 1,350kg 이상인 시험체의 경우는 예측 초기 부하의 $\frac{1}{2}$까지는 임의의 속도로 하중을 가하여도 좋으나, 예측하는 최대 하중이 1,350kg 이하인 경우에는 초기 부하를 가해서는 안 되며, 따라서 전 하중을 끊임없이 가하여 시험체가 파괴되도록 한다.

   ⓑ 시험체가 파괴되었을 때의 최대 하중을 기록하고 압축강도를 kg/cm^2 단위로 계산한다.

(2) 결과의 계산

① 흐름(Flow)값의 계산은 다음과 같이 구한다.

$$흐름값(\%) = \frac{시험\ 후\ 퍼진\ 모르타르\ 평균\ 지름}{흐름\ 몰드\ 아래\ 지름} \times 100$$

② 압축강도의 계산은 다음과 같이 구한다.

$$압축강도(kg/cm^2) = \frac{최대\ 하중(kg)}{시험체의\ 단면적(cm^2)}$$

③ 압축강도시험 중 결함이 확인된 시험체나 같은 조건하에 시험한 전 시험체 중에서 평균값보다 10% 이상의 강도차가 나는 것은 압축강도 계산에 넣지 않고 버린다. 만일, 시험체를 버려 압축강도 계산에 적용할 시험체가 2개 이하만 남게 되면 재시험을 한다.

시 험 명	시멘트의 압축강도시험				
시 험 일	서기 년 월 일 요일 날씨				

시험일의 상태	실온(℃)		습도(%)	수온(℃)
	24.5			

시 료	보통 포틀랜드 시멘트

시 험 명	모르타르 흐름 시험			
① 시멘트의 무게(g)	510	510	510	
② 표준 모래의 무게(g)	1,250	1,250	1,250	
③ 물의 양(ml)	247.4	252.0	257.0	
④ 흐름 몰드의 밑지름(mm)	100.0	100.0	100.0	
⑤ 4개의 평균 밑지름(mm)	196.5	203.0	212.5	
⑥ 흐름값 $\frac{⑤-④}{④}\times100$(%)	96.5	103.0	112.5	
사용된 물의 양 W/C비(%)	48.5	49.4	50.4	
표준 주도 모르타르의 물의 양(%)	W/C비=50.4%			

고 찰 :

시 험 명			압축강도시험			
시 험 일			년 월 일	년 월 일	년 월 일	년 월 일
시험일의 상 태	실 온(℃)		24.5	25.0	25.5	
	습 도(%)					
	양생 온도(℃)		23.0	24.0	23.0	
재 령(일)			3	7	28	
압 축 강 도	최대 하중 (kg)	1	3,850	5,450	7,800	
		2	3,700	5,500	7,750	
		3	3,800	5,500	6,650	
	압축 강도 (kg/cm²)	1	149.2	211.2	302.3	
		2	143.4	213.1	300.3	
		3	147.3	213.1	257.7	
	평균값(kg/cm²)		146.6	212.5	301.3	

고 찰 : 28일 공시체 중 3번은 강도차가 허용값을 초과하므로 계산에 넣지 않음

시험체의 단면적 5.08×5.08＝25.81(cm²)

실 험 자	소 속	
	성 명	

검 인	서기 20 년 월 일

PART
05

콘크리트
시험

콘크리트 기능사
필기+실기

콘크리트 슬럼프 시험법
Testing Method for Slump of Cement Concrete

CHAPTER 01

1 시험의 목적

① 이 시험은 시험실과 현장에서 콘크리트의 슬럼프를 측정하는 것이다.

② 이 시험은 비소성이나 비점성인 콘크리트에는 적합하지 않으며, 콘크리트 중에 크기가 50mm 이상인 굵은 골재가 상당량 함유된 경우 이 방법을 적용할 수 없다.

③ 슬럼프 시험은 콘크리트의 반죽질기를 측정하기 위하여 실시하는 것으로 슬럼프의 대소에 의해서 콘크리트의 연도 정도를 알 수 있고, 슬럼프를 이루는 속도나 상태에 의해서 콘크리트의 점조성, 즉 골재의 분리성의 난이를 알 수 있다. 보통 이 결과로부터 콘크리트의 운반이나 치어 붓기에 대한 작업성의 양부, 즉 시공연도를 추정할 수 있다.

2 재료

굳지 않은 콘크리트

3 기계 및 기구

① 슬럼프 시험 기구

  ㉠ 슬럼프 콘 : 시멘트에 쉽게 침식되지 않는 금속제로 밑면의 안지름 20cm, 윗면의 안지름 10cm, 높이가 30cm 인 절두 원뿔형이고 발판과 손잡이가 있어야 한다.

  ㉡ 다짐대 : 지름 16mm, 길이가 60cm 인 곧은 원형 강봉으로 그 한쪽 끝은 지름 16mm의 반구형으로 둥글게 되어 있어야 한다.

| 슬럼프 시험 기구 |

  ㉢ 수밀 평판 : 한 변이 70cm 정도이고, 두께 3mm 정도의 강판이어야 한다.

  ㉣ 슬럼프 측정자 : 1mm 간격의 눈금이 있어야 한다.

② 혼합기

③ 걸레

④ 작은 삽(hand shovel)

⑤ 흙손

④ 안전 및 유의사항

① 슬럼프 시험은 비소성이나 비점성인 콘크리트에는 적합하지 않으며, 콘크리트 속에 크기가 50mm 이상인 굵은 골재가 많이 포함되어 있으면 이 방법을 적용할 수 없다.

② 슬럼프 콘에 시료를 채우고 벗길 때까지의 전 작업시간은 3분 이내로 한다.

③ 슬럼프 콘을 벗기는 작업은 5초 정도로 끝내야 하며, 콘크리트에 가로 방향 운동이나 비틀림 운동을 주지 않도록 조용히 위 방향으로 들어 올려야 한다.

④ 공시체를 만들 콘크리트 시료는 그 배치를 대표할 수 있는 것이라야 한다.

⑤ 시료의 준비

굳지 않은 콘크리트의 시료 채취방법(KS F 2401)에 따라 채취한 배치를 대표할 수 있는 시료를 준비한다.

⑥ 실습 순서

(1) 시험방법

① 준비된 시료를 바로 채취하여 균등 질이 되도록 비빈다.

② 슬럼프 콘의 내면을 젖은 걸레로 닦은 후, 편평하고 습한 비흡수성의 단단한 수밀 평판 위에 놓고(왼쪽 그림) 움직이지 않도록 발판을 밟아 고정시킨다. (오른쪽 그림)

③ 시료를 슬럼프 콘 부피의 약 $\frac{1}{3}$(바닥에서 7cm)이 되게 넣고 다짐대로 단면 전체에 걸쳐 25회 균일하게 다진다. 이때, 다짐대를 약간 기울여 다짐 횟수의 약 절반을 콘의 둘레에 따라 다지고, 그 다음에 다짐대를 수직으로 하여 중심을 향하여 나선 상으로 전 깊이를 다진다.

④ 슬럼프 콘 부피의 $\dfrac{2}{3}$(바닥에서 약 16cm)까지 시료를 넣고 다시 다짐대로 25번 다진다.

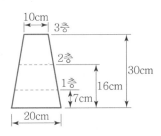

⑤ 마지막 층을 슬럼프 콘에 넘칠 정도로 넣고 다짐대로 25번 다진다. 이때, 다짐으로 인하여 콘크리트가 슬럼프 콘의 상단보다 아래로 내려가면서 여분의 콘크리트가 항상 슬럼프 콘의 윗면 위에 남아 있도록 콘크리트를 추가하여 채운다.

⑥ 슬럼프 콘 윗면의 여분의 시료를 흙손으로 제거하고(왼쪽 그림), 콘의 윗면과 편평하게 고른다.(오른쪽 그림)

⑦ 슬럼프 콘을 조심성 있게 위로 빼어 올린다.

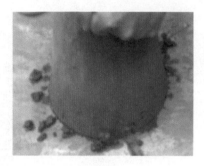  

⑧ 콘크리트가 내려앉은 길이를 0.5cm의 단위로 측정한다.

(2) **결과의 판정**

① 슬럼프 콘 밑면의 원 중심 수직선 위에서 슬럼프 콘의 높이와 무너져 내린 공시체와의 높이 차를 슬럼프 값(cm)으로 한다.

② 슬럼프 시험의 측정은 두 번 이상 실시하여 그 평균값을 취한다.

③ 만일, 한 콘크리트 시료에 대한 2회의 연속적 시험에서 모두 무너져 버리거나 또는 공시체 덩어리로부터 일부분이 전단되어 떨어지거나 하면 그 콘크리트는 슬럼프 시험을 하는 데 필요한 소성과 점성이 결핍되어 있는 것이다.

④ 슬럼프 시험을 끝낸 즉시 다짐대로 콘크리트의 측면을 가볍게 두들겨서 그 모양을 보는 것은 콘크리트의 워커빌리티를 판단하는 데 좋은 참고자료가 된다.

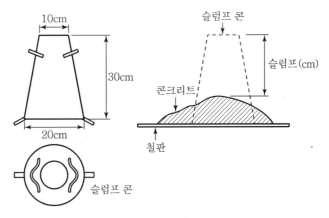

| 슬럼프의 측정 |

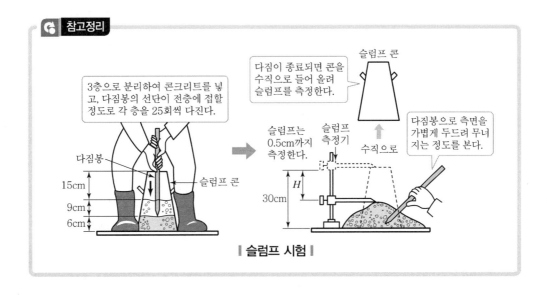

3층으로 분리하여 콘크리트를 넣고, 다짐봉의 선단이 전층에 접할 정도로 각 층을 25회씩 다진다.

다짐이 종료되면 콘을 수직으로 들어 올려 슬럼프를 측정한다.

슬럼프는 0.5cm까지 측정한다.

다짐봉으로 측면을 가볍게 두드려 무너지는 정도를 본다.

| 슬럼프 시험 |

7 관계 지식

① 굳지 않은 콘크리트의 성질을 표시하는 것으로 다음과 같은 용어 등을 사용한다.

　　㉠ 반죽 질기(Consistency) : 주로 물의 양에 따른 반죽의 되고 진 정도를 나타내는 굳지 않은 콘크리트의 성질을 말하며, 콘크리트의 유동성을 나타내는 것이다.

　　㉡ 워커빌리티(Workability) : 반죽 질기 여하에 따르는 작업의 난이 정도 및 재료의 분리에 저항하는 정도를 나타내는 굳지 않은 콘크리트의 성질을 말한다.

　　㉢ 성형성(Plasticity) : 거푸집에 쉽게 다져 넣을 수 있고, 거푸집을 제거하면 천천히 형상이 변하기는 하지만 허물어지거나 재료가 분리되지 않는, 아직 굳지 않는 콘크리트의 성질을 말한다.

　　㉣ 피니셔빌리티(Finishability) : 굵은 골재의 최대 치수, 잔골재율, 잔골재의 입도, 반죽 질기 등에 따른 표면의 마무리하기 쉬운 정도를 나타내는 아직 굳지 않은 콘크리트의 성질을 말한다.

② 워커빌리티 판정의 하나의 기준이 되는 반죽 질기를 측정하는 방법으로 슬럼프 시험 이외에도 켈리 볼 관입 시험, 진동대에 의한 컨시스턴시 시험, 콘크리트 흐름 시험 및 비비(Vee Bee) 반죽 질기 시험, 리몰딩(Remolding) 시험, 다짐계수 시험방법 등이 있다.

③ 켈리 볼 관입 시험은 오른쪽 그림과 같이 무게 14.0 ± 0.054kg인 강철로 만든 반구를 콘크리트 표면에 놓았을 때, 반구가 콘크리트 속으로 들어간 깊이로 반죽 질기를 측정하는 것이다. 이와 같은 방법으로 측정한 깊이 값의 1.5~2배가 슬럼프 값에 해당된다.

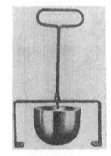

┃ 구 관입 시험 기구 ┃

④ 콘크리트의 단위수량을 3% 증감하면 슬럼프는 약 2.5cm 증감한다. 이와 같이 슬럼프는 단위수량의 변화에 비교적 민감하게 변화하므로, 슬럼프 시험에 의해 균질한 콘크리트가 제조되고 있는지 판단이 가능하며, 간접적으로 물-시멘트비의 관리가 가능하다.

⑤ 콘크리트의 슬럼프가 커서 슬럼프 시험 시 재료가 분리될 우려가 있는 경우에는 다짐 횟수를 10회로 하는 경우도 있다.

⑥ 콘크리트 표준 시방서에는 슬럼프의 최댓값을 다음 표와 같이 정하고 있다.

▼ 슬럼프의 최댓값

구조물		최대 슬럼프(cm)	구조물	최대 슬럼프(cm)
무근 콘크리트		2.5~8	댐 콘크리트	3~5
철근 콘크리트	일반적인 경우	5~12	수밀 콘크리트	8 이하
	단면이 큰 경우	2.5~10	수중 콘크리트	7~18
			인공 경량 골재 콘크리트	5~12

▼ 슬럼프 시험의 결과에 의하여 판정

시료	NO. 1	NO. 2	NO. 3	NO. 4
슬럼프 콘을 들어 올렸을 때	• 슬럼프가 작다. • 전체가 부풀듯이 완만하게 슬럼프 된다.	• 슬럼프가 작다. • 곧바로 무너질 듯 한데 그런대로 형을 유지한다.	• 슬럼프가 크다. • 전체가 점토와 같이 서서히 슬럼프 되고 표면에는 광택이 있으며, 전체적으로 무게가 있다.	• 슬럼프가 크다. • 콘을 들어 올림과 동시에 한 번에 무너져 흩어지는 느낌이다.
판정	워커빌리티가 약간 부족하지만 다른 점은 양호하다. 도로나 댐 등 슬럼프가 작은 시공에 적합하다.	좋지 않은 콘크리트 원인은 • 굵은 골재의 최대 치수나 S/a 등의 골재 입도 • W/C의 선정	컨시스턴시가 약간 부족하며 슬럼프가 크지만, 워커빌리티도 양호하고 철근 콘크리트의 시공에 적합하다.	좋지 않은 콘크리트 지만 질기 때문에 버림 콘크리트 등에 사용한다. [원인] • W/C의 선정, W가 많다. • 골재의 입도

시 험 명	콘크리트의 슬럼프 시험											

시 험 일	서기 20 년	월 일	요일 날씨

시험일의 상태	실 온(℃)	습 도(%)	수 온(℃)
	23.0		22.0

시 료	굳지 않은 콘크리트

시료 배합	굵은 골재의 최대 치수 (mm)	슬럼프의 범위 (cm)	공기량의 범위 (%)	물-시멘트비 W/C (%)	잔골재율 S/a (%)	단위량 (kg/m³)						
						물 W	시멘트 C	잔골재 S	굵은 골재 G		혼화 재료	
									mm~25mm	mm~mm	혼화재	혼화제 (mL/m³)
	25	7.5	1.5	57	41	171	300	779	1,121			

측정 번호	1	2	3
슬럼프(cm)	8.0		
다짐대로 콘크리트 옆면을 때렸을 때의 상태	쉽게 허물어지지 않고 재료 분리 없이 양호함		
피니셔빌리티 (Finishability)	보통임		
콘크리트의 온도(℃)	23.0		

고 찰 :

시 험 자	소 속	
	성 명	
검 인	서기 20 년 월 일	

G·U·I·D·E

01 다음 중 워커빌리티(Workability)를 판정하는 시험방법은?

11①

① 압축강도 시험　　　　② 슬럼프 시험

③ 블리딩 시험　　　　　④ 단위무게 시험

> ◉ [참고] 콘크리트가 내려앉은 길이를 슬럼프 값(mm)으로 한다.

02 콘크리트의 슬럼프 시험을 통하여 알 수 있는 것은?

12②
14①

① 반죽질기　　　　　　② 내진성

③ 압축강도　　　　　　④ 탄성계수

03 슬럼프 콘의 규격으로 옳은 것은?

12①
14①

① 윗면의 안지름이 150mm, 밑면의 안지름이 300mm,
　 높이 300mm

② 윗면의 안지름이 150mm, 밑면의 안지름이 200mm,
　 높이 300mm

③ 윗면의 안지름이 100mm, 밑면의 안지름이 300mm,
　 높이 300mm

④ 윗면의 안지름이 100mm, 밑면의 안지름이 200mm,
　 높이 300mm

> ◉ [참고] 슬럼프 시험에 소요되는 총 시간은 3분 이내로 한다.

04 콘크리트의 슬럼프 시험에 사용하는 다짐대의 지름은 몇 mm

14④ 인가?

① 10mm　　　　　　② 13mm

③ 16mm　　　　　　④ 19mm

> ◉ 다짐대는 지름 16mm, 길이 500~ 600mm이다.

05 콘크리트의 슬럼프 시험에서 슬럼프 콘을 벗기는 시간으로

11⑤
12⑤ 적당한 것은?

① 1초　　　　　　　② 2~3초

③ 3~5초　　　　　　④ 5~10초

> ◉ 슬럼프 시험은 반죽질기를 측정하는 방법으로서 워커빌리티를 판정한다.

06 콘크리트의 슬럼프 시험에서 콘크리트의 내려앉은 길이를 어

11⑤
12⑤
13④ 느 정도의 정밀도로 측정하여야 하는가?

① 0.5mm　　　　　　② 1mm

③ 5mm　　　　　　　④ 10mm

정답 01 ② 02 ① 03 ④ 04 ③ 05 ② 06 ③

07 콘크리트 슬럼프 시험에서 슬럼프 값은 얼마의 정밀도로 측정하는가?

11①

① 5mm   ② 1mm

③ 10mm   ④ 0.5mm

08 콘크리트 펌프로 시공하는 일반 수중 콘크리트의 슬럼프 값의 표준으로 옳은 것은?

11②

① 100~150mm   ② 130~180mm

③ 150~200mm   ④ 180~230mm

◉ • 트래미, 콘크리트 펌프
  : 130~180mm
• 밑 열림 상자, 밑 열림 포대
  : 100~150mm

09 일반 콘크리트를 콘크리트 펌프로 압송하고자 할 때 슬럼프의 범위로 가장 적합한 것은?

12①

① 40~80mm   ② 100~180mm

③ 150~230mm   ④ 200~250mm

◉ 굵은 골재 최대치수 40mm, 슬럼프 범위 100~180mm

10 콘크리트 슬럼프 값이 몇 mm 이하인 경우 덤프트럭을 사용하여 콘크리트를 운반할 수 있는가?

13①

① 25mm   ② 50mm

③ 75mm   ④ 100mm

11 콘크리트의 슬럼프 시험(KS F 2402)의 규정에 관한 아래의 내용에서 (   ) 안에 공통으로 들어갈 숫자는?

11⑤

> 굵은 골재의 최대 치수가 (   )mm를 넘는 콘크리트의 경우에는 (   )mm를 넘는 굵은 골재를 제거한다.

① 10   ② 20

③ 30   ④ 40

G·U·I·D·E

12 콘크리트 슬럼프 시험에 대한 설명으로 틀린 것은?

11②
14①

① 슬럼프 값은 5mm의 정밀도로 측정한다.

② 슬럼프 콘에 시료를 채우고 벗길 때까지의 전 작업시간은 3분 이내로 한다.

③ 슬럼프 콘을 벗기는 작업은 20초 정도로 한다.

④ 굵은 골재의 최대치수가 40mm를 넘는 콘크리트의 경우에는 40mm를 넘는 굵은 골재를 제거한다.

⊙ 콘을 벗기는 시간은 2~3초로 한다.

13 콘크리트의 슬럼프 시험에 대한 설명으로 틀린 것은?

11⑤

① 슬럼프 콘에 시료를 채울 때 슬럼프 콘 높이의 1/3씩 3층으로 나눠서 채운다.

② 슬럼프 콘에 시료를 채울 때 각 층은 25회씩 다진다.

③ 콘크리트가 슬럼프 콘의 중심축에 대하여 치우치거나 무너지거나 해서 모양이 불균형이 된 경우는 다른 시료에 의해 재시험을 한다.

④ 슬럼프 콘에 콘크리트를 채우기 시작하고 나서 슬럼프 콘의 들어올리기를 종료할 때까지의 시간은 3분 이내로 한다.

⊙ 콘에 시료를 채울 때 약 1/3씩 3층으로 나눠서 채운다.

14 슬럼프(Slump) 시험에 대한 설명 중 옳지 않은 것은?

14④

① 반죽질기를 측정하는 방법으로서 오래전부터 여러 나라에서 많이 사용하여 왔다.

② 슬럼프 콘의 규격은 밑면 20cm, 윗면 10cm, 높이 30cm이다.

③ 슬럼프 값을 측정할 때 콘을 벗기는 작업은 1분 30초 정도로 끝낸다.

④ 3층으로 나누어 넣고 각 층마다 지름 16mm의 다짐대로 25회 다진다.

⊙ 슬럼프 콘을 벗기는 2~3초를 포함하여 전 작업시간은 3분 이내로 한다.

G·U·I·D·E

15 굳지 않은 콘크리트의 슬럼프 시험에 대한 설명 중 틀린 것은?
13④

① 콘크리트가 슬럼프 콘의 중심축에 대하여 치우친 경우라도 재시험은 하지 않는다.

② 굵은 골재 최대치수가 40mm를 넘는 콘크리트의 경우에는 40mm를 넘는 굵은 골재를 제거한다.

③ 슬럼프 콘에 시료를 3층으로 채운 후 각 층을 25회 다짐봉으로 다지고 위로 가만히 빼어 올린다.

④ 시험은 3분 이내로 한다.

◉ 콘크리트가 슬럼프 콘의 중심축에 대하여 치우치거나 모양이 불균형이 된 경우에는 다른 시료에 의해 재시험을 실시한다.

16 콘크리트의 슬럼프 시험에 대한 설명으로 틀린 것은?
13①

① 콘크리트 슬럼프 시험은 반죽질기를 측정하는 것이다.

② 콘크리트 슬럼프 시험은 워커빌리티를 판단하는 수단으로 사용된다.

③ 슬럼프 콘에 시료를 채우고 벗길 때까지의 전 작업시간은 3분 이내로 한다.

④ 시료를 슬럼프 콘에 넣고 다짐대로 3층으로 15회씩 다진다.

◉ 다짐대로 3층으로 25회씩 다진다.

17 굳지 않은 콘크리트의 슬럼프 시험에 관한 설명 중 틀린 것은?
14②

① 전 작업시간을 3분 이내로 끝낸다.

② 슬럼프 콘 규격은 윗면의 안지름 100mm, 밑면의 안지름 200mm, 높이 300mm이다.

③ 슬럼프 측정은 콘의 높이에서 주저앉은 높이를 5mm 정도로 측정한다.

④ 철근 콘크리트에서 단면이 큰 경우 슬럼프 표준 값은 60~180mm이다.

◉ 일반적인 경우 80~150mm, 단면이 큰 경우는 60~120mm이다.

18 콘크리트의 슬럼프 시험방법에 대한 설명으로 틀린 것은?

13②

① 슬럼프 콘을 벗기는 작업은 높이 300mm에서 2~3초 정도로 끝내야 한다.

② 슬럼프 콘에 콘크리트를 채우기 시작하고 나서 슬럼프 콘의 들어올리기를 종료할 때까지의 시간은 3분 이내로 한다.

③ 3층으로 나누어 각 층을 25회씩 다지고 난 후에는 콘크리트가 슬럼프 콘보다 낮아졌어도 다시 콘크리트를 추가하여 넣어서는 안 된다.

④ 콘크리트가 내려앉은 길이를 5mm 단위로 측정한다.

19 콘크리트의 슬럼프 시험에 대한 설명으로 옳은 것은?

14②

① 콘크리트가 내려앉은 길이를 5mm의 정밀도로 측정한다.

② 시료는 슬럼프 콘의 높이를 3등분하여 3층으로 나누어 넣고 가운데 층만 25회 다진다.

③ 슬럼프 콘에 시료를 채우고 벗길 때까지의 전 작업 시간은 3분 30초 이내로 한다.

④ 슬럼프 콘 벗기는 작업은 10초 정도로 천천히 해야 한다.

• 시료는 3층으로 나누어 넣고 각 층을 25회씩 다진다.
• 슬럼프 전 작업시간은 3분 이내로 한다.

20 콘크리트의 슬럼프 시험에 대한 설명으로 틀린 것은?

12⑤

① 콘크리트의 내려앉은 길이를 1cm의 정밀도로 측정한다.

② 슬럼프 콘에 시료를 채울 때 각 층은 25회씩 다진다.

③ 슬럼프 콘에 시료를 채울 때 슬럼프 콘 부피의 1/3씩 3층으로 나눠서 채운다.

④ 슬럼프 콘에 콘크리트를 채우기 시작하고 나서 슬럼프 콘의 들어올리기를 종료할 때까지의 시간은 3분 이내로 한다.

G·U·I·D·E

21
12②
아래의 그림은 잔골재의 밀도 및 흡수율 시험에서 잔골재를 원뿔형 몰드에 넣어다지고 난 후 빼 올렸을 때의 형태를 나타낸 것이다. 함수량이 많은 순서로 나열하면?

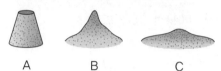

A   B   C

① A>C>B   ② C>A>B
③ B>A>C   ④ A>B>C

- A : 습윤 상태
- B : 표건 상태(1회 시험 시 500g 이상을 채취하여 실시한다.)
- C : 건조 상태

22
실기
필답형
콘크리트의 슬럼프 시험방법(KS F 2402)에 대한 내용이다. 다음 물음에 답하시오.

① 슬럼프 콘의 규격을 쓰시오.(윗면 안지름×밑면 안지름 ×높이)

② 슬럼프 콘에 시료를 채우고 벗길 때까지의 전 작업시간은?

③ 슬럼프 콘의 시료를 거의 같은 양의 몇 층으로 나눠서 채우고 각 층은 다짐봉으로 몇 회씩 다지는가?

④ 슬럼프는 몇 mm 단위로 표시하는가?

① 100mm × 200mm × 300mm
② 3분 이내
③ 3층, 25회
④ 5mm

콘크리트의 압축강도 시험법
Method of Test for Compressive Strength of Concrete

1 시험의 목적

① 임의 배합의 콘크리트 압축강도를 알고 필요한 소요강도의 콘크리트를 가장 경제적으로 만들기 위한 배합을 선정한다.

② 콘크리트의 압축강도로부터 인장강도, 탄성계수, 내구성 등의 값을 추정할 수 있다.

③ 사용된 재료의 적합성을 조사하고, 소요의 제 성질을 갖는 콘크리트를 만들 수 있는 재료를 선정한다.

④ 콘크리트의 품질을 확인하기 위하여 공사 착수 전과 공사 중에 압축강도 시험을 행한다.

2 시험용 기구

① 압축강도 시험기

② 몰드 : 지름 10cm, 높이 20cm의 원주형과 지름 15cm, 높이 30cm의 원주형

③ 다짐대 : 지름 15cm, 길이 60cm의 둥근 강

④ 내부 진동기 : 진동 수 7,000vpm 이상

⑤ 콘크리트 혼합기 : 드럼믹서, 가경식 믹서 또는 팬믹서

⑥ 캐핑(Capping)용 금속 압판 또는 유리판(두께 6mm) : 크기는 몰드 지름보다 28mm 이상으로 한다.

⑦ 저울 : 계량할 무게의 0.3% 이내의 정밀도를 가진 것

⑧ 공구 : 작은 삽, 흙손, 캘리퍼, 공시체 집게, 온도계, 습도계 등

3 공시체 제작 및 양생

(1) 시험체 제작 기구

① 몰드 : $\phi 10 \times 20$cm, $\phi 15 \times 30$cm

② 다짐봉

③ 양생수조

④ 시료 채취 및 혼합용기

(2) 공시체 몰드 조립

(3) 공시체 제작

소요 횟수마다 시료 채취기에 시료를 채취한 다음 조립된 거푸집에 시료를 넣어 다짐을 시행한다.

① $\phi 15 \times 30cm$ 거푸집은 시료를 3등분한 뒤 1회분을 넣고 25회 균등히 다짐 후 2회분과 3회분을 차례로 넣으면서 전 층이 약간 닿을 정도로 다짐을 한다.

② $\phi 10 \times 20cm$ 거푸집은 시료를 2등분한 뒤 11회를 균등히 다짐 후 2회분을 넣어서 전 층이 약간 닿을 정도로 다짐을 한다.

(4) 캡핑

① **된 비빔 콘크리트** : 몰드 상단에서 2~3mm 정도가 채워지지 않게 만들고 2~6시간이 지난 후 시멘트 페이스트($W/C = 27~30\%$)를 바르고 종이로 덮어씌운 뒤 두꺼운 유리 등으로 표면이 평활하도록 누른다.

② **묽은 비빔 콘크리트** : 상부까지 콘크리트 시료를 넣고 흙손으로 마무리한 뒤 6~24시간이 지나면 침강에 의해 표면이 2~3mm 정도 침하하는데 이때 시멘트 페이스트($W/C = 27~30\%$)를 바르고 종이로 덮어씌운 뒤 시료체취 시기 및 타설 위치 등을 기록하고 두꺼운 유리 등으로 표면이 평활하도록 누른다.

(5) 거푸집 해체 및 양생

시료 제작 후 24~48 시간이 지나면 거푸집을 해체하고 수조에 넣어 양생을 하는데 재료 시험 일정에 따라 공사가 계속 진행되므로 사전에 데이터를 요구하는 경우가 있으므로 3일이나 7일 강도를 점검하기도 하나 재령일인 28일을 기준으로 양생한다.

4 콘크리트 압축강도 시험방법

(1) 콘크리트를 만들기

믹서를 이용하여 콘크리트 재료를 혼합한다.

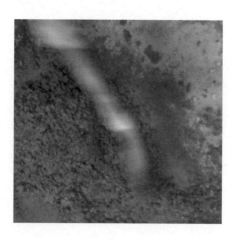

(2) 형틀 조립

콘크리트를 채우기 위해 형틀을 조립한다.

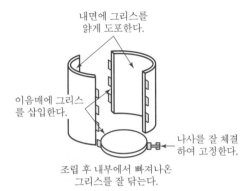

내면에 그리스를 얇게 도포한다.

이음매에 그리스를 삽입한다.

나사를 잘 체결하여 고정한다.

조립 후 내부에서 빠져나온 그리스를 잘 닦는다.

(3) 몰드 거푸집에 오일 바르기

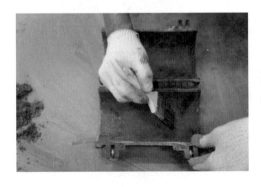 

(4) 형틀에 콘크리트 채우기

3층으로 나누어 넣는다. 각 층을 25회 다짐봉으로 다진다. 3층의 주입이 종료되면 나무망치로 형틀 주위를 가볍게 두드린다. 된 반죽은 2~6시간, 진 반죽은 6~24시간 방치한다.

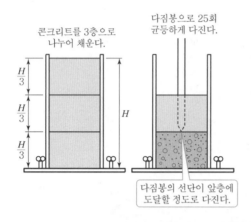

(5) 캡핑

캡핑에 사용하는 시멘트 페이스트(물 − 시멘트비 27~30%)는 대체로 사용하기 2시간 전에 혼합해 놓고 물을 가하지 않고 다시 비벼 사용한다.

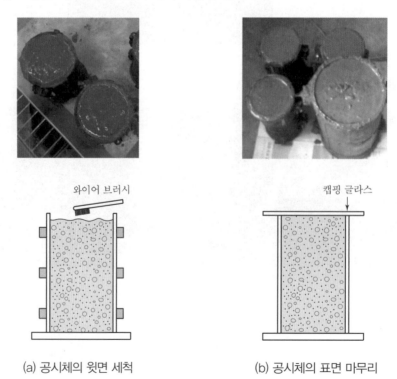

(a) 공시체의 윗면 세척　　　　　　　　(b) 공시체의 표면 마무리

┃ 공시체의 윗면 세척과 공시체의 표면 마무리 ┃

⑹ 탈형과 양생

경화 후 탈형하여 양생수조에서 양생한다. 양생온도는 $20 \pm 3^\circ C$로 한다. 공시체의 재령은 표준으로서 1주, 4주, 13주로 하며 시험 전까지 양생한다.

⑺ 공시체 올려놓기

구면좌로 된 가압판 바로 밑에 있는 시험기의 대나 또는 압판 위에 평평한 가압판을 놓는다. 위, 아래 부분 가압판과 공시체의 지압면을 깨끗이 닦고, 공시체의 아랫부분 가압판 위에 올려놓는다. 이때, 공시체의 축이 윗부분 가압판의 구좌의 중앙에 반듯이 오도록 하여야 한다. 구면좌로 된 가압판을 공시체 위에 접촉시키려 할 때는, 손으로 그의 가동부를 조용히 회전시켜서 고르게 접촉하도록 하여야 한다.

▎(지름 150mm×높이 300mm) 원주형 공시체를 이용한 압축강도 실험 ▎

⑻ 하중재하

하중재하 시 재하속도는 충격을 주지 않도록 일정하게 계속적으로 가하여야 한다. 나선식 시험기에 있어서는 기계를 천천히 돌려서, 가압판이 매분 약 1.3mm의 속도로 움직이게 하여야 한다. 수압식 시험기에 있어서는, 하중을 매초 $1.5 \sim 3.5 \text{kg/cm}^2$ 이내의 일정한 속도로 가하여야 한다. 최대 하중의 절반까지는 하중을 빠른 속도로 가하여도 무방하다. 공시체는 파괴되기 직전에 갑자기 항복하므로, 이때 시험기의 조정장치를 조절하여서는 안된다.

⑼ 최대 하중 기록

하중을 공시체가 파괴될 때까지 가압하고, 시험 중에 공시체가 받은 최대 하중을 기록하여야 하며, 또 콘크리트의 파괴상태와 겉모양을 기록하여야 한다.

⑽ 압축강도 시험

① 공시체의 지름을 직교하는 방향 d_1, d_2에서 측정한다. (mm 단위로 소수점 이하 한 자리)

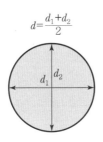

$$d = \frac{d_1 + d_2}{2}$$

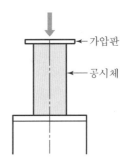

② 압축 시험기로 압축강도 f_c[N/mm²]를 구한다. 시험기를 점검 · 조정하여 일정한 속도로 하중을 가한다.

압축강도 f_c는 다음 식으로 구한다.

$$f_c = \frac{\text{최대하중 } P}{\text{공시체 단면적 } A} [\text{N/mm}^2]$$

❙ 압축강도 시험기 ❙

✔ **콘크리트의 압축강도에 영향을 미치는 요인**

1. 개요

① 콘크리트의 강도에는 압축강도, 인장강도, 휨강도, 전단강도 등이 있는데 일반적인 강도라 하면 압축강도를 말한다.

② 이는 압축강도가 다른 강도보다 월등히 크고 철근콘크리트 부재의 설계 시 압축강도만이 활용되며 다른 강도는 무시되거나 보조적으로 고려되고 압축강도로부터 다른 강도의 추정이 가능하기 때문이다.

③ 다른 강도에 비해서 압축강도의 시험이 가장 용이하기 때문에 콘크리트의 품질관리는 주로 압축강도의 관리에 의해서 이루어진다.

④ 그러나 포장 콘크리트의 경우는 구조적인 특성상 휨강도를 기준으로 설계한다.

2. 콘크리트의 압축강도에 영향을 미치는 요인

① 사용재료의 품질
- 시멘트
- 골재
- 물
- 혼화재료

② 배합
- W/C 비
- 골재의 입도
- 굵은 골재의 최대치수
- 공기량

③ 시공방법
- 혼합
- 타설
- 마무리
- 운반
- 다지기
- 양생

④ 시험방법
- 공시체의 형상
- 시험방법
- 치수
- 공시체의 재령

콘크리트의 압축강도 시험

시 험 일	서기 20 년 월 일 요일 날씨									
시험일의 상태	실 온 (℃)		습 도 (%)			수 온 (℃)			양생온도(℃)	
시 료										

시 방 배 합	굵은 골재의 최대 치수 (mm)	슬럼프 의 범위 (cm)	공기량 의 범위 (%)	물· 시멘트비 W/C(%)	잔골재율 S/A (%)	단위량(kg/m³)				
						물 W	시멘트 C	잔골재 S	굵은 골재 mm~mm	혼화 재료
									mm	

공시체 번호	1		2		3		
재 령 일							
공시체 지름							
공시체 높이							
파 괴 하 중							
압 축 강 도							
평균압축강도							
공시체의 파괴상황							

고 찰 :

시 험 자	소 속		성 명	
검 인	서기 20 년 월 일 날씨			

01
13④
잔골재의 유기 불순물 영향 시험과 관계되는 모르타르 시험은?

① 압축강도 시험 ② 인장강도 시험

③ 휨강도 시험 ④ 흐름 시험

02
11⑤
콘크리트 압축강도 시험의 목적으로 틀린 것은?

① 필요한 성질을 가진 콘크리트를 가장 경제적으로 만들기 위한 재료를 선정한다.

② 재료 및 배합한 콘크리트의 압축강도를 구한다.

③ 콘크리트의 품질 관리에 이용한다.

④ 압축강도 시험 값으로부터 휨강도, 인장강도 및 탄성계수의 값을 정확히 구할 수 있다.

> ○ 휨강도, 인장강도 및 탄성계수의 값을 개략 추정할 수 있다.

03
14④
콘크리트 압축강도 시험용 공시체의 모양 치수의 허용차로 옳지 않은 것은?

① 공시체의 정밀도는 지름에서 0.5% 이내로 한다.

② 공시체 재하면의 평면도는 지름의 0.05% 이내로 한다.

③ 재하면과 모선 사이의 각도는 90°±0.5°로 한다.

④ 공시체의 정밀도는 높이에서 3% 이내로 한다.

> ○ 공시체의 정밀도는 5% 이내로 한다.

04
13③
콘크리트의 압축강도 시험을 위한 공시체에 대한 설명으로 옳지 않은 것은?

① 공시체는 지름의 2배 높이를 가진 원기둥형으로 한다.

② 몰드에 콘크리트를 채울 때 콘크리트는 2층 이상의 거의 동일한 두께로 나눠서 채운다.

③ 캐핑 층의 두께는 공시체 지름의 2%를 넘어서는 안 된다.

④ 공시체의 지름은 골재의 최대치수의 4배 이하로 한다.

> ○ 공시체의 지름은 골재의 최대치수의 3배 이상으로 한다.

정답 **01** ① **02** ④ **03** ④ **04** ④

05 콘크리트 압축강도 시험용 공시체 제작 시 몰드 내부에 그리
스를 발라주는 가장 주된 이유는?

13①

① 탈형을 쉽게 하고 이음새로 콘크리트가 새는 것을 방지하
기 위해

② 편심하중을 방지하고 경제적인 공시체 제작을 위해

③ 공시체 속의 공기를 제거하고 강도를 높이기 위해

④ 몰드에 콘크리트를 채울 때 골재 분리를 막기 위해

06 콘크리트 압축강도 시험용 공시체는 원기둥형으로 지름의 몇
배의 높이를 가지는가?

13④

① 1배   ② 2배

③ 3배   ④ 4배

◉ [참고] 공시체의 지름은 굵은 골재
최대치수의 3배 이상이며 또한 100
mm 이상이어야 한다.

07 콘크리트의 강도시험을 위한 공시체 몰드를 떼는 시기에 대
한 설명으로 가장 적합한 것은?

11①.②
12⑤

① 콘크리트 채우기가 끝나고 나서 2시간 이상 4시간 이내에
몰드를 제거한다.

② 콘크리트 채우기가 끝나고 나서 4시간 이상 16시간 이내
에 몰드를 제거한다.

③ 콘크리트 채우기가 끝나고 나서 16시간 이상 3일 이내에
몰드를 제거한다.

④ 콘크리트 채우기가 끝나고 나서 25일 이상 28일 이내에
몰드를 제거한다.

◉ [참고] 시험체는 $20 \pm 2°C$에서 습윤
상태로 양생한다.

08 굵은 골재의 최대치수가 40mm 이하인 콘크리트의 압축강도
시험용 원주형 공시체의 직경과 높이로 가장 적합한 것은?

14①

① $\phi 15 \times 10$cm   ② $\phi 10 \times 10$cm

③ $\phi 15 \times 20$cm   ④ $\phi 15 \times 30$cm

◉ [참고] 굵은 골재 최대치수가 25mm
이하인 경우 : $\phi 10 \times 20$cm

09 콘크리트의 압축강도 시험에 사용할 공시체의 표준 지름에 해당되지 않는 것은?

① 100mm ② 125mm

③ 150mm ④ 200mm

10 콘크리트 압축강도 시험에 필요한 공시체의 지름은 굵은 골재 최대치수의 몇 배 이상이며 또한 몇 mm 이상이어야 하는가?

① 2배, 30mm ② 3배, 100mm

③ 2배, 100mm ④ 3배, 200mm

11 시멘트 모르타르의 강도 시험에 표준모래를 사용하는 이유로서 가장 적합한 것은?

① 경제적인 모르타르를 제조하여 시험하기 위함이다.
② 표준모래는 양생이 쉽고 온도에 영향을 적게 받기 때문이다.
③ 표준모래는 품질이 좋고 강도가 크기 때문이다.
④ 모래알의 차이에 의한 영향을 없애고 시험조건을 일정하게 하기 위함이다.

12 콘크리트 압축강도 시험에 대한 설명 중 옳지 않은 것은?

① 공시체는 몰드를 떼어낸 후, 습윤 상태에서 강도시험을 할 때까지 양생한다.
② 재령에 따라 강도가 감소한다.
③ 습윤 상태에서 양생하면 장기강도가 커진다.
④ 공시체의 높이와 지름의 비가 작을수록 압축강도가 커진다.

- 재령에 따라 강도가 증가한다.
- 온도가 높을수록 압축강도가 커진다.

13 된 반죽 콘크리트의 압축강도 시험 공시체 제작을 할 때 시멘트 풀로 캐핑을 하고자 한다. 이때 사용하는 시멘트 풀의 물 - 시멘트비로 가장 적합한 것은?

① 20~23% ② 27~30%

③ 33~36% ④ 40~43%

- 공시체 표면을 반듯하게 만드는 것을 캐핑이라 한다.
- 캐핑을 하는 이유는 공시체의 표면을 반듯하게 하여 편심을 받지 않도록 하기 위함이다.

14
13①
콘크리트 압축강도 시험을 위한 공시체를 제작할 때 콘크리트를 채우고 나서 캠핑을 실시하는 시기로서 가장 적합한 것은?(단, 된 반죽 콘크리트의 경우)

① 1~2시간 이후　　　　② 2~6시간 이후
③ 6~12시간 이후　　　④ 12~24시간 이후

⊙ 된 반죽 콘크리트의 경우 2~6시간 이후, 묽은 반죽 콘크리트의 경우 6~12시간 이후이다.

15
12①
14①
콘크리트 압축강도 시험에 사용하는 시료의 양생 온도 범위로 가장 적합한 것은?

① 0~4℃　　　　　　② 6~10℃
③ 11~15℃　　　　　④ 18~22℃

⊙ [참고] 공시체는 20±2℃ 수조에서 습윤 양생을 한다.

16
11⑤
콘크리트의 압축강도를 시험할 경우 기둥의 측면 거푸집널의 해체시기로 옳은 것은?

① 콘크리트의 압축강도가 5MPa 이상
② 콘크리트의 압축강도가 4MPa 이상
③ 콘크리트의 압축강도가 3MPa 이상
④ 콘크리트의 압축강도가 2MPa 이상

17
12①
14②
확대기초, 보, 기둥 등의 측면에 있는 거푸집널은 콘크리트의 압축강도가 몇 MPa 이상이 되면 해체하여도 좋은가?

① 1MPa　　　　　　② 3MPa
③ 5MPa　　　　　　④ 7MPa

18
12②,⑤
슬래브 및 보의 밑면의 경우 콘크리트 압축강도가 몇 MPa 이상일 때 거푸집을 해체할 수 있는가?(단, 콘크리트의 설계기준 압축강도는 21MPa이다.)

① 7MPa　　　　　　② 14MPa
③ 18MPa　　　　　④ 21MPa

정답 **14** ②　**15** ④　**16** ①　**17** ③　**18** ②

G·U·I·D·E

19
11①,⑤
12①

지름 100mm, 높이 200mm인 콘크리트 공시체로 압축강도 시험을 실시한 결과 공시체 파괴 시 최대하중이 231kN이었다. 이 공시체의 압축강도는?

① 29.4MPa   ② 27.4MPa

③ 25.4MPa   ④ 23.4MPa

㉠ $A = \dfrac{\pi d^2}{4} = \dfrac{3.14 \times 100^2}{4}$
$= 7,850 mm^2$

㉡ $f_{cu} = \dfrac{P}{A} = \dfrac{231,000}{7,850}$
$= 29.4MPa$

20
12⑤
13①

콘크리트 공시체로 압축강도 시험을 한 결과 공시체가 파괴될 때의 최대하중이 600kN이었고, 공시체의 지름이 150mm, 높이가 300mm이었다면 콘크리트의 압축강도는?

① 28MPa   ② 31MPa

③ 34MPa   ④ 38MPa

$f_{cu} = \dfrac{P}{A} = \dfrac{600,000}{\dfrac{\pi \times 150^2}{4}} = 34MPa$

21
실기
필답형

콘크리트의 압축강도 시험에 관한 사항이다. 다음 물음에 답하시오.

① 공시체의 높이는 지름의 (　)배를 가진 원기둥형이다.

② 원기둥형의 공시체 지름은 굵은 골재 최대치수의 (　)배 이상이다.

③ 공시체의 지름은 (　)mm 이상으로 한다.

④ 공시체가 파괴되었을 때 최대하중이 450kN이었다. 압축 강도를 구하시오.(단, 공시체는 지름 150mm, 높이 300 mm이다.)

① 2
② 3
③ 100
④ 압축강도 $= \dfrac{P}{A} = \dfrac{450,000}{\dfrac{3.14 \times 150^2}{4}}$
$= 25.48MPa$

22
실기
필답형

콘크리트 시험에 관한 사항이다. 다음 물음에 답하시오.

① 공시체의 양생 온도?

② 공시체를 몰드에서 떼어 내는 시간?

③ 공시체가 파괴되었을 때 최대 하중이 380kN이었다. 압 축강도를 구하시오.(단, 공시체는 지름 150mm, 높이는 300mm이다.)

① $20 \pm 2℃$
② 16시간 이상 3일 이내
③ 압축강도 $= \dfrac{P}{A} = \dfrac{380,000}{\dfrac{3.14 \times 150^2}{4}}$
$= 21.5MPa$

23
12⑤

콘크리트 압축강도 시험용 공시체의 양생온도로 적당한 것은?

① $10 \pm 2℃$ ② $15 \pm 2℃$

③ $20 \pm 2℃$ ④ $25 \pm 2℃$

정답 **19** ①   **20** ③   **21,22** 해설 참조   **23** ③

24 콘크리트의 설계기준 압축강도가 18MPa이고, 압축강도 시
험의 기록이 없는 경우 콘크리트의 배합강도는?

① 18MPa   ② 25MPa

③ 26.5MPa   ④ 28MPa

> 설계기준 압축강도가 21MPa 미만
> 에 해당되므로 $f_{cr} = f_{ck} + 7 = 18 + 7 = 25$MPa이다.

25 콘크리트 압축강도 시험 기록이 없는 현장에서 설계기준 압
축강도가 22MPa인 경우 배합강도는?

① 29MPa   ② 30.5MPa

③ 32MPa   ④ 33.5MPa

> ㉠ f_{ck}가 21~35MPa인 경우
> $f_{cr} = f_{ck} + 8.5 = 22 + 8.5$
> $= 30.5$MPa
>
> ㉡ f_{ck}가 35MPa 초과인 경우
> $f_{cr} = 1.1 f_{ck} + 5.0$
>
> ㉢ f_{ck}가 21MPa 미만인 경우
> $f_{cr} = f_{ck} + 7$

26 해양 콘크리트 구조물에 쓰이는 콘크리트의 설계기준 압축강
도는 몇 MPa 이상으로 하여야 하는가?

① 10MPa   ② 20MPa

③ 30MPa   ④ 40MPa

정답 **24** ② **25** ② **26** ③

콘크리트의 휨강도 시험법
Method of Test for Flexural Strength of Concrete

1 시험의 목적

① 콘크리트 단순보의 중앙점 하중 및 3등분점 하중에 의한 휨강도 시험방법에 대하여 규정한다.

② 콘크리트의 휨강도는 도로나 활주로와 같이 직접 휨 응력을 받는 포장판 및 콘크리트관, 콘크리트 말뚝 등의 설계기준강도에 채용되고, 이들 콘크리트의 품질판정, 품질관리 및 콘크리트의 휨 균열 발생의 예측 등에도 이용되고 있다.

2 시험용 기구

① 압축시험기 및 휨 시험 장치

② 휨강도 시험용 몰드

③ 슬럼프 측정기구

④ 공기량 측정기구

⑤ 저울

⑥ 진동기

⑦ 다짐대

⑧ 고무망치

⑨ 스케일

⑩ 콘크리트 믹서

3 공시체 제작

① 휨강도 시험용 몰드는 장방형이어야 하며 규정된 공시체를 제작할 수 있는 치수이어야 한다. 몰드는 측면, 밑면 및 끝부는 서로 직각이고 뒤틀리지 않아야 한다. 치수의 허용차는 15×15cm 이상의 단면을 가진 몰드에서 3mm, 그 이하의 몰드에서 1.5mm이고, 길이에 대해서는 ± 1.5mm이어야 한다.

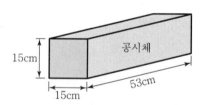

‖ 휨강도시험 공시체 모양 ‖

② 공시체의 최소 횡단면의 치수는 골재 최대치수의 3배 이상($l \geq 3t + 50$mm)이어야 하며, 공시체의 단면은 장방형으로 평균 높이에 대한 평균 폭의 비가 1.5를 초과해서는 안 된다.

③ 금속제 몰드를 장축이 수평이 되도록 놓고 수평방향에서는 축에 평행하게 성형해야 하며 규정된 치수에 맞아야 한다.

④ 콘크리트를 대략 같은 두께의 2층으로 나누어 채우고 아래의 표에 규정된 다짐횟수로 각 층을 다진다. 콘크리트를 다질 때에는 몰드의 단면 전체를 균일하게 또 층의 깊이가 10cm 미만일 때는 그 층의 12mm 정도까지, 10cm 이상일 때는 25mm 정도가 관입되도록 다진다. 위층은 콘크리트를 몰드 윗면보다 약간 높게 채운 후 다지고 밑층은 그 깊이만 다지면 되며 다짐대에 의한 빈틈이 남아 있는 경우는 몰드 측면을 빈틈이 없어질 때까지 가볍게 두드린다.

▼ 공시체면적, 지름 및 다짐 횟수

공시체 윗면의 면적(cm³)	다짐대의 지름(mm)	각 층의 다짐 횟수
160 이하	10	25회
161~319	10	표면적 7cm²마다 1회
320 이상	10	표면적 14cm²마다 1회

⑤ 내부진동기를 사용할 경우, 두께는 몰드 폭의 1/3을 넘어서는 안 되며, 길이 방향의 중심선에 따라 15cm 이하의 간격으로 진동을 가하여야 한다. 폭이 15cm 이상이 되는 공시체의 경우에는 두 줄로 진동을 가하고 밑층으로 약 25mm 정도 관입하여야 한다.
⑥ 완성된 몰드

4 시험방법

(1) 단순보의 중앙점 하중법에 의한 휨강도 시험방법

① 공시체는 콘크리트를 몰드에 넣었을 때 옆면을 상하면으로 하여, 이것을 받치고 있는 지지블록들의 중심에 공시체의 중심이 오도록 한다.
② 만일 공시체의 표면이 평면이 되지 않아서 힘이 가해질 블록이나 지지블록들과 충분히 접촉되지 않았을 때에는 콘크리트 압축 및 휨강도 시험용 공시체의 제작 및 양생방법에 따라 캡핑을 해야 한다.
③ 파괴하중의 약 50%까지는 빠른 속도로 작용시킨 다음 최대 휨 압축응력의 증가가 매분 10kN/cm²를 초과하지 않을 정도로 하중을 가한다.(왼쪽 그림)
④ 공시체의 파괴단면에서의 평균 폭 및 두께를 1mm의 정밀도로 측정해야 한다.(오른쪽 그림)

⑤ 휨 강도는 다음 식에 따라 계산한다.

$$\sigma_b = \frac{3PL}{2bd^2}$$

여기서, σ_b : 휨강도(N/mm^2)

P : 시험용 계기에 나타난 최대하중(N)

l : 지간의 길이(mm)

b : 평균 폭(mm)

d : 평균 두께(mm)

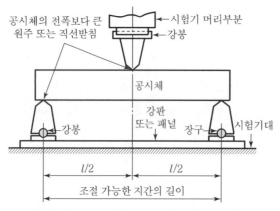

┃ 중앙점 하중법에 의한 콘크리트의 휨강도 시험기 ┃　　　　**┃ 휨강도 재하장치 ┃**

⑥ 시험 후에는 시험기록표에 다음 사항을 기록해야 한다.

㉠ 공시체의 번호

㉡ 평균 폭(cm)

㉢ 평균 두께(cm)

㉣ 지간의 길이(cm)

㉤ 최대 하중(kg)

㉥ 0.1kg/cm^{2}까지 계산한 휨 강도

㉦ 공시체의 결함

㉧ 공시체의 재령

㉨ 캡핑 유 · 무

㉩ 양생 및 공시체 파괴단면의 건습상태

(2) 단순보의 3등분점 하중법에 의한 휨강도 시험방법

① 시험기는 용량의 1/5에서 용량까지의 범위에서 사용한다. 동일 시험기에서 용량을 바꿀 수 있는 경우에는 각각의 용량을 별개의 용량으로 간주한다.

② 공시체는 콘크리트를 몰드에 채웠을 때의 옆면을 상하면으로 하여 베어링 너비의 중앙에 놓고 지간의 3등분점에 상부 가압장치를 접촉시킨다. 이때, 재하장치의 접촉면과 공시체면 사이 어디에도 틈새가 없도록 해야 하며, 만일 틈새가 생기는 경우에는 접촉부의 공시체 표면을 평평하게 갈아서 잘 접촉되도록 한다.

③ 지간은 공시체 높이(공칭치수)의 3배로 한다.

④ 공시체에 충격을 주지 않도록 일정하게 하중을 가한다. 하중을 가하는 속도는 가장자리 응력도의 증가가 표준으로서 매분 8~10kgf/cm²이 되도록 한다.

⑤ 공시체가 파괴될 때까지 시험기가 표시하는 최대하중을 유효숫자 3자리까지 읽는다.

⑥ 파괴단면의 너비는 세 곳에서 0.2mm까지 측정하여 그 평균값을 유효숫자 4자리까지 구한다.

⑦ 파괴단면의 높이는 두 곳에서 0.2mm까지 측정하여 그 평균값을 유효숫자 4자리까지 구한다.

⑧ 휨강도는 파괴 위치에 따라 다음 각 식으로 계산하여 유효숫자 3자리까지 구한다.

　⊙ 공시체가 인장 쪽 표면 지간 방향 중심선의 3등분점 사이에서 파괴되었을 경우

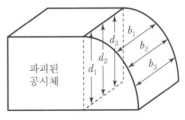

∥ 파괴단면의 측정 ∥

• 평균 폭

$$b = \frac{b_1 + b_2 + b_3}{3}$$

• 평균 높이

$$d = \frac{d_1 + d_2 + d_3}{3}$$

• 휨강도의 계산

공시체가 인장 측 표면의 스팬 방향 중심선의 3등분점 사이에서 파괴되었을 때

$$f_{cb} = \frac{Pl}{bd^2} \times 1,000$$

여기서, f_c : 휨 강도(N/mm²)

　　　l : 스팬(mm)

　　　P : 최대하중(N)

　　　b : 파괴단면의 폭(mm)

　　　d : 파괴단면의 높이(mm)

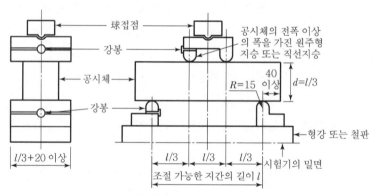

| 3등분점 하중법에 의한 콘크리트의 휨강도 시험기 |

ⓛ 공시체가 지간의 3등분점 바깥쪽에서 파괴되고, 또한 3등분점에서 파괴단면과 중심
선이 교차하는 점까지의 거리가 지간의 5% 이내인 경우

$$\sigma_b = \frac{3Pa}{bd^2}$$

여기서, a : 파괴단면과 이것에 가까운 쪽 바깥쪽 지점과의 거리를 인장 표면에서 지간
　　　　방향으로 두 곳 측정한 것의 평균값(cm)으로, 유효숫자 4자리까지 구한다.

ⓒ 공시체가 지간의 3등분점 바깥쪽에서 파괴되고, 또한 하중점에서 파괴단면까지의 거리
　가 지간의 5% 이상인 경우는, 그 시험결과를 무효로 하고 이 시험을 다시 하여야 한다.

⑨ 시험 후 보고서에는 다음 사항 중 필요한 것을 기재한다.
　ⓐ 공시체의 번호
　ⓑ 공시체의 재령
　ⓒ 공시체의 너비(mm)
　ⓓ 공시체의 높이(mm)
　ⓔ 지간(mm)
　ⓕ 최대하중(kg)
　ⓖ 휨강도(kN/mm^2)
　ⓗ 양생방법 및 양생온도
　ⓘ 공시체의 파괴상황
　ⓙ 기타

5 주의사항

① 콘크리트 비비기의 온도는 20±3℃, 실험실의 습도는 60% 이상이어야 한다.
② 굵은 골재 최대치수가 50mm 이하인 경우 시험체의 한 변의 길이는 15cm로 한다.
③ 시험하기 전 재료의 온도는 20~25℃로 유지하며, 시험체는 양생이 끝난 후 즉시 젖은 상태
　에서 시험하여야 한다.
④ 휨강도는 가압속도에 따라 달라지므로 규정된 하중속도로 시험하여야 한다.

콘크리트의 휨강도 시험

시 험 일	서기 20 년 월 일 요일 날씨								
시험일의 상태	실 온(℃)		습 도(%)		수 온(℃)			양생온도(℃)	
시 료									
시방 배합	굵은 골재의 최대 치수 (mm)	슬럼프의 범위 (cm)	공기량의 범위 (%)	물·시멘트비 W/C (%)	잔골재율 S/A (%)	단위량 (kg/m³)			
						물 W	시멘트 C	잔골재 S	굵은 골재 mm~mm	혼화재
									mm	
공시체 번호									
재 령 일									
평 균 폭(cm)									
평 균 높 이									
스 판(cm)									
최대하중(kg)									
휨강도(kg/cm²)									
파 괴 상 황									
양 생 방 법									
파괴단면과 이에 가까운 지점과의 거리(cm)									

고찰

시 험 자	소 속		성 명	
검 인	서기 20 년 월 일 날씨			

01
11②
14①

휨강도 시험을 위한 공시체의 길이에 대한 설명으로 옳은 것은?

① 단면의 한 변의 길이의 2배보다 50mm 이상 긴 것으로 한다.
② 단면의 한 변의 길이의 2배보다 80mm 이상 긴 것으로 한다.
③ 단면의 한 변의 길이의 3배보다 50mm 이상 긴 것으로 한다.
④ 단면의 한 변의 길이의 3배보다 80mm 이상 긴 것으로 한다.

02
14②

콘크리트의 휨강도 시험에 대한 설명으로 옳지 않은 것은?

① 공시체의 길이는 높이의 3배보다 8cm 이상 더 커야 한다.
② 공시체는 성형 후 16시간 이상 3일 이내에 몰드를 해체한다.
③ 공시체의 한 변의 길이는 굵은 골재 최대치수의 3배 이상으로 한다.
④ 공시체가 지간 중심 3등분점의 바깥쪽에서 파괴 시 그 실험 결과는 무효로 한다.

○ 공시체의 한 변의 길이는 최대 치수의 4배 이상으로 한다.

03
실기
필답형

콘크리트 휨강도 시험에 대한 내용이다. 다음 물음에 답하시오.

① 공시체에 하중을 가하는 속도는?
② 휨강도 파괴 시 무효 사유는?
③ 지간 길이는 공시체 높이의 몇 배인가?

○ ① 0.06±0.04MPa/초
② 지간의 3등분점 바깥쪽에서 파괴된 경우
③ 3배

04
12⑤

콘크리트의 휨강도 시험에 대한 설명으로 틀린 것은?

① 지간은 공시체 높이의 3배로 한다.
② 재하 장치의 접촉면과 공시체 면과의 사이에 틈새가 생기는 경우, 접촉부의 공시체 표면을 평평하게 갈아서 잘 접촉할 수 있도록 한다.
③ 공시체에 충격을 가하지 않도록 일정한 속도로 하중을 가한다.
④ 하중을 가하는 속도는 가장자리 응력도의 증가율이 매초 0.6±0.4MPa이 되도록 한다.

○ 매초 0.06±0.04MPa

정답 01 ④ 02 ③ 03 해설 참조 04 ④

기출 및 실전문제

GUIDE

05 콘크리트 휨강도 시험용 공시체의 한 변의 길이는 콘크리트
에 사용될 굵은 골재 최대치수의 몇 배 이상이며 또한 몇 mm
이상이어야 하는가?

① 2배, 50mm ② 3배, 80mm

③ 4배, 100mm ④ 5배, 150mm

○ [참고] 콘크리트 인장강도 시험용 공
시체의 지름은 ㉠ 굵은 골재 최대치
수의 4배 이상이며, ㉡ 150mm 이
상으로 한다.

06 콘크리트 휨강도 시험용 공시체 제작에서 다짐봉을 사용하여
콘크리트를 채우고자 한다. 이때 다짐은 몇 mm²마다 1회의
비율로 다져야 하는가?

① 100mm² ② 500mm²

③ 1,000mm² ④ 5,000mm²

○ 휨강도 시험체가 $150 \times 150 \times 530$
mm인 경우 층별 다짐횟수는 $(150 \times 530) \div 1,000 \fallingdotseq 80$회이다.

07 콘크리트 휨강도 시험에서 $100 \times 100 \times 380$mm의 몰드를
사용하여 공시체를 제작할 때 콘크리트 채우기에서 각 층의
다짐횟수는?

① 38회 ② 58회

③ 76회 ④ 96회

○ 다짐횟수 $= \dfrac{100 \times 380}{1,000} = 38$회

08 휨강도 공시체 150mm×150mm×530mm의 몰드를 제작
할 때 몇 층 몇 회씩 다짐을 하는가?

① 3층, 25회씩 ② 3층, 50회씩

③ 2층, 80회씩 ④ 2층, 92회씩

○ 다짐횟수 $= (150 \times 530) \div 1,000$
$\fallingdotseq 80$회

09 휨강도 시험에서 시험체에 하중을 가하는 속도는 가장자리
응력도의 증가율이 매 초 어느 정도 조정하고 최대 하중이 될
때까지 그 증가율을 유지하는가?

① 0.06±0.04MPa

② 0.25±0.04MPa

③ 0.6±0.4MPa

④ 0.025±0.04MPa

○ 압축강도 : 0.6±0.4MPa

정답 05 ③ 06 ③ 07 ① 08 ③ 09 ①

10
11①

지간 길이 L인 3등분 하중장치를 이용한 콘크리트 휨강도 시험에서 폭 b, 높이 h인 공시체가 지간의 3등분 중앙부에서 파괴되었을 때 휨강도를 구하는 공식은? (단, P=파괴 시 최대하중임)

① $\dfrac{PL}{bh^2}$

② $\dfrac{PL}{2bh^2}$

③ $\dfrac{2PL}{3bh^2}$

④ $\dfrac{3PL}{2bh^2}$

> ◉ 단순보의 중앙점 하중법
> $$휨강도 = \frac{3PL}{2bd^2}$$

11
12①
14①,②,
④

150mm×150mm×530mm 크기의 콘크리트 시험체를 450mm 지간이 되도록 고정한 후 3등분점 하중법으로 휨강도를 측정하였다. 35kN의 최대하중에서 중앙부분이 파괴되었다면 휨강도는 얼마인가?

① 4.7MPa

② 5.3MPa

③ 5.6MPa

④ 5.9MPa

> ◉ $휨강도 = \dfrac{PL}{bd^2} = \dfrac{35,000 \times 450}{150 \times 150^2}$
> $= 4.7\text{N/mm}^2$
> $= 4.7\text{MPa}$

12
실기
필답형

콘크리트 휨강도 시험에서 공시체가 지간의 3등분 중앙부에서 파괴 시 최대하중이 32kN이었을 때 휨강도를 구하시오. (단, 공시체의 크기는 150×150×530mm, 지간은 450mm이다.)

> ◉ $휨강도 = \dfrac{PL}{bd^2} = \dfrac{32,000 \times 450}{150 \times 150^2}$
> $= 4.3\text{MPa}$

13
실기
필답형

콘크리트 휨강도 시험에 대한 내용이다. 다음 물음에 답하시오.

① 공시체가 15cm×15cm×53cm일 때 다짐횟수는?

② 공시체가 지간의 3등분 중앙에서 파괴되었을 때 휨강도를 구하시오.(단, 지간은 450mm, 파괴 최대 하중이 36,000N이다.)

> ◉ ① $(15 \times 53) \div 10 = 80$회
> ② $f_b = \dfrac{PL}{bd^2} = \dfrac{36,000 \times 450}{150 \times 150^2}$
> $= 5\text{MPa}$

정답 **10** ① **11** ① **12, 13** 해설 참조

14 콘크리트 휨강도 시험에 대한 내용이다. 다음 물음에 답하시오.
실기
필답형

① 공시체가 150mm × 150mm × 530mm일 때 각 층 다짐 횟수는?

② 공시체가 지간의 3등분 중앙에서 파괴되었을 때 휨강도를 구하시오.(단, 지간은 450mm, 파괴 최대하중이 36,000 N이다.)

③ 공시체를 제작한 후 ( )시간 이상, ( )일 이내에 몰드를 떼어 내어야 한다.

④ 휨강도 공시체의 한 변의 길이는 골재 최대 치수의 ( )배 이상이며 100mm 이상이어야 한다.

○ ① $(150 \times 530) \div 1,000 = 80$회

② $f_b = \dfrac{PL}{bd^3} = \dfrac{36,000 \times 450}{150 \times 150^2}$
$= 5\text{MPa}$

③ 16, 3

④ 4

콘크리트의 인장강도 시험법
Method of Test for Splitting Tensile Strength of Concrete

CHAPTER 04

1 시험의 목적

콘크리트의 인장강도는 압축강도에 비하여 아주 적으므로 철근 콘크리트 설계에서는 무시되지만, 건조수축 및 온도변화 등에 의한 균열의 경감 및 방지를 도모하기 위해서는 인장강도의 크기를 알 필요가 있다.

2 시험용 기구

(1) 압축시험기

KS F 2405에 규정된 것으로 규정된 재하속도(7~14kg/cm²)를 낼 수 있는 것이어야 한다.

(2) 지지봉 또는 지지판

표면은 지압면에 따라 측정할 때 ±0.025mm 이상의 요철이 있어서는 안 된다. 최소 폭은 5cm 이상이어야 하고 두께는 구형 또는 직사각형 지지블록의 끝에서 공시체 끝까지의 거리보다 적어서는 안 된다.

(3) 지압판

두께 3mm, 폭이 약 2.5cm, 길이는 공시체 길이와 같거나 조금 긴 베니어판 2매

3 시험방법

① 공시체는 지름 15cm의 원주체로 하고 그 길이를 지름 이상으로 한다. 공시체를 제작하고 양생하는 방법은 압축강도 시험용 공시체의 경우와 같다.

> **참고정리**
>
> ✔ **공시체의 작성**
> 압축강도 시험과 마찬가지로 하며, 캡핑이 필요 없기 때문에 윗면까지 콘크리트를 넣고 흙손으로 평활하게 고른다.
>
>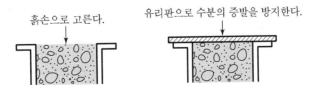
>
> 흙손으로 고른다.   유리판으로 수분의 증발을 방지한다.

② 공시체의 양단에 지름선을 그리고 그 양단은 지름선에 평행하여야 한다.

③ 공시체의 지름은 양단부 근처와 중앙부의 3지름을 0.2mm의 정밀도로 측정하여 그 평균값을 지름으로 취한다.

> **참고정리**
>
> ✔ **공시체의 측정**
> 공시체의 하중을 가하는 방향의 두 군데 이상에서 지름을 측정한다. (mm 단위로 소수점 이하 한 자리)
>
>

④ 공시체의 길이는 양단의 지름의 표시선을 포함한 평면에서 2개소 이상을 2mm의 정밀도로 측정하여 그 평균값으로 한다.

⑤ 공시체의 위치는 먼저, 하부 지지블록의 중심에 따라 베니어판 한 장을 맞춘다. 베니어판 위에 공시체를 올려놓고 공시체의 양단의 표시선이 연직이 되도록 하고 중심선을 맞춘다. 나머지 베니어판을 공시체의 깊이방향으로 표시선에 따라 중심선을 맞춘다. 이 경우 공시체의 양단에 표시한 지름으로 이루어지는 평면이 윗부분 지압판의 중심선을 통과하여야 하며, 지지봉 또는 지지판을 사용할 때에는 공시체의 중심과 구면좌블록의 중심이 일치되어야 한다.

> **참고정리**
>
> ✔ **공시체 단면 모습**
> 시험기에 놓는다. 공시체를 시험기의 가압판에 편심 되지 않도록 가로로 놓는다.
>
>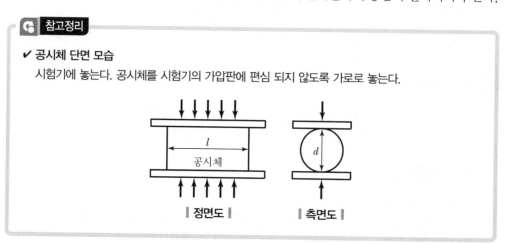

⑥ 재하속도는 공시체가 파괴될 때까지 계속적으로 충격 없이 하중을 가하되, 인장강도가 매분 7~14kN/cm²의 일정한 비율로 증가하도록 해야 한다.

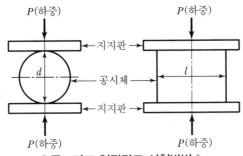

│ 콘크리트 인장강도 시험방법 │

⑦ 공시체의 파괴면 길이를 두 군데 이상 측정한다.

$$l = \frac{l_1 + l_2 + l_3}{3}$$

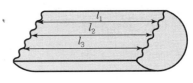

│ 파괴면 길이 측정 │

⑧ 공시체를 파괴한다. 시험기가 나타내는 최대하중을 유효숫자 세 자리까지 판독한다.

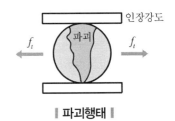

│ 파괴행태 │

⑨ 공시체의 인장강도는 다음 식으로 계산한다.

$$f = \frac{2P}{\pi dl}$$

여기서, f : 인장강도(N/mm^2)

P : 시험기에 나타난 최대하중(N)

l : 공시체의 길이(mm)

d : 공시체의 지름(mm)

⑩ 시험기록표에는 다음 사항을 기록해야 한다.

㉠ 공시체의 번호

㉡ 공시체의 지름과 길이(mm)

㉢ 최대하중(N)

㉣ 0.1kg/cm^{2}까지 계산한 인장강도

㉤ 시험 중에 파괴된 굵은 골재 단면의 전단면적에 대한 측정비율

ⓗ 재령

ⓢ 양생방법 및 양생온도

ⓞ 공시체의 결함 유무

ⓩ 파괴현황, 하중의 편심 유무, 기타

4 주의사항

① 콘크리트 비비기의 온도는 $20 \pm 3 ℃$, 실험실의 습도는 60% 이상이어야 한다.

② 시험체의 지름은 골재 최대치수의 4배 이상이어야 하며, 15cm 이상으로 한다.

③ 시험하기 전 재료의 온도는 $20 \sim 25 ℃$로 유지하며, 시험체는 양생이 끝난 후 즉시 젖은 상태에서 시험하여야 한다.

④ 인장강도는 가압속도에 따라 달라지므로 규정된 하중속도로 시험하여야 한다.

콘크리트의 인장강도 시험

시 험 일	서기 20 년 월 일 요일 날씨								

시험일의 상태	실 온(℃)		습 도(%)		수 온(℃)		양생온도(℃)		

시 료									

시방 배합	굵은 골재의 최대 치수 (mm)	슬럼프의 범위 (cm)	공기량의 범위 (%)	물·시멘트비 W/C(%)	잔골재율 S/A (%)	단위량(kg/m³)				
						물 W	시멘트 C	잔골재 S	굵은 골재 mm~mm	혼화재료
									mm	

공시체 번호	1		2		3		
재 령(일)							
평균 지름(cm)							
평균 길이(cm)							
최대 하중(kgf)							
인장강도(kg/cm²)							
평균인장강도							
양생방법							
공시체 결함							
파괴상황, 하중의 편심							

〈고찰〉

시 험 자	소 속		성 명	
검 사 자	서기 20 년 월 일 날씨			

기출 및 실전문제

G·U·I·D·E

01 콘크리트의 인장강도에 대한 설명 중 틀린 것은?

11⑤

① 인장강도는 압축강도에 비해 매우 작다.

② 인장강도는 철근 콘크리트의 부재 설계에서는 일반적으로 무시해도 된다.

③ 인장강도는 도로 포장이나 수조 등에선 중요하다.

④ 인장강도는 압축강도와 달리 물 – 시멘트비에 비례한다.

> • 인장강도 및 압축강도는 물 – 시멘트비에 반비례한다.
> • 인장강도는 압축강도의 1/10~1/13 정도로 작다.

02 콘크리트의 인장 강도 시험에서 시험체의 지름은 굵은 골재 최대치수의 몇 배 이상이고 또한 몇 mm 이상이어야 하는가?

14④

① 2배, 80mm   ② 3배, 100mm

③ 4배, 150mm   ④ 5배, 100mm

> 콘크리트의 압축강도 시험에서 시험체의 지름은 굵은 골재 최대치수의 3배 이상이고 또한 100mm 이상이어야 한다.

정답 **01** ④ **02** ③

콘크리트의 블리딩 시험법
Bleeding Test

1 시험의 목적

① 이 시험은 콘크리트의 재료 분리 경향과 AE제 및 감수제의 품질을 시험하기 위함이다.

② 블리딩(Bleeding) 양이 많으면 철근과 콘크리트의 부착력이 저하되고 콘크리트의 수밀성을 악화시키는 원인이 되므로, 실습을 통하여 콘크리트의 블리딩 시험방법을 이해하고, 그 기능을 기른다.

2 재료

굳지 않은 콘크리트

3 기계 및 기구

① 용기 : 안지름 25cm, 안 높이 28.5cm이고, 두께 2.8~3.5mm인 원통형의 금속제일 것

② 저울 : 필요한 무게 측정에 지장이 없는 충분한 용량을 가진 것으로, 감도 10g 이상일 것

③ 다짐봉 : 지름 16mm, 길이 60cm의 크기를 가진 강제 직선봉으로, 그 한쪽 끝이 지름 16mm의 반구형으로 된 것

④ 메스실린더 및 피펫(Pipette) : 용량 10mL, 50mL, 100mL의 메스실린더와 시료의 표면에 생긴 블리딩 물을 빨아 낼 수 있는 피펫

⑤ 나무망치, 소형 삽, 흙손, 온도계, 시계 등

▌블리딩 측정 용기 ▌

4 안전 및 유의사항

① 이 시험방법은 굵은 골재의 최대 치수가 50mm 이하인 경우에 적용한다.

② 콘크리트 시료 및 실험실의 온도는 시험하는 동안 항상 20±3℃를 유지한다.

③ 시료의 표면 처리를 항상 일정하게 해야만 실험 결과의 신뢰성이 좋아진다.

④ 물의 증발을 막도록 항상 뚜껑을 덮어 놓고, 물을 빨아 낼 때만 연다.

⑤ 블리딩 물을 쉽게 빨아내기 위해서는 물을 모으는데, 물을 빨아내기 약 2분 전에 50mm 두께의 나무 받침으로 용기 한쪽을 괸다.

5 시료의 준비

굳지 않은 콘크리트의 시료 채취방법(KS F 2401)에 따라 대표적 시료를 채취한다.

6 실습 순서

(1) 시험방법

① 채취된 시료를 굳지 않은 콘크리트의 단위 용적 무게 및 공기량 시험방법(KS F 2409)과 같이 용기에 3층으로 나누어 넣고, 각 층을 다짐봉으로 25번 정도 다진 후 용기의 바깥을 10~15번 정도 두들긴다.

② 콘크리트를 용기에 25±0.3cm의 높이까지 채운 후 윗부분을 흙손으로 평활하게 고른다.

③ 시료의 표면을 흙손으로 고른 후 즉시 시간을 기록하고, 용기와 시료의 무게를 측정한다.

④ 시료가 든 용기를 진동이 없는 수평한 시험대 위에 놓고 뚜껑을 덮는다.

⑤ 처음 60분 동안은 10분 간격으로, 그 후로는 30분 간격으로 표면에 생긴 블리딩 물을 피펫으로 빨아낸다.

⑥ 각각 빨아 낸 물을 메스실린더에 옮긴 후 물의 양을 기록한다.

⑦ 블리딩 물이 생기지 않을 때까지 물을 빨아내고, 시험이 끝난 즉시 용기와 시료의 무게를 칭량한다. 이때, 시료의 무게는 빨아 낸 블리딩 양을 더해야 한다.

(2) 결과의 계산

① 단위 표면적의 블리딩 양은 다음 식에 따라 구한다.

$$\text{블리딩 양}(\text{cm}^3/\text{cm}^2) = \frac{V}{A}$$

여기서, V : 규정된 측정 시간 동안에 생긴 블리딩 물의 양(cm^3)
A : 콘크리트 윗면의 단면적(cm^2)

② 시료에 함유된 물 전체의 무게에 대한 블리딩 물의 비를 나타내는 블리딩률은 다음 식에 따라 계산한다.

$$\text{블리딩률}(\%) = \frac{B}{C} \times 100 \text{ 단, } C = \frac{w}{W} \times S$$

여기서, B : 시료의 블리딩 물의 총 무게(kg)
C : 시료에 함유된 물의 총 무게(kg)
W : 콘크리트 1m^3에 사용된 재료의 총 무게(kg)
w : 콘크리트 1m^3에 사용된 물의 총 무게(kg)
S : 시료의 무게(kg)

시 험 명	콘크리트의 블리딩 시험															

| 시 험 일 | 서기   20   년   월   일   요일   날씨 |

시험일의 상태	실 온 (℃)	습 도 (%)	수 온 (℃)
	23.0		22.5

시 료	굳지 않은 콘크리트

시방 배합	굵은 골재의 최대 치수 (mm)	슬럼프의 범위 (cm)	공기량의 범위 (%)	물-시멘트비 W/C (%)	잔골재율 S/a (%)	단위량(kg/m³)						
						물 W	시멘트 C	잔골재 S	굵은 골재 G		혼화 재료	
									mm ~ 25mm	mm ~ mm	혼화재	혼화제 (mL/m³)
	25	7.5	1.5	57	41	171	300	779	1,121			

시료를 그릇에 넣고 표면을 흙손으로 고르게 한 시간	AM 10 : 00	시료의 온도(℃)	23.8

시 간 (분)	10	20	30	40	50	60	90	120	150	180	210	240	270	300	330	360
① 규정 시간 동안의 블리딩 물의 양 V(mL)	8.0	19.0	24.0	15.0	7.0	4.0	2.0	1.0	1.0	0.0						
② 시료의 블리딩 물의 총량 B(g)	8.0	27.0	51.0	66.0	73.0	77.0	79.0	80.0	81.0	81.0						

③ 시료와 용기의 무게(kg)	43.67
④ 용기의 무게(kg)	11.40
⑤ 시료의 무게 S(kg) ③-④	32.27
⑥ 용기 윗면의 면적 A(cm²)	490.9
⑦ 콘크리트 1m³에 사용된 재료의 총 무게 W(kg)	2,371
⑧ 콘크리트 1m³에 사용된 물의 총 무게 w(kg)	171
⑨ 블리딩 양(cm³/cm²) $\dfrac{①}{⑥}$	0.165
⑩ 시료에 함유된 물의 총 무게 C(kg) $\dfrac{⑧}{⑦}×⑤$	2.33
⑪ 블리딩률(%) $\dfrac{②}{⑩×1,000}×100$	3.48

시 험 자	소 속	
	성 명	

검 인	서기 20 년 월 일

G·U·I·D·E

01 콘크리트의 블리딩 시험에 대한 설명으로 틀린 것은?

11①
14②

① 시험하는 동안 30±3℃의 온도를 유지한다.

② 콘크리트를 용기에 3층으로 넣고, 각 층을 다짐대로 25번씩 다진다.

③ 용기에 채워 넣을 때 콘크리트의 표면이 용기의 가장자리에서 3±0.3cm 낮아지도록 고른다.

④ 콘크리트의 재료 분리 정도를 알기 위한 시험이다.

⊙ 시험하는 동안 20±3℃의 온도를 유지한다.

02 콘크리트 블리딩(Bleeding)에 대한 설명 중 틀린 것은?

11⑤

① 콘크리트 슬럼프가 크면 콘크리트 작업은 어려우나 블리딩은 감소된다.

② 일반적으로 단위수량을 줄이고 공기 연행제를 사용하면 블리딩은 감소된다.

③ 분말도가 높은 시멘트를 사용하면 블리딩은 감소된다.

④ 블리딩이 현저하면 상부의 콘크리트가 다공질로 되며 강도, 수밀성, 내구성 등이 감소된다.

⊙ 콘크리트 슬럼프가 크면 블리딩은 증가한다.

03 다음은 콘크리트 블리딩 시험에 대한 내용이다. 물음에 답하시오.

실기
필답형

① 블리딩 시험을 할 때 시험실 온도는?

② 콘크리트를 채운 용기의 위 면적이 490cm², 블리딩에 따른 물의 용적이 70cm³일 때 블리딩 양은?

③ 콘크리트를 용기에 (   )층으로 나누어 넣고, 각 층을 다짐대로 (   )회씩 다진다.

⊙ ① 20±3℃

② 블리딩 양 $= \dfrac{V}{A} = \dfrac{70}{490}$
$= 0.143 \text{cm}^3/\text{cm}^2$

③ 3, 25

04 콘크리트의 블리딩 시험에서 시험 중 온도로 적합한 것은?

11②
13②
14④

① 17±3℃   ② 20±3℃

③ 23±3℃   ④ 25±3℃

정답 **01** ① **02** ① **03** 해설 참조 **04** ②

05 블리딩 방지 방법 3가지를 쓰시오.

실기
필답형 ①

②

③

◐ ① 공기 연행제, 감수제를 사용한다.
② 골재 입도가 적당해야 한다.
③ 단위수량을 적게 한다.

06 블리딩(Bleeding) 시험에서 물을 피펫으로 빨아낼 때 처음

11① 60분 동안은 몇 분 간격으로 표면의 물을 빨아내는가?
12②
14④
① 10분   ② 20분

③ 30분   ④ 40분

◐ 블리딩이 멈출 때까지 30분 간격으로 표면의 물을 빨아낸다.

07 콘크리트의 블리딩 시험에 있어서 표면에 올라온 물의 수집

11⑤ 을 처음 60분간은 10분 간격으로 하고 그 후 블리딩이 정지
14①
할 때까지는 몇 분 간격으로 하는가?

① 15분   ② 20분

③ 30분   ④ 60분

◐ [참고] 블리딩이 크면 강도, 수밀성, 내구성이 감소된다.

08 콘크리트의 블리딩 시험에 대한 아래 설명에서 (   ) 안에 들

12① 어갈 시간(분)으로 옳은 것은?

> 기록한 처음 시각에서 60분 동안 (A)분마다 콘크리트 표면
> 에서 스며 나온 물을 빨아낸다. 그 후는 블리딩이 정지할 때까
> 지 (B)분마다 물을 빨아낸다.

① A : 40분, B : 10분   ② A : 30분, B : 10분

③ A : 10분, B : 30분   ④ A : 10분, B : 60분

◐ 블리딩은 콘크리트를 친 후 처음 15 ~30분에 생기며 2~4시간에 거의 끝난다.

09 콘크리트의 블리딩 시험을 위하여 안지름 25cm인 용기에 콘

13① 크리트를 채운 후 블리딩된 물을 수집한 결과 395cm³이었
다. 블리딩 양은 몇 cm³/cm²인가?

① 0.6   ② 0.8

③ 1.2   ④ 1.6

◐ 블리딩 양 $= \dfrac{V}{A} = \dfrac{395}{\dfrac{\pi \times 25^2}{4}}$

$= 0.8 \text{cm}^3/\text{cm}^2$

정답 **05** 해설 참조 **06** ① **07** ③ **08** ③ **09** ②

10
13②

안지름 25cm, 높이 28cm의 용기를 사용하여 블리딩 시험을 한 결과 피펫으로 빨아낸 물의 양이 508cm³였다. 블리딩 양 (cm³/cm²)을 구하면?

① 0.009　　　　　② 9.58

③ 1.03　　　　　④ 5.08

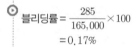

블리딩 양 $= \dfrac{V}{A} = \dfrac{508}{\dfrac{3.14 \times 25^2}{4}}$
$= 1.03\,\mathrm{cm^3/cm^2}$

11
12②

콘크리트의 블리딩 시험(KS F 2414)은 굵은 골재의 최대치수가 최대 몇 mm 이하인 콘크리트에 적용하는가?

① 25mm　　　　　② 30mm

③ 50mm　　　　　④ 80mm

12
13④

콘크리트의 블리딩 시험 결과 시료에 함유된 물의 총 질량이 165kg이고 시료의 블리딩 물의 총 질량이 285g이었다. 이때 블리딩률은?

① 0.17%　　　　　② 1.73%

③ 0.58%　　　　　④ 5.79%

블리딩률 $= \dfrac{285}{165,000} \times 100$
$= 0.17\%$

13
12①

콘크리트의 블리딩 시험을 통하여 판정할 수 있는 것은?

① 재료분리의 경향　　② 응결, 경화의 시간

③ 워커빌리티의 상태　　④ 시멘트의 비중

14
11⑤

다음 중 콘크리트의 블리딩 시험에 필요한 시험 기구는?

① 슬럼프 콘　　　　　② 메스실린더

③ 강도 시험기　　　　④ 데시케이터

15
14①

굳지 않은 콘크리트의 블리딩 시험으로 알 수 있는 것은?

① 워커빌리티　　　　② 재료 분리

③ 응결 시간　　　　④ 단위수량

굳지 않은 콘크리트의 공기 함유량 측정 시험법

CHAPTER 06

1 시험의 목적

① 굳지 않은 콘크리트의 공기 함유량을 공기실 압력법에 의해 구하는 방법을 이해한다.
② 공기량은 콘크리트의 워커빌리티, 강도, 내구성, 수밀성 및 단위 용적, 무게 등에 큰 영향을 끼치므로 콘크리트의 품질 관리 및 적절한 배합 설계를 위하여 공기량을 알아야 한다.

2 재료

① 굳지 않은 콘크리트
② 컵 그리스(Cup Grease)

3 기계 및 기구

① 공기량 측정기(워싱턴형)
　㉠ 용기 : 플랜지가 붙은 원통형의 경질 금속으로 용기 지름은 높이의 0.9~1.1배로 하며, 용기의 최소 용량은 다음 표와 같다.

▎공기량 측정기 ▎

▼ 용기의 최소 용량

굵은 골재의 최대 치수(mm)	그릇의 최소 용량(L)
50 이하	6
80 이하	12

　㉡ 뚜껑 : 용기와 같은 재질로, 용기 윗부분과 접촉 부분에는 고무 패킹이 붙어있어야 한다.
　㉢ 공기실 : 뚜껑 윗부분에 용기의 약 5%의 용량을 가진 공기실이 있어야 한다. 공기실은 압력 조절 밸브가 붙어 있어야 하고, 공기 펌프 및 압력계에 연결되어 있어야 한다.
　㉣ 압력계 : 용량 약 $1kg/cm^2$, 감도 $0.01kg/cm^2$ 정도의 것으로, 압력계 눈금판의 지름은 약 9cm 이상으로 하며, 용기 중의 공기량에 상당하는 압력점에 공기량을 백분율로 표시하고, 초압력을 명시한 것이라야 한다.
　㉤ 검정용 기구 : 검정에 필요한 양의 물을 손쉽게 용기 밖으로 꺼낼 수 있는 기구라야 한다.

② 목재 정규는 크기 4.5×30cm, 두께 1.2cm의 나무로 된 자이다.

③ 다짐대는 지름 16mm, 길이 약 60cm의 곧은
원형 강봉으로, 그 한쪽 끝은 지름 16mm의
반구형으로 둥글게 된 것이라야 한다.

④ 저울

⑤ 메스실린더

⑥ 혼합기

⑦ 작은 삽

⑧ 나무망치 또는 고무망치

▌공기량의 시험용 기구 ▌

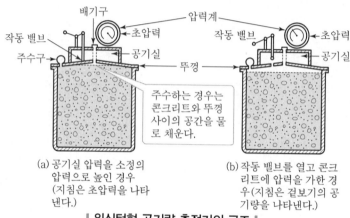

(a) 공기실 압력을 소정의
압력으로 높인 경우
(지침은 초압력을 나타
낸다.)

(b) 작동 밸브를 열고 콘크
리트에 압력을 가한 경
우(지침은 겉보기의 공
기량을 나타낸다.)

▌워싱턴형 공기량 측정기의 구조 ▌

4 실습 순서

(1) 시험방법

① 용기의 검정

㉠ 용기의 플랜지에 컵 그리스를 엷게 칠하고 물을 약간 넘치도록 채운 후, 용기 위에 유
리판을 얹어 남은 물을 없앤다. 이때, 유리판 뒷면에 기포가 있어서는 안 된다.

㉡ 용기와 물의 무게를 전체 무게의 0.1% 이하 감도로 계량한다.

② 초압력의 검정

㉠ 용기에 물을 채우고 가만히 뚜껑을 덮는다. 이때, 뚜껑의 안쪽과 수면 사이에 공간이
있는 경우는 공기가 다 빠질 때까지 물을 채운다.

㉡ 모든 밸브를 잠그고, 공기 펌프로 공기실의 압력을 초압력보다 약간 크게 한다.

㉢ 약 5초 후에 조정 밸브를 천천히 열어서 압력계의 바늘을 초압력의 눈금과 일치시킨다.

㉣ 공기실의 주 밸브를 충분히 열어서 공기실의 기압과 용기 윗부분의 기압을 평형이 되
도록 하고, 압력계를 읽어 그 값이 공기량 0%의 눈금과 일치하는가를 조사한다.

ⓜ 만일, 일치하지 않는 경우에는 공기나 물이 새지 않는가를 점검한 후 2~3회 검정을 반복한다.

ⓗ 반복되는 검정에도 압력계의 바늘이 같은 점을 가리키거나 0점과 일치하지 않을 경우에는 초압력 눈금의 위치를 바늘이 0점에 멈추도록 이동시킨다.

ⓢ 위의 조작을 반복하여 초압력 눈금의 위치 이동이 적당하였는지를 확인한다.

③ 공기량 눈금판의 검정

ⓖ 용기에 초압력의 검정 시와 같이 물을 채우고, 검정용 기구를 사용하여 적당한 양의 물을 용기 속에서 빼내어 메스실린더에 넣고, 용기의 용량에 대한 백분율(%)로 표시한다.

ⓛ 용기 내의 기압을 대기압과 같게 하여 잠그고, 공기실 내의 기압을 초압력까지 높인다.

ⓒ 주 밸브를 열어 고압의 공기를 용기 내에 주입한다.

ⓔ 압력계의 바늘이 안정되었을 때 공기량의 눈금을 읽는다.

ⓜ 다시 ⓖ과 같은 방법으로 용기 속의 물을 꺼내어 빼낸 물의 총량을 용기의 용적에 대한 백분율(%)로 표시한다.

ⓗ ⓛ~ⓔ와 같은 방법으로 공기량의 눈금을 읽는다.

ⓢ 위와 같은 방법을 몇 번 반복하여 꺼낸 물의 백분율로 공기량의 눈금을 비교한다. 이들 값이 각각 일치되어 있을 때는 공기량의 눈금은 정확한 것이다.

ⓞ 만일, 일치하지 않을 때는 그 관계를 그래프로 나타내어 이 그래프를 공기량의 검정에 사용한다.

④ 콘크리트의 겉보기 공기량 측정

ⓖ 용기에 3층으로 콘크리트를 넣는다.

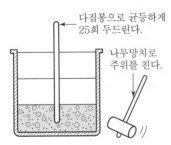

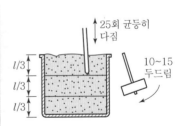

ⓛ 표면을 고르게 하고 물을 주입한다.

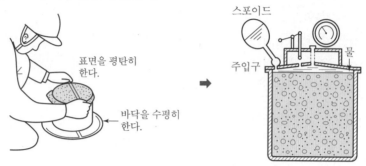

ⓒ 공기실의 압력을 초압력까지 올린다.

ⓔ 작동 밸브를 열고 압력이 안정된 후에 공기량 A_1%를 판독한다.

여기서 구한 공기량 A_1은 콘크리트 중의 공극뿐만 아니라 골재입자 내부에도 압입된 수량이 포함되므로, 이 관계에서 구한 값을 겉보기 공기량이라고 한다. 따라서, 콘크리트 중의 공극에 함유되는 공기량은 겉보기 공기량 A_1에서 골재입자 내의 공기량 (골재수정계수라고 한다.)을 빼야 한다. 골재수정계수는 시험에 의하여 구하는데 천연골재로서 다공질의 것에서 0.3% 정도로 해서 계산하거나, 또는 외견상의 공기량을 골재수정계수로 보고하고 있는 예가 많다.

---

⑥ 참고정리

✔ 공기량 시험

1. 준비

2. 용기를 수평한 바닥에 놓고 콘크리트를 1/3 씩 채운다.

3. 매층마다 다짐봉으로 25회 균등하게 다진다.

4. 고무망치로 용기의 옆면을 다짐봉 자국이 없어질 때까지 10~15회 두드린다.

5. 용기의 상단까지 채운 후 용기 상부면에 맞추어 평탄화한 후 용기의 플랜지 윗면과 뚜껑의 아랫면을 완전히 닦는다.

6. 공기가 새지 않도록 뚜껑을 단단히 잠근다.

7. 공기펌프로 공기실의 압력을 초기 압력보다 크게 한다.

8. 약 5초 후 조절밸브를 서서히 열어 압력계의 지침을 초기 압력의 눈금에 정확히 일치시킨다.

9. 주 밸브 손잡이를 눌러 압력공기가 시료용기 속으로 통하도록 한다.

10. 손잡이를 3~5회 눌러 압력을 평평하게 한 후 게이지의 눈금을 읽는다.

ⓜ 골재의 수정계수 결정

㉮ 사용하는 잔골재와 굵은 골재의 무게는 다음 식에 따라 계산한다.

$$F_s = \frac{S}{B} \times F_b$$

$$C_s = \frac{S}{B} \times C_b$$

여기서, F_s : 사용하는 잔골재의 무게(kg)

C_s : 사용하는 굵은 골재의 무게(kg)

S : 콘크리트 시료의 부피(용기의 용적과 같다.)(L)

B : 1배치에 성형된 콘크리트의 용적(L)

F_b : 1배치에 사용하는 잔골재의 무게(kg)

C_b : 1배치에 사용하는 굵은 골재의 무게(kg)

보통 $B = 1,000$으로 하고 F_b는 단위 잔골재량을, C_b는 단위 굵은 골재량을 적용시킨다.

㉯ 잔골재 및 굵은 골재의 대표적 시료를 각각 F_s 및 C_s만큼 채취하여 따로 5분간 물에 담가 둔다.

㉰ 용기의 $\frac{1}{3}$ 정도까지 물을 채우고, 골재를 용기에 넣을 때는 잔골재를 한 삽 넣은 다음 굵은 골재를 두 삽 넣도록 하여, 골재가 완전히 물에 잠기도록 한다.

㉱ 용기의 측면을 나무망치로 두들겨 공기를 빼고, 또 잔골재를 넣을 때마다 다짐대로 약 10회씩 다진다.

㉲ 골재를 모두 넣은 다음 수면의 거품을 완전히 없앤 후 뚜껑을 용기에 얹고 잠근다.

㉳ 압력계 공기량의 눈금을 읽고, 이것을 골재의 수정 계수(G)로 한다.

(2) 결과의 계산

콘크리트의 공기량은 다음 식에 따라 계산한다.

$$A(\%) = A_1 - G$$

여기서, A : 콘크리트의 공기량(콘크리트의 용적에 대한 백분율)(%)

A_1 : 겉보기 공기량(콘크리트의 용적에 대한 백분율)(%)

G : 골재의 수정계수(콘크리트의 용적에 대한 백분율)(%)

시 험 명	굳지 않은 콘크리트와 공기 함유량 시험(공기실 압력 방법)										
시 험 일	서기　20　　　　년　　　　월　　　　일　　　　요일　　　날씨										

시험일의 상태	실 온(℃)		습 도(%)		수 온(℃)	
	23.0				22.5	

시　료	굳지 않은 콘크리트

시방 배합	굵은 골재의 최대 치수 (mm)	슬럼프의 범위 (cm)	공기량의 범위 (%)	물−시 멘트비 W/C (%)	잔골재율 S/a (%)	단위량 (kg/m³)					
						물 W	시멘트 C	잔골재 S	굵은 골재 G		혼화 재료
									mm~ 25mm	mm~ mm	혼화재	혼화제 (mL /m³)
	25	7.5	1.5	57	41	171	300	779	1,121		

측정 번호	1	2	3
① 겉보기 공기량 A_1(%)	5.50		
② 골재의 수정 계수 G(%)	1.20		
③ 공기량 A=①−②(%)	4.30		
④ 콘크리트의 온도(℃)	23.0		

고 찰 : 골재의 수정계수 결정 시 사용하는 골재의 무게

$$F_s = \frac{S}{B} \times F_b \qquad F_s = \frac{6}{1,000} \times 779 = 4.764(kg)$$

$$C_s = \frac{S}{B} \times C_b \qquad C_s = \frac{6}{1,000} \times 1,121 = 6.726(kg)$$

시 험 자	소 속	
	성 명	

검　　인	서기　20　　　년　　　　월　　　　일

01
11②
콘크리트 속의 공기량에 대한 설명으로 틀린 것은?

① 공기 연행제에 의하여 콘크리트 속에 생긴 공기를 연행공기라 하고, 그 밖의 공기를 갇힌 공기라 한다.

② 공기연행콘크리트의 알맞은 공기량은 콘크리트 부피의 4~7%를 표준으로 한다.

③ 공기연행콘크리트에서 공기량이 많아지면 압축강도가 커진다.

④ 공기연행 공기량은 시멘트의 양, 물의 양, 비비기 시간 등에 따라 달라진다.

> ❯ 공기량이 많아지면 압축강도가 작아진다.

02
12⑤
압축법에 의한 굳지 않은 콘크리트의 공기함유량 시험에 대한 설명으로 옳은 것은?

① 측정 용기는 용량 4L의 것을 사용한다.

② 시료를 용기에 한 번에 채우고 다짐봉으로 55회 균등하게 다진다.

③ 용기의 뚜껑을 죌 때는 반드시 시계 침 방향에 따른 순서대로 죈다.

④ 콘크리트의 공기량은 겉보기 공기량에서 골재의 수정계수를 뺀 값으로 한다.

> ❯ • 측정 용기는 용량 6L의 것을 사용한다.
> • 시료를 용기에 3층으로 나눠 채우고 다짐봉으로 각 층을 25회 다진다.

03
13②
굳지 않은 콘크리트의 워커빌리티를 측정하는 시험법이 아닌 것은?

① 슬럼프 시험　　　　② 플로(Flow) 시험

③ 공기 함유량 시험　　④ 구관입 시험

> ❯ 공기 함유량 시험은 콘크리트의 품질관리 측정한다.

04
13④
굳지 않은 콘크리트의 공기량 측정법이 아닌 것은?

① 공기실 압력법　　　② 질량법(무게법)

③ 부피법　　　　　　④ 간이법

> ❯ 콘크리트의 공기량
> = 겉보기 공기량 − 골재의 수정계수

정답 **01** ③　**02** ④　**03** ③　**04** ④

기출 및 실전문제

G·U·I·D·E

05 콘크리트의 공기량 측정법 3가지를 쓰시오.

실기
필답형

① _____

② _____

③ _____

⊙ ① 공기실 압력법
② 수주 압력법
③ 중량방법

06 공극률이 적은 골재를 사용한 콘크리트의 특징으로 잘못된
14④ 것은?

① 시멘트 풀의 양이 적게 들어 경제적이다.

② 콘크리트의 수밀성이 증대된다.

③ 콘크리트의 건조수축이 적어진다.

④ 블리딩의 발생이 증대된다.

⊙ 블리딩의 발생이 감소된다.

07 굳지 않은 콘크리트의 공기량에 영향을 끼치는 요소에 대한
11① 설명으로 적당치 못한 것은?

① 공기연행제의 사용량이 많아지면 공기량도 증가한다.

② 분말도가 높을수록 공기량은 감소한다.

③ 단위 시멘트량이 많을수록 공기량은 감소한다.

④ 콘크리트의 온도가 높을수록 공기량은 증가한다.

⊙ 콘크리트의 온도가 낮을수록, 잔골
재량이 많을수록, 슬럼프가 클수록
공기량은 증가한다.

08 워싱턴형 공기량 측정기를 사용하여 콘크리트의 공기량을 측
14③ 정하고자 한다. 콘크리트의 공기량은 어떻게 표시되는가?

① 콘크리트 부피에 대한 백분율

② 용기의 무게에 대한 백분율

③ 골재량에 대한 백분율

④ 공기량 측정기의 무게에 대한 백분율

09 콘크리트의 공기량 시험 결과 겉보기 공기량 A_1(%)=6.70, 골
11②
13①,② 재의 수정계수 G (%)=1.23일 때 콘크리트의 공기량 A(%)는?

① 4.58%

② 5.47%

③ 7.93%

④ 8.24%

⊙ 공기량=6.70-1.23=5.47%

정답 05 해설 참조 06 ④ 07 ④ 08 ① 09 ②

10
12①

콘크리트 공기량 시험에서 골재의 수정계수를 구하고자 할 때 잔골재를 추가할 때마다 다짐대로 다지는 데 적당한 다짐 횟수는?(단, 공기실 압력법)

① 10회   ② 15회

③ 20회   ④ 25회

11
11①

굳지 않은 콘크리트의 공기량을 구하는 식으로 옳은 것은? (단, A : 콘크리트의 공기량(%), G : 골재의 수정계수(%), A_1 : 콘크리트의 겉보기 공기량(%))

① $A = G - A_1$ ② $A = A_1 - G$

③ $A = \dfrac{1}{2}(A_1 - G)$ ④ $A = 2A_1 G$

12
11②

워싱턴형 공기량 시험기를 이용한 공기 함유량 시험은 다음 중 어느 것인가?

① 면적법   ② 공기실 압력법

③ 질량법   ④ 부피법

◉ 공기량 측정법에는 ㉠ 부피법, ㉡ 질량법, ㉢ 압력법, ㉣ 워싱턴형 공기실 등이 있다.

정답 **10** ① **11** ② **12** ②

PART
06

과년도
기출문제 필기 I
(2014년 1, 2, 4회)

콘크리트 기능사
필기+실기

Subject 01 골재

01 굵은 골재의 최대 치수가 25mm 이하인 콘크리트의 압축강도 시험용 원주형 공사체의 직경과 높이로 가장 적합한 것은?

① $\phi 15 \times 10cm$ ② $\phi 10 \times 20cm$
③ $\phi 15 \times 20cm$ ④ $\phi 15 \times 30cm$

답 ②

해설
[참고] 굵은 골재 최대치수가 40mm 이하인 경우 : $\phi 15 \times 30cm$

02 잔골재 A의 조립률은 3.26이고 잔골재 B의 조립률은 2.44이다. 이 골재의 조립률이 적당하지 않아 조립률이 2.8이 되는 잔골재 C를 만들고자 할 때 잔골재 A와 B의 혼합비는?

① A : B = 1 : 1.52 ② A : B = 1 : 1.73
③ A : B = 1 : 2.42 ④ A : B = 1 : 2.53

답 ②

해설
• A + B = 100% ⋯⋯ 식 ㉠
• $\dfrac{3.26A + 2.44B}{A + B} = 2.8$ ⋯⋯ 식 ㉡
식 ㉠, ㉡를 연립해서 풀면 A = 44%, B = 56%
∴ A : B = 1 : 1.73

03 콘크리트 시공에서 시멘트 사용량을 절약하려면 골재로서 다음 중 어느 것에 가장 유의해야 하는가?

① 골재 조립률 ② 골재 입도
③ 골재 중량 ④ 시멘트 비중

답 ②

해설
입도가 양호하면 빈틈이 적어 시멘트가 적게 들어간다.

04 단위 골재량의 절대부피가 0.75m³인 콘크리트에서 절대 잔골재율이 38%이고 잔골재의 밀도는 2.6g/cm³, 굵은 골재의 밀도가 2.65g/cm³라면 단위 골재량은 몇 kg/m³인가?

① 741 ② 856
③ 1,021 ④ 1,323

답 ①

해설
• 잔골재의 절대부피
$V_s = 0.75 \times 0.38 = 0.285m^3$
• 굵은 골재의 절대부피
$V_G = 0.75 - 0.285 = 0.465m^3$ 또는 $0.75 \times 0.65 = 0.465m^3$
• 단위 잔골재량
$2.6 \times 0.285 \times 1,000 = 741 kg/m^3$

05 잔골재의 단위 무게가 1.65t/m³이고 밀도가 2.65g/cm³일 때 이 골재의 공극률과 실적률은 얼마인가?

① 32.7%, 67.3% ② 34.7%, 65.3%
③ 37.7%, 62.3% ④ 39.1%, 61.9%

답 ③

해설
• 실적률 $= \dfrac{1.65}{2.65} \times 100 = 62.3\%$
• 공극률 = 100 − 실적률 = 100 − 62.3 = 37.7%

06 모래의 유기불순물 시험에서 필요한 것은?

| ㉠ 수산화나트륨 | ㉡ 탄닌산 |
| ㉢ 표준색 용액 | ㉣ 황산나트륨 |

① ㉠, ㉡, ㉢ ② ㉠, ㉡
③ ㉠, ㉢ ④ ㉡, ㉢

답 ①

해설
황산나트륨은 골재의 안정성 시험에 이용된다.

07 굵은 골재의 최대치수에 대한 설명 중 틀린 것은?

① 무근 콘크리트의 굵은 골재 최대치수는 40mm이고, 이때 부재 최소치수의 1/4을 초과해서는 안 된다.
② 철근 콘크리트의 굵은 골재 최대치수는 거푸집 양 측면 사이의 최소거리의 1/5을 초과하지 않아야 한다.
③ 일반적인 철근 콘크리트 구조물인 경우 굵은 골재 최대치수는 20 또는 25mm이다.
④ 단면이 큰 철근 콘크리트 구조물인 경우 굵은 골재 최대치수는 40mm를 표준으로 한다.

답 ②

해설
최소거리의 1/4를 초과하지 않아야 한다.

08 공극률이 25%인 골재의 실적률은?

① 30%
② 50%
③ 25%
④ 75%

답 ④

해설
실적률 = 100 - 공극률 = 100 - 25 = 75%

09 콘크리트용 모래에 포함되어 있는 유기불순물 시험에 사용되는 시약은?

① 무수황산나트륨
② 염화칼슘용액
③ 실리카 겔
④ 알코올

답 ④

해설
유기불순물시험에 사용되는 시약은 ⑦ 알코올, ⑥ 탄닌산, ⑥ 수산화나트륨이다.

10 콘크리트용 굵은 골재의 안정성은 황산나트륨으로 5회 시험을 하여 평가한다. 이때 손실질량은 몇 % 이하를 표준으로 하는가?

① 12%
② 22%
③ 32%
④ 42%

답 ①

해설
잔골재의 경우 10% 이하를 표준으로 한다.

11 콘크리트에 사용되는 굵은 골재의 설명으로 틀린 것은?

① 골재의 입자가 크고 작은 것이 골고루 섞여 있는 것이 좋다.
② 골재의 모양은 모난 것이 좋다.
③ 굵은 골재는 5mm 체에 거의 남는 골재이다.
④ 유기물이 일정량 함유하지 않아야 한다.

답 ②

해설
둥근 것이 좋다.

12 굵은 골재 전체 질량 10,000g을 가지고 체가름 시험한 결과 다음 표와 같다. 이 골재의 최대치수는?

체	80mm	40mm	25mm	20mm
통과량	10,000g	9,400g	9,200g	8,700g

① 80mm
② 40mm
③ 25mm
④ 20mm

답 ③

해설
통과율 90% 이상 중 체눈의 최소 공칭치수를 선택한다.

$$통과율 = \frac{통과량}{전체질량} \times 100$$

13 골재의 저장에 대한 설명으로 틀린 것은?

① 표면수가 일정하도록 저장한다.
② 빙설의 혼입이나 동결을 막기 위한 시설이 필요하다.
③ 입도에 맞게 여러 종류의 골재를 한 장소에 저장한다.
④ 직사광선을 피하기 위한 시설이 필요하다.

답 ③

14 잔골재 밀도시험에서 원뿔형 몰드에 시료를 넣고 다짐대로 몇 회 다져 잔골재의 흘러내리는 상태를 관찰하는가?

① 10회
② 15회
③ 20회
④ 25회

답 ④

해설
원뿔형 몰드를 이용하여 표면건조 포화상태 시료를 확인한다.

15 골재의 흡수량에 대한 설명 중 옳은 것은?

① 골재의 습윤상태에서 표면건조 포화상태의 수분을 뺀 물의 양이다.
② 시방배합을 현장배합으로 보정할 경우 표면수량을 고려한다.
③ 절대건조상태에서 표면건조 포화상태로 되기까지 흡수된 물의 양이다.
④ 골재의 표면에 묻어 있는 물의 양이다.

답 ③

해설
절대건조상태에서 표면건조 포화상태로 되기까지 흡수된 물의 양은 '흡수량'이라 한다.

16 표면건조 포화상태인 굵은 골재의 질량이 4,000g이고, 이 시료의 절대건조상태일 때의 질량이 3,940g이었다면, 흡수율은?

① 1.32%
② 1.42%
③ 1.62%
④ 1.52%

답 ④

해설
$$흡수율 = \frac{4,000 - 3,940}{3,940} \times 100 = 1.52\%$$

17 골재의 체가름 시험에 사용되는 시료에 대한 설명 중 틀린 것은?

① 굵은 골재 최대 치수가 30mm일 때 시료의 최소 질량은 5kg으로 한다.
② 시험할 대표 시료를 4분법이나 시료 분취기를 이용하여 채취한다.
③ 채취한 시료는 건조기 안에서 건조한 후 시험을 한다.
④ 잔골재는 1.2mm 체에 5%(질량비) 이상 남는 시료의 최소 질량을 500g으로 한다.

답 ①

해설
25mm일 때 시료의 최소질량은 5kg으로 한다.

Subject **02** 시멘트

18 다음 중 알루미나 시멘트의 용도로서 옳은 것은?

① 댐 축조 또는 큰 구조물의 철근콘크리트 공사
② 구조물의 중량을 줄이기 위한 콘크리트 공사
③ 해수공사나 한중공사
④ 수중 콘크리트공사

답 ③

해설
알루미나 시멘트는 산, 염류, 해수 등의 화학적 침식에 대한 저항성이 크다.

19 풍화된 시멘트에 대한 설명으로 잘못된 것은?

① 입상·괴상으로 굳어지고 이상응결을 일으키는 원인이 된다.
② 시멘트의 비중이 떨어진다.
③ 시멘트의 응결이 촉진된다.
④ 시멘트의 강열감량이 증가한다.

답 ③

해설
풍화한 시멘트는 응결이 지연된다.

20 다음 시멘트 중 특수 시멘트에 속하는 것은?

① 고로 시멘트
② 초속경 시멘트
③ 실리카 시멘트
④ 플라이 애시 시멘트

답 ②

해설
• 혼합시멘트 : 고로슬래그 시멘트, 플라이 애시 시멘트 실리카 시멘트
• 특수시멘트 : 알루미나 시멘트, 초속경 시멘트, 팽창 시멘트

21 분말도가 큰 시멘트에 대한 설명으로 틀린 것은?

① 수밀한 콘크리트를 얻을 수 있으며 균열의 발생할 우려가 있다.
② 풍화되기 쉽고 수화열이 많이 발생한다.
③ 수화반응이 빨라지고 조기강도가 작다.
④ 블리딩량이 적고 워커블한 콘크리트를 얻을 수 있다.

답 ③

해설
조기강도가 크다.

22 시멘트 비중시험 결과 시멘트의 질량은 64g, 처음 광유 눈금을 읽은 값은 0.4mL, 시료를 넣은 후 광유 눈금을 읽은 값은 20.9mL였다. 이 시멘트의 비중은 얼마인가?

① 3.10
② 3.12
③ 3.15
④ 3.19

답 ②

해설
$$시멘트\ 비중 = \frac{64}{눈금의\ 차} = \frac{64}{20.9 - 0.4} = 3.12$$

Subject **03** 혼화제

23 공기 연행제(AE제)를 사용할 때의 특성을 설명한 것으로 옳지 않은 것은?

① 철근과의 부착 강도가 작아진다.
② 동결 융해에 대한 저항이 작아진다.
③ 워커빌리티가 좋아지고 단위 수량이 줄어든다.
④ 수밀성은 커지나 강도가 작아진다.

답 ②

해설
동결 융해에 대한 저항이 커진다.

24 서중 콘크리트의 시공이나 레디믹스트 콘크리트에서 운반거리가 먼 경우, 또는 연속 콘크리트를 칠 때 작업이음이 생기지 않도록 할 경우에 사용하면 효과가 있는 혼화제는?

① 증진제
② 지연제
③ 분산제
④ AE제

답 ②

해설
지연제는 시멘트의 수화반응을 늦추어 응결시간을 길게 할 목적으로 사용하는 혼화제이다.

25 프리플레이스트 콘크리트용 그라우트, 프리스트레스트(PS) 콘크리트 등에 사용되며 골재나 PS 강재의 빈틈을 잘 채워지게 하여 부착을 좋게 하는 혼화제는?

① 분산제   ② 지연제
③ 발포제   ④ AE제

답 ③

26 시멘트 입자를 분산시킴으로써 콘크리트의 소요의 워커빌리티를 얻는 데 필요한 단위수량을 줄이기 위해 사용되는 혼화제는?

① 감수제   ② AE제(공기 연행제)
③ 분산제   ④ 지연제

답 ①

27 다음 보기에서 설명하는 혼화재료는?

> 석탄을 원료로 하는 화력발전소에서 미분탄을 고온으로 연소시켰을 때 회분이 용융되어 고온의 연소가스와 더불어 굴뚝에 이르는 도중에 급격히 냉각되어 구형으로 생성되는 미세한 분말로서 전기식 또는 기계식 집진장치를 사용하여 모은 것이다.

① 분산제   ② 플라이 애시
③ 지연제   ④ 공기 연행제(AE제)

답 ②

28 콘크리트에 사용되는 혼화재료 중 워커빌리티 개선에 효과가 없는 것은?

① 지연제   ② 유동화제
③ 응결경화촉진제   ④ 분산제

답 ③

[해설]
응결경화촉진제는 경화속도를 촉진시키므로 워커빌리티가 감소된다.

29 혼화재료 중 혼화제에 속하는 것은?

① AE감수제
② 팽창제
③ 플라이 애시
④ 고로슬래그 미분말

답 ①

[해설]
혼화제 : 촉진제, AE 감수제 등

Subject 04 콘크리트

30 프리플레이스트 콘크리트의 특징이 아닌 것은?

① 블리딩 및 레이턴스가 없다.
② 수중 콘크리트에 적합하다.
③ 장기강도는 보통 콘크리트보다 적다.
④ 초기강도는 보통 콘크리트보다 적다.

답 ③

[해설]
장기강도는 보통 콘크리트보다 크다.

31 벽이나 기둥과 같이 높이가 높은 콘크리트를 연속해서 타설할 경우 콘크리트의 쳐 올라가는 속도는 일반적으로 30분에 얼마 정도로 하는가?

① 1m 이하   ② 2~3m
③ 1~1.5m   ④ 3~3.5m

답 ③

[해설]
[참고] 재료 분리가 적게 되도록 콘크리트의 반죽 질기 및 타설 속도를 조정해야 한다.

32 다음 중 콘크리트의 배합설계 방법에 속하지 않는 것은?

① 현장배합에 의한 방법
② 계산 배합에 의한 방법
③ 시험 배합에 의한 방법
④ 배합표에 의한 방법

답 ①

33 콘크리트는 타설한 후 습윤상태로 노출면이 마르지 않도록 하여야 한다. 조강 포틀랜드 시멘트를 사용한 콘크리트의 경우 습윤양생 기간의 표준으로 옳은 것은?(단, 일평균기온이 15℃ 이상인 경우)

① 3일   ② 4일
③ 5일   ④ 6일

답 ①

34 서중 콘크리트를 타설할 때의 콘크리트 온도는 최대 몇 ℃ 이하이어야 하는가?

① 35℃   ② 40℃
③ 45℃   ④ 50℃

답 ①

35 내부 진동기를 사용하여 콘크리트를 다지기할 때 주의해야 할 사항으로 잘못된 것은?

① 진동다지기를 할 때에는 내부 진동기를 하층의 콘크리트 속으로 0.1m 정도 찔러 넣는다.
② 내부 진동기는 콘크리트로부터 천천히 빼내어 구멍이 남아야 한다.
③ 내부 진동기의 삽입간격은 0.5m 이하로 하여야 한다.
④ 내부 진동기는 연직으로 찔러 넣어야 한다.

답 ②

해설
구멍이 남지 않아야 한다.

36 외기 온도가 25℃ 이상일 때 콘크리트는 비비기로부터 타설이 끝날 때까지의 시간은 원칙적으로 몇 시간 이내로 하는가?

① 1.5시간   ② 2시간
③ 3시간   ④ 4시간

답 ①
해설
• 외기 온도가 25℃ 이상일 경우 : 1.5시간(90분)
• 외기 온도가 25℃ 미만일 경우 : 2시간(120분)

37 콘크리트를 혼합하는 설비기계는?

① 버킷   ② 콘크리트 펌프
③ 콘크리트 플랜트   ④ 벨트 컨베이어

답 ③
해설
콘크리트 운반기구 : 버킷, 콘크리트 펌프, 벨트 컨베이어

38 150mm×150mm×530mm크기의 콘크리트 시험체를 450mm 지간이 되도록 고정한 후 3등분점 하중법으로 휨강도를 측정하였다. 35kN의 최대하중에서 중앙 부분이 파괴되었다면 휨강도는 얼마인가?

① 4.7N/mm²   ② 4.8N/mm²
③ 4.9N/mm²   ④ 5N/mm²

답 ①
해설

$$휨강도 = \frac{PL}{bd^2} = \frac{35,000 \times 450}{150 \times 150^2}$$
$$= 4.7\text{N/mm}^2$$
$$= 4.7\text{MPa}$$

39 콘크리트 압축강도 시험에 사용하는 시료의 양생 온도 범위로 가장 적합한 것은?

① 2~4℃ ② 6~8℃
③ 10~12℃ ④ 18~22℃

답 ④

해설
[참고] 공시체는 수조에서 습윤양생을 20±2℃에서 한다.

40 지름 150mm, 높이 300mm인 공시체를 사용하여 콘크리트 쪼갬 인장강도 시험을 하여 시험기에 나타난 최대하중이 147.9kN이었다. 인장강도는 얼마인가?

① 1.7MPa ② 1.8MPa
③ 2.0MPa ④ 2.1MPa

답 ④

41 한중 콘크리트에 있어서 양생 중 콘크리트의 온도는 최저 몇 ℃ 이상으로 유지하는 것을 표준으로 하는가?

① 20℃ ② 10℃
③ 15℃ ④ 5℃

답 ④

42 일반 콘크리트의 수밀성을 기준으로 물－결합재 비를 정할 경우 그 값의 기준으로 옳은 것은?

① 40% 이하 ② 50% 이하
③ 60% 이하 ④ 80% 이하

답 ②

43 한중 콘크리트에 관한 설명으로 틀린 것은?

① 하루의 평균기온이 4℃ 이하가 예상되는 조건일 때는 수중 콘크리트로 시공하여야 한다.
② 한중 콘크리트는 공기연행 콘크리트를 사용하

는 것을 원칙으로 한다.
③ 콘크리트를 타설할 때에는 철근이나 거푸집 등에 빙설이 부착되어 있지 않아야 한다.
④ 초기 동해를 적게 하기 위하여 단위수량을 적게 하는 것이 좋다.

답 ①

해설
한중 콘크리트로 시공하여야 한다.

44 콘크리트 슬럼프 시험에 대한 설명으로 틀린 것은?

① 슬럼프값은 6mm의 정밀도로 측정한다.
② 슬럼프 콘에 시료를 채우고 벗길 때까지의 전 작업시간은 3분 이내로 한다.
③ 슬럼프 콘을 벗기는 작업은 2~3초로 한다.
④ 굵은 골재의 최대치수가 40mm를 넘는 콘크리트의 경우에는 40mm를 넘는 굵은 골재를 제거한다.

답 ①

해설
5mm의 정밀도로 측정한다.

45 콘크리트의 건조를 방지하기 위하여 방수제를 표면에 바르든지 또는 이것을 뿜어 붙이기하여 습윤양생을 하는 것은?

① 증기양생 ② 방수양생
③ 전기양생 ④ 피막양생

답 ④

46 프리플레이스트 콘크리트에서 굵은 골재의 최소치수는 몇 mm 이상이고 몇 배 정도인가?

① 15mm, 2~4배 ② 25mm, 3~4배
③ 40mm, 2~4배 ④ 60mm, 3~4배

해설

굵은 골재 최대 치수 : 최소치수의 2~4배 정도

47 콘크리트의 블리딩 시험에 있어서 표면에 올라온 물의 수집을 처음 60분간은 10분 간격으로 하고 그 후 블리딩이 정지할 때까지는 몇 분 간격으로 하는가?

① 40분
② 35분
③ 30분
④ 20분

답 ③

해설

[참고] 블리딩이 크면 강도, 수밀성, 내구성이 감소된다.

48 휨강도 시험을 위한 공시체의 길이에 대한 설명으로 옳은 것은?

① 단면의 한 변의 길이의 1배보다 80mm 이상 긴 것으로 한다.
② 단면의 한 변의 길이의 3배보다 50mm 이상 긴 것으로 한다.
③ 단면의 한 변의 길이의 3배보다 50mm 이상 긴 것으로 한다.
④ 단면의 한 변의 길이의 3배보다 80mm 이상 긴 것으로 한다.

답 ④

49 콘크리트 슬럼프 시험을 통하여 알 수 있는 것은?

① 압축강도
② 수밀성
③ 인장강도
④ 반죽 질기

답 ④

50 슬럼프 콘의 규격으로 옳은 것은?

① 윗면의 안지름 150mm, 밑면의 안지름 150 mm, 높이 200mm
② 윗면의 안지름 150mm, 밑면의 안지름 200 mm, 높이 200mm
③ 윗면의 안지름 100mm, 밑면의 안지름 300 mm, 높이 200mm
④ 윗면의 안지름 100mm, 밑면의 안지름 200 mm, 높이 300mm

답 ④

해설

[참고] 슬럼프 시험에 소요되는 총 시간은 3분 이내로 한다.

51 콘크리트를 제조할 때 각 재료의 계량에 대한 허용오차 중 혼화재의 허용오차로 옳은 것은?

① ±1%
② ±2%
③ ±3%
④ ±4%

답 ②

해설

• 물, 시멘트 : ±1%
• 혼화재 : ±2%
• 골재, 혼화제 : ±3%

52 콘크리트 타설에 대한 설명으로 틀린 것은?

① 한 구획 내의 콘크리트는 타설이 완료될 때까지 연속해서 타설해야 한다.
② 콘크리트는 그 표면이 한 구획 내에서의 거의 수평이 되도록 타설하는 것을 원칙으로 한다.
③ 콘크리트 타설의 2층 높이는 다짐능력을 고려하여 이를 결정하여야 한다.
④ 타설한 콘크리트는 그 수평을 맞추기 위하여 거푸집 안에서 횡 방향으로 이동시키면서 작업해서는 안 된다.

답 ③

해설

타설 높이는 1층이다.

53 콘크리트 인장강도 시험에 대한 설명 중 틀린 것은?

① 시험체는 습윤상태에서 시험을 한다.
② 시험체의 지름은 150mm 이상으로 한다.
③ 시험체의 지름은 굵은 골재 최대 치수의 3배 이상이어야 한다.
④ 시험체를 매초 0.06 ± 0.04MPa의 일정한 비율로 증가하도록 하중을 가한다.

답 ③

54 콘크리트 양생 시 유해한 영향을 주는 요인이 아닌 것은?

① 진동
② 바람
③ 직사광선
④ 습도

답 ④

55 일반적으로 된 반죽의 콘크리트를 다질 때 가장 많이 사용하는 진동기는?

① 내부 진동기
② 공기식 진동기
③ 평면식 진동기
④ 거푸집 진동기

답 ①

해설
된 반죽 콘크리트의 다지기에는 내부 진동기가 유효하다.

56 콘크리트 타설 후 콘크리트 표면에 떠올라와 침전한 미세한 물질은?

① 레이턴스
② 블리딩
③ 성형성
④ 슬럼프

답 ①

57 콘크리트 1m³를 배합할 때 재료의 양을 무엇이라고 하는가?

① 단위량
② 배합강도
③ 시방배합
④ 현장배합

답 ①

58 콘크리트 운반 계획에 대한 사항이 아닌 것은?

① 운반로를 선정한다.
② 운반방법은 작업장소를 고려하여 선정한다.
③ 2일 타설량을 고려하여 설비 및 인원을 배치한다.
④ 재료 분리가 최소가 되는 방법을 고려한다.

답 ③

해설
1일 타설량을 고려한다.

59 다음 콘크리트 믹서 중에서 중력식 믹서는?

① 팬형 믹서
② 2축 믹서
③ 가경식 믹서
④ 1축 믹서

답 ③

60 굳지 않은 콘크리트 블리딩 시험으로 알 수 있는 것은?

① 공기량
② 재료 분리
③ 경화시간
④ 단위 수량

답 ②

Subject 01 골재

01 골재가 가진 물의 전량에서 골재알 속에 흡수된 수량을 뺀 수량은?

① 흡수율
② 유효흡수율
③ 함수율
④ 표면수율

답 ④

해설

표면수율은 표면건조 포화상태에 대한 시료질량의 백분율로 나타낸다.

02 골재의 입도에 대한 설명으로 옳지 않은 것은?

① 골재의 입도란 골재의 크고 작은 알이 섞여 있는 정도를 말한다.
② 골재의 체가름 시험 결과 굵은 골재 최대치수, 조립률, 입도 분포를 알 수 있다.
③ 골재의 입도가 양호하면 수밀성이 큰 콘크리트를 얻을 수 없다.
④ 골재의 입자가 균일하면 양질의 콘크리트를 얻을 수 없다.

답 ③

해설

③ 수밀성이 큰 콘크리트를 얻을 수 있다.
④ 골재의 입자가 균일하면 시멘트풀이 많이 들어 비경제적이다.

03 잔골재 체가름 시험에 필요한 시료를 준비할 때 1.2mm 체를 95%(질량비) 이상 통과하는 시료의 최소 건조 질량은?

① 100g
② 300g
③ 500g
④ 1,000g

답 ①

04 골재의 체가름 시험에 사용되는 시료는 건조기 안에 넣어 몇 ℃의 온도로 질량이 일정하게 될 때까지 건조시키는가?

① 95±5℃
② 100±5℃
③ 85±5℃
④ 105±5℃

답 ④

해설

[참고] 필요한 시료는 4분법 또는 시료 분취기로 채취한다.

05 잔골재의 유해물 중 염화물 한도(질량 백분율)는 얼마인가?

① 3%
② 0.5%
③ 0.2%
④ 0.04%

답 ④

06 잔골재의 흡수율시험은 두 번 실시하여 밀도 측정값의 평균값과 차가 얼마 이하이어야 하는가?

① 1%
② 0.5%
③ 0.1%
④ 0.05%

답 ④

해설

[참고] 흡수율 시험의 경우 : 0.05% 이하
밀도시험의 경우 : 0.01g/cm³

07 잔골재의 밀도 및 흡수율 시험결과 물을 채운 플라스크의 무게가 692g, 시료와 물을 검정 점까지 채운 플라스크의 무게가 1,001.8g이었다. 이 시료의 표면 건조 포화상태의 밀도는 얼마인가?(단, 플라스크에 채운 표면 건조 포화상태의 시료 무게는 500g, ρ_w = 1g/cm³이다.)

① 2.63g/cm³
② 3.01g/cm³
③ 2.51g/cm³
④ 3.42g/cm³

답 ①

잔골재의 표면 건조 포화상태의 밀도

$$\frac{m}{B+m-C}\times\rho_\omega = \frac{500}{692+500-1,001.8}\times 1 = 2.63 \mathrm{g/cm^3}$$

08 다음 중 굵은 골재 밀도 측정시험에 사용되는 기계 · 기구인 것은?

① 원뿔형 몰드
② 플라스크(mL)
③ 항온 수조
④ 철망태

답 ④

• 철망태($\phi 20 \times 20 \mathrm{cm}$, 5mm 체망)는 굵은 골재 밀도측정 시 사용된다.
• 원뿔형 몰드 플라스크 수조 = 잔골재 밀도 측정시험에 이용

09 다음 중 인공 골재에 속하는 것은?

① 강모래, 강자갈
② 산모래, 산자갈
③ 바닷모래, 바닷자갈
④ 부순 모래, 고로 슬래그

답 ④

인공골재 : 부순 자갈, 부순 모래, 부순 돌, 고로슬래그

10 굵은 골재의 최대 치수에 대한 설명 중 틀린 것은?

① 무근 콘크리트의 굵은 골재 최대치수는 40mm 이고, 이때 부재 최소치수의 1/4을 초과해서는 안 된다.
② 철근 콘크리트의 굵은 골재 최대치수는 거푸집 양 측면 사이의 최소거리의 1/5을 초과하지 않아야 한다.
③ 일반적으로 철근 콘크리트 구조물인 경우 굵은 골재 최대치수 20mm를 표준으로 한다.

④ 단면이 큰 철근 콘크리트 구조물인 경우 굵은 골재 최대치수 40mm를 표준으로 한다.

답 ①

철근 콘크리트 구조물인 경우 굵은 골재의 최대치수는 20 또는 25mm이다.
부재 최소치수의 1/5을 초과해서는 안 된다.(p.143 (3) 참고)

11 잔골재와 굵은 골재를 구분하는 체는?

① 2mm 체
② 4mm 체
③ 3mm 체
④ 5mm 체

답 ④

굵은 골재는 5mm 체에 거의 다 남는 골재 또는 5mm 체에 다 남는 골재이다.

12 잔골재의 밀도 및 흡수율 시험을 하면서 시료와 물이 들어 있는 플라스크를 편평한 면에 굴리는 이유 중 가장 옳은 것은?

① 플라스크 용량을 고려하기 위하여
② 물의 단위질량을 고려하기 위하여
③ 공기를 제거하기 위하여
④ 먼지를 제거하기 위하여

답 ③

13 일반적으로 잔골재의 표건 밀도는 어느 정도의 범위를 가지는가?

① $1.5 \mathrm{g/cm^3}$ 이하
② $2.50 \sim 2.65 \mathrm{g/cm^3}$
③ $2.8 \sim 3.1 \mathrm{g/cm^3}$
④ $3.10 \sim 3.2 \mathrm{g/cm^3}$

답 ②

14 다음 중 조기강도가 작은 순으로 열거된 것은?

① 알루미나 시멘트 – 조강 포틀랜드 시멘트 – 고로 시멘트
② 알루미나 시멘트 – 고로 시멘트 – 조강 포틀랜드 시멘트
③ 조강 포틀랜드 시멘트 – 알루미나 시멘트 – 고로 시멘트
④ 고로 포틀랜드 시멘트 – 조강 시멘트 – 알루미나 시멘트

답 ④

해설
알루미나 시멘트는 재령 1일에서 조강 포틀랜드 시멘트는 재령 7일에서 보통 포틀랜드 시멘트의 재령 28일 강도를 낸다.

15 포틀랜드 시멘트의 성분 중 많이 함유하고 있는 것부터 순서대로 나열한 것은?

① 석회 – 실리카 – 알루미나 – 산화철
② 알루미나 – 석회 – 산화철 – 실리카
③ 실리카 – 알루미나 – 석회 – 산화철
④ 석회 – 알루미나 – 실리카 – 산화철

답 ①

해설
석회(64%), 실리카(22%), 알루미나(5%), 산화철(3%), 기타

16 시멘트 비중시험에서 처음 광유 표면 눈금을 읽은 값이 0.50mL이고 마지막 읽은 눈금 값이 20.8mL이다. 비중 값은?(단, 시멘트 시료무게는 64g이다.)

① 3.15
② 3.12
③ 3.14
④ 3.17

답 ①

17 시멘트는 저장 중에 공기와 닿으면 수화작용을 일으킨다. 이때 생긴 수산화칼슘이 공기 중의 이산화탄소와 작용하여 탄산칼슘과 물이 생기게 되는데 이러한 작용을 무엇이라 하는가?

① 경화작용
② 촉진작용
③ 응결작용
④ 풍화작용

답 ④

18 다음 시멘트 중 혼합 시멘트에 속하지 않는 것은?

① 알루미나 시멘트
② 플라이 애시 시멘트
③ 고로 시멘트
④ 포틀랜드 포졸란 시멘트

답 ①

19 중용열 포틀랜드 시멘트에 대한 설명으로 틀린 것은?

① 수화속도가 느리고, 수화열이 커서 동절기 공사에 유리하다.
② 댐 콘크리트, 방사선차폐용으로 적합하다.
③ 조기강도는 작다.
④ 건조수축이 작다.

답 ①

해설
중용열 포틀랜드 시멘트는 수화열을 작게 만든 것이며 조기강도가 작다.

20 철근 콘크리트 구조물에 있어서 확대기초, 기둥, 벽 등의 측벽 거푸집을 떼어 내어도 좋은 시기의 콘크리트 압축강도는 얼마인가?

① 4MPa 이상
② 5MPa 이상
③ 6MPa 이상
④ 8MPa 이상

답 ②

21 오토클레이브 양생에 의해 고강도를 나타내는 혼화재로 적합한 것은?

① AE제　　　　　② 기포제
③ 폴리머　　　　　④ 규산질 미분말

답 ④

22 콘크리트 재료 중 혼화제의 1회 계량분에 대한 계량오차(허용오차)로 옳은 것은?

① ±1%　　　　　② ±2%
③ ±3%　　　　　④ ±4%

답 ③

해설
• 혼화제 : ±3%
• 혼화재 : ±2%

23 감수제의 특징을 설명한 것 중 옳지 않은 것은?

① 시멘트 풀의 유동성을 감소시킨다.
② 워커빌리티를 좋게 하고 단위수량을 줄일 수 있다.
③ 콘크리트가 굳은 뒤에는 내구성이 커진다.
④ 수화작용이 효율적으로 진행되고 강도가 증가된다.

답 ①

해설
수화작용이 효율적으로 진행되고 강도가 증가된다.
시멘트 풀의 유동성을 증가시킨다.

24 공기 연행제를 사용한 콘크리트의 성질 중 옳지 않은 것은?

① 콘크리트의 수밀성과 내구성이 커진다.
② 공기량은 콘크리트 체적의 3~6%가 적당하다.
③ 콘크리트의 워커빌리티가 개선되고 단위수량

은 줄일 수 있다.
④ 콘크리트의 강도가 증가되며 수축과 흡수율은 약간 작아진다.

답 ④

해설
공기량 1% 증가함에 따라 압축강도는 4~6% 감소한다.

25 가루 석탄을 연소시킬 때 굴뚝에서 집진기로 모은 아주 작은 입자의 재이며, 실리카질 혼화재로 입자가 둥글고 매끄럽기 때문에 콘크리트의 워커빌리티를 좋게 하고 수화열이 적으며, 장기강도를 크게 하는 것은?

① AE제　　　　　② 플라이 애시
③ 기포체　　　　　④ 공기 연행제

답 ②

해설
수화열이 적어 단면이 큰 콘크리트 구조물에 적합하다.

26 일반적으로 염화칼슘($CaCl_2$), 또는 염화칼슘이 들어 있는 감수제를 사용하는 혼화제는?

① AE제　　　　　② 기포제
③ 촉진제　　　　　④ 지연제

답 ③

해설
촉진제는 시멘트의 수화작용을 촉진하는 혼화제로 보통 시멘트 중량의 2% 이하의 염화칼슘을 사용한다.

27 콘크리트가 경화되는 도중에 부피가 늘어나게 하여 콘크리트의 건조수축에 의한 균열을 막는 데 사용하는 혼화제는?

① 공기 연행제　　　② 기포제
③ 팽창성 혼화제　　④ AE제

답 ③

해설
팽창재는 콘크리트 부재의 건조수축을 줄여 균열의 발생을 방지할 목적으로 사용한다.

28 포졸란의 종류에 해당하지 않는 것은?

① 화산재　　　　② 규산백토
③ 소성백토　　　　④ 포졸리스

답 ④

- 천연산 : 화산재, 규조토, 규산백토 등
- 인공산 : 고로슬래그, 소성점토, 플라이 애시 등

Subject **04** 콘크리트

29 콘크리트 압축강도 시험에 대한 설명 중 옳지 않은 것은?

① 공시체는 몰드를 떼어 낸 후, 습윤상태에서 강도 시험을 할 때까지 양생한다.
② 재령에 따라 강도가 증가한다.
③ 습윤상태에서 양생하면 장기강도가 작아진다.
④ 공시체의 높이와 지름의 비가 작을수록 압축강도가 커진다.

답 ③

- 재령에 따라 강도가 증가한다.
- 온도가 높을수록 압축강도가 커진다.
- 양생하면 장기강도가 커진다.

30 콘크리트의 압축강도 시험에 사용할 공시체의 표준 지름에 해당되지 않는 것은?

① 200mm　　　　② 125mm
③ 100mm　　　　④ 150mm

답 ②

31 굳지 않은 콘크리트의 슬럼프 시험에 관한 설명 중 틀린 것은?

① 전 작업시간은 3분 이내로 한다.
② 슬럼프 콘 규격은 윗면의 안지름 100mm, 밑면의 안지름은 200mm, 높이는 300mm이다.

③ 슬럼프 측정은 콘의 높이에서 주저앉은 높이를 5mm 정밀도로 측정한다.
④ 철근 콘크리트에서 일반적인 경우 슬럼프 표준값은 60~120mm이다.

답 ④

일반적인 경우 80~150mm, 단면이 큰 경우는 60~120mm이다.

32 콘크리트의 휨강도 시험에 대한 설명으로 옳지 않은 것은?

① 공시체의 길이는 높이의 3배보다 8cm 이상 더 커야 한다.
② 공시체는 성형 후 12시간 이상 3일 이내에 몰드를 해체한다.
③ 공시체의 한 변의 길이는 굵은 골재 최대 치수의 4배 이상으로 한다.
④ 공시체가 지간 중심 3등분점의 바깥쪽에서 파괴 시 그 시험 결과는 무효로 한다.

답 ②

공시체의 한 변의 길이는 최대 치수의 4배 이상으로 한다.
공시체는 성형 후 16시간 이상이어야 한다.

33 매스콘크리트 시공방법 중 파이프 내부에 냉수 또는 공기를 보내 콘크리트의 온도를 제어하는 방법은?

① 열전도　　　　② 온도균열제어
③ 프리쿨링　　　　④ 파이프쿨링

답 ④

34 콘크리트 표면을 물에 적신 가마니, 마포 등으로 덮는 양생방법은 어느 것인가?

① 피막양생　　　　② 습사양생
③ 수중양생　　　　④ 습포양생

답 ④

35 콘크리트의 수밀성을 고려하는 경우 물 – 결합재비는 얼마 이하가 적당한가?

① 50% ② 45%
③ 40% ④ 30%

답 ①

36 수중 콘크리트에 대한 설명 중 옳지 않은 것은?

① 콘크리트를 수중에 낙하시키지 말아야 한다.
② 수중에 물의 속도가 5cm/sec 이하일 때에 한하여 시공한다.
③ 트레미나 포대를 사용 못한다.
④ 정수 중에 치면 더욱 좋다.

답 ③

해설
물의 속도가 5cm/sec 이하를 유지해야 수중에 시공이 가능하다.
트레미나 포대를 사용한다.

37 콘크리트의 비파괴 시험에서 일정한 에너지의 타격을 콘크리트 표면에 주어 그 타격으로 생기는 반발력으로 콘크리트의 강도를 판정하는 방법은?

① 표면 경도 방법
② 음파측정 방법
③ 코어 채취 방법
④ 볼트를 잡아당기는 방법

답 ①

38 모르타르 또는 콘크리트를 압축공기에 의해 뿜어 붙여서 만든 콘크리트로 비탈면의 보호, 교량의 보수 등에 쓰이는 콘크리트는?

① 숏크리트
② 프리플레이스트 콘크리트
③ 진공 콘크리트
④ 수밀 콘크리트

답 ①

39 콘크리트의 슬럼프 시험에 대한 설명으로 옳은 것은?

① 콘크리트가 내려앉은 길이를 5cm의 정밀도로 측정한다.
② 시료는 슬럼프 콘의 높이를 3등분하여 3층으로 나누어 넣고 가운데층만 25회 다진다.
③ 슬럼프 콘에 시료를 채우고 벗길 때까지의 전 작업시간은 3분 이내로 한다.
④ 슬럼프 콘 벗기는 작업은 10초 정도로 천천히 해야 한다.

답 ③

해설
• 시료는 3층으로 나누어 넣고 각 층을 25회씩 다진다.
• 슬럼프 전 작업시간은 3분 이내로 한다.
• 내려앉은 길이를 5mm의 정밀도로 측정한다.

40 가경식 믹서를 사용하여 콘크리트 비비기를 할 경우 비비기 시간은 믹서 안에 재료를 투입한 후 얼마 이상을 표준으로 하는가?

① 60초
② 30초
③ 90초
④ 120초

답 ③

41 콘크리트를 타설한 후 다지기할 때 내부 진동기를 찔러 넣는 간격은 어느 정도가 적당한가?

① 60cm 이하
② 50cm 이하
③ 70cm 이하
④ 80cm 이하

답 ②

해설
[참고] 다질 때 진동기를 천천히 빼 구멍이 생기지 않게 한다.

42 콘크리트의 압축강도 시험 결과 최대하중 195,000N에서 공시체가 파괴되었다. 이 공시체의 압축강도는 얼마인가?(단, 공시체 지름은 100mm이다.)

① 24.8MPa ② 34.8MPa
③ 22.5MPa ④ 19.5MPa

답 ①

43 워싱턴형 공기량 측정기를 사용하여 콘크리트의 공기량을 측정하고자 한다. 콘크리트의 공기량은 어떻게 표시되는가?

① 공기량 무게에 대한 백분율
② 골재량에 대한 백분율
③ 용기의 무게에 대한 백분율
④ 콘크리트 부피에 대한 백분율

답 ④

44 150mm×150mm×530mm 크기의 콘크리트 시험체를 450mm 지간이 되도록 고정한 후 3등분점 하중법으로 휨강도를 측정하였다. 35kN의 최대하중에서 중앙 부분이 파괴되었다면 휨강도는 얼마인가?

① 4.7N/mm² ② 5.2N/mm²
③ 5.6N/mm² ④ 5.4N/mm²

답 ①

해설

$$\text{휨강도} = \frac{PL}{bd^2} = \frac{35,000 \times 450}{150 \times 150^2} = 4.7 \text{N/mm}^2$$

45 벽이나 기둥과 같은 높은 구조물에 연속해서 콘크리트를 칠 경우 알맞은 치기 속도는?

① 90분에 1~1.5m ② 60분에 0.5~1m
③ 30분에 0.5~1m ④ 30분에 1~1.5m

답 ④

46 굳지 않은 콘크리트 또는 모르타르(Mortar)에 있어서 골재 및 시멘트 입자의 침강으로 물이 분리하여 상승하는 현상으로 인하여 콘크리트나 모르타르의 표면에 떠올라서 가라앉은 물질을 무엇이라 하는가?

① 블리딩   ② 레이턴스
③ 워커빌리티 ④ 피니셔빌리티

답 ②

해설

블리딩과 레이턴스 : 골재 및 시멘트 입자의 침강으로 물이 상승하는 현상을 블리딩이라 한다.

47 거푸집의 높이가 높을 경우, 재료 분리를 막기 위해 거푸집에 투입구를 설치하거나 연직슈트 또는 펌프배관의 배출구를 타설면 가까운 곳까지 내려서 콘크리트를 타설하여야 한다. 이 경우 슈트, 펌프배관, 버킷 등의 배출구와 타설면까지의 높이로 가장 적합한 것은?

① 150cm 이하 ② 200cm 이하
③ 250cm 이하 ④ 300cm 이하

답 ①

48 콘크리트 비비기에 대한 설명으로 잘못된 것은?

① 비비기 시간에 대한 시험을 실시하지 않은 경우 가경식 믹서일 때에는 60초 이상을 표준으로 한다.
② 비비기 시간에 대한 시험을 실시하지 않은 경우 강제식 믹서일 때에는 1분 이상을 표준으로 한다.
③ 비비기는 미리 정해둔 비비기 시간의 3배 이상 계속하지 않아야 한다.
④ 비비기를 시작하기 전에 미리 믹서 내부를 모르타르로 부착시켜야 한다.

답 ①

강제식 믹서 : 1분 이상
가경식 믹서 90초 이상을 표준으로 한다.

49 콘크리트 양생에 관한 설명 중 옳지 않은 것은?

① 해수, 알칼리, 산성흙의 영향을 받을 경우도 양생기간은 보통 콘크리트 보다 더 소요된다.
② 양생기간 중에 예상되는 진동, 충격, 하중 등의 유해한 작용으로부터 보호해야 한다.
③ 콘크리트 노출면을 덮은 후 살수하며 일평균기온이 15℃ 이상일 때 보통 포틀랜드 시멘트의 경우 7일간 같은 상태로 보호한다.
④ 콘크리트 노출면을 덮은 후 살수하며 일평균기온이 15℃ 이상일 때 조강 포틀랜드 시멘트의 경우 3일간 같은 상태로 보호한다.

답 ③

① 해수, 알칼리, 산성 흙의 영향을 받을 경우에 양생기간은 보통 콘크리트 경우보다 더 소요된다.
③ 15℃ 이상일 때는 보통 시멘트의 경우 5일간 같은 상태로 보호한다.

50 콘크리트에서 부순 돌을 굵은 골재로 사용했을 때의 설명으로 잘못된 것은?

① 단위수량이 작아진다.
② 잔골재율이 커진다.
③ 부착력이 좋아서 압축강도가 커진다.
④ 포장 콘크리트에 사용하면 좋다.

답 ①

부순 자갈을 사용할 경우 워커빌리티가 나빠지므로 잔골재율과 단위수량을 크게 해야 한다.

51 콘크리트 타설에 대한 설명으로 틀린 것은?

① 한 구획 내의 콘크리트는 타설이 완료될 때까지 연속해서 타설해야 한다.

② 콘크리트는 그 표면이 한 구획 내에서는 거의 수평이 되도록 타설하는 것을 원칙으로 한다.
③ 콘크리트 타설의 3층 높이는 다짐능력을 고려하여 이를 결정하여야 한다.
④ 타설한 콘크리트는 그 수평을 맞추기 위하여 거푸집 안에서 횡 방향으로 이동시키면서 작업해서는 안 된다.

답 ③

③ 타설의 1층 높이는 다짐능력을 고려한다.
④ 타설한 콘크리트는 횡방향으로 이동시키면서 작업해서는 안 된다.

52 한중 콘크리트 시공 시 동결 온도를 낮추기 위한 방법으로 옳지 않은 것은?

① 물을 가열한다.
② 골재를 가열한다.
③ 시멘트를 가열한다.
④ 적당한 보온장치를 한다.

답 ③

시멘트는 직접 가열해서는 안 된다.

53 다음 중 콘크리트 펌프에 관한 설명으로 틀린 것은?

① 수송관의 배치는 굴곡을 많이 하고, 하향으로 해서 압송 중에 콘크리트가 막히지 않도록 해야 한다.
② 일반 콘크리트를 펌프로 압송할 경우, 슬럼프는 100~180mm의 범위가 적절하다.
③ 일반 콘크리트를 펌프로 압송할 경우, 굵은 골재의 최대 치수 40mm 이하를 표준으로 한다.
④ 일반적으로 지름 100~150mm의 수송관을 사용한다.

답 ①

54 콘크리트 재료의 계량에 대한 설명으로 틀린 것은?

① 골재의 계량오차는 ±2%이다.
② 혼화제를 묽게 하는 데 사용하는 물은 단위 수량에 포함된다.
③ 혼화재의 계량오차는 ±2%이다.
④ 각 재료는 1배치씩 질량으로 계량하여야 하며, 물과 혼화제 용액은 용적으로 계량해도 좋다.

답 ①

① 골재 계량오차는 ±3%이다.
② 혼화제를 녹이는 데 사용하는 물, 혼화제를 묽게 하는 데 사용하는 물은 단위수량에 포함된다.

55 프리플레이스트 콘크리트에서 굵은 골재의 최소치수는 몇 mm 이상이어야 하는가?

① 15mm   ② 30mm
③ 40mm   ④ 50mm

답 ①

굵은 골재 최대 치수 : 최소치수의 2~4배 정도

56 외기온도가 25℃ 이상일 때 콘크리트의 비비기로부터 타설이 끝날 때까지의 시간은 얼마를 넘어서는 안 되는가?

① 60분   ② 90분
③ 160분   ④ 120분

답 ②

57 콘크리트 일관 작업으로 대량 생산하는 장치로서, 재료 저장부, 계량 장치, 비비기 장치, 배출 장치로 되어 있는 것은?

① 콘크리트 디스트리뷰터
② 콘크리트 피니셔
③ 콘크리트 플랜트
④ 믹서 콘크리트

답 ③

콘크리트 플랜트 시설에서 대량 공급을 한다.

58 콘크리트의 블리딩 시험에 대한 설명으로 틀린 것은?

① 시험하는 동안 20±3℃의 온도를 유지한다.
② 콘크리트를 용기에 3층으로 넣고, 각 층을 다짐대로 30번씩 다진다.
③ 용기에 채워 넣을 때 콘크리트의 표면이 용기의 가장자리에서 3±0.3cm 낮아지도록 고른다.
④ 콘크리트의 재료 분리 정도를 알기 위한 시험이다.

답 ②

① 시험하는 동안 20±3℃의 온도를 유지한다.
② 25번씩 다진다.

59 콘크리트용 모래에 포함되어 있는 유기 불순물 시험에 사용하는 식별용 표준색 용액의 제조 방법으로 옳은 것은?

① 10%의 수산화나트륨 용액으로 15% 탄닌산 용액을 만들고, 그 2.5mL를 3%의 알코올 용액 97.5mL에 가하여 유리병에 넣어 마개를 닫고 잘 흔든다.
② 10%의 알코올 용액으로 2% 탄닌산 용액을 만들고, 그 2.5mL를 3%의 수산화나트륨 용액 97.5mL에 가하여 유리병에 넣어 마개를 닫고 잘 흔든다.
③ 10%의 알코올 용액으로 10% 탄닌산 용액을 만들고, 그 2.5mL를 2%의 황산나트륨 용액 97.5mL에 가하여 유리병에 넣어 마개를 닫고 잘 흔든다.

④ 3%의 황산나트륨 용액으로 20% 탄닌산 용액을 만들고, 그 2.5mL를 2%의 알코올 용액 97.5mL에 가하여 유리병에 넣어 마개를 닫고 잘 흔든다.

답 ②

해설

[참고] 모래는 시험용액의 색깔이 표준색 용액보다 연할 때에는 사용 가능하다.

---

60 콘크리트용 모래에 포함되어 있는 유기불순물 시험에 대한 설명으로 옳은 것은?

① 사용하는 수산화나트륨 용액은 물 60에 수산화나트륨 60의 질량비로 용해시킨 것이다.
② 시료는 대표적인 것을 취하고 노건조 상태로 건조시켜 3분법을 사용하여 약 6kg을 준비한다.
③ 시험에 사용할 유리병은 흰색으로 된 것을 사용하여야 한다.
④ 시험의 결과 24시간 정치한 잔골재 상부의 용액 색이 표준용액보다 연할 경우 이 모래는 콘크리트용으로 사용할 수 있다.

답 ④

해설

• 수산화나트륨은 물 97에 수산화나트륨 3의 질량비로 용해시킨다.
• 시료는 공기 중 건조상태로 건조시켜 4분법을 사용하여 약 450g을 준비한다.
• 시험에 사용할 유리병은 무색 투명 유리병을 사용하여야 한다.

2014년 4회 필기

Subject 01 골재

01 1.2mm 체를 95%(질량비) 이상 통과하는 잔골재 시료로 골재의 체가름 시험을 하고자 할 때 준비하여야 할 시료의 최소 건조 질량은?

① 100g
② 150g
③ 200g
④ 300g

답 ①

02 다음 중 잔골재에 대한 설명 중 틀린 것은?

① 흡수량이 3% 이상이면 콘크리트 강도나 내구성에 나쁜 영향을 끼친다.
② 표건 밀도는 보통 2.50~2.65g/cm³ 정도이다.
③ 밀도가 큰 골재는 강도와 내구성이 작다.
④ 흡수량은 골재 알 속의 빈틈이 많고 적음을 나타낸다.

답 ③

해설
내구성이 크다.

03 다음 중 골재의 조립률(FM)에 대한 설명 중 틀린 것은?

① 잔골재의 조립률은 2.5~3.5이다.
② 굵은 골재의 조립률은 6~8이다.
③ 골재의 조립률은 골재 알의 지름이 클수록 크다.
④ 조립률이란 골재의 입도를 개략적으로 나타내는 방법이다.

답 ①

해설
잔골재 조립률은 2.3~3.1이다.

04 단위 골재량의 절대부피가 650L이고 잔골재율이 38%인 경우 단위 굵은 골재량의 절대 부피는?

① 403L
② 304L
③ 247L
④ 472L

답 ①

해설
- $V_G = 650 \times (1-0.38) = 403l$
- $V_S = 650 \times 0.38 = 247l$

05 아래의 그림은 잔골재의 밀도 및 흡수율 시험에서 잔골재를 원뿔형 몰드에 넣어 다지고 난 후 빼 올렸을 때의 형태를 나타낸 것이다. 함수량이 많은 순서로 나열하면?

A   B   C

① A>B>C
② C>B>A
③ B>A>C
④ A>C>B

답 ①

해설

(A) 습윤상태 (B) 표면건조 포화상태 (C) 공기 중 건조상태

06 공극률이 25%인 골재의 실적률은?

① 45%
② 25%
③ 65%
④ 75%

답 ④

해설
실적률 = 100 - 공극률 = 100 - 25 = 75%

07 골재의 체가름 시험 과정에서 골재가 체 눈에 끼인 경우 올바른 조치는?

① 체 눈에 끼인 골재는 부서지지 않도록 빼내고 전체 시료 양에서 제외한다.
② 체 눈에 끼인 골재는 통과된 시료로 간주한다.
③ 체 눈에 끼인 골재 알은 부서지지 않도록 빼내고 체에 남는 시료로 간주한다.
④ 체 눈에 끼인 골재는 손으로 밀어 체를 통과시킨다.

답 ③

해설
체가름할 때 체눈에 끼인 골재 알을 손으로 눌러 통과시켜서는 안된다.

08 골재를 함수상태에 따라 분류할 때 골재입자의 내부에 물이 채워져 있고, 표면에도 물이 부착되어 있는 상태는?

① 습윤상태   ② 표면건조 포화상태
③ 절대건조상태   ④ 공기 중 건조상태

답 ①

09 굵은 골재의 유해물 함유량 한도 중 연한 석편은 질량백분율로 최대 몇 % 이하로 규정하고 있는가?

① 3% 이하   ② 4% 이하
③ 5% 이하   ④ 6% 이하

답 ③

10 굵은 골재의 마모시험에 관한 설명으로 옳지 않은 것은?

① 로스앤젤레스 시험기를 사용한다.
② 마모에 대한 저항성을 측정하는 시험이다.
③ 일반 콘크리트용 잔골재의 마모율 한도는 40% 이하이다.

④ 시료를 시험기에서 꺼내서 1.7mm의 망 체로 친다. 이때, 습식으로 쳐도 된다.

답 ③

해설
③ 일반 콘크리트용 굵은 골재 마모율 한도는 40% 이하이다.

11 골재를 체가름 시험 후 조립률의 계산 시 필요한 체는?

① 30mm   ② 2.5mm
③ 20mm   ④ 1.5mm

답 ②

12 잔골재와 굵은 골재를 구분하는 체는?

① 1mm 체   ② 2mm 체
③ 3mm 체   ④ 5mm 체

답 ④

해설
굵은 골재는 5mm 체에 거의 다 남는 골재 또는 5mm 체에 다 남는 골재이다.

13 굵은 골재의 최대치수를 옳게 설명한 것은?

① 부피비로 85% 이상을 통과시키는 체 중에서 최소치수인 체의 호칭치수로 나타낸 굵은 골재의 치수
② 질량비로 90% 이상을 통과시키는 체 중에서 최소치수인 체의 호칭치수로 나타낸 굵은 골재의 치수
③ 질량비로 75% 이상을 통과시키는 체 중에서 최소치수인 체의 호칭치수로 나타낸 굵은 골재의 치수
④ 부피비로 65% 이상을 통과시키는 체 중에서 최소치수인 체의 호칭치수로 나타낸 굵은 골재의 치수

답 ②

14 굵은 골재의 안정성 시험에서 황산나트륨을 사용할 경우 손실 질량 백분율은 몇 % 이하이어야 하는가?

① 5%　　　　　② 10%
③ 12%　　　　　④ 20%

답 ③

잔골재는 10% 이하, 굵은 골재는 12% 이하이다.

Subject 02 시멘트

15 물－시멘트비가 50%이고 단위 수량이 180kg/m³일 때 단위 시멘트양은 얼마인가?

① 340kg/m³　　　② 350kg/m³
③ 360kg/m³　　　④ 380kg/m³

답 ③

$$\frac{W}{C} = 0.5 \qquad \therefore\ C = \frac{W}{0.5} = \frac{180}{0.5} = 360\text{kg/m}^3$$

16 시멘트와 물이 혼합하면 화학반응을 일으켜 수화물을 생성하는 반응은?

① 분말도　　　　② 수화
③ 풍화　　　　　④ 경화

답 ②

수화작용은 시멘트의 분말도, 수량, 온도 등의 영향을 받는다.

17 분말도가 높은 시멘트에 관한 설명으로 옳은 것은?

① 콘크리트에 균열이 생기지 않는다.
② 수화열 발생이 크다.
③ 시멘트 풍화속도가 느리다.
④ 콘크리트의 수화작용 속도가 느리다.

답 ②

• 수화열 발생이 많다.
• 시멘트 풍화속도가 빠르다.
• 콘크리트의 수화작용 속도가 빠르다.
• 콘크리트에 균열이 생기기 쉽다.

18 시멘트 모르타르의 강도 시험에 표준모래를 사용하는 이유로서 가장 적합한 것은?

① 모래알의 차이에 의한 영향을 없애고 시험조건을 일정하게 하기 위함이다.
② 표준모래는 품질이 좋고 강도가 크기 때문이다.
③ 표준모래는 양생이 쉽고 온도에 영향을 적게 받기 때문이다.
④ 경제적인 모르타르를 제조하여 시험하기 위함이다.

답 ①

19 우리나라에서 일반적으로 가장 많이 사용되는 시멘트는?

① 고로 시멘트
② 조강 포틀랜드 시멘트
③ 보통 포틀랜드 시멘트
④ 중용열 포틀랜드 시멘트

답 ③

20 보통 포틀랜드 시멘트를 사용한 일반 콘크리트에서 습윤양생은 며칠 이상 실시해야 하는가?(단, 일평균 기온이 15℃ 이상인 경우)

① 3일　　　　　② 4일
③ 5일　　　　　④ 6일

답 ③

21 시멘트의 비중은 보통 어느 정도인가?

① 2.51~2.60　　② 3.04~3.15
③ 3.14~3.16　　④ 3.23~3.25

답 ③

해설

시멘트 비중으로 시멘트의 풍화 정도를 판별한다.

Subject 03 혼화제

22 콘크리트 내부에 독립된 미세한 기포를 발생시켜 시멘트, 골재 주위에서 볼 베어링 작용을 하여 콘크리트의 워커빌리티를 개선하는 혼화제는?

① 발포제   ② 촉진제

③ 지연제   ④ AE제

답 ④

23 다음 보기에서 설명하는 혼화재료는?

석탄을 원료로 하는 화력발전소에서 미분탄을 고온으로 연소시켰을 때 회분이 용융되어 고온의 연소가스와 더불어 굴뚝에 이르는 도중에 급격히 냉각되어 구형으로 생성되는 미세한 분말로서 전기식 또는 기계식 집진장치를 사용하여 모은 것이다.

① 촉진제   ② 플라이 애시

③ 발포제   ④ 공기 연행제(AE제)

답 ②

24 콘크리트가 경화되는 도중에 부피가 늘어나게 하여 콘크리트의 건조수축에 의한 균열을 막는 데 사용하는 혼화제는?

① 공기 연행제   ② AE제

③ 팽창성 혼화제   ④ 발포제

답 ③

해설

팽창재는 콘크리트 부재의 건조수축을 줄여 균열의 발생을 방지할 목적으로 사용한다.

25 콘크리트의 혼화제에 대한 설명으로 가장 적합한 것은?

① 사용량이 시멘트 질량의 5% 정도 이상이 되어 그 자체의 부피가 콘크리트의 배합계산에 관계된다.

② 사용량이 콘크리트 질량의 1% 정도 이상이 되어 그 자체의 부피가 콘크리트의 배합계산에 관계된다.

③ 사용량이 콘크리트 질량의 5% 정도 이하의 것으로서 그 자체의 부피는 콘크리트의 배합계산에서 무시된다.

④ 사용량이 시멘트 질량의 1% 정도 이하의 것으로서 그 자체의 부피는 콘크리트의 배합계산에서 무시된다.

답 ④

26 포졸란의 종류에 해당하지 않는 것은?

① 포졸리스   ② 규산백토

③ 규조토   ④ 고로슬래그

답 ①

해설

• 천연산 : 화산재, 규조토, 규산백토 등
• 인공산 : 고로슬래그, 소성점토, 플라이 애시 등

27 공기연행제(AE제)를 사용할 때의 특성을 설명한 것으로 옳은 것은?

① 철근과의 부착강도가 작아진다.

② 동결 융해에 대한 저항이 작아진다.

③ 워커빌리티가 좋아지고 단위 수량이 커진다.

④ 수밀성은 작아지나 강도가 커진다.

답 ①

해설

철근과의 부착강도가 작아지는 경향이 있다.

28 1시간 이내에 타설하고 응결 지연제를 혼입해서 사용해야 할 콘크리트는?

① 서중 콘크리트　　② 한중 콘크리트
③ 수중 콘크리트　　④ 진공 콘크리트

답 ①

29 거푸집의 높이가 높을 경우, 재료 분리를 막기 위해 거푸집에 투입구를 설치하거나 연직슈트 또는 펌프배관의 배출구를 타설면 가까운 곳까지 내려서 콘크리트를 타설하여야 한다. 이 경우 슈트, 펌프배관, 버킷 등의 배출구와 타설면까지의 높이로 가장 적합한 것은?

① 0.5m 이하　　② 1m 이하
③ 1.5m 이하　　④ 2m 이하

답 ③

30 콘크리트의 조기강도를 얻기 위한 양생으로 한중 콘크리트 등에 사용되는 양생법은?

① 증기양생　　② 피막양생
③ 습사양생　　④ 수중양생

답 ①

31 블리딩(Bleeding) 시험에서 물을 피펫으로 빨아낼 때 처음 60분 동안은 몇 분 간격으로 표면의 물을 빨아내는가?

① 10분　　② 15분
③ 20분　　④ 30분

답 ①

해설
블리딩이 멈출 때까지 30분 간격으로 한다.

32 콘크리트 압축강도 시험용 공시체의 모양치수의 허용차로 옳지 않은 것은?

① 공시체의 정밀도는 지름에서 0.5% 이내로 한다.
② 공시체 재하면의 평면도는 지름의 0.5% 이내로 한다.
③ 재하면과 모선 사이의 각도는 90°±0.5°로 한다.
④ 공시체의 정밀도는 높이에서 5% 이내로 한다.

답 ②

해설
지름의 0.05% 이내로 한다.

33 콘크리트 슬래브의 포설기계의 일종으로 펴고, 다지며 표면 마무리 등의 기능을 하며 연속적으로 포설할 수 있는 장비는?

① 콘크리트 슬립 폼 페이버
② 콘크리트 펌프
③ 벨트 컨베이어
④ 콘크리트 베처 플랜트

답 ①

34 콘크리트 재료의 계량에 대한 설명으로 틀린 것은?

① 골재의 계량오차는 ±2%이다.
② 혼화제를 묽게 하는 데 사용하는 물은 단위 수량으로 포함된다.
③ 혼화재의 계량오차는 ±2%이다.
④ 각 재료는 1배치씩 질량으로 계량하여야 하며, 물과 혼화제 용액은 용적으로 계량해도 좋다.

답 ①

해설
① 골재의 계량오차는 ±3%이다.
② 혼화제를 녹이는 데 사용하는 물, 혼화제를 묽게 하는 데 사용하는 물은 단위수량에 포함된다.

35 매우 된 반죽의 빈배합 콘크리트를 불도저로 깔고 진동롤러로 다져서 시공하는 콘크리트는?

① 철골 콘크리트
② 프리플레이스트 콘크리트
③ 철근 콘크리트
④ 진동 롤러 다짐 콘크리트

답 ④

36 콘크리트의 인장강도 시험에서 시험체의 지름은 굵은 골재 최대치수의 몇 배 이상이고 또한 몇 mm 이상이어야 하는가?

① 4배, 80mm
② 3배, 100mm
③ 4배, 150mm
④ 3배, 100mm

답 ③

해설
콘크리트의 압축강도 시험에서 시험체의 지름은 굵은 골재 최대 치수의 3배 이상이고 또한 100mm 이상이어야 한다.

37 콘크리트의 블리딩 시험에서 시험온도로 옳은 것은?

① 17±3℃
② 20±3℃
③ 22±3℃
④ 23±3℃

답 ②

38 타설한 콘크리트의 수분 증발을 막기 위해서 콘크리트의 표면에 양생용 매트, 가마니 등을 물에 적셔서 덮거나 살수하는 등의 조치를 하는 양생방법은?

① 습윤양생
② 막양생
③ 공기양생
④ 증기양생

답 ①

39 콘크리트를 수송관을 통하여 압력으로 비빈 콘크리트를 치기 장소까지 연속적으로 보내는 기계는?

① 콘크리트 펌프
② 롤러
③ 덤프트럭
④ 트럭 믹서

답 ①

40 150mm×150mm×530mm크기의 콘크리트 시험체를 450mm 지간이 되도록 고정한 후 3 등분점 하중법으로 휨강도를 측정하였다. 35kN 의 최대하중에서 중앙 부분이 파괴되었다면 휨강도는 얼마인가?

① 4.7N/mm²
② 4.8N/mm²
③ 4.9N/mm²
④ 5.0N/mm²

답 ①

해설
$$휨강도 = \frac{PL}{bd^2} = \frac{35,000 \times 450}{150 \times 150^2} = 4.7 \text{N/mm}^2 = 4.7 \text{MPa}$$

41 콘크리트 비비기에 대한 설명으로 잘못된 것은?

① 비비기를 시작하기 전에 미리 믹서 내부를 모르타르로 부착시켜야 한다.
② 비비기는 미리 정해둔 비비기 시간의 3배 이상 계속하지 않아야 한다.
③ 비비기 시간에 대한 시험을 실시하지 않은 경우 강제식 믹서일 때에는 4분 이상을 표준으로 한다.
④ 비비기 시간에 대한 시험을 실시하지 않은 경우 가경식 믹서일 때에는 1분 30초 이상을 표준으로 한다.

답 ③

해설
비빔시간이 길면 시멘트의 수화가 촉진되어 워커빌리티가 나빠진다.

42 굳지 않은 콘크리트 또는 모르타르(Mortar)에 있어서 골재 및 시멘트 입자의 침강으로 물이 분리하여 상승하는 현상으로 인하여 콘크리트나 모르타르의 표면에 떠올라서 가라앉은 물질을 무엇이라 하는가?

① 레이턴스　　　　② 워커빌리티
③ 피니셔빌리티　　④ 블리딩

답 ①

해설

블리딩과 레이턴스
• 골재 및 시멘트 입자의 침강으로 물이 상승하는 현상을 블리딩이라 한다.
• 블리딩 현상 후 콘크리트나 모르타르의 표면에 떠올라 가라앉은 물질을 레이턴스라 한다.

43 좋은 콘크리트를 만들기 위해 골재가 갖추어야 할 일반적인 성질이 아닌 것은?

① 소요의 중량을 가질 것
② 무게가 가벼울 것
③ 알맞은 입도를 가질 것
④ 마모에 대한 저항이 클 것

답 ②

해설

• 깨끗하고 유해물을 함유하지 않을 것
• 석편을 함유하지 않을 것
• 내구적일 것

44 콘크리트 재료 배합 시 재료의 계량 오차가 가장 적게 생기도록 해야 하는 것은?

① 물　　　　　② 혼화제
③ 잔골재　　　④ 굵은 골재

답 ①

해설

• 시멘트, 물 : ±1%
• 골재, 혼화제 : ±3%

45 벽이나 기둥과 같이 높이가 높은 콘크리트를 연속해서 타설할 경우 콘크리트의 쳐 올라가는 속도는 일반적으로 30분에 얼마 정도로 하는가?

① 0.5~1m 이하　　② 1~1.5m
③ 2~2.5m　　　　④ 3~3.5m

답 ②

해설

[참고] 재료 분리가 적게 되도록 콘크리트의 반죽 질기 및 타설 속도를 조정해야 한다.

46 미리 거푸집 안에 굵은 골재를 채우고, 그 틈에 특수 모르타르를 펌프로 주입한 콘크리트는?

① 프리플레이스트 콘크리트
② 무근 콘크리트
③ PC 콘크리트
④ 철근 콘크리트

답 ①

47 콘크리트의 슬럼프 시험에 사용하는 다짐대의 지름은 몇 mm인가?

① 14mm　　　　② 15mm
③ 16mm　　　　④ 18mm

답 ③

해설

다짐대는 지름 16mm, 길이 500~600mm이다.

48 휨강도 공시체 150mm×150mm×530mm의 몰드를 제작할 때 각 층은 몇 회씩 다지는가?

① 70회　　　　② 75회
③ 80회　　　　④ 85회

답 ③

해설

다짐횟수＝(150×530)÷1,000≒80회

49 콘크리트를 타설한 후 다지기를 할 때 내부 진동기를 찔러 넣는 간격은 어느 정도가 적당한가?

① 40cm 이하　　② 50cm 이하
③ 60cm 이하　　④ 70cm 이하

답 ②

해설
[참고] 다질 때 진동기를 천천히 빼 구멍이 생기지 않게 한다.

50 콘크리트 펌프를 이용하여 압송 시 다음 설명 중 틀린 것은?

① 압송을 수월하게 하기 위해 유동화 콘크리트를 사용하며 슬럼프값을 아주 높게 해서는 안 된다.
② 보통 콘크리트를 펌프로 압송할 경우 굵은 골재의 최대 치수는 40mm 이하, 슬럼프는 200~250mm의 범위가 적절하다.
③ 펌프의 호퍼(Hopper)에 콘크리트 투입 시의 슬럼프를 120mm 이상으로 할 경우에는 유동화 콘크리트를 원칙으로 한다.
④ 일반적으로 안정하게 압송할 수 있는 최초의 슬럼프값은 굵은 골재의 최대입경이 20~40mm이며 사용할 관의 지름이 150mm 이하의 경우 80mm 정도이다.

답 ②

해설
• 압송을 수월하게 하기 위해 고성능 감수제 또는 유동화 콘크리트를 사용한다.
• 슬럼프값을 너무 높게 해서는 안 된다.
• 슬럼프는 100~180mm 범위가 적절하다.

51 공극률이 적은 골재를 사용한 콘크리트의 특징으로 잘못된 것은?

① 시멘트 풀의 양이 적게 들어 경제적이다.
② 콘크리트의 수밀성이 증대된다.
③ 콘크리트의 건조수축이 커진다.
④ 블리딩의 발생이 감소된다.

답 ③

해설
블리딩의 발생이 감소된다.
건조수축이 적어진다.

52 콘크리트용 모래에 포함되어 있는 유기불순물 시험에 사용되는 시약은?

① 무수황산나트륨
② 염화칼슘용액
③ 실리카 겔
④ 알코올

답 ④

해설
유기불순물시험에 사용되는 시약은 ㉠ 알코올, ㉡ 탄닌산, ㉢ 수산화나트륨이다.

53 외기 온도가 25℃ 미만일 때 콘크리트는 비비기로부터 타설이 끝날 때까지의 시간은 원칙적으로 몇 시간 이내로 하는가?

① 60분　　② 120분
③ 90분　　④ 180분

답 ②

54 수중 콘크리트에 대한 설명 중 옳지 않은 것은?

① 콘크리트를 수중에 낙하시키지 말아야 한다.
② 수중에 물의 속도가 5cm/sec 이하일 때에 한하여 시공한다.
③ 트레미나 포대를 사용하지 못한다.
④ 정수 중에 치면 더욱 좋다.

답 ③

해설
물의 속도가 5cm/sec 이하를 유지해야 수중에 시공이 가능하다.
트레미나 포대를 사용한다.

55 콘크리트에서 부순 돌을 굵은 골재로 사용했을 때의 설명이다. 잘못된 것은?

① 단위수량이 작아진다.
② 잔골재율이 커진다.
③ 부착력이 좋아서 압축강도가 커진다.
④ 포장 콘크리트에 사용하면 좋다.

답 ①

(해설)
부순 자갈을 사용할 경우 워커빌리티가 나빠지므로 잔골재율과 단위수량을 크게 해야 한다.

56 슬럼프(Slump) 시험에 대한 설명 중 옳지 않은 것은?

① 반죽 질기를 측정하는 방법으로서 오래 전부터 여러 나라에서 많이 사용하여 왔다.
② 슬럼프 콘이 규격은 밑면 15cm, 윗면 20cm, 높이 40cm이다.
③ 슬럼프값을 측정할 때 콘을 벗기는 작업은 3분 이내로 한다.
④ 3층으로 나누어 넣고 각 층마다 지름 16mm의 다짐대로 25회 다진다.

답 ②

(해설)
• 슬럼프 콘을 벗기는 2~3초를 포함하여 전 작업시간은 3분 이내로 한다.
• 밑면 20cm 윗면 10cm 높이 30cm이다.

57 콘크리트의 인장강도 시험에 사용할 공시체는 시험 직전에 공시체의 지름을 몇 mm까지 2개소 이상을 측정하여 평균값을 구하는가?

① 0.1mm   ② 0.2mm
③ 0.3mm   ④ 0.4mm

답 ①

58 한중 콘크리트는 양생 중에 온도를 최소 얼마 이상으로 유지해야 하는가?

① 0℃   ② 5℃
③ 10℃   ④ 15℃

답 ③

(해설)
타설을 할 때 콘크리트 온도는 5~20℃ 범위에서 한다.

59 경사슈트에 의한 콘크리트 운반을 하는 경우 기울기는 연직 1에 대하여 수평을 얼마 정도 하는가?

① 1   ② 2
③ 3   ④ 4

답 ②

60 하루 평균기온 ( )℃를 초과하는 시기에 시공할 경우에는 서중 콘크리트로 시공한다. ( ) 안에 들어갈 온도는?

① 15   ② 25
③ 20   ④ 30

답 ②

PART

07

과년도
기출문제 필기Ⅱ
(2015~2020년)

콘크리트 기능사
필기+실기

01 골재
CHAPTER

골재

Subject 01 골재의 종류

01 다음 중 천연 골재에 속하지 않는 것은?

[2018, 2019]

① 강모래, 강자갈
② 산모래, 산자갈
③ 바닷모래, 바닷자갈
④ 부순 모래, 슬래그

답 ④

해설

산지 및 제조에 의한 골재의 분류
• 천연 골재 : 하천(강모래, 강자갈), 바다(바닷모래, 바닷자갈), 산(산모래, 산자갈)
• 인공 골재 : 부순 모래, 부순 자갈, 인공 경량 골재, 슬래그
• 순환 골재 : 순환 잔골재, 순환 굵은 골재

02 다음 중 경량 골재에 속하는 것은? [2017]

① 강자갈　　　　② 바닷자갈
③ 산자갈　　　　④ 화산자갈

답 ④

03 콘크리트 골재로서 경량 골재로 사용하는 것은?

[2017]

① 자철석　　　　② 팽창성 혈암
③ 중정석　　　　④ 강자갈

답 ②

해설

콘크리트 골재의 종류
• 경량 골재 : 팽창성 혈암
• 보통 골재 : 강자갈
• 중량 골재 : 자철석, 중정석

04 중량 골재에 속하지 않는 것은? [2019]

① 중정석
② 화산암
③ 자철광
④ 갈철광

답 ②

해설

골재의 밀도에 의한 분류
• 경량 골재 : 밀도 2.0 이하
• 보통 골재 : 밀도 2.5~2.7 정도(화산암, 안산암, 현무암 등)
• 중량 골재 : 통상 밀도 3.0 이상(중정석, 자철광, 갈철광 등)

05 일반적인 경량 골재 콘크리트란 콘크리트의 기건 단위 무게가 얼마 정도인 것을 말하는가?

[2018]

① $0.5{\sim}1.0t/m^3$
② $1.4{\sim}2.0t/m^3$
③ $2.1{\sim}2.7t/m^3$
④ $2.8{\sim}3.5t/m^3$

답 ②

Subject 02 잔골재 · 굵은 골재

06 다음 중 콘크리트용 잔골재와 굵은 골재로 분류할 때 기준이 되는 체는? [2018]

① 1.2mm
② 2.5mm
③ 5mm
④ 10mm

답 ③

해설

• 잔골재 : 5mm체를 거의 다 통과하는 골재
• 굵은 골재 : 5mm체에 거의 다 남는 골재

07 잔골재의 정의에 대한 아래 표의 (　)에 알맞은 것은? [2018]

> 10mm체를 통과하고, 5mm체를 거의 다 통과하며, (　)mm체에 거의 다 남는 골재

① 2.5　　　　② 1.2
③ 0.5　　　　④ 0.08

답 ④

해설
잔골재
10mm체를 통과하고 5mm체를 거의 다 통과하며 0.08mm체에 거의 다 남는 골재이다.

08 콘크리트용 골재에서 굵은 골재를 가장 옳게 설명한 것은? [2017(2회 출제)]

① 10mm체를 전부 통과하고 5mm체를 거의 통과하며 0.15mm체에 거의 남는 골재
② 10mm체를 전부 통과하고 5mm체를 거의 통과하며 0.07mm체에 거의 남는 골재
③ 2.5mm체에 거의 다 남는 골재 또는 2.5mm체에 다 남는 골재
④ 5mm체에 거의 다 남는 골재 또는 5mm체에 다 남는 골재

답 ④

09 시방 배합을 정할 때 적용되는 잔골재의 정의로서 옳은 것은? [2020 1회]

① 10mm체를 거의 다 통과하고 0.08mm체에 남는 골재
② 5mm체를 통과하고 0.08mm체에 남는 골재
③ 5mm체를 거의 다 통과하고 0.08mm체에 거의 다 남는 골재
④ 10mm체를 거의 다 통과하고 58mm체에 거의 다 남는 골재

답 ②

Subject **03** 굵은 골재의 최대 치수

10 굵은 골재의 최대 치수는 질량비로 몇 % 이상을 통과하는 체들 중에서 최소 치수의 체 크기의 공칭 치수로 나타낸 것인가? [2015]

① 60% 이상　　　　② 70% 이상
③ 80% 이상　　　　④ 90% 이상

답 ④

11 굵은 골재의 최대 치수에 대한 설명으로 옳은 것은? [2019]

① 부피비로 90% 이상을 통과시키는 체 중에서 최소 치수 체를 호칭치수로 나타낸 굵은 골재의 치수
② 질량비로 90% 이상을 통과시키는 체 중에서 최소 치수 체를 호칭치수로 나타낸 굵은 골재의 치수
③ 질량비로 95% 이상을 통과시키는 체 중에서 최소 치수 체를 호칭치수로 나타낸 굵은 골재의 치수
④ 부피비로 95% 이상을 통과시키는 체 중에서 최소 치수 체를 호칭치수로 나타낸 굵은 골재의 치수

답 ②

해설
굵은 골재의 최대 치수(G_{max})
질량으로 90% 이상 통과하는 체 중에서 최소 치수의 체 눈으로 나타낸 굵은 골재의 치수

12 굵은 골재의 최대 치수에 대한 설명으로 옳은 것은? [2020 1회]

① 부피비로 95% 이상을 통과시키는 체 중 최소 치수인 체의 호칭치수로 나타낸 굵은 골재의 치수
② 질량비로 95% 이상을 통과시키는 체 중 최소 치수인 체의 호칭치수로 나타낸 굵은 골재의 치수
③ 부피비로 90% 이상을 통과시키는 체 중 최소 치수인 체의 호칭치수로 나타낸 굵은 골재의 치수
④ 질량비로 90% 이상을 통과시키는 체 중 최소 치수인 체의 호칭 치수로 나타낸 굵은 골재의 치수

답 ④

해설

굵은 골재 최대 치수(G_{max})
질량으로 90% 이상 통과시키는 체 중에서 최소 치수의 체 눈으로 나타낸 굵은 골재의 치수

13 굵은 골재의 최대 치수에 대한 설명으로 옳은 것은? [2020 2회]

① 콘크리트에서 굵은 골재의 최대 치수가 크면 소요 단위수량은 증가한다.
② 콘크리트에서 굵은 골재의 최대 치수가 크면 소요 단위시멘트양은 증가한다.
③ 굵은 골재의 최대 치수가 크면 재료 분리가 감소한다.
④ 굵은 골재의 최대 치수가 크면 시멘트 풀의 양이 적어져서 경제적이다.

답 ④

14 철근 콘크리트의 일반적인 경우 굵은 골재 최대 치수의 표준은 얼마인가? [2016]

① 100mm
② 40mm
③ 25mm
④ 10mm

답 ③

15 포장용 콘크리트의 배합기준 중 굵은 골재의 최대 치수는 몇 mm 이하이어야 하는가? [2020 1회]

① 25mm
② 40mm
③ 100m
④ 150mm

답 ②

Subject 04 골재의 성질

16 콘크리트용 골재가 갖추어야 할 성질에 대한 설명으로 틀린 것은? [2019]

① 마멸에 대한 저항성이 클 것
② 물리적으로 안정되고 내구성이 클 것
③ 골재 모양이 길고 입경이 클 것
④ 화학적으로 안정할 것

답 ③

해설

골재가 갖추어야 할 성질
• 깨끗하고, 유해물을 포함하지 않을 것
• 모양이 입방체 또는 구형에 가깝고 부착력이 좋은 표면 조직을 가질 것
• 마모에 대한 저항성이 클 것
• 입도가 좋고 소요의 중량을 가질 것
• 물리, 화학적으로 안정하고 내구성이 클 것

17 골재가 갖추어야 할 성질 중 틀린 것은?
[2018]

① 단단하고 내구적일 것
② 마모에 대한 저항성이 클 것
③ 모양이 얇고, 가늘고 긴 조각일 것
④ 알맞은 입도를 가질 것

답 ③

18 콘크리트용 골재가 갖추어야 할 성질로서 틀린 것은?
[2020 1회]

① 마모에 대한 저항이 클 것
② 낱알의 크기가 차이 없이 균등할 것
③ 물리적으로 안정하고 내구성이 클 것
④ 필요한 무게를 가질 것

답 ②

19 콘크리트에 사용하는 골재에 대한 설명 중 틀린 것은?
[2016]

① 유해량의 먼지, 잡물, 흙, 염류를 다소 포함해도 된다.
② 자갈은 내구성이 커야 하며 자갈 중에 약한 돌이 섞여 있어서는 안 된다.
③ 골재의 입도는 크고 작은 돌이 적당히 섞여 있어야 한다.
④ 골재의 모양은 둥근 것 또는 육면체에 가까운 것이 좋다.

답 ①

20 콘크리트용 골재로서 요구되는 성질이 아닌 것은?
[2019]

① 골재의 낱알의 크기가 균등하게 분포할 것
② 필요한 무게를 가질 것
③ 단단하고 치밀할 것
④ 알의 모양은 둥글거나 입방체에 가까울 것

답 ①

해설
골재의 요구 조건
• 강도가 충분할 것
• 내구성 등 성질이 우수할 것
• 입경 및 입도가 양호할 것
• 골재의 대소립자가 고루 섞여 있을 것
• 이물질의 혼입이 없는 등 깨끗할 것

21 콘크리트 제조용 굵은 골재의 설명으로 틀린 것은?
[2016]

① 굵은 골재는 5mm체에 거의 다 남는 골재를 말한다.
② 내구성이 있고 구형이어야 한다.
③ 소량의 유기물이 포함되어야 한다.
④ 강도가 크고 입도가 고르게 섞여서 표준입도 범위에 들어야 한다.

답 ③

해설
콘크리트 제조용 굵은 골재
• 굵은 골재는 5mm체에 거의 다 남는 골재를 의미한다.
• 강도가 크고 입도가 고르게 섞여서 표준입도 범위에 들어야 한다.
• 내구성이 있고 구형이어야 한다.
• 유기물은 포함해서는 안 된다.

22 시방 배합에서 잔골재와 굵은 골재를 구별하는 표준체는?
[2020 2회]

① 5mm체   ② 10mm체
③ 2.5mm체   ④ 1.2mm체

답 ①

23 굵은 골재의 연한 석편 함유량의 한도는 최 댓값을 몇 %(질량 백분율)로 규정하고 있는가?

[2020 2회]

① 3%   ② 5%
③ 10%   ④ 13%

답 ②

Subject 05 부순 골재

24 부순 골재에 대한 설명 중 옳은 것은?

[2017, 2019, 2020 1회]

① 부순 잔골재의 석분은 콘크리트 경화 및 내구 성에 도움이 된다.
② 부순 굵은 골재는 시멘트 풀과의 부착이 좋다.
③ 부순 굵은 골재는 콘크리트를 비빌 때 소요 단 위수량이 적어진다.
④ 부순 굵은 골재를 사용한 콘크리트는 수밀성은 향상되나 휨강도는 감소된다.

답 ②

해설

부순 골재의 특징
• 부순 굵은 골재는 시멘트 풀과의 부착이 좋다.
• 부순 굵은 골재는 콘크리트를 비빌 때 소요 단위수량이 커진다.
• 부순 굵은 골재를 사용한 콘크리트는 수밀성은 떨어지나 휨강도 등의 강도는 부순 골재의 맞물림 효과(Interlocking)로 인해 향상된다.
• 부순 잔골재의 석분은 콘크리트 경화 및 내구성에 도움이 되지 않는다.

25 콘크리트에서 부순 돌을 굵은 골재로 사용 했을 때의 설명이다. 잘못된 것은?

[2017, 2020 2회]

① 일반 골재를 사용한 콘크리트와 동일한 워커빌 리티의 콘크리트를 얻기 위해 단위수량이 많아 진다.
② 일반 골재를 사용한 콘크리트와 동일한 워커빌 리티의 콘크리트를 얻기 위해 잔골재율이 작아 진다.
③ 일반 골재를 사용한 콘크리트보다 시멘트 페이 스트와의 부착이 좋다.
④ 포장 콘크리트에 사용하면 좋다.

답 ②

해설

부순 돌을 콘크리트용 굵은 골재로 사용할 경우
• 부순 돌은 입형이 모가 난 경우가 많으므로 콘크리트에 적용 시 워커빌리티가 좋지 못하게 된다.
• 일반 골재를 사용한 콘크리트와 동일한 워커빌리티의 콘크리트 를 얻기 위해 잔골재율이 커진다.
• 일반 골재를 사용한 콘크리트보다 시멘트 페이스트와의 부착이 좋다.
• 일반 골재를 사용한 콘크리트와 동일한 워커빌리티를 얻기 위해 단위수량이 많아진다.
• 포장 콘크리트에 사용하면 좋다.

26 콘크리트에 사용하는 부순 돌의 특성을 설명한 것으로 옳은 것은? [2019]

① 강자갈보다 빈틈이 적고 골재 사이의 마찰이 작다.

② 강자갈보다 모르타르와의 부착성이 나쁘고 강도가 작다.

③ 동일한 워커빌리티를 얻기 위해 강자갈을 사용한 경우보다 단위수량이 많이 요구된다.

④ 수밀성, 내구성은 강자갈을 사용한 경우보다 월등히 증가한다.

답 ③

해설

부순 돌의 특성

• 수밀성, 내구성 등은 강자갈을 사용한 경우보다 다소 떨어진다.

• 강자갈보다 모르타르와의 부착성이 좋고, 강도가 크다.

• 강자갈보다 빈틈이 크고(공극률이 크고) 골재 사이의 마찰(Interlocking)이 크다.

Subject 06 골재저장

27 골재의 저장 방법에 대한 설명으로 틀린 것은? [2017, 2019, 2020 2회]

① 잔골재, 굵은 골재 및 종류와 입도가 다른 골재는 서로 섞어 균질한 골재가 되도록 하여 저장한다.

② 먼지나 잡물 등이 섞이지 않도록 한다.

③ 골재의 저장 설비에는 알맞은 배수 시설을 한다.

④ 골재는 햇빛을 바로 쬐지 않도록 알맞은 시설을 갖추어야 한다.

답 ①

해설

골재의 저장 방법

• 잔골재, 굵은 골재 및 종류와 입도가 다른 골재는 서로 분류하여 구분해서 저장한다.

• 알맞은 배수 시설을 한다.

• 먼지나 잡물 등이 섞이지 않도록 한다.

• 골재는 햇빛을 바로 쬐지 않고, 비나 눈을 바로 맞지 않도록 알맞은 시설을 갖추어야 한다.

Subject 07 골재 함유율

28 콘크리트용 골재에 대한 설명으로 옳지 않은 것은? [2017]

① 굵은 골재 중의 연한 석편은 질량백분율로 5% 이하라야 한다.

② 굵은 골재 중의 점토덩어리 함유량은 질량백분율로 0.25% 이하라야 한다.

③ 굵은 골재로서 사용할 자갈의 흡수율은 5% 이하의 값을 표준으로 한다.

④ 잔골재 중의 점토덩어리 함유량은 질량백분율로 1% 이하라야 한다.

답 ③

해설

잔골재의 유해물 함유량의 허용치

종류	전체 시료에 대한 최대 무게 백분율(%)
점토덩어리	1.0
0.08mm체 통과량	
• 콘크리트의 표면이 마모작용을 받는 경우	3.0
• 기타의 경우	5.0
석탄, 갈탄 등으로 밀도 2.0g/cm³의 액체에 뜨는 것	
• 콘크리트의 표면이 중요한 경우	0.5
• 기타의 경우	1.0
염화물(NaCl 환산량)	0.04

29 콘크리트용 골재에 대한 설명으로 옳은 것은?　　　　　　　　　　　[2020 1회]

① 골재의 밀도는 일반적으로 공기 중 건조 상태의 밀도를 말한다.
② 골재의 입도는 골재의 크기를 말하며, 입도가 좋은 골재란 크기가 균일한 것을 말한다.
③ 골재의 단위 부피 중 골재 사이의 빈틈 비율을 공극률이라 한다.
④ 골재의 기상 작용에 대한 내구성을 알기 위해서는 로스앤젤레스 마모 시험기로 한다.

답 ③

해설
골재의 실적률과 공극률
① 골재 실적률 : 실적 용적의 백분율
② 골재 공극률 : 실적 용적을 뺀 공극 비율의 백분율

30 보통 사용하는 콘크리트는 골재가 전체 부피의 약 몇 % 정도를 차지하는가?　　[2017]

① 15%
② 30%
③ 40%
④ 70%

답 ④

31 보통 굵은 골재 흡수율의 범위는 일반적으로 얼마 정도인가?　　　　　　[2020 1회]

① 0.5~3%
② 3~6%
③ 4~10%
④ 8~14%

답 ①

32 굵은 골재의 유해물 함유량의 한도 중 점토덩어리는 질량백분율로 얼마 이하인가?
　　　　　　　　　　　　[2017, 2019]

① 0.25　　　　　② 0.5
③ 1.0　　　　　④ 5.0

답 ①

해설
굵은 골재의 유해물 함유량의 허용치

종류	전체 시료에 대한 최대 무게 백분율(%)
점토덩어리	0.25
연한 석편	5.0
0.08mm체 통과량	1.0
석탄, 갈탄 등으로 밀도 2.0g/cm³의 액체에 뜨는 것 • 콘크리트의 표면이 중요한 경우 • 기타의 경우	 0.5 1.0

33 콘크리트용 잔골재의 유해물 함유량의 허용한도 중 점토덩어리의 허용 최댓값은 질량백분율로 몇 %인가?　　　[2018, 2019]

① 1%　　　　　② 2%
③ 4%　　　　　④ 5%

답 ①

해설
점토덩어리 허용한도
• 잔골재 : 1% 이하
• 굵은 골재 : 0.25% 이하

34 굵은 골재의 연한 석편 함유량의 한도는 최댓값을 몇 %(질량백분율)로 규정하고 있는가?
　　　　　　　　　　　　[2018]

① 3%　　　　　② 5%
③ 10%　　　　　④ 13%

답 ②

35 실적률이 큰 값을 갖는 골재를 사용한 콘크리트에 대한 설명으로 틀린 것은? [2018]

① 콘크리트의 밀도가 증대된다.
② 콘크리트의 수밀성이 증대된다.
③ 콘크리트의 내구성이 증대된다.
④ 건조 수축이 크고 균열 발생의 위험이 증대된다.

답 ④

해설

실적률이 큰 값을 갖는 골재를 사용한 콘크리트의 특징
• 콘크리트의 밀도가 증대된다.
• 콘크리트의 수밀성이 향상된다.
• 콘크리트의 내구성이 증대된다.
• 콘크리트의 워커빌리티가 향상되고 단위수량이 적게 소요된다.
• 골재의 입형이 좋고 대소립이 고루 섞인 골재의 경우는 실적률이 크다.
• 건조 수축이 적고 균열 발생의 위험이 줄어든다.

36 실적률이 큰 골재를 사용한 콘크리트의 특징으로 틀린 것은? [2019]

① 시멘트 페이스트의 양이 적어도 경제적으로 소요의 강도를 얻을 수 있다.
② 단위시멘트양이 적어지므로 수화열을 줄일 수 있다.
③ 단위시멘트양이 적어지므로 건조 수축이 증가한다.
④ 콘크리트의 밀도, 수밀성, 내구성이 증가한다.

답 ③

해설

골재 실적률이 콘크리트에 미치는 영향
• 콘크리트의 내구성 향상 : 단위수량이 적기 때문에 건조 수축이 감소한다.
• 단위수량 및 단위시멘트양 저감 : 경제적
• 실적률이 큰 골재를 사용할수록 Workability 양호

37 빈틈률이 작은 골재를 사용할 때의 콘크리트 성질에 대한 설명으로 틀린 것은? [2019]

① 시멘트 풀의 양이 적게 든다.
② 건조 수축이 커진다.
③ 콘크리트의 강도가 커진다.
④ 콘크리트의 내구성이 커진다.

답 ②

해설

빈틈률이 작은 골재
공극률이 작은 골재로서 실적률이 큰 골재를 의미하며 이 골재를 사용한 콘크리트의 특징은 다음과 같다.
• 콘크리트의 강도가 커진다.
• 콘크리트의 내구성이 커진다.
• 단위수량이 적게 소요되어 콘크리트 건조 수축이 작아진다.
• 시멘트 풀의 양이 적게 든다.

38 공극률이 작은 골재를 사용한 콘크리트에 대한 설명으로 틀린 것은? [2016]

① 사용 수량이 줄어들어 콘크리트의 강도가 커진다.
② 시멘트의 양이 줄어들어 경제적인 콘크리트를 만들 수 있다.
③ 건조 수축이 작고 수밀성과 마멸저항이 큰 콘크리트를 만들 수 있다.
④ 큰 수화열이 발생하여 강도가 떨어진다.

답 ④

해설

골재 실적률이 콘크리트에 미치는 영향
• 실적률이 큰 골재를 사용할수록 Workability 양호
• 단위수량 및 단위시멘트양 저감 : 경제적
• 콘크리트의 내구성 향상

공극률이 작은 골재를 사용한 콘크리트의 특징
① 콘크리트의 강도가 커진다.
② 콘크리트의 내구성이 커진다.
③ 단위수량이 적게 소요되어 콘크리트 건조 수축이 작아진다.
④ 시멘트 풀의 양이 적게 든다.

39 빈틈률이 작은 골재를 사용한 콘크리트에 대한 설명으로 틀린 것은? [2017]

① 시멘트 풀의 양이 적게 들어 수화열이 적어진다.
② 건조 수축이 작아진다.
③ 콘크리트의 수밀성 및 닳음 저항성이 작아진다.
④ 콘크리트의 강도와 내구성이 커진다.

답 ③

해설

빈틈률(공극률)이 작은 골재
실적률이 큰 골재를 의미하므로 입형이 좋고 대소립이 골고루 섞인 골재를 뜻한다.

> **실적률이 큰 골재 효과**
> • 콘크리트의 강도와 내구성이 커진다.
> • 콘크리트의 수밀성은 커지고 닳음 저항성은 커진다.
> • 단위수량이 적게 소요되어 건조 수축이 작아진다.
> • 시멘트 풀의 양이 적게 들어 수화열이 적어진다.

40 빈틈이 작은 골재를 사용한 콘크리트에 나타나는 현상으로 잘못된 것은? [2018]

① 강도가 큰 콘크리트를 만들 수 있다.
② 경제적인 콘크리트를 만들 수 있다.
③ 건조 수축이 큰 콘크리트를 만들 수 있다.
④ 마멸 저항이 큰 콘크리트를 만들 수 있다.

답 ③

해설

실적률이 큰 골재의 성질
• 경제적인 콘크리트를 만들 수 있다.
• 강도가 큰 콘크리트를 만들 수 있다.
• 건조 수축이 작은 콘크리트를 만들 수 있다.
• 마멸 저항이 큰 콘크리트를 만들 수 있다.

Subject **10** 조립률

41 골재에서 F.M(Fineness Modulus)이란 무엇을 뜻하는가? [2016, 2020 2회]

① 입도
② 조립률
③ 잔골재율
④ 골재의 단위량

답 ②

해설

골재의 조립률
• 조립률의 정의 : 80, 40, 20, 10, 5, 2.5, 1.2, 0.6, 0.3, 0.15mm의 10개의 체로 체가름 시험을 하였을 때 각 체에 남는 누적 잔류율의 합을 100으로 나눈 값을 말한다.
• 조립률 공식

$$조립률(F.M) = \frac{각\ 체의\ 누적\ 잔류율의\ 누계}{100}$$

42 다음 체 중 골재의 조립률을 구하는 데 사용하는 체가 아닌 것은? [2019]

① 0.075mm체
② 0.15mm체
③ 0.3mm체
④ 40mm체

답 ①

해설

• $조립률(F.M) = \dfrac{각\ 체의\ 누적\ 잔류율의\ 합}{100}$
• 허용 기준 : 잔골재 FM = 2.3~3.1, 굵은 골재 FM = 6

43 골재의 조립률 측정을 위해 사용되는 체가 아닌 것은? [2018]

① 40mm
② 30mm
③ 20mm
④ 10mm

답 ②

44 다음 표준체 중에서 골재의 조립률을 구할 때 사용하는 체가 아닌 것은? [2018]

① 65mm　　　② 40mm
③ 2.5mm　　　④ 0.6mm

답 ①

45 조립률 3.0, 7.0의 모래와 자갈을 무게비 1:3의 비율로 혼합할 때의 조립률을 구하면?
[2016]

① 4.0　　　② 5.0
③ 6.0　　　④ 8.0

답 ③

해설

혼합조립률 $= \dfrac{3.0 \times 1 + 7.0 \times 3}{1+3} = 6.0$

46 조립률 3.0의 모래와 7.0의 자갈을 중량비 1:4로 혼합할 때의 조립률을 구하면?
[2015, 2019]

① 3.2　　　② 4.2
③ 5.2　　　④ 6.2

답 ④

해설

혼합조립률 $= \dfrac{3.0 \times 1 + 7.0 \times 4}{1+4} = 6.2$

47 조립률이 3.0인 잔골재 0.2m³와 조립률이 7.0인 0.3m³의 굵은 골재를 혼합한 경우의 조립률은 얼마인가? [2017]

① 4.2　　　② 4.6
③ 5.0　　　④ 5.4

답 ④

해설

혼합조립률 $= \dfrac{3.0 \times 0.2 + 7.0 \times 0.3}{0.2+0.3} = 5.4$

48 콘크리트에 사용되는 잔골재의 조립률은 어느 정도가 적당한가? [2015]

① 1.5~2.1　　　② 2.3~3.1
③ 3.5~4.8　　　④ 4.9~5.8

답 ②

해설

골재 조립률의 기준
① 잔골재
　• 일반 : 2.3~3.1
　• Preplaced Concrete : 1.4~2.2
② 굵은 골재 : 6~8

49 콘크리트용으로 적합한 잔골재의 조립률은? [2019]

① 1.3~2.1　　　② 2.3~3.1
③ 3.3~4.1　　　④ 4.3~5.1

답 ②

50 품질이 좋은 콘크리트를 만들기 위한 잔골재 조립률의 범위로 옳은 것은? [2016]

① 2.3~3.1　　　② 3.2~4.7
③ 6~8　　　④ 8~10

답 ①

51 프리플레이스트 콘크리트에 사용하는 잔골재의 조립률은 어느 범위가 적당한가? [2017]

① 0.5~0.8　　　② 0.8~1.2
③ 1.4~2.2　　　④ 2.2~3.2

답 ③

52 콘크리트용 잔골재로 적합한 조립률의 범위는? [2018]

① 1.1~1.7　　　② 1.7~2.2
③ 2.3~3.1　　　④ 3.7~4.6

답 ③

53 골재의 조립률 시험으로 사용되는 표준체의 종류는 몇 개로 하는가? [2015]

① 7개   ② 8개
③ 9개   ④ 10개

답 ④

해설

조립률의 정의

80, 40, 20, 10, 5, 2.5, 1.2, 0.6, 0.3, 0.15mm의 10개의 체로 체가름 시험을 하였을 때 각 체에 남는 누적 잔류율의 합을 100으로 나눈 값을 말한다.

Subject 11 공극률

54 어떤 골재 시험 결과 단위질량은 1.72t/m³이고, 밀도가 2.65g/cm³일 때 이 골재의 공극률은? [2016]

① 72.4%   ② 29.5%
③ 52.3%   ④ 35.1%

답 ④

해설

$$실적률 = \frac{단위용적\ 질량}{밀도} \times 100 = \frac{1.72}{2.65} \times 100 = 64.9\%$$

공극률 = 100 − 실적률 = 100 − 64.9 = 35.1%

55 잔골재의 단위 무게가 1.60t/m³이고, 밀도가 2.60g/cm³일 때 이 골재의 공극률은? [2019]

① 32.7%   ② 34.5%
③ 38.5%   ④ 39.1%

답 ③

56 골재의 단위용적 질량이 1.6t/m³이고, 밀도가 2.6g/cm³일 때 이 골재의 공극률은? [2017]

① 16.25%   ② 38.46%
③ 42.84%   ④ 61.54%

답 ②

---

57 골재의 밀도가 2.50g/cm³이고, 단위용적 질량이 1.5t/m³일 때 이 골재의 공극률은 얼마인가? [2020 1회]

① 35%   ② 40%
③ 45%   ④ 50%

답 ②

해설

$$실적률 = \frac{단위용적\ 질량}{밀도} \times 100 = \frac{1.5}{2.50} \times 100 = 60\%$$

공극률 = 100 − 실적률 = 100 − 60 = 40%

58 골재의 공극률에 대한 설명으로 틀린 것은? [2019]

① 골재의 단위용적 중의 공극의 비율을 백분율로 나타낸 것을 공극률이라 한다.
② 골재의 공극률이 작으면 시멘트 풀의 양이 적게 든다.
③ 골재의 공극률이 작으면 콘크리트의 건조 수축이 늘어나 균열 발생의 가능성이 증대한다.
④ 골재의 공극률이 작으면 콘크리트의 밀도, 내구성이 증대된다.

답 ③

해설

골재 공극률이 콘크리트에 미치는 영향

• 공극률이 작을수록 균열 발생의 위험성이 저감되는 등 콘크리트의 내구성이 향상됨
• 공극률이 작을수록 단위수량 및 단위시멘트양 저감 : 경제적
• 공극률이 작은 골재를 사용할수록 Workability 양호

59 단위용적 질량이 1,690kg/m³, 밀도가 2.60 g/cm³인 굵은 골재의 공극률은 얼마인가? [2019]

① 25%   ② 30%
③ 35%   ④ 40%

답 ③

> **해설**
>
> 골재의 실적률 = $\dfrac{\text{단위용적 질량}}{\text{(절건)밀도}} \times 100 = \dfrac{1.69}{2.6} = 65\%$
>
> 골재의 공극률 = 100 − 골재의 실적률 = 100 − 65 = 35%

60 골재의 단위용적 질량 시험에서 굵은 골재의 단위용적 질량 평균값이 1.64t/m³이고 밀도가 2.60g/cm³이면 공극률은? [2020 2회]

① 4.2%   ② 30.9%
③ 36.9%   ④ 63.1%

답 ③

> **해설**
>
> 실적률 = $\dfrac{\text{단위용적 질량}}{\text{밀도}} \times 100 = \dfrac{1.64}{2.60} \times 100 = 63.1\%$
>
> 공극률 = 100 − 실적률 = 100 − 63.1 = 36.9%

61 콘크리트 공기량 시험에서 겉보기 공기량이 5.4%이고, 골재의 수정계수가 2.3%일 때 공기량은 약 얼마인가? [2018]

① 2.3%   ② 12.4%
③ 3.1%   ④ 7.7%

답 ③

> **해설**
>
> 콘크리트의 공기량 = 겉보기공기량 − 골재수정계수
> $\qquad\qquad = 5.4 - 2.3$
> $\qquad\qquad = 3.1\%$

62 공극률이 25%인 골재의 실적률은? [2017, 2019]

① 12.5%   ② 25%
③ 50%   ④ 75%

답 ④

> **해설**
>
> **골재의 실적률(Percentage of Solids)**
>
> ① 실적률(%) = $\dfrac{\text{단위용적 질량}}{\text{밀도}} \times 100$
>
> ② 실적률 = 100 − 공극률 = 100 − 25 = 75%
>
> ③ 실적률이 클수록
> - 골재의 모양이 좋고 입도가 적당하여 시멘트 페이스트의 양이 적게 든다.
> - 건조 수축, 수화열을 줄일 수 있다.
> - 콘크리트의 수밀성, 내구성, 마모 저항성이 커진다.

Subject 12 골재 상태

63 콘크리트의 압축강도 시험 시 공시체의 함수 상태는 어떤 상태로 해야 하는가? [2017]

① 노 건조 상태
② 공기 중 건조 상태
③ 표면 건조 포화 상태
④ 습윤 상태

답 ④

> **해설**
>
> 콘크리트 압축강도 시험 시 공시체 상태는 습윤 상태에서 강도 시험을 해야 한다.

64 콘크리트 강도 측정용 공시체는 어떤 상태에서 시험을 하는가? [2017]

① 절대 건조 상태
② 기건 상태
③ 표면 건조 포화 상태
④ 습윤 상태

답 ④

해설
콘크리트 강도 측정용 공시체는 수조에서 막 꺼낸 습윤 상태에서 시험을 해야 한다.

65 골재를 함수 상태에 따라 분류할 때 골재 입자의 내부에 물이 채워져 있고, 표면에도 물이 부착되어 있는 상태는? [2019]

① 습윤 상태
② 표면 건조 포화 상태
③ 공기 중 건조 상태
④ 절대 건조 상태

답 ①

해설
골재의 함수 상태 분류
• 절건 상태(절대 건조 상태, 노건조 상태) : 110±5℃의 온도에서 24시간 이상 건조
• 기건 상태(공기 중 건조 상태) : 골재의 표면과 내부의 일부가 건조
• 표건 상태(표면 건조 포화 상태) : 골재 입자의 표면에는 물이 없으나 내부의 공극에는 물이 꽉 차 있는 상태
• 습윤 상태 : 골재 입자의 내부에도 물이 채워져 있고 표면에도 물이 부착되어 있는 상태

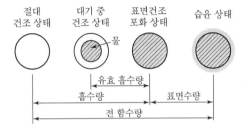

66 골재의 공기 중 건조 상태에서 표면 건조 포화 상태로 되기까지 흡수된 물의 양을 무엇이라 하는가? [2015, 2016]

① 함수량
② 흡수량
③ 유효 흡수량
④ 표면수량

답 ③

해설
골재의 함수 상태 분류

67 공기 중 건조 상태에서 골재의 입자가 표면 건조 포화 상태로 되기까지 흡수된 물의 양을 말하는 것은? [2017]

① 유효 흡수량
② 흡수량
③ 표면수량
④ 함수량

답 ①

68 골재의 표면 건조 포화 상태에서 공기 중 건조상태의 수분을 뺀 물의 양은? [2017]

① 함수량
② 흡수량
③ 표면수량
④ 유효 흡수량

답 ④

69 골재알이 공기 중 건조 상태에서 표면 건조 포화 상태로 되기까지 흡수된 물의 양을 나타내는 것은? [2016, 2018]

① 함수량
② 흡수량
③ 유효 흡수량
④ 표면수량

답 ③

70 골재의 수분 함량 상태를 나타내는 용어 중 가장 많은 양의 수분을 나타내는 것은? [2016]

① 유효 흡수량
② 표면수량
③ 흡수량
④ 함수량

답 ④

71 실내에서 건조시킨 상태로 골재의 알 속의 일부에만 물기가 있는 상태를 무엇이라 하는가? [2018]

① 절대 건조 상태
② 표면 건조 포화 상태
③ 습윤 상태
④ 공기 중 건조 상태

답 ④

72 골재의 함수 상태에서 공기 중에서 자연 건조시킨 것으로서, 골재알 속의 빈틈 일부가 물로 차 있는 상태는? [2017]

① 절대 건조 포화 상태
② 공기 중 건조 상태
③ 표면 건조 포화 상태
④ 습윤 상태

답 ②

73 골재의 함수 상태 네 가지 중 습기가 없는 실내에서 자연 건조시킨 것으로서 골재알 속의 빈틈 일부가 물로 차 있는 상태는? [2015, 2017]

① 습윤 상태
② 절대 건조 상태
③ 표면 건조 포화 상태
④ 공기 중 건조 상태

답 ④

74 다음 중 건조로에서 105±5℃의 온도로 골재를 일정한 무게가 되도록 건조시킨 골재의 상태는? [2017]

① 절대 건조 상태
② 공기 중 건조 상태
③ 표면 건조 포화 상태
④ 습윤 상태

답 ①

75 골재의 함수상태 중 표면 건조 포화 상태를 설명한 것으로 옳은 것은? [2016]

① 골재알 속의 빈틈에 있는 물을 모두 없앤 상태
② 골재알 속의 빈틈 일부가 물로 차 있는 상태
③ 골재알의 표면에는 물기가 없고, 알 속의 빈틈만 물로 차 있는 상태
④ 골재알 속의 빈틈이 물로 차 있고, 또 표면에 물기가 있는 상태

답 ③

76 골재의 표면수는 없고 골재알 속의 빈틈이 물로 차 있는 상태는? [2016]

① 절대 건조 상태
② 기건 상태
③ 습윤 상태
④ 표면 건조 포화 상태

답 ④

77 콘크리트 시방 배합 설계의 기준으로서 골재는 어느 상태의 골재를 사용하는가? [2018]

① 절대 건조 상태
② 습윤 상태
③ 공기 중 건조 상태
④ 표면 건조 포화 상태

답 ④

해설
시방 배합
• 시방서 또는 책임 기술자에 의해 지시된 배합
• 골재의 함수 상태 : 표면 건조 포화 상태

78 일반적인 골재의 밀도란 다음 중에서 어느 것을 말하는가? [2015]

① 표면 건조 포화 상태 밀도
② 노 건조 상태 밀도
③ 습윤 상태 밀도
④ 기건 상태 밀도

답 ①

해설
골재의 밀도
• 골재의 비중(밀도)이란 표면 건조 포화 상태의 밀도를 의미한다.
• 콘크리트 배합 설계의 기준에서도 골재 상태는 표면 건조 포화 상태를 기준으로 한다.

Subject **13** 흡수량

79 굵은 골재의 흡수량은 보통 얼마 정도인가? [2015]

① 0.5~3%
② 4~7.5%
③ 7.5~10%
④ 10~12%

답 ①

해설
굵은 골재의 흡수율은 일반적으로 3% 이하로 한다.

80 골재알이 절대 건조 상태에서 표면 건조 포화 상태로 되기까지 흡수한 물의 양은? [2019]

① 흡수량
② 유효 흡수량
③ 표면수량
④ 함수량

답 ①

해설
골재의 함수 상태

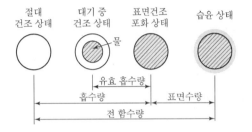

81 다음 중 골재의 흡수량에 대한 설명이 옳은 것은? [2017]

① 골재 입자의 표면에 묻어 있는 물의 양
② 절대 건조 상태에서 표면 건조 포화 상태로 되기까지 흡수된 물의 양
③ 공기 중 건조 상태에서 표면 건조 포화 상태로 되기까지 흡수된 물의 양
④ 골재 입자 안팎에 들어 있는 모든 물의 양

답 ②

82 단위잔골재량의 절대부피가 0.253m³이고, 잔골재의 밀도가 2.60일 때 단위잔골재량은 몇 kg/m³인가? [2016]

① 658 ② 687
③ 693 ④ 721

답 ①

해설
단위잔골재량 $= 0.253 \times 2.60 \times 1,000 = 658 \text{kg/m}^3$

83 배합 설계에서 단위골재량의 절대부피가 0.665m³, 잔골재율이 42%일 때 단위굵은 골재의 절대부피는 얼마인가?(단, 굵은 골재의 밀도는 2.63임) [2017]

① 0.380m³
② 0.566m³
③ 0.266m³
④ 0.499m³

답 ①

해설
단위굵은 골재의 절대부피 = 0.655 × (1 − 0.42)
= 0.380m³

84 굵은 골재의 밀도를 구하기 위하여 일정량의 시료를 정해진 과정에 따라 측정한 결과 대기 중 표면 건조 포화 상태의 무게는 15.9kg, 물속에서의 무게는 9.9kg, 대기 중 절대 건조 상태의 무게는 12.6kg이었다. 이 굵은 골재의 표면 건조 포화 상태의 밀도는? [2016]

① 2.50
② 2.55
③ 2.60
④ 2.65

답 ④

해설
표면 건조 포화 상태의 밀도
$= \dfrac{B}{B-C} \times 1 = \dfrac{15.9}{15.9-9.9} \times 1 = 2.65 \text{g/cm}^3$

85 어느 시료에 대한 굵은 골재의 흡수율 시험을 하였다. 흡수율은 몇 %인가? [2016]

• 노 건조 시료의 질량(A) : 3,940.1g
• 물속에서의 시료의 질량(C) : 2,491g
• 표면 건조 포화 상태 시료의 질량(B) : 4,000g

① 0.52
② 1.52
③ 5.82
④ 10.25

답 ②

해설
$흡수율 = \dfrac{표건\ 질량 - 절건\ 질량}{절건\ 질량} \times 100$

$= \dfrac{4,000 - 3,940.1}{3,940.1} \times 100 = 1.52\%$

86 표면 건조 포화 상태의 잔골재 500g을 노건조시켰더니 480g이었다면 흡수율은 얼마인가? [2018]

① 4.00%
② 4.17%
③ 4.76%
④ 5.00%

답 ②

해설
$흡수율 = \dfrac{표건\ 질량 - 절건\ 질량}{절건\ 질량} \times 100$

$= \dfrac{500 - 480}{480} \times 100$

$= 4.17\%$

87 잔골재의 절대 건조 상태의 무게가 100g, 표면 건조 포화 상태의 무게가 110g, 습윤 상태의 무게가 120g이었다면 이 잔골재의 흡수율은? [2018]

① 5%
② 10%
③ 15%
④ 20%

답 ②

88 굵은 골재의 밀도를 측정하기 위하여 일정량의 시료를 정해진 과정에 따라 측정한 결과 공기 중 표면 건조 포화 상태의 질량은 450g, 물속에서의 질량은 280g, 절대 건조 상태의 질량은 390g이었다. 이 골재의 표면 건조 포화 상태의 밀도는?(단, 시험 온도에서의 물의 밀도는 1g/cm³이었다.) [2017]

① 2.95g/cm³
② 2.85g/cm³
③ 2.75g/cm³
④ 2.65g/cm³

답 ④

해설
표면 건조 포화 상태의 밀도
$$= \frac{B}{B-C} \times 1 = \frac{450}{450-280} \times 1 = 2.65 \text{g/cm}^3$$

89 표면 건조 포화 상태 시료의 질량이 4,000g이고, 물속에서 철망태와 시료의 질량이 3,070g이며 물속에서 철망태의 질량이 580g, 절대 건조 상태 시료의 질량이 3,930g일 때, 이 굵은 골재의 절대 건조 상태의 밀도를 구하면?(단, 시험 온도에서의 물의 밀도는 1g/cm³이다.) [2018]

① 2.50g/cm³
② 2.53g/cm³
③ 2.57g/cm³
④ 2.60g/cm³

답 ④

해설
절건 상태의 밀도
$$= \frac{\text{절건 질량}}{\text{표건 질량} - \text{수중 질량}} \times \text{물의 밀도}$$
$$= \frac{3,930}{4,000 - (3,070 - 580)} \times 1$$
$$= 2.60 \text{g/cm}^3$$

90 잔골재의 밀도 및 흡수율 시험을 1회 수행하기 위한 표면 건조 포화 상태의 시료량은 최소 몇 g 이상이 필요한가? [2018]

① 100g
② 500g
③ 1,500g
④ 5,000g

답 ②

해설
잔골재의 밀도 및 흡수율 시험을 1회 수행하기 위한 표면 건조 포화 상태의 시료량은 최소 500g 이상이 되어야 한다.

91 일반 콘크리트에 사용할 굵은 골재의 절대 건조 상태의 밀도는 얼마 이상의 값을 표준으로 하는가? [2019]

① 2.20
② 2.50
③ 3.20
④ 4.00

답 ②

해설
굵은 골재의 물리적 성질

구분	규정값
밀도(절대건조, g/cm³)	2.5 이상
흡수율(%)	3.0 이하
안정성(%)	12 이하
마모율(%)	40 이하

MEMO

CHAPTER 02 시멘트

Subject 01 석고

01 시멘트 제조 시 석고를 첨가하는 이유는 무엇인가?
[2019]

① 수화 작용 촉진
② 균열 방지
③ 수필성 증대
④ 응결시간 조절

답 ④

해설

시멘트 제조 시 석고를 첨가하는 이유

시멘트 제조 시 생산된 클링커를 분쇄를 분말 시멘트를 만들 때 석고를 첨가한다. 그 이유는 응결시간을 지연하여 운반시간과 작업시간을 확보하기 위해서이다.

02 시멘트의 성분 중에서 석고를 사용하는 목적은?
[2017]

① 압축강도를 증진하기 위하여
② 부착력을 증진하기 위하여
③ 반죽 질기를 조절하기 위하여
④ 굳는 속도를 늦추기 위하여

답 ④

해설

콘크리트의 굳는 속도를 지연하기 위해 시멘트에 석고를 첨가한다.

03 시멘트의 성분 중 응결시간을 조절하기 위한 것은?
[2017, 2019]

① 석고　　　　② 석회석
③ 점토　　　　④ 플라이 애시

답 ①

해설

시멘트가 물과 반응하여 수화 반응을 일으키는 것을 지연하기 위해, 즉 시멘트가 물과 만난 후 인위적으로 응결시간을 지연하는 역할을 하는 재료가 석고이다.

Subject 02 시멘트 풀

04 시멘트와 물을 반죽한 것을 무엇이라 하는가?
[2018]

① 모르타르
② 시멘트 풀
③ 콘크리트
④ 반죽 질기

답 ②

해설

• 시멘트 풀(Cement Paste) : 시멘트＋물
• 모르타르(Mortar) : 시멘트＋물＋잔골재
• 콘크리트(Concrete) : 시멘트＋물＋잔골재＋굵은 골재

Subject 03 시멘트 응결

05 시멘트의 응결에 관한 설명 중 옳지 않은 것은?
[2019]

① 습도가 낮으면 응결이 빨라진다.
② 풍화되었을 경우 응결이 빨라진다.
③ 온도가 높을수록 응결이 빨라진다.
④ 분말도가 높으면 응결이 빨라진다.

답 ②

해설

시멘트의 응결

• 습도가 낮으면 응결이 빨라진다.
• 풍화되었을 경우 응결이 빨라진다.
• 온도가 높을수록 응결이 빨라진다.
• 분말도가 높으면 응결이 빨라진다.

06 시멘트 응결에 대한 설명 중 옳지 않은 것은?
[2016, 2019]

① 시멘트가 풍화되면 응결이 빨라진다.
② 온도가 높고 습도가 낮으면 응결이 빠르다.
③ 분말도가 높으면 응결이 빠르다.
④ 응결시간 측정법에는 비카침(Vicat needle)과 길모어침법(Gilmore needle)이 있다.

답 ①

해설

풍화된(저장 기간이 긴) 시멘트의 특징
• 응결이 지연된다.
• 강도가 저하된다.
• 조기강도가 작아지고, 압축강도에 큰 영향을 미친다.
• 밀도가 떨어진다.

07 다음 중 시멘트의 제조 과정에서 응결지연제로 석고를 클링커 질량의 약 몇 % 정도 넣고 분쇄하는가?
[2018]

① 3%   ② 6%
③ 10%   ④ 16%

답 ①

해설

시멘트의 응결시간을 지연하기 위해 석고는 클링커 질량의 약 3% 정도 혼합한다.

08 시멘트의 응결에 대한 설명으로 부적당한 것은?
[2015]

① 시멘트의 분말도가 높으면 응결이 빨라진다.
② 온도가 높을수록 응결시간이 짧아진다.
③ C_3A가 많으면 응결이 느리다.
④ 물의 양이 많으면 응결이 늦어진다.

답 ③

해설

시멘트의 응결
• 시멘트 분말도가 높으면 물과의 접촉면적(비표면적)이 커지므로 응결이 빨라진다.
• 온도가 높을수록 응결시간이 짧아진다.
• C_3A가 많으면 응결이 빠르고 수축이 커진다.

09 시멘트의 응결에 대한 설명 중 틀린 것은?
[2017]

① 수량이 많고 시멘트가 풍화되었을 경우는 응결이 늦어진다.
② 온도와 분말도가 높고 습도가 낮을 경우는 응결이 빨라진다.
③ 석고의 양이 많으면 응결시간이 늦어진다.
④ 화학 성분 중에서 C_3A가 많으면 응결이 늦어진다.

답 ④

해설

화학 성분 중에서 C_3A가 많으면 응결이 빨라지고 수축은 커지게 된다.

10 시멘트의 응결에 대한 설명 중 잘못된 것은?
[2017]

① 물 시멘트가 높으면 응결이 늦다.
② 풍화되었을 경우에는 응결이 늦다.
③ 온도가 높으면 응결이 늦다.
④ 분말도가 낮을 때는 응결이 늦다.

답 ③

해설

시멘트의 응결
• 온도가 높으면 응결이 빠르다.
• 분말도가 낮을 때는 물과의 접촉면적(비표면적)이 작아 응결이 늦다.

11 시멘트의 성질에 대한 설명으로 틀린 것은?

[2020 1회]

① 시멘트풀이 물과 화학 반응을 일으켜 시간이 경과함에 따라 유동성과 점성을 상실하고 고화하는 현상을 수화라고 한다.
② 수화 반응은 시멘트의 분말도, 수량, 온도, 혼화 재료의 사용 유무 등 많은 요인들의 영향을 받는다.
③ 수량이 많고 시멘트가 풍화되어 있을 때에는 응결이 늦어진다.
④ 온도가 높고 분말도가 높으면 응결이 빨라진다.

답 ①

> **해설**
> **시멘트의 응결**
> 시멘트풀이 물과 화학반응을 일으켜 시간이 경과함에 따라 유동성과 점성을 상실하는 현상

12 시멘트의 응결시간에 대한 설명으로 옳은 것은?

[2020 2회]

① 일반적으로 물 – 시멘트비가 클수록 응결시간이 빨라진다.
② 풍화되었을 때에는 응결시간이 늦어진다.
③ 온도가 높으면 응결시간이 늦어진다.
④ 분말도가 크면 응결시간이 늦어진다.

답 ②

> **해설**
> **풍화된 시멘트의 특성**
> • 시멘트 응결시간의 지연
> • 시멘트의 강도(k 강도) 저하
> • 시멘트 비중 감소, 강열감량의 증가

Subject 04 시멘트 풍화

13 시멘트가 풍화하면 나타나는 현상에 대한 설명으로 틀린 것은?

[2019]

① 밀도가 작아진다.
② 응결이 늦어진다.
③ 강도가 늦게 나타난다.
④ 강열감량이 작아진다.

답 ④

> **해설**
> **풍화된 시멘트의 특성**
> • 시멘트의 강도(k 강도) 저하
> • 시멘트 응결시간 변화
> • 시멘트 비중 감소, 강열감량 증가

14 시멘트의 풍화에 대한 설명으로 틀린 것은?

[2019]

① 비중이 작아지고 응결이 늦어진다.
② 강도가 늦게 나타난다.
③ 고온다습한 경우에는 급속히 풍화가 진행된다.
④ 강열감량이 감소한다.

답 ④

> **해설**
> **시멘트의 풍화 과정 및 특성**
> ① 시멘트 풍화의 정의 : 시멘트가 저장 중에 습기를 흡수하여 시멘트 입자가 입상 또는 괴상으로 되는 현상
> ② 풍화된 시멘트의 특성
> • 시멘트 비중 감소, 강열감량 증가
> • 시멘트의 강도(k 강도) 저하
> • 시멘트 응결시간 변화

15 풍화된 시멘트의 특징으로 틀린 것은?

[2020 1회]

① 비중이 떨어진다.
② 응결이 지연된다.
③ 강열감량이 감소된다.
④ 강도의 발현이 저하된다.

답 ③

Subject **05** 시멘트 비중

16 시멘트의 비중에 대한 일반적인 설명으로 틀린 것은?

[2019]

① 클링커의 소성이 불충분한 경우 비중이 작아진다.
② 혼합물이 섞여 있는 경우 비중이 작아진다.
③ 저장 기간이 짧을수록 비중이 작아진다.
④ 시멘트가 풍화하면 비중이 작아진다.

답 ②

해설

시멘트의 비중
• 시멘트는 저장 기간이 길어질수록 풍화의 영향으로 비중(밀도)이 작아지게 된다.
• 3개월 이상의 장기 저장된 시멘트를 사용하는 경우에는 품질이 확보된 것을 확인한 후에 사용해야 한다.

17 시멘트 64g, 처음 광유의 눈금의 읽기 0.5mL, 시료와 광유의 눈금 읽기가 20.5mL일 때 시멘트의 비중은 얼마인가?

[2017]

① 3.2   ② 3.6
③ 4.3   ④ 5.2

답 ①

해설

$$\text{시멘트의 밀도} = \frac{\text{시료의 양}}{\text{비중병의 눈금자}}$$

$$= \frac{64}{20.5 - 0.5} = 3.2 \text{g/cm}^3$$

18 시멘트의 비중 시험에 사용되는 것은?

[2020 1회 · 2회]

① 르샤틀리에 플라스크
② 데시케이터
③ 피크노미터
④ 건조로

답 ①

Subject **06** 안정성

19 시멘트가 굳어 가는 도중에 부피가 팽창하는 정도를 무엇이라 하는가?

[2016]

① 수화
② 응결
③ 풍화
④ 안정성

답 ④

해설

시멘트의 안정성
시멘트가 굳어 가는 도중에 부피가 팽창하는 정도를 의미한다.

20 [보기]에서 설명하는 시멘트의 성질은?

[2020 2회]

[보기]
• 포틀랜트 시멘트의 경우 KS에서 0.8% 이하로 규정하고 있다.
• 오토클레이브 팽창도 시험 방법으로 측정한다.

① 비중
② 강도
③ 분말도
④ 안정성

답 ④

21 다음 중 시멘트의 조기강도가 큰 순서로 되어 있는 것은? [2017]

① 보통 포틀랜드 시멘트 > 고로 시멘트 > 알루미나 시멘트

② 알루미나 시멘트 > 고로 시멘트 > 보통 포틀랜드 시멘트

③ 알루미나 시멘트 > 보통 포틀랜드 시멘트 > 고로 시멘트

④ 고로 시멘트 > 보통 포틀랜드 시멘트 > 알루미나 시멘트

답 ③

해설

시멘트의 조기강도 크기

알루미나 시멘트 > 조강 포틀랜드 시멘트 > 보통 포틀랜드 시멘트 > 고로슬래그 시멘트

Subject **08** 비표면적

22 1g의 시멘트가 가지고 있는 전체 입자의 표면적의 합계를 무엇이라 하는가? [2017]

① 비표면적

② 총 표면적

③ 단위표면적

④ 표면적

답 ①

해설

비표면적(블레인값)

• 시멘트 1g가 가지고 있는 전체 입자의 표면적의 합계를 의미하는 값을 말한다.

• 비표면적이 클수록 물과의 접촉면적이 크기 때문에 수화 속도가 빨라 조기강도가 크게 된다.

Subject **09** 물 − 시멘트비

23 물−시멘트비가 44%, 단위시멘트양이 250 kg/m³일 때 단위수량을 구한 값은? [2016]

① 105kg/m³

② 110kg/m³

③ 115kg/m³

④ 120kg/m³

답 ②

해설

$$\frac{W}{C} = \frac{W}{250} = 0.44$$

$$\therefore W = 250 \times 0.44 = 110 \text{kg/m}^3$$

24 단위수량이 186kg/m³이고 물−시멘트비(W/C)가 45%인 콘크리트를 만드는 데 필요한 단위시멘트양은 얼마인가? [2016]

① 413kg/m³

② 84kg/m³

③ 4.13kg/m³

④ 837kg/m³

답 ①

해설

$$\frac{W}{C} = \frac{186}{C} = 0.45$$

$$\therefore C = \frac{186}{0.45} = 413 \text{kg/m}^3$$

25 단위수량 154kg/m³일 때 물−시멘트비(W/C) 50%인 콘크리트 1m³를 만들려면 필요한 단위시멘트양은 얼마인가? [2018]

① 308kg/m³

② 154kg/m³

③ 77kg/m³

④ 462kg/m³

답 ①

26 콘크리트 배합설계에서 물-시멘트비가 48%, 잔골재율이 35%, 단위수량이 170kg/m³를 얻었다면 단위시멘트양은 약 얼마인가?

[2017, 2018]

① 485kg/m³
② 413kg/m³
③ 354kg/m³
④ 327kg/m³

답 ③

해설

$$\frac{W}{C} = \frac{170}{C} = 0.48$$

$$\therefore \ C = \frac{170}{0.48} = 354\text{kg/m}^3$$

27 물-시멘트비(W/C)가 50%, 단위수량이 170 kg/m³일 때 단위시멘트양은 약 얼마인가?

[2017]

① 210kg/m³
② 300kg/m³
③ 340kg/m³
④ 420kg/m³

답 ③

28 단위수량이 160kg/m³이고 물-시멘트비가 55%일 때 단위시멘트양은?

[2017]

① 283kg/m³
② 287kg/m³
③ 291kg/m³
④ 295kg/m³

답 ③

해설

$$\frac{W}{C} = \frac{160}{C} = 0.55$$

$$\therefore \ C = \frac{160}{0.55} = 291\text{kg/m}^3$$

29 일반 콘크리트의 수밀성을 기준으로 물-시멘트비를 정할 경우 그 값의 기준으로 옳은 것은?

[2019]

① 40% 이하
② 50% 이하
③ 65% 이하
④ 75% 이하

답 ②

30 콘크리트의 물-시멘트비(W/C)를 정하는 기준으로 거리가 먼 것은?

[2017]

① 내구성
② 수밀성
③ 소요강도
④ 굵은 골재의 최대 치수

답 ④

해설

배합설계의 원칙
소요강도, 내구성 등을 고려한다.
• Workability 확보
• W/C 작게
• S/a 작게
• $G_{\max}$ 크게

31 콘크리트의 강도를 좌우하는 요인 중 가장 큰 것은?

[2017]

① 공기량
② 굵은 골재의 최대 치수
③ 잔골재율
④ 물-시멘트비

답 ④

해설

물-시멘트비와 콘크리트의 강도는 반비례 관계이다.

32 시멘트 분말도는 무엇으로 나타내는가?

[2015, 2018, 2019]

① 단위무게
② 비표면적
③ 단위부피
④ 표건밀도

답 ②

해설

분말도
• 시멘트 1g당 비표면적의 합
• 시멘트의 분말도가 크다는 것은 입자가 미립이라는 것으로서 물과의 접촉면적이 크다.

33 시멘트의 분말도에 대한 설명으로 틀린 것은?

[2020 2회]

① 시멘트의 분말도가 높으면 조기강도가 작아진다.
② 시멘트의 입자가 가늘수록 분말도가 높다.
③ 분말도란 시멘트 입자의 고운 정도를 나타낸다.
④ 분말도가 높으면 시멘트의 표면적이 커서 수화작용이 빠르다.

답 ①

해설

분말도가 큰 시멘트의 성질
• 수화열이 많고 응결이 빠르다.
• 단위수량이 많다.
• 균열 발생 가능성이 많다.
• 조기강도가 크다.

34 시멘트의 분말도에 관한 설명 중 틀린 것은?

[2017, 2019]

① 시멘트의 입자가 가늘수록 분말도가 높다.
② 시멘트 입자의 가는 정도를 나타내는 것을 분말도라 한다.
③ 시멘트의 분말도가 높으면 조기강도가 커진다.
④ 시멘트의 분말도가 높으면 균열이 없고 풍화가 생기지 않는다.

답 ④

해설

분말도가 높은 시멘트의 특징
• Workability가 좋은 콘크리트를 얻을 수 있다.
• 수축, 균열이 커진다.
• 물과 접촉면적이 커서 수화 작용이 빠르기 때문에 조기강도가 크다.
• 풍화하기 쉽다.

35 시멘트의 분말도에 대한 설명으로 옳은 것은?

[2016]

① 분말도가 높은 시멘트는 수화 작용이 늦다.
② 분말도가 높으면 풍화하기 쉽다.
③ 분말도가 높으면 수화 작용에 의한 발열이 작아 균열 발생이 적다.
④ 분말도가 높은 시멘트는 조기강도가 작다.

답 ②

해설

분말도가 높은 시멘트의 특징
• 물과의 접촉면적이 크기 때문에 수화작용이 빠르다.
• 물과의 접촉면적이 커서 풍화가 일어나기도 쉬운 조건이 된다.
• 수화 작용이 빠르기 때문에 발열량이 급격하게 일어나 균열 발생 확률이 커진다.
• 조기강도가 크다.

36 분말도가 높은 시멘트에 관한 설명으로 옳은 것은? [2018]

① 콘크리트에 균열이 생기기 쉽다.
② 수화열 발생이 적다.
③ 시멘트 풍화 속도가 느리다.
④ 콘크리트의 수화 작용 속도가 느리다.

답 ①

해설

분말도가 높은 시멘트의 특징
• 응결 속도가 빨라 콘크리트의 조기강도가 커진다.
• 내구성은 다소 떨어진다.
• 워커빌리티가 향상된다.
• 콘크리트에 균열이 생길 가능성이 많다.

37 시멘트의 분말도가 높을 경우에 대한 설명 중 옳지 않은 것은? [2017]

① 콘크리트의 조기강도가 크다.
② 콘크리트의 내구성이 좋다.
③ 콘크리트의 작업이 용이하다.
④ 콘크리트에 균열이 생길 가능성이 많다.

답 ②

38 분말도가 큰 시멘트에 대한 설명으로 틀린 것은? [2019]

① 수밀한 콘크리트를 얻을 수 있으며 균열의 발생이 없다.
② 풍화되기 쉽고 수화열이 많이 발생한다.
③ 수화 반응이 빨라지고 조기강도가 크다.
④ 블리딩양이 적고 워커블한 콘크리트를 얻을 수 있다.

답 ①

해설

분말도가 높은 시멘트의 특징
• 수화열이 많아지고 응결이 빨라진다.
• 단위수량이 많아진다.
• 균열 발생 가능성이 많다.

Subject **11** 시멘트 저장

39 다음 설명 중 시멘트의 저장 방법으로 부적당한 것은? [2015, 2018]

① 시멘트 포대가 넘어지지 않도록 벽에 붙여서 쌓아야 한다.
② 지상에서 30cm 이상 되는 마루에 저장하여야 한다.
③ 저장 기간이 길어질 우려가 있는 경우에는 7포 이상 쌓아 올리지 않도록 하여야 한다.
④ 방습적인 구조로 된 사일로 또는 창고에 품종별로 구분하여 저장하여야 한다.

답 ①

해설

시멘트 저장 방법
• 방습적인 창고에 저장한다.
• 입하 순서대로 사용한다.
• 지상 30cm 이상의 마루에 쌓아야 한다.
• 통풍이 안 되는 곳에 저장한다.
• 풍화가 되는 것을 방지한다.
• 품종별로 구분하여 저장한다.
• 시멘트는 13포 이상 쌓아서는 안 된다.
• 장기 저장이 예상되는 경우는 7포 이상 쌓아서는 안 된다.

40 다음 중 시멘트 저장 방법으로 부적당한 것은? [2016, 2017]

① 지상에서 30cm 이상 높은 마루에 저장한다.
② 습기가 차단되도록 방수되는 창고에 저장한다.
③ 시멘트는 13포 이상 쌓도록 한다.
④ 시멘트는 입하순으로 사용한다.

답 ③

해설

시멘트 저장 방법
• 지상에서 30cm 이상 높은 마루에 저장한다.
• 습기가 차단되는 창고에 저장한다
• 시멘트는 13포 이상 쌓지 않도록 하며, 장기 저장 시에는 7포 이상 쌓지 않도록 한다.
• 시멘트는 입하 순서대로 사용한다.

41 시멘트 저장 방법에 대한 다음 설명 중 옳지 않은 것은? [2016]

① 방습적인 창고에 저장하고 입하 순서대로 사용한다.
② 포대 시멘트는 지상 30cm 이상의 마루에 쌓아야 한다.
③ 통풍이 잘되도록 저장한다.
④ 품종별로 구분하여 저장한다.

답 ③

42 다음 중 시멘트 저장 방법으로 부적당한 것은? [2020 1회]

① 지상에서 30cm 이상 높은 마루에 저장한다.
② 습기가 차단되도록 방습이 되는 창고에 저장한다.
③ 시멘트는 13포 이상 쌓아야 한다.
④ 시멘트는 입하순으로 사용한다.

답 ③

해설

시멘트 저장 시 주의사항
시멘트 저장 시 13포 이상 쌓아서는 안 되며, 장기 저장 시에는 7포 이하로 쌓아야 한다.

43 시멘트 저장 중에서 공기와 접촉하면 공기 중의 수분 및 이산화탄소를 흡수하여 가벼운 수화반응을 일으키게 되는데 이러한 현상을 무엇이라 하는가? [2020 2회]

① 경화   ② 풍화
③ 수축   ④ 응결

답 ②

Subject 12 보통 포틀랜드 시멘트

44 보통 포틀랜드 시멘트의 습윤 양생 기간은 최소 며칠 이상인가?(단, 일평균 기온 15℃ 이상일 때) [2016]

① 5일 이상
② 10일 이상
③ 15일 이상
④ 20일 이상

답 ①

해설

습윤 양생 기간의 표준

일평균 기온	보통 포틀랜드 시멘트
15℃ 이상	5일
10℃ 이상	7일
5℃ 이상	9일

45 포틀랜드 시멘트의 주요 화합물의 종류로 틀린 것은? [2016]

① 규산이석회
② 규산사석회
③ 알루민산삼석회
④ 알루민산사석회

답 ②

46 포틀랜트 시멘트의 주원료는? [2020 1회]

① 석회석, 점토   ② 석회석, 규조토
③ 점토, 규조토   ④ 석고, 화산회

답 ①

해설

시멘트의 주원료
• CaO : 석회(60% 수준)
• SiO_2 : 실리카(20~25%)
• Al_2O_3 : 알루미나(5% 내외)

47 보통 포틀랜드 시멘트보다 C_3S의 함유량을 높이고 C_2S를 줄이는 동시에 온도를 높여 분말도를 높게 하여 조강성을 준 시멘트는? [2019]

① 조강 포틀랜드 시멘트
② 알루미나 시멘트
③ 저열 포틀랜드 시멘트
④ 중용열 포틀랜드 시멘트

답 ①

해설
시멘트 화합물의 특성

구분	C_3S	C_2S
조기강도 발현	크다.	작다.
장기강도 발현	중간	크다.
수화열	높다.	낮다.
화학 저항성	보통	높다.
수화 반응 속도	빠르다.	늦다.
수축	보통	보통

48 조강 포틀랜드 시멘트를 사용한 콘크리트는 최소 며칠 이상 습윤 양생을 실시하여야 하는가? (단, 일평균 기온은 15℃ 이상이다.) [2016]

① 1일 이상   ② 3일 이상
③ 5일 이상   ④ 7일 이상

답 ②

해설
습윤 양생 기간의 표준

일평균 기온	보통 포틀랜드 시멘트	조강 포틀랜드 시멘트
15℃ 이상	5일	3일
10℃ 이상	7일	4일
5℃ 이상	9일	5일

49 조강 포틀랜드 시멘트의 며칠 강도가 보통 포틀랜드 시멘트의 28일 강도와 비슷한가? [2018]

① 3일
② 7일
③ 14일
④ 28일

답 ②

해설
조강 포틀랜드 시멘트의 특징
• 보통 시멘트보다 크리프가 작다.
• 조기강도가 크기 때문에 양생기간, 공기단축이 가능하다.
• 수화열이 크고 동절기 공사에 유리하다.
• 수화열이 크기 때문에 단면이 큰 콘크리트 구조물에는 부적합하다.
• 보통 시멘트가 재령 28일에 나타내는 강도를 재령 7일에 나타낸다.

50 다음 중 수중 공사 및 한중 공사에 적합한 시멘트는? [2015]

① 고로슬래그 시멘트
② 보통 포틀랜드 시멘트
③ 조강 포틀랜드 시멘트
④ 중용열 포틀랜드 시멘트

답 ③

해설
조강 포틀랜드 시멘트의 특징
• 보통 시멘트보다 크리프가 작다.
• 보통 시멘트가 재령 28일에 나타내는 강도를 재령 7일에 나타내지만 장기강도는 보통 시멘트와 큰 차이가 없다.

51 중용열 포틀랜드 시멘트에 대한 설명으로 틀린 것은? [2019]

① 건조 수축이 작다.
② 조기강도는 보통 시멘트에 비해 작다.
③ 댐 콘크리트, 방사선 차폐용 콘크리트 등 단면이 큰 콘크리트용으로 적합하다.
④ 수화 속도가 빠르고, 수화열이 커서 동절기 공사에 유리하다.

답 ④

해설
중용열 포틀랜드 시멘트(2종)
수화 속도가 느려서 댐이나 방사선 차폐용, 매스 콘크리트 등에 활용한다.

52 중용열 포틀랜드 시멘트에 대한 설명으로 옳은 것은? [2020 2회]

① 수화열을 크게 만든 것이다.
② 장기 강도가 작다.
③ 한중 콘크리트에 적합하다.
④ 매스 콘크리트용으로 적합하다.

답 ④

53 댐과 같은 콘크리트 단면이 큰 공사에 가장 적합한 시멘트는? [2016, 2017]

① 중용열 포틀랜드 시멘트
② 보통 포틀랜드 시멘트
③ 알루미나 시멘트
④ 백색 포틀랜드 시멘트

답 ①

해설
댐과 같이 콘크리트 단면이 큰 매스 콘크리트의 경우 수화열의 제어를 위해 중용열 포틀랜드 시멘트나 저열 포틀랜드 시멘트를 사용한다.

54 중용열 포틀랜드 시멘트에 대한 설명으로 틀린 것은? [2018]

① 규산이 석회가 비교적 많다.
② 한중 콘크리트 시공에 적합하다.
③ 수화열이 낮아 댐, 터널 공사에 적합하다.
④ 조기강도는 작고 장기강도가 크다.

답 ②

55 수화열이 적고, 건조 수축이 작으며, 장기강도가 커서 댐과 같은 매스 콘크리트, 방사선 차폐용, 지하 구조물, 도로포장용, 서중 콘크리트 공사 등에 쓰이는 시멘트는? [2017]

① 보통 포틀랜드 시멘트
② 중용열 포틀랜드 시멘트
③ 조강 포틀랜드 시멘트
④ 내황산염 포틀랜드 시멘트

답 ②

56 댐, 매스 콘크리트, 방사선 차폐용 등 주로 단면이 큰 콘크리트용으로 사용되는 시멘트는? [2016]

① 중용열 포틀랜드 시멘트
② 알루미나 시멘트
③ 보통 포틀랜드 시멘트
④ 조강 포틀랜드 시멘트

답 ①

해설
중용열 포틀랜드 시멘트
댐, 매스 콘크리트, 방사선 차폐용 등 주로 단면이 큰 콘크리트용으로 사용되어 수화열 제어용으로 많이 활용되는 시멘트이다.

57 수화열이 적어 댐이나 방사선 차폐용, 단면이 큰 콘크리트용으로 적합한 시멘트는?

[2020 1회]

① 조강 포틀랜드 시멘트
② 알루미나 시멘트
③ 중용열 포틀랜드 시멘트
④ 팽창 시멘트

답 ③

Subject **15** 저열 포틀랜드 시멘트

58 중용열 포틀랜드 시멘트보다 더 수화열을 적게 한 시멘트는?

[2018]

① 고로슬래그 시멘트
② 백색 포틀랜드 시멘트
③ 내황산염 포틀랜드 시멘트
④ 저열 포틀랜드 시멘트

답 ④

해설

저열 시멘트는 중용열 포틀랜드 시멘트보다 수화열이 더 적게 발생한다.

Subject **16** 고로슬래그 시멘트

59 다음 중 댐, 하천, 항만 등의 구조물에 사용하는 시멘트로 가장 적합한 것은? [2017, 2019]

① 조강 포틀랜드 시멘트
② 알루미나 시멘트
③ 초속경 시멘트
④ 고로슬래그 시멘트

답 ④

해설

• 하천 공사 : 콘크리트의 수밀성을 향상시켜야 한다.
• 항만 공사 : 황산염과 염해에 대한 저항성을 향상시켜야 한다.
• 댐 공사 : 매스 구조물이기 때문에 콘크리트 수화열을 가능한 한 저감시켜야 한다.

60 고로슬래그 시멘트에 대한 설명으로 틀린 것은?

[2018]

① 내화학성이 좋으므로 해수, 하수, 공장 폐수와 닿는 콘크리트 공사에 적합하다.
② 수화열이 적어서 매스 콘크리트에 사용된다.
③ 응결시간이 빠르고 장기강도가 작으나 조기강도가 크다.
④ 제철소의 용광로에서 선철을 만들 때 부산물로 얻는 슬래그를 이용한다.

답 ③

해설

고로슬래그 시멘트(Slag Cement)의 특징
• 워커빌리티가 우수하다.
• 조기강도는 작으나 장기강도는 우수하다.
• 건조 수축은 크다.
• 수밀성 및 내화학성이 좋다.

61 고로슬래그 시멘트에 관한 설명으로 옳은 것은?
[2020 2회]

① 보통 포틀랜드 시멘트에 비해 응결이 빠르다.
② 보통 포틀랜드 시멘트에 비해 발열량이 많아 균열 발생이 크다.
③ 보통 포틀랜드 시멘트에 비해 해수 및 화학 작용에 대한 저항성이 크다.
④ 보통 포틀랜드 시멘트에 비해 조기강도가 크다.

답 ③

해설

고로슬래그 시멘트의 특징
• 조기강도는 작으나 장기강도는 우수하다.
• 워커빌리티가 우수하고 블리딩이 적다.
• 건조 수축은 약간 크다.
• 수밀성 및 내화학성이 좋다.

62 다음 시멘트 중 바닷물에 대한 저항성이 가장 큰 것은?
[2017]

① 고로슬래그 시멘트
② 조강 포틀랜드 시멘트
③ 백색 포틀랜드 시멘트
④ 보통 포틀랜드 시멘트

답 ①

해설

고로슬래그 시멘트의 특징
• 워커빌리티가 우수하고 블리딩이 적다.
• 조기강도는 작으나 장기강도는 우수하다.
• 건조 수축은 크다.
• 수밀성이 좋다.

63 고로 시멘트의 특성으로 옳지 않은 것은?
[2016, 2017]

① 건조 수축은 약간 크다.
② 바닷물에 대한 저항이 크다.
③ 콘크리트의 블리딩이 적어진다.
④ 조기강도가 크다.

답 ④

Subject **17** 혼합 시멘트

64 시멘트의 종류 중 혼합 시멘트는?
[2018]

① 조강 포틀랜드 시멘트
② 알루미나 시멘트
③ 고로슬래그 시멘트
④ 팽창 시멘트

답 ③

해설

시멘트의 종류

구분	종류
특수 시멘트	백색 포틀랜드 시멘트
	초속경 시멘트
	내화물용 알루미나 시멘트
혼합 시멘트	고로슬래그 시멘트
	플라이 애시 시멘트
	포틀랜드 포졸란 시멘트

혼합 시멘트(Blended Cement)
① 고로슬래그 시멘트(Slag Cement)
• 워커빌리티가 우수하다.
• 조기강도는 작고 장기강도는 우수하다.
• 건조 수축은 약간 크다.
• 수밀성 및 내화학성이 좋다.
② 실리카 시멘트
• 조기강도는 작으나 장기강도는 크다.
• 수밀성이 좋고 내구성이 풍부하다.
• 보통 포틀랜드 시멘트보다 화학 저항성이 크다.
③ 플라이 애시 시멘트(Fly Ash Cement)
• 워커빌리티가 커지고 단위수량은 감소시킬 수 있다.
• 수화열이 적고 건조 수축도 작다.
• 장기강도가 다소 증가한다.
• 동결융해에 대한 저항성이 향상된다.
• 수밀성이 좋으므로 수리 구조물에 적합하다.
• 해수부에 대한 내화학성이 크다.

65 시멘트의 종류 중 혼합 시멘트가 아닌 것은? [2017]

① 고로슬래그 시멘트
② 메이슨리 시멘트
③ 플라이 애시 시멘트
④ 포틀랜드 포졸란 시멘트

답 ②

66 다음 중 혼합 시멘트가 아닌 것은? [2017]

① 고로슬래그 시멘트
② 플라이 애시 시멘트
③ 포틀랜드 포졸란 시멘트
④ 알루미나 시멘트

답 ③

Subject **18** 특수 시멘트

67 시멘트의 종류 중 특수 시멘트에 속하는 것은? [2019]

① 저열 포틀랜드 시멘트
② 고로슬래그 시멘트
③ 알루미나 시멘트
④ 플라이 애시 시멘트

답 ③

68 다음 시멘트 중 특수 시멘트에 속하는 것은? [2017]

① 보통 포틀랜드 시멘트
② 팽창 시멘트
③ 실리카 시멘트
④ 플라이 애시 시멘트

답 ②

69 다음 중 특수 시멘트에 속하는 것은? [2020 2회]

① 백색 포틀랜드 시멘트
② 플라이 애시 시멘트
③ 내황산염 포틀랜드 시멘트
④ 팽창 시멘트

답 ④

Subject **19** 팽창 시멘트

70 시멘트의 종류에서 특수 시멘트에 속하는 것은? [2019]

① 고로슬래그 시멘트
② 팽창 시멘트
③ 플라이 애시 시멘트
④ 실리카 시멘트

답 ②

해설

팽창 시멘트(Expansive Cement)
수축 저감형, 무수축 및 화학적 프리스트레스 용도

Subject 20 플라이 애시 시멘트

71 플라이 애시 시멘트에 관한 설명 중 옳지 않은 것은? [2016]

① 유동성이 커서 재료 분리가 크다.
② 장기강도가 크다.
③ 해수에 대한 저항성이 크다.
④ 워커빌리티가 좋아 단위수량이 적은 콘크리트를 만들 수 있다.

답 ①

해설

플라이 애시 시멘트의 특징
• 석탄 화력발전소에서 날아다니는 재를 포집한 것으로 워커빌리티가 커지고 재료 분리를 적게 하는 역할을 한다.
• 조기강도는 다소 작으나 장기강도는 우수하다.
• 해수에 대한 저항성이 크다.
• 워커빌리티가 좋아 단위수량이 적은 콘크리트를 만들 수 있다.

72 플라이 애시 시멘트에 관한 설명 중 옳지 않은 것은? [2019]

① 플라이 애시를 시멘트 클링커에 혼합하여 분쇄한 것이다.
② 수화열이 적고 장기강도는 낮으나 조기강도는 커진다.
③ 워커빌리티가 좋고 수밀성이 크다.
④ 단위수량을 감소시킬 수 있어 댐 공사에 많이 이용된다.

답 ②

해설

플라이 애시 시멘트의 특징
• 워커빌리티가 좋고 수밀성이 크다.
• 수화열이 적고 조기강도는 낮으나 장기강도는 커진다.
• 플라이 애시를 시멘트 클링커에 혼합하여 분쇄한 것이다.
• 단위수량을 감소시킬 수 있고 수화열이 적어 댐 공사 등의 매스 콘크리트에 많이 이용된다.

Subject 21 알루미나 시멘트

73 보크사이트와 석회석을 혼합하여 만든 것으로 재령 1일에서 보통 포틀랜드 시멘트의 재령 28일의 강도를 내는 시멘트는? [2018]

① 알루미나 시멘트
② 플라이 애시 시멘트
③ 고로슬래그 시멘트
④ 포틀랜드 포졸란 시멘트

답 ①

해설

알루미나 시멘트
재령 1일에서 보통 포틀랜드 시멘트의 재령 28일의 강도를 내는 시멘트

74 해중 공사 또는 한중 콘크리트 공사용 시멘트는? [2020 2회]

① 고로슬래그 시멘트
② 보통 포틀랜드 시멘트
③ 알루미나 시멘트
④ 백색 포틀랜드 시멘트

답 ③

75 해수, 산, 염류 등의 작용에 대한 저항성이 커서 해수 공사에 알맞고 수화열이 많아서 한중 콘크리트에 알맞은 특수 시멘트는? [2018]

① 팽창성 시멘트   ② 알루미나 시멘트
③ 초조강 시멘트   ④ 석면 단열 시멘트

답 ②

해설

알루미나 시멘트의 특징
• 해수, 산, 염류 등의 작용에 대한 저항성이 커서 해수 공사에 알맞다.
• 수화열이 많아서 한중 콘크리트에 적합하다.
• 동절기 콘크리트 공사에 효과적이다.

76 다음 시멘트 중에서 조기강도가 제일 큰 것은? [2016]

① 실리카 시멘트
② 조강 포틀랜드 시멘트
③ 알루미나 시멘트
④ 슬래그 시멘트

답 ③

해설

알루미나 시멘트
초속경 시멘트에 해당되기 때문에 수화 반응 속도가 상당히 빨라 조기강도가 우수하다.

77 조기강도가 커서 긴급 공사나 한중 콘크리트에 알맞은 시멘트는? [2017]

① 중용열 포틀랜드 시멘트
② 알루미나 시멘트
③ 고로슬래그 시멘트
④ 팽창 시멘트

답 ②

Subject **22** 시멘트 모르타르 시험

78 시멘트 모르타르의 강도 시험에 표준모래를 사용하는 이유로 가장 적합한 것은? [2020 2회]

① 경제적인 모르타르를 제조하여 시험하기 위함이다.
② 표준모래는 양생이 쉽고 온도에 영향을 적게 받기 때문이다.
③ 표준모래는 품질이 좋고 강도가 크기 때문이다.
④ 모래알의 차이에 의한 영향을 없애고 시험조건을 일정하게 하기 위함이다.

답 ④

혼화재 · 혼화재

Subject **01** 혼화 재료

01 혼화 재료의 저장에 대한 설명으로 부적당한 것은? [2016, 2017]

① 혼화제는 먼지나 불순물이 혼입되지 않고 변질되지 않도록 저장한다.

② 저장이 오래된 것은 시험 후 사용 여부를 결정하여야 한다.

③ 혼화재는 날리지 않도록 그 취급에 주의해야 한다.

④ 혼화재는 습기가 약간 있는 창고 내에 저장한다.

답 ④

해설

혼화 재료의 저장

• 혼화제는 밀폐된 탱크 등에 보관한다.

• 저장이 오래된 것은 시험하여 확인한 후 사용해야 한다.

• 혼화재는 날리지 않도록 그 취급에 주의를 요한다.

• 혼화재는 습기 및 바람이 불지 않는 창고에 보관해야 한다.

02 혼화 재료의 저장 및 사용에 대한 설명으로 옳지 않은 것은? [2016]

① 혼화재는 종류별로 나누어 저장하고 저장한 순서대로 사용해야 한다.

② 변질이 예상되는 혼화재는 사용하기에 앞서 시험하여 품질을 확인해야 한다.

③ 저장 기간이 오래된 혼화재는 눈으로 판단하여 사용 여부를 판단한다.

④ 혼화재는 날리지 않도록 주의해서 다룬다.

답 ③

해설

혼화 재료의 저장 및 사용

• 혼화재는 종류별로 나누어 저장한다.

• 저장한 순서대로 사용해야 한다.

• 변질이 예상되는 혼화재는 시험하여 품질을 확인해야 한다.

• 저장 기간이 오래된 혼화재는 시험 후 재사용하도록 해야 한다.

• 불량한 혼화재는 사용해서는 안 된다.

• 혼화재는 분말 형태의 제품이 많으므로 날리지 않도록 주의해서 다룬다.

03 다음의 혼화 재료 중에서 사용량이 소량으로서 배합 계산에서 그 양을 무시할 수 있는 것은? [2020 2회]

① AE제

② 팽창재

③ 플라이 애시

④ 고로슬래그 미분말

답 ①

해설

혼화제

• 혼화제(Chemical Admixture) 정의 : 사용량 5% 이하로서 배합 설계용적에 계산되지 않는다.

• 혼화제의 종류

AE제, 감수제, 고성능 감수제, 촉진제, 지연제, 초지연제, 기포제, 발포제 등

Subject 02 혼화재

04 아래 표의 (   ) 안에 알맞은 값은? [2017]

혼화 재료는 혼화제와 혼화재로 나뉘며, 사용량이 시멘트 무게의 (   )% 정도 이상이 되어 그 자체의 부피가 콘크리트에 배합 계산에 관계되는 것을 혼화재라고 한다.

① 1   ② 3
③ 5   ④ 8

답 ③

해설

혼화재와 혼화제
• 혼화재(Mineral Admixture) : 사용량 5% 이상, 배합 설계의 용적에 계산
• 혼화제(Chemical Admixture) : 사용량 5% 이하로서 통상 1~2%의 비율

05 다음 혼화재 중 인공산인 것은? [2017]

① 플라이 애시   ② 화산회
③ 규조토   ④ 규산백토

답 ①

해설

• 천연 포졸란 : 화산회, 규산백토 및 규조토
• 인공 포졸란 : 플라이 애시, 실리카 폼

06 다음 혼화 재료 중에서 사용량이 시멘트 무게의 5% 정도 이상이 되어 그 자체의 부피가 콘크리트의 배합 계산에 관계되는 혼화 재료는?

[2020 1회]

① 포졸란
② 응결촉진제
③ AE제
④ 발포제

답 ①

Subject 03 혼화제

07 콘크리트의 혼화제에 대한 설명으로 가장 적합한 것은? [2019]

① 사용량이 시멘트 질량의 5% 정도 이상이 되어 그 자체의 부피가 콘크리트의 배합 계산에 관계된다.
② 사용량이 콘크리트 질량의 1% 정도 이상이 되어 그 자체의 부피가 콘크리트의 배합 계산에 관계된다.
③ 사용량이 콘크리트 질량의 5% 정도 이하의 것으로서 그 자체의 부피가 콘크리트의 배합 계산에서 무시된다.
④ 사용량이 시멘트 질량의 1% 정도 이하의 것으로서 그 자체의 부피는 콘크리트의 배합 계산에서 무시된다.

답 ③

해설

혼화 재료의 분류
(1) 혼화재
  ① 사용량이 비교적 많아서 그 자체의 부피가 콘크리트 배합 계산에 고려되는 것
  ② 시멘트양의 5% 이상
  ③ 종류
     • 포졸란
     • 플라시 애시
     • 고로슬래그
     • 팽창재
(2) 혼화제
  ① 사용량이 비교적 적어서 그 자체의 부피가 콘크리트 배합 계산에서 무시되는 것
  ② 시멘트양의 5% 미만
  ③ 종류
     • AE제
     • 감수제
     • 촉진제
     • 유동화제

08 혼화재와 혼화제의 분류에서 혼화재에 대한 설명으로 알맞은 것은? [2016, 2018]

① 사용량이 비교적 많으나 그 자체의 부피가 콘크리트 등의 비비기 용적에 계산되지 않는 것
② 사용량이 비교적 많아서 그 자체의 부피가 콘크리트 등의 비비기 용적에 계산되는 것
③ 사용량이 비교적 적으나 그 자체의 부피가 콘크리트 등의 비비기 용적에 계산되는 것
④ 사용량이 비교적 적어서 그 자체의 부피가 콘크리트 등의 비비기 용적에 계산되지 않는 것

답 ②

해설

혼화 재료
① 혼화재(Mineral Admixture)
  • 사용량 5% 이상
  • 배합 설계 시 용적 계산에 반영
② 혼화제(Chemical Admixture)
  • 사용량 5% 이하
  • 배합 설계의 용적에 계산되지 않는다.

Subject **04** 플라이 애시

09 콘크리트 속에 녹아 있는 수산화칼슘과 상온에서 천천히 화합하여 불용성 물질을 만드는 것을 포졸란 반응이라 한다. 이러한 포졸란 작용이 있는 대표적인 혼화 재료는? [2019]

① 팽창제
② AE제
③ 플라이 애시
④ 고성능 감수제

답 ③

해설

포졸란(Pozzolan)
• 천연산 : 화산재, 규조토, 규산백토
• 인공 재료 : 고로슬래그, 소성 점토, 혈암, 플라이 애시

---

10 자체로는 수경성이 없으나 콘크리트 속에 녹아 있는 수산화칼슘과 상온에서 천천히 화합하여 불용성 물질을 만드는 포졸란 반응을 하는 혼화재는? [2020 2회]

① 팽창제
② 플라이 애시
③ 폴리머
④ 고로슬래그 미분말

답 ②

---

11 혼화 재료 중 사용량이 비교적 많아서 콘크리트의 배합 계산에 관계되는 것은? [2018]

① 포졸리스
② 플라이 애시
③ 염화칼슘
④ 경화촉진제

답 ②

해설

혼화 재료
혼화 재료란 콘크리트의 성능 개선을 목적으로 사용하는 재료이다.
• 혼화재(Mineral Admixture) : 사용량 5% 이상, 배합 설계의 용적에 계산
• 혼화제(Chemical Admixture) : 사용량 5% 이하로서 통상 1~2%의 비율

---

12 혼화재 중 입자가 둥글고 매끄러워 콘크리트의 워커빌리티를 좋게 하고, 수밀성과 내구성을 향상시키는 혼화재는? [2019]

① 폴리머   ② 플라이 애시
③ 염화칼슘   ④ 팽창제

답 ②

해설

플라이 애시의 특징
• Workability 개선
• 단위수량 저감, 수밀성 향상
• 수화열 감소
• 장기강도 증진

13 입자가 둥글고 표면이 매끄러워 콘크리트의 워커빌리티를 증대시키며, 가루 석탄을 연소시킬 때 굴뚝에서 전기 집진기로 채취하는 실리카질의 혼화제는? [2017]

① AE제   ② 포졸란
③ 플라이 애시   ④ 리그닐

답 ③

해설

플라이 애시의 특징
• 가루 석탄을 연소시킬 때 굴뚝에서 전기 집진기로 채취하는 실리카질의 혼화제
• 입자가 둥글고 표면이 매끄러워 콘크리트의 워커빌리티를 증대시킨다.
• 포졸란 반응성 물질이다.

14 가루 석탄을 연소시킬 때 굴뚝에서 집진기로 모은 아주 작은 입자의 재이며 실리카질 혼화재로 입자가 둥글고 매끄럽기 때문에 콘크리트의 워커빌리티를 좋게 하고 수화열이 적으며, 장기강도를 크게 하는 것은? [2015, 2017, 2018]

① 포졸라나(포졸란a)
② 플라이 애시(Fly Ash)
③ 고로슬래그 미분말
④ AE제

답 ①

15 플라이 애시 시멘트의 장점에 속하지 않는 것은? [2015]

① 수화열이 적고 장기강도가 크다.
② 콘크리트의 워커빌리티가 좋다.
③ 조기강도가 상당히 크다.
④ 단위수량을 감소시킬 수 있다.

답 ③

해설

플라이 애시 시멘트(Fly Ash Cement)의 특징
• 워커빌리티가 커진다.
• 단위수량을 감소시킬 수 있다.
• 수화열이 적다.
• 건조 수축이 작다(포졸란 반응).
• 장기강도가 다소 증가한다.
• 동결융해에 대한 저항성이 향상된다.
• 수밀성이 좋으므로 수리 구조물에 적합하다. → 댐 공사용
• 해수에 대한 내화학성이 크다.

16 플라이 애시를 사용한 콘크리트의 특징으로 틀린 것은? [2020 1회]

① 콘크리트의 워커빌리티가 좋아진다.
② 콘트리트의 수밀성이 좋아진다.
③ 시멘트 수화열에 의한 콘크리트의 온도가 감소된다.
④ 초기 재령에서의 강도가 커진다.

답 ④

17 AE제에 대한 설명으로 옳은 것은? [2019]

① 콘크리트의 워커빌리티가 개선되고 단위수량을 줄일 수 있다.

② AE제에 의한 연행 공기는 지름이 0.5mm 이상이 대부분이며 골고루 분산된다.

③ 동결융해의 기상작용에 대한 저항성이 작아진다.

④ 기포 분산의 효과로 인해 블리딩을 증가시키는 단점이 있다.

답 ①

해설

AE제의 특징

• 콘크리트의 워커빌리티가 개선된다.
• 단위수량을 줄일 수 있다.
• AE제에 의한 연행 공기는 입자의 비율이 클수록 연행 공기량이 활성화된다.
• 연행 공기는 동결융해의 기상 작용에 대한 저항성이 커진다.
• 단위수량이 감소되므로 콘크리트의 블리딩양을 감소시킨다.

18 AE제에 대한 설명으로 옳은 것은?

[2020 1회]

① 콘크리트의 워커빌리티가 개선되고 단위 수량을 줄일 수 있다.

② AE제에 의한 연행 공기는 지름이 0.5mm 이상이 대부분이며 골고루 분산된다.

③ 동결 융해의 기상 작용에 대한 저항성이 작아진다.

④ 기포 분산의 효과로 인해 블리딩을 증가시키는 단점이 있다.

답 ①

19 콘크리트에 AE제를 혼합하는 주된 목적으로 옳은 것은? [2018]

① 콘크리트의 강도를 높인다.

② 콘크리트의 단위중량을 높인다.

③ 시멘트를 절약한다.

④ 동결융해에 대한 저항성을 높인다.

답 ④

해설

콘크리트에 AE제를 혼합하는 주된 목적은 콘크리트가 기상 작용을 받을 때 동결융해에 대한 저항성에 있다.

20 다음의 혼화 재료 중에서 사용량이 소량으로서 배합 계산에서 그 양을 무시할 수 있는 것은?

[2017, 2019]

① AE제

② 팽창재

③ 플라이 애시

④ 고로슬래그 미분말

답 ①

해설

AE제, 감수제

• 혼화제
• 사용량이 5% 미만으로 콘크리트 배합 설계 용적에 계산되지 않는다.

21 혼화제로서 워커빌리티를 좋게 하고, 기상 작용에 대한 내구성과 수밀성을 크게 하는 혼화 재료는? [2016]

① AE제   ② 기포제

③ 유동화제   ④ 촉진제

답 ①

해설

AE제의 특징

• 혼화제로서 동결융해에 대한 저항성 개선에 효과가 우수하다.
• 워커빌리티가 개선되는 효과가 있다.

22 AE제를 사용한 콘크리트의 공기량은 일반적으로 콘크리트 부피의 몇 % 정도를 표준으로 하는가? [2017(2번 출제)]

① 1~3%
② 4~7%
③ 8~10%
④ 11~14%

답 ②

해설

AE제를 사용한 콘크리트의 적정 공기량
공기량이 7%를 초과하게 되면 콘크리트의 강도가 급격히 저하되므로 주의를 요한다.

Subject **06** 지연제

23 무더운 여름철 콘크리트 시공이나 운반 거리가 먼 레디믹스트 콘크리트에 적합한 혼화제는? [2019]

① 경화촉진제
② 방수제
③ 지연제
④ 급결제

답 ③

해설

지연제
① 사용목적 : 응결시간을 길게 사용하기 위함
② 지연제의 용도
 • 서중 콘크리트의 시공 시 워커빌리티의 저하 방지
 • 레미콘의 운반 거리가 멀어서 운반 시간이 장시간 소요되는 경우
 • 연속 타설 시 작업이음의 발생 방지

24 운반 거리가 먼 레미콘이나 무더운 여름철 콘크리트의 시공에 사용하는 혼화제는 어느 것인가? [2018, 2020 2회]

① 감수제
② 지연제
③ 방수제
④ 경화 촉진제

답 ②

해설

지연제
운반 거리가 먼 레미콘이나 무더운 여름철 콘크리트의 시공에 사용하는 혼화제

25 서중 콘크리트 시공 시 워커빌리티의 저하 및 레디믹스트 콘크리트의 운반 거리가 멀어져 운반 시간이 장시간 소요되는 경우에 특히 유효한 혼화제는? [2016, 2017(2번 출제), 2019, 2020 1회]

① 감수제
② 지연제
③ 방수제
④ 경화촉진제

답 ②

Subject **07** 감수제

26 시멘트의 입자를 분산시켜 콘크리트의 단위수량을 감소시키는 혼화제는? [2017, 2019]

① AE제
② 지연제
③ 촉진제
④ 감수제

답 ④

해설

감수제
콘크리트의 단위수량의 저감 및 워커빌리티 향상

27 감수제의 사용 효과 중 옳지 않은 것은?

[2016, 2017, 2019]

① 시멘트 풀의 유동성을 감소시킬 수 있다.
② 워커빌리티를 좋게 할 수 있다.
③ 단위수량을 감소시킬 수 있다.
④ 압축강도를 증가시킬 수 있다.

답 ①

해설
감수제
① 사용목적 : 단위수량을 감소시키는 데 있다.
② 감수제를 사용한 콘크리트의 특징
 • 단위수량을 감소시킬 수 있다.
 • 단위시멘트양을 감소시킬 수 있다.
 • 동결융해에 대한 저항성이 커진다.
 • 수밀성이 향상되고 투수성이 작아진다.

28 AE 감수제를 사용한 콘크리트의 특징으로 틀린 것은?

[2019]

① 동결융해에 대한 저항성이 증대된다.
② 굳지 않은 콘크리트의 워커빌리티를 개선하고 재료의 분리를 방지한다.
③ 건조 수축을 감소시킨다.
④ 수밀성이 감소하고 투수성이 증가한다.

답 ④

해설
AE 감수제를 사용한 콘크리트의 특징
• 단위수량 저감
• 블리딩률 발생 저감
• 수밀성 증대
• 투수성 감소

29 감수제의 성질을 잘못 설명한 것은? [2015]

① 시멘트의 입자를 흐트러지게 하는 분산제이다.
② 워커빌리티 좋아지므로 단위수량을 줄일 수 있다.
③ 내구성 및 수밀성이 좋아진다.
④ 단위시멘트양이 커지는 단점이 있다.

답 ④

해설
감수제의 성질
• 시멘트의 입자를 흐트러지게 하는 분산제이다.
• 워커빌리티가 좋아진다.
• 단위수량을 줄일 수 있다.
• 내구성 및 수밀성이 좋아진다.
• 단위시멘트양이 적어지므로 경제적인 배합이 된다.

Subject **08** 방청제

30 철근 콘크리트에서 철근이 녹슬지 않도록 사용하는 혼화제는?

[2016, 2017]

① AE제
② 경화촉진제
③ 감수제
④ 방청제

답 ④

해설
방청제
철근 콘크리트에서 철근이 녹스는 것을 제어하기 위해 사용하는 혼화제

Subject 09 팽창재

31 콘크리트가 경화되는 중에 부피를 늘어나게 하여 콘크리트의 건조 수축에 의한 균열을 억제하는 데 사용하는 혼화 재료는? [2016, 2018]

① 포졸란 ② 팽창재
③ AE제 ④ 경화촉진제

답 ②

해설

팽창재의 특징
• 콘크리트가 경화되는 중에 부피를 늘어나게 한다.
• 콘크리트의 건조 수축을 완화시키는 작용이 있다.
• 균열을 제어하는 데 효과적이다.

32 워커빌리티와 내구성을 좋게 하는 혼화제가 아닌 것은? [2015]

① AE제 ② 팽창재
③ AE감수제 ④ 감수제

답 ②

해설

팽창재
콘크리트에 팽창압을 주어 콘크리트의 수축을 완화시키기 위해 사용하는 혼화재이다.

Subject 10 응결경화 촉진제

33 다음 혼화 재료 중 콘크리트의 워커빌리티를 개선하는 효과가 없는 것은? [2019]

① 응결경화 촉진제
② AE제
③ 플라이 애시
④ 유동화제

답 ①

해설

응결경화 촉진제
콘크리트 경화시간에 영향을 주는 혼화제

Subject 11 고로슬래그

34 다음 혼화 재료 중 그 사용량이 시멘트 무게의 5% 정도 이상이 되어 그 자체의 양이 콘크리트의 배합 계산에 관계되는 혼화재는? [2017, 2019]

① 고로슬래그 ② AE제
③ 염화칼슘 ④ 기포제

답 ①

해설

혼화 재료
(1) 사용목적
    콘크리트의 성능을 개선하는 데 있다.
(2) 종류
    ① 혼화재(Mineral Admixture) : 사용량 5% 이상, 배합 설계의 용적에 계산
    • 포졸란 작용이 있는 것
    • 고로슬래그 미분말
    • 팽창재
    ② 혼화제(Chemical Admixture) : 사용량 5% 이하로서 통상 1~2%의 비율이 사용되며, 배합 설계 용적에 계산되지 않는다.
    • AE제, 감수제
    • 경화시간 조절제 : 촉진제, 지연제
    • 기포제, 발포제

Subject 12 발포제

35 알루미늄 또는 아연 가루를 넣어, 시멘트가 응결할 때 수소가스를 발생시켜 모르타르 또는 콘크리트 속에 아주 작은 기포를 생기게 하는 혼화제는? [2017, 2019]

① 지연제 ② 발포제
③ 팽창제 ④ AE제

답 ②

해설

• 기포제 : 기포를 도입하여 주로 콘크리트의 중량을 가볍게 하기 위해 사용한다.
• 발포제 : 알루미늄 또는 아연 등을 혼합하여 수소가스를 발생시켜 기포를 생기게 한다. (가스 발생제)

36 시멘트가 응결할 때, 화학적 반응에 의하여 수소가스를 발생시켜 모르타르 또는 콘크리트 속에 아주 작은 기포를 생기게 하는 혼화제로 알루미늄 가루 등을 사용하며 프리플레이스트 콘크리트용 그라우트나 PC용 그라우트에 사용하면 부착을 좋게 하는 것은?　　　　　　　[2018, 2020 1회]

① 발포제
② 방수제
③ 촉진제
④ 급결제

답 ①

해설

발포제
• 모르타르 또는 콘크리트 속에 아주 작은 기포를 생기게 하는 혼화제이다.
• 알루미늄 가루 등을 사용하며 그라우트에 사용하면 부착을 좋게 한다.

Subject **13** 급결제

37 시멘트의 응결을 빠르게 하기 위하여 사용하는 혼화제는?　　　　　　　　　　　[2019]

① 지연제
② 발포제
③ 급결제
④ 기포제

답 ③

해설

급결제
시멘트의 응결을 빠르게 하기 위해 사용하는 혼화제로 숏크리트에 많이 첨가된다.

MEMO

CHAPTER 04

콘크리트의 성질 · 특징

Subject 01 콘크리트 강도

01 일반적인 공장 제품 콘크리트의 강도는 보통 재령 며칠의 압축강도를 기준으로 하는가?

[2017]

① 7일   ② 14일
③ 28일   ④ 91일

답 ②

해설
공장 제품 콘크리트 강도
① 공장 제품에 사용하는 콘크리트는 소요의 강도, 내구성, 수밀성, 강재를 보호하는 성능 등을 가져야 한다.
② 공장 제품에 사용하는 콘크리트의 강도 시험은 다음 중 어느 하나의 방법에 의해 구한 압축강도로 나타내는 것을 원칙으로 한다.
  • 일반적인 공장 제품은 재령 14일에서의 압축강도 시험값
  • 오토클레이브 양생 등의 특수한 촉진 양생을 하는 공장 제품은 14일 이전의 적절한 재령에서 압축강도 시험값
  • 촉진 양생을 하지 않은 공장 제품이나 비교적 부재 두께가 큰 공장 제품은 재령 28일에서 압축강도 시험값

Subject 02 콘크리트 구성요소

02 일반적으로 콘크리트를 구성하는 재료 중에서 부피가 가장 큰 것부터 작은 순으로 나열한 것은?

[2018]

① 골재 > 공기 > 물 > 시멘트
② 골재 > 물 > 시멘트 > 공기
③ 물 > 시멘트 > 골재 > 공기
④ 물 > 골재 > 시멘트 > 공기

답 ②

해설
콘크리트 구성 재료의 부피
콘크리트의 구성 재료 중 골재가 전체 용적의 약 70%를 차지한다. 일반적으로 사용되는 콘크리트의 경우는 물이 약 17~18% 정도이다.

03 콘크리트 각 재료의 양을 계량할 때 반죽 질기, 워커빌리티, 강도 등에 직접 영향을 끼치므로 특히 정확하게 계량해야 하는 재료는?

[2017]

① 혼화재   ② 물
③ 잔골재   ④ 굵은 골재

답 ②

해설
콘크리트 재료 중 물은 굳지 않은 콘크리트의 반죽 질기, 워커빌리티 및 강도 등에 직접적인 영창을 끼치므로 특히 정확하게 계량해야 한다. 계량 허용 오차도 ±1%로 시멘트와 함께 엄격하게 관리하고 있다.

Subject 03 콘크리트 작업

04 콘크리트 작업 중의 재료 분리에 대한 설명으로 잘못된 것은?

[2017]

① 콘크리트는 비중이 다른 재료들을 물로 비벼서 만든 것이기 때문에 재료가 분리되기 쉽다.
② 굵은 골재의 최대 치수가 클수록 재료 분리가 감소한다.
③ 잔골재율을 증가시키면 재료 분리를 적게 하는 데 유효하다.
④ 골재량과 물의 양이 너무 많으면 재료가 분리되기 쉽다.

답 ②

해설
콘크리트의 재료 분리
• 콘크리트는 밀도가 다른 재료들을 물로 비벼서 만든 것이기 때문에 재료 분리가 일어나기 쉽다.
• 굵은 골재의 최대 치수가 클수록 재료 분리 경향은 커지게 된다.
• 잔골재율을 증가시키면 재료 분리를 적게 하는 데 유효하다.
• 골재량과 물의 양이 너무 많으면 재료가 분리되기 쉽다.

MEMO

콘크리트 시공

Subject 01 거푸집

01 콘크리트 공사에서 거푸집 떼어내기에 관한 설명으로 틀린 것은? [2018]

① 거푸집은 콘크리트가 자중 및 시공 중에 가해지는 하중에 충분히 견딜 만한 강도를 가질 때까지 해체해서는 안 된다.
② 거푸집을 떼어내는 순서는 비교적 하중을 받지 않는 부분을 먼저 떼어낸다.
③ 연직 부재의 거푸집은 수평 부재의 거푸집보다 먼저 떼어낸다.
④ 보의 밑판의 거푸집은 보의 양 측면의 거푸집보다 먼저 떼어낸다.

답 ④

[해설]
거푸집과 동바리
• 연직 부재의 거푸집은 수평 부재의 거푸집보다 빨리 떼어낸다.
• 보에서는 양 측면의 거푸집을 밑면 거푸집보다 먼저 떼어낸다.
• 거푸집을 시공할 때 콘크리트가 거푸집에 붙는 것을 방지하도록 한다.
• 거푸집 및 동바리는 콘크리트가 자중 및 시공 중에 가해지는 하중에 충분히 견딜 만한 강도를 가질 때까지 해체해서는 안 된다.

Subject 02 거푸집과 동바리

02 거푸집과 동바리에 관한 설명 중 옳지 않은 것은? [2016, 2017, 2019]

① 연직 부재의 거푸집은 수평 부재의 거푸집보다 빨리 떼어낸다.
② 보에서는 밑면 거푸집을 양 측면의 거푸집보다 먼저 떼어낸다.
③ 거푸집을 시공할 때 거푸집 판의 안쪽에 박리제를 발라서 콘크리트가 거푸집에 붙는 것을 방지하도록 한다
④ 거푸집 및 동바리는 콘크리트가 자중 및 시공 중에 가해지는 하중에 충분히 견딜 만한 강도를 가질 때까지 해체해서는 안 된다.

답 ②

Subject 03 콘크리트 비비기

03 콘크리트 비비기는 미리 정해 둔 비비기 시간의 최소 몇 배 이상 계속해서는 안 되는가?

[2018]

① 2배   ② 3배
③ 4배   ④ 5배

답 ②

[해설]
콘크리트 비비기
미리 정해둔 비비기 시간의 최소 3배 이상을 초과해서는 안 된다. 그 이유는 공기량의 감소로 인해 콘크리트의 워커빌리티가 급격히 저하되기 때문이다.

04 콘크리트 비비는 시간은 시험에 의해 정하는 것을 원칙으로 하나 시험을 실시하지 않는 경우 가경식 믹서에서 비비기 시간은 최소 얼마 이상을 표준으로 하는가? [2016, 2017, 2019]

① 1분 30초　　② 2분
③ 3분　　④ 3분 30초

답 ①

해설

Mixer의 혼합 방식에 따른 분류
- 강제식 : 믹싱시간 60초 이상
- 중력식(가경식) : 재료의 자중과 중력을 이용한 믹서(믹싱시간 90초 이상)

05 다음은 콘크리트 비비기에 대한 설명이다. 틀린 것은? [2016, 2019]

① 비비기가 잘되면 강도와 내구성이 커진다.
② 오래 비빌수록 워커빌리티가 좋아진다.
③ 비비기는 미리 정해 둔 비비기 시간의 3배 이상 계속해서는 안 된다.
④ 비비기를 시작하기 전에 미리 믹서 내부를 모르타르로 부착시켜야 한다.

답 ②

해설

콘크리트의 비비기(Mixing)
- 비비기가 잘되면 강도와 내구성이 커진다.
- 적정 비빔 시간의 3배 이상 초과하게 되면 워커빌리티가 저하된다.
- 비비기는 미리 정해둔 비비기 시간의 3배 이상 계속해서는 안된다.
- 비비기를 시작하기 전에 미리 믹서 내부를 모르타르로 부착시켜야 한다.

06 콘크리트 비비기에 대한 설명으로 틀린 것은? [2020 1회]

① 연속 믹서를 사용할 경우, 비비기 시작 후 최초로 배출되는 콘크리트를 사용할 수 있다.
② 비비기를 시작하기 전에 미리 믹서 내부를 모르타르로 부착해야 한다.
③ 비비기는 미리 정해 둔 비비기 시간의 3배 이상 계속하지 않아야 한다.
④ 콘크리트의 재료는 반죽된 콘크리트가 균질하게 될 때까지 비비기를 하며 과도하게 비비기를 해서는 안 된다.

답 ①

해설

연속 믹서든 배치식 믹서든 비비기 시작 후 최초로 배출되는 콘크리트는 품질의 불량 우려로 사용할 수 없다.

07 콘크리트 또는 모르타르가 엉기기 시작하지 않았으나, 비빈 후 상당히 시간이 지났거나 또는 재료가 분리된 경우에 다시 비비는 작업을 무엇이라 하는가? [2015, 2020 1 · 2회]

① 되비비기
② 거듭비비기
③ 믹서비비기
④ 혼합비비기

답 ②

해설

- 거듭비비기 : 콘크리트 또는 모르타르가 엉기기 시작하지 않았으나, 비빈 후 상당히 시간이 지났거나 또는 재료가 분리된 경우에 다시 비비는 작업
- 되비비기 : 콘크리트 또는 모르타르가 엉기기 시작하였을 경우에 다시 비비는 작업

08 콘크리트의 비비기로부터 타설이 끝날 때까지의 시간의 기준으로 옳은 것은?(단, 외기 온도가 25℃ 미만의 경우) [2017]

① 1시간 이내
② 1시간 30분 이내
③ 2시간 이내
④ 2시간 30분 이내

답 ③

해설

운반시간
• 25℃ 이상(외기) : 1.5시간 이내(서중 콘크리트 조건)
• 25℃ 미만(외기) : 2시간 이내
• 레미콘 운반 시 : 1.5시간 이내
• 덤프트럭 운반 시 : 1시간 이내

09 외기온도가 25℃ 미만인 경우 콘크리트 비비기에서부터 치기가 끝날 때까지의 시간은 원칙적으로 얼마 이내여야 하는가? [2015, 2019(2번 출제), 2020 2회]

① 30분
② 1시간
③ 1시간 30분
④ 2시간

답 ④

해설

콘크리트의 비비기로부터 타설이 끝날 때까지의 시간
• 외기 온도가 25℃ 이상일 때는 1.5시간을 원칙으로 한다.
• 25℃ 미만일 때는 2시간을 넘어서는 안 된다.
• 양질의 지연제 등을 사용하여 응결을 지연시키는 경우에는 책임기술자의 승인을 받아 이 시간 제한을 변경할 수 있다.

10 외기 온도가 25℃ 이상일 때 콘크리트의 비비기로부터 타설이 끝날 때까지의 시간은 얼마를 넘어서는 안 되는가? [2020 1회]

① 1시간
② 1.5시간
③ 2시간
④ 2.5시간

답 ②

11 콘크리트의 비비기에서 가경식 믹서를 사용할 경우 비비기 시간은 믹서 안에 재료를 투입한 후 몇 초 이상을 표준으로 하는가? [2019]

① 30초
② 60초
③ 90초
④ 120초

답 ③

해설
• 강제식 : 현재 사용되는 대부분의 Mixer 형식이다.(믹싱시간 60초 이상)
• 중력식(가경식) : 재료의 자중과 중력을 이용한 믹서(믹싱시간 90초 이상)

12 콘크리트의 비비기에 대한 설명으로 옳은 것은? [2019]

① 콘크리트의 비비기 시간은 시험에 의해 정하는 것을 원칙으로 한다.
② 가경식 믹서를 사용하는 경우 비비기 시간의 최소 시간을 2분 30초 이상을 표준으로 한다.
③ 강제식 믹서를 사용하는 경우 비비기 시간의 최소 시간은 3분 이상을 표준으로 한다.
④ 비비기는 미리 정해둔 비비기 시간 이상 계속하지 않아야 한다.

답 ①

13 콘크리트 비비기 시간에 대한 시험을 실시하지 않은 경우 비비기 시간의 최소 시간으로 옳은 것은?(단, 강제식 믹서를 사용할 경우) [2020 1회]

① 30초 이상
② 1분 이상
③ 1분 30초 이상
④ 2분 이상

답 ②

14 콘크리트의 비비기에 대한 설명으로 옳은 것은? [2020 2회]

① 콘크리트 비비기는 오래하면 할수록 재료가 분리되지 않으며, 강도가 커진다.
② AE 콘크리트 비비기는 오래하면 할수록 공기량이 증가한다.
③ 비비기는 미리 정해 둔 비비기 시간 이상 계속하면 안 된다.
④ 비비기 시간에 대한 시험을 실시하지 않은 경우 그 최소 시간은 가경식 믹서인 경우 1분 30초 이상을 표준으로 한다.

답 ④

Subject **04** 콘크리트 운반

15 콘크리트 운반에 대한 일반적인 설명 중 가장 적당하지 않은 것은? [2017]

① 운반 방법은 재료의 분리 및 손실이 없는 경제적인 방법을 선택한다.
② 운반 때문에 치기에 필요한 컨시스턴시(consistency)를 변화시켜서는 안 된다.
③ 운반 도중 재료가 분리된 콘크리트는 절대 사용할 수 없다.
④ 콘크리트는 신속하게 운반하여 즉시 타설하고, 충분히 다져야 한다.

답 ③

해설

콘크리트의 운반
• 운반 방법은 재료의 분리 및 손실이 없는 경제적인 방법을 선택한다.
• 운반 때문에 컨시스턴시를 변화시켜서는 안 된다.
• 운반 도중 재료가 분리된 콘크리트는 재비비기를 하여 다시 사용해야 한다.
• 콘크리트는 신속하게 운반하여 즉시 타설하고, 충분히 다져야 한다.

16 콘크리트의 운반에 있어 보통 콘크리트를 펌프로 압송할 경우 굵은 골재 최대 치수의 표준은 얼마인가? [2017]

① 25mm 이하
② 30mm 이하
③ 35mm 이하
④ 40mm 이하

답 ④

17 콘크리트의 운반장비로서 손수레를 사용할 수 있는 경우에 대한 설명으로 옳은 것은? [2019(2번 출제)]

① 운반 거리가 1km 이하가 되는 평탄한 운반로를 만들어 콘크리트의 재료 분리를 방지할 수 있는 경우
② 운반 거리가 100m 이하가 되고 타설 장소를 향하여 상향으로 15% 이상의 경사로를 만들어 콘크리트의 재료 분리를 방지할 수 있는 경우
③ 운반 거리가 1km 이하가 되고 타설 장소를 향하여 하향으로 15% 이상의 경사로를 만들어 콘크리트의 재료 분리를 방지할 수 경우
④ 운반 거리가 100m 이하가 되는 평탄한 운반로를 만들어 콘크리트의 재료 분리를 방지할 수 있는 경우

답 ④

해설

손수레로 콘크리트를 운반할 경우
• 콘크리트의 재료 분리 경향이 커지므로 가급적 사용하지 않는 것이 좋다.
• 부득이 사용할 경우는 운반 거리가 100m 이하가 되는 평탄한 운반로를 만들어 콘크리트의 재료 분리를 방지해야 한다.

18 콘크리트 운반에 관한 설명으로 틀린 것은?

[2020 1회]

① 운반 거리가 100m 이하인 평탄한 운반로를 만들어 콘크리트의 재료분리를 방지할 수 있는 경우에는 손수레를 사용해도 좋다.
② 슬럼프가 25mm 이하인 낮은 콘크리트를 운반할 때는 덤프트럭을 사용할 수 있다.
③ 콘크리트 펌프를 사용한 압송은 계획에 따라 연속적으로 실시하며, 되도록 중단되지 않도록 하여야 한다.
④ 슈트는 낮은 곳에서 높은 곳으로 콘크리트를 운반하며 원칙적으로 경사 슈트를 사용하여야 한다.

답 ④

해설

슈트는 높은 곳에서 낮은 곳으로 콘크리트를 운반하며 원칙적으로 연직 슈트를 사용하여야 한다.

19 콘크리트 운반 시 주의사항으로 잘못된 것은?

[2018]

① 운반 도중 재료 분리가 일어나지 않아야 한다.
② 운반 도중 슬럼프가 줄어들지 않도록 해야 한다.
③ 콘크리트 운반 시에는 공사의 종류, 규모, 기간 등을 고려하여 운반 방법을 선정한다.
④ 콘크리트 운반로를 결정할 때 경제성을 고려하지 않아도 된다.

답 ④

해설

콘크리트 운반 시 주의사항
• 운반 도중 재료 분리가 일어나지 않도록 해야 한다.
• 운반 도중 슬럼프나 공기량이 줄지 않아야 한다.
• 콘크리트 운반 시에는 공사의 종류, 규모, 기간 등을 고려하여 운반 방법을 선정한다.
• 콘크리트 운반로를 결정할 때 시간, 교통량 및 경제성 등을 고려해야 한다.

20 콘크리트의 운반 방법으로 옳지 않은 것은?

[2016]

① 운반 시간이 짧은 것이 좋다.
② 재료 분리가 적은 것이 좋다.
③ 경제적인 방법으로 운반해야 한다.
④ 공기량의 변화가 큰 것이 좋다.

답 ④

해설

콘크리트의 운반 방법
• 운반 시간이 짧은 것이 좋다.
• 재료 분리가 적은 것이 좋다.
• 경제적인 방법으로 운반해야 한다.
• 공기량의 변화가 적을수록 좋다.

21 콘크리트는 신속하게 운반하여 즉시 치고 충분히 다져야 하는데, 비비기로부터 치기가 끝날 때까지 몇 시간을 넘어서는 안 되는가?(단, 외기 온도가 25℃ 이하일 때)

[2019]

① 30분
② 1시간
③ 2시간
④ 4시간

답 ③

해설

콘크리트의 비비기로부터 타설이 끝날 때까지의 시간
• 외기 온도가 25℃ 이상일 때는 1.5시간을 원칙으로 한다.
• 25℃ 미만일 때는 2시간을 넘어서는 안 된다.
• 양질의 지연제 등을 사용하여 응결을 지연시키는 경우에는 책임 기술자의 승인을 받아 이 시간 제한을 변경할 수 있다.

22 콘크리트 운반 도중에 재료가 분리된 경우의 처리 방법에 대한 설명으로 가장 타당한 것은?

[2016]

① 충분히 다시 비벼서 균질한 상태로 콘크리트를 타설하여야 한다.
② 촉진제를 사용하여 다시 비벼서 타설하여야 한다.
③ 물을 넣고 다시 비벼서 소요의 워커빌리티를 확보하여 콘크리트를 타설하여야 한다.
④ 재료 분리가 약간이라도 진행된 경우는 전량 폐기 처분한다.

답 ①

해설

콘크리트 운반 도중 콘크리트의 재료 분리가 발생한 경우
충분히 다시 비벼서 균질한 상태로 콘크리트를 타설해야 콘크리트가 소요의 기능과 내구 성능을 발휘하게 된다.

23 콘크리트를 운반할 때 가급적 운반 횟수를 적게 하는 가장 큰 이유는?

[2015]

① 건조 예방
② 경비 절감
③ 재료 분리 방지
④ 도중 분실 예방

답 ③

해설

콘크리트 운반 시 운반 횟수가 많아지면 재료 분리의 영향이 커져 콘크리트 내구성에 나쁜 영향을 미치게 되므로 주의해야 한다.

24 일반 콘크리트에서 콘크리트는 신속하게 운반하여 즉시 타설하고, 충분히 다져야 한다. 이때 비비기로부터 타설이 끝날 때까지의 시간은 얼마 이내로 하여야 하는가?(단, 외기 온도가 25℃ 이상인 경우)

[2017]

① 30분
② 1시간
③ 1시간 30분
④ 2시간

답 ③

해설

콘크리트 운반시간의 준수
① 콘크리트
  • 25℃ 이상(외기) : 1.5시간 이내
  • 25℃ 미만(외기) : 2시간 이내
② 레미콘 운반 시 : 1.5시간 이내
③ 덤프트럭 운반 시 : 1시간 이내

Subject **05** 콘크리트 운반 기계

25 다음의 콘크리트 운반 기계 중에서 운반 거리가 먼 경우 가장 적합한 기계는?

[2017]

① 벨트 컨베이어(Belt Conveyer)
② 버킷(Bucket)
③ 트럭 애지테이터(Truck Agitator)
④ 콘크리트 펌프(Concrete Pump)

답 ③

해설

트럭 애지테이터
• 운반 거리가 먼 경우 가장 적합한 운반장비이다.
• 운반 도중 콘크리트의 재료 분리가 일어나지 않도록 하는 기능도 한다.

Subject 06 콘크리트 치기

26 콘크리트 치기에 대한 설명으로 옳지 않은 것은? [2015, 2017]

① 철근의 배치가 흐트러지지 않도록 주의해야 한다.
② 거푸집 안에 투입한 후 이동시킬 필요가 없도록 해야 한다.
③ 2층 이상으로 쳐 넣을 경우 아래층이 굳은 다음 위층을 쳐야 한다.
④ 높은 곳을 연속해서 쳐야 할 경우 반죽 질기 및 속도를 조정해야 한다.

답 ③

해설

콘크리트의 치기
• 철근의 배치가 흐트러지지 않도록 주의해야 한다.
• 거푸집 안에 투입한 후 이동시킬 필요가 없도록 해야 한다.
• 2층 이상으로 쳐 넣을 경우 아래층이 굳기 전에 위층을 쳐서 상하가 일체가 되도록 해야 한다.
• 높은 곳을 연속해서 쳐야 할 경우 반죽 질기 및 속도를 조정해야 한다.

27 콘크리트를 칠 때 슈트, 버킷, 호퍼 등의 배출구로부터 면까지의 높이는 최대 얼마 이하를 원칙으로 하는가? [2017(2번 출제)]

① 0.5m   ② 1.0m
③ 1.5m   ④ 2.0m

답 ③

해설

콘크리트를 칠 때 슈트, 버킷, 호퍼 등의 배출구로부터 타설면까지의 높이는 최대 1.5m 이하를 원칙으로 한다.

28 콘크리트 치기의 시공 이음에 대한 설명이 잘못된 것은? [2019]

① 먼저 친 콘크리트와 새로 친 콘크리트 사이의 이음을 시공 이음이라 한다.
② 시공 이음은 될 수 있는 대로 전단력이 큰 곳에 만든다.
③ 부재의 압축력이 작용하는 방향과 직각이 되도록 하는 것이 원칙이다.
④ 이음부의 시공에 있어서는 설계에 정해져 있는 이음의 위치와 구조는 지켜져야 한다.

답 ②

해설

시공 이음
• 전단력이 작은 위치에 설치하고, 부재의 압축력이 작용하는 방향과 직각이 되도록 하는 것이 원칙이다.
• 부득이 전단이 큰 위치에 시공 이음을 설치할 경우에는 홈을 두거나 적절한 강재를 배치하여 보강하여야 한다.
• 이음부의 시공에 있어서는 설계에 정해져 있는 이음의 위치와 구조는 지켜져야 한다.

29 경사 슈트에 의해 콘크리트를 운반하는 경우 기울기는 연직 1에 대하여 수평을 얼마 정도로 하는 것이 좋은가? [2020 2회]

① 1   ② 2
③ 3   ④ 4

답 ②

30 콘크리트 치기 기계 중에서 수송관을 통하여 압력으로 비빈 콘크리트를 치기 할 장소까지 연속적으로 보내는 기계로, 좁은 장소나 수중 콘크리트 치기에 적당한 기계는? [2015]

① 트럭 믹서
② 콘크리트 플랜트
③ 콘크리트 플레이서
④ 콘크리트 펌프

답 ④

해설

콘크리트 펌프
• 콘크리트 치기 기계 중에서 수송관을 통하여 압력으로 비빈 콘크리트를 치기 할 장소까지 연속적으로 보내는 기계이다.
• 좁은 장소나 수중 콘크리트 치기에 적당하다.

31 콘크리트 치기에 앞서 거푸집에 충분히 물을 뿌려야 하는 이유로 가장 중요한 것은? [2018]

① 거푸집의 먼지를 청소한다.
② 콘크리트 치기의 작업이 용이하다.
③ 거푸집 재사용이 편리하다.
④ 거푸집이 시멘트의 경화에 필요한 수분을 흡수하는 것을 방지한다.

답 ④

해설

콘크리트 치기에 앞서 거푸집에 충분히 물을 뿌리는 이유
거푸집이 시멘트의 경화에 필요한 수분을 흡수하는 것을 방지하기 위함이다.

Subject **07** 콘크리트 타설

32 콘크리트 타설 시 버킷, 호퍼 등의 배출구로부터 콘크리트의 타설면까지의 높이는 얼마 이내를 원칙으로 하는가? [2019, 2020 2회]

① 1.0m 이내
② 1.5m 이내
③ 2.0m 이내
④ 2.5m 이내

답 ②

해설

콘크리트 타설
• 버킷, 호퍼 등의 배출구로부터 콘크리트의 타설면까지의 높이는 1.5m 이내를 원칙으로 한다.
• 그 이상의 높이에서 콘크리트를 타설하게 되면 콘크리트의 내구성에 문제가 생긴다.

33 콘크리트를 타설한 후 다지기를 할 때 내부 진동기를 찔러 넣는 간격은 어느 정도가 적당한가? [2018]

① 25cm 이하
② 50cm 이하
③ 75cm 이하
④ 100cm 이하

답 ②

해설

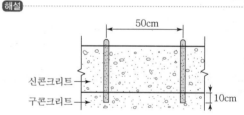

---

34 높이가 높은 콘크리트를 연속해서 타설할 경우 타설 및 다질 때 가능한 한 재료 분리를 적게 하기 위해서 타설 속도는 일반적으로 30분에 얼마 정도로 하여야 하는가? [2020 1회]

① 1.0~1.5m ② 2.0~2.5m
③ 3.0~3.5m ④ 4.0~4.5m

답 ①

35 콘크리트 타설에 대한 설명이 잘못된 것은?
[2017]

① 콘크리트 타설의 1층 높이는 다짐 능력을 고려하여 결정하여야 한다.
② 콘크리트를 쳐 올라가는 속도는 30분에 2~3m 정도로 한다.
③ 거푸집의 높이가 높을 경우, 재료의 분리를 막기 위해 연직 슈트, 깔때기 등을 사용한다.
④ 콘크리트를 2층 이상으로 나누어 타설할 경우, 상층과 하층이 일체가 되도록 한다.

답 ②

해설
콘크리트의 타설
• 콘크리트 타설의 1층 높이는 다짐 능력을 고려하여 결정해야 한다.
• 콘크리트를 쳐 올라가는 속도는 30분에 1~1.5m 정도로 한다.
• 거푸집의 높이가 높을 경우, 재료의 분리를 막기 위해 연직 슈트, 깔때기 등을 사용한다.
• 콘크리트를 2층 이상으로 나누어 타설할 경우, 상층과 하층이 일체가 되도록 한다.

36 기온 30℃ 이상의 온도에서 콘크리트를 타설할 때 나타나는 현상으로 옳지 않은 것은?
[2016, 2018]

① 소요 수량의 증가
② 수송 중 슬럼프(Slump) 증대
③ 타설 후 빠른 응결
④ 수화열에 의한 온도 상승 증가

답 ②

해설
기온 30℃ 이상의 고온에서 콘크리트를 타설하는 경우
① 서중 콘크리트에 의한 관리를 해야 한다.
② 서중 콘크리트 타설 시 현상
• 소요 단위 수량의 증가
• 수송 중 슬럼프 및 공기량의 감소
• 타설 후 빠른 응결
• 수화열에 의한 온도 상승 증가

37 콘크리트를 타설할 때 거푸집의 높이가 높을 경우, 펌프 배관의 배출구를 타설면 가까운 곳까지 내려서 콘크리트를 타설하여야 한다. 그 이유로 가장 적합한 것은? [2020 2회]

① 슬럼프의 감소를 막기 위해서
② 타설 시간을 단축하기 위해서
③ 재료 분리를 막기 위해서
④ 양생을 쉽게 하기 위해서

답 ③

38 콘크리트는 타설한 후 직사광선이나 바람에 의해 표면의 수분이 증발하는 것을 막기 위해 습윤 상태로 보호해야 한다. 보통 포틀랜드 시멘트를 사용한 콘크리트인 경우 습윤 양생 기간의 표준은? (단, 일평균 기온이 15℃ 이상인 경우) [2017]

① 3일   ② 5일
③ 14일   ④ 21일

답 ②

해설

습윤 양생 기간의 표준

일평균 기온	보통 포틀랜드 시멘트
15℃ 이상	5일
10℃ 이상	7일
5℃ 이상	9일

39 콘크리트 타설에 대한 설명으로 틀린 것은? [2020 2회]

① 한 구획 내의 콘크리트는 타설이 완료될 때까지 연속해서 타설해야 한다.
② 콘크리트는 그 표면이 한 구획 내에서는 거의 수평이 되도록 타설하는 것을 원칙으로 한다.
③ 콘크리트 타설의 1층 높이는 다짐 능력을 고려하여 이를 결정하여야 한다.
④ 타설한 콘크리트는 그 수평을 맞추기 위하여 거푸집 안에서 횡방향으로 이동시키면서 작업하여야 한다.

답 ④

해설

타설한 콘크리트를 거푸집 안에서 횡방향으로 이동시켜서는 안된다.

40 콘크리트 타설 시 버킷, 호퍼 등의 배출구로부터 콘크리트의 타설면까지의 높이는 얼마 이내를 원칙으로 하는가? [2020 2회]

① 1.0m 이내   ② 1.5m 이내
③ 2.0m 이내   ④ 2.5m 이내

답 ②

Subject 08 콘크리트 진동기

41 콘크리트 다짐 기계 중 비교적 두께가 얇고 면적이 넓은 도로 포장 등의 다지기에 사용되는 것은? [2015, 2017]

① 래머(rammer)   ② 내부 진동기
③ 표면 진동기   ④ 거푸집 진동기

답 ③

해설

표면 진동기
콘크리트 다짐 기계 중 비교적 두께가 얇고 면적이 넓은 도로 포장 등의 다지기에 사용되는 기계

42 비교적 두께가 얇고, 넓은 콘크리트의 표면에 진동을 주어 고르게 다지는 기계로서 주로 도로 포장, 활주로 포장 등의 표면 다지기에 사용되는 기계는? [2019]

① 표면 진동기
② 거푸집 진동기
③ 내부 진동기
④ 콘크리트 플레이서

답 ①

해설

표면 진동기
• 비교적 두께가 얇고, 넓은 콘크리트의 표면에 진동을 주어 고르게 다지는 기계
• 도로 포장, 활주로 포장 등의 표면 다지기에 주로 사용된다.

43 내부 진동기를 사용하여 콘크리트를 다지는 방법에 대한 설명으로 틀린 것은? [2016]

① 내부 진동기는 철근에 닿지 않도록 하며 수직으로 찔러 넣는다.
② 내부 진동기를 빼낼 때에는 구멍이 생기지 않도록 천천히 빼낸다.
③ 내부 진동기를 찔러 넣는 간격은 일반적으로 50cm 이내로 한다.
④ 내부 진동기를 찔러 넣는 깊이는 아래층 콘크리트 속으로 20cm 이상 들어가게 넣는다.

답 ④

해설
다짐 방법
• 내부 진동기 사용이 원칙(진동시간 5~15초)
• 과다 다짐 금지
• 내부 진동기 사용 곤란 시 거푸집 진동기 사용 검토
• 침하 균열 발생 시 재진동 실시

44 거푸집의 외부에 진동을 주어 내부 콘크리트를 다지는 기계는? [2020 2회]

① 표면 진동기
② 거푸집 진동기
③ 내부 진동기
④ 콘크리트 플레이서

답 ②

45 내부 진동기를 사용한 콘크리트 다짐 직업에서 내부 진동기의 삽입 간격으로 가장 적당한 것은? [2019, 2020 1회]

① 0.1m 이하
② 0.5m 이하
③ 1m 이하
④ 2m 이하

답 ②

해설
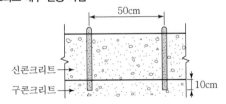

46 슬럼프(slump) 값이 80~150mm 정도인 콘크리트에서 내부 진동기를 찔러 넣는 간격은 어느 정도인가? [2015]

① 50cm 이하
② 80cm 이하
③ 100cm 이하
④ 130cm 이하

답 ①

해설
콘크리트 내부 진동 다짐

47 콘크리트 다지기에 내부 진동기를 사용할 경우 삽입 간격은 일반적으로 얼마 이하로 하는 것이 좋은가? [2020 2회]

① 0.5m 이하
② 1m 이하
③ 1.5m 이하
④ 2m 이하

답 ①

48 콘크리트 치기의 진동 다지기에 있어서 내부 진동기로 똑바로 찔러 넣어 진동기의 끝이 아래층 콘크리트 속으로 어느 정도 들어가야 하는가? [2017]

① 10cm
② 15cm
③ 20cm
④ 30cm

답 ①

해설

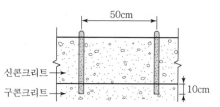

49 콘크리트의 다지기에 있어서 내부 진동기를 사용할 경우 아래층의 콘크리트 속에 몇 cm 정도 찔러 넣어야 하는가? [2017, 2018]

① 5cm
② 10cm
③ 15cm
④ 20cm

답 ②

50 아래 문장의 ( ) 속에 들어갈 내용으로 적당한 것은? [2016]

> 내부 진동기를 찔러 넣는 간격은 일반적으로 (㉠) 이하로 하는 것이 좋으며, 진동기는 콘크리트로부터 (㉡) 빼내어 구멍이 남지 않도록 한다.

① ㉠ 0.5m ㉡ 빨리
② ㉠ 1m ㉡ 빨리
③ ㉠ 0.5m ㉡ 천천히
④ ㉠ 1m ㉡ 천천히

답 ③

해설

① 내부 진동기
 • 찔러 넣는 간격은 일반적으로 0.5m 이하로 하는 것이 좋다.
 • 진동기는 콘크리트로부터 천천히 빼내어 구멍이 남지 않도록 한다.
② 다짐방법
 • 내부 진동기 사용이 원칙(진동시간 5~15초)
 • 과다 다짐 금지 : 과다 다짐 시 공기포 상부에 모임 및 손실
 • 내부 진동기 사용 곤란 시 거푸집 진동기 사용 검토
 • 침하 균열 발생 시 재진동 실시

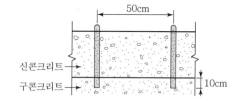

51 다음 그림은 콘크리트의 내부 진동기에 의한 다짐 작업을 나타낸 것이다. A는 다짐 작업 시 진동기의 삽입 간격을 나타낸 것이며, B는 아래층의 콘크리트 속으로 찔러 넣는 깊이를 나타낸 것이다. 여기서 A와 B로 가장 적당한 것은?　　　[2019]

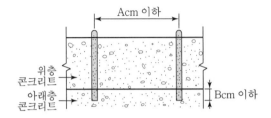

① A : 50cm 이하, B : 30cm 정도
② A : 30cm 이하, B : 30cm 정도
③ A : 30cm 이하, B : 10cm 정도
④ A : 50cm 이하, B : 10cm 정도

답 ④

52 콘크리트를 한 차례 다지기를 한 뒤에 알맞은 시기에 다시 진동을 주는 것을 재진동이라 한다. 재진동의 효과가 아닌 것은?　[2016, 2017]

① 콘크리트 속의 빈틈이 증가한다.
② 콘크리트의 강도가 증가한다.
③ 철근과의 부착강도가 증가한다.
④ 재료의 침하에 의한 균열을 막을 수 있다.

답 ①

해설
콘크리트 재진동의 효과
• 콘크리트 속의 빈틈(공극)이 감소한다.
• 콘크리트의 강도가 증가한다.
• 철근과의 부착강도가 증가한다.
• 재료의 침하에 의한 균열을 막을 수 있다.

Subject 09 진동기

53 콘크리트가 된 반죽이면 진동기를 써서 다져야 한다. 가장 많이 사용되는 진동기는? [2017]

① 내부 진동기　　　② 거푸집 진동기
③ 평면식 진동기　　④ 공기식 진동기

답 ①

해설
콘크리트 다짐의 기본은 내부 진동 다짐이다.

Subject 10 콘크리트 양생

54 콘크리트를 친 후 일정 기간까지 굳기에 필요한 온도, 습도를 주고, 해로운 작용을 받지 않도록 해야 한다. 이러한 작업을 무엇이라 하는가?
[2015, 2018]

① 치기　　　　② 양생
③ 다지기　　　④ 시공 이음

답 ②

해설
콘크리트는 타설한 후 소요기간까지 경화에 필요한 온도, 습도 조건을 유지하며, 유해한 작용의 영향을 받지 않도록 충분히 양생하여야 한다.

55 콘크리트의 표면에 아스팔트 유제나 비닐 유제 등으로 불투수층을 만들어 수분의 증발을 막는 양생 방법을 무엇이라 하는가?　　　[2017]

① 증기 양생　　　② 전기 양생
③ 습윤 양생　　　④ 피복 양생

답 ④

해설
양생방법
① 피복 양생 : 콘크리트 표면에 불투수층을 만들어 수분의 증발을 막는 양생 방법
② 습윤양생 : 콘크리트 표면이 건조되지 않게 물을 뿌려 주거나, 젖은 모래, 가마니 등으로 덮어 주는 양생 방법

56 콘크리트 양생에 관한 다음 설명 중 틀린 것은? [2018]

① 타설 후 건조 및 급격한 온도 변화를 주어서는 안 된다.

② 경화 중에 진동, 충격 및 하중을 가해서는 안 된다.

③ 콘크리트 표면은 물로 적신 가마니, 포대 등으로 덮어 놓는다.

④ 조강 포틀랜드 시멘트를 사용할 경우 적어도 1일간 습윤 양생한다.

답 ④

해설

습윤 양생
• 콘크리트는 타설한 후 경화가 될 때까지 직사광선이나 바람에 의해 수분이 증발하지 않도록 보호하여야 한다.
• 콘크리트는 타설한 후 습윤 상태로 보호하여야 한다.
• 거푸집판이 건조될 우려가 있는 경우에는 살수하여야 한다.
• 막 양생을 할 경우에는 막 양생제를 살포하여야 한다.
• 막 양생제 사용 전에 살포량, 시공 방법 등에 관해서 시험을 통하여 충분히 검토하여야 한다.

57 타설한 콘크리트의 수분 증발을 막기 위해서 콘크리트의 표면에 양생용 매트, 가마니 등을 물에 적셔서 덮거나 살수하는 등의 조치를 하는 양생 방법은? [2019]

① 습윤 양생
② 온도 제어 양생
③ 촉진 양생
④ 증기 양생

답 ①

해설

습윤 양생
콘크리트 표면에 양생용 매트, 가마니 등에 물을 적셔서 덮거나 지속적인 살수를 하는 양생 방법을 말한다.

58 습윤 양생을 할 때 보통 포틀랜드 시멘트를 사용한 경우 콘크리트를 치고 나서 습윤 상태를 보호해야 할 최소 일수는?(단, 일평균 기온이 15℃ 이상인 경우) [2019]

① 2시간
② 1일간
③ 3일간
④ 5일간

답 ④

해설

습윤 양생기간의 표준

일평균 기온	보통 포틀랜드 시멘트
15℃ 이상	5일
10℃ 이상	7일
5℃ 이상	9일

59 콘크리트의 습윤 양생 방법의 종류가 아닌 것은? [2018, 2019]

① 수중 양생
② 습포 양생
③ 습사 양생
④ 촉진 양생

답 ④

해설

습윤 양생
수중, 담수, 살수, 젖은 포(양생 매트, 가마니), 젖은 잔골재, 막양생(유지계, 수지계)

60 다음 중 촉진 양생에 포함되지 않는 것은? [2020 2회]

① 증기 양생
② 오토크레이브 양생
③ 막 양생
④ 고주파 양생

답 ③

해설

막 양생은 습윤 양생의 한 종류로서 촉진 양생(온도 제어 양생)에 포함되지 않는다.

61 일명 고온 · 고압 양생이라고 하며, 증기압 7~15기압, 온도 180℃ 정도의 고온 · 고압의 증기솥 속에서 양생하는 방법은? [2019, 2020 2회]

① 오토클레이브 양생
② 상압 증기 양생
③ 전기 양생
④ 가압 양생

답 ①

해설

촉진 양생법의 종류

- 오토클레이브 양생(Autoclave Curing) : 고온 · 고압의 증기솥 속에서 상압보다 높은 압력으로 고온의 수증기를 사용하여 실시하는 양생
- 증기 양생(Steam Curing) : 높은 온도의 수증기 속에서 실시하는 촉진 양생
- 촉진 양생(Accelerated Curing) : 보다 빠른 콘크리트의 경화나 강도 발현을 촉진하기 위해 실시하는 양생

62 일반적으로 가마니, 마포 등을 적시거나 살수하는 등의 습윤 양생이 곤란한 경우에 사용하는 것으로 콘크리트의 막을 만드는 양생제를 살포하여 증발을 막는 양생 방법은? [2016, 2020 2회]

① 막 양생
② 촉진 양생
③ 증기 양생
④ 온도 제어 양생

답 ①

해설

막 양생

- 막 양생제를 균일하게 살포하여야 한다.
- 막을 만들기 위해서는 충분한 양의 막 양생제를 사용 전에 살포량, 시공 방법 등에 관해서 시험을 통하여 충분히 검토하여야 한다.

63 콘크리트의 건조를 방지하기 위하여 방수제를 표면에 바르거나 또는 이것을 뿜어붙이기를 하여 습윤 양생을 하는 것은? [2020 1회]

① 전기 양생
② 방수 양생
③ 증기 양생
④ 피막 양생

답 ④

64 다음 중 콘크리트 표면에 물을 적신 가마니를 덮어 양생하는 방법은? [2015]

① 습포 양생법
② 피막 양생법
③ 습사 양생법
④ 수중 양생법

답 ①

해설

습윤 양생 방법의 종류

- 습포 양생법
- 습사 양생법
- 수중 양생법

65 하루 평균기온이 10℃ 이상이고 15℃ 미만일 때 보통 포틀랜드 시멘트를 사용한 콘크리트의 습윤 양생 기간의 표준은? [2019]

① 3일   ② 5일
③ 7일   ④ 14일

답 ③

해설

습윤 양생 기간의 표준

일평균 기온	보통 포틀랜드 시멘트
15℃ 이상	5일
10℃ 이상	7일
5℃ 이상	9일

66 콘크리트의 경화나 강도 발현을 촉진하기 위해 실시하는 촉진 양생의 종류에 속하지 않는 것은? [2018]

① 습윤 양생
② 증기 양생
③ 오토클레이브 양생
④ 전기 양생

답 ①

촉진 양생의 종류
증기 양생, 오토클레이브 양생, 전기 양생

67 콘크리트를 타설한 다음 일정 기간 동안 콘크리트에 충분한 온도와 습도를 유지시켜 주는 것을 무엇이라 하는가? [2017]

① 콘크리트 진동
② 콘크리트 다짐
③ 콘크리트 양생
④ 콘크리트 시공

답 ③

콘크리트 양생
콘크리트는 타설한 후 소요 기간까지 경화에 필요한 온도, 습도 조건을 유지하며, 유해한 작용의 영향을 받지 않도록 충분히 양생하여야 한다.

68 보통 포틀랜드 시멘트를 사용한 콘크리트의 습윤 양생 기간은 최소 며칠 이상인가?(단, 일평균 기온이 15℃ 이상인 경우) [2019]

① 5일 이상
② 10일 이상
③ 15일 이상
④ 20일 이상

답 ①

습윤 양생 기간의 표준

일평균 기온	보통 포틀랜드 시멘트
15℃ 이상	5일
10℃ 이상	7일
5℃ 이상	9일

69 콘크리트 표면을 물에 적신 가마니, 마포 등으로 덮는 양생 방법은? [2017, 2019]

① 수중 양생
② 오토클레이브 양생
③ 피막 양생
④ 습윤 양생

답 ④

양생 방법
• 습윤 양생 : 콘크리트 표면을 물에 적신 가마니, 마포 등으로 덮는 양생 방법
• 수중 양생 : 콘크리트 양생면에 물을 채워서 양생하는 방법
• 오토클레이브 양생 : 고온(180℃) 및 고압(약 10기압) 조건에서 촉진 양생하는 방법
• 피막 양생 : 콘크리트 표면에 막 양생제를 도포하여 양생하는 방법

70 콘크리트의 습윤 양생 보호 기간은 조강 포틀랜드 시멘트를 사용할 경우 며칠 이상을 표준으로 하는가?(단, 일평균 기온이 15℃ 이상인 경우이다.) [2015]

① 3일　　　　　② 5일
③ 7일　　　　　④ 14일

답 ①

해설

콘크리트 습윤 양생 기간의 표준

일평균 기온	보통 포틀랜드 시멘트	고로슬래그 시멘트 플라이 애시 시멘트 B종	조강 포틀랜드 시멘트
15℃ 이상	5일	7일	3일
10℃ 이상	7일	9일	4일
5℃ 이상	9일	12일	5일

Subject 11 믹서

71 가경식 믹서를 사용하여 콘크리트 비비기를 할 경우 비비기 시간은 믹서 안에 재료를 투입한 후 얼마 이상을 표준으로 하는가?

[2016, 2017, 2018]

① 1분　　　　　② 30초
③ 1분 30초　　　④ 2분

답 ③

해설

혼합방식에 따른 믹서의 분류
- 강제식 : 현재 사용되는 대부분의 Mixer 형식이다(믹싱시간 60초 이상).
- 반강제식 : 외부 동력과 재료 자체의 자중을 혼합한 방식으로 최근에는 거의 사용하지 않는다.
- 중력식(가경식) : 재료의 자중과 중력을 이용한 믹서(믹싱시간 90초 이상)

72 다음 중 배치 믹서(Batch Mixer)란? [2016]

① 콘크리트 재료를 1회분씩 혼합하는 기계
② 콘크리트 재료를 1회분씩 계량하는 기계
③ 콘크리트를 혼합하면서 운반하는 트럭
④ 콘크리트를 1m³씩 혼합하는 기계

답 ①

해설

배치 믹서(Batch Mixer)
콘크리트 재료를 1회분씩 혼합하는 기계로서 콘크리트를 생산하는 기계를 배치 플랜트(BP : Batch Plant)라고 한다.

Subject 12 연직 슈트

73 높은 곳으로부터 콘크리트를 부리는 경우 가장 적당한 운반기구는? [2017(2번 출제)]

① 손수레
② 연직 슈트
③ 덤프트럭
④ 콘크리트 플레이서

답 ②

해설

연직 슈트
- 높은 곳에서 콘크리트를 내리는 경우, 버킷을 사용할 수 없을 때 사용
- 콘크리트 치기의 높이에 따라 길이를 조절할 수 있도록 깔때기 등을 이어서 만든 운반 기구

74 높은 곳에서 콘크리트를 내리는 경우, 버킷을 사용할 수 없을 때 사용하며 콘크리트 치기의 높이에 따라 길이를 조절할 수 있도록 깔때기 등을 이어서 만든 운반 기구는? [2016]

① 콘크리트 펌프
② 연직 슈트
③ 콘크리트
④ 콘크리트 플레이서

답 ②

75 거푸집의 높이가 높을 경우 재료 분리를 막기 위하여 거푸집에 투입구를 만들거나 슈트, 깔때기를 사용한다. 깔때기와 슈트 등의 배출구와 치기 면과의 높이는 얼마 이하를 원칙으로 하는가?

[2020 1회]

① 0.5m 이하
② 1.0m 이하
③ 1.5m 이하
④ 2.0m 이하

답 ③

Subject **13** 콘크리트 플랜트

76 다음 중 콘크리트의 운반 기구 및 기계가 아닌 것은?

[2017]

① 버킷
② 콘크리트 펌프
③ 콘크리트 플랜트
④ 벨트 컨베이어

답 ③

해설
콘크리트 플랜트는 콘크리트를 생산하는 기계이다.

77 용량이 1m³의 강제혼합식 콘크리트 플랜트의 1시간당 작업량은 얼마인가?(단, 작업 효율 $E = 0.45$, 사이클 타임 $C_m = 1.5$)

[2019]

① 18m³/h
② 20m³/h
③ 22m³/h
④ 25m³/h

답 ①

해설
시간당 작업량 $= 1 \times 0.45 \times \dfrac{60}{1.5} = 18\text{m}^3/\text{h}$

78 다음 중 콘크리트 운반기계에 포함되지 않는 것은?

[2018]

① 버킷
② 배치 플랜트
③ 슈트
④ 트럭 애지데이터

답 ②

해설
배치 플랜트(Batch Plant)
콘크리트를 생산하는 기계로서 콘크리트의 대량 생산이 가능하다.

79 콘크리트를 일관 작업으로 대량 생산하는 장치로서 저장부, 계량 장치, 비비기 장치, 배출 장치로 되어 있는 것은?

[2017, 2020 1회]

① 레미콘
② 콘크리트 플랜트
③ 콘크리트 피니셔
④ 콘크리트 디스트리뷰터

답 ②

해설
콘크리트 플랜트
콘크리트를 일관 작업으로 대량 생산하는 장치로서 비비기 장치(믹서) 및 배출 장치로 되어 있는 기계

Subject **14** 슈트

80 경사 슈트를 사용하여 콘크리트를 타설할 경우 슈트의 경사로서 가장 적당한 것은? [2019]

① 수평 1에 대하여 연직 1 정도
② 수평 2에 대하여 연직 1 정도
③ 수평 1에 대하여 연직 2 정도
④ 수평 1에 대하여 연직 3 정도

답 ②

해설
경사 슈트의 적정 경사
1 : 2(연직 1 : 수평 2의 비율)

81 콘크리트 운반 중 재료 분리가 발생할 염려가 가장 큰 기구는? [2016]

① 콘크리트 펌프
② 경사 슈트
③ 벨트 컨베이어
④ 콘크리트 버킷

답 ②

해설

경사 슈트
콘크리트 운반 중 재료 분리가 발생할 우려가 가장 크다.

82 콘크리트 시공 장비에 대한 설명으로 틀린 것은? [2019]

① 콘크리트 펌프 형식은 피스톤식 또는 스퀴즈식을 표준으로 한다.
② 콘크리트 플레이어 수송관의 배치는 굴곡을 적게 하고 수평 또는 상향으로 설치하여야 한다.
③ 슈트를 사용하는 경우에는 원칙적으로 경사 슈트를 사용하여야 한다.
④ 벨트 컨베이어의 경사는 콘크리트의 운반 도중 재료 분리가 발생하지 않도록 결정하여야 한다.

답 ③

해설

슈트를 사용하여 콘크리트 시공 시 원칙적으로 연직 슈트를 사용하여 콘크리트가 재료 분리되는 것을 방지해야 한다.

Subject **15** 콘크리트 플레이서

83 수송관 속의 콘크리트를 압축 공기에 의하여 압력으로 보내는 것으로 주로 터널의 둘레 치기에 사용되는 것은? [2019]

① 버킷
② 벨트 컨베이어
③ 슈트
④ 콘크리트 플레이서

답 ④

해설

콘크리트 플레이서
수송관 속의 콘크리트를 압축 공기에 의하여 압력으로 보내는 것으로 주로 터널의 둘레 치기에 사용되는 기계

84 수송관 속의 콘크리트를 압축 공기로 압송하며 터널 등의 좁은 곳에 콘크리트를 운반하는 데 편리한 콘크리트 운반 장비는? [2018, 2019]

① 운반차
② 콘크리트 플레이서
③ 슈트
④ 버킷

답 ②

85 콘크리트 치기 기계 중에서 콘크리트 플레이서에 대한 설명으로 틀린 것은? [2020 1회]

① 수송관 내의 콘크리트를 압축공기로서 압송하는 기계이다.
② 수송관의 배치는 하향 경사로 설치 운용하여야 한다.
③ 터널 등의 좁은 곳에 콘크리트를 운반하는 데 편리하다.
④ 관으로부터 토출할 때 콘크리트의 재료 분리가 생기는 경우에는 토출할 때의 충격을 완화시키는 등 재료 분리를 되도록 방지하여야 한다.

답 ②

86 다음 중 콘크리트 다짐 기계의 종류가 아닌 것은? [2019]

① 표면 진동기
② 거푸집 진동기
③ 내부 진동기
④ 콘크리트 플레이서

답 ④

해설
콘크리트 플레이서는 운반용 기구이다.

Subject **16** 콘크리트 펌프

87 수송관을 통하여 압력으로 비빈 콘크리트를 치기 장소까지 연속적으로 보내는 기계는? [2016, 2019]

① 롤러
② 덤프트럭
③ 콘크리트 펌프
④ 트럭 믹서

답 ③

해설
콘크리트 펌프
수송관을 통하여 압력으로 비빈 콘크리트를 치기 장소까지 연속적으로 보내는 기계로서, 펌프를 이용하여 콘크리트를 타설하며, 콘크리트 펌프 시공성을 나타내는 용어를 Pumpability라고 한다.

88 콘크리트 펌프에 대한 설명 중 옳지 않은 것은? [2020 2회]

① 압송 조건은 관 내에 콘크리트가 막히는 일이 없도록 정해야 한다.
② 수송관의 배치는 될 수 있는 대로 굴곡을 적게 한다.
③ 수송관은 될 수 있는 대로 수평 또는 상향으로 하여 콘크리트를 압송한다.
④ 보통 콘크리트를 펌프로 압송할 경우, 굵은 골재의 최대 치수는 25mm 이하로 하여야 한다.

답 ④

89 콘크리트의 운반 기구 중 재료 분리가 적고, 연속적으로 칠 수 있어 터널, 댐, 항만 등의 공사에 널리 쓰이는 기계 기구는? [2019]

① 덤프트럭
② 경사 슈트
③ 버킷
④ 콘크리트 펌프

답 ④

해설
콘크리트 펌프의 특징
• 콘크리트의 재료 분리가 적다.
• 연속적 타설이 가능하여 대형 구조물 공사에 사용한다.
• 터널, 댐, 항만 등의 공사에 사용한다.
• 아파트, 교량 등 대부분의 공사에 널리 사용되고 있다.

90 비빈 콘크리트를 수송관을 통해 압력으로 치기할 장소까지 연속적으로 보내는 기계는? [2018]

① 콘크리트 펌프
② 콘크리트 믹서
③ 트럭 믹서
④ 콘크리트 플랜트

답 ①

해설
콘크리트 펌프
비빈 콘크리트를 수송관을 통해 압력으로 치기할 장소까지 연속적으로 보내는 기계

91 일반 콘크리트를 펌프로 압송할 경우, 슬럼프값은 어느 범위가 가장 적당한가? [2019]

① 50~80mm
② 80~100mm
③ 100~180mm
④ 200~250mm

답 ③

해설
일반 콘크리트를 펌프로 압송할 경우 슬럼프값은 100~180mm가 적당하다.

92 콘크리트 펌프로 시공하는 일반 수중 콘크리트의 슬럼프값의 표준으로 옳은 것은?

[2020 1회]

① 100~150mm
② 130~180mm
③ 150~200mm
④ 180~230mm

답 ②

93 보통 콘크리트를 콘크리트 펌프로 압송하고자 한다. 굵은 골재의 최대 치수와 슬럼프 범위로 적절한 것은?

[2016]

	굵은 골재의 최대 치수(mm)	슬럼프(mm)
①	20 이하	50~100
②	40 이하	100~180
③	80 이하	100~180
④	100 이하	150~200

답 ②

해설

보통 콘크리트를 콘크리트 펌프로 압송할 경우
• 굵은 골재의 최대 치수는 40mm 이하로 한다.
• 슬럼프는 100~180mm로 한다.

94 콘크리트 펌프로 콘크리트를 압송할 경우 굵은 골재 최대 치수는 얼마를 표준으로 하는가?

[2020 1회]

① 20mm 이하   ② 30mm 이하
③ 40mm 이하   ⑤ 50mm 이하

답 ③

Subject 17 벨트 컨베이어

95 벨트 컨베이어를 사용하여 콘크리트를 운반할 때 벨트 컨베이어의 끝부분에 조절판 및 깔때기를 설치하는 이유로 가장 적당한 것은?

[2019(2번 출제)]

① 콘크리트의 건조를 방지하기 위하여
② 콘크리트의 재료 분리를 방지하기 위하여
③ 콘크리트의 반죽 질기 변화를 방지하기 위하여
④ 운반거리를 단축하기 위하여

답 ②

해설

콘크리트의 재료 분리 방법
• 벨트 컨베이어 끝부분에 조절판 및 깔때기를 설치한다.
• 펌프 시공 시에는 콘크리트 낙하 높이를 1.5m 이하로 제한한다.

Subject 18 트럭 믹서

96 콘크리트 플랜트에서 콘크리트를 공급받아 비비면서 주행하는 레디믹스트 콘크리트 운반용 트럭은?

[2017]

① 슈트
② 트럭 믹서
③ 콘크리트 펌프
④ 콘크리트 플레이서

답 ②

해설

트럭 믹서
콘크리트 플랜트에서 콘크리트를 공급받아 비비면서 주행하는 레디믹스트 콘크리트 운반용 트럭

97 용량 0.75m³인 믹서 2대로 된 중력식 콘크리트 플랜트의 시간당 생산량(Q)을 구하면?(단, 작업효율(E) = 0.8, 사이클 시간(C_m) = 4min으로 한다.) [2017]

① 14m³/h
② 16m³/h
③ 18m³/h
④ 20m³/h

답 ③

해설

콘크리트 플랜트의 시간당 생산량(Q)

$$Q = \frac{60 \times q \times E}{C_m} \times 2 = \frac{60 \times 0.75 \times 0.8}{4} \times 2 = 18\text{m}^3/\text{hr}$$

98 싣기 용량(W) 7m³, 사이클 시간(C_m) 2시간 20분, 작업효율(E) 0.9인 트럭 믹서의 1시간당 운반량(Q)은 몇 m³인가? [2017]

① 3.6m³   ② 4.7m³
③ 5.2m³   ④ 6.3m³

답 ②

해설

트럭 믹서의 1시간당 운반량(Q)

$$Q = \frac{60 \times q \times E}{C_m} = \frac{60 \times 7 \times 0.9}{80} = 4.7\text{m}^3/\text{hr}$$

Subject **19** 다짐 기계

99 다음 중 콘크리트 다짐 기계가 아닌 것은? [2018]

① 내부 진동기   ② 싱커
③ 표면 진동기   ④ 거푸집 진동기

답 ②

해설

콘크리트의 다짐 기계
내부 진동기, 표면 진동기, 거푸집 진동기

Subject **20** 배치 믹서

100 다음 중 배치 믹서(Batch Mixer)에 대한 설명으로 가장 적합한 것은? [2018]

① 콘크리트 재료를 1회분씩 혼합하는 기계
② 콘크리트 재료를 1회분씩 계량하는 기계
③ 콘크리트를 혼합하면서 운반하는 트럭
④ 콘크리트를 1m³씩 혼합하는 기계

답 ①

해설

배치 믹서(Batch Mixer)
콘크리트 재료를 1회분씩 계량한 후 혼합하는 기계

CHAPTER 06 굳지 않은 콘크리트의 성질

Subject 01 블리딩

01 콘크리트를 친 후 시멘트와 골재알이 가라앉으면서 물이 올라와 콘크리트의 표면에 떠오르는 현상을 무엇이라 하는가? [2019]

① 워커빌리티
② 피니셔빌리티
③ 리몰딩
④ 블리딩

답 ④

해설
블리딩
주로 단위수량의 많고 적음에 영향을 받으며 레이턴스를 수반한다.

02 모르타르에서 물이 분리되어 올라오는 현상을 무엇이라 하는가? [2015, 2017]

① 워커빌리티
② 피니셔빌리티
③ 레이턴스
④ 블리딩

답 ④

해설
블리딩
• 모르타르 또는 콘크리트를 타설하고 난 후 발생한다.
• 물이 분리되어 상부로 올라오는 현상을 말한다.
• 레이턴스를 수반한다.

03 굳지 않은 콘크리트 또는 모르타르에서 물이 분리되어 상승하는 현상을 무엇이라 하는가? [2018, 2020 1회]

① 워커빌리티(Workability)
② 연경도(Consistency)
③ 레이턴스(Laitance)
④ 블리딩(Bleeding)

답 ④

해설
블리딩
• 굳지 않은 콘크리트 또는 모르타르에서 물이 분리되어 상승하는 현상이다.
• 블리딩이 많게 되면 콘크리트 내부에 물길(Channeling)이 형성된다.
• 수밀성이나 내구성이 떨어지게 된다.

04 콘크리트 블리딩(Bleeding)에 대한 설명 중 틀린 것은? [2019]

① 콘크리트 슬럼프가 크면 콘크리트 작업은 어려우나 블리딩은 감소된다.
② 일반적으로 단위수량을 줄이고 AE제를 사용하면 블리딩은 감소된다.
③ 분말도가 높은 시멘트를 사용하면 블리딩은 감소된다.
④ 블리딩이 현저하면 상부의 콘크리트가 다공질로 되며 강도, 수밀성, 내구성 등이 감소된다.

답 ①

해설
콘크리트 블리딩(Bleeding)
• 콘크리트 슬럼프가 크면 배합 시 단위수량이 많은 경우가 많으므로 블리딩은 증가된다.
• 단위수량을 줄이고 AE제를 사용하면 블리딩은 감소된다.
• 분말도가 높은 시멘트를 사용하면 블리딩은 감소된다.
• 블리딩이 현저하면 강도, 수밀성, 내구성 등이 감소된다.

05 콘크리트의 블리딩에 대한 설명 중 적합하지 않은 것은? [2017]

① AE제를 사용한 콘크리트는 블리딩양이 감소하고 포졸란을 사용한 콘크리트는 블리딩양이 증대된다.
② 시멘트의 분말도가 높을수록 블리딩양은 적다.
③ 단위수량을 줄이면 블리딩양이 줄어든다.
④ 블리딩양이 많으면 수밀성이 약한 콘크리트가 된다.

답 ①

해설

콘크리트 블리딩
• AE제를 사용한 콘크리트는 블리딩양이 감소한다.
• 포졸란 재료를 사용한 콘크리트는 블리딩양이 감소한다.
• 시멘트의 분말도가 높을수록 블리딩양은 적다.
• 단위수량을 줄이면 블리딩양이 줄어든다.
• 블리딩양이 많으면 콘크리트의 수밀성이 저하된다.

06 콘크리트를 친 후 시멘트와 골재알이 가라앉으면서 물이 올라와 콘크리트의 표면에 떠오르는 현상을 무엇이라 하는가? [2016, 2018]

① 워커빌리티
② 피니셔빌리티
③ 리몰딩
④ 블리딩

답 ④

해설

블리딩
• 콘크리트를 친 후 시멘트와 골재알이 가라앉으면서 물이 올라와 콘크리트의 표면에 떠오르는 현상이다.
• 레이턴스를 동반하는 경우가 많다.

07 블리딩(bleeding)에 관한 다음 설명 중 잘못된 것은? [2016]

① 시멘트의 분말도가 높고 단위수량이 적은 콘크리트는 블리딩이 작아진다.
② 블리딩이 많으면 레이턴스는 작아지므로 콘크리트의 이음부에서는 블리딩이 많은 콘크리트가 유리하다.
③ 블리딩이 많은 콘크리트는 강도와 수밀성이 작아지며 철근 콘크리트에서는 철근과의 부착을 감소시킨다.
④ 콘크리트의 치기가 끝나면 블리딩이 일어나며 대략 2~4시간에 끝난다.

답 ②

해설

블리딩의 특징
• 시멘트의 분말도가 높다.
• 단위수량이 적은 콘크리트는 블리딩이 작아진다.
• 블리딩이 많으면 레이턴스가 많아진다.
• 블리딩이 많은 콘크리트는 강도와 수밀성이 작아지며 철근과의 부착을 감소시킨다.
• 콘크리트의 치기가 끝나면 블리딩이 2~4시간에 끝난다.

08 콘크리트 블리딩 현상을 감소시키는 방법으로 틀린 것은? [2016]

① 미립분을 적절하게 포함한 세골재를 사용한다.
② 분말도가 작은 시멘트를 사용한다.
③ 단위수량을 감소시킨다.
④ AE제를 사용한다.

답 ②

해설

콘크리트 블리딩 감소 방법
• 분말도가 큰 시멘트를 사용한다.
• 미립분을 적절하게 포함한 잔골재를 사용한다.
• 단위수량을 감소시킨다.
• AE제를 사용한다.

09 단위골재량의 절대부피를 구하는 데 관계없는 것은? [2016]

① 블리딩의 양　　② 시멘트의 밀도
③ 단위혼화재량　　④ 단위시멘트양

답 ①

해설
블리딩의 양
• 콘크리트 타설 후 단위면적당 블리딩양을 의미한다.
• 배합 설계의 단위골재량 절대부피의 산출과는 무관하다.

10 콘크리트의 블리딩양을 계산하는 식으로 옳은 것은? [2018]

① $\dfrac{\text{블리딩 물의 양(cm}^3)}{\text{콘크리트의 윗면적(cm}^2)}$

② $\dfrac{\text{시료에 들어 있는 물의 총 무게(kg)}}{\text{콘크리트 1cm}^3\text{에 사용된 재료의 총 무게(kg)}}$

③ $\dfrac{\text{시료의 무게(kg)}}{\text{콘크리트 1cm}^3\text{에 사용된 물의 총 무게(kg)}}$

④ $\dfrac{\text{콘크리트 1cm}^3\text{에 사용된 물의 총 무게(kg)}}{\text{콘크리트 1cm}^3\text{에 사용된 재료의 총 무게(kg)}}$

답 ①

해설
블리딩의 양(cm³/cm²)

$$\frac{V}{A}$$

여기서, V : 규정된 측정시간 동안에 생긴 블리딩 물의 양(cm³)
　　　　A : 콘크리트의 노출된 면적(cm²)

11 굳지 않은 콘크리트의 블리딩(bleeding) 시험에서 블리딩 물의 양이 80cm³, 콘크리트의 윗면적이 490cm²일 때 블리딩양(cm³/cm²)을 구하면? [2017]

① 0.142　　② 0.163
③ 0.327　　④ 0.392

답 ②

해설
블리딩양 $= \dfrac{V}{A} = \dfrac{80}{490} = 0.163\text{cm}^3/\text{cm}^2$

12 블리딩양은 규정된 측정시간 동안에 생긴 블리딩 물의 양을 무엇으로 나누어 구할 수 있는가? [2016]

① 시험체의 총 부피
② 시험체에 함유된 물의 총 중량
③ 시험체의 총 표면적
④ 시험체 상면의 면적

답 ④

해설
블리딩의 양(cm³/cm²)

$$\frac{V}{A}$$

여기서, V : 규정된 측정 시간 동안에 생긴 블리딩 물의 양(cm³)
　　　　A : 콘크리트의 노출된 면적(cm²)

Subject 02 블리딩 시험

13 다음 중 블리딩 시험에 대한 설명이 올바른 것은? [2017]

① 시험하는 동안 온도 25±1℃로 유지해야 한다.
② 굵은 골재의 최대 치수가 40mm 이상인 경우에 적용한다.
③ 기록한 처음 시각에서 60분 동안 10분마다 콘크리트 표면에 스며나온 물을 빨아낸다.
④ 시료는 용기에 5층으로 나누어 넣는다.

답 ③

해설
블리딩 시험
• 처음 60분 동안은 10분 간격으로 표면에 생긴 물을 빨아낸다.
• 그 후는 블리딩이 정지할 때까지 30분 간격으로 표면에 생긴 물을 빨아낸다.

14 블리딩 시험을 수행할 때 유지되어야 하는 시험실의 온도로서 가장 적당한 것은? [2017]

① 10±3℃
② 14±3℃
③ 20±3℃
④ 26±3℃

답 ③

굳지 않은 콘크리트 블리딩 시험을 수행 시 시험실의 온도는 20±3℃를 유지해야 한다.

15 굳지 않은 콘크리트의 블리딩(Bleeding) 시험을 할 때의 시험 중 온도는 어느 정도로 유지하여야 하는가? [2017]

① 15±3℃
② 20±3℃
③ 27±3℃
④ 35±3℃

답 ②

Subject 03 워커빌리티

16 작업의 어렵고 쉬운 정도를 나타내는 굳지 않은 콘크리트의 성질을 무엇이라 하는가? [2019]

① 반죽 질기
② 워커빌리티
③ 성형성
④ 피니셔빌리티

답 ②

굳지 않은 콘크리트의 관련 용어
• 반죽 질기(Consistency) : 주로 물의 많고 적음에 따른 반죽이 되고 진 정도
• 워커빌리티(Workability) : 반죽 질기 여하에 따르는 작업의 난이 정도 및 재료 분리에 저항하는 정도
• 성형성(Plasticity) : 거푸집에 쉽게 다져 넣을 수 있고, 거푸집을 제거하면 천천히 형상이 변하기는 하지만 재료가 분리되지는 않는 성질
• 마감성(Finishability) : 반죽 질기 등에 따른 마무리하기 쉬운 정도

17 물의 양이 많고 적음에 따르는 작업의 어렵고 쉬운 정도 및 재료의 분리에 저항하는 정도를 나타내는 굳지 않은 콘크리트의 성질을 무엇이라 하는가? [2016]

① 워커빌리티(Workability)
② 성형성(Plasticity)
③ 피니셔빌리티(Finishability)
④ 반죽 질기(Consistency)

답 ①

18 다음 중 워커빌리티(Workability)를 판정하는 시험 방법은? [2019]

① 압축강도 시험
② 슬럼프 시험
③ 블리딩 시험
④ 단위무게 시험

답 ②

워커빌리티 시험의 종류
• 슬럼프 시험
• 비비기 시험
• 다짐계수 시험
• 흐름 시험
• 리몰딩 시험
• 슬럼프 플로 시험

19 반죽 질기의 정도에 따르는 작업이 어렵고 쉬운 정도 및 재료의 분리에 저항하는 정도를 나타내는 굳지 않은 콘크리트의 성질을 무엇이라 하는가? [2017]

① 반죽 질기
② 워커빌리티
③ 성형성
④ 피니셔빌리티

답 ②

20 콘크리트의 워커빌리티에 가장 큰 영향을 미치는 요소는? [2020 1회]

① 시멘트
② 단위수량
③ 잔골재
④ 굵은 골재

답 ②

21 워커빌리티(Workability) 판정 기준이 되는 반죽 질기 측정 시험 방법이 아닌 것은? [2019]

① 켈리볼 관입 시험
② 슬럼프 시험
③ 리몰딩 시험
④ 슈미트 해머 시험

답 ④

해설
슈미트 해머 시험은 굳은 콘크리트의 강도 추정 시험법이다.

Subject 04 피니셔빌리티

22 굵은 골재의 최대 치수, 잔골재율, 잔골재의 입도, 반죽 질기 등에 따르는 마무리하기 쉬운 정도를 나타내는 굳지 않은 콘크리트의 성질을 무엇이라 하는가? [2015]

① 워커빌리티(Workability)
② 성형성(Plasticity)
③ 피니셔빌리티(Finishability)
④ 반죽 질기(Consistency)

답 ③

해설
굳지 않은 콘크리트의 관련 용어
• 반죽 질기(Consistency) : 주로 물의 많고 적음에 따른 반죽이 되고 진 정도
• 워커빌리티(Workability) : 반죽 질기 여하에 따르는 작업의 난이 정도 및 재료 분리에 저항하는 정도
• 성형성(Plasticity) : 거푸집에 쉽게 다져 넣을 수 있고, 거푸집을 제거하면 천천히 형상이 변하기는 하지만 재료가 분리되지는 않는 성질
• 마감성(Finishability) : 반죽 질기 등에 따른 마무리하기 쉬운 정도

Subject 05 반죽 질기

23 주로 물의 양이 많고 적음에 따르는, 반죽이 되고 진 정도를 나타내는 굳지 않은 콘크리트의 성질은? [2016]

① 반죽 질기
② 워커빌리티
③ 성형성
④ 피니셔빌리티

답 ①

해설
문제 22번 해설 참고

Subject 06 레이턴스

24 콘크리트를 친 후 밀도 차이로 시멘트와 골재알이 가라앉으며 물이 올라와 콘크리트의 표면에 가라앉은 작은 물질을 무엇이라 하는가? [2018]

① 슬럼프
② 레이턴스
③ 워커빌리티
④ 반죽 질기

답 ②

해설
레이턴스
시멘트와 골재알이 가라앉으며 물이 올라와 콘크리트의 표면에 가라앉은 작은 물질

25 콘크리트 표면에 떠올라서 가라앉은 미세한 물질을 무엇이라 하는가? [2019]

① 블리딩
② 레이턴스
③ 성형성
④ 워커빌리티

답 ②

해설
레이턴스
콘크리트 표면에 떠올라서 가라앉은 미세한 물질을 레이턴스 (Laitance)라 한다. 레이턴스 위로 새로운 콘크리트를 이어치기할 경우는 반드시 레이턴스를 제거해야 한다.

26 다음 중 레이턴스를 바르게 설명한 것은?

[2017]

① 주로 물의 양이 많고 적음에 따르는 반죽이 되거나 진 정도를 나타내는 성질
② 거푸집을 떼어 내면 천천히 그 모양이 변하기는 하지만 허물어지거나 재료가 분리되지 않는 성질
③ 굳지 않은 콘크리트에서 물이 올라오는 현상
④ 블리딩에 의하여 콘크리트 표면에 떠올라 가라앉은 미세한 물질

답 ④

해설

레이턴스(Laitance)
• 블리딩에 의하여 콘크리트 표면에 떠올라 가라앉은 미세한 물질
• 콘크리트를 칠 경우는 이를 필히 제거한 후에 콘크리트를 타설해야 한다.

Subject **07** 크리프

27 재료에 일정 하중이 작용하면 시간의 경과와 함께 변형이 증가하는데 이러한 현상을 무엇이라 하는가?

[2018]

① 푸와송비
② 크리프
③ 연성
④ 취성

답 ②

해설

크리프와 릴렉세이션
• 크리프(Creep) : 재료에 외력이 작용하면 외력의 증가가 없어도 시간이 경과함에 따라 변형이 증대되는 현상
• 릴렉세이션(Relaxation) : 재료에 외력을 작용시키고 변형을 억제하면 시간이 경과함에 따라 응력이 감소하는 현상

Subject **08** 포졸란

28 천연산의 것과 인공산의 것이 있으며 콘크리트의 워커빌리티를 좋게 하고 수밀성과 내구성 등을 크게 할 목적으로 사용되는 혼화재료는?

[2018]

① 완결제
② 포졸란
③ 촉진제
④ 증량제

답 ②

해설

포졸란
천연산의 것과 인공산의 것이 있으며 콘크리트의 워커빌리티를 좋게 하고 수밀성과 내구성 등을 크게 할 목적으로 사용되는 혼화재

---

29 포졸란의 종류에 해당하지 않는 것은?

[2019, 2020 2회]

① 규조토
② 규산백토
③ 고로슬래그
④ 포졸리스

답 ④

해설

AE제(Air-Entraining admixtures)
• 동결 융해 저항성에 효과적
• 연행 공기 : 3~6%
• 워커빌리티 개선
• 종류 : 빈졸레신, 프로텍스, 포졸리스
※ 포졸리스는 화학혼화제이다.

---

30 포졸란(Pozzolan)의 종류에 해당하지 않는 것은?

[2016]

① 규조토
② 규산백토
③ 플라이 애시
④ 포졸리스(Pozzolith)

답 ④

해설

포졸리스는 감수제의 주성분이며, 고로슬래그는 잠재수경성 재료이다.

Subject **09** 고로슬래그 분말

31 혼화재 중 용광로에서 나오는 슬래그를 급랭시켜 만든 가루는? [2018]

① 포졸라나(포졸란a)

② 플라이 애시(Fly Ash)

③ 고로슬래그 미분말

④ AE제

답 ③

[해설]

① 고로슬래그 미분말 : 용광로에서 나오는 슬래그를 급랭시켜 만든 가루상의 잠재수경성을 가진 물질

② 고로슬래그 미분말의 특성
- 잠재적 수경성
- 내염해성 및 내열성 우수

Subject **10** 성형성

32 굳지 않은 콘크리트 성질 중 거푸집에 쉽게 다져 넣을 수 있고 거푸집을 떼어 내면 천천히 모양이 변하기는 하지만 허물어지거나 재료의 분리가 일어나는 일이 없는 것을 무엇이라 하는가? [2017]

① 반죽 질기   ② 워커빌리티

③ 피니셔빌리티   ④ 성형성

답 ④

[해설]

굳지 않은 콘크리트 관련 용어

- 반죽 질기(Consistency) : 주로 물의 많고 적음에 따른 반죽이 되고 진 정도
- 워커빌리티(Workability) : 반죽 질기 여하에 따르는 작업의 난이 정도 및 재료 분리에 저항하는 정도
- 성형성(Plasticity) : 거푸집에 쉽게 다져 넣을 수 있고, 거푸집을 제거하면 천천히 형상이 변하기는 하지만 허물어지거나 재료가 분리되지는 않는 성질
- 마감성(Finishability) : 굵은 골재 최대 치수, 잔골재율, 입도, 반죽 질기 등에 따르는 마무리하기 쉬운 정도

MEMO

콘크리트 배합 설계

Subject 01 **배합강도**

01 설계 기준 압축강도가 35MPa이고, 콘크리트 압축강도의 시험 기록이 없는 경우 콘크리트의 배합강도는 얼마인가? [2019]

① 40.5MPa
② 42.0MPa
③ 43.5MPa
④ 45.0MPa

답 ③

해설

설계 기준강도 f_{ck}(MPa)	배합강도 f_{cr}(MPa)
21 미만	$f_{ck}+7$
21 이상 35 이하	$f_{ck}+8.5$
35 초과	$f_{ck}+10$

∴ 배합강도(f_{cr}) = $f_{ck}+8.5 = 35+8.5 = 43.5$MPa

02 압축강도 시험의 기록이 없는 현장에서 콘크리트의 설계 기준 압축강도가 40MPa일 때 배합강도는?(단, 콘크리트 표준시방서 기준)

[2020 2회]

① 47MPa
② 48.5MPa
③ 50MPa
④ 51.5MPa

답 ③

Subject 02 **배합 설계**

03 다음은 콘크리트 배합 설계에 대한 내용이다. 옳지 않은 것은? [2018, 2019]

① 물-시멘트비는 물과 시멘트의 질량비를 말한다.
② 콘크리트 1m³를 만드는 데 쓰이는 각 재료량을 단위량이라고 한다.
③ 배합강도는 콘크리트 배합을 정하는 경우에 목표로 하는 압축강도이다.
④ 잔골재율은 잔골재량의 전체 골재에 대한 질량비를 말한다.

답 ④

해설

① 물-시멘트비는 물과 시멘트의 질량비를 말한다.
② 콘크리트 1m³를 만드는 데 쓰이는 각 재료량을 단위량이라고 한다.
③ 배합강도는 콘크리트 배합을 정하는 경우에 목표로 하는 압축강도이다.
④ 잔골재율은 잔골재량의 전체 골재에 대한 용적비를 말한다.

04 다음 중 배합 설계에서 고려하여야 하는 사항으로 거리가 먼 것은? [2018]

① 물-시멘트비의 결정
② 배합강도의 결정
③ 굵은 골재의 최대 치수
④ 항복강도의 결정

답 ④

해설

배합 설계 시 고려사항
• 물-시멘트비
• 배합강도
• 굵은 골재의 최대 치수
• 잔골재율
• 슬럼프 및 공기량의 범위

05 다음 중 콘크리트의 배합 설계에서 제일 먼저 결정해야 하는 것은? [2017]

① 물-시멘트비
② 배합강도
③ 단위수량
④ 단위골재량

답 ②

해설

콘크리트 배합 설계 순서

```
┌─────────────────────┐
│ ① 배합강도의 결정      │
└─────────────────────┘
          ↓
┌─────────────────────┐
│ ② 물-시멘트비 설정     │
└─────────────────────┘
          ↓
┌─────────────────────┐
│ ③ 단위 수량 결정       │
└─────────────────────┘
          ↓
┌─────────────────────┐
│ ④ 단위시멘트양 결정    │
└─────────────────────┘
          ↓
┌─────────────────────┐
│ ⑤ 단위 골재량 결정     │
└─────────────────────┘
          ↓
┌─────────────────────┐
│ ⑥ 혼화제량의 결정      │
└─────────────────────┘
          ↓
┌─────────────────────┐
│      슬럼프           │
│ ⑦  워커빌리티         │
│      공기량           │
└─────────────────────┘
          ↓
┌─────────────────────┐
│ ⑧ 현장 배합표 수정     │
└─────────────────────┘
```

06 콘크리트 배합 설계 순서 중 가장 마지막에 하는 작업은? [2017, 2018, 2019]

① 굵은 골재의 최대 치수 결정
② 물-시멘트비 결정
③ 골재량 산정
④ 시방 배합을 현장 배합으로 수정

답 ④

07 콘크리트 배합 설계에 대한 설명 중 옳지 않은 것은? [2017]

① 시방 배합에서 사용하는 골재는 공기 중 건조 상태의 것으로 한다.
② 단위수량은 작업이 가능한 범위 내에서 될 수 있는 대로 적게 되도록 시험을 통해 정한다.
③ 설계 및 시공상 허용되는 범위 안에서 굵은 골재의 최대 치수가 큰 것을 사용하는 것이 경제적이다.
④ 배합은 충분한 내구성과 강도를 가지도록 해야 한다.

답 ①

해설

콘크리트 배합의 종류
① 시합배합
  • 시방서 또는 책임 기술자가 지시한 배합
  • 골재의 함수 상태 : 표면 건조 포화 상태
  • 잔골재 : 5mm체를 거의 다 통과하는 골재
  • 굵은 골재 : 5mm체에 거의 다 남는 골재
② 현장 배합 : 골재의 함수 상태 및 입도 상태를 고려하여 시방 배합을 현장의 골재 조건으로 보정한 배합을 의미한다.
③ 용적 배합 : 각 재료의 양을 절대 용적으로 나타낸 배합을 의미한다.

08 설계 기준강도란 일반적으로 무엇을 말하는가? [2020 1회]

① 재령 28일의 인장강도
② 재령 28일의 압축강도
③ 재령 7일의 인장강도
④ 재령 7일의 압축강도

답 ②

해설

설계 기준강도(f_{ck})는 일반적으로 재령 28일의 압축강도를 표준으로 한다.

09 일반 콘크리트에서 수밀성을 기준으로 물-결합재비를 정할 경우 그 값은 얼마를 기준으로 하는가? [2020 1회]

① 30% 이하 ② 45% 이하
③ 50% 이하 ④ 60% 이하

답 ③

[해설]
내구성 등을 고려할 경우 물 결합재비의 기준
• 내동해성 : 40~50%
• 수밀성 : 50% 이하

10 콘크리트 배합 설계 시 물-시멘트비를 결정할 때 검토해야 할 요인이 아닌 것은? [2016]

① 소요 강도 ② 수밀성
③ 내구성 ④ 수축성

답 ④

[해설]
W/C가 콘크리트에 미치는 영향
• 콘크리트의 강도 : W/C가 작을수록 강도는 크다.
• 내구성 향상
• 수밀성, 침식 저항성 증가
• 균열 저항성, 강재 보호 성능

11 콘크리트 배합 설계에서 물-시멘트비를 정하는 기준으로 가장 거리가 먼 것은? [2017]

① 압축강도 ② 크리프
③ 내구성 ④ 수밀성

답 ②

[해설]
물-시멘트비 결정 기준
소요강도, 내구성, 수밀성, 강재 보호 성능 등

Subject 03 콘크리트 배합

12 콘크리트의 배합에 관한 설명으로 옳은 것은? [2019]

① 사용하는 각 재료의 비율은 부피비로 나타낸다.
② 물의 양은 작업의 난이도에 따라 결정한다.
③ 현장 배합을 기준으로 시방 배합을 정한다.
④ 잔골재량의 전체 골재량에 대한 절대부피비를 백분율로 나타낸 것을 잔골재율이라고 한다.

답 ④

[해설]
콘크리트의 배합
• 각 재료의 양은 질량비로 나타낸다.
• 물의 양은 적을수록 좋다.
• 골재의 입도와 함수 상태에 따라 현장 배합을 정한다.

13 콘크리트 배합을 결정하는 중요한 요소가 아닌 것은? [2019]

① 굵은 골재의 최대 치수
② 단위수량
③ 단위시멘트양
④ 잔골재의 최대 치수

답 ④

[해설]
콘크리트 배합 결정의 중요 요소
• 물 결합재비(물-시멘트비)
• 단위수량
• 단위시멘트양

14 콘크리트의 배합 설계를 할 때 고려하여야 할 사항으로 적당하지 않은 것은? [2017]

① 골재는 표면 건조 포화 상태로 한다.
② 가능한 한 단위수량을 적게 한다.
③ 굵은 골재는 될수록 작은 치수의 것을 사용한다.
④ 배합은 충분한 내구성과 강도를 가지도록 한다.

답 ③

해설 ───────
콘크리트 배합 설계 시 고려사항
• 골재는 표면 건조 포화 상태로 한다.
• 가능한 한 단위수량을 적게 한다.
• 굵은 골재는 될수록 큰 치수의 것을 사용한다.
• 배합은 충분한 내구성과 강도를 가지도록 한다.

15 콘크리트 배합에서 물−시멘트비를 결정할 때 고려해야 할 사항으로 가장 거리가 먼 것은? [2019]

① 소요의 강도
② 내구성
③ 수밀성
④ 외관성

답 ④

16 콘크리트 배합에 대한 설명 중 옳은 것은? [2018]

① 시방 배합에서 골재량은 공기 중 건조 상태에 있는 것을 기준으로 한다.
② 설계 기준강도는 배합강도보다 충분히 크게 정하여야 한다.
③ 무근 콘크리트의 굵은 골재 최대 치수는 150mm 이하가 표준이다.
④ 단위시멘트양은 원칙적으로 단위수량과 물−시멘트비로부터 정한다.」

답 ④

해설 ───────
콘크리트의 배합
• 시방 배합 골재량은 표면 건조 포화 상태에 있는 것을 기준으로 한다.
• 배합강도는 설계 기준강도보다 충분히 크게 정해야 한다.
• 무근 콘크리트의 굵은 골재 최대 치수는 40mm 이하가 표준이다.
• 단위시멘트양은 단위수량과 물−시멘트비로부터 정한다.

17 콘크리트의 배합을 정하는 경우에 목표로 하는 강도를 배합강도라고 한다. 배합강도는 일반적인 경우 재령 며칠의 압축강도를 기준으로 하는가? [2018]

① 14일   ② 18일
③ 28일   ④ 32일

답 ③

해설 ───────
배합강도 및 설계 기준강도는 일반적으로 재령 28일의 압축강도를 기준으로 한다.

18 콘크리트의 시방 배합을 현장 배합으로 고치면서 일반적으로 재료 계량의 양이 달라지지 않는 것은?   [2016]

① 물
② 시멘트
③ 잔골재
④ 굵은 골재

답 ②

해설
시방 배합을 현장 배합으로 수정 시 고려 조건
일반적으로 골재의 표면수와 입도에 따른 사항을 수정한다.

19 시방 배합에서 규정된 배합의 표시법에 포함되지 않는 것은?   [2018]

① 물−시멘트비
② 잔골재의 최대 치수
③ 물, 시멘트, 골재의 단위량
④ 슬럼프의 범위

답 ②

해설
시방 배합에서 규정된 배합의 표시법
• 물−시멘트비
• 굵은 골재의 최대 치수
• 물, 시멘트, 골재의 단위량
• 슬럼프 및 공기량의 범위
• 잔골재율

20 콘크리트의 배합 표시법에서 각 재료의 단위량의 설명으로 옳은 것은?   [2016]

① 콘크리트 $1m^2$를 만드는 데 필요한 각 재료의 양(kg)을 말한다.
② 콘크리트 $1m^3$를 만드는 데 필요한 각 재료의 양(kg)을 말한다.
③ 콘크리트 1kg를 만드는 데 필요한 각 재료의 양(m^2)을 말한다.
④ 콘크리트 1kg를 만드는 데 필요한 각 재료의 양(m^3)을 말한다.

답 ②

해설
각 재료의 단위량
콘크리트 $1m^3$를 만드는 데 필요한 각 재료의 양(kg)을 의미한다.

21 다음 중 콘크리트의 배합을 결정하는 방법이 아닌 것은?   [2016]

① 계산에 의한 방법
② 배합표에 의한 방법
③ 시험 배합에 의한 방법
④ 재하 시험에 의한 방법

답 ④

해설
콘크리트 배합 결정 방법
• 계산에 의한 방법
• 배합표에 의한 방법
• 시험 배합에 의한 방법

22 콘크리트의 배합에 관한 설명으로 옳은 것은?

[2017]

① 사용하는 각 재료의 비율은 부피비로 나타낸다.
② 물의 양은 작업의 난이도에 따라 결정한다.
③ 현장 배합을 기준으로 시방 배합을 정한다.
④ 잔골재량의 전체 골재량에 대한 절대부피비를 백분율로 나타낸 것을 잔골재율이라고 한다.

답 ④

콘크리트의 배합
• 사용하는 각 재료의 비율은 질량으로 나타낸다.
• 물의 양은 가능한 한 적게 하는 것이 콘크리트 내구성을 위해서 좋다.
• 시방 배합을 기준으로 현장 배합의 수정을 한다.
• 전체 골재량에 대한 절대부피비를 백분율로 나타낸 것을 잔골재율이라 한다.

23 일반 콘크리트 배합 설계 시 반드시 해야 할 사항으로 옳지 않은 것은?

[2017]

① 물−시멘트비(W/C)를 결정한다.
② 잔골재의 최소 치수를 결정한다.
③ 슬럼프값을 선정한다.
④ 공기량을 결정한다.

답 ②

콘크리트 배합 설계 시 잔골재의 최대 치수를 결정하는 항목은 없다.

24 다음 콘크리트에 대한 설명으로 틀린 것은?

[2015]

① 배합은 작업이 가능한 범위 안에서 단위수량을 적게 하는 것이 좋다.
② 배합은 충분한 내구성과 강도를 가지도록 해야 한다.
③ 설계 시공상 허용되는 범위 안에서 굵은 골재의 최대 치수가 큰 것을 사용하는 것이 좋다.
④ 시방 배합에서 사용하는 골재는 공기 중 노 건조 상태의 것으로 한다.

답 ④

배합 설계의 원칙
• 소요의 강도, 내구성, 수밀성, 강재 보호 성능 등을 고려한다.
• 시방 배합에서 사용하는 골재의 표면 건조 포화 상태의 골재로 한다.

25 다음 중 콘크리트의 배합 설계 방법에 속하지 않는 것은?

[2016]

① 겉보기 배합에 의한 방법
② 계산 배합에 의한 방법
③ 시험 배합에 의한 방법
④ 배합표에 의한 방법

답 ①

Subject 04 현장 배합

26 현장에서 사용하는 골재의 함수 상태, 혼합률 등을 고려하여 현장에서 실제로 사용하는 재료의 성질에 맞추어 고친 배합(수정 배합)은? [2016]

① 시방 배합
② 현장 배합
③ 복합 배합
④ 경험 배합

답 ②

해설

시방 배합과 현장 배합의 정의

• 시방 배합 : 시방서 또는 책임 기술자가 지시한 배합으로 골재는 표면 건조 포화 상태, 잔골재는 5mm체를 다 통과하고 굵은 골재는 5mm체에 다 남는 골재
• 현장 배합 : 시방 배합을 현장 여건에 맞게 골재의 입도, 함수 상태 등을 수정하여 배합하는 것

Subject 05 시방 배합

27 시방서 또는 책임기술자가 지시한 배합을 무엇이라 하는가? [2015, 2018]

① 현장 배합
② 시방 배합
③ 복합 배합
④ 용적 배합

답 ②

28 콘크리트의 시방 배합을 현장 배합으로 수정할 때 필요한 사항이 아닌 것은? [2019]

① 시멘트 밀도
② 골재의 표면수량
③ 잔골재의 5mm체 잔류율
④ 굵은 골재의 5mm체 통과율

답 ①

해설

시방 배합을 현장 배합으로 수정하는 방법

• 골재의 입도(잔골재의 5mm체 잔류율, 굵은 골재의 5mm체 통과율)를 조정하는 방법
• 골재의 표면수 함수 조정에 의한 방법

29 콘크리트의 배합에서 시방서 또는 책임기술자가 지시한 배합을 무엇이라 하는가? [2019]

① 현장 배합
② 시방 배합
③ 표면 배합
④ 책임 배합

답 ②

30 아래에서 설명하고 있는 배합을 무슨 배합이라고 하는가? [2016, 2018]

소정의 품질을 갖는 콘크리트가 얻어지도록 된 배합으로서 시방서 또는 책임기술자가 지시한 배합

① 현장 배합
② 강도 배합
③ 골재 배합
④ 시방 배합

답 ④

해설

시방 배합과 현장 배합의 정의

• 시방 배합 : 시방서 또는 책임 기술자가 지시한 배합으로 골재는 표면 건조 포화 상태, 잔골재는 5mm체를 다 통과하고 굵은 골재는 5mm체에 다 남는 골재
• 현장 배합 : 시방 배합을 현장 여건에 맞게 골재의 입도, 함수 상태 등을 수정하여 배합하는 것

31 시방 배합에서 규정된 배합의 표시법에 포함되지 않는 것은? [2015]

① 물-시멘트비
② 잔골재의 최대 치수
③ 물, 시멘트, 골재의 단위량
④ 슬럼프의 범위

답 ②

해설

배합의 표시법에 포함되는 사항

• 물-시멘트비
• 잔골재율
• 슬럼프 및 공기량
• 골재의 단위량

32 시방 배합에서 규정된 배합의 표시법에 포함되지 않는 것은? [2015]

① 슬럼프의 범위
② 잔골재의 최대 치수
③ 물-시멘트비
④ 시멘트의 단위량

답 ②

해설

배합의 표시법에 포함되는 사항
• 굵은 골재의 최대 치수
• 물-시멘트비
• 잔골재율
• 슬럼프 및 공기량
• 각 재료의 단위재료량

33 콘크리트의 시방 배합을 현장 배합으로 고칠 때 단위량이 변하지 않는 것은? [2017]

① 단위수량
② 단위잔골재량
③ 단위굵은 골재량
④ 단위시멘트양

답 ④

34 콘크리트 시방 배합의 기준으로서 골재는 어느 상태의 골재를 사용하는가? [2019]

① 절대 건조 상태
② 습윤 양생
③ 공기 중 건조 상태
④ 표면 건조 포화 상태

답 ④

해설

콘크리트 배합의 종류
• 시방 배합 : 골재의 함수 상태가 표면 건조 포화 상태인 것을 사용한다.
• 현장 배합 : 골재의 함수 상태 및 입도 상태를 고려하여 시방 배합을 현장의 골재 조건으로 보정한 배합을 의미한다.
• 용적 배합 : 각 재료의 양을 절대 용적으로 나타낸 배합을 의미한다.

35 시방 배합에 해당하는 설명은 어느 것인가? [2017]

① 시방서 또는 책임기술자가 지시한 배합을 말한다.
② 시방서 또는 현장에서 직접 배합한 것을 말한다.
③ 시방서와 상관없이 현장에서 배합한 것을 말한다.
④ 현장에서 사용하는 골재의 함수상태를 고려하여 배합한 것을 말한다.

답 ①

해설

시방 배합과 현장 배합의 정의
• 시방 배합 : 시방서 또는 책임 기술자가 지시한 배합으로 골재는 표면 건조 포화 상태
• 현장 배합 : 시방 배합을 현장 여건에 맞게 골재의 입도, 함수 상태 등을 수정하여 배합하는 것

Subject **06**	표면수량

36 시방 배합에서 단위수량 165kg/m³, 잔골재량 620kg/m³, 굵은 골재량 1,300kg/m³이다. 현장 배합으로 고칠 때 표면수량에 대한 보정을 하여 조정된 수량은 몇 kg/m³인가?(단, 잔골재 표면수량 1.5%, 굵은 골재 표면수량 1%이며, 입도 조정은 무시한다.) [2017]

① 132
② 136
③ 140
④ 143

답 ④

해설

• 보정된 잔골재량 $= 620 \times (1 + 0.015) = 629\text{kg}$
• 보정된 굵은 골재량 $= 1,300 \times (1 + 0.01) = 1,313\text{kg}$
• 보정된 단위수량 $= 165 - \{(629 - 620) + (1,313 - 1,300)\}$
  $= 143\text{kg/m}^3$

37 시방 배합에서 단위수량 165kg/m³, 잔골재량 620kg/m³, 굵은 골재량 1,300kg/m³이다. 현장 배합으로 고칠 때 표면수량에 대한 조정을 하여 조정된 수량은 몇 kg/m³인가?(단, 잔골재 표면수량 1%, 굵은 골재 표면수량 2%이며, 입도 조정은 무시한다.) [2016]

① 122
② 126
③ 130
④ 133

답 ④

해설

- 수정 잔골재량 $= 620 \times (1 + 0.01) = 626 \text{kg}$
- 수정 굵은 골재량 $= 1,300 \times (1 + 0.02) = 1,326 \text{kg}$
- 조정된 수량 $= 165 - \{(626 - 620) + (1,326 - 1,300)\}$
  $= 133 \text{kg}$

Subject 07 단위골재량

38 갇힌 공기량 2%, 단위수량 180kg/m³, 단위시멘트양 315kg/m³인 콘크리트의 단위골재량의 절대부피는 얼마인가?(단, 시멘트의 비중 3.15) [2017]

① 0.65m³
② 0.68m³
③ 0.70m³
④ 0.73m³

답 ③

해설

단위골재량의 절대부피 $= 1,000 - \left(180 + \dfrac{315}{3.15} + 20\right)$
$\qquad\qquad = 700 \text{L}$
$\qquad\qquad = 0.70 \text{m}^3$

39 콘크리트 배합 설계에서 단위시멘트양이 384kg/m³, 물은 185kg/m³, 갇힌 공기량은 1.5%이었다. 단위골재량의 절대부피는 얼마인가?(단, 시멘트의 비중은 3.14이다.) [2017]

① 0.542m³
② 0.480m³
③ 0.678m³
④ 0.854m³

답 ③

해설

단위골재량의 절대부피 $= 1,000 - \left(185 + \dfrac{384}{3.14} + 15\right)$
$\qquad\qquad = 678 \text{L} = 0.678 \text{m}^3$

40 콘크리트 배합 설계에서 단위수량 150kg/m³, 단위시멘트양 315kg/m³, 공기량은 3%로 결정했을 경우, 단위골재량의 절대부피는 얼마인가?(단, 시멘트의 밀도는 3.15이고 혼화재는 사용하지 않았다.) [2016]

① 0.70m³
② 0.72m³
③ 0.74m³
④ 0.75m³

답 ②

해설

단위골재량의 절대부피 $= 1,000 - \left(150 + \dfrac{315}{3.15} + 30\right)$
$\qquad\qquad = 720 \text{L} = 0.72 \text{m}^3$

41 배합 설계에서 단위골재량의 절대부피를 구하는 데 관계없는 것은? [2019]

① 블리딩의 양
② 시멘트의 비중
③ 단위혼화재량
④ 단위시멘트양

답 ①

해설

블리딩의 양은 굳지 않은 콘크리트에서 물의 재료 분리 경향을 측정하기 위한 시험 방법으로 배합 설계의 단위골재량의 계산과는 무관하다.

42 콘크리트 배합에 있어서 단위수량 160kg/m³, 단위시멘트양 310kg/m³, 공기량은 3%로 할 때 단위골재량의 절대부피는?(단, 시멘트의 밀도는 3.15이다.) [2018]

① 0.71m³ ② 0.74m³
③ 0.61m³ ④ 0.64m³

답 ①

[해설]

단위골재량의 절대부피 $= 1,000 - \left(160 + \dfrac{310}{3.15} + 30\right)$

$\qquad = 712L = 0.71m^3$

43 시방 배합표에서 단위수량이 167kg/m³, 단위시멘트양이 314kg/m³, 갇힌 공기량이 1.3%일 때 단위골재량의 절대부피는 얼마인가?(단, 시멘트의 비중은 3.14임) [2018]

① 0.66m³ ② 0.69m³
③ 0.72m³ ④ 0.75m³

답 ③

[해설]

단위골재량의 절대부피 $= 1,000 - \left(167 + \dfrac{314}{3.14} + 13\right)$

$\qquad = 720L = 0.72m^3$

Subject **08** 단위굵은 골재량

44 단위골재량의 절대부피가 0.7m³이고, 잔골재율이 35%일 때 단위굵은 골재량은?(단, 굵은 골재의 밀도는 2.6g/cm³임) [2019, 2020 1회]

① 1,183kg ② 1,198kg
③ 1,213kg ④ 1,228kg

답 ①

[해설]

단위굵은 골재량 = (단위골재량 절대부피 $\times (1 - S/a)$)
$\qquad \times$ 굵은 골재밀도 $\times 1,000$
$\qquad = (0.7 \times (1 - 0.35)) \times 2.6 \times 1,000$
$\qquad = 1,183 kg/m^3$

45 콘크리트의 시방 배합으로 각 재료의 양과 현장 골재의 상태가 아래와 같을 때 현장 배합에서 굵은 골재의 양은 얼마로 하여야 하는가?(단, 현장 골재는 표면 건조 포화 상태임) [2020 1회]

[시방 배합]
• 시멘트 : 300kg/m³
• 물 : 160kg/m³
• 잔골재 : 656kg/m³
• 굵은 골재 : 1,178kg/m³

[시방 배합]
• 5mm체에 남는 잔골재량 : 0%
• 5mm체에 통과하는 굵은 골재량 : 5%

① 1,116kg/m³ ② 1,178kg/m³
③ 1,240kg/m³ ② 1,258kg/m³

답 ③

[해설]
• 잔골재의 양 : x, 굵은 골재의 양 : y
• $0 \cdot x + (1 - 0.05)y = 1,178$
  $\therefore y$(굵은 골재의 양) $= 1,178/0.95 = 1,240 kg/m^3$

46 배합 설계에서 단위골재량의 절대부피가 0.655m³, 잔골재율이 40%일 때 단위굵은 골재량의 절대부피는 얼마인가?(단, 굵은 골재의 밀도는 2.63임) [2015]

① 0.393m³ ② 0.566m³
③ 0.266m³ ④ 0.499m³

답 ①

해설

단위굵은 골재의 절대부피 = $0.655 \times (1 - 0.40)$
　　　　　　　　　　 = $0.393(\text{m}^3)$

47 단위골재량의 절대부피가 0.69m³이고, 잔골재율이 40%인 경우, 단위굵은 골재량의 절대부피는 얼마인가? [2017]

① 0.314m³ ② 0.364m³
③ 0.414m³ ④ 0.464m³

답 ③

해설

단위굵은 골재의 절대부피 = $0.69 \times (1 - 0.40) = 0.414\text{m}^3$

48 단위골재량의 절대부피가 0.75m³인 콘크리트에서 절대잔골재율이 38%이고, 잔골재의 비중 2.6, 굵은 골재의 비중이 2.65라면 단위굵은 골재량은 몇 kg/m³인가? [2016]

① 741 ② 865
③ 1,021 ④ 1,232

답 ④

해설

단위굵은 골재량 = $0.75 \times (1 - 0.38) \times 2.65 \times 1,000$
　　　　　　　　 = $1,232\text{kg/m}^3$

Subject **09** 잔골재량

49 시방 배합으로 잔골재 600kg/m³, 굵은 골재 1,250kg/m³일 때 현장 배합으로 고친 잔골재량은?(단, 5mm체에 남는 잔골재량 3%, 5mm체를 통과하는 굵은 골재량 2%이며 표면수량에 대한 조정은 무시한다.) [2019]

① 593kg/m³
② 600kg/m³
③ 607kg/m³
④ 627kg/m³

답 ①

해설

잔골재의 양 : x, 굵은 골재의 양 : y로 하면
$x + y = 600 + 1,250 = 1,850$ ······①
잔골재의 양을 기준으로 5mm체 잔류율과 통과율을 정리하면
$(1 - 0.03)x + 0.02y = 600$ ········②
①과 ②를 연립하여 풀이하면
$0.97x + 0.02(1,850 - x) = 600$
∴ x(잔골재의 양) $= 593\text{kg/m}^3$

50 시방 배합에서 단위잔골재량이 720kg/m³이다. 현장 골재의 시험에서 표면수량이 1%라면 현장 배합으로 보정된 잔골재량은? [2019]

① 727.2kg/m³
② 712.8kg/m³
③ 702.4kg/m³
④ 693.1kg/m³

답 ①

해설

보정된 잔골재량 = $720 \times \left(1 + \dfrac{1}{100}\right) = 727.2\text{kg/m}^3$

51 콘크리트 배합 설계에서 잔골재의 부피 290L, 굵은 골재의 부피 510L를 얻었다면 잔골재율은 얼마인가? [2017]

① 29% ② 36%

③ 57% ④ 64%

답 ②

$$잔골재율 = \frac{잔골재의\ 부피}{골재\ 전체의\ 부피} \times 100$$

$$= \frac{290}{290 + 510} \times 100 = 36\%$$

52 잔골재의 절대부피가 0.324m³이고 골재의 절대부피는 0.684m³일 때, 잔골재율을 구하면? [2018]

① 16% ② 17.1%

③ 24.5% ④ 47.4%

답 ④

$$잔골재율 = \frac{잔골재의\ 부피}{골재\ 전체의\ 부피} \times 100 = \frac{0.324}{0.684} \times 100 = 47.4\%$$

Subject 10 단위잔골재량

53 단위골재량의 절대부피가 0.75m³이고, 잔골재율이 30%일 때 단위잔골재량은 얼마인가? (단, 잔골재의 비중은 2.6임) [2019]

① 585kg/m³ ② 595kg/m³

③ 605kg/m³ ④ 615kg/m³

답 ①

$$단위잔골재량 = \left\{ (단위잔골재량\ 절대부피 \times 1,000) \times \left(\frac{S/a}{100} \right) \right\}$$
$$\times 잔골재밀도$$
$$= (0.75 \times 1,000) \times \frac{30}{100} \times 2.6 = 585\,kg/m^3$$

54 시방 배합에서 단위잔골재량이 720kg/m³ 이다. 현장 골재의 시험에서 표면수량이 1.5%라 면 현장 배합으로 보정된 잔골재량은? [2017]

① 730.8kg/m³

② 712.8kg/m³

③ 722.4kg/m³

④ 720.1kg/m³

답 ①

$$보정된\ 잔골재량 = 720 \times \left(1 + \frac{1.5}{100} \right) = 730.8\,kg/m^3$$

55 단위잔골재량의 절대 부피가 0.253m³이고, 잔골재의 밀도가 2.60일 때 단위잔골재량은 몇 kg/m³인가? [2017]

① 658 ② 687

③ 693 ④ 721

답 ①

$$단위잔골재량 = 0.253 \times 2.60 \times 1,000 = 658\,kg/m^3$$

56 단위잔골재량의 절대부피가 0.266m³, 잔골 재의 밀도가 2.60일 때 단위잔골재량은 약 몇 kg/m³인가? [2016, 2018]

① 692 ② 962

③ 296 ④ 726

답 ①

$$단위잔골재량 = 0.266 \times 2.60 \times 1,000 = 692\,kg/m^3$$

57 잔골재의 절대 부피가 0.279m³이고 잔골재 밀도가 2.64g/cm³일 때, 단위잔골재량은 약 얼마인가? [2020 2회]

① 106kg
② 573kg
③ 737kg
④ 946kg

답 ③

해설

단위잔골재량 $= 0.279 \times 1,000 \times 2.64 = 737$kg

Subject 11 단위시멘트양

58 배합 설계에서 물-시멘트비가 45%이고 단위수량이 153kg/m³일 때 단위시멘트양은 얼마인가? [2019]

① 254kg/m³
② 340kg/m³
③ 369kg/m³
④ 392kg/m³

답 ②

해설

$$\frac{W}{C} = \frac{153}{C} = 0.45$$

$$\therefore \ C = \frac{153}{0.45} = 340\text{kg/m}^3$$

59 단위수량이 176kg/m³이며, 물-시멘트비가 55%인 경우 단위시멘트양은? [2020 1회]

① 96.8kg/m³
② 160kg/m³
③ 235.2kg/m³
④ 320kg/m³

답 ④

해설

$$\frac{W}{C} = 0.55$$

$$\therefore \ C = \frac{176}{0.55} = 320\text{kg/m}^3$$

Subject 12 잔골재율

60 콘크리트 배합 설계에서 잔골재의 부피 290L, 굵은 골재의 부피 510L를 얻었다면 잔골재율은 약 얼마인가? [2015, 2019]

① 29%
② 36%
③ 57%
④ 64%

답 ②

해설

$$잔골재율 = \frac{잔골재의 \ 부피}{골재 \ 전체의 \ 부피} \times 100$$

$$= \frac{290}{290 + 510} \times 100 = 36.25\%$$

61 물-시멘트비가 66%, 단위수량이 176kg/m³일 때 단위시멘트양은 얼마인가? [2020 2회]

① 266.7kg/m³
② 279.8kg/m³
③ 285.4kg/m³
④ 293.1kg/m³

답 ①

해설

$$C = \frac{176}{0.66} = 266.7\text{kg/m}^3$$

62 콘크리트 배합 설계에서 잔골재 300L, 굵은 골재 550L를 산정하였다. 이때 잔골재율은 약 얼마인가? [2019]

① 30%
② 35%
③ 55%
④ 65%

답 ②

해설

$$잔골재율 = \frac{잔골재의 \ 부피}{골재 \ 전체의 \ 부피} \times 100 = \frac{300}{300 + 550} \times 100$$

$$= 35.3\%$$

63 콘크리트의 배합에서 단위잔골재량이 700 kg/m³, 단위굵은 골재량이 1,350kg/m³일 때 절대잔골재율(S/a)은?(단, 잔골재의 밀도 2.55g/cm³, 굵은 골재의 밀도 2.60g/cm³임) [2016]

① 35% ② 40%

③ 45% ④ 50%

답 ①

해설

$$\text{잔골재율} = \frac{\text{잔골재의 부피}}{\text{굵은 골재의 부피} + \text{잔골재의 부피}} \times 100$$

$$= \frac{700/2.55}{700/0.55 + 1,350/2.60} \times 100 = 34.6 ≒ 35\%$$

Subject **13** 굵은 골재의 최대 치수

64 굵은 골재 10,000g을 칭량하여 4개의 체를 개별적으로 통과량을 조사하여 다음 결과를 얻었다. 이 굵은 골재의 최대 치수는? [2017]

체	20mm	25mm	40mm	75mm
통과량	8,500g	9,100g	9,500g	10,000g

① 20mm ② 25mm

③ 40mm ④ 75mm

답 ②

해설

체	통과량	통과율(%)
75mm	10,000g	10,000/10,000×100=100%
40mm	9,500g	9,500/10,000×100=95%
25mm	9,100g	9,100/10,000×100=91%
20mm	8,500g	8,500/10,000×100=85%

굵은 골재의 최대 치수는 90% 이상 통과하는 체 중에서 최소 치수 체눈의 공칭 치수를 의미하므로 문제에서 굵은 골재의 최대 치수는 25mm이다.

65 무근 콘크리트 구조물의 부재 최소 치수가 160m일 때 굵은 골재 최대 치수는 몇 mm 이하로 하여야 하는가? [2020 2회]

① 25mm ② 40mm

③ 50mm ④ 100mm

답 ②

66 철근 콘크리트에서 구조물의 단면이 큰 경우 굵은 골재의 최대 치수는 다음 중 어느 것을 표준으로 하는가? [2019]

① 25mm ② 40mm

③ 50mm ④ 100mm

답 ②

해설

굵은 골재의 최대 치수

일반적인 종류	20 또는 25
단면이 큰 경우	40
무근 콘크리트	40
	부재 최소 치수의 1/4을 초과해서는 안 됨

67 일반적인 구조물의 콘크리트에 사용되는 굵은 골재의 최대 치수는 다음 중 어느 것을 표준으로 하는가? [2019]

① 25mm ② 40mm

③ 60mm ④ 100mm

답 ①

해설

굵은 골재 최대 치수

• 일반적인 경우 : 20mm 또는 25mm

• 단면이 큰 경우 : 40mm

68 굵은 골재의 최대 치수의 정의에 대한 아래 표의 ( ) 안에 적합한 것은? [2019]

> 질량비로 ( ) 이상을 통과시키는 체 중에서 최소 치수인 체의 호칭치수로 나타낸 굵은 골재의 치수

① 95%
② 90%
③ 85%
④ 80%

답 ②

해설

굵은 골재의 최대 치수

질량으로 90% 이상 통과시키는 체 중에서 최소 치수의 체눈의 호칭 치수

Subject **14** 계량오차

69 콘크리트 각 재료의 1회분에 대한 계량 오차 중 골재의 허용 오차로 옳은 것은? [2017, 2019]

① 1%
② 2%
③ 3%
④ 4%

답 ③

해설

각 재료의 계량 허용 오차(%)

재료	계량 오차 허용 범위(%)
시멘트	−1%, +2%
혼화재	±2%
배합수	−2%, +1%
잔골재, 굵은 골재	±3%
화학혼화제	±3%

70 콘크리트를 제조할 때 각 재료의 계량 오차 중 혼화제의 허용 오차는? [2019]

① 1%
② 2%
③ 3%
④ 4%

답 ③

71 굵은 골재의 연한 석편 함유량의 한도는 최댓값을 몇 %(질량백분율)로 규정하고 있는가? [2016]

① 3%
② 5%
③ 10%
④ 13%

답 ②

해설

굵은 골재의 유해물 함유량의 허용치

종류	계량 오차 허용 범위(%)
점토덩어리	0.25
연한 석편	5.0

72 콘크리트를 제조할 때 각 재료의 계량에 대한 허용 오차 중 골재의 허용 오차로 옳은 것은? [2020 2회]

① ±1%
④ ±2%
③ ±3%
④ ±4%

답 ③

73 콘크리트 재료 배합 시 재료의 계량 오차가 가장 적게 생기도록 해야 하는 것은? [2015]

① 물
② 혼화제
③ 잔골재
④ 굵은 골재

답 ①

74 콘크리트 각 재료의 계량 오차 중 혼화재의 허용 오차는? [2015]

① 1
② 2
③ 3
④ 4

답 ②

75 콘크리트를 제작할 때 각 재료의 계량에 대한 허용 오차로서 틀린 것은? [2019]

① 혼화재 : ±2%
② 시멘트 : ±2%
③ 골재 : ±3%
④ 혼화제 : ±3%

답 ②

76 콘크리트를 제작하기 위해 재료를 계량하고자 한다. 혼화제의 계량 허용 오차로서 옳은 것은? [2020 1회]

① ±1%   ④ ±2%
③ ±3%   ④ ±4%

답 ③

77 콘크리트의 배합 설계에서 재료 계량의 허요 오차가 맞는 것은? [2017]

① 물 : 1%, 혼화재 : 3%
② 화학혼화제 : 3%, 혼화재 : 2%
③ 물 : 2%, 혼화재 : 1%
④ 물 : 3%, 혼화재 : 4%

답 ②

78 다음은 콘크리트 각 재료의 계량 허용 오차(%)의 기준을 나타낸 것이다. 바르게 표시된 것은? [2016]

① 물 −2%에서 +1% 이내
② 시멘트 2% 이내
③ 골재 2% 이내
④ 혼화제 용액 2% 이내

답 ①

콘크리트의 종류

CHAPTER 08

Subject 01 **서중 콘크리트**

01 서중 콘크리트에서 콘크리트를 쳐 넣을 때의 콘크리트 온도는 최대 몇 ℃ 이하여야 하는가?

[2016]

① 20℃ 　　　　　② 25℃
③ 15℃ 　　　　　④ 35℃

답 ④

해설

서중 콘크리트
• 콘크리트를 타설하기 전에는 지반, 거푸집 등 콘크리트로부터 물을 흡수할 우려가 있는 부분을 습윤 상태로 유지하여야 한다.
• 콘크리트는 비빈 후 즉시 타설하여야 하며, 1.5시간 이내에 타설하여야 한다.
• 콘크리트를 타설할 때의 콘크리트 온도는 35℃ 이하이어야 한다.
• 콘크리트 타설 시 콜드조인트가 생기지 않도록 한다.

02 서중 콘크리트는 비비기 시작한 후 최대 몇 시간 이내에 타설하는 것이 좋은가?

[2016]

① 30분 이내
② 1시간 이내
③ 1시간 30분 이내
④ 2시간 이내

답 ③

해설

운반 시간
① 콘크리트 표준 시방서 규정
　• 25℃ 이상(외기) : 1.5시간 이내(서중 콘크리트 조건)
　• 25℃ 미만(외기) : 2시간 이내
② 레미콘 운반 시 : 1.5시간 이내
③ 덤프트럭 운반 시 : 1시간 이내

03 서중 콘크리트에 대한 설명으로 틀린 것은?

[2020 1회]

① 하루 평균기온이 15℃를 초과하는 것이 예상되는 경우 서중 콘크리트로 시공하여야 한다.
② 서중 콘크리트의 배합 온도는 낮게 관리하여야 한다.
③ 콘크리트를 타설할 때의 콘크리트 온도는 35℃ 이하이어야 한다.
④ 타설하기 전에 지반, 거푸집 등 콘크리트로부터 물을 흡수할 우려가 있는 부분을 습윤 상태로 유지하여야 한다.

답 ①

해설

서중 콘크리트의 적용범위
하루 평균기온이 25℃를 초과하는 것이 예상되는 경우 서중 콘크리트로 시공하여야 한다.

04 하루 평균기온이 최소 몇 ℃를 초과할 경우에 서중 콘크리트로 시공해야 하는가?

[2016]

① 20℃ 　　　　　② 25℃
③ 30℃ 　　　　　④ 35℃

답 ②

해설

• 서중 콘크리트 : 일평균기온이 25℃를 초과할 경우
• 한중 콘크리트 : 일평균기온이 4℃ 이하인 경우

05 서중 콘크리트에 관한 다음 설명 중 잘못된 것은? [2019]

① 고온의 시멘트는 사용하면 안 된다.
② 고온의 물은 서중 콘크리트에 매우 효과적이다.
③ 장기간 직사일광에 노출된 골재는 사용하면 안 된다.
④ 콘크리트를 친 후 즉시 표면을 보호해야 한다.

답 ②

해설

콘크리트의 배합
• 단위수량 및 단위시멘트양을 적게 하여야 한다.
• 10℃의 상승에 대하여 단위수량은 2~5% 증가한다.
• 소요의 압축강도를 확보하기 위해서는 단위시멘트양의 증가를 검토하여야 한다.
• 콘크리트의 배합 시 단위수량을 적게 하고 단위시멘트양이 많아지지 않도록 한다.
• 서중 콘크리트의 배합 온도는 낮게 관리하여야 한다.

06 서중 콘크리트에 대한 설명으로 옳은 것은? [2017]

① 월평균기온이 5℃를 넘을 때 시공한다.
② 콘크리트 재료는 온도가 되도록 낮아지도록 하여 사용하여야 한다.
③ 배합은 필요한 강도 및 워커빌리티를 얻는 범위 내에서 단위수량과 시멘트양은 많이 되도록 한다.
④ 콘크리트를 비버서 쳐 넣을 때까지의 시간은 30분을 넘어서는 안 된다.

답 ②

07 서중 콘크리트 시공 시 유의 사항 중 틀린 것은? [2019]

① 콘크리트를 타설하기 전에는 지반, 거푸집 등 콘크리트로부터 물을 흡수할 우려가 있는 부분을 습윤 상태로 유지해야 한다.
② 거푸집, 철근 등이 직사광선을 받아서 고온이 될 우려가 있는 경우에는 살수, 덮개 등의 적절한 조치를 해야 한다.
③ 서중 콘크리트는 재료를 비빈 후 1.5시간 이내에 타설하여야 한다.
④ 서중 콘크리트를 타설할 때의 온도는 40℃ 이하여야 한다.

답 ④

해설

서중 콘크리트
• 콘크리트를 타설하기 전에는 습윤 상태로 유지하여야 한다.
• 거푸집, 철근 등이 직사일광을 받아서 고온이 될 우려가 있는 경우에는 살수, 덮개 등의 적절한 조치를 하여야 한다.
• 콘크리트는 비빈 후 즉시 타설한다.
• 감수제를 사용하는 등 대책을 강구한 경우라도 1.5시간 이내에 타설하여야 한다.
• 콘크리트를 타설할 때의 콘크리트 온도는 35℃ 이하이어야 한다.
• 콘크리트 타설 시 콜드조인트가 생기지 않도록 한다.

Subject **02** 한중 콘크리트

08 한중 콘크리트 시공 시 동결 온도를 낮추기 위한 방법으로 옳지 않은 것은? [2015]

① 적당한 보온 장치를 한다.
② 시멘트를 가열한다.
③ 골재를 가열한다.
④ 물을 가열한다.

답 ②

해설

시멘트는 어떠한 경우라도 가열을 해서는 안 된다.

09 한중 콘크리트에서 재료를 가열할 때 가열해서는 안 되는 재료는? [2020 1회]

① 시멘트
② 물
③ 잔골재
④ 굵은 골재

답 ①

10 한중 콘크리트는 양생 중에 온도를 최소 얼마 이상으로 유지해야 하는가?

[2016(2번 출제), 2018]

① 0℃
② 5℃
③ 15℃
④ 20℃

답 ②

해설

한중 콘크리트의 양생
• 콘크리트의 온도를 5℃ 이상으로 유지하여야 한다.
• 소요 압축강도에 도달한 후 2일간은 부분 0℃ 이상이 되도록 유지하여야 한다.

11 일반적으로 하루의 평균기온이 최대 몇 ℃ 이하가 되는 기상 조건일 때 한중 콘크리트로서 시공하는가? [2016, 2018]

① 10℃ 이하
② 8℃ 이하
③ 4℃ 이하
④ 0℃ 이하

답 ③

해설

하루의 평균기온이 4℃ 이하가 예상되는 조건일 때는 한중 콘크리트로 시공하여야 한다.

12 한중 콘크리트로 시공하여야 하는 온도의 기준으로 옳은 것은? [2019]

① 하루의 평균기온이 4℃ 이하가 예상될 때
② 하루의 평균기온이 0℃ 이하가 예상될 때
③ 하루의 평균기온이 10℃ 이하가 예상될 때
④ 하루의 평균기온이 −4℃ 이하가 예상될 때

답 ①

해설

한중 콘크리트 적용 범위
하루의 평균기온이 4℃ 이하가 예상되는 조건일 때는 한중 콘크리트로 시공하여야 한다.

13 한중 콘크리트의 초기 양생 중에 소요의 압축강도를 얻을 때까지 콘크리트의 온도는 최소 얼마 이상으로 유지해야 하는가? [2020 1회]

① 0℃
② 5℃
③ 15℃
④ 20℃

답 ②

14 한중 콘크리트 시공 시 콘크리트의 동결 온도를 낮추기 위해 사용하는 방법으로 적합하지 않은 것은? [2019]

① 물을 가열하고 사용
② 잔골재를 가열하고 사용
③ 시멘트를 가열하고 사용
④ 굵은 골재를 가열하고 사용

답 ③

해설

한중 콘크리트 재료 관리
• 시멘트는 포틀랜드 시멘트를 사용하는 것을 표준으로 한다.
• 골재가 동결되어 있거나 골재에 빙설이 혼입되어 있는 골재는 사용할 수 없다.
• 특수한 혼화제를 사용할 때는 품질이 확인된 것을 사용하여야 한다.
• 재료를 가열할 경우 물 또는 골재를 가열하는 것으로 한다.
• 시멘트는 어떠한 경우라도 직접 가열할 수 없다.
• 골재의 가열은 온도가 균등하게 되며 건조되지 않는 방법을 적용하여야 한다.

15 한중 콘크리트에 관한 설명으로 틀린 것은?

[2019]

① 하루 평균기온이 4℃ 이하가 예상되는 조건일 때는 한중 콘크리트로 시공하여야 한다.
② 한중 콘크리트는 공기 연행 콘크리트를 사용하는 것을 원칙으로 한다.
③ 콘크리트를 타설할 때는 철근이나 거푸집 등에 빙설이 부착되어 있지 않아야 한다.
④ 초기 동해를 적게 하기 위하여 단위수량은 크게 하는 것이 좋다.

답 ④

해설

한중 콘크리트의 배합
• 한중 콘크리트에는 공기 연행 콘크리트를 사용하는 것을 원칙으로 한다.
• 단위수량은 워커빌리티를 유지할 수 있는 범위 내에서 되도록 적게 정하여야 한다.
• 한중 콘크리트의 배합은 압축강도가 초기 양생 기간 내에 얻어지고, 콘크리트의 압축강도가 소정의 재령에서 얻어지도록 정하여야 한다.
• 물−결합재비는 60% 이하로 하여야 한다.

16 한중 콘크리트에 관한 다음 설명 중에서 올바르지 못한 사항은?

[2017]

① 1일 평균기온이 4℃ 이하가 되는 기상 조건하에서는 한중 콘크리트로서 시공한다.
② 한중 콘크리트를 시공할 때에는 물과 시멘트를 가열한 다음 혼합하여 콘크리트를 타설한다.
③ 타설할 때의 콘크리트 온도는 구조물의 단면 치수, 기상 조건 등을 고려하여 5~20℃의 범위에서 정한다.
④ 콘크리트 타설이 완료된 후 초기 동해를 받지 않도록 초기 양생을 실시한다.

답 ②

해설

한중 콘크리트의 재료
• 포틀랜드 시멘트를 사용하는 것을 표준으로 한다.
• 골재가 동결되어 있거나 골재에 빙설이 혼입되어 있는 골재는 그대로 사용할 수 없다.
• 특수한 혼화제를 사용할 때는 품질이 확인된 것을 사용한다.
• 재료를 가열할 경우, 물 또는 골재를 가열하는 것으로 하며, 시멘트는 어떠한 경우라도 직접 가열할 수 없다.

17 한중 콘크리트의 시공에 관한 사항 중 옳지 않은 것은?

[2020 2회]

① 물, 골재, 시멘트를 가열하여 적당한 온도에서 비볐다.
② 가능한 한 단위수량을 줄였다.
③ 타설할 때의 콘크리트 온도를 구조물의 단면 치수, 기상 조건 등을 고려하여 5~20℃의 범위에서 정하였다.
④ AE 콘크리트를 사용하여 시공하였다.

답 ①

18 다음 중에서 뿜어붙이기 콘크리트의 시공에 적합하지 않은 것은? [2015]

① 콘크리트 표면 공사
② 콘크리트 보수 공사
③ 터널(Tunnel) 공사
④ 수중 콘크리트 공사

답 ④

해설

수중 콘크리트의 시공 방법
① 트레미 공법
  • 트레미 파이프 내경 : 굵은 골재 최대 치수의 8배 정도
  • 1개의 타설 면적 : 30m² 이하
② 밑열림 상자 : 부득이한 경우만 적용
③ 밑열림 포대 콘크리트 : 부득이한 경우만 적용

19 뿜어붙이기 콘크리트에 관한 다음 내용 중 잘못된 것은? [2016]

① 시멘트 건(Gun)에 의해 압축공기로 모르타르를 뿜어붙이는 것이다.
② 수축 균열이 생기기 쉽다.
③ 공사 기간이 길어진다.
④ 시공 중 분진이 많이 발생한다.

답 ③

해설

뿜어붙이기 콘크리트(Shotcrete)
• 시멘트 건(Gun)에 의해 압축공기로 모르타르를 뿜어붙이는 것이다.
• 시공 중 분진 발생이 크다.
• 공사 기간이 짧아진다.
• 수축 균열이 생기기 쉽다.

20 뿜어붙이기 콘크리트에 관한 다음 내용 중 잘못된 것은? [2018]

① 시멘트 건(Gun)에 의해 압축공기로 모르타르를 뿜어 붙이는 것이다.
② 수축 균열이 생기기 쉽다.
③ 공사 기간이 길어진다.
④ 건식 공법의 경우 시공 중 분진이 많이 발생한다.

답 ③

해설

뿜어붙이기 콘크리트(Shotcrete)
• 수축 균열이 생기기 쉽다.
• 공사 기간이 짧아진다.
• 시공 중 분진 발생이 크다.

21 뿜어붙이기 콘크리트에 대한 설명으로 틀린 것은? [2017]

① 시멘트는 보통 포틀랜드 시멘트를 사용한다.
② 혼화제로는 급결제를 사용한다.
③ 굵은 골재는 최대 치수가 40~50mm의 부순 돌 또는 강자갈을 사용한다.
④ 시공 방법으로는 건식 공법과 습식 공법이 있다.

답 ③

해설

뿜어붙이기 콘크리트(Shotcrete)
• 보통 포틀랜드 시멘트를 사용한다.
• 혼화제로는 급결제를 사용한다.
• 굵은 골재는 15mm 이하를 사용한다.
• 시공 방법으로는 건식 공법과 습식 공법이 있다.

22 일반 수중 콘크리트를 시공할 때 물–시멘트비(W/C)와 단위시멘트양은 얼마를 표준으로 하는가? [2017]

① 물–시멘트비 50% 이하, 단위시멘트양 300kg/m³ 이상
② 물–시멘트비 65% 이하, 단위시멘트양 370kg/m³ 이상
③ 물–시멘트비 50% 이하, 단위시멘트양 370kg/m³ 이상
④ 물–시멘트비 65% 이하, 단위시멘트양 300kg/m³ 이상

답 ③

해설

일반 수중 콘크리트 시공 시 표준
• 물–시멘트비 : 50% 이하
• 단위시멘트양 : 370kg/m³ 이상

23 일반 수중 콘크리트의 시공에 관한 설명 중 옳지 않은 것은? [2017]

① 콘크리트는 정수 중에서 타설하는 것이 좋다.
② 콘크리트는 수중에 낙하시켜서는 안 된다.
③ 점성이 풍부해야 하며 물–시멘트비는 55% 이상으로 해야 한다.
④ 콘크리트 펌프나 트레미를 사용해서 타설해야 한다.

답 ③

해설

일반 수중 콘크리트의 시공
• 콘크리트는 정수 중에서 타설해야 한다.
• 콘크리트는 수중에 낙하시켜서는 안 된다(시멘트의 씻김 방지를 위하여).
• 점성이 풍부해야 한다.
• 물–시멘트비는 55% 이하로 해야 한다.
• 콘크리트 펌프나 트레미를 사용해서 타설해야 한다.

24 일반 수중 콘크리트 타설에 대한 설명으로 잘못된 것은? [2019]

① 콘크리트는 흐르지 않는 물속에 쳐야 한다. 정수 중에 칠 수 없을 경우에도 유속은 1초에 50mm 이하로 하여야 한다.
② 콘크리트는 수중에 낙하시켜서는 안 된다.
③ 수중 콘크리트의 타설에서 중요한 구조물의 경우는 밑열림 상자나 밑열림 포대를 사용하여 연속해서 타설하는 것을 원칙으로 한다.
④ 한 구획의 콘크리트 타설을 완료한 후 레이턴스를 모두 제거하고 다시 타설하여야 한다.

답 ③

해설

일반 수중 콘크리트 타설
• 콘크리트는 흐르지 않는 물속에 쳐야 한다. 유속은 1초에 50mm 이하로 하여야 한다.
• 콘크리트는 수중에 낙하시켜서는 안 된다.
• 수중 콘크리트의 타설에서 트레미나 펌프를 사용하여 타설을 해야 한다.
• 부득이한 경우만 밑열림 상자나 밑열림 포대를 사용하여 연속해서 콘크리트를 타설해야 한다.

25 수중 콘크리트의 타설에 대한 설명으로 옳지 않은 것은? [2018]

① 콘크리트를 수중에 낙하시키지 말아야 한다.
② 수중의 물의 속도가 30cm/sec 이내일 때에 한하여 시공한다.
③ 콘크리트 면을 가능한 한 수평하게 유지하면서 소정의 높이 또는 수면상에 이를 때까지 연속해서 타설해야 한다.
④ 한 구획의 콘크리트 타설을 완료한 후 레이턴스를 모두 제거하고 다시 타설해야 한다.

답 ②

해설
수중 콘크리트의 타설
• 콘크리트를 수중에 낙하시켜서는 안 된다.
• 수중의 물의 속도가 50mm/sec 이내일 때에 한해서 시공한다.
• 콘크리트 면을 가능한 한 수평하게 유지하면서 연속해서 타설해야 한다.
• 한 구획의 콘크리트 타설을 완료한 후 레이턴스를 모두 제거하고 다시 타설해야 한다.

26 일반적인 수중 콘크리트의 단위시멘트양의 표준은 얼마 이상인가? [2017, 2020 1회]

① $370kg/m^3$
② $300kg/m^3$
③ $250kg/m^3$
④ $200kg/m^3$

답 ①

해설
• 일반적인 수중 콘크리트의 단위시멘트양 : $370kg/m^3$ 이상
• 지하연속벽에 사용되는 수중 콘크리트의 단위시멘트양 표준 : $350kg/m^3$ 이상

27 수중 콘크리트에서 물-시멘트비는 50% 이하, 단위시멘트양은 $370kg/m^3$ 이상, 잔골재율은 얼마를 표준으로 하는가? [2018]

① 10~25%
② 20~35%
③ 40~45%
④ 50~55%

답 ③

해설
수중 콘크리트 잔골재율의 표준 : 40~45%

28 수중 콘크리트를 타설할 때 사용되는 기계 및 기구와 관계가 먼 것은? [2018]

① 트레미
② 슬립폼 페이버
③ 밑열림 상자
④ 콘크리트 펌프

답 ②

해설
수중 콘크리트 타설 방법
• 트레미 공법
• 콘크리트 펌프
• 밑열림 상자 : 부득이한 경우만 적용
• 밑열림 포대 콘크리트 : 부득이한 경우만 적용

29 수중 콘크리트를 타설할 때 물을 정지시킨 정수 중에서 타설하는 것이 좋으나, 완전히 물막이를 할 수 없는 경우 최대 유속을 1초간 몇 cm 이하로 하여야 하는가? [2020 2회]

① 5cm 이하   ② 10cm 이하
③ 15cm 이하   ④ 20cm 이하

답 ①

해설
수중 콘크리트 시공 시 유의사항
• 유속 50mm/sec 이하에서 타설
• 수중 낙하 금지
• 수평을 유지하며 연속 타설

30 일반 수중 콘크리트에 대한 설명으로 틀린 것은? [2020 2회]

① 트레미, 콘크리트 펌프 등에 의해 타설한다.
② 물−결합재비는 50% 이하여야 한다.
③ 단위시멘트양은 30kg/m³ 이상으로 한다.
④ 콘크리트는 수중에 낙하시키지 않아야 한다.

답 ③

Subject **05** 레디믹스트 콘크리트

---

31 레디믹스트 콘크리트에 관한 다음 내용 중 잘못된 것은? [2017]

① 워커빌리티를 단시간에 조절할 수 있다.
② 단기간에 많은 양의 콘크리트를 시공할 수 있다.
③ 콘크리트 반죽을 위한 현장 설비가 필요 없다.
④ 공사 비용 절감 및 공사 기간을 단축할 수 있다.

답 ①

해설
레디믹스트 콘크리트
• 단기간에 많은 양의 콘크리트를 시공할 수 있다.
• 콘크리트 반죽을 위한 현장 설비가 필요 없다.
• 공사 비용 절감 및 공사 기간을 단축할 수 있다.

---

32 레디믹스트 콘크리트의 장점이 아닌 것은? [2018]

① 균질의 콘크리트를 얻을 수 있다.
② 공사 능률이 향상되고 공기를 단축할 수 있다.
③ 콘크리트의 워커빌리티를 현장에서 즉시 조절할 수 있다.
④ 콘크리트 치기와 양생에만 전념할 수 있다.

답 ③

해설
레디믹스트 콘크리트의 장점
• 균질의 콘크리트를 얻을 수 있다.
• 공사 능률이 향상된다.
• 공기를 단축할 수 있다.

---

33 레디믹스트 콘크리트의 종류 중 센트럴 믹스트 콘크리트의 설명으로 옳은 것은? [2019]

① 공장에 있는 고정 믹서에서 완전히 비빈 콘크리트를 애지테이터 트럭 등으로 운반하는 방법이다.
② 콘크리트 플랜트에서 재료를 계량하여 트럭 믹서에 싣고, 운반 중에 물을 넣어 비비는 방법이다.
③ 운반 거리가 장거리이거나, 운반 시간이 긴 경우에 사용한다.
④ 공장에 있는 고정 믹서에서 어느 정도 콘크리트를 비빈 다음, 현장으로 가면서 완전히 비비는 방법이다.

답 ①

해설
센트럴 믹스트 콘크리트
공장에 있는 고정 믹서에서 완전히 비빈 콘크리트를 애지테이터 트럭 등으로 운반하는 방법이다.

---

34 레디믹스트(Ready Mixed) 콘크리트에 관한 설명으로 틀린 것은? [2019]

① 콘크리트를 치기가 쉬워 능률적이다.
② 공사 비용과 공사 기간이 늘어나는 단점이 있다.
③ 콘크리트의 품질을 염려할 필요 없이 시공에만 전념할 수 있다.
④ 좋은 품질의 콘크리트를 얻기 쉽다.

답 ②

해설
레디믹스트(Ready Mixed) 콘크리트의 특징
• 콘크리트 제조 설비를 갖춘 공장에서 수요자의 요구에 맞는 콘크리트를 생산한다.
• 운반차를 통해 수요자가 지정한 장소로 운반되는 굳지 않은 콘크리트를 말한다.
• 레미콘 사용 시 공사 비용과 공사 기간이 감소되는 장점이 있다.

35 공장에 있는 고정 믹서에서 어느 정도 콘크리트를 비빈 다음, 트럭 믹서에 싣고 비비면서 현장에 운반하는 레디믹스트 콘크리트는? [2018]

① 벌크 믹스트 콘크리트
② 센트럴 믹스트 콘크리트
③ 트랜싯 믹스트 콘크리트
④ 슈링크 믹스트 콘크리트

답 ④

해설

레디믹스트 콘크리트의 종류
• 센트럴 믹스트 콘크리트(Central Mixed Concrete) : 국내 적용 방식으로, 플랜트에서 재료를 완전히 혼합 후 이를 애지테이터 믹서 등으로 운반하는 방법
• 슈링크 믹스트 콘크리트(Shrink Mixed Concrete) : 콘크리트 플랜트에서 재료를 계량하여 일부 혼합 후 이를 트럭 믹서에 싣고 운반 중에 완전히 혼합하는 방법
• 트랜싯 믹스트 콘크리트(Transit Mixed Concrete) : 콘크리트 플랜트에서 재료를 계량하여 트럭 믹서에 싣고 운반 중에 물을 넣어 비비는 방법

36 아래 표에서 설명하는 레디믹스트 콘크리트의 종류는? [2019]

공장에 있는 고정 믹서에서 완전히 비빈 콘크리트를 애지테이터 트럭 또는 트럭 믹서로 운반하는 방법

① 슈링크 믹스트 콘크리트
② 트랜싯 믹스트 콘크리트
③ 센트럴 믹스트 콘크리트
④ 드라이 배칭 콘크리트

답 ③

37 콘크리트 플랜트에서 콘크리트를 공급받아 비비면서 주행하는 레디믹스트 콘크리트 운반용 트럭은? [2019]

① 슈트
② 트럭 믹서
③ 콘크리트 펌프
④ 콘크리트 플레이서

답 ②

해설

• 트럭 믹서 : 콘크리트 플랜트에서 콘크리트를 공급받아 비비면서 주행하는 레디믹스트 콘크리트 운반용 트럭을 말한다.
• 애지테이터 트럭 : 콘크리트 플랜트에서 완전히 비벼진 콘크리트를 공급받아 운반 장소까지 재료 분리가 일어나지 않을 정도로만 교반하는 트럭을 말한다.

38 레디믹스트 콘크리트를 제조와 운반 방법에 따라 분류할 때 아래 설명에 해당하는 것은? [2020 1회]

콘크리트 플랜트에서 재료를 계량하여 트럭 믹서에 싣고 운반 중에 물을 넣어 비비는 방법이다.

① 센트럴 믹스트 콘크리트
② 슈링크 믹스트 콘크리트
③ 가경식 믹스트 콘크리트
④ 트랜싯 믹스트 콘크리트

답 ④

Subject 06 수밀 콘크리트

39 수밀 콘크리트의 물-시멘트비는 얼마 이하를 표준으로 하는가? [2017(2번 출제), 2019]

① 50% ② 55%

③ 60% ④ 65%

답 ①

해설

물-시멘트비 결정 시 고려사항

• 내동해성 : 45~60%

• 해양 콘크리트 : 45~50%

• 수밀성 : 50% 이하

40 수밀 콘크리트를 만드는 데 적합하지 않은 것은? [2016]

① 단위수량을 되도록 적게 한다.

② 물-시멘트비를 되도록 적게 한다.

③ 단위굵은 골재량을 되도록 크게 한다.

④ AE제를 사용치 않음을 원칙으로 한다.

답 ④

해설

수밀 콘크리트 시공 시 주의사항

• W/C : 50% 이하

• Slump : 180mm 이하

• 굵은 골재 최대 치수를 크게 한다.

• 잔골재 양과 단위수량을 적게 한다.

• 거푸집은 견고하게 조립한다.

Subject 07 프리플레이스트 콘크리트

41 프리플레이스트 콘크리트에 사용하는 굵은 골재의 최소 치수는 얼마 이상으로 하는가?

[2015, 2019]

① 5mm ② 8mm

③ 10mm ④ 15mm

답 ④

42 다음 중 프리플레이스트 콘크리트의 특징이 아닌 것은? [2015]

① 장기강도가 크다.

② 수중 콘크리트에 적합하다.

③ 블리딩 및 레이턴스가 적다.

④ 조기강도가 보통 콘크리트보다 크다.

답 ④

해설

프리플레이스트 콘크리트의 특징

• 건조 수축이 적다.

• 부착강도 및 장기강도가 우수하다.

• 시공성이 우수하다.

• 수중 콘크리트에 적합하다.

43 미리 거푸집 안에 굵은 골재를 채우고 그 틈 사이에 특수 모르타르를 주입하는 콘크리트는?

[2016, 2019]

① 진공 콘크리트

② 프리플레이스트 콘크리트(Preplaced Concrete)

③ 레디믹스트 콘크리트(Ready Mixed Concrete)

④ 프리스트레스트 콘크리트(Prestressed Concrete)

답 ②

44 프리플레이스트 콘크리트에 대한 설명으로 틀린 것은? [2020 2회]

① 장기강도가 작다.

② 경화 수축이 적다.

③ 수밀성이 크다.

④ 내구성이 크다.

답 ①

해설

프리플레이스트 콘크리트의 특징

• 건조 수축이 적다.

• 부착강도 및 장기강도가 우수하다.

• 시공성이 우수하다.

• 수중 콘크리트에 적합하다.

45 특정한 입도를 가진 굵은 골재를 거푸집에 채워 넣고, 그 공극 속에 특수한 모르타르를 적당한 압력으로 주입하여 제조한 콘크리트를 무엇이라 하는가? [2019]

① 프리스트레스트 콘크리트
② 숏크리트
③ 트레미 콘크리트
④ 프리플레이스트 콘크리트

답 ④

해설

프리플레이스트 콘크리트
특정한 입도를 가진 굵은 골재를 거푸집에 채워 넣고, 그 공극 속에 특수한 모르타르를 적당한 압력으로 주입하여 제조한 콘크리트이다.

※ **특수한 모르타르**
• 유동성이 크고, 재료 분리가 적다.
• 적당한 팽창성을 가진 주입 모르타르를 말한다.

Subject 08 매스 콘크리트

46 부재의 치수가 커서 시멘트의 수화열로 인한 온도 상승 및 하강에 따른 콘크리트의 팽창과 수축을 고려하여 시공해야 하는 콘크리트는 다음 중 어느 것인가? [2017]

① 매스 콘크리트
② 프리플레이스트 콘크리트
③ 강섬유 콘크리트
④ 레진 콘크리트

답 ①

해설

매스 콘크리트
내부 최고 온도와 외기의 온도 차이가 25℃ 이상으로 예상되어 수화열로 인한 온도 균열에 주의해야 하는 구조물

Subject 09 AE 콘크리트

47 AE 콘크리트의 가장 적당한 공기량은 콘크리트 부피의 얼마 정도인가? [2017]

① 1~3% ② 4~7%
③ 8~12% ④ 12~15%

답 ②

해설

공기량이 7%를 초과하게 되면 콘크리트 강도의 급격한 저하가 오기 때문에 주의해야 한다.

48 콘크리트 속의 공기량에 대한 설명이다. 잘못된 것은? [2015]

① AE제에 의하여 콘크리트 속에 생긴 공기를 AE 공기라 하고, 이 밖의 공기를 갇힌 공기라 한다.
② AE 콘크리트의 알맞은 공기량은 콘크리트 부피의 4~7%를 표준으로 한다.
③ AE 콘크리트에서 공기량이 많아지면 압축강도가 커진다.
④ AE 공기량은 시멘트의 양, 물의 양, 비비기 시간 등에 따라 달라진다.

답 ③

해설

AE 콘크리트의 기능
• 콘크리트의 동결융해 저항성의 부여이다.
• 적정 공기량은 4~7% 수준이며 이 이상의 공기량은 콘크리트 압축강도의 급격한 저하를 초래하므로 주의해야 한다.

49 AE 콘크리트의 특성에 대한 설명으로 틀린 것은? [2020 2회]

① 워커빌리티(Workability)가 좋아진다.
② 소요 단위수량이 적어진다.
③ 재료 분리가 줄어든다.
④ 공기량 1% 증가에 압축강도가 4~6% 정도 커진다.

답 ④

50 해양 콘크리트의 최대 물–시멘트비로 가장 적당한 것은? [2016]

① 45% 이하
② 45~50%
③ 50~55%
④ 55% 이상

답 ②

해설

물–시멘트비 결정 시 고려사항
• 내동해성 : 40~50%
• 황산염(해양 콘크리트) : 45~50%
• 수밀성 저항성 : 50% 이하

51 특수 콘크리트의 시공법 중에서 해양 콘크리트에 대한 설명으로 잘못된 것은? [2017]

① 단위시멘트양은 280~330kg/m³ 이상으로 한다.
② 일반 현장 시공의 경우 최대 물–시멘트비는 45~50%로 한다.
③ 해양 구조물에서는 성능 저하를 방지하기 위하여 시공 이음을 만들어야 한다.
④ 보통 포틀랜드 시멘트를 사용한 콘크리트는 재령 5일이 되기까지 바닷물에 씻기지 않도록 보호해야 한다.

답 ③

해설

해양 콘크리트의 시공
• 해양 구조물은 균일한 콘크리트를 얻을 수 있도록 타설, 다지기, 양생 등에 특히 주의하여 시공하여야 한다.
• 해양 구조물은 시공 이음부를 둘 경우 성능 저하가 생기기 쉽다.

52 경량 골재 콘크리트에 대한 설명으로 틀린 것은? [2015]

① 운반과 치기가 쉽다.
② X선, γ선, 중성자선의 차폐 재료로서 사용된다.
③ 강도와 탄성계수가 작다.
④ 자중이 가벼워서 구조물 부재의 치수를 줄일 수 있다.

답 ②

해설

방사선 차폐(중량) 콘크리트
• 중량 골재를 사용하여 방사선을 차폐할 목적으로 만든 밀도가 큰 콘크리트를 의미한다.
• 품질의 균일성 및 일체성 확보, 차폐 기능 및 구조부재로서의 기능 등을 만족시켜야 한다.

53 건조 수축에 의한 균열을 막기 위하여 콘크리트에 팽창재를 넣거나 팽창 시멘트를 사용하여 만든 콘크리트를 무엇이라 하는가? [2016]

① AE 콘크리트
② 유동화 콘크리트
③ 팽창 콘크리트
④ 철근 콘크리트

답 ③

해설

팽창 콘크리트
팽창재를 콘크리트에 혼합하여 수축 보상이나 화학적 Prestress 등의 도입을 목적으로 사용되는 콘크리트이다.

Subject 13 숏크리트

54 모르타르 또는 콘크리트를 압축 공기에 의해 뿜어 붙여서 만든 콘크리트로, 비탈면의 보호, 교량의 보수 등에 쓰이는 콘크리트는? [2018]

① 진공 콘크리트
② 프리플레이스트 콘크리트
③ 숏크리트
④ 수밀 콘크리트

답 ③

해설

숏크리트
① 숏크리트란 압축 공기를 이용하여 굴착된 지반면에 뿜어 붙이는 모르타르 혹은 콘크리트이다.
② 터널 지보 부재 중 가장 중요한 부재라 할 수 있다.
③ 숏크리트의 구비 조건
  • 충분한 강도 확보
  • 조기강도 발현
  • 지반과의 충분한 부착성 확보
  • 분진발생량 최소화
  • 내구성 확보

Subject 14 프리스트레스트 콘크리트

55 콘크리트에 유해물이 들어 있으면 콘크리트의 강도, 내구성, 안정성 등이 나빠지는데, 특히 철근 콘크리트나 프리스트레스트 콘크리트 속의 강재를 녹슬게 하는 유해물은? [2019]

① 실트
② 점토
③ 연한 석편
④ 염화물

답 ④

해설

염화물
• 철근 콘크리트나 프리스트레스트 콘크리트 속의 강재를 녹슬게 하는 대표 유해물이다.
• 염화물 함유량이 높아지면 콘크리트 속의 철근이 피막을 파괴시켜 철근을 녹슬게 하므로 염화물에 대한 관리를 잘해야 한다.

Subject 15 다짐 콘크리트

56 매우 된 반죽의 빈 배합 콘크리트를 불도저로 깔고 진동 롤러로 다져서 시공하는 콘크리트는? [2015]

① 매스 콘크리트
② 프리플레이스트 콘크리트
③ 강섬유 콘크리트
④ 진동 롤러 다짐 콘크리트

답 ④

해설

진동 롤러 다짐 콘크리트
매우 된 반죽의 빈 배합 콘크리트를 불도저로 깔고 진동 롤러로 다져서 시공하는 콘크리트이다.

57 다음 중 특수 콘크리트에 대한 설명으로 옳은 것은? [2020 2회]

① 일평균기온이 4℃ 이하에서 콘크리트를 사용하는 것을 서중 콘크리트라 한다.
② 압축 공기에 의해 모르타르 또는 콘크리트를 뿜어 시공하는 것을 프리플레이스트 콘크리트라 한다.
③ 구조물의 치수가 커서 시멘트의 수화열에 대한 고려를 하여 시공하는 것을 매스 콘크리트라 한다.
④ 서중 콘크리트를 치고자 할 때는 조강 또는 초조강 포틀랜드 시멘트를 사용하면 좋다.

답 ③

해설

① 일평균기온이 4℃ 이하에서 콘크리트를 사용하는 것을 한중 콘크리트라 한다.
② 압축 공기에 의해 모르타르 또는 콘크리트를 뿜어 시공하는 것을 숏크리트라 한다.
④ 한중 콘크리트를 치고자 할 때는 조강 포틀랜드 시멘트를 사용하면 좋다.

MEMO

CHAPTER 09 골재 시험

Subject 01 골재의 안정성

01 골재의 안정성 시험을 하기 위한 시험 용액에 사용되는 시약은 어느 것인가?

[2017(2번 출제), 2019]

① 탄닌산
② 염화칼슘
③ 황산나트륨
④ 수산화나트륨

답 ③

해설

골재의 안정성 시험은 황산나트륨의 팽창압을 통해 골재의 기상 작용에 대한 저항성을 판정하는 시험이다.

02 다음의 용액 중 골재의 안정성 시험에는 어느 것을 사용하는가?

[2016]

① 수산화나트륨 용액
② 황산나트륨 용액
③ 산화아연 용액
④ 탄닌산 용액

답 ②

해설

골재의 안정성 시험은 골재의 동결융해 저항성을 판단한다. (인공 경량 골재는 제외)

03 기상 작용에 대한 골재의 내구성을 알기 위한 시험은 다음 중 어느 것인가?

[2019]

① 골재의 밀도 시험
② 골재의 빈틈률 시험
③ 골재의 안정성 시험
④ 골재에 포함된 유기 불순물 시험

답 ③

해설

골재의 안정성 시험

황산나트륨의 결정압에 의한 내구 저항성이 어느 정도인지 객관적으로 판단할 수 있는 시험(인공 경량 골재는 제외)

· 굵은 골재 : 12% 이하
· 잔골재 : 10% 이하

04 골재의 안정성 시험은 무엇을 얻기 위한 목적으로 시험을 실시하는가?

[2016]

① 골재의 단위중량
② 골재의 입도
③ 기상 작용에 대한 내구성
④ 염화물 함유량

답 ③

05 기상작용에 대한 골재의 내구성을 알기 위한 시험은 다음 중 어느 것인가?

[2018]

① 골재의 밀도 시험
② 골재의 빈틈률 시험
③ 골재의 안정성 시험
④ 골재에 포함된 유기 불순물 시험

답 ③

06 골재의 안정성 시험을 실시하는 목적으로 가장 적합한 것은? [2019]

① 골재의 단위중량을 구하기 위하여
② 골재의 입도를 구하기 위하여
③ 기상작용에 대한 내구성을 판단하기 위한 자료를 얻기 위하여
④ 염화물 함유량에 대한 자료를 얻기 위하여

답 ③

07 골재의 안정성 시험용 황산나트륨 포화 용액을 만들 때 25~30℃의 깨끗한 물 1L에 황산나트륨(Na_2SO_4) 약 얼마를 넣는가? [2019]

① 1,000g
② 500g
③ 250g
④ 150g

답 ③

시험용 용액
• 황산나트륨 포화 용액으로 25~30℃의 물 1L에 황산나트륨(Na_2SO_4)을 약 250g을 섞으면서 녹인다.
• 약 20℃가 될 때까지 식힌다.
• 용액은 48시간 이상 20±1℃의 온도로 유지한다.
• 용액이 골재에 잔류하는지 조사하기 위하여 염화바륨($BaCl_2$) 용액의 농도는 5~10%로 한다.

08 황산나트륨에 의한 잔골재의 안정성 시험을 할 경우, 조작을 5번 반복했을 때의 잔골재의 손실 질량 백분율의 한도는 일반적으로 얼마인가? [2017]

① 5%
② 7%
③ 10%
④ 12%

답 ③

---

02 잔골재 밀도

09 잔골재의 밀도 및 흡수율 시험에 사용되는 시험 기구가 아닌 것은? [2019]

① 플라스크
② 원뿔형 몰드
③ 저울
④ 원심분리기

답 ④

잔골재 밀도 및 흡수율 시험 기구
• 저울
• 플라스크
• 원뿔형 몰드
• 다짐대
• 건조기

10 잔골재의 밀도 측정 시 원뿔형 몰드에 시료를 넣은 후 다짐대로 몇 번 다지는가? [2015]

① 20번
② 25번
③ 30번
④ 35번

답 ②

잔골재의 밀도 측정 시 원뿔형 몰드에 시료를 넣은 후 다짐대로 25회를 다진다.

11 잔골재의 밀도 및 흡수율 시험에서 시료의 질량을 측정한 후 플라스크에 넣고 물을 용량의 몇 %까지 채우는가? [2016]

① 70%
② 80%
③ 90%
④ 100%

답 ③

12 잔골재의 밀도 및 흡수량 시험을 하면서 시료와 물이 들어 있는 플라스크를 편평한 면에 굴리는 이유 중 가장 옳은 것은?

[2015(2번 출제), 2019]

① 먼지를 제거하기 위하여
② 온도차에 의한 물의 단위무게를 고려하기 위하여
③ 공기를 제거하기 위하여
④ 플라스크 용량 검정을 위하여

답 ③

해설
잔골재 밀도 시험에서 플라스크에 잔골재를 채우면 공기를 포함하고 있어 이 공기를 제거하기 위해 편평한 면에 플라스크를 굴린다.

13 잔골재의 밀도 시험에 사용하지 않는 기계기구는?

[2018]

① 르 샤틀리에 비중병
② 시료분취기
③ 저울
④ 원추형 몰드

답 ①

해설
르 샤틀리에 비중병은 시멘트 비중 시험용 시험 기구이다.

14 잔골재 밀도 시험의 결과가 아래의 표와 같을 때 이 잔골재의 표면 건조 포화 상태의 밀도는?

[2020 2회]

• 검정된 용량을 나타낸 눈금까지 물을 채운 플라스크의 질량(g) : 711.2
• 표면 건조 포화 상태 시료의 질량(g) : 500
• 시료와 물로 검정된 용량을 나타낸 눈금까지 채운 플라스크의 질량(g) : 1,019.8
• 시험 온도에서 물의 밀도(g/cm³) : 1

① 2.046g/cm^3
② 2.357g/cm^3
③ 2.586g/cm^3
④ 2.612g/cm^3

답 ④

해설
$$\text{표건 밀도} = \frac{m}{B+m-C} \times P_w$$
$$= \frac{500}{711.2+500-1,019.8} \times 1$$
$$= 2.612 \text{g/cm}^3$$

15 잔골재의 밀도 및 흡수율 시험을 1회 수행하기 위해 표면 건조 포화 상태의 시료는 최소 몇 g 이상을 사용하는가?

[2016]

① 100g   ② 500g
③ 1,000g   ④ 5,000g

답 ②

16 아래의 그림은 잔골재의 밀도 및 흡수율 시험에서 잔골재를 원뿔형 몰드에 넣어 다지고 난 후 빼 올렸을 때의 형태를 나타낸 것이다. 함수량이 많은 순서로 나열하면? [2020 2회]

A   B   C

① A > C > B
② C > A > B
③ B > A > C
④ A > B > C

답 ④

Subject 03 굵은 골재 밀도

17 굵은 골재의 밀도 시험에서 5mm체를 통과하는 시료는 어떻게 처리해야 하는가? [2018]

① 모두 버린다.
② 다시 체가름한다.
③ 전부 포함시킨다.
④ 5mm체를 통과하는 시료만 별도로 시험한다.

답 ①

해설

굵은 골재의 밀도 시험에서 5mm체를 통과하는 시료는 모두 버린다. 5mm체 통과분 시료를 시험에 사용하게 되면 시료량의 손실이 생기기 때문에 주의해야 한다.

Subject 04 체가름 시험

18 잔골재 체가름 시험에서 조립률의 기호는? [2018]

① AM
② AF
③ FM
④ OMC

답 ③

해설

골재의 조립률
• 조립률의 정의 : 80, 40, 20, 10, 5, 2.5, 1.2, 0.6, 0.3, 0.15mm의 10개의 체로 체가름 시험을 하였을 때 각 체에 남는 누적 잔류율의 합을 100으로 나눈 값을 말한다.
• 조립률의 계산(Abrams의 방법)

$$조립률(F.M) = \frac{각\ 체의\ 누적\ 잔류율의\ 누계}{100}$$

19 골재의 체가름 시험에서 조립률(F.M)이 크다는 것은 무엇을 의미하는가? [2015]

① 골재의 입자가 고르다.
② 골재의 입도가 알맞다.
③ 골재의 비중이 크다.
④ 골재의 입자가 크다.

답 ④

해설

조립률이 크다는 것은 골재의 입자가 크다는 것을 의미한다.

20 골재의 체가름 시험에 사용하는 저울은 어느 정도의 정밀도를 가진 것이 필요한가? [2017]

① 최소 측정 값이 1g인 정밀도를 가진 것
② 최소 측정 값이 0.1g인 정밀도를 가진 것
③ 시료 질량의 1% 이상인 눈금량 또는 감량을 가진 것
④ 시료 질량의 0.1% 이하인 눈금량 또는 감량을 가진 것

답 ④

해설
골재의 체가름 시험에 사용하는 저울은 0.1% 이하인 눈금량을 가진 것이어야 한다.

21 골재의 체가름 시험을 하여 알 수 있는 것은? [2018]

① 마모량
② 풍화도
③ 골재의 모양
④ 조립률

답 ④

해설
골재의 체가름 시험을 통하여 알 수 있는 것
• 골재의 입도분포(곡선)
• 조립률

22 골재의 조립률 측정을 위해 사용되는 체가 아닌 것은? [2020 1회]

① 40mm
② 30mm
③ 20mm
④ 10mm

답 ②

23 잔골재의 체가름 시험에 필요한 시료의 최소량은?(단, 1.2mm체를 95%(질량비) 이상 통과하는 재료) [2019]

① 100g
② 500g
③ 1,000g
④ 2,500g

답 ①

해설
잔골재 체가름 시험 시 시료의 질량
• 잔골재 1.2mm체를 95%(질량비) 이상 통과하는 것 : 100g
• 잔골재 1.2mm체에 5%(질량비) 이상 남는 것 : 500g

24 체가름 시험 결과 잔골재 조립률이 2.68, 굵은 골재의 조립률이 7.39이고, 그 비율이 1 : 1.9라면 혼합 골재 조립률은 얼마인가? [2018]

① 3.76
② 4.77
③ 5.77
④ 6.76

답 ③

해설
$$혼합조립률 = \frac{2.68 \times 1 + 7.39 \times 1.9}{1 + 1.9} = 5.77$$

Subject **05** 마모 시험

25 로스앤젤레스 시험기를 사용하는 골재의 시험법은 무엇인가? [2019]

① 마모 시험
② 안정성 시험
③ 밀도 시험
④ 단위무게 시험

답 ①

해설
로스앤젤레스 시험기에 의한 굵은 골재의 마모 시험
• 구 : 구 1개의 질량은 390~445g으로 한다.
• 저울 : 0.1% 이상의 정밀도를 갖는 것
• 체 : 1.7, 2.5, 5, 10, 15, 20, 25, 40, 50, 60, 80mm

26 골재 마모 시험 방법 중 로스앤젤레스 마모 시험기에 의해 마모 시험을 한 경우 잔량 및 통과량을 결정하는 체는? [2017, 2020 2회]

① 5mm체   ② 2.5mm체
③ 1.7mm체   ④ 1.2mm체

답 ③

해설

마모 감량 $R(\%) = \dfrac{m_1 - m_2}{m_1} \times 100(\%)$

여기서, m_1 : 시험 전의 시료 질량(g)

m_2 : 시험 후 1.7mm체에 남는 시료의 질량(g)

27 굵은 골재의 마모 시험에 사용되는 기계·기구로 옳은 것은? [2019]

① 비카침
② 로스앤젤레스 시험기
③ 침입도계
④ 비비 미터

답 ②

해설

- 비카침 : 시멘트 응결 시험 기구
- 로스앤젤레스 시험기 : 굵은 골재의 마모 시험 기구
- 침입도계 : 아스팔트의 침입도 시험 기구
- 비비 미터 : 굳지 않은 콘크리트의 워커빌리티 시험 기구

| Subject **06** 공기 함유량 |

28 굳지 않은 콘크리트의 압력법에 의한 공기량 측정 기구는? [2017]

① 보일형 공기량 측정기
② 워싱턴형 공기량 측정기
③ 관입침
④ 슈미트 해머

답 ②

해설

공기량 측정 기구로 워싱턴형 공기량 측정기가 사용된다.

29 굳지 않은 콘크리트의 공기량 시험 중 콘크리트 속에 있는 공기를 물로 치환하여 공기량을 측정하는 방법은? [2017]

① 무게법
② 공기실 압력법
③ 블리딩 시험법
④ 부피법

답 ④

해설

부피법
콘크리트 속에 있는 공기를 물로 치환하여 공기량을 측정하는 방법

30 굳지 않은 콘크리트의 압력법에 의한 공기 함유량 시험에서 골재의 수정계수 결정 시 필요하지 않은 것은? [2018]

① 시료 중의 잔골재의 무게
② 시료 중의 굵은 골재의 무게
③ 용기의 1/3까지의 채운 물의 무게
④ 콘크리트 시료의 부피

답 ③

해설

골재 수정계수 산출 시 필요한 항목
- 시료 중의 잔골재의 무게
- 시료 중의 굵은 골재의 무게
- 콘크리트 시료의 무게

31 콘크리트의 공기량에 영향을 끼치는 요인에 대한 설명으로 틀린 것은? [2016]

① AE제의 사용량이 많을수록 공기량은 커진다.
② 잔골재에 있어서 미립자(0.15~0.3mm)가 많을수록 공기량은 적어진다.
③ 콘크리트 배합이 부배합일수록 공기량은 줄어든다.
④ 콘크리트의 온도가 높을수록 공기량은 줄어든다.

답 ②

해설

콘크리트의 공기량에 영향을 미치는 요인
• AE제의 사용량이 많을수록 공기량은 커진다.
• 잔골재 미립자(0.15~0.3mm)가 많을수록 공기량은 커진다.
• 부배합일수록 공기량은 줄어든다.
• 콘크리트의 온도가 높을수록 공기량은 줄어든다.

Subject **07** 잔골재 표면수 시험

32 잔골재 표면수 시험(KS F 2509)에 대한 설명으로 옳지 않은 것은? [2020 2회]

① 시험 방법 중 질량법이 있다.
② 시험의 정밀도는 각 시험값과 평균값과의 차가 3% 이하이어야 한다.
③ 시험 방법 중 용적법이 있다.
④ 시험은 동시에 채취한 시료에 대하여 2회 실시하고 결과는 그 평균값으로 나타낸다.

답 ②

해설

표면수 시험의 정밀도
동일 시료에 대하여 계속 2회 시험하였을 때의 차가 0.3% 이하이어야 한다.

Subject **08** 골재 단위용적 질량 시험

33 골재의 단위용적 질량 시험 방법 중 충격에 의한 경우는 용기에 시료를 3층으로 나누어 채우고 각 층마다 용기의 한쪽을 몇 cm 정도 들어 올려서 낙하시켜야 하는가? [2020 2회]

① 5cm   ② 10cm
③ 15cm   ④ 20cm

답 ①

해설

골재의 단위용적 질량 시험 방법
• 삽을 이용하는 시험 방법 : 골재의 최대 치수가 100mm 이하인 경우
• 충격을 이용하는 시험 방법 : 골재의 최대 치수가 40mm 이상 100mm 이하인 경우
• 다짐봉을 사용하는 시험 방법 : 골재의 최대 치수가 40mm 이하인 경우

MEMO

콘크리트 시험

---

01 다음 중 워커빌리티(Workability)를 판정하는 시험방법은?

[2018]

① 압축강도 시험
② 슬럼프 시험
③ 블리딩 시험
④ 단위무게 시험

답 ②

해설

콘크리트의 워커빌리티 판정 시험방법
• 슬럼프 시험
• 구관입 시험
• 다짐계수 시험

02 콘크리트의 슬럼프 시험을 통하여 알 수 있는 것은?

[2020 2회]

① 반죽 질기
② 내진성
③ 압축강도
④ 탄성계수

답 ①

해설

슬럼프 시험을 통해서 반죽 질기나 작업성(Workability)을 알 수 있다.

03 슬럼프 시험에 대한 설명으로 옳은 것은?

[2018]

① 콘크리트의 물-시멘트의 비를 측정하는 시험이다.
② 굳지 않은 콘크리트의 반죽 질기 정도를 측정하는 시험이다.
③ 굳지 않은 콘크리트 속의 공기량을 측정하는 시험이다.
④ 재료의 혼합 정도를 측정하는 시험이다.

답 ②

해설

슬럼프 시험
① 정의 : 굳지 않은 콘크리트의 반죽 질기 정도를 측정하는 대표적인 시험 방법이다.
② 슬럼프 시험 방법
   • 슬럼프 콘에 1/3씩 채우고 각 25회 다짐
   • 윗면 마무리 후 슬럼프 콘 제거
   • 슬럼프값 측정(시험 시간은 3분 이내에 끝낸다.)

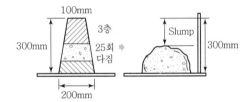

04 일반 콘크리트의 반죽 질기 시험에 널리 사용되는 시험법은?

[2017]

① 슬럼프 시험
② 비비 시험
③ 리몰딩 시험
④ 비카침 시험

답 ①

해설

• 슬럼프 시험 : 일반 콘크리트의 반죽 질기 시험
• 비비 시험 : 된 반죽 콘크리트의 반죽 질기 시험
• 리몰딩 시험 : 묽은 반죽 콘크리트의 반죽 질기 시험
• 비카침 시험, 길모어침 시험 : 시멘트의 응결 시험

05 워커빌리티(Workability) 판정 기준이 되는 반죽 질기 측정 시험 방법이 아닌 것은? [2017]

① 켈리볼 관입 시험
② 슬럼프 시험
③ 리몰딩 시험
④ 슈미트 해머 시험

답 ④

반죽 질기 측정 시험 방법
• 켈리볼 관입(구관입) 시험
• 슬럼프 시험
• 리몰딩 시험
• 다짐계수 시험

06 트레미 또는 콘크리트 펌프로 시공하는 일반 수중 콘크리트의 경우 슬럼프의 범위는 얼마인가? [2015]

① 20~60mm   ② 70~110mm
③ 130~180mm   ④ 190~230mm

답 ③

07 일반 콘크리트를 펌프로 압송할 경우, 슬럼프 값은 어느 범위가 가장 적당한가? [2017]

① 50~80mm   ② 80~100mm
③ 100~180mm   ④ 200~250mm

답 ③

08 콘크리트 슬럼프 시험은 굵은 골재 최대 치수가 몇 mm 이상인 경우에는 적용할 수 없는가? [2018]

① 40mm   ② 30mm
③ 25mm   ④ 20mm

답 ①

09 콘크리트 슬럼프 시험에서 슬럼프값은 얼마의 정밀도로 측정하는가? [2019]

① 5mm   ② 1mm
③ 10mm   ④ 0.5mm

답 ①

10 콘크리트 슬럼프(Slump) 시험에 있어서 각 층 마다 다짐봉으로 몇 회 다짐을 원칙으로 하는가? [2017, 2018, 2019]

① 15회   ② 20회
③ 25회   ④ 30회

답 ③

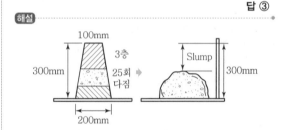

11 슬럼프 시험에서 슬럼프 콘을 벗기는 작업시간은 몇 초 정도로 끝내는가? [2019(2번 출제)]

① 2~3분   ② 1~2분
③ 20~30초   ④ 2~3초

답 ④

슬럼프 시험 방법
• 시험 시작 후 종료 시까지의 시간은 3분 이내이다.
• 슬럼프 콘에 용적이 1/3씩 채우고 각 25회 다짐한다.
• 윗면 마무리 후 슬럼프 콘을 제거한다(2~3초 이내).
• 슬럼프값 측정 : 5mm(0.5cm)의 정밀도로 슬럼프값을 읽는다.

12 슬럼프 시험 시 각 층의 다짐 횟수는 몇 회로 하는가? [2016]

① 15회   ② 25회
③ 35회   ④ 45회

답 ②

13 슬럼프 시험은 슬럼프 콘에 콘크리트를 3층으로 나누어 넣고, 지름 (㉠)의 다짐대로 각 층을 (㉡)번씩 다진 후 슬럼프값을 측정하는 시험이다. ( ) 안에 적절한 값을 순서대로 나열한 것은?

[2015]

① ㉠＝12mm, ㉡＝15
② ㉠＝12mm, ㉡＝25
③ ㉠＝16mm, ㉡＝15
④ ㉠＝16mm, ㉡＝25

답 ④

[해설]
슬럼프 시험용 콘의 규격

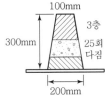

14 콘크리트 슬럼프 시험에 대한 설명으로 틀린 것은?

[2020 1회]

① 슬럼프값은 5mm의 정밀도로 측정한다.
② 슬럼프 콘에 시료를 채우고 벗길 때까지의 전 작업 시간은 3분 이내로 한다.
③ 슬럼프 콘을 벗기는 작업은 20초 정도로 한다.
④ 굵은 골재의 최대 치수가 40mm를 넘는 콘크리트의 경우에는 40mm를 넘는 굵은 골재를 제거한다.

답 ③

15 콘크리트의 슬럼프 시험에서 콘크리트의 내려앉은 길이를 어느 정도의 정밀도로 측정하여야 하는가?

[2020 2회]

① 0.5mm
② 1mm
③ 5mm
④ 10mm

답 ③

16 콘크리트의 슬럼프 시험에 사용하는 콘의 규격으로 옳은 것은?(단, 나열순서는 밑면의 안지름, 윗면의 안지름, 높이이다.)

[2016(2번 출제)]

① 15cm, 10cm, 25cm
② 20cm, 15cm, 25cm
③ 20cm, 10cm, 30cm
④ 25cm, 15cm, 30cm

답 ③

[해설]
슬럼프 시험용 콘의 규격

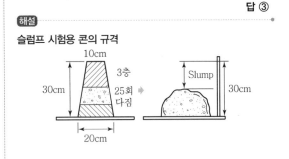

17 콘크리트의 슬럼프 시험에 사용하는 콘의 밑면 안지름은?

[2017]

① 15cm
② 20cm
③ 25cm
④ 30cm

답 ②

18 콘크리트의 슬럼프 시험을 하였다. 슬럼프 콘을 뺀 후의 형상이 아래 그림과 같았을 때, 측정척을 콘크리트의 표에 일치시킨 것이다. 이때 슬럽값은 얼마인가?

[2017]

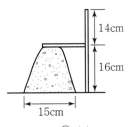

① 2cm
② 14cm
③ 15cm
④ 16cm

답 ②

19 콘크리트의 슬럼프 시험에 대한 설명으로 옳은 것은? [2016, 2018]

① 콘크리트가 내려앉은 길이를 5mm의 정밀도로 측정한다.
② 시료는 슬럼프 콘의 높이를 3등분하여 3층으로 나누어 넣고 가운데 층만 25회 다진다.
③ 슬럼프 콘에 시료를 채우고 벗길 때까지의 전 작업 시간은 3분 30초 이내로 한다.
④ 슬럼프 콘 벗기는 작업은 10초 정도로 천천히 해야 한다.

답 ①

해설
슬럼프값 측정
측정값은 5mm 단위로 하며 시험 시간은 3분 이내에 마쳐야 한다.

20 일반 콘크리트의 슬럼프 시험에 대한 설명으로 틀린 것은? [2019]

① 굵은 골재의 최대 치수가 40mm를 넘는 콘크리트의 경우에는 40mm를 넘는 굵은 골재를 제거한다.
② 슬럼프 콘을 벗길 때는 좌우로 가볍게 흔들어 주어 콘이 잘 벗겨지도록 한다.
③ 콘에 시료를 채울 때 시료를 거의 같은 양의 3층으로 나눠서 채우며, 그 각 층은 다짐봉으로 고르게 한 후 25회 똑같이 다진다.
④ 콘크리트가 슬럼프 콘의 중심축에 대하여 치우치거나 무너지거나 해서 모양이 불균형이 된 경우는 다른 시료에 의해 재시험을 한다.

답 ②

해설
슬럼프 시험 시 콘을 벗길 때는 좌우로 흔드는 등의 행위를 해서는 안 된다.

Subject 02 **압축강도**

21 콘크리트의 강도시험을 위한 공시체 몰드를 떼는 시기에 대한 설명으로 가장 적합한 것은? [2019]

① 콘크리트 채우기가 끝나고 나서 2시간 이상 4시간 이내에 몰드를 제거한다.
② 콘크리트 채우기가 끝나고 나서 4시간 이상 16시간 이내에 몰드를 제거한다.
③ 콘크리트 채우기가 끝나고 나서 16시간 이상 3일 이내에 몰드를 제거한다.
④ 콘크리트 채우기가 끝나고 나서 25일 이상 28일 이내에 몰드를 제거한다.

답 ③

해설
콘크리트 강도 시험을 위한 공시체 몰드를 떼는 시기
16시간 이상 3일 이내

22 콘크리트의 압축강도 시험 시 공시체의 함수 상태는 어떤 상태로 해야 하는가? [2016, 2019]

① 노 건조 상태
② 공기 중 건조상태
③ 표면 건조 포화 상태
④ 습윤 상태

답 ④

해설
공시체는 수조에서 공시체를 막 꺼낸 습윤 상태에서 시험할 수 있도록 한다.

23 콘크리트 압축강도 시험용 공시체 표면의 캐핑은 무엇으로 하는가? [2017]

① 된 반죽의 시멘트 풀
② 가는 모래
③ 콘크리트
④ 시멘트 분말

답 ①

해설
• 콘크리트 압축강도 시험용 공시체의 표면에는 요철이 있으므로 공시체 표면에 캐핑을 한다.
• 시멘트페이스트(＝시멘트 풀)를 사용하는 데 적정 물-시멘트 비는 27~30%이다.

24 콘크리트 압축강도 시험용 공시체 제작 시 몰드 내부에 그리스를 발라주는 가장 주된 이유는? [2019]

① 탈형을 쉽게 하고 이음새로 콘크리트가 새는 것을 방지하기 위해
② 편심하중을 방지하고 경제적인 공시체 제작을 위해
③ 공시체 속의 공기를 제거하고 강도를 높이기 위해
④ 몰드에 콘크리트를 채울 때 골재 분리를 막기 위해

답 ①

25 다음 중 콘크리트의 압축강도 시험에 필요하지 않은 시험 기구는 무엇인가? [2015]

① 몰드   ② 메스실린더
③ 캘리퍼스   ④ 다짐대

답 ②

해설
콘크리트 압축강도 시험에 필요한 시험 기구
몰드, 캘리퍼스, 다짐대, 만능재료 시험기 등

26 굵은 골재의 최대 치수가 40mm 이하인 콘크리트의 압축강도 시험용 원주형 공시체의 직경과 높이로 가장 적합한 것은? [2016, 2017, 2018]

① $\phi50 \times 100$mm
② $\phi100 \times 100$mm
③ $\phi150 \times 200$mm
④ $\phi150 \times 300$mm

답 ④

해설
압축강도 시험을 위한 공시체
굵은 골재의 최대 치수×3 = 40×3 = 120mm
따라서 공시체 직경은 최소 120mm 이상이어야 한다.

27 콘크리트 압축강도 시험에 필요한 공시체의 지름은 굵은 골재 최대 치수의 몇 배 이상이며 또한 몇 mm 이상이어야 하는가? [2020 2회]

① 2배, 30mm
② 3배, 100mm
③ 2배, 100mm
④ 3배, 200mm

답 ②

해설
압축강도 시험용 공시체
• 공시체의 지름 150mm : 굵은 골재 최대 치수가 50mm 이하인 경우
• 공시체의 지름 150mm 미만 : 지름은 굵은 골재 최대 치수의 3배 이상, 100mm 이상

28 콘크리트 압축강도 시험에 사용되는 공시체의 지름은 굵은 골재 최대 치수의 최소 몇 배 이상이어야 하는가? [2017, 2018]

① 2배   ② 3배

③ 4배   ④ 5배

답 ②

해설

압축강도 시험용 공시체
- 공시체의 지름 150mm : 굵은 골재 최대 치수가 50mm 이하인 경우
- 공시체의 지름 150mm 미만 : 지름은 굵은 골재 최대 치수의 3배 이상, 100mm 이상
- 표준 공시체는 지름 15cm이며, 직경과 높이의 비는 1 : 2이다.

29 원기둥형 시험체를 사용하는 콘크리트의 압축강도 시험에 적당한 표준 시험체의 규격은 다음 중 어느 것인가? [2017, 2019]

① $\phi 150 \times 200mm$

② $\phi 150 \times 300mm$

③ $\phi 200 \times 200mm$

④ $\phi 200 \times 300mm$

답 ②

30 슬래브 및 보의 밑면의 경우 콘크리트 압축강도가 몇 MPa 이상일 때 거푸집을 해체할 수 있는가?(단, 콘크리트의 설계 기준강도는 21MPa이다.) [2020 2회]

① 7MPa 이상

② 14MPa 이상

③ 18MPa 이상

④ 21MPa 이상

답 ②

해설

슬래브 및 보
14MPa 또는 설계 기준강도(f_{ck})의 이상 발현 시 거푸집을 탈형한다.

31 콘크리트 압축강도 시험용 공시체 제작 시 매 층당 다짐은 몇 회인가?(단, 시험체의 지름 15cm, 높이 30cm의 경우) [2016]

① 20회   ② 25회

③ 30회   ④ 15회

답 ②

해설

- 다짐의 비율은 $7cm^2$마다 1회로 한다.
- $\phi 15cm$ 공시체의 경우 단면적이 $177cm^2$가 나오므로 $7cm^2$로 나누면 다짐 횟수가 25회이다.

32 콘크리트 압축강도 시험에서 공시체의 제작 시 공시체를 성형한 후 몇 시간 내에 몰드를 떼어내는가? [2015]

① 1시간

② 5시간~6시간

③ 10시간~15시간

④ 24시간~48시간

답 ④

해설

콘크리트 공시체 제작 시 공시체를 성형한 후 24~48시간 내에 몰드를 탈형한다.

33 된 반죽 콘크리트의 압축강도 시험용 공시체는 몰드에 콘크리트를 채운 후 몇 시간 지나서 시멘트풀로 공시체의 표면을 캐핑해야 하는가? [2019]

① 2~6시간

② 7~11시간

③ 12~16시간

④ 17~21시간

답 ①

해설

된 반죽 콘크리트의 압축강도 시험용 공시체는 몰드에 콘크리트를 채운 후 2~6시간 경과 후 공시체의 표면을 캐핑한다.

34 압축강도 시험용 공시체를 제작할 때 몰드를 떼는 시기는 몰드에 콘크리트를 채우고 나서 얼마 이내로 하여야 하는가? [2020 1회]

① 8시간 이상 16시간 이내
② 16시간 이상 3일 이내
③ 3일 이상 6일 이내
④ 6일 이상 9일 이내

답 ②

35 콘크리트 압축강도 시험용 몰드(Mold) 제작에 있어서 공시체의 양생 온도로 가장 적합한 것은? [2017, 2018]

① 13~17℃
② 18~22℃
③ 23~27℃
④ 28~32℃

답 ②

해설
공시체 표준 양생 온도 : 20±2℃

36 콘크리트 압축강도 시험 공시체 제작을 할 때 시멘트 풀로 캐핑을 하고자 한다. 이때 사용하는 시멘트 풀의 물-시멘트비로 가장 적합한 것은? [2016, 2017, 2019]

① 20~23%
② 27~30%
③ 33~36%
④ 40~43%

답 ②

해설
콘크리트 압축강도 시험 공시체 제작 후 캐핑을 하는 것이 일반적인데 적정 물-시멘트비는 27~30%이다.

37 콘크리트 압축강도 시험용 공시체의 표면을 캐핑하기 위한 시멘트 풀의 물-시멘트비(W/C)는 어느 정도가 적당한가? [2018, 2020 1회]

① 30~35%
② 37~40%
③ 17~20%
④ 27~30%

답 ④

38 압축강도 시험용 공시체의 양생 온도로 가장 적당한 것은? [2018]

① 13±2℃
② 15±2℃
③ 20±2℃
④ 25±2℃

답 ③

39 콘크리트의 압축강도 시험은 동일한 조건의 시료로 최소한 몇 개 이상 공시체를 만들어야 하는가? [2016, 2020 2회]

① 2개   ② 3개
③ 4개   ④ 5개

답 ②

해설
콘크리트 압축강도 시험은 동일한 조건의 시료를 3개 이상 제작한 공시체의 평균값으로 한다.

40 콘크리트의 강도 시험용 공시체의 양생 온도는 어느 정도이어야 하는가? [2019]

① 4±1℃   ② 15±2℃
③ 20±2℃   ④ 30±2℃

답 ③

해설
콘크리트 강도 시험용 공시체 양생 온도의 표준은 20±2℃이다.

41 콘크리트 압축강도를 추정하기 위한 비파괴 시험기는 다음 중 어느 것인가? [2018]

① 슈미트 해머
② 비카침
③ 블레인 공기투과 장치
④ 길모어침

답 ①

해설

콘크리트 압축강도를 추정하기 위한 대표적인 비파괴 시험법은 반발경도법이며 시험장비로는 슈미트 해머를 주로 사용한다.

42 시멘트 모르타르의 압축강도 시험에서 표준 모래를 사용하는 이유로 가장 타당한 것은? [2018]

① 가격이 저렴하므로
② 구하기 쉬우므로
③ 건설 현장에서도 표준 모래를 사용하므로
④ 시험 조건을 일정하게 하기 위해

답 ④

해설

시멘트 모르타르의 압축강도 시험
시멘트 모르타르의 압축강도 시험에서 물과 모래의 조건이 같아야 시멘트 강도 차이를 알 수 있다. 따라서 모래를 표준모래를 사용하게 되는 것이다.

43 콘크리트 압축강도 시험에서 몰드 지름 150mm인 공시체의 파괴강도가 52.3t일 때 압축강도는 약 얼마인가?(단, 1kg = 10N으로 계산한다.) [2016]

① 29.6MPa
② 24.0MPa
③ 25.8MPa
④ 23.6MPa

답 ①

해설

$$압축강도 = \frac{P}{A} = \frac{52,300 \times 10}{\pi \times 75^2} = 29.6\,MPa$$

44 ϕ150mm×300mm의 원기둥형 시험체를 압축강도 시험한 결과 371kN의 하중에서 파괴가 발생하였다. 이 시험체의 압축강도는? [2019]

① 18MPa
② 21MPa
③ 25MPa
④ 28MPa

답 ②

해설

$$압축강도 = \frac{P}{A} = \frac{371 \times 10^3}{\frac{\pi \times 150^2}{4}} = 21\,N/mm^2 = MPa$$

45 단면적이 2,500mm²인 모르타르 시험체의 최대 파괴하중이 45,000N일 때 압축강도는? [2017]

① 16MPa
② 17MPa
③ 18MPa
④ 18.3MPa

답 ③

해설

$$압축강도 = \frac{45,000}{2,500} = 18\,MPa$$

46 콘크리트 압축강도 시험을 실시하였을 때 최대 하중값이 44,200kg이고 공시체의 지름은 150mm, 높이가 300mm였다. 압축강도는 약 몇 MPa인가?(단, 1kg≒10N) [2017]

① 24.5
② 25
③ 25.5
④ 26

답 ②

해설

$$압축강도 = \frac{P}{A} = \frac{44,200 \times 10}{\pi \times 75^2} = 25\,MPa$$

47 콘크리트의 압축강도 시험에서 최대 하중이 280,000N일 때, 압축강도를 구하면?(단, 공시체는 150×300mm이다.) [2015]

① 57.3MPa   ② 44.5MPa
③ 21.7MPa   ④ 15.8MPa

답 ④

해설

압축강도 $= \dfrac{P}{A} = \dfrac{280,000}{\pi \times 75^2} = 15.8\text{MPa}$

---

48 콘크리트 압축강도 시험에서 몰드 지름이 150mm인 공시체의 파괴강도가 520kN일 때 압축강도는 약 얼마인가? [2018]

① 29.4N/mm²   ② 27.2N/mm²
③ 25.8N/mm²   ④ 23.6N/mm²

답 ①

해설

압축강도 $= \dfrac{P}{A} = \dfrac{520 \times 10^3}{\pi \times 75^2} = 29.4\text{N/mm}^2$

---

49 콘크리트 압축강도 시험에서 원주형 공시체 (ϕ150mm×300mm)의 파괴하중(최대하중)이 500kN이었다면 압축강도는 약 얼마인가? [2019]

① 11.7MPa   ② 20.0MPa
③ 28.3MPa   ④ 47.0MPa

답 ③

해설

압축강도 $= \dfrac{P}{A} = \dfrac{500 \times 10^3}{\dfrac{\pi \times 150^2}{4}} = 28.3\text{MPa}$

---

50 최대하중이 230,000N이고 직경이 150mm인 콘크리트 시험체의 압축강도는 얼마인가? [2019]

① 10.0N/mm²   ② 11.6N/mm²
③ 13.0N/mm²   ④ 15.8N/mm²

답 ③

해설

압축강도 $= \dfrac{P}{A} = \dfrac{230,000}{\dfrac{\pi \times 150^2}{4}} = 13.0\text{N/mm}^2$

---

51 지름 100mm, 높이 200mm인 콘크리트 공시체로 압축강도 시험을 실시한 결과 공시체 파괴 시 최대하중이 19,100kg이었다. 이 공시체의 압축강도는?(단, 1kg≒10N으로 계산) [2017]

① 28.3MPa   ② 26.3MPa
③ 24.3MPa   ④ 22.3MPa

답 ③

해설

압축강도 $= \dfrac{P}{A} = \dfrac{19,100 \times 10}{\pi \times 50^2} = 24.3\text{MPa}(=\text{N/mm}^2)$

---

52 철근 콘크리트 구조물에 있어서 확대기초, 기둥, 벽 등의 측벽 거푸집을 떼어내어도 좋은 시기의 콘크리트 압축강도는 얼마인가? [2017]

① 3.5MPa 이상   ② 5MPa 이상
③ 14MPa 이상   ④ 28MPa 이상

답 ②

해설

콘크리트의 압축강도를 시험할 경우 거푸집 널의 해체 시기

부재	콘크리트 압축강도(f_{cu})
확대기초, 보, 기둥	5MPa 이상
슬래브, 아치	설계 기준 압축강도의 2/3배 이상 또한 최소 14MPa 이상

53 설계 기준강도란 일반적으로 무엇을 말하는가? [2015]

① 재령 28일의 인장강도
② 재령 28일의 압축강도
③ 재령 7일의 인장강도
④ 재령 7일의 압축강도

답 ②

해설

설계 기준강도
콘크리트의 강도를 말하며, 일반적으로 재령 28일의 압축강도(f_{ck})를 기준으로 한다.

54 일반적으로 콘크리트의 압축강도는 재령 며칠의 강도를 설계 표준으로 하는가?

[2016(2번 출제), 2017]

① 28일   ② 91일
③ 7일   ④ 1일

답 ①

55 콘크리트의 강도 중에서 가장 큰 값을 갖는 것은? [2018]

① 인장강도
② 압축강도
③ 휨강도
④ 비틀림 강도

답 ②

해설

콘크리트는 압축강도가 가장 크고 인장강도는 압축강도의 약 1/10 수준이다.

56 콘크리트의 압축강도(f_{ck})와 물-시멘트비에 관한 설명으로 옳지 않은 것은? [2018]

① 시멘트 사용량이 일정할 때 물의 사용량이 적을수록 압축강도(f_{ck})는 크다.
② 물-시멘트비가 작을수록 압축강도(f_{ck})는 작아진다.
③ 물의 양이 일정하면 시멘트양이 클수록 압축강도(f_{ck})는 커진다.
④ 압축강도(f_{ck})는 물-시멘트비와 밀접한 관계가 있다.

답 ②

해설

콘크리트의 압축강도와 물-시멘트비
• 물의 사용량이 적을수록 물-시멘트비가 작아지므로 압축강도는 커진다.
• 물의 양이 일정하면 시멘트양이 클수록 압축강도는 커진다.
• 압축강도는 물-시멘트비와 반비례 관계이다.

57 콘크리트 인장강도에 대한 설명 중 틀린 것은? [2017, 2019]

① 인장강도는 압축강도의 1/30 정도이다.
② 인장강도는 보통 쪼갬 인장강도 시험 방법을 표준으로 하고 있다.
③ 인장강도는 콘크리트 포장에서 중요하다.
④ 인장강도는 물탱크 같은 구조물에서 중요하다.

답 ①

해설

콘크리트의 인장강도
• 인장강도는 압축강도의 1/10 정도이다.
• 인장강도는 보통 쪼갬 인장강도 시험 방법으로 하고 있다.
• 인장강도는 콘크리트 포장에서 중요하다.
• 인장강도는 물탱크 같은 구조물에서 중요하다.

58 콘크리트의 인장강도는 압축강도의 얼마 정도인가?

[2015(2번 출제), 2018]

① $\dfrac{1}{2}$ ② $\dfrac{1}{4}$

③ $\dfrac{1}{6}$ ④ $\dfrac{1}{10}$

답 ④

해설

압축강도와 인장강도의 비 : 취도계수

$$취도계수 = \dfrac{압축강도}{인장강도} ≒ (10～13)$$

콘크리트는 압축강도는 크나 인장강도는 압축강도의 1/10 정도로 상당히 작다.

Subject 03 인장강도

59 다음 그림과 같은 콘크리트의 시험 방법은?

[2016]

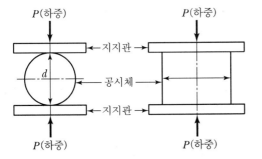

① 압축강도 시험
② 인장강도 시험
③ 휨강도 시험
④ 블리딩 시험

답 ②

해설

인장강도 시험(쪼갬 인장 시험)

$$\sigma_t = \dfrac{2P}{\pi D\ell}$$

여기서, D : 직경(mm)
       ℓ : 길이(mm)

60 콘크리트 인장강도 시험을 할 때 시험체의 상태에 대한 설명으로 옳은 것은?

[2019]

① 완전히 마른 상태에서 실시하여야 한다.
② 양생이 끝난 뒤 마른 상태에서 실시하여야 한다.
③ 양생이 끝난 직후의 습윤 상태에서 실시하여야 한다.
④ 양생이 끝난 후에는 아무 때나 실시하여도 상관 없다.

답 ③

해설

콘크리트 강도 시험

• 양생이 끝난 직후 공시체가 습윤 상태일 때 강도 시험을 실시해야 한다.
• 콘크리트가 건조하게 되면 습윤 시의 강도보다 강도값이 다소 높게 나타난다.

61 콘크리트 인장강도 시험 방법의 표준이 되는 방법은 무엇인가?

[2019]

① 직접인장 시험 방법
② 쪼갬 인장강도 시험 방법
③ 휨강도 시험 방법
④ 삼축인장 시험 방법

답 ②

해설

콘크리트 인장강도 시험 방법의 표준

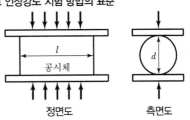

그림과 같이 공시체를 옆으로 눕혀서 강도를 시험하는 쪼갬 인장강도 시험을 표준으로 한다.

62 콘크리트 원주 시험체를 할렬시켜 인장강도를 구하고자 할 때 시험 공시체의 지름은 굵은 골재 최대 치수의 최소 몇 배 이상이어야 하는가? [2016, 2018, 2019]

① 4/3배　　　② 3배
③ 4배　　　　④ 5배

답 ③

해설

인장강도 시험을 위한 공시체 치수
• 지름 : 굵은 골재 최대 치수의 4배 이상, 15cm 이상
• 길이 : 지름 이상, 지름의 2배 이상을 초과해서는 안 됨

63 콘크리트의 인장강도 시험에서 시험체의 지금은 굵은 골재의 최대 치수의 몇 배 이상이고 또한 몇 cm 이상이어야 하는가? [2016, 2020 1회]

① 2배, 80mm　　　② 3배, 100mm
③ 4배, 150mm　　　④ 5배, 200mm

답 ③

64 콘크리트의 인장강도에 대한 설명 중 틀린 것은? [2017]

① 인장강도는 압축강도에 비해 매우 작다.
② 인장강도는 철근 콘크리트의 부재 설계에서는 일반적으로 무시해도 된다.
③ 인장강도는 도로 포장이나 수조 등에서는 중요하다.
④ 인장강도는 압축강도와 달리 물–시멘트비에 비례한다.

답 ④

해설

콘크리트의 인장강도
• 인장강도는 압축강도의 약 1/10 정도이다.
• 인장강도는 철근 콘크리트의 부재 설계에서는 무시해도 좋다.
• 인장강도는 도로 포장이나 수중 등에서는 중요하다.
• 인장강도, 압축강도는 물–시멘트비에 반비례한다.

65 콘크리트 원주 시험체를 할렬시켜 인장강도를 구하고자 할 때 인장강도(σ_t)를 구하는 식이 바른 것은?(단, ℓ : 공시체 평균 길이, d : 공시체 평균 지름, P : 시험기에 나타난 최대 하중, A : 파괴단면적) [2017, 2018]

① $\sigma_t = \dfrac{P}{A}$

② $\sigma_t = \dfrac{P}{\pi\ell d}$

③ $\sigma_t = \dfrac{2P}{A}$

④ $\sigma_t = \dfrac{2P}{\pi\ell d}$

답 ④

해설

콘크리트의 강도 시험값의 계산
• 압축강도 시험(1축 압축)
• 인장강도 시험(쪼갬 인장 시험)

$$\sigma_t = \frac{2P}{\pi d\ell}$$

여기서, D : 직경(mm)
ℓ : 길이(mm)

66 콘크리트의 쪼갬 인장강도를 구하는 식으로 옳은 것은? [2016]

단, T : 쪼갬 인장강도(kg/cm²)
　　P : 시험가에 나타난 최대하중(kg)
　　ℓ : 공시체의 길이(cm)
　　d : 공시체의 지름(cm)

① $T = \dfrac{2P}{A\ell}$

② $T = \dfrac{\ell \cdot d}{2P}$

③ $T = \dfrac{P}{A\ell}$

④ $T = \dfrac{2P}{\pi d\ell}$

답 ④

67 다음 중 인장강도 시험에 필요한 시험 기구는?

[2015]

① 압축강도 시험기
② 로스앤젤레스 시험기
③ 관입 시험기
④ 비비 시험기

답 ①

해설

인장강도 시험 시 쪼갬 인장강도 시험을 하므로 압축강도 시험기가 필요하다.

68 지름이 100mm, 길이가 200mm인 콘크리트 공시체로 쪼갬 인장강도 시험을 실시한 결과, 공시체 파괴 시 시험기에 나타난 최대 하중이 72,300N이었다. 이 공시체의 인장강도는?

[2017, 2019]

① 2.1N/mm^2
② 2.3N/mm^2
③ 2.5N/mm^2
④ 2.7N/mm^2

답 ②

해설

$$\sigma_t = \frac{2P}{\pi D\ell} = \frac{2 \times 72,300}{\pi \times 100 \times 200} = 2.3\text{N/mm}^2$$

69 콘크리트 인장강도 시험을 실시하였다. 공시체의 크기는 150×300mm, 시험 최대 하중은 106,000N이었다. 이때, 인장강도는 얼마인가?

[2018]

① 1.0N/mm^2
② 1.5N/mm^2
③ 2.0N/mm^2
④ 2.5N/mm^2

답 ②

해설

$$\sigma_t = \frac{2P}{\pi D\ell} = \frac{2 \times 106,000}{\pi \times 150 \times 300} = 1.5\text{N/mm}^2$$

70 콘크리트의 인장강도 시험을 하여 아래 표와 같은 결과를 얻었다. 이 공시체의 쪼갬 인장강도는 얼마인가?

[2020 1회]

- 시험기에 나타난 최대 하중 : 167.4kN
- 공시체의 길이 : 300mm
- 공시체의 지름 : 150mm

① 1.7MPa
② 2.0MPa
③ 2.4MPa
④ 2.7MPa

답 ③

해설

$$\sigma_t = \frac{2P}{\pi D\ell} = \frac{2 \times 167.4 \times 10^3}{\pi \times 150 \times 300} = 2.37 \fallingdotseq 2.4\text{MPa}$$

71 콘크리트의 인장강도 시험에서 시험체의 평균 지름 $D = 150\text{mm}$, 평균 길이 $L = 300\text{mm}$, 최대 하중 $P = 176,000\text{N}$일 때 인장강도의 값을 구하면?

[2019]

① 2.45N/mm^2
② 2.49N/mm^2
③ 2.53N/mm^2
④ 2.57N/mm^2

답 ②

해설

$$\sigma_t = \frac{2P}{\pi D\ell} = \frac{2 \times 176,000}{\pi \times 150 \times 300} = 2.49\text{N/mm}^2$$

72 콘크리트 휨강도 시험용 공시체 규격으로 옳은 것은? [2017]

① $\phi 10cm \times 20cm$

② $\phi 15cm \times 30cm$

③ $10cm \times 10cm \times 30cm$

④ $15cm \times 15cm \times 53cm$

답 ④

해설

휨강도 시험을 위한 공시체

① 공시체의 치수
  • 단면은 정사각형
  • 길이는 한 변의 길이의 3배보다 8cm 이상 길게 함(일반적으로 $150mm \times 150mm \times 530mm$)

② 굵은 골재 최대 치수가 50mm 이하 : 공시체 한 변의 길이 15cm

③ 공시체 한 변의 길이가 15cm 미만 : 변의 길이는 굵은 골재 최대 치수의 3배 이상, 10cm 이상

73 다음 중 휨강도 시험용 공시체의 치수로 적당한 것은? [2016]

① $200 \times 200 \times 450mm$

② $200 \times 200 \times 500mm$

③ $150 \times 150 \times 450mm$

④ $150 \times 150 \times 530mm$

답 ④

74 콘크리트의 휨강도 시험용 공시체의 길이와 높이에 대한 설명으로 옳은 것은? [2017, 2018]

① 길이는 높이의 2배보다 10cm 이상 더 커야 한다.

② 길이는 높이의 3배보다 8cm 이상 더 커야 한다.

③ 길이는 높이의 4배 이상이어야 한다.

④ 길이는 높이의 5배 이상이어야 한다.

답 ②

75 콘크리트의 휨강도 시험에서 공시체 한 변의 길이는 골재의 최대 치수의 몇 배 이상이어야 하는가? [2017]

① 1배

② 2배

③ 3배

④ 4배

답 ④

해설

휨강도 시험 공시체

• 단면이 정사각형인 각주로 하고, 그 한 변의 길이는 굵은 골재의 최대 치수의 4배 이상, 100mm 이상으로 한다.

• 공시체의 길이는 단면의 한 변의 길이의 3배보다 80mm 이상 긴 것으로 한다.

76 콘크리트 휨강도 시험용 공시체의 제작에 대한 설명으로 틀린 것은? [2019]

① 공시체는 단면이 정사각형인 각기둥체로 한다.

② 공시체의 길이는 단면의 한 변의 길이의 3배보다 8cm 이상 긴 것으로 한다.

③ 공시체 단면의 한 변의 길이는 굵은 골재의 최대 치수의 3배 이상이며 15cm 이상으로 한다.

④ 다짐봉을 이용하여 콘크리트를 채울 경우 각 층은 적어도 1,000mm²에 1회의 비율로 다지도록 한다.

답 ③

77 휨강도 시험을 위한 공시체의 길이에 대한 설명으로 옳은 것은? [2020 1회]

① 단면의 한 변의 길이의 2배보다 50mm 이상 긴 것으로 한다.

② 단면의 한 변의 길이의 2배보다 80mm 이상 긴 것으로 한다.

③ 단면의 한 변의 길이의 3배보다 50mm 이상 긴 것으로 한다.

④ 단면의 한 변의 길이의 3배보다 80mm 이상 긴 것으로 한다.

답 ④

78 콘크리트 휨강도 시험용 공시체 제작에서 다짐봉을 사용하여 콘크리트를 채우고자 한다. 이때 다짐은 몇 mm²마다 1회의 비율로 다져야 하는가? [2020 1회]

① 100mm²

② 500mm²

③ 1,000mm²

④ 5,000mm²

답 ③

해설
시험용 공시체 제작 시 다짐 횟수
• 휨 강도 : 10cm²(1,000mm²)당 1회
• 압축 강도 : 7cm²(700mm²)당 1회

79 콘크리트 휨강도에 대한 설명으로 잘못된 것은? [2016]

① 도로 포장용 콘크리트의 설계 기준강도 및 품질 결정 등에 이용된다.

② 일반적으로 휨강도는 압축강도의 약 1/15~ 1/20 정도의 값을 가진다.

③ 휨강도 시험값은 시험 방법 및 재하 방법에 따라 달라진다.

④ 휨강도 시험 시 재하 속도가 빠르게 되면 얻어지는 휨강도는 큰 값을 나타낸다.

답 ②

해설
콘크리트 휨강도
일반적으로 휨강도는 압축강도의 약 1/5~1/7 정도이다. 인장강도보다 다소 크게 나타난다.

80 콘크리트 휨강도 시험에 관한 사항 중 옳지 않은 것은? [2016, 2018]

① 휨강도 시험은 단순보의 3등분점 재하법을 주로 사용한다.

② 휨강도 시험용 공시체를 제작할 때 콘크리트를 3층으로 나누어 채우고 각 층의 윗면을 다짐봉으로 다진다.

③ 휨강도 시험용 공시체는 몰드를 떼어낸 후, 습윤 상태에서 강도 시험을 할 때까지 양생하여야 한다.

④ 휨강도 시험 시 공시체가 인장 쪽 표면의 지간 방향 중심선의 3등분점의 바깥쪽에서 파괴된 경우는 그 시험 결과를 무효로 한다.

답 ②

해설
콘크리트의 휨강도 시험
• 휨강도 시험은 단순보의 3등분점 재하법을 주로 사용한다.
• 휨강도 시험용 공시체를 제작할 때 콘크리트를 2층으로 나누어 채우고 각 층의 윗면을 다짐봉으로 다진다.
• 휨강도 시험용 공시체는 몰드를 떼어낸 후, 습윤 상태에서 양생하여야 한다.
• 휨강도 시험 시 공시체가 인장 쪽 표면의 지간 방향 중심선의 3등분점의 바깥쪽에서 파괴된 경우는 그 시험 결과를 무효로 한다.

81 150×150×530(mm) 크기의 콘크리트 휨강도 시험용 공시체를 만들 경우 매 층별 다짐 횟수는? [2015, 2017]

① 25회

② 50회

③ 윗면적 700mm²당 1회

④ 윗면적 1,000mm²당 1회

답 ④

해설
콘크리트의 다짐 횟수
• 1,000mm²당 1회의 비율로 다진다.
• 15×15×53cm의 상부 단면적은 150mm×530mm=79,500 mm²이므로 80회 다지면 된다.
• 다짐층수는 2층 다짐을 한다.

82 콘크리트 휨강도 시험을 위한 공시체를 제작할 때 콘크리트 다짐 횟수로 옳은 것은?(단, 몰드의 규격은 15×15×53cm이다.)

[2019(2번 출제)]

① 25회   ② 60회

③ 70회   ④ 80회

답 ④

해설

- 휨강도 시험용 공시체 제작 시 다짐 횟수 : $10cm^2$
  (＝$1,000mm^2$)당 1회
- 휨강도 시험용 공시체 단면적＝$15 \times 53 = 795cm^2$
- 다짐 횟수＝$795 \div 10 = 79.5 ≒ 80$회

83 콘크리트 휨강도 시험에서 150×150×530mm인 시험체에 콘크리트를 1/2 정도 채운 후 다짐봉으로 몇 번 다지는가?   [2019]

① 80번   ② 75번

③ 58번   ④ 43번

답 ①

해설

- 공시체의 단면적은 $150 \times 530 = 79,500mm^2$이다.
- 다짐 횟수는 $1,000mm^2$당 1회의 비율로 하기 때문에
  $\dfrac{79,500}{1,000} = 79.5 ≒ 80$회가 된다.

84 콘크리트 휨강도 시험에서 공시체가 지간의 3등분 중앙부에서 파괴되었을 때의 휨강도를 구하는 공식으로 옳은 것은?(단, P : 시험기에 나타난 최대 하중(kg), ℓ : 지간 길이(cm), b : 파괴 단면의 너비(cm), h : 파괴 단면의 높이(cm))

[2018, 2019]

① $\dfrac{P\ell}{bh^2}$ ② $\dfrac{P\ell}{b^2h}$

③ $\dfrac{P}{bh^2\ell}$ ④ $\dfrac{P}{b^2h\ell}$

답 ①

해설

휨강도＝$\dfrac{P \cdot \ell}{b \cdot h^2}$

85 지간길이가 ℓ인 3등분 하중 장치를 이용한 콘크리트 휨강도 시험에서 폭 b, 높이 d인 공시체가 지간의 3등분 중앙부에서 파괴되었을 때 휨강도를 구하는 공식은?(단, P＝파괴 시 최대 하중임)

[2018, 2019]

① $P\ell/bd^2$ ② $P\ell/2bd^2$

③ $2P\ell/3bd^2$ ④ $3P\ell/2bd^2$

답 ①

해설

휨강도＝$\dfrac{P \cdot \ell}{b \cdot d^2}$

86 공시체가 지간의 3등분 중앙에서 파괴되었을 때 휨강도는 약 얼마인가?(단, 지간 450mm, 파괴단면의 폭 150mm, 파괴 단면높이 150mm, 최대 하중이 2.5t이다. 1kg≒10N) [2017]

① 2.73MPa   ② 3.03MPa
③ 3.33MPa   ④ 4.73MPa

답 ③

해설

$$휨강도 = \frac{P \cdot \ell}{b \cdot d^2} = \frac{2.5 \times 10 \times 1,000 \times 450}{150 \times 150^2} = 3.33\text{MPa}$$

87 공시체가 지간의 3등분 중앙에서 파괴되었을 때 휨강도는 약 얼마인가?(단, 150×150×530mm의 공시체를 사용하였으며, 지간 450mm, 최대하중이 25kN이다.) [2020 2회]

① 2.73MPa   ② 3.03MPa
③ 3.33MPa   ④ 4.73MPa

답 ③

해설

$$휨강도 = \frac{P \cdot \ell}{b \cdot d^2} = \frac{25 \times 10^3 \times 450}{150 \times 150^2} = 3.33\text{MPa}$$

88 콘크리트 휨강도 시험에서 공시체가 지간의 3등분 가운데 부분에서 파괴되었을 경우 휨강도를 구하면?(단, 지간 길이 : 450mm, 평균 폭 : 150mm, 평균 두께 : 150mm, 시험 기간에 나타난 최대 하중 : 30,700N) [2017]

① 약 3.8N/mm²
② 약 4.1N/mm²
③ 약 5.0N/mm²
④ 약 5.6N/mm²

답 ②

해설

$$휨강도 = \frac{P \cdot \ell}{b \cdot d^2} = \frac{30,700 \times 450}{150 \times 150^2} = 4.1\text{N/mm}^2$$

89 휨강도 시험용 3등분점 하중 측정 장치를 사용하여 콘크리트의 휨강도를 측정하였다. 공시체 15×15×53cm를 사용하였으며 콘크리트가 2.5ton의 하중에 지간의 3등분 중앙에서 파괴되었을 때 휨강도는 얼마인가?(단, 1kg = 10N으로 계산하고, 휨강도 시험 표준 지간으로 하여 계산한다.) [2019]

① 3.0N/mm²
② 3.33N/mm²
③ 3.65N/mm²
④ 4.0N/mm²

답 ②

해설

$$휨강도 = \frac{P \cdot \ell}{b \cdot d^2} = \frac{2.5 \times 10 \times 1,000 \times 450}{150 \times 150^2} = 3.33\text{N/mm}^2$$

※ 휨강도 시험의 지간(ℓ)은 450mm이다.
※ 1ton = 1,000kg, 1cm = 10mm

90 150mm×150mm×530mm 크기의 콘크리트 시험체를 480mm 지간이 되도록 고정한 후 3등분점 하중법으로 휨강도를 측정하였다. 35,000N의 최대 하중에서 중앙 부분이 파괴되었다면 휨강도는 얼마인가?(단, 소수점 첫째 자리에서 반올림하라.) [2015]

① 5.0MPa
② 5.3MPa
③ 5.6MPa
④ 5.9MPa

답 ①

해설

$$휨강도 = \frac{P \cdot \ell}{b \cdot d^2} = \frac{35,000 \times 480}{150 \times 150^2} = 5.0\text{MPa}$$

91 규격 150mm×150mm×530mm인 콘크리트 공시체로 지간 길이 450mm인 단순보의 3등분 하중 장치로 휨강도 시험을 실시한 결과 시험기에 나타난 최대 하중이 31,500N일 때 공시체가 지간의 중앙에서 파괴되었다면 휨강도는? [2017]

① 4.0N/mm²
② 4.2N/mm²
③ 4.4N/mm²
④ 4.6N/mm²

답 ②

해설

$$휨강도 = \frac{P \cdot \ell}{b \cdot d^2} = \frac{31,500 \times 450}{150 \times 150^2} = 4.2 \text{N/mm}^2$$

Subject **05** 블리딩

92 콘크리트의 블리딩 시험에 대한 설명으로 틀린 것은? [2019]

① 시험하는 동안 30±3℃의 온도를 유지한다.
② 콘크리트를 용기에 3층을 넣고, 각 층을 다짐대로 25번씩 다진다.
③ 용기에 채워넣을 때 콘크리트의 표면이 용기의 가장자리에서 3±0.3cm 낮아지도록 고른다.
④ 콘크리트의 재료 분리 정도를 알기 위한 시험이다.

답 ①

해설

시험 중 온도는 20±3℃를 유지해야 한다.

93 콘크리트의 블리딩 시험 방법에 대한 아래의 표에서 ( ) 안에 적합한 숫자는? [2019]

기록을 처음 시작해서 60분 동안 ( )분마다. 콘크리트 표면에 스며 나온 물을 빨아낸다. 그 후는 블리딩이 정지할 때까지 30분마다 물을 빨아낸다.

① 1
② 5
③ 10
④ 15

답 ③

해설

콘크리트의 블리딩 시험 방법
① 적용범위 : 굵은 골재의 최대 치수 50mm 이하인 경우
② 시험법
  • 처음 60분 동안은 10분 간격으로 표면에 생긴 물을 빨아낸다.
  • 그 후는 블리딩이 정지할 때까지 30분 간격으로 표면에 생긴 물을 빨아낸다. (시험실의 온도는 20±3℃를 유지)
  • 블리딩의 양(cm³/cm²)

$$\frac{V}{A}$$

여기서, V : 규정된 측정 시간 동안에 생긴 블리딩 물의 양(cm³)
A : 콘크리트의 노출된 면적(cm²)

94 다음 중 콘크리트의 블리딩 시험에 필요한 시험 기구는? [2018]

① 슬럼프 콘
② 메스실린더
③ 강도 시험기
④ 데시케이터

답 ②

해설

콘크리트 블리딩 시험에 필요한 시험 기구
• 블리딩 시험용기
• 메스실린더
• 스포이드
• 저울

95 콘크리트의 블리딩 시험에 사용하는 용기의 안지름과 안높이는 각각 몇 cm인가? [2019]

① 안지름 20cm, 안높이 25.5cm
② 안지름 25cm, 안높이 28.5cm
③ 안지름 30cm, 안높이 35.5cm
④ 안지름 25cm, 안높이 38.5cm

답 ②

96 블리딩 시험에서 처음 60분 동안은 몇 분 간격으로 표면에 생긴 블리딩의 물을 빨아내는가?

[2015, 2019, 2020 2회]

① 30분　　　　② 20분
③ 10분　　　　④ 5분

답 ③

해설
블리딩 시험
• 처음 60분 동안은 10분 간격으로 표면에 생긴 물을 빨아낸다.
• 그 후에는 블리딩이 정지할 때까지 30분 간격으로 표면에 생긴 물을 빨아낸다.

97 콘크리트의 블리딩 시험을 통하여 판정할 수 있는 것은 무엇인가? [2017]

① 재료 분리의 경향
② 응결, 경화의 시간
③ 워커빌리티의 상태
④ 시멘트의 비중

답 ①

해설
콘크리트의 블리딩 시험을 통해서 물과 재료의 분리 경향을 판정할 수 있다.

98 콘크리트의 블리딩 시험을 통하여 판정할 수 있는 것은 무엇인가? [2016]

① 재료 분리의 경향
② 응결, 경화의 시간
③ 워커빌리티의 상태
④ 시멘트의 비중

답 ①

해설
콘크리트 블리딩 시험
• 물과 골재 및 시멘트의 재료 분리 경향을 판정할 수 있다.
• 간접적인 방법으로 블리딩이 많게 되면 레이턴스도 많음을 예측할 수 있다.

99 콘크리트의 블리딩 시험을 위하여 안지름 25cm인 용기에 콘크리트를 채운 후 블리딩된 물을 수집한 결과 441cm³이었다. 블리딩양은 몇 cm³/cm²인가?(단, 소수점 둘째 자리에서 반올림한다.) [2016]

① 0.6　　　　② 0.9
③ 1.2　　　　④ 1.5

답 ②

해설
$$블리딩양 = \frac{V}{A} = \frac{441}{\pi \times 12.5^2} = 0.9 cm^3/cm^2$$

100 콘크리트의 블리딩 시험(KS F 2414)을 적용할 수 있는 굵은 골재 최대 치수는? [2018]

① 50mm　　　　② 60mm
③ 70mm　　　　④ 80mm

답 ①

101 콘크리트의 블리딩 시험(KS F 2414)은 굵은 골재의 최대 치수가 최대 몇 mm 이하인 콘크리트에 적용하는가? [2020 2회]

① 25mm ② 30mm
③ 50mm ④ 80mm

답 ③

Subject **06** 공기량

102 굳지 않은 콘크리트의 공기량 측정법 중 적당하지 않은 것은? [2015]

① 공기실 압력법
② 수주 압력법
③ 무게법
④ 중력법

답 ④

해설
굳지 않은 콘크리트 공기량 측정 방법
· 공기실 압력법
· 수주 압력법
· 무게법
· 부피법

103 굳지 않은 콘크리트의 공기량 시험법과 거리가 먼 것은? [2018]

① 밀도법 ② 공기실 압력법
③ 무게법 ④ 부피법

답 ①

104 굳지 않은 콘크리트의 공기량 측정법이 아닌 것은? [2017]

① 공기실 압력법 ② 부피법
③ 계산법 ④ 무게법

답 ③

105 굳지 않은 콘크리트의 공기 함유량 시험에서 보일(Boyle)의 법칙을 이용한 시험법은? [2020 2회]

① 밀도법 ② 용적법
③ 질량법 ④ 공기실 압력법

답 ④

106 다음 중 굳지 않은 콘크리트의 공기 함유량 시험법의 종류가 아닌 것은? [2016, 2017]

① 부피법 ② 무게법
③ 침하법 ④ 압력법

답 ③

107 굳지 않은 콘크리트의 공기 함유량 시험 방법으로 사용되지 않는 것은? [2019]

① 질량법 ② 건조법
③ 공기실 압력법 ④ 부피법

답 ②

해설
굳지 않은 콘크리트의 공기 함유량 시험 방법
질량법, 공기실 압력법, 부피법

108 콘크리트의 공기량을 구하는 식으로 옳은 것은? [2017]

① (겉보기 공기량 − 골재의 수정계수) × 100
② 겉보기 공기량 + 골재의 수정계수
③ 겉보기 공기량 − 골재의 수정계수
④ (겉보기 공기량 + 골재의 수정계수) × 100

답 ③

해설
콘크리트의 공기량 계산식
콘크리트의 공기량은 공기량 시험값의 겉보기 공기량에서 골재의 수정계수 값을 빼서 계산해야 한다.

109 굳지 않은 콘크리트의 워커빌리티를 측정하는 시험법으로 틀린 것은? [2017]

① 슬럼프 시험
② 플로(Flow) 시험
③ 공기 함유량 시험
④ 구관입 시험

답 ③

해설

굳지 않은 콘크리트 워커빌리티 측정 방법
• 슬럼프 시험
• 플로 시험
• 구관입(켈리볼) 시험
• 다짐계수 시험

110 공기량 측정 방법 중 공기가 전혀 없는 것으로 하여 시방 배합에서 계산한 콘크리트의 이론 단위 무게와 실제로 측정한 단위 무게의 차이로 공기량을 구하는 방법은? [2016]

① 공기실 압력법
② 무게법
③ 부피법
④ 워싱턴형 공기량 측정법

답 ②

해설

무게법
공기량 측정 방법 중 공기가 전혀 없는 것으로 하여 시방 배합에서 계산한 콘크리트의 이론 단위 무게와 실제로 측정한 단위 무게의 차이로 공기량을 구하는 방법

111 굳지 않은 콘크리트의 공기량에 영향을 끼치는 요소에 대한 설명으로 적당하지 못한 것은? [2019]

① AE제의 사용량이 많아지면 공기량도 증가한다.
② 분말도가 높을수록 공기량은 감소한다.
③ 단위시멘트양이 많을수록 공기량은 감소한다.
④ 콘크리트의 온도가 높을수록 공기량은 증가한다.

답 ④

해설

콘크리트의 공기량
• 온도가 높을수록 AE 공기의 파괴속도가 빨라진다.
• 콘크리트 내의 공기량이 감소하게 된다.

112 콘크리트 속의 공기량에 대한 설명으로 틀린 것은? [2020 1회]

① AE제에 의하여 콘크리트 속에 생긴 공기를 AE 공기라고 하고, 이 밖의 공기를 갇힌 공기라 한다.
② AE 콘크리트의 알맞은 공기량은 콘크리트 부피의 4~7%를 표준으로 한다.
③ AE 콘크리트에서 공기량이 많아지면 압축강도가 커진다.
④ AE 공기량은 시멘트의 양, 물의 양, 비비기 시간 등에 따라 달라진다.

답 ③

113 굳지 않은 콘크리트의 압력법에 의한 공기량 측정 기구는? [2019]

① 보일형 공기량 측정기
② 워싱턴형 공기량 측정기
③ 관입침
④ 슈미트 해머

답 ②

114 콘크리트 공기량 시험의 주의사항 중 옳지 않은 것은? [2015]

① 골재의 수정계수는 생략해도 좋다.
② 그릇의 뚜껑을 죌 때는 반드시 대각선상으로 조금씩 죈다.
③ 압력계를 읽을 때에는 항상 압력계를 손가락으로 가볍게 두들긴 다음에 읽어야 한다.
④ 장치의 검정은 규격에 맞추어 반드시 정기적으로 실시해야 한다.

답 ①

해설

콘크리트 공기량 시험 결과의 공기량값은 겉보기 공기량으로서 실제 공기량값을 구하려면 구하려는 겉보기 공기량에서 골재 수정계수를 빼야 한다.

115 워싱턴형 공기량 측정기를 사용하여 콘크리트의 공기량을 측정하고자 한다. 콘크리트의 공기량은 어떻게 표시되는가? [2016]

① 콘크리트 용적에 대한 백분율
② 용기의 무게에 대한 백분율
③ 골재량에 대한 백분율
④ 공기실에 대한 백분율

답 ①

해설

콘크리트의 공기량은 콘크리트 용적에 대한 백분율로 표시된다.

116 워싱턴형 공기량 시험기를 이용한 공기 함유량 시험은 다음 중 어느 것인가? [2020 1회]

① 면적법
② 공기실 압력법
③ 질량법
④ 부피법

답 ②

117 굳지 않은 콘크리트의 공기 함유량 시험 방법 중에서 보일(Boyle)의 법칙을 이용하여 공기량을 구하는 것은? [2018]

① 수주압력법
② 공기실 압력법
③ 무게법
④ 체적법

답 ②

해설

공기실 압력법
보일의 법칙을 이용하여 공기량을 구하는 방법으로, 일반적으로 많이 사용한다.

118 콘크리트 공기량 시험에서 골재의 수정계수를 구하고자 할 때 잔골재를 넣을 때마다 다짐대로 다지는데 몇 회씩 다지는가?(단, 공기실 압력법) [2017]

① 10회
② 15회
③ 20회
④ 25회

답 ①

해설

콘크리트 공기량 시험에서 골재의 수정계수를 구하고자 하는 경우 잔골재를 용기에 넣을 때마다 다짐대로 10회씩 다진다(단, 공기실 압력법의 경우).

119 콘크리트의 겉보기 공기량이 7%이고 골재의 수정계수가 1.2%일 때 콘크리트의 공기량은 얼마인가? [2017]

① 4.6%
② 5.8%
③ 8.2%
④ 9.4%

답 ②

해설

콘크리트의 공기량
= 콘크리트의 겉보기 공기량 − 골재 수정계수
= 7 − 1.2
= 5.8%

120 굳지 않은 콘크리트의 공기량을 구하는 식으로 옳은 것은?(단, A : 콘크리트의 공기량(%), G : 골재의 수정계수(%), A_1 : 콘크리트의 겉보기 공기량(%)) [2019]

① $A = G - A_1$　　② $A = A_1 - G$

③ $A = \dfrac{1}{2}(A_1 - G)$　　④ $A = 2A_1G$

답 ②

해설

콘크리트의 공기량(A) = 겉보기 공기량(A_1) − 골재 수정계수(G)

121 겉보기 공기량이 6.80%이고 골재의 수정계수가 1.20%일 때 콘크리트의 공기량은 얼마인가? [2019, 2020 1회]

① 5.60%　　② 4.40%

③ 3.20%　　④ 2.0%

답 ①

해설

콘크리트의 공기량

공기량 기준 : 3~6%(보통 콘크리트)

　$A = A_1 - G$

여기서, A : 콘크리트의 공기량(%)

　　　A_1 : 겉보기(측정) 공기량(%)

　　　G : 골재 수정계수(%), 0.1% 미만 시 생략 가능

∴ 콘크리트의 공기량 = 겉보기 공기량 − 골재 수정계수

　　　　　　　　 = 6.8 − 1.2 = 5.6%

122 콘크리트 공기량 시험에서 겉보기 공기량이 5.4%이고, 골재의 수정계수가 2.3%일 때, 콘크리트 공기량은? [2016, 2019]

① 2.3%　　② 12.4%

③ 3.1%　　④ 7.7%

답 ③

해설

$A = A_1 - G$

∴ 공기량 = 5.4 − 2.3 = 3.1%

123 굳지 않은 콘크리트의 압력법에 의한 공기 함유량 시험 방법에 대한 설명 중 옳지 않은 것은? [2020 1회]

① 골재 수정계수는 골재의 흡수율과 비례한다.

② 대표적인 콘크리트 시료를 3층으로 나누어 다진다.

③ 시험 전 용기의 검정 및 골재 수정계수를 구해야 한다.

④ 다짐봉을 사용하여 콘크리트를 다질 경우 각 층을 25회로 균등하게 다진다.

답 ①

해설

골재 수정계수는 흡수율이 크거나 밀도가 작을 경우 커지게 된다.

Subject **07** 유기 불순물

---

124 콘크리트용 모래에 포함되어 있는 유기 불순물 시험에 필요한 식별용 표준색 용액을 제조하는 경우에 대한 아래의 내용 중 (　)에 적합한 것은? [2017]

식별용 표준색 용액은 10%의 알코올 용액으로 (　)의 탄닌산 용액을 만들고, 그 2.5mL를 3%의 수산화나트륨 용액 97.5mL에 가하여 유리병에 넣어 마개를 닫고 잘 흔든다. 이것을 표준색 용액으로 한다.

① 1%　　② 2%

③ 3%　　④ 5%

답 ②

해설

잔골재의 유기 불순물 시약과 식별용 표준색 용액

• 수산화나트륨 용액(3%) 제조 : 물 97, 수산화나트륨 3의 질량비로 용해시킨 것

• 탄닌산 용액(2%) 제조 : 10%의 알코올 용액으로 2%의 탄닌산 용액 제조

• 식별용 표준색 용액 : 탄닌산 용액 2.5mL를 3%의 수산화나트륨 용액 97.5에 가하여 유리 용기에 넣어 마개를 닫고 잘 흔든다. 이것을 표준색 용액으로 한다.

125 모래에 포함되어 있는 유기 불순물 시험에 사용하는 표준색 용액을 제조하는 방법으로 옳은 것은? [2016, 2017]

① 3%의 수산화나트륨 용액과 2%의 탄닌산 용액으로 표준색 용액을 만든다.

② 2%의 수산화나트륨 용액과 3%의 탄닌산 용액으로 표준색 용액을 만든다.

③ 10%의 알코올 용액과 3%의 탄닌산 용액으로 표준색 용액을 만든다.

④ 5%의 알코올 용액과 5%의 탄닌산 용액으로 표준색 용액을 만든다.

답 ①

126 콘크리트용 모래에 포함되어 있는 유기 불순물 시험의 주의사항 중 잘못된 것은? [2015]

① 시료의 용액을 24시간 놓아둘 때는 4시간마다 흔들어서 보관한다.

② 표준색 용액은 시간이 경과함에 따라 색깔이 변화하므로 시험할 때마다 만들어야 한다.

③ 시료는 가장 대표적인 것 450g을 채취한다.

④ 공기 중에서 시약을 칭량하면 흡습성 때문에 오차가 크게 생기므로 주의해야 한다.

답 ①

해설
시료의 용액을 24시간 동안 가만히 놓아 둔다.

127 콘크리트용 모래에 포함되어 있는 유기 불순물 시험에 사용하는 식별용 표준색 용액의 제조 방법으로 옳은 것은? [2019]

① 10%의 수산화나트륨 용액으로 2% 탄닌산 용액을 만들고, 그 2.5mL를 3%의 알코올 용액 97.5mL에 가하여 유리병에 넣어 마개를 닫고 잘 흔든다.

② 10%의 알코올 용액으로 2% 탄닌산 용액을 만들고, 그 2.5mL를 3%의 수산화나트륨 용액 97.5mL에 가하여 유리병에 넣어 마개를 닫고 잘 흔든다.

③ 3%의 알코올 용액으로 10% 탄닌산 용액을 만들고, 그 2.5mL를 2%의 황산나트륨 용액 97.5mL에 가하여 유리병에 넣어 마개를 닫고 잘 흔든다.

④ 3%의 황산나트륨 용액으로 10% 탄닌산 용액을 만들고, 그 2.5mL를 2%의 알코올 용액 97.5mL에 가하여 유리병에 넣어 마개를 닫고 잘 흔든다.

답 ②

128 다음 중 콘크리트용 모래에 포함된 유기 불순물 시험에 사용하는 시약이 아닌 것은? [2016, 2017]

① 탄닌산
② 알코올
③ 황산마그네슘
④ 수산화나트륨

답 ③

129 콘크리트용 모래에 포함되어 있는 유기 불순물 시험에서 시험용 유리병은 용량 얼마의 시험용 무색 유리병 2개가 있어야 하는가? [2020 1회]

① 1,000mL   ② 800mL

③ 600mL   ④ 400mL

답 ④

해설

시험용 유리병

병은 고무 마개를 가지고 용량 400mL의 무색 유리병이 2개 있어야 한다.

130 콘크리트용 모래에 포함되어 있는 유기불순물 시험에 사용되는 시약은? [2020 1 · 2회]

① 무수황산나트륨

② 염화칼슘 용액

③ 실리카 겔

④ 수산화나트륨 용액

답 ④

MEMO

PART
08

과년도
기출문제 실기
(2013~2020년)

콘크리트 기능사
필기+실기

골재

CHAPTER 01

Subject 01 골재 함수상태

01 골재 함수상태를 분류하고 간단히 설명하시오. [2014]

골재 함수상태에 따른 분류	간단한 설명
절대 건조 상태	물기가 전혀 없는 상태
①	
②	
③	

해설

① 습윤 상태 : 골재 내부도 물로 차 있고 표면에도 물기가 있는 상태
② 표면 건조 포화 상태 : 골재 표면에는 물기가 없고 골재 속의 빈틈만 물로 차 있는 상태
③ 공기 중 건조 상태 : 골재 안에 일부에만 물기가 있는 상태

02 아래는 굵은 골재의 시험 조건에 대한 각 조건에 대한 질량을 측정한 것이다. 각 물음에 답하시오. [2019]

① 골재의 전함수량을 구하시오.
② 골재의 흡수율을 구하시오.

해설

① 전함수량 = 습윤상태의 질량 − 절대건조의 질량
$$= 1,410 - 1,350 = 60g$$

② 흡수율 $= \dfrac{\text{표건상태의 질량} - \text{절대건조상태의 질량}}{\text{절대건조상태의 질량}} \times 100$

$$= \dfrac{1,390 - 1,350}{1,350} \times 100 = 2.96\%$$

Subject 02 조립률

03 조립률이 2.9인 잔골재와 조립률이 7.5인 굵은 골재를 1.5 : 2.5의 무게 비율로 혼합할 때 혼합조립률을 구하시오. [2016]

해설

혼합조립률 $= \dfrac{2.9 \times 1.5 + 7.5 \times 2.5}{1.5 + 2.5} = 5.775 ≒ 5.78$

04 조립률을 구할 때 사용하는 체의 종류를 쓰시오. [2018]

해설

80, 40, 20, 10, 5, 2.5, 1.2, 0.6, 0.3, 0.15mm 등 10개의 체

05 다음은 골재의 체가름 시험 결과이다. 물음에 답하시오.

[2013, 2014]

체 크기(mm)	잔류율(%)
80	0
40	4
20	35
10	37
5	21
2.5	3

① 조립률을 구하시오.
② 굵은 골재 최대치수를 구하시오.

해설

체 크기(mm)	잔류율(%)	가적 잔류율(%)
80	0	0
40	4	4
20	35	39
10	37	76
5	21	97
2.5	3	100

① $FM = \dfrac{4+39+76+97+100+400}{100} = 7.16$

② $G_{max} = 40mm$

40mm체 통과율 = 100 − 4 = 96%

06 콘크리트용 골재의 체가름 시험 결과가 아래의 표와 같다. 다음 물음에 답하시오.

[2014(2번 출제)]

체번호	체에 남은 양(%)	체에 남은 양의 누계(%)
80mm	0	
40mm	4	
20mm	35	
10mm	37	
5mm	21	
2.5mm	3	
1.2mm	0	

① 위 표의 빈칸을 완성하고 조립률을 구하시오.
② 굵은 골재 최대 치수를 구하시오.

해설

①

체번호	체에 남은 양(%)	체에 남은 양의 누계(%)	통과율(%)
80mm	0	0	0
40mm	4	4	96
20mm	35	4+35=39	64
10mm	37	39+37=76	24
5mm	21	76+21=97	3
2.5mm	3	97+3=100	0
1.2mm	0	100+0=100	0

조립률 $= \dfrac{4+39+76+97+100+100+300}{100}$

$= \dfrac{716}{100} = 7.16$

② 굵은 골재 최대 치수

골재의 잔류 누계율이 4%인 40mm체의 통과율이 96%이므로 굵은 골재의 최대 치수는 40mm이다.

07 전체 5kg의 굵은 골재 시료로 체가름 시험을 실시하였다. 다음 물음에 답하시오. [2014]

① 아래의 시험 결과표를 완성하시오.

체의 호칭 치수(mm)	잔류량 (g)	남는 양 (%)	남는 양의 누계(%)
80	0		
40	100		
25	300		
20	1,800		
10	2,300		
5	500		
2.5	0		

② 조립률을 구하시오.
③ 이 골재의 최대 치수를 구하시오.

해설

①

체의 호칭 치수(mm)	잔류량 (g)	남는 양 (%)	남는 양의 누계(%)
80	0	0	0
40	100	$\frac{100}{5,000} \times 100 = 2$	2
25	300	$\frac{300}{5,000} \times 100 = 6$	$2 + 6 = 8$
20	1,800	$\frac{1,800}{5,000} \times 100 = 36$	$8 + 36 = 44$
10	2,300	$\frac{2,300}{5,000} \times 100 = 46$	$44 + 46 = 90$
5	500	$\frac{500}{5,000} \times 100 = 10$	$90 + 10 = 100$
2.5	0	0	0
계	5,000	100	

② 조립률 구하기

$$FM = \frac{2 + 44 + 90 + 100 + 100 + 400}{100} = \frac{736}{100} = 7.36$$

③ 굵은 골재 최대 치수
골재의 잔류 누계율이 2%인 40mm체의 통과율이 98%이므로 굵은 골재의 최대 치수는 40mm이다.

08 콘크리트용 잔골재의 체가름 시험의 결과를 보고 조립률을 구하시오. [2014]

체(mm)	잔류량(g)
10	0
5	20
2.5	41
1.2	136
0.6	150
0.3	84
0.15	54
pan	3

해설

체(mm)	잔류량(g)	잔류율(%)	가적 잔류율(%)
10	0	0	0
5	20	4.1	4.1
2.5	41	8.4	12.5
1.2	136	27.9	40.4
0.6	150	30.7	71.1
0.3	84	17.2	88.3
0.15	54	11.1	99.4
pan	3	0.6	100

조립률

$$FM = \frac{4.1 + 12.5 + 40.4 + 71.7 + 88.3 + 99.4}{100} = 3.16$$

09 콘크리트용으로 주어진 골재를 체가름 시험한 결과 아래 표와 같았다. 표를 보고 물음에 답하시오. [2015]

체의 호칭	잔골재		굵은 골재	
	체에 남은 양(%)	체에 남은 양의 누계(%)	체에 남은 양(%)	체에 남은 양의 누계(%)
80mm	0		0	
40mm	0		5	
20mm	0		34	
10mm	0		36	
5mm	3		22	
2.5mm	9		3	
1.2mm	14		0	
0.6mm	28		0	
0.3mm	35		0	
0.15mm	11		0	

① 잔골재에 대한 위 표의 빈칸을 채우고 잔골재의 조립률을 구하시오.
② 굵은 골재에 대한 위 표의 빈칸을 채우고 굵은 골재의 조립률을 구하시오.
③ 굵은 골재의 최대 치수를 구하시오.

해설

조립률 표 완성하기

체의 호칭	잔골재		굵은 골재	
	체에 남은 양(%)	체에 남은 양의 누계(%)	체에 남은 양(%)	체에 남은 양의 누계(%)
80mm	0	0	0	0
40mm	0	0	5	5
20mm	0	0	34	5+34=39
10mm	0	0	36	39+36=75
5mm	3	3	22	75+22=97
2.5mm	9	3+9=12	3	97+3=100
1.2mm	14	12+14=26	0	100
0.6mm	28	26+28=54	0	100
0.3mm	35	54+35=89	0	100
0.15mm	11	89+11=100	0	100
계	100			

① 잔골재의 조립률
$$\frac{3+12+26+54+89+100}{100}=2.84$$

② 굵은 골재의 조립률
$$\frac{5+39+75+97+100+100+100+100+100}{100}=7.16$$

③ 굵은 골재의 최대 치수
골재의 잔류 누계율이 5%인 40mm체의 통과율이 95%이므로 굵은 골재의 최대 치수는 40mm이다.

10 다음의 체가름 성과표를 보고 조립률과 굵은 골재 최대 치수를 구하시오. [2017]

체 크기(mm)	잔류율(%)
80	0
40	6
20	28
10	42
5	21
2.5	3
계	100

해설

① 조립률 계산

체 크기(mm)	잔류율(g)	가적 잔류율(%)	통과율(%)
80	0	0	100
40	6	6	94
20	28	34	66
10	42	76	24
5	21	97	3
2.5	3	100	0
계	100	−	−

• 조립률 = $\dfrac{6+34+76+97+100+400}{100}=7.13$

② 굵은 골재 최대 치수(G_{max}) : 40mm

11 골재의 체가름 시험에 대한 아래의 물음에 답하시오. [2015]

① 골재의 조립률을 구하기 위한 표준체 10개의 호칭치수를 모두 쓰시오.

② 전체 10kg의 굵은 골재로 체가름 시험을 실시한 결과가 아래의 표와 같을 때 성과표를 완성하고, 굵은 골재의 조립률을 구하시오.

체의 호칭	각 체에 남은 양		각 체에 남은 양의 누계
	g	%	%
80mm	0		
50mm	0		
40mm	100		
30mm	1,400		
25mm	2,000		
20mm	1,800		
15mm	2,400		
10mm	1,300		
5mm	1,000		
계	10,000		

해설

① 골재의 조립률을 구하는 표준체 10개에는 0.15mm, 0.3mm, 0.6mm, 1.2mm, 2.5mm, 5mm, 10mm, 20mm, 40mm, 80mm체가 있다.

② 성과표

체의 호칭	각 체에 남은 양		각 체에 남은 양의 누계
	g	%	%
80mm	0	0	0
50mm	0	0	0
40mm	100	1	1
30mm	1,400	14	$1+14=15$
25mm	2,000	20	$15+20=35$
20mm	1,800	18	$35+18=53$
15mm	2,400	24	$53+24=77$
10mm	1,300	13	$77+13=90$
5mm	1,000	10	$90+10=100$
계	10,000	100	100

조립률

$$\frac{1+53+90+100+100+100+100+100+100}{100}=7.44$$

[보충] 조립률은 표에서 표준체에 해당하는 80, 40, 20, 10, 5mm체와 2.5, 1.2, 0.6, 0.3, 0.15mm체의 누계율로 구한다.

12 굵은 골재 체가름 시험 결과가 아래와 같다. 다음 물음에 답하시오. [2018]

체 크기 (mm)	체에 남는 양 (%)	체에 남는 양의 누계(%)	가적통과율 (%)
80	0		
40	6		
20	35		
10	30		
5	25		
2.5	4		
1.2	0		
0.6	0		
0.3	0		
0.15	0		

① 위의 표의 빈칸을 채우시오.

② 굵은 골재 최대 치수를 구하시오.

③ 조립률을 구하시오.

해설

①

체 크기 (mm)	체에 남는 양 (%)	체에 남는 양의 누계(%)	가적통과율 (%)
80	0	0	100
40	6	6	94
20	35	41	59
10	30	71	29
5	25	96	4
2.5	4	100	0
1.2	0	100	0
0.6	0	100	0
0.3	0	100	0
0.15	0	100	0

② 굵은 골재 최대 치수는 질량으로 90% 이상 통과하는 체 중에서 최소 치수의 체눈으로 40mm이다.

③ 조립률(F.M) $= \dfrac{\text{각 체의 누적잔류율의 누계}}{100}$

$= \dfrac{6+41+71+96+500}{100}=7.14$

13 굵은 골재의 체가름 시험 결과가 아래와 같다. 답안의 빈칸을 채우고 굵은 골재 최대 치수(G_{max})와 조립률(FM)를 구하시오. [2019]

체의 크기 (mm)	30	25	20	15	10	5	2.5
각 체의 잔류율(%)	2	8	25	18	25	20	2

해설

체의 크기 (mm)	각 체의 잔류율(%)	각 체의 가적잔류율(%)	통과율 (%)
30	2	2	98
25	8	10	90
20	25	35	65
15	18	53	47
10	25	78	22
5	20	98	2
2.5	2	100	0

• 조립률 계산에 사용되는 체는 80, 40, 20, 10, 5, 2.5, 1.2, 0.6, 0.3, 0.15mm의 체이므로

• $FM = \dfrac{35 + 78 + 95 + 100 + 400}{100} = 7.11$

14 다음은 잔골재 체가름 시험에 대한 성과이다. 건조시료 500g으로 시험을 했을 때 아래의 표를 완성하고 조립률을 구하시오. [2019]

① 표를 완성하시오.

체(mm)	잔류량(g)	잔류율(%)	가적잔류율(%)
5	15		
2.5	60		
1.2	135		
0.6	200		
0.3	70		
0.15	15		
Pan	5		
계			

② 조립률을 구하시오.

해설

①

체(mm)	잔류량(g)	잔류율(%)	가적잔류율(%)
5	15	3	3
2.5	60	12	15
1.2	135	27	42
0.6	200	40	82
0.3	70	14	96
0.15	15	3	99
Pan	5	1	100
계	500	100	–

② 조립률 $= \dfrac{\text{각 체의 가적잔류율의 합}}{100}$

$= \dfrac{3 + 15 + 42 + 82 + 96 + 99}{100}$

$= \dfrac{337}{100} = 3.37$

15 다음은 잔골재 체가름 시험에 대한 성과이다. 건조시료 500g으로 시험을 했을 때 아래의 표를 완성하고 조립률을 구하시오. [2019]

① 표를 완성하시오.

체(mm)	잔류량(g)	잔류율(%)	가적잔류율(%)
20	0		
10	5		
5	20		
2.5	70		
1.2	135		
0.6	210		
0.3	40		
0.15	15		
Pan	5		
계			

② 조립률을 구하시오.

해설

①

체(mm)	잔류량(g)	잔류율(%)	가적잔류율(%)
20	0	0	0
10	5	1	1
5	20	4	5
2.5	70	14	19
1.2	135	27	46
0.6	210	42	88
0.3	40	8	96
0.15	15	3	99
Pan	5	1	100
계	500	100	–

② 조립률 $= \dfrac{\text{각 체의 가적잔류율의 합}}{100}$

$= \dfrac{1+5+19+46+88+96+99}{100}$

$= \dfrac{354}{100} = 3.54$

16 다음은 굵은 골재 15,000g에 대하여 체가름 시험을 수행한 결과이다. 아래 물음에 답하시오. [2020]

체의 호칭치수 (mm)	남는 양 (g)	잔류율 (%)	가적 잔류율 (%)	통과율 (%)
80	0			
40	450			
20	7,200			
10	3,600			
5	3,300			
2.5	450			
1.2	0			
0.6	0			
0.3	0			
0.15	0			

① 골재의 조립률을 구하시오.
② 굵은 골재 최대치수의 정의를 쓰시오.
③ 굵은 골재의 최대치수를 구하시오.

해설

① 골재의 조립률

체의 호칭치수 (mm)	남는 양 (g)	잔류율 (%)	가적 잔류율 (%)	통과율 (%)
80	0	0	0	
40	450	3.0	3	97
20	7,200	48.0	51	49
10	3,600	24.0	75	25
5	3,300	22.0	97	3
2.5	450	3.0	100	0
1.2	0		100	0
0.6	0		100	0
0.3	0		100	0
0.15	0		100	0

$\therefore$ FM $= \dfrac{\text{가적잔류율의 합}}{100}$

$= \dfrac{3+51+75+97+500}{100} = \dfrac{726}{100} = 7.26$

② 굵은 골재의 최대치수는 90% 이상 통과하는 체
③ 굵은 골재의 최대치수는 90% 이상 통과하는 체의 호칭치수 중 최소치수

Subject 04 공극률 · 실적률

17 골재의 단위용적질량이 1.54kg/L, 절건밀도가 2.64g/cm³라 할 때 실적률과 공극률을 구하시오. [2019]

해설

① 단위용적질량 $= 1.54\text{kg}/\ell = 1.54\text{t/m}^3$

② 절건밀도 $= 2.64\text{g/cm}^3 = 2.64\text{t/m}^3$

③ 실적률 $= \dfrac{\text{단위용적질량}}{\text{절건밀도}} \times 100 = \dfrac{1.54}{2.64} \times 100 = 58.33\%$

④ 공극률 $= 100 - \text{실적률} = 100 - 58.33 = 41.67\%$

Subject 05 골재 마모시험

18 굵은 골재의 마모시험 결과가 다음과 같을 때 이 골재의 마모율을 구하시오. [2019]

• 시험 전 시료의 질량 : 3,250g
• 체 1.7mm의 잔류량 : 2,870g

해설

마모율 $= \dfrac{3,250 - 2,870}{3,250} \times 100 = 11.69\%$

Subject 06 포장 콘크리트 시험

19 도로포장 콘크리트에 쓰일 골재에 포함된 잔입자(0.08mm체를 통과하는) 시험을 한 결과가 다음과 같다. 아래 물음에 답하시오. [2014]

[시험 결과]
• 씻기 전 시료의 건조 질량 : 548g
• 씻은 후 시료의 건조 질량 : 533g

1) 골재 표면에 잔입자가 붙어 있을 경우 콘크리트에 미치는 영향을 2가지만 쓰시오.
2) 0.08mm체를 통과하는 잔입자량의 백분율을 구하시오.
3) 이 골재의 사용 가능 여부를 판정하시오.

해설

1) ① 강도와 내구성을 저하시킨다.
   ② 시멘트풀과 골재 사이의 점착력을 떨어뜨린다.

2) 잔입자량의 백분율
   $$= \dfrac{548 - 533}{548} \times 100 = \dfrac{15}{548} \times 100 = 2.74\%$$

3) 잔골재의 잔입자 함유량이 3% 이하이므로 사용이 가능하다.

02 CHAPTER 시멘트

Subject 01 시멘트의 특성

01 포틀랜드 시멘트의 성질을 개선하기 위하여 만든 혼합 시멘트의 종류를 3가지만 쓰시오.

[2015(2번 출제)]

①
②
③

해설

① 실리카 시멘트
② 플라이 애시 시멘트
③ 고로슬래그 시멘트

02 포틀랜드 시멘트의 종류 3가지만 쓰시오.

[2013, 2014]

①
②
③

해설

① 저열 포틀랜드 시멘트
② 내황산염 포틀랜드 시멘트
③ 백색 포틀랜드 시멘트

Subject 02 시멘트 비중

03 시멘트 비중 시험에서 시멘트 64g으로 시험한 결과 처음 광유 표면 읽음값이 0.5mL이고, 시료를 넣은 후 광유 표면 읽음값이 20.8mL일 때 시멘트의 비중은 얼마인가?

[2015]

해설

$$시멘트의\ 비중 = \frac{시멘트의\ 무게}{비중병\ 눈금\ 차} = \frac{64}{20.8 - 0.5} = \frac{64}{20.3} = 3.15$$

04 KS L ISO 679 : 2006 규격에 따른 시멘트의 강도 시험을 위한 W/C의 비, 시멘트와 ISO 표준사의 비에 대해 쓰시오.

[2020]

[조건]
W/C = 50%
시멘트 = 450g

해설

① 물의 양은 450÷2=225g이다.
② 시멘트와 표준사의 비=1 : 3
   표준사의 양은 450×3=1,350g이다.

05 시멘트 비중이 감소하는 원인 3가지를 쓰시오.

[2017]

①
②
③

해설

① 시멘트의 풍화
② 소성 불충분
③ 긴 시멘트 저장 기간

06 KSL 5201 포틀랜드 시멘트의 종류 5가지를 쓰시오. [2018]

①

②

③

④

⑤

해설

① 1종(보통)
② 2종(중용열)
③ 3종(조강)
④ 4종(저열)
⑤ 5종(내황산염)

Subject **03** 시멘트 풍화

07 시멘트의 풍화에 대해 간단히 설명하고, 풍화한 시멘트의 특징을 2가지만 쓰시오.

[2013, 2014, 2016]

1) 시멘트의 풍화에 대해 간단히 설명하시오.

2) 풍화한 시멘트의 특징을 2가지만 쓰시오.
　①
　②

해설

1) 수화작용에 의해 수산화칼슘이 탄산가스와 화합하여 탄산칼슘을 만들어내는 현상을 말한다.
2) 풍화한 시멘트의 특징
　① 비중이 작아진다.
　② 응결이 늦어진다.
　③ 강열감량이 커진다.

08 수화 중 풍화한 시멘트의 특성 3가지를 쓰시오. [2018]

①

②

③

해설

① 시멘트 비중 감소
② 강열감량의 증가
③ 시멘트 강도 저하
④ 시멘트 응결 저하

Subject **04** 시멘트 밀도

09 시멘트의 밀도는 시멘트의 품질이 나빠질 경우 작아진다. 일반적으로 시멘트의 밀도가 작아지는 사유를 3가지만 쓰시오. [2015]

①

②

③

해설

① 시멘트에 혼합물이 섞인 경우
② 시멘트의 저장기간이 긴 경우
③ 시멘트의 소성 과정이 불충분한 경우
④ 시멘트가 풍화하는 경우
⑤ 시멘트에 SiO_2, Fe_2O_3이 적은 경우

Subject 05 시멘트 분말도 시험

10 시멘트의 분말도 시험방법 2가지를 쓰시오.
[2013, 2014, 2015]

①

②

해설
① 블레인 공기투과장치에 의한 방법
② 표준체에 의한 방법

Subject 06 시멘트 응결시간 측정법

11 시멘트 분말도와 응결 시간 측정방법을 각각 2가지씩 쓰시오.
[2014, 2018]

(1) 시멘트 분말도 측정방법

①

②

(2) 시멘트 응결시간 측정방법

①

②

해설
(1) 시멘트 분말도 측정 방법
  ① 체가름 시험
  ② 비표면적 시험(브레인법)
(2) 시멘트 응결 시간 측정 방법
  ① 비카(Vicat)침 시험 방법
  ② 길모어(Gillmore)침 시험 방법

Subject 07 물 – 시멘트비

12 물 – 시멘트비를 정하는 기준 3가지를 쓰시오.
[2018]

①

②

③

해설
① 콘크리트의 압축강도 기준
② 수밀성 : 50% 이하
③ 황산염(해양 콘크리트) : 45~50%
④ 내동해성 : 40~50%
⑤ 제빙 화학제(염화물) : 45% 이하
⑥ 탄산화(중성화) : 55% 이하

MEMO

혼화재 · 혼화제

Subject 01 혼화재 · 혼화제

01 혼화재료는 혼화재와 혼화제로 분류가 되는데 이에 대한 정의를 간략히 쓰시오. [2019]

① 혼화재
② 혼화제

해설

① 혼화재(Mineral Admixture) : 시멘트 사용량 대비 5% 이상으로 배합설계 시 용적에 계산을 한다.
　예 플라이 애시, 실리카퓸 및 고로슬래그미분말 등
② 혼화제(Chemical Admixture) : 사용량이 통상 시멘트양 대비 5% 이하로서 소량이 사용된다.
　예 AE제, AE감수제, 고성능 감수제 등

02 포졸란 작용이 있는 혼화재를 3가지만 쓰시오. [2014]

①
②
③

해설

① 고로슬래그
② 플라이 애시
③ 규산백토

03 콘크리트에 사용되는 혼화재료에 대한 다음 물음에 답하시오. [2014]

① 잠재수경성이 있는 혼화재의 종류 1가지를 쓰시오.

② 오토클레이브 양생에 의하여 고강도를 나타내게 하는 혼화재의 종류 1가지를 쓰시오.

③ 포졸란 작용을 하는 혼화재의 종류를 2가지만 쓰시오.

해설

① 고로슬래그 분말
② 규산질 미분말
③ 플라이 애시, 규조토, 화산재, 규산백토 등

MEMO

콘크리트의 성질 · 특징

Subject 01 콘크리트 비비기

01 콘크리트 시공이나 타설에 사용되는 용어 중에서 되비비기와 거듭비비기에 대해 간략히 설명하시오. [2019]

① 되비비기
② 거듭비비기

[해설]

① 되비비기 : 콘크리트 또는 모르타르가 엉기기 시작할 때 다시 비비는 작업
② 거듭비비기 : 콘크리트 또는 모르타르가 엉기지 않았으나 일정한 시간이 지나 다시 비비는 작업

02 아래 물음에 답하시오. [2020]

1) 콘크리트 믹서 중에서 가경식 믹서와 강제식 믹서의 최소 믹싱 시간을 쓰시오.

2) 외기 온도가 10℃ 이상 20℃ 미만일 때 조강 포틀랜드 시멘트와 보통 포틀랜드 시멘트의 거푸집 널의 해체시기를 쓰시오.(단, 콘크리트의 압축강도를 시험하지 않을 경우 거푸집 널의 해체시기를 의미하며 기초, 보, 기둥 및 벽의 측면에 해당하는 조건이다.)

[해설]

1) 가경식 믹서와 강제식 믹서의 최소 믹싱 시간
① 가경식(또는 중력식) 믹서 : 90초 이상
② 강제식 믹서 : 60초 이상
2) 외기 온도가 10℃ 이상 20℃ 미만일 때 조강 포틀랜드 시멘트와 보통 포틀랜드 시멘트의 거푸집 널의 해체시기
① 조강 포틀랜드 시멘트 : 3일
② 보통 포틀랜드 시멘트 : 4일

Subject 02 콘크리트 다지기

03 굳지 않은 콘크리트를 다지는 경우 내부진동의 사용법에 대한 사항이다. 아래의 빈칸을 완성하시오. [2020]

1) 진동다지기를 할 때에는 내부진동기를 하층의 콘크리트 속으로 (①) 정도 찔러 넣는다.

2) 내부진동기는 연직으로 찔러 넣으며, 그 간격은 진동이 유효하다고 인정되는 범위의 지름 이하로서 일정한 간격으로 한다. 삽입 간격은 일반적으로 (②) 이하로 하는 것이 좋다.

[해설]

① 10cm 또는 100mm
② 50cm 또는 500mm

04 콘크리트의 비비기, 다지기 및 양생 등에 대한 아래의 물음에 답하시오. [2014]

1) 콘크리트의 비비기 시간은 시험에 의해 정하는 것을 원칙으로 한다. 비비기 시간에 대한 시험을 실시하지 않은 경우 그 최소 시간에 대해 답하시오.

① 가경식 믹서를 사용할 경우 :

② 강제식 믹서를 사용할 경우 :

2) 내부진동기를 사용하여 콘크리트 다지기를 할 경우 내부진동기의 사용방법의 표준에 대한 아래 물음에 답하시오.

① 진동 다지기를 할 때에는 내부진동기를 하층의 콘크리트 속으로 몇 m 정도 찔러 넣어야 하는가?

② 내부진동기의 삽입간격은 일반적으로 몇 m 이하로 하는 것이 좋은가?

3) 콘크리트는 타설한 후 습윤상태로 노출면이 마르지 않도록 하여야 하며, 수분의 증발에 따라 살수를 하여 습윤상태로 보호하여야 한다. 이때 습윤상태로 보호하는 기간의 표준에 대해 아래의 경우에 대한 답을 하시오.(단, 일 평균 기온이 15℃ 이상인 경우)

① 보통 포틀랜드 시멘트를 사용한 경우 :

② 조강 포틀랜드 시멘트를 사용한 경우 :

해설

1) 비비기 최소 시간
① 가경식 믹서를 사용할 경우 : 1분 30초 이상
② 강제식 믹서를 사용할 경우 : 1분 이상

2) 내부진동기를 사용하여 진동 다짐 작업 시
① 0.1m 정도
② 0.5m 이하

3) 습윤상태로 보호하는 기간의 표준
① 보통 포틀랜드 시멘트를 사용한 경우 : 5일
② 조강 포틀랜드 시멘트를 사용한 경우 : 3일

05 콘크리트 양생의 종류를 3가지 쓰시오. [2017, 2018]

①
②
③

해설

① 습윤 양생
② 온도 제어 양생
③ 막 양생
④ 증기 양생

06 아래의 물음에 답하시오. [2019]

1) 콘크리트 타설 후 시행하는 양생방법의 종류를 3가지 쓰시오.

①
②
③

2) 풍화된 시멘트의 성질을 3가지 쓰시오.

①
②
③

해설

1) 양생방법의 종류 3가지
① 습윤 양생
② 막 양생
③ 상압증기 양생

2) 풍화된 시멘트의 성질
① 비중 감소
② 강도 저하
③ 응결시간 지연

07 습윤양생 방법 3가지를 기술하시오.

[2019(2번 출제)]

①

②

③

해설

① 살수 양생, 수중 양생

② 젖은 모래 양생

③ 젖은 가마니 양생

④ 막 양생 또는 피막 양생

08 다음 물음에 답하시오.　　[2013]

1) 콘크리트의 표준 습윤양생 기간을 쓰시오.
   (단, 일평균 기온이 15℃ 이상인 경우)
   ① 조강 포틀랜드 시멘트를 사용한 경우
   :
   ② 보통 포틀랜드 시멘트를 사용한 경우
   :

2) 일반 콘크리트의 비비기에서 믹서 안에 재료를 투입한 후 비비는 시간의 표준을 쓰시오.
   ① 강제식 믹서일 경우 :
   ② 가경식 믹서일 경우 :

3) 콘크리트를 타설할 때 내부 진동기의 기준을 쓰시오.
   ① 하층의 콘크리트 삽입 깊이는?
   ② 삽입 간격은?

해설

1) ① 3일
   ② 5일
2) ① 1분 이상
   ② 1분 30초 이상
3) ① 0.1m
   ② 0.5m

Subject 04 슈미트 해머

09 콘크리트용 슈미트 해머의 종류를 4가지 쓰시오.　　[2018]

①

②

③

④

해설

① N형 : 보통 콘크리트용

② M형 : 매스 콘크리트용

③ P형 : 저강도 콘크리트용

④ L형 : 고강도 콘크리트용

Subject 05 콘크리트 공기량

10 굳지 않은 콘크리트의 공기량에 대한 사항이다. 물음에 답하시오.　　[2017]

① AE 콘크리트에서 가장 적정한 공기량은 콘크리트 용적 기준으로 얼마를 표준으로 하는가? (단, 보통 콘크리트의 경우)

② 워싱턴형 공기량 시험기를 이용하여 공기량 시험을 할 경우 대표적인 시료를 용기에 ( )층으로 넣고, 각 층을 ( )회 다지는가?

③ 공기량 측정방법 3가지를 쓰시오.

해설

① 4.5%

② 3, 25

③ 공기실 압력법, 중량법, 주수 압력법

Subject 06 허용 오차

11 다음 표의 빈칸을 완성하시오.(단, KS F 4009 규격 기준) [2017]

재료의 종류	허용 오차(%)
물	
시멘트	
골재	
혼화재	
화학 혼화제	

해설

재료의 종류	허용 오차(%)
물	-2%, $+1\%$
시멘트	-1%, $+2\%$
골재	$\pm 3\%$
혼화재	$\pm 2\%$
화학 혼화제	$\pm 3\%$

12 아래 표의 빈칸에 콘크리트 생산 시 각 재료별 계량 오차를 쓰시오.(단, KS F 4009 기준) [2017]

재료	계량 오차 허용 범위(%)
시멘트	
혼화재	
배합수	
잔골재, 굵은 골재	
화학 혼화제	

해설

재료	계량 오차 허용 범위(%)
시멘트	-1%, $+2\%$
혼화재	$\pm 2\%$
배합수	-2%, $+1\%$
잔골재, 굵은 골재	$\pm 3\%$
화학 혼화제	$\pm 3\%$

13 콘크리트 생산 시 아래의 각 재료별 계량 허용 오차를 구하시오.(단, 콘크리트 표준시방서 기준) [2019]

① 시멘트
② 배합수
③ 골재
④ 혼화재

해설

① 시멘트 : $\pm 1\%$
② 배합수 : $\pm 1\%$
③ 골재 : $\pm 3\%$
④ 혼화재 : $\pm 2\%$

Subject 07 콘크리트 배합강도

14 콘크리트 배합 시 물 – 시멘트(또는 물결합재)비를 정하는 기준을 3가지 쓰시오. [2018]

①
②
③

해설

① 압축강도
② 내동해성
③ 수밀성

15 다음 경우의 콘크리트 배합강도를 구하시오.

[2013, 2014]

① 콘크리트 압축강도의 시험 기록이 없는 경우이며, 설계기준 압축강도가 24MPa이다.

② 30회 이상의 압축강도 시험 실적으로부터 결정한 표준편차가 3.0MPa이며 설계기준 압축강도가 30MPa이다.

해설

① $f_{cr} = f_{ck} + 8.5 = 24 + 8.5 = 32.5\text{MPa}$

② $f_{ck} \leq 35\text{MPa}$이므로

- $f_{cr} = (f_{ck} - 3.5) + 2.33S$
  $= (30 - 3.5) + 2.33 \times 3.0$
  $= 33.49\text{MPa}$

- $f_{cr} = f_{ck} + 1.34S = 30 + 1.34 \times 3.0$
  $= 34.02\text{MPa}$

∴ 큰 값인 34.02MPa

16 설계기준 압축강도가 28MPa, 30회 이상의 압축강도 시험 실적으로부터 결정한 표준편차가 3MPa인 일반 콘크리트의 배합강도를 구하시오.

[2014]

해설

$f_{ck} \leq 35\text{MPa}$이므로

① $f_{cr} = (f_{ck} - 3.5) + 2.33s$
  $= (28 - 3.5) + 2.33 \times 3 = 31.49\text{MPa}$

② $f_{cr} = f_{ck} + 1.34s = 28 + 1.34 \times 3$
  $= 32.02\text{MPa}$

∴ 큰 값인 32.02MPa

17 다음 조건에서 배합강도(f_{cr})를 구하시오.

[2017]

- f_{ck} : 27MPa
- s : 1.8MPa(24회 시험 횟수의 표준편차)
- 보정계수 = 1.04

해설

$f_{cr} = f_{ck} + 1.34s$ ·················· ①
$f_{cr} = (f_{ck} - 3.5) + 2.33s$ ············· ②

①, ② 중 큰 값을 선택하는 것이 원칙이나 표준편차 s의 시험 횟수가 30회 미만이므로 표준편차를 보정한다.

∴ 보정한 표준편차(s)(MPa) $= 1.8 \times 1.04 = 1.872$

  $f_{cr} = 27 + 1.34 \times 1.872 = 29.51$ ⎤
  $f_{cr} = (27 - 3.5) + 2.33 \times 1.872 = 27.86$ ⎦ 중 큰 값

∴ 배합 강도(f_{cr})는 29.51MPa로 결정한다.

18 설계 기준 강도가 24MPa이고, 30회 이상의 시험 실적 콘크리트 압축강도 표준편차가 3.2MPa일 때의 배합강도를 구하시오.

[2018]

해설

설계 기준 강도(f_{ck}) $\leq 35\text{MPa}$인 경우

① $f_{cr} = f_{ck} + 1.34s = 24 + 1.34 \times 3.2 = 28.29$

② $f_{cr} = (f_{ck} - 3.5) + 2.33s = (24 - 3.5) + 2.33 \times 3.2 = 27.96$

∴ 배합 강도는 두 값 중 큰 값인 28.29MPa이다.

19 아래의 두 가지 조건의 배합강도를 산출하시오. [2020]

① 설계기준강도가 40MPa이며, 30회 이상 시험 실적의 표준편차 $s = 4.5$MPa인 경우의 배합강도를 구하시오.

② 설계기준강도가 24MPa인데, 압축강도의 시험 횟수가 14회가 안 되는 경우의 배합 강도를 구하시오.

해설

① $f_{cr} = f_{ck} + 1.34s = 40 + (1.34 \times 4.5) = 46.03$MPa

$f_{cr} = 0.9f_{ck} + 2.33s = 0.9 \times 40 + 2.33 \times 4.5 = 46.49$MPa

배합강도는 두 값 중 큰 값인 46.49MPa이다.

② $f_{cr} = f_{ck} + 8.5 = 24 + 8.5 = 32.5$MPa

Subject 08 콘크리트 배합설계

20 골재의 절대용적이 750L인 콘크리트에 잔골재율이 44%이고, 잔골재의 표건밀도가 2.62g/cm³일 경우 단위 잔골재량은 얼마인가? [2019]

해설

단위잔골재량$= 750 \times 0.44 \times 2.62 = 865$kg/m³

21 굵은 골재의 최대 치수가 25mm, 단위수량이 175kg, 단위시멘트양이 320kg, 시멘터의 밀도(비중)가 3.15, 공기량이 3.5%일 때 단위골재량의 절대부피를 구하시오. [2016]

해설

골재의 절대부피$= 1,000 - \left(175 + \dfrac{320}{3.15} + 35\right)$

$= 688\ell = 0.688$m³

22 콘크리트 시방배합으로 각 재료의 단위량과 현장 골재의 상태는 다음과 같다. 물음에 답하시오. [2013]

[시방 배합표(kg/m³)]

물(W)	시멘트(C)	잔골재(S)	굵은 골재(G)
180	370	710	1,190

[현장 골재 상태]
- 잔골재 중에 5mm체에 남는 양 3%
- 굵은 골재 중에 5mm체 통과량 2%
- 잔골재 표면수량 3%
- 굵은 골재 표면수량 1%

① 굵은 골재량을 구하시오.
② 잔골재량을 구하시오.
③ 물의 양을 구하시오.

해설

① • 입도 조정

$$y = \frac{100G - a(S+G)}{100 - (a+b)}$$

$$= \frac{100 \times 1,190 - 3(710+1,190)}{100 - (3+2)} = 1,192.6\text{kg}$$

• 표면수 조정

$1,192.6 \times 0.01 = 11.93$kg

∴ $G = 1,192.6 + 11.93 = 1,204.5$kg

② • 입도 조정

$$x = \frac{100S - b(S+G)}{100 - (a+b)}$$

$$= \frac{100 \times 710 - 2(710+1,190)}{100 - (3+2)} = 707.4\text{kg}$$

• 표면수 조정

$707.4 \times 0.03 = 21.22$kg

∴ $S = 707.4 + 21.22 = 728.6$kg

③ $W = 180 - (21.22 + 11.93) = 146.9$kg

23 콘크리트의 시방배합 결과 단위시멘트양 345 kg/m³, 단위잔골재량 650kg/m³, 단위굵은 골재량 1,231kg/m³, 단위수량 131kg/m³이고 현장 골재의 상태가 아래와 같을 때 다음을 계산하시오.

[2014]

[현장 골재 상태]
• 잔골재가 5mm체에 남는 양 : 5%
• 잔골재의 표면수 : 3%
• 굵은 골재가 5mm체를 통과하는 양 : 4%
• 굵은 골재의 표면수 : 0.7%

1) 골재 입도에 대한 보정을 실시하여 잔골재 및 굵은 골재의 양을 구하시오.
2) 골재의 표면수 보정을 실시하여 각 재료량을 구하시오.
   ① 잔골재
   ② 굵은 골재
   ③ 단위수량

해설

1) ① 잔골재량 공식

$$\frac{100S - b(S+G)}{100-(a+b)}$$

여기서, S : 잔골재
   G : 굵은 골재
   a : 5mm체에 남는 잔골재량
   b : 5mm체를 통과하는 굵은 골재량

• 잔골재량 $= \dfrac{100 \times 650 - 4(650 + 1,231)}{100 - (5+4)}$

$\qquad = \dfrac{65,000 - 7,524}{100-9} = \dfrac{57,476}{91}$

$\qquad = 1,249.4\text{kg/m}^3$

② 굵은 골재량 공식

$$\frac{100G - a(S+G)}{100-(a+b)}$$

여기서, S : 잔골재
   G : 굵은 골재
   a : 5mm체에 남는 잔골재량
   b : 5mm체를 통과하는 굵은 골재량

• 굵은 골재량 $= \dfrac{100 \times 1,231 - 5(650 + 1,231)}{100 - (5+4)}$

$\qquad = \dfrac{123,100 - 9,405}{100-9} = 650.55\text{kg/m}^3$

2) ① 잔골재
   ㉠ $631.6 \times 0.03 = 18.948$
   ㉡ $631.6 + 18.948 = 650.548$
   ∴ 잔골재량은 650.55kg/m³

② 굵은 골재
   ㉠ $1,249.4 \times 0.007 = 8.7458$
   ㉡ $1,249.4 + 8.7458 = 1,258.15$
   ∴ 굵은 골재량은 1,258.15kg/m³

③ 단위수량
   $131 - (18.948 + 8.7458) = 103.3062$
   ∴ 단위수량은 103.31kg/m³

24 아래와 같은 조건에서 콘크리트 $1m^3$를 제조하는 데 필요한 단위수량, 잔골재량 및 굵은 골재량을 구하시오.(단, 소수점 이하 넷째 자리에서 반올림하시오.) [2015]

[조건]
- 단위시멘트양 : $200kg/m^3$
- 물−시멘트비 : 55%
- 잔골재율 : 35%
- 시멘트의 밀도 : $3.17g/cm^3$
- 잔골재의 표건밀도 : $2.65g/cm^3$
- 굵은 골재의 표건밀도 : $2.7g/cm^3$
- 공기량 : 2%

해설

1) 단위수량
$$= 단위시멘트양 \times [물-시멘트비] = 200 \times 0.55 = 110kg$$

2) ① 단위골재량의 절대부피
$$1 - \left(\frac{단위수량}{1,000} + \frac{단위시멘트양}{시멘트의 \ 비중 \times 1,000} + \frac{공기량}{100} \right)$$
$$= 1 - \left(\frac{110}{1,000} + \frac{200}{3.17 \times 1,000} + \frac{2}{100} \right) = 0.81$$

② 잔골재량
$$= 잔골재밀도 \times 단위골재량 \ 절대부피 \times 잔골재율 \times 1,000$$
$$= 2.65 \times 0.81 \times 0.35 \times 1,000$$
$$= 751.28 kg/m^3$$

3) 단위굵은 골재량
$$= 단위굵은 \ 골재량 \ 절대부피 \times 굵은 \ 골재 \ 밀도 \times 1,000$$
$$= 2.7 \times (0.81 \times 0.65) \times 1,000 = 1,421.55 kg/m^3$$

25 아래 내용을 보고 다음 물음에 답하시오.
[2015]

- 단위수량 : 170kg
- 물−시멘트비 : 50%
- 잔골재율 : 40%
- 잔골재의 표건밀도 : $2.6g/cm^3$
- 굵은 골재의 표건밀도 : $2.7g/cm^3$
- 시멘트의 밀도 : $3.14g/cm^3$
- 공기량 : 5%

1) 단위시멘트양을 구하시오.
2) 단위잔골재량을 구하시오.
3) 단위굵은 골재량을 구하시오.

해설

1) 단위시멘트양
$$\frac{단위수량}{물-시멘트비} = \frac{170}{0.5} = 340$$

2) 단위잔골재량
① 단위골재의 절대부피
$$= 1 - \left(\frac{170}{1,000} + \frac{340}{3.14 \times 1,000} + \frac{5}{100} \right) = 0.672$$

② 단위잔골재량의 절대부피
$$= 0.672 \times 0.4 = 0.2688$$

③ 잔골재 절대부피 × 잔골재 밀도 × 1,000
$$= 2.6 \times 0.2688 \times 1,000 = 698.88 kg$$

3) 단위굵은 골재량
① 단위굵은 골재의 절대부피 $= 0.672 \times (1 - 0.4) = 0.4032$
② 단위굵은 골재량의 절대부피 × 굵은 골재 밀도 × 1,000
$$= 0.4032 \times 2.7 \times 1,000 = 1,088.64 kg$$

26 콘크리트의 시방배합 결과와 현장골재 상태가 아래 표와 같을 때 시방배합을 현장배합으로 고치고 현장배합표를 완성하시오. [2015]

[시방배합표]

굵은 골재의 최대 치수(mm)	슬럼프 (mm)	공기량 (%)	W/C (%)	S/a (%)
25	80	3	47.6	35.5

단위량(kg/m³)

물(W)	시멘트(C)	잔골재(S)	굵은 골재(G)
161	322	645	1,177

[현장골재의 상태]
- 5mm체에 남는 잔골재량 : 5%
- 잔골재의 표면수량 : 3%
- 5mm체를 통과하는 굵은 골재량 : 3%
- 굵은 골재의 표면수량 : 2%

1) 입도에 대한 보정을 하여 잔골재량과 굵은 골재량을 구하시오.

2) 표면수에 대한 보정을 하여 잔골재 및 굵은 골재의 표면수량을 구하시오.

3) 1m³의 콘크리트를 만들기 위한 아래의 현장배합표를 완성하시오.

단위량(kg/m³)

시멘트(C)	물(W)	잔골재(S)	굵은 골재(G)
322			

해설

1) [공식]
- 잔골재량 $\dfrac{100S - b(S+G)}{100-(a+b)}$
- 굵은 골재량 $\dfrac{100G - a(S+G)}{100-(a+b)}$

여기서, S : 잔골재
G : 굵은 골재
a : 5mm체에 남는 잔골재량
b : 5mm체를 통과하는 굵은 골재량

① 잔골재량

$$\dfrac{100 \times 645 - 3(645+1,177)}{100-(5+3)} = \dfrac{64,500-5,466}{92}$$
$$= 641.67\,\text{kg}$$

② 굵은 골재량

$$\dfrac{100 \times 1,177 - 5(645+1,177)}{100-(5+3)} = \dfrac{117,700-9,110}{92}$$
$$= 1,180.33\,\text{kg}$$

2) ① 잔골재의 표면수량
$641.67 \times 0.03 = 19.25\,\text{kg}$

② 굵은 골재의 표면수량
$1,180.33 \times 0.02 = 23.61\,\text{kg}$

3) ① 잔골재량
$641.67 + 19.25 = 660.92$

② 굵은 골재량
$1,180.33 + 23.61 = 1,203.94$

③ 단위수량
$161 - (19.25 + 23.61) = 161 - 42.86 = 118.14$

단위량(kg/m³)

시멘트(C)	물(W)	잔골재(S)	굵은 골재(G)
322	118.14	660.92	1,203.94

27 배합 설계를 위해 주어진 값이 다음과 같을 경우 아래 물음에 답하시오. [2018]

- 잔골재 절대부피 : 0.311m^3
- 굵은 골재의 절대부피 : 0.395m^3
- 잔골재 밀도 : 2.62g/cm^3
- 굵은 골재 밀도 : 2.67g/cm^3

① 잔골재율을 구하시오.(소수 셋째 자리에서 반올림)
② 단위잔골재량을 구하시오.(소수 셋째 자리에서 반올림)
③ 단위굵은 골재량을 구하시오.(소수 셋째 자리에서 반올림)
④ 단위골재 절대부피를 구하시오.

해설

① 잔골재율(%)
$$= \frac{\text{잔골재의 부피}}{\text{잔골재의 부피} + \text{굵은 골재의 부피}} \times 100$$
$$= \frac{0.311}{0.311 + 0.395} \times 100 = 44.05\%$$

② 단위잔골재량
$$= \text{잔골재 절대부피} \times \text{잔골재 밀도} \times 1,000$$
$$= 0.311 \times 2.62 \times 1,000 = 814.82 \text{kg/m}^3$$

③ 단위굵은 골재량
$$= \text{굵은 골재 절대부피} \times \text{굵은 골재 밀도} \times 1,000$$
$$= 0.395 \times 2.67 \times 1,000 = 1,054.65 \text{kg/m}^3$$

④ 단위골재 절대부피
$$= \text{잔골재 절대부피} + \text{굵은 골재 절대부피}$$
$$= 0.311 + 0.395 = 0.706 \text{m}^3$$

28 아래와 같은 설계조건으로 배합 설계를 하시오. [2014]

[설계조건]
- 시멘트의 밀도 : 3.20g/cm^3
- 잔골재의 표건밀도 : 2.60g/cm^3
- 굵은 골재의 표건밀도 : 2.65g/cm^3
- 공기량 : 4%
- 잔골재율(S/a) : 40%
- 단위수량 : 160kg
- 물－시멘트비 : 50%
- 배합강도 : 25MPa

1) 단위시멘트양을 구하시오.
2) 단위골재량의 절대부피를 구하시오.
3) 단위잔골재량을 구하시오.
4) 단위굵은 골재량을 구하시오.

해설

1) 단위시멘트양
$$= \frac{\text{단위수량}}{\text{물} - \text{시멘트비}} = \frac{160}{0.5} = 320 \text{kg}$$

2) 단위골재량의 절대부피
$$1 - \left(\frac{\text{단위수량}}{1,000} + \frac{\text{단위시멘트량}}{\text{시멘트의 비중} \times 1,000} + \frac{\text{공기량}}{100} \right)$$
$$= 1 - \left(\frac{160}{1,000} + \frac{320}{3.2 \times 1,000} + \frac{4}{100} \right) = 1 - 0.3 = 0.7 \text{m}^3$$

3) ① 단위잔골재량의 절대부피
- 단위골재량의 절대부피 × 잔골재율
$$= 0.7 \times 0.4 = 0.28 \text{m}^3$$
② 단위잔골재량
- 잔골재 절대부피 × 잔골재 밀도 × 1,000
$$= 0.28 \times 2.6 \times 1,000 = 728 \text{kg}$$

4) ① 단위굵은 골재량의 절대부피
- 단위골재량의 절대부피 － 단위잔골재량의 절대부피
$$= 0.7 - 0.28 = 0.42 \text{m}^3$$
② 단위굵은 골재량
- 단위굵은 골재 절대부피 × 굵은 골재 밀도 × 1,000
$$= 2.65 \times 0.42 \times 1,000 = 1,113 \text{kg}$$

29 굵은 골재 최대치수 40mm, 단위수량 175 kg, 물－결합재비 50%, 슬럼프값 100mm, 잔골재율 40%, 잔골재 밀도 2.59g/cm³, 굵은 골재 밀도 2.62g/cm³, 시멘트 비중 3.15, 갇힌 공기량은 1%이며 골재는 표면건조 포화 상태일 때 콘크리트 1m³에 필요한 각각의 재료량에 대한 다음 물음에 답하시오. [2013, 2014]

① 단위 골재량의 절대부피를 구하시오.(단, 소수 넷째 자리에서 반올림하시오.)

② 단위 시멘트양을 구하시오.(단, 소수 첫째 자리에서 반올림하시오.)

③ 단위 굵은 골재량의 절대 부피를 구하시오.(단, 소수 넷째 자리에서 반올림하시오.)

④ 단위 잔골재량의 절대부피를 구하시오.(단, 소수 넷째 자리에서 반올림하시오.)

⑤ 단위 굵은 골재량을 구하시오.(단, 소수 첫째 자리에서 반올림하시오.)

⑥ 단위 잔골재량을 구하시오.(단, 소수 첫째 자리에서 반올림하시오.)

해설

① $V = 1 - \left(\dfrac{175}{1,000} + \dfrac{350}{3.15 \times 1,000} + \dfrac{1}{100} \right) = 0.704\text{m}^3$

② 물－결합재비 $= \dfrac{W}{C} = 0.5$

$\therefore C = \dfrac{175}{0.5} = 350\text{kg}$

③ $V_G = 0.704 - 0.282 = 0.422\text{m}^3$

(또는 $0.704 \times 0.6 = 0.422\text{m}^3$)

④ $V_S = 0.704 \times 0.4 = 0.282\text{m}^3$

⑤ $G = 2.62 \times 0.422 \times 1,000 = 1,106\text{kg}$

⑥ $S = 2.59 \times 0.282 \times 1,000 = 730\text{kg}$

30 3.1m³의 콘크리트 제작에 필요한 단위수량 165kg, 물－시멘트비 50%, 시멘트 밀도 3.15g/cm³, 잔골재율 40%, 잔골재 표건밀도 2.60g/cm³, 굵은 골재 표건밀도 2.65g/cm³, 공기량이 1.5%이고, 골재는 표면 건조 포화 상태일 때 아래의 물음에 답하시오. [2016]

① 단위시멘트양을 구하시오.

② 단위골재량의 절대부피를 구하시오.

③ 단위잔골재량의 절대부피를 구하시오.

④ 단위잔골재량을 구하시오.

⑤ 단위굵은 골재량의 절대부피를 구하시오.

⑥ 단위굵은 골재량을 구하시오.

해설

① 단위시멘트양

$= \dfrac{\text{단위수량}}{\text{물} - \text{시멘트비}} = \dfrac{165}{0.5} = 330\text{kg}$

② 단위골재량의 절대부피

$1 - \left(\dfrac{\text{단위수량}}{1,000} + \dfrac{\text{단위시멘트양}}{\text{시멘트의 비중} \times 1,000} + \dfrac{\text{공기량}}{100} \right)$

$= 1 - \left(\dfrac{165}{1,000} + \dfrac{330}{3.15 \times 1,000} + \dfrac{15}{1,000} \right)$

$= 0.715$

③ 단위잔골재량의 절대부피

=단위골재량의 절대부피×잔골재율

$= 0.715 \times 0.4 = 0.286$

④ 단위잔골재량

=잔골재 절대부피×잔골재 밀도×1,000

$= 2.60 \times 0.29 \times 1,000 = 754\text{kg}$

⑤ 단위굵은 골재량의 절대부피

단위골재량의 절대부피－단위잔골재량의 절대부피

$= 0.715 - 0.29 = 0.425$

⑥ 단위굵은 골재량

=단위굵은 골재 절대부피×굵은 골재 밀도×1,000

$= 2.65 \times 0.425 \times 1,000 = 1,126.25\text{kg}$

31 콘크리트 각 재료의 현장 배합표와 길이가 100m인 T형 옹벽 단면도를 보고 다음 물음에 답하시오. [2014]

[현장 배합표(kg/m³)]

물	시멘트	잔골재	굵은 골재
160	320	850	1,120

[T형 옹벽 단면도(단위 : mm)]

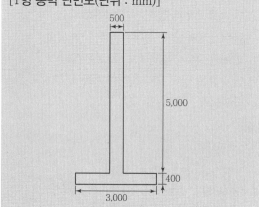

1) 각 재료의 양을 구하시오.
  ① 물 :
  ② 시멘트 :
  ③ 잔골재 :
  ④ 굵은 골재 :

2) 시멘트 40kg 1포가 4,500원, 잔골재 1m³당 8,500원, 굵은 골재 1m³당 11,000원일 때 각 재료의 비용을 구하시오.
  ① 시멘트 :
  ② 잔골재 :
  ③ 굵은 골재 :

해설

1) 각 재료의 양
  • 콘크리트 단면적(m²)
    $(0.5 \times 5) + (0.4 \times 3) = 3.7\text{m}^2$
  • 콘크리트 체적(m³)
    $3.7 \times 100 = 370\text{m}^3$
  • 각 재료의 양
    ① 물 : $160 \times 370 = 59,200\text{kg}$
    ② 시멘트 : $320 \times 370 = 118,400\text{kg}$
    ③ 잔골재 : $850 \times 370 = 314,500\text{kg}$
    ④ 굵은 골재 : $1,120 \times 370 = 414,400\text{kg}$
2) 각 재료의 비용
  ① 시멘트 : $4,500 \times \dfrac{118,400}{40} = 13,320,000$원
  ② 잔골재 : $8,500 \times \dfrac{314,500}{1,000} = 2,673,250$원
  ③ 굵은 골재 : $11,000 \times \dfrac{414,400}{1,000} = 4,558,400$원

32 다음의 시방 배합을 골재 상태에 맞추어 현장 배합을 완성하시오. [2017]

표면 건조 포화 상태의 골재를 사용하여 1m³의 콘크리트를 제조하기 위해 필요한 시방 배합은 다음과 같다. 잔골재의 표면수율이 5%, 굵은 골재의 표면수율이 0.5%이다.

항목		시방 배합
단위량 (kg/m³)	시멘트	300
	물	165
	잔골재	815
	굵은 골재	1,005

해설

① 수정 잔골재량 $= 815 \times \left(1 + \dfrac{5}{100}\right) = 856\text{kg/m}^3$

② 수정 굵은 골재량 $= 1,005 \times \left(1 + \dfrac{0.5}{100}\right) = 1,010\text{kg/m}^3$

③ 단위수량 $= 165 - (856 - 815) - (1,010 - 1,005)$
    $= 119\text{kg/m}^3$

④ 시멘트 $= 300\text{kg/m}^3$

33 단위수량이 175kg인 25-24-150 배합의 콘크리트를 설계하고자 한다. 다음의 조건에 따라 단위시멘트양, 잔골재와 굵은 골재의 절대부피(m³)와 단위재료량을 산출하시오. [2017]

[조건]
- W/C=42.7%, S/a=46.5%, 공기량 4.5%, 시멘트 밀도 3.15
- 잔골재 2.60, 굵은 골재 2.65, 혼화제는 시멘트양의 0.15%

해설

① 공기량 용적 : $1,000 \times \frac{4.5}{100} = 45\ell$

② 시멘트 용적 : $\frac{410}{3.15} = 130\ell$

③ 시멘트양 : $\frac{175}{0.427} = 410\text{kg}$

④ 골재의 용적 : $1,000 - (175 + 45 + 130) = 650\ell$

⑤ 골재의 절대용적 : $650 \times 0.465 = 302\ell = 0.302\text{m}^3$

⑥ 잔골재의 양 : $302 \times 2.60 = 785\text{kg}$

⑦ 굵은 골재의 절대용적 : $650 - 302 = 348\ell = 0.348\text{m}^3$

⑧ 굵은 골재의 양 : $348 \times 2.65 = 922\text{kg}$

⑨ 혼화제의 양 : $410 \times \frac{0.15}{100} = 0.615\text{kg}$

34 콘크리트의 배합 설계에 대한 아래의 물음에 답하시오. [2015]

1) 콘크리트의 배합 설계에서 잔골재의 절대부피가 280L, 굵은 골재의 절대부피가 520L라면 잔골재율(S/a)은?
2) 설계기준 압축강도가 28MPa이고, 압축강도 시험의 기록이 없는 현장에서 배합강도를 결정하시오.
3) 설계기준 압축강도가 28MPa이고, 30회 이상의 압축강도 시험으로부터 구한 압축강도의 표준편차가 3.5MPa인 경우 배합강도를 결정하시오.
4) 콘크리트의 배합설계에서 물-시멘트비를 결정할 때 고려하여야 할 사항을 3가지만 쓰시오.
   ①
   ②
   ③

해설

1) 잔골재율
$$S/a = \frac{V_S}{V_S + V_G} \times 100\% = \frac{280}{280 + 520} \times 100 = 35\%$$

2) ① f_{ck}가 21MPa 이상 35MPa 이하인 경우 $f_{cr} = f_{ck} + 8.5$의 식을 이용
   ② 설계기준 압축강도가 28MPa이므로
   $f_{cr} = 28 + 8.5 = 36.5\text{MPa}$

3) 설계기준 압축강도(f_{ck})가 35MPa 이하인 경우 배합강도
   ① $f_{cr} = (28 - 3.5) + 2.33 \times 3.5 = 32.655$
   ② $f_{cr} = 28 + 1.34 \times 3.5 = 32.69$ ①, ② 중 큰 값을 사용한다.
   ∴ 배합강도는 32.69이다.

4) 물-시멘트비를 결정 시 고려 사항
   ① 콘크리트의 내구성
   ② 콘크리트의 강도
   ③ 콘크리트의 수밀성

35 콘크리트 배합설계를 위한 시험 결과 공기량이 5.0%로 측정되었고 사용된 시멘트량이 380kg이었다. W/C 46.5%, S/a 43%일 때 단위수량, 잔골재의 양, 굵은 골재의 절대부피와 각각의 질량을 구하시오.(단, 각 재료의 밀도는 물 1.0g/cm³, 시멘트 3.15g/cm³, 잔골재 2.62g/cm³, 굵은 골재 2.65g/cm³, 각 재료량은 정수로, 절대부피는 소수 셋째 자리까지 나타내시오.) [2019]

해설

① 단위수량 $= 380 \times 0.465 = 177 \mathrm{kg}$

② 단위수량의 절대부피 : 177kg(물은 밀도가 1이기 때문에)

③ 물의 절대부피 $= \left(\dfrac{177}{1.0}\right) \div 1,000 = 0.177 \mathrm{m}^3$

④ 시멘트 절대부피 $= \left(\dfrac{380}{3.15}\right) \div 1,000 = 0.121 \mathrm{m}^3$

⑤ 골재의 절대부피 $= 1 - \left(0.177 + 0.121 + \dfrac{5.0 \times 10}{1,000}\right)$
$= 0.652 \mathrm{m}^3$

⑥ 잔골재의 절대부피 $= 0.652 \times 0.43 = 0.280 \mathrm{m}^3$

⑦ 굵은 골재의 절대부피 $= 0.652 \times (1 - 0.43) = 0.372 \mathrm{m}^3$

⑧ 잔골재의 양 $= 0.280 \times 1,000 \times 2.62 = 734 \mathrm{kg}$

⑨ 굵은 골재의 양 $= 0.372 \times 1,000 \times 2.62 = 986 \mathrm{kg}$

36 다음 콘크리트의 시방 배합을 현장 배합으로 환산 시 단위수량, 잔골재, 굵은 골재량을 구하고, 최종 단위골재량은 정수 표시하시오.(단, 현장 골재의 상태는 잔골재의 표면수 3.5%, 굵은 골재의 표면수 1.0%, 잔골재 중 5mm체 잔류량 4%, 굵은 골재 중 5mm체 통과량 3%이다.) [2016]

W	C	S	G
180	360	720	1,200

해설

1) 입도에 따른 골재량

입도에 따른 잔골재의 양 : x

입도에 따른 굵은 골재의 양 : y

$x + y = 720 + 1,200 = 1,920$ ············· ①

$(1 - 0.04)x + 0.03y = 720$ ·············· ②

①식을 ②식에 대입

$0.96x + 0.03(1,920 - x) = 720$

$0.93x = 662.4$

$x = 712 \mathrm{kg}$

$y = 1,920 - 712 = 1,208 \mathrm{kg}$

2) 표면수에 의한 조정

① 잔골재 $= 712 \times 1.035 = 737 \mathrm{kg/m}^3$

② 굵은 골재 $= 1,208 \times 1.01 = 1,220 \mathrm{kg/m}^3$

③ 사용수 $= 180 - (737 - 712) - (1,220 - 1,208)$
$= 143 \mathrm{kg/m}^3$

37 다음 콘크리트의 시방 배합을 현장 배합으로 환산 시 단위수량, 잔골재, 굵은 골재량을 구하시오.(단, 시방 배합의 단위시멘트양 300kg/m³, 단위수량 155kg/m³, 단위잔골재량 695kg/m³, 단위굵은 골재량이 1,285kg/m³이며 현장 골재의 상태는 잔골재의 표면수 4.6%, 굵은 골재의 표면수 0.85, 잔골재 중 5mm체 잔유량 3.4%, 굵은 골재 중 5mm체 통과량 4.3%이다.)

[2018]

해설

입도에 따른 잔골재의 양 : x
입도에 따른 굵은 골재의 양 : y
$x + y = 695 + 1,285 = 1,980$ ······················ ①
$(1 - 0.034)x + 0.043y = 695$ ················ ②
①식을 ②식에 대입
$0.966x + 0.043(1,980 - x) = 695$
$0.923x = 609.86$
$x = 661\text{kg}$
$y = 1,980 - 661 = 1,319\text{kg}$
① 잔골재$= 661 \times 1.046 = 691\text{kg/m}^3$
② 굵은 골재$= 1,319 \times 1.008 = 1,330\text{kg/m}^3$
③ 물$= 155 - (691 - 661) - (1,330 - 1,319) = 114\text{kg/m}^3$

38 시방 배합을 수행한 결과 단위시멘트양이 320kg/m³, 단위수량 165kg/m³, 단위잔골재량 650kg/m³, 단위굵은 골재량 1,200kg/m³이다. 이 골재의 현장 상태가 아래와 같을 때 각 물음에 답하시오.(단, 소수 첫째 자리까지 표기하시오)

[2019]

구분	5mm체에 남는 양(%)	5mm체 통과량(%)	표면수량 (%)
잔골재	4	96	3.4
굵은 골재	98	2	0.5

1) 입도에 따른 골재량을 수정하시오.

2) 표면수량에 대한 수정을 하여 계량할 잔골재, 굵은 골재 및 물의 양을 구하시오.

해설

1) 입도에 따른 골재량 계산
 잔골재의 양 : x, 굵은 골재의 양 : y
 $x + y = 650 + 1,200 = 1,850$ ················ ①
 $(1 - 0.04)x + 0.02y = 650$ ·················· ②
 $0.96x + 0.02y = 650$ ·························· ②′
 ①식을 ②′식에 대입하면
 $0.96x + 0.02(1,850 - x) = 650$
 $0.96x + 37 - 0.02x = 650$
 $0.94x = 613$
 ∴ $x = 652.1\text{kg}$
 ∴ $y = 1,850 - 652.1 = 1,197.9\text{kg}$

2) 현장배합 수정
 ① 단위잔골재량$= 652.1 \times (1 + 0.034) = 674.3\text{kg/m}^3$
 ② 단위굵은 골재량$= 1,197.9 \times (1 + 0.005)$
  $= 1,203.9\text{kg/m}^3$
 ③ 단위수량
  $= 165 - [(674.3 - 652.1) + (1,203.9 - 1,197.9)]$
  $= 136.8\text{kg/m}^3$

39 다음 시방 배합 조건에서의 현장 배합을 완성하시오.(단, 각 재료량은 정수처리 하시오.)

[2020]

G$_{max}$ (mm)	stump (mm)	Air (%)	w/c (%)	S/a (%)	단위재료량(kg/m³)				
					W	C	S	G	AD
25	150	4.5	51	49	178	349	896	948	1.75

[현장골재 조건]
• 잔골재 5mm체 잔류율 : 4.2%
• 굵은 골재 5mm체 통과율 : 3.4%
• 잔골재의 표면수 : 2.6%
• 굵은 골재의 표면수 : 1.0%

해설

1) 입도에 의한 보정

잔골재의 양 : x, 굵은 골재의 양 : y

$x + y = 896 + 948 = 1,844$ ················ ①

잔골재 양을 기준으로 5mm체 잔류율과 통과율을 정리하면

$(1 - 0.042)x + 0.03y = 896$ ················ ②

②식을 정리하면

$0.958x + 0.034y = 896$ ···················· ②´

①식에서 $y = 1,844 - x = 900$ ············· ①´

①´식을 ②´식에 대입하면

$0.958x + 0.034 \times (1,844 - x) = 900$

$0.924x + 62.70 = 896$

$0.924x = 822.30$

$\therefore x(잔골재량) = \dfrac{833.30}{0.924} = 901.84 ≒ 902\text{kg}$

$\therefore y(굵은 골재량) = 1,844 - 902 = 942\text{kg}$

[별해](입도공식에 의한 방법)

a : 잔골재 중 5mm체 잔류율

b : 굵은 골재 중 5mm체 통과율

$x(잔골재의 양) = \dfrac{100S - b(S + G)}{100 - (a + b)}$

$\qquad = \dfrac{100 \times 96 - 3.4 \times (896 + 948)}{100 - (4.2 + 3.4)}$

$\qquad = 902\text{kg}$

$y(굵은 골재의 양) = \dfrac{100G - a(S + G)}{100 - (a + b)}$

$\qquad = \dfrac{100 \times 948 - 4.2 \times (896 + 948)}{100 - (4.2 + 3.4)}$

$\qquad = 942\text{kg}$

2) 표면수에 의한 보정

① 수정 잔골재량 = $902 \times (1 + 0.026) = 925.45 ≒ 925\text{kg}$

② 수정 굵은 골재량 = $942 \times (1 + 0.01) = 951.42 ≒ 951\text{kg}$

③ 수정 단위수량 = $178 - \{(925 - 902) + (951 - 942)\}$

$\qquad = 146\text{kg}$

3) 현장 배합표 완성

G$_{max}$ (mm)	stump (mm)	Air (%)	w/c (%)	S/a (%)	단위재료량(kg/m³)				
					W	C	S	G	AD
25	150	4.5	54	49	146	349	925	951	1.75

※ 현장 배합표는 주로 정수 표시한다.[(혼화제(AD)는 제외]

40 다음 시방 배합 조건에서의 현장 배합을 완성하시오.(단, 각 재료량은 정수처리 하시오.)

[2019]

G_{max} (mm)	stump (mm)	Air (%)	w/c (%)	S/a (%)	단위재료량(kg/m³)				
					W	C	S	G	AD
25	150	4.5	54	50.0	180	333	900	950	1.67

[현장골재 조건]
- 잔골재 5mm체 잔류율 : 5%
- 굵은 골재 5mm체 통과율 : 3%
- 잔골재의 표면수 : 3%
- 굵은 골재의 표면수 : 1%

해설

1) 입도에 의한 보정

   잔골재의 양 : x, 굵은 골재의 양 : y

   $x + y = 900 + 950 = 1,850$ ················· ①

   잔골재 양을 기준으로 5mm체 잔류율과 통과율을 정리하면

   $(1 - 0.05)x + 0.03y = 900$ ················· ②

   ②식을 정리하면

   $0.95x + 0.03y = 900$ ················· ②′

   ①식에서 $y = 1,850 - x = 900$ ············· ①′

   ①′식을 ②′식에 대입하면

   $0.95x + 0.03 \times (1,850 - x) = 900$

   $0.92x + 55.5 = 900$

   $0.92x = 844.5$

   $\therefore x(\text{잔골재량}) = \dfrac{844.5}{0.92} = 918\text{kg}$

   $\therefore y(\text{굵은 골재량}) = 1,850 - 918 = 932\text{kg}$

2) 표면수에 의한 보정

   ① 수정 잔골재량 $= 918 \times (1 + 0.03) = 946\text{kg}$

   ② 수정 굵은 골재량 $= 932 \times (1 + 0.01) = 941\text{kg}$

   ③ 수정 단위수량 $= 180 - \{(946 - 918) + (941 - 932)\}$

                $= 143\text{kg}$

3) 현장 배합표 완성

G_{max} (mm)	stump (mm)	Air (%)	w/c (%)	S/a (%)	단위재료량(kg/m³)				
					W	C	S	G	AD
25	150	4.5	54	50.0	143	333	946	941	1.67

※ 현장 배합표는 주로 정수 표시한다.[혼화제(AD)는 제외]

MEMO

콘크리트의 종류

Subject 01 한중 콘크리트

01 한중 콘크리트는 일평균기온이 ( )℃ 이하일 때 시공하며, 서중 콘크리트는 일평균기온이 ( )℃ 이상일 때 시공하는 콘크리트이다. ( )에 들어갈 내용을 순서대로 쓰시오. [2016]

해설
4, 25

02 아래의 물음에 답하시오. [2017]
① 일평균기온이 몇 ℃ 이하일 때 한중 콘크리트 시공을 하는가?

② 한중 콘크리트 시공 시 확보해야 하는 온도 범위를 쓰시오.

해설
① 4℃
② 5~20℃

03 한중 콘크리트에 관한 다음 물음에 답하시오. [2018]
① 하루 평균기온이 ( )℃ 이하에서 사용한다.

② 타설할 때의 콘크리트 온도는 ( )~( )℃의 범위이어야 한다.

③ 동결 방지를 위해 넣는 혼화재료는?

해설
① 4
② 5, 20
③ 촉진제, 방동제

04 아래의 괄호 안에 해당되는 숫자를 순서대로 쓰시오. [2019]
1) 한중 콘크리트는 일평균기온이 (①)℃ 이하가 예상되는 조건일 때는 콘크리트가 동결할 우려가 있으므로 한중 콘크리트로 시공하여야 한다.
2) 일평균기온이 (②)℃ 이상이 예상될 때는 콘크리트의 물성이 급격히 변하기 때문에 서중 콘크리트로 시공하여야 한다.
3) 넓이가 넓은 평판 구조의 경우 (③)m 이상, 하단이 구속된 벽조의 경우는 두께 (④)m 이상일 경우 매스 콘크리트로 관리하여야 한다.

해설
① 4℃   ② 25℃
③ 0.8m   ④ 0.5m

Subject 02 수중 콘크리트

05 일반 수중 콘크리트 타설의 원칙을 아래 내용과 같이 3가지만 쓰시오. [2014]

한 구획의 콘크리트 타설을 완료한 후 레이턴스를 모두 제거하고 다시 타설하여야 한다.

①
②
③

해설
① 완전히 물막이를 할 수 없는 현장에서 유속은 50mm/s 이하로 하여야 한다.
② 콘크리트를 수중에 낙하시키지 말아야 한다.
③ 콘크리트 면을 가능한 수평하게 유지하면서 연속해서 타설해야 한다.

06 수중 콘크리트의 타설 원칙을 3가지 쓰시오.
[2013, 2017, 2018]

①
②
③

해설

① 콘크리트는 수중에 낙하시키지 않아야 한다.
② 콘크리트 면을 가능한 한 수평하게 유지하면서 소정의 높이 또는 수면상에 이를 때까지 연속해서 타설하여야 한다.
③ 콘크리트가 경화될 때까지 물의 유동을 방지하여야 한다.
④ 한 구획의 콘크리트 타설을 완료한 후 레이턴스를 모두 제거하고 다시 타설하여야 한다.

07 수중 콘크리트의 시공에 사용되는 기구 3가지를 쓰시오.
[2016]

①
②
③

해설

① 트레미
② 콘크리트 펌프
③ 밑열림 상자
④ 밑열림 포대

08 수중 콘크리트에 대한 아래 물음에 답하시오.
[2014, 2015]

1) 수중 콘크리트에 사용되는 타설 기구를 3가지만 쓰시오.
   ①
   ②
   ③

2) 일반적인 수중 콘크리트의 물 – 결합재비는 얼마 이하를 표준으로 하는가?

3) 일반적인 수중 콘크리트의 단위시멘트양은 얼마 이상을 표준으로 하는가?

해설

1) ① 밑열림 포대
   ② 밑열림 상자
   ③ 콘크리트 펌프
   ④ 트레미
2) 50% 이하
3) 370kg/m³ 이상

09 일반 수중 콘크리트에 대한 아래 물음에 답하시오.
[2015]

① 트레미, 콘크리트 펌프로 시공할 때 슬럼프의 표준값은?
② 일반 수중 콘크리트를 타설할 때 유속은 1초간에 몇 mm 이하로 해야 하는가?
③ 단위시멘트양은 몇 kg/m³ 이상을 표준으로 하는가?

해설

① 130~180mm 정도가 표준
② 유속은 50mm/sec 이하
③ 370kg/m³ 이상이 표준

10 아래의 수중 콘크리트에 대한 질문에 답하시오. [2019]

1) 수중 콘크리트의 물결합재비 및 단위시멘트양에 대한 아래의 빈칸을 채우시오.

종류	일반 수중 콘크리트	현장타설말뚝 및 지하연속벽에 사용하는 수중 콘크리트
물－결합재비	50% 이하	
단위시멘트양		350kg/m³ 이상

2) 수중 콘크리트 시공 시 타설기구 4가지를 쓰시오.

①

②

③

④

해설

1)

종류	일반 수중 콘크리트	현장타설말뚝 및 지하연속벽에 사용하는 수중 콘크리트
물－결합재비	50% 이하	55% 이하
단위시멘트양	370kg/m³ 이상	350kg/m³ 이상

2) 수중 콘크리트 시공 시 타설기구
① 트레미
② 콘크리트 펌프
③ 밑열림 상자
④ 밑열림 포대

11 수중 콘크리트 타설 시 다음 물음에 답하시오. [2017]

① 콘크리트 펌프를 사용하는 경우 수중 콘크리트의 슬럼프 범위를 쓰시오.

② 완전히 물막이를 할 수 없을 경우 유속은 초당 얼마 이하이어야 하는가?

③ 일반 수중 콘크리트 단위시멘트양을 얼마 이상을 표준으로 하는가?

해설

① 130~180mm
② 50mm/sec 이하
③ 370kg/m³ 이상

Subject 03 경량 콘크리트

12 콘크리트 자체의 중량을 감소시키기 위해 사용하는 경량 콘크리트를 제조방법에 따라 크게 3가지로 분류하시오. [2015]

①

②

③

해설

① 잔골재의 일부 또는 전부를 보통 골재로 사용
② 굵은 골재의 일부 또는 전부를 보통 골재로 사용
③ 잔골재와 굵은 골재를 모두 경량 골재로 사용

Subject 04 프리플레이스트 콘크리트

13 특정한 입도를 가진 굵은 골재를 먼저 거푸집에 채워 넣고 그 사이를 미리 설치한 주입관을 이용하여 특수한 모르타르를 적당한 압력으로 주입하여 만드는 특수한 콘크리트를 무엇이라 하는가? [2016]

해설

프리플레이스트 콘크리트(Preplaced Concrete)

Subject 05 레미콘

14 레디믹스트 콘크리트의 생산공급 방식에 따른 종류를 3가지로 분류하고 각각에 대하여 간단히 설명하시오. [2015]

①

②

③

해설

① 트랜싯 믹스트 콘크리트 : 트럭 믹서에 싣고 운반 중에 물을 넣어 비비는 콘크리트
② 슈링크 믹스트 콘크리트 : 콘크리트 플랜트에서 어느 정도 섞은 후 트럭 믹서로 현장까지 운반되는 동안에 믹싱하는 콘크리트이다.
③ 센트럴 믹스트 콘크리트 : 콘크리트 플랜트에서 완전히 혼합되어 현장으로 운반되는 콘크리트

15 레디믹스트 콘크리트의 운반 방식에 대해 쓰고 이를 설명하시오. [2017]

해설

① 센트럴 믹스트 콘크리트(Central Mixed Concrete)
재료를 믹서에 투입하여 완전히 비빈 후 트럭 믹서나 애지테이터 트럭으로 운반하면서 공사 현장까지 배달되는 콘크리트
② 슈링크 믹스트 콘크리트(Shrink Mixed Concrete)
재료를 계량 후 이를 믹서에 투입하여 어느 정도 콘크리트를 비빈 후 트럭 믹서에 투입하여 공사 현장으로 이동하는 도중 완전히 혼합하여 배달되는 콘크리트
③ 트랜싯 믹스트 콘크리트(Transit Mixed Concrete)
각 재료의 계량만 수행을 하고 트럭 믹서에 투입하여 현장으로 운반하는 도중 완전히 혼합하여 배달되는 콘크리트

16 다음 물음에 답하시오. [2019]

1) 콘크리트 포장을 하는 데 포장면의 가로, 세로, 높이가 각각 3.0m, 50.0m, 0.2m일 때 콘크리트 포장에 필요한 콘크리트의 총량을 계산하시오.(단, 콘크리트 공사 시 손실에 대한 할증은 적용하지 않는다)

2) 레미콘 6m³ 1대당 비용이 30만 원, 0.25m³ 용량의 손수레로 1회의 소운반이 회당 2,000원이고 기타 도급비용이 20만 원일 때 총공사비용을 계산하시오.

해설

1) 콘크리트의 총량 $= 3.0 \text{m} \times 50.0 \text{m} \times 0.2 \text{m} = 30 \text{m}^3$
2) 총공사비
  ① 레미콘 소요량 $= 30 \div 6 = 5$대
    레미콘 비용 $= 300,000$원 $\times 5 = 1,500,000$원
  ② 손수레의 소운반 횟수 $= 30 \text{m}^3 \div 0.25 \text{m}^3 = 120$회
    손수레 운반비 $= 120 \times 2,000$원 $= 240,000$원
  ③ 기타 도급비용 $= 200,000$원
  ∴ 총공사비용 $= 1,500,000 + 240,000 + 200,000$
    $= 1,940,000$원

17 아래에서 설명하는 콘크리트 제작 방식을 쓰시오. [2016]

플랜트에 고정 믹서가 설치되어 있어 각 재료를 계량하고 혼합하여 완전히 비벼진 콘크리트를 트럭애지에이터로 운반하여 지정된 공사 현장까지 배달하는 콘크리트로, 주로 우리나라에서 적용되는 콘크리트 제조 방식이다.

해설

센트럴 믹스트 콘크리트(Central Mixed Concrete)

MEMO

Subject 01 콘크리트 압축강도 시험

01 콘크리트의 압축강도 시험에 대한 다음 물음에 답하시오.
[2014]

1) 압축강도 시험용 공시체의 치수에 대한 아래 설명의 빈칸에 알맞은 숫자를 쓰시오.

> 공시체는 지름의 (①)배의 높이를 가진 원기둥형으로 한다. 그 지름은 굵은 골재의 최대 치수의 (②)배 이상, (③)cm 이상으로 한다.

2) 공시체에 시멘트 페이스트로 캐핑을 하는 경우에 대한 아래의 물음에 답하시오.
   ① 캐핑은 몇 시간이 경과한 후 실시하여야 하는가?(단, 된 반죽 콘크리트인 경우)
   ② 캐핑을 할 때 시멘트 페이스트의 물-시멘트비의 범위를 쓰시오.

3) 지름이 150mm인 공시체를 사용하고, 파괴하중이 450kN인 경우 압축강도를 구하시오.

해설
1) ① 2, ② 3, ③ 10
2) ① 캐핑은 2~4시간이 경과한 후 실시
   ② 캐핑을 할 때 물-시멘트비는 27~30%가 적당
3) 압축강도

$$\sigma = \frac{P}{A} = \frac{450,000}{\frac{\pi \times 150^2}{4}} = \frac{450,000}{17,671.4}$$

$$= 25.4648 = 25.46 \, \text{MPa}$$

02 콘크리트 압축강도 시험에 대한 아래의 물음에 답하시오.
[2015]

1) 압축강도 시험용 공시체 제작에 대한 아래 설명의 ( ) 안을 채우시오.

> 공시체의 지름은 굵은 골재의 최대 치수의 (①)배 이상, (②)mm 이상으로 하고, 그 공시체는 지름의 (③)배 높이를 가진 원기둥으로 한다.

2) 압축강도 시험에서 하중을 가하는 속도에 대하여 간단히 쓰시오.

3) 지름 150mm, 높이 300mm인 공시체로 압축강도 시험을 실시한 결과 최대 하중이 400kN이었다. 이 공시체의 압축강도는 얼마인가?

해설
1) 공시체의 지름은 굵은 골재의 최대 치수의 ① 3배 이상, ② 100mm 이상으로 하고, 그 공시체는 지름의 ③ 2배 높이를 가진 원기둥으로 한다.
2) 공시체에 하중을 가하는 속도는 매초 0.6±0.4MPa이 적당하다.
3) 압축강도

$$① \; A = \frac{\pi d^2}{4} = \frac{\pi \times 150^2}{4} = 17,662.5 \, \text{mm}^2$$

$$② \; \frac{P}{A} = \frac{400,000}{17,662.5} = 22.65 \, \text{MPa}$$

03 콘크리트의 압축강도 시험에 관한 사항이다. 다음 물음에 답하시오. [2013(2번 출제)]

① 공시체가 파괴되었을 때 최대하중이 450kN이었다. 압축강도를 구하시오.(단, 공시체는 지름 150mm, 높이 300mm이다.)

② 공시체의 지름은 ( )mm 이상으로 한다.

③ 원기둥형의 공시체 지름은 굵은 골재 최대치수의 ( )배 이상이다.

④ 공시체의 높이는 지름의 ( )배를 가진 원기둥형이다.

해설

① 압축강도 $= \dfrac{P}{A} = \dfrac{450,000}{\dfrac{3.14 \times 150^2}{4}} = 25.48\text{MPa}$

② 100

③ 3

④ 2

04 콘크리트 압축강도 시험에 대한 아래의 물음에 답하시오. [2014]

① 압축강도 시험용 몰드를 제작할 때 다짐봉을 사용하여 콘크리트를 채울 경우 각 층은 적어도 몇 회 이상 다져야 하는가?(단, 공시체 지름이 150mm, 높이가 300mm인 경우)

② 시험용 공시체는 몰드에 콘크리트 채우기가 끝나고 나서 몇 시간의 범위 내에 몰드를 떼어내야 하는가?

③ 공시체의 양생온도의 범위는?

④ 시험결과 공시체 지름이 150mm, 높이가 300mm, 파괴 시 최대하중이 380kN일 때 압축강도는?

해설

① 시험체의 1/3씩 시료를 채우고 각 층을 25회씩 다진다.

② 16시간 이상 3일 이내에 몰드를 떼어내야 한다.

③ 20±2℃의 온도에서 양생한다.

④ 압축강도

$\sigma = \dfrac{P}{A} = \dfrac{380,000}{\dfrac{\pi \times 150^2}{4}} = \dfrac{380,000}{17,671.4} = 21.5\text{MPa}$

05 다음 물음에 답하시오. [2018]

1) 공시체 몰드의 탈형은 제작 후 (①)~(②)시간 이내에 몰드를 떼어 낸다.

2) 공시체를 캐핑할 경우 캐핑층의 두께는 공시체 지름의 ( )%를 넘어서는 안 된다.

해설

1) ① 16, ② 72

2) 2%

06 압축강도 시험용 공시체는 지름의 (①)배 높이를 가진 원기둥형으로 지름은 굵은 골재 최대 치수의 (②)배 이상이며, 표준공시체의 지름은 (③)mm 이상이어야 한다. [2018]

해설
① 2
② 3
③ 150

Subject **02** 콘크리트 휨강도 시험

07 콘크리트 휨강도 시험에서 공시체가 지간의 3등분 중앙부 파괴 시 최대하중이 32kN이었을 때 휨강도를 구하시오.(단, 공시체의 크기는 150×150×530mm, 지간은 450mm이다.) [2014]

해설

$$휨강도 = \frac{P\ell}{bd^2} = \frac{32,000 \times 450}{150 \times 150^2} = 4.3\text{MPa}$$

08 압축강도와 인장강도 또는 휨강도 시험 시 하중 재하속도를 쓰시오. [2017]

해설
① 압축강도 재하속도 : 0.6±0.4MPa/초
② 인장강도(휨강도) 재하속도 : 0.06±0.04MPa/초

---

09 콘크리트 공시체 시험에 대한 다음 물음에 답하시오. [2016]

① 공시체의 크기가 150mm×150mm×530mm일 때 각 층별 다짐 횟수는 얼마인가?

② 공시체가 지간의 3등분 중앙에서 파괴가 일어 났을 때 다음 조건에서의 휨강도를 계산하시 오.(단, 지간은 450mm, 파괴 최대 하중은 39,000N)

해설
① 휨강도 시험용 공시체는 1,000mm²당 1회의 비율로 다짐하 므로 공시체의 표면적은 150×530=79,500mm²

다짐 횟수= $\frac{79,500}{1,000}$ =79.5≒80회

② 휨강도= $\frac{P \cdot \ell}{b \cdot d^2} = \frac{39,000 \times 450}{150 \times 150^2}$ =5.2MPa

10 휨강도 시험 결과 27kN의 하중에 지간의 3 등분 중앙 부분이 파괴되었을 경우 휨강도를 구하 시오.(단, 휨강도 시험용 공시체는 표준형 몰드이 며, 지간의 길이는 450mm) [2017]

해설

$$휨강도 = \frac{P \cdot \ell}{b \cdot d^2} = \frac{27 \times 10^3 \times 450}{150 \times 150^2} = 3.6\text{MPa}$$

11 콘크리트의 강도 시험에 대한 아래의 물음에 답하시오. [2015]

① 콘크리트의 압축강도 시험에서 공시체에 하중을 가하는 속도는 얼마인가?

② 콘크리트의 휨강도 시험에서 공시체에 하중을 가하는 속도는 얼마인가?

③ 공시체의 지름 150mm, 공시체의 길이 300mm 인 콘크리트의 인장강도 시험을 한 결과 최대 파괴하중이 178kN이었다. 인장강도를 구하시오. (단, 소수 둘째 자리에서 반올림하시오.)

해설 •

① 매초 0.6±0.4MPa이 적당하다.

② 매초 0.06±0.04MPa이 적당하다.

③ 인장강도

$$\sigma = \frac{2P}{\pi d\ell} = \frac{2 \times 178,000}{\pi \times 150 \times 300} = \frac{356,000}{141,300} = 2.5\,\mathrm{MPa}$$

12 콘크리트 휨강도 시험에 대한 다음 물음에 답하시오. [2015]

1) 휨강도 시험용 공시체의 제작에서 콘크리트를 채우는 방법에 대한 다음 ( ) 안에 적합한 수치를 쓰시오.

> 다짐봉을 이용하는 경우는 (①)층 이상의 거의 같은 층으로 나누어 채운다. 이때 각 층은 적어도 (②)mm²에 1회의 비율로 다지도록 하고 바로 아래층까지 다짐봉이 닿도록 한다.

2) 공시체를 제작한 후 보통 몇 시간 뒤에 몰드를 제거하는지 그 범위를 쓰시오.

3) 공시체를 휨강도 시험 전까지는 보통 몇 ℃에서 어떤 상태로 양생하는가?

① 양생온도 :

② 양생상태 :

4) 휨강도 시험 결과가 아래와 같고, 공시체가 지간의 3등분 중앙에서 파괴되었을 때 휨강도를 구하시오.

> • 사용 공시체의 규격 : 150×150×530mm
> • 지간 : 450mm
> • 파괴 시 최대하중 : 27kN

해설 •

1) ① 2층 이상의 거의 같은 층으로 나누어 채운다. 이때 각 층은 ② 1,000mm²에 1회의 비율로 다지도록 한다.

2) 보통 16시간~3일 뒤에 몰드를 제거한다.

3) ① 양생온도 : 20±2℃

② 양생상태 : 습윤상태

4) $\sigma = \dfrac{Pl}{bd^2} = \dfrac{27,000 \times 150}{150 \times 150^2} = \dfrac{4,050,000}{3,375,000} = 1.2\,\mathrm{MPa}$

13 콘크리트 휨강도 시험에 대하여 아래 물음에 답하시오.(단, 시험체 몰드의 크기는 150×150×530mm이다.)   [2015]

① 공시체 제작 시 다짐봉을 사용하는 경우 몰드에 몇 층으로 채우는가?

② 다짐봉을 사용하여 공시체를 제작할 때 몰드 각 층의 다짐횟수를 구하시오.

③ 몰드에 콘크리트를 다 채운 후, 몇 시간 뒤 몰드를 떼어 내는가?

④ 공시체의 제조 및 양생 중 온도의 표준은? 또한 휨강도 시험을 할 때까지 어떠한 상태로 양생하여야 하는가?

⑤ 공시체가 지간의 3등분 중앙에서 파괴되었을 때 휨강도를 구하시오.(단, 지간은 450mm, 파괴 시 최대하중이 27kN일 때)

해설

① 몰드에 2층으로 채워 넣는다.

② 각 층 다짐횟수는 80회가 적당하다.

③ 몰드에 콘크리트를 다 채운 후, 16시간 뒤 몰드를 떼어낸다.

④ 공시체의 제조 및 양생 중 온도는 20±2℃이며 습윤상태에서 양생해야 한다.

⑤ 휨강도 구하기

$$\sigma = \frac{Pl}{bd^2} = \frac{27,000 \times 450}{150 \times 150^2} = \frac{12,150,000}{3,375,000} = 3.6\,\text{MPa}$$

---

14 콘크리트 휨강도 시험에 대한 다음 물음에 답하시오.   [2018]

1) 몰드는 몇 층으로 다짐을 하는가?

2) 몰드의 각 층 다짐 횟수를 쓰시오.

3) 공시체를 제작한 후 몰드를 보통 몇 시간 만에 탈형하게 되는가?

4) 공시체를 휨강도 시험 전까지 수중 양생을 할 경우 온도 조건을 쓰시오.

5) 공시체가 지간의 3등분 중앙에서 파괴되었을 때 아래 시험 조건에서의 휨강도를 구하시오.

[조건]
• 지간 : 450m
• 파괴 단면 높이 : 150mm
• 파괴 단면 너비 : 150mm
• 파괴 시 하중 : 27,000N

해설

1) 2층

2) ① 몰드 각 층의 단면적은 150×530 = 79,500mm²
   ② 1,000mm²당 1회의 비율로 다짐을 하면 되므로, 다짐 횟수는 79.5≒80회가 된다.

3) 16시간 이상 3일 이내

4) 20±2℃

5) 휨강도 = $\frac{P \cdot \ell}{b \cdot d^2} = \frac{27,000 \times 450}{150 \times 150^2} = 3.6\text{MPa}$

15 크기가 $\phi150\times300$mm인 공시체를 사용하여 인장강도 시험을 한 결과 최대 파괴 하중이 197,000N이었을 때 인장강도 값을 계산하시오.

[2016]

해설

인장강도 $= \dfrac{2P}{\pi d\ell} = \dfrac{2\times197,000}{\pi\times150\times300} = 2.79$MPa

16 콘크리트 시험용 원주형 공시체(100mm×200mm)로 쪼갬 인장강도 시험을 한 결과 150kN에서 파괴되었을 때 콘크리트 인장강도를 구하시오.

[2017]

해설

인장강도 $= \dfrac{2P}{\pi d\ell} = \dfrac{2\times150\times10^3}{\pi\times100\times200} = 4.8$MPa

17 콘크리트 강도 시험에 대한 다음 질문에 답하시오.

[2017]

① 인장강도 시험용 공시체 양생 시 양생 온도는?

② 표준형 압축강도 공시체의 직경과 높이의 비는 얼마인가?

해설

① 20 ± 2℃

② $1:2$

18 콘크리트의 강도 시험에 대한 아래의 물음에 답하시오.

[2014]

1) 인장강도 시험용 공시체의 치수에 대한 아래 설명의 ( )를 채우시오.

- 공시체는 원기둥 모양으로 그 지름은 굵은 골재의 최대 치수의 (①)배 이상이며 (②)cm 이상으로 한다.
- 공시체의 길이는 그 지름 1배 이상, (③)배 이하로 한다.

2) 인장강도 시험용 공시체의 양생온도 범위를 쓰시오.

3) 콘크리트의 휨강도 시험에서 공시체가 지간의 3등분 중앙에서 파괴되었을 때 휨강도를 구하시오.(단, 지간은 450mm, 파괴단면 높이 150mm, 파괴단면 너비 150mm, 최대 하중이 27kN일 때)

해설

1) • 굵은 골재의 최대 치수의 ① 4배 이상이며 ② 15cm 이상으로 한다.
   • 공시체의 길이는 그 지름의 1배 이상, ③ 2배 이하로 한다.
2) 20 ± 2℃의 온도에서 양생
3) 휨강도 구하기

$\sigma = \dfrac{27,000\times450}{150\times150^2} = 3.6$MPa

[참고] 휨강도 공식

$\sigma = \dfrac{P\ell}{bd^2}$

여기서, P : 시험기에 나타난 최대 하중(kg)
ℓ : 지간 길이(cm)
b : 파괴 단면의 너비(cm)
d : 파괴 단면의 높이(cm)

19 다음은 콘크리트의 인장강도 시험에 대한 내용이다. 빈칸을 채우고 물음에 답하시오. [2013]

① 콘크리트 휨강도용 공시체가 지간의 3등분 중앙에서 파괴되었을 때 휨강도를 구하시오. (단, 지간은 450mm, 높이 150mm, 너비 150mm, 파괴 최대하중 2kN이다.)

② 공시체의 양생온도는?

③ 공시체는 원기둥 모양으로, 그 지름은 굵은 골재 최대치수의 ( )배 이상이며, ( )cm 이상으로 하고, 공시체의 길이는 그 지름 이상, ( )배 이하로 한다.

해설

① 휨강도 $(f_b) = \dfrac{P\ell}{bh^2} = \dfrac{2,000 \times 450}{150 \times 150^2}$

$\qquad = 0.27 \text{N/mm}^2 = 0.27 \text{MPa}$

② $20 \pm 2℃$

③ 4, 15, 2

20 아래의 물음에 답하시오. [2019]

1) 다짐봉을 이용하여 공시체를 제작할 때 휨강도 시험용 공시체는 (①)층으로 나누어서 채워야 하며 (②)mm²당 1회의 비율로 다진다.

2) 인장강도 시험용 공시체를 제작할 때 인장강도 시험용 공시체의 지름은 굵은 골재 최대 치수의 (③)배 이상, (④)mm 이상으로 한다.

3) 인장강도 시험 시 공시체에 하중을 재하하는 속도는 인장응력의 증가율이 매초 얼마가 되도록 해야 하는지 쓰시오.

해설

1) ① 2
   ② 1,000
2) ③ 4
   ④ 150
3) 0.06 ± 0.04MPa

21 콘크리트의 워커빌리티를 판정하는 기준이 되는 반죽 질기 측정방법을 3가지 쓰시오. [2018]

①

②

③

해설

워커빌리티 시험의 종류
① 슬럼프 시험
② Kelly Ball(구 관입) 시험
③ 비비 시험
④ 다짐계수 시험
⑤ 흐름 시험
⑥ 리몰딩 시험
⑦ 슬럼프 플로 시험

22 콘크리트 슬럼프 시험에 대한 다음 문장의 빈칸을 채우시오. [2014]

슬럼프 시험에서 슬럼프 콘에 시료를 채우고 벗길 때까지의 전 작업시간은 (①)분 이내로 하고 슬럼프 콘을 벗기는 작업은 (②)초 이내로 끝내야 하며 콘크리트가 내려앉은 길이를 (③)의 정밀도로 측정한다.

해설

작업시간은 ① 3분 이내로 하고 슬럼프 콘을 벗기는 작업은 ② 2~3초 이내로 끝내야 하며 콘크리트가 내려앉은 길이를 ③ 5mm의 정밀도로 측정한다.

23 콘크리트의 슬럼프 시험방법(KS F 2402)에 대한 내용이다. 다음 물음에 답하시오. [2013]

① 슬럼프는 몇 mm 단위로 표시하는가?
② 슬럼프 콘의 시료를 거의 같은 양의 몇 층으로 나눠서 채우고 각 층은 다짐봉으로 몇 회씩 다지는가?
③ 슬럼프 콘에 시료를 채우고 벗길 때까지의 전 작업시간은?

해설

① 5mm
② 3층, 25회
③ 3분 이내

24 콘크리트 슬럼프 시험에 대한 아래의 물음에 답하시오. [2018]

① 콘크리트 슬럼프 시험 전체 작업시간은 얼마인가?
② 슬럼프 시험에서 다짐 층수와 각 층에 대한 다짐 횟수는 얼마인가?
③ 슬럼프 콘의 크기(윗지름×아랫지름×높이[mm])는 얼마인가?
④ 슬럼프 값 측정 시 슬럼프 콘을 벗기는 작업은 총 몇 초 이내에서 끝내야 하는가?

해설

① 시험 시작 후 종료 시까지 3분 이내
② 3층 다짐, 각 층 25회 다짐
③ $100 \times 200 \times 300$mm
④ 2~3초 이내

25 다음 일반 수중 콘크리트 슬럼프의 표준값(mm)을 나타낸 표의 빈칸을 완성하시오. [2020]

시공방법	일반 수중 콘크리트	현장타설말뚝 및 지하연속벽에 사용하는 수중 콘크리트
트레미	①	②
콘크리트 펌프	130~180	
밑열림상자, 밑열림포대	100~150	

해설

① 130~180
② 180~210

26 다음 물음에 대해 답하시오. [2014]

1) 굳지 않은 콘크리트의 반죽 질기 측정법을 3가지만 쓰시오.
①
②
③

2) 콘크리트의 시공에 사용되는 운반기구의 종류를 3가지만 쓰시오.
①
②
③

3) 콘크리트의 배합 시 물−시멘트비를 정하는 기준 3가지만 쓰시오.
①
②
③

해설

1) ① 흐름(Flow) 시험
   ② 슬럼프 시험
   ③ 구관입 시험(켈리볼 관입 시험)

2) ① 트럭 믹서
   ② 트럭 애지테이터
   ③ 벨트 컨베이어

3) ① 내구성
   ② 소요 압축강도
   ③ 수밀성

MEMO

07 CHAPTER 기타

Subject 01 숏크리트

01 압축공기를 이용하여 모르타르나 콘크리트를 시공면에 뿜어 붙이는 특수한 콘크리트를 무엇이라 하는가? [2016]

해설
숏크리트(Shotcrete)

02 압축공기를 이용하여 콘크리트나 모르타르 재료를 시공면에 뿜어 붙여서 만든 콘크리트를 숏크리트라고 한다. 이러한 숏크리트를 시공할 때 시공면에 붙지 않고 탈락하는 양(리바운드양)을 줄이기 위한 방법을 3가지만 쓰시오. [2015]

①
②
③

해설
① 벽면과 직각으로 분사한다.
② 분사 압력을 일정하게 유지한다.
③ 단위시멘트양을 크게 한다.

Subject 02 블리딩

03 굳지 않은 콘크리트의 블리딩 시험에 대한 아래 설명에서 (   ) 안에 알맞은 숫자를 쓰시오. [2015]

- 시험 중에는 실온 (①)℃로 한다.
- 기록한 처음 시각에서 60분 동안 (②)분마다 콘크리트 표면에 스며나온 물을 빨아낸다. 그 후는 블리딩이 정지할 때까지 (③)분마다 물을 빨아낸다.

해설
- ① 20±3℃
- 60분 동안 ② 10분마다 콘크리트 표면에 스며나온 물을 빨아낸다.
- 그 후는 블리딩이 정지할 때까지 ③ 30분마다 물을 빨아낸다.

04 블리딩 시험에 대한 아래의 물음에 답하시오. [2014]

① 콘크리트는 용기에 몇 층으로 나누고 각 층을 다짐대로 몇 회 다지는가?
② 블리딩 시험에서 시험하는 동안의 온도를 몇 ℃의 범위로 유지하는 게 좋은가?
③ 콘크리트의 윗면적 490cm², 블리딩의 물의 양 70cm³일 때 블리딩량은 얼마인가?

해설
① 3층으로 나누고 각 층을 다짐대로 25회 다진다.
② 온도는 20±3℃의 범위로 유지하는 것이 좋다.
③ 블리딩양 $= \dfrac{70}{490} = 0.14\,\mathrm{cm^3/cm^2}$

05 콘크리트 블리딩 시험에 대한 다음 물음에 답하시오.

[2013]

① 콘크리트를 용기에 ( )층으로 나누어 넣고, 각 층을 다짐대로 ( )회씩 다진다.

② 콘크리트를 채운 용기의 윗 면적이 490cm², 블리딩에 따른 물의 용적이 70cm³일 때 블리딩 양은?

③ 블리딩 시험을 할 때 시험실 온도는?

해설

① 3, 25

② 블리딩 양 $= \dfrac{V}{A} = \dfrac{70}{490} = 0.143 \text{cm}^3/\text{cm}^2$

③ $20 \pm 3℃$

06 콘크리트의 블리딩 시험방법(KS F 2414 : 2015)에 대한 아래 물음에 답하시오.
[2019]

1) 블리딩 시험 시 온도의 범위를 쓰시오.

2) 블리딩 시험 조건이 아래와 같을 경우 블리딩양과 블리딩율을 구하시오.

- 콘크리트 시료의 안지름 : 250mm
- 콘크리트 시료의 높이 : 255mm
- 콘크리트 단위질량 : 2,330kg/m³
- 콘크리트 단위수량 : 175kg/m³
- 시료의 질량 : 35.15kg
- 규정된 측정 동안 생긴 블리딩 물의 양 : 75ml

해설

1) 블리딩 시험의 온도 : $20 \pm 3℃$

2) 블리딩양과 블리딩률

① 블리딩양 $\left(\dfrac{V}{A} \right)$

$$\dfrac{V}{A} = \dfrac{75}{\dfrac{\pi \times 25^2}{4}} = 0.153 \text{cm}^3/\text{cm}^2$$

또는 $\dfrac{V}{A} = \dfrac{75 \times 10^{-6} \text{m}^3}{\dfrac{\pi \times 0.25^2}{4}} = 0.00153 \text{m}^3/\text{m}^2$

② 블리딩률(B_r)

$$W_s = \dfrac{W}{C} \times S = \dfrac{175}{2,330} \times 35.15 = 2.640 \text{kg}$$

$$B_r = \dfrac{B}{W_s} \times 100 = \dfrac{0.075}{2.640} \times 100 = 2.84\%$$

07 콘크리트 블리딩 시험에 대한 다음 물음에 답하시오.
[2015]

① 블리딩 시험 결과가 아래와 같을 때 블리딩양을 구하시오.

- 측정시간 동안에 생긴 블리딩 물의 양(cm³) : 62
- 시료와 용기의 질량(kg) : 42.52
- 시료의 질량(kg) : 28.34
- 용기 상면의 면적(cm²) : 487.2

② 처음 60분 동안은 몇 분 간격으로 블리딩의 물을 빨아내야 하는가?

해설

① $\dfrac{V}{A} = \dfrac{62}{487.2} = 0.127 = 0.13 \text{cm}^3/\text{cm}^2$

[보충] 블리딩양 구하는 공식

$$\dfrac{V}{A}, \left(A = \dfrac{\pi \times r^2}{4} \right)$$

여기서, V : 측정시간 동안 생긴 블리딩 물의 양

A : 콘크리트 노출면의 면적

r : 안지름의 길이

② 처음 60분 동안은 <u>10분</u> 간격으로 블리딩의 물을 빨아내야 한다.

08 콘크리트를 친 후 시멘트와 골재 알이 가라 앉으면서 물이 올라와 콘크리트의 표면에 떠오른다. 이러한 현상을 블리딩이라 하는데 블리딩을 작게 하기 위한 방법을 3가지 쓰시오. [2014]

①

②

③

해설

① AE제, 감수제 등을 이용한다.
② 입도가 양호한 골재를 사용한다.
③ 플라이 애시, 고로슬래그 등의 혼화재를 이용한다.
④ 단위수량을 적게 한다.

09 블리딩 방지 방법 3가지를 쓰시오. [2013]

①

②

해설

① 공기 연행제, 감수제를 사용한다.
② 골재 입도가 적당해야 한다.
③ 단위수량을 적게 한다.

10 블리딩의 제어 방법을 3가지 쓰시오.[2016]

①

②

③

해설

① 단위수량의 저감
② 양질의 골재 사용
③ AE 감수제나 감수제의 사용

11 블리딩을 제어할 수 있는 방법을 3가지 쓰시오. [2017]

①

②

③

해설

① 가능한 한 단위수량을 적게 한다.
② 양질의 골재를 사용한다.
③ 혼화재료를 적절하게 사용한다.

12 콘크리트를 타설한 후 물보다 밀도가 큰 시멘트와 골재는 가라앉고 물이 콘크리트 상면으로 떠오르는 현상을 무엇이라 하는가? [2018]

해설

블리딩(Bleeding)

13 아래의 물음에 답하시오. [2020]
① 블리딩의 정의를 쓰시오.
② 레이턴스의 정의를 쓰시오.

해설

① 블리딩의 정의
   굳지 않은 콘크리트 타설 후 콘크리트 상부로 떠오르는 물을 말한다.
② 레이턴스의 정의
   블리딩수가 건조되면서 콘크리트 상부에 남아 있는 미세한 물질을 말한다.

Subject 03 유동화

14 콘크리트의 유동화 종류 3가지를 쓰시오.
[2017]

①

②

③

해설
① 현장 첨가 현장 유동화
② 공장 첨가 공장 유동화
③ 공장 첨가 현장 유동화

Subject 04 워커빌리티

15 굳지 않은 콘크리트의 워커빌리티에 영향을 주는 요인 4가지를 쓰시오.
[2019]

①

②

③

④

해설
① 단위수량
② 골재 조립률
③ 감수제
④ 혼화재

16 굳지 않은 콘크리트의 워커빌리티 측정방법 4가지를 쓰시오.
[2019]

①

②

③

④

해설
① 슬럼프 시험
② 슬럼프 플로 시험
③ 비비 시험
④ 다짐계수 시험

17 굳지 않은 콘크리트의 성질을 나타내는 용어를 3가지 쓰시오.
[2019]

①

②

③

해설
① 반죽질기(Consistency)
② 워커빌리티(Workability)
③ 형성(Plasticity)
④ 마감성(Finishability)
⑤ 압송성(Pumpability)

콘크리트기능사 필기+실기

발행일 | 2016년 1월 15일 초판발행
2017년 4월 25일 개정 1판1쇄
2021년 1월 15일 개정 2판1쇄
2021년 5월 10일 개정 3판1쇄

저 자 | 이관석
발행인 | 정용수
발행처 | 예문사

주 소 | 경기도 파주시 직지길 460(출판도시) 도서출판 예문사
T E L | 031) 955 – 0550
F A X | 031) 955 – 0660
등록번호 | 11 – 76호

정가 : 25,000원

ISBN 978–89–274–4014–7 13530